拉丁美洲热带木材

第 2 版

姜笑梅　张立非　刘　鹏　编著

中国林业出版社

图书在版编目（CIP）数据

拉丁美洲热带木材/姜笑梅,张立非,刘鹏编著. － 2 版. －北京:中国林业出版社,
2008.2

ISBN 978-7-5038-5135-3

Ⅰ. 拉…　Ⅱ.①姜…②张…③刘…　Ⅲ. 热带林-木材志-拉丁美洲　Ⅳ. S781.897.3

中国版本图书馆 CIP 数据核字（2007）第 196063 号

出版　中国林业出版社（100009　北京西城区德内大街刘海胡同 7 号）

E-mail　forestbook@163.com　电话:（010）66162880

网址　www.cfph.com.cn

发行　中国林业出版社

印刷　北京林业大学印刷厂

版次　1999 年 10 月第 1 版
　　　　2008 年 2 月第 2 版

印次　2009 年 1 月第 2 次

开本　787mm×1092mm　1/16

印张　22　彩版 18 面　图版 104 面

字数　500 千字

印数　1 001～3 000 册

定价　245.00 元

作者简介

姜笑梅 女，黑龙江哈尔滨市人。1968 年毕业于北京师范大学生物系；1982 年获南开大学理学硕士学位，同年分配到中国林业科学研究院木材工业研究所工作；1987 年在英国伦敦大学帝国理工学院应用生物系木材工艺组进修 1 年。现为木材工业研究所资深专家、研究员、博士生导师；兼任中国林学会生物质材料学会主任、中国木材科学学会副理事长和《林业科学》副主编、国际木材解剖学家协会（IAWA）会员；享受国务院政府特殊津贴。长期从事木材科学应用基础研究，专攻木材解剖和超微构造。主持过多项国家级课题，如国家科技攻关项目、重大基础研究（973）项目、国际热带木材组织（ITTO）项目、引进国际先进农业科学技术（948）项目和国家科技基础条件平台课题等。在国内外核心刊物发表研究论文 70 余篇，其中被 SCI 收录 4 篇；主编专著 3 部，参编 8 部；获专利 1 项。先后获国家科技进步二等奖 2 项，国家自然科学四等奖 1 项，林业部科技进步一、二等奖各 1 项。

张立非 女，黑龙江海林市人。1982 年 1 月毕业于东北林业大学林学系。1986 年获中国林业科学研究院农学硕士，同年留中国林业科学研究院木材工业研究所工作，现为研究员。主要从事木材鉴定、解剖及性质的研究，参与了国际热带木材组织（ITTO）资助项目，国家"八五"科技攻关，国家科委攀登计划等多项科研项目的研究工作。参与编写了《非洲热带木材》、《拉丁美洲热带木材》、《海南岛欠知名树种》、《中国主要人工林树种木材性质》3 部专著，发表学术论文十几篇。近年来，在科研为市场服务的方针指导下，从事了数百项包括考古、公安、外贸、生产、销售、使用等多方面的木材鉴定工作，已成为国内木材鉴定的权威专家。

刘　鹏 男，河北固安人。中国林业科学研究院木材工业研究所副研究员，国际木材解剖学家协会（IAWA）会员。1960 年毕业于河北农业大学园林化分校，同年分配到中国林业科学研究院。40 多年来一直从事木材构造、识别与利用等方面的科学研究。主持了国际热带木材组织（ITTO）资助项目；参与了国家"八五"科技攻关及国家自然科学基金项目；主持编写了《东南亚热带木材》、《非洲热带木材》、《中国现代红木家具》等专著；参与编写了《中国热带及亚热带木材》、《广西木材识别与利用》、《木材学》、《中国木材志》等专著；负责起草了 GB/T 18153—2001《中国主要进口木材名称》国家标准；发表论文数篇。先后获林业部科技进步一、二、三等奖多项。

再版前言

❋❋❋❋❋❋❋❋

　　本著作是国际热带木材组织（ITTO）资助的世界热带木材系列研究的第三部分即，"中国进口拉丁美洲热带木材的识别、性质和用途"［ITTO PD 24/95 Rev. 1（I）"The Identification, Properties and Uses of Tropical Timber Imported to China from Latin America"］的最终产出之一，也是 ITTO 资助的世界热带木材系列研究第一、二部分出版的《东南亚热带木材》、《非洲热带木材》的姊妹篇。

　　上述三本专著，由于涵盖树种多，资料全，具有很高的科学性、实用性和针对性，自出版以来一直深受木材工业企业、贸易、生产及其科研和教学人员的欢迎与喜爱，已成为我国进口热带木材识别、性质和用途等方面权威的工具书，为广大读者更好地了解进口热带木材的特性和用途，选择适宜各种用途的木材，促进我国木材贸易和工业的发展，缓解我国天然林木材供给的不足，满足国民经济发展和人民生活水平提高的需求做出了贡献。三本专著出版后虽经多次印刷，均销售一空，为满足市场和广大读者的需求，在中国林业出版社的帮助与指导下，决定修订再版这三本专著。

　　这次修订再版，我们所做的主要工作是：

　　（1）在原专著只提供了每种木材的三幅光学显微照片的基础上，添加了木材标本的彩色数码照片，使全书既有木材宏观照片又有微观照片，图文并茂，再版的专著更具有实用性。从实体木材照片，可直观展示木材的颜色、纹理、花纹和质地等，为读者提供木材宏观信息，为进一步了解木材特性和木材鉴定提供直接凭证，特别是对木材贸易和生产一线的工作人员识别木材更为有利。

　　（2）对三本专著进行了全面的补遗和勘误。

　　（3）以中国林业科学研究院木材工业研究所负责起草的国家标准《中国主要进口木材名称》（GB/T 18531—2001）、《红木》（GB/T 18107—2000）和《中国主要木材名称》（GB/T16734—1997）为依据，对三本专著的木材名称（包含中文名、拉丁名、商品材名称等）逐个进行检查和校对。凡原专著中的木材名称与国家标准中不统一的，此次再版全部给予了纠正。这是因为近年来我国进口的木材种类增多，特别是有些欠知名与少利用树种我国不产，其命名更为困难，致使市场上木材名称相当混乱。而制定上述三个国家标准正是为了规范进口木材市场。

　　（4）在主要商品材的用途分类中，其家具部分增加了"红木家具"一栏。

作　者

2007 年 7 月

第 1 版前言

本书是由国际热带木材组织（ITTO）资助，由中国林业科学研究院木材工业研究所（CRIWI）执行的研究项目"中国进口拉丁美洲热带木材的识别、性质和用途"［ITTO PD 24/95 Rev. 1（I）"The Identification, Properties and Uses of Tropical Timber Imported to China from Latin America"］的最终产出之一，也是 ITTO 资助出版的《东南亚热带木材》、《非洲热带木材》的姊妹篇。

拉丁美洲是指美国以南所有美洲地区的通称。包括墨西哥、中美洲、西印度群岛和南美洲。因大多数国家通用源于拉丁语的西班牙语、葡萄牙语和法语，故称为拉丁美洲。

拉丁美洲森林资源丰富，林地面积为 920 万 km^2，占世界林地总面积的 24%。森林基本由 89% 热带阔叶树林、6% 温带阔叶树林及 5% 针叶树林组成。其中巴西是拉丁美洲最大的国家，森林面积 367 万 km^2，约占拉丁美洲林地的 50%，蓄积量 1250 亿 m^3，占世界第二位。据报道世界热带雨林面积约为 850 万 km^2，其中 40% 分布在巴西。巴西热带雨林拥有世界上最丰富的天然资源和生物多样性。据报道，亚马孙热带雨林约有 2500 个树种，分隶 118 科，730 属，每公顷林地最少 150 个树种，蓄积量 545m^3/hm^2。多年来，拉丁美洲生产的木材及木制品除满足本地区使用外，还远销到北美洲、欧洲及亚洲一些国家，为满足世界人民对木材的需求作出了贡献。

我国森林资源短缺，人均森林蓄积量仅 8m^3，为世界平均水平的 12.5%；工业用材人均年消耗仅为 0.05m^3，不足世界平均水平的 20%。据有关部门预测，到 20 世纪末，工业用材缺口将达 5 亿 m^3。特别是我国从 1998 年开始实施了天然林资源保护工程，到 2000 年，木材产量将调减 25% 以上。为了解决此问题，我国政府早已决定大力营造人工速生丰产用材林，并发展木材合理综合利用技术，同时继续从东南亚、非洲和拉丁美洲进口热带木材，尤其是大径级木材。木材进口有利于我国森林资源休养生息、缓解供需矛盾和运输紧张，为弥补国内森林资源不足，调剂木材种类，维持销区木材加工工业，保证国家经济建设和人民生活需要都起到了积极作用。

国际社会为了保护热带雨林，促进其可持续经营，新的国际热带木材协议（ITTA）规定，到 2000 年，所有国际贸易中的热带木材必须来自"优质经营林"即是按照国际热带木材组织热带天然林和可持续经营指标及热带人工营造和可持续经营指标的森林。同时一些热带木材生产国及消费国还对欠知名、少利用树种进行了研究和开发，并推向木材贸易市场，以合理利用热带木材，避免森林资源的浪费，进一步促进热带森林的可持续发展。总之，自 20 世纪 70~90 年代以来，国际、国内森林资源发生了重大变化，国内的木材市场也随之变化。但国内的木材进口贸易、生产、使用、科研等部门，对这些变化认识不足。我国有着从东南亚进口木材的悠久历史，但由于长期采伐和利用，未能做到可持续经营，其森林资源锐减，加之国际环境保护组织对生产和使用热带木材的压力及东南亚国家保护本国的利益，提高原木的附加值，致使东南亚一些国家限制原木出口。近年来，东南亚提供的原木径级逐渐减小，价格不断提高。随着我国对外贸易的发展，木材进口市场呈现了多元化、均衡化，例如进口渠道已向森林资源较丰富的非洲和拉丁美洲拓展。拉丁美洲盛产许多优质良材，有些还是特产，如大叶桃花心木（Mahogany，*Swietenia macrophylla*）、孪叶苏木（Jatoba，*Hymenaea courbaril*）、蚁木（Ipe，*Tabebuia* spp.）、具脉紫心苏木（Purpleheart，*Peltogyne venosa*）、维罗蔻木（Virola，*Virola* spp.）、巴西良木豆（Cerejeira，*Amburana cearensis*）、圭亚那乳桑木（Tatajuba，*Bagassa guianensis*）、洋椿木（Cedar，*Cedrela* spp.）等等。近年来，拉丁美洲的原木、锯材、地板等开始进入我国市场，但进口量都不大。其原因主要是人们对这些进口木材的树种、性质和用途缺乏了解，很难做到合理利用，拓宽市场。为了更好地了解拉丁美洲热带木材，扩大对我国进口，为此开展了拉丁美洲热带木材的研究。在 ITTO 资助下，我们于1997 年考察了巴西和秘鲁，了解了这两个国家林业资源和木材工业及木材出口现状，搜集了木材标本和有关技术资料。还于 1998 年考察了美国麦迪逊林产品研究所木材解剖中心等木材科学研究所及大学，学习了他们研究和利用拉丁美洲木材的经验，学习了木材数据库及咨询系统的建立方法，并收集了木材标本及资料。本项目由中国林业科学研究院木材工业研究所实施，在木材解剖实验室切片、离析、测定木材解剖分子的参数，对其宏观和微观特征进行了观察和记载，并翻译、整理、归纳这些木材的材性、加工性质和用途，编著了本专著。与此同时，还将所有信息输入计算机，建立了"拉丁美洲热带木材数据库及查询系统"。

该书共记载拉丁美洲热带木材 208 种，隶 153 属 44 科，其中阔叶树材占 96%。全书共分三部分：

第一部分　拉丁美洲裸子植物主要商品材特性和用途；

第二部分　拉丁美洲被子植物主要商品材特性和用途；

第三部分　拉丁美洲主要商品材的用途分类。

第一、二部分按每个树种进行记载，其内容为：①木材名称（中文名、拉丁名、商品材名称和地方名称）；②树木及分布；③木材构造（宏观特征及微观特征）；④木材性质（密度、干缩率、力学、干燥、耐腐及加工）；⑤木材用途。每种木材还附 3 幅显微照片（横切面、弦切面及径切面），以便读者正确识别木材的显微构造。第三部分是根据生产实际的需要，归纳出木材主要用途分类。并依据各类用途对材质、材性的要求，提出适宜的树种，供生产和使用部门参考。

此外，本书还附上中文名、拉丁名、商品名和地方名索引，便于读者互查。

该书的研究、编著分工如下：姜笑梅为本项目主持人，负责整个项目内容的设计和实施、全书统稿及成书，并负责第一部分的南洋杉科、柏科、松科和罗汉松科；第二部分的鳞枝树科、漆树科、番荔枝科、夹竹桃科、五加科、芒籽科、紫葳科、木棉科、紫草科、橄榄科、多柱树科、卫矛科、使君子科、火把树科、翅萼树科、龙脑香科、船形果科、大戟科、壳斗科、大风子科、藤黄科、莲叶桐科、核果树科、核桃科的木材构造特征记载及性质和用途的编写。刘鹏负责第二部分的樟科、玉蕊科、豆科的木材构造特征记载及性质和用途的编写。张立非负责第二部分的楝科、桑科、肉豆蔻科、商陆科、蔷薇科、茜草科、芸香科、山榄科、苦木科、梧桐科、椴树科、马鞭草科、独蕊科的木材构造特征记载及性质和用途的编写及第三部分。

本书可供从事木材贸易、加工和利用、林业和森工生产、科研以及高等院校等部门参考。

对国际热带木材组织对项目资助；对中华人民共和国对外贸易合作部和国家林业局对项目的支持；对中国林业科学研究院木材工业研究所材性室吴荷英、许明坤、徐飞丽所作的实验工作；对巴西圣保罗技术研究所，巴西环境和可再生资源研究所林产品实验室，亚马孙国家研究所林产品研究中心，巴西华西公司，中国宏祥集团驻圣保罗办事处，秘鲁国家农业和农业工程研究所，秘鲁国家森林委员会，秘鲁国家木材商会，秘鲁香港庄胜驻利马办事处，美国麦迪逊林产品研究所木材解剖中心，美国北卡罗来纳大学木材和造纸科学系及弗吉尼亚技术研究所和弗吉尼亚州立大学木材科学和造纸科学系所提供拉丁美洲木材标本和相关技术资料及考察活动中细致安排及热情接待，使本项目得以顺利完成，在此一并表示衷心感谢。

姜笑梅

1999 年 1 月 30 日

说　明

1. 本书中记载的208种木材标本，来自国内外研究所或高等院校的标本馆（室），均由植物学家或木材解剖学家正确定名，具国际通用的学名——拉丁名，确保了本研究的科学性、准确性。

2. 为了与国际接轨，本书在宏观和微观描述与记载中，采用了国际木材解剖学家协会（IAWA）规定的"阔叶树木材显微识别特征一览表"中的专用术语和分级标准。

3. 木材解剖分子分级标准

项　目	等　　　　级					来　源
管孔个数 （个/mm²）	甚少 ≤5	少 5~20	略少 20~40	略多 40~100	多 ≥100	IAWA 1989
管孔平均弦径 （μm）	小 ≤50	略小 51~100		略大 101~200	大 ≥200	IAWA 1989
导管平均长度 （μm）	短 ≤350	中 350~800		长 ≥800		IAWA 1989
纤维平均长度 （μm）	短 ≤900	中 900~1600		长 ≥1600		IAWA 1989
纤维壁厚	甚薄 胞腔≥3倍双壁	薄至厚 胞腔<3倍双壁		厚 胞腔几乎全部封闭		IAWA 1989
射线密度 （根/mm）	稀 ≤4	略密 4~12		密 ≥12		IAWA 1989
射线宽度 （细胞数）	甚窄 单列	窄 1~3	略宽 4~10	宽 >10		IAWA 1989

4. 本书的木材物理、力学性质数据主要来源于国外的资料，这样既做到了科研数据共享，又避免了重复劳动。在本书物理力学性质表的产地一栏中，对已有的确切资料均已标出，但部分来源不详的未写出，请见谅。

木材性质数据主要来源如下：

（1）Berni C A et al. South American Timber – The Characteristica，Properties and Uses of 190 species. CSIRO：1979

（2）Calvino Mainierie Joao Peres Chimelo, Fichas de Caracteristicas das Madeiras Brasileiras. São Paulo：1989

（3）Chichignoud M et al. Tropical Timber Atlas of Latin America. CTFT　ITTO：1990

（4）Chudnoff M. Tropical Timbers of the World. U. S. Department of Agriculture：1980

（5）Confederacion Nacional de la Madera. Compendio de Informacion Tecnica de 32 Especies Forestales. Tomo 1. 1997

（6）Confederacion Nacional de la Madera. Compendio de Informacion Tecnica de 32 Especies Forestales. Tomo 2. 1996

（7）CTFT-ITTO：Data Sheet. 1989 ~ 1992

（8）Gerard J, . R. B. Miller & B. J. H. ter Welle. Major Timber Trees of Guyana：Timber Characteristics and Utilization. Wageningen：The Tropenbos Foudation. － Ⅲ . － , 1996

（9）IBDF, CNPQ. Madeiras da Amazonia － Caracteristicas e utilizacao：Amazonian Timbers － Characteristics and Utilization. Brasilia：1981

（10）Laboratorio de Produtos Florestais. Maseiras da Amazonia：Caracteristicas e Utilizacao － Volume 3 － Amazonia Oriental. IBAMA. Brasilia：1997

（11）Maria Helena de Souza et al. Madeiras Tropicais Brasileiras － Brazilian Tropical Woods. Brasilia：1997

5. 木材物理力学性质分级标准

项　目	等　　　　级					来　源
气干密度（含水率12% ~ 15%）（g/cm³）	甚轻 ≤0.35	轻 0.36 ~ 0.55	中 0.56 ~ 0.75	大 0.76 ~ 0.95	甚大 >0.95	自《中国主要树种的木材物理力学性质》
弦向干缩(%) 生材至气干 生材至炉干	甚小 ≤2.5 ≤3.5	小 2.6 ~ 4.0 3.6 ~ 5.0	中 4.1 ~ 5.5 5.1 ~ 6.5	大 5.6 ~ 7.0 6.6 ~ 8.0	甚大 >7.0 >8.0	W. G. Keating, 1982
强度（抗压 + 抗弯）（MPa）	低 <108	中 108 ~ 167	高 >167			别列里金，1954

目 录 ✿✿✿✿✿✿✿

彩版及图版目录

✿✿✿✿✿✿✿✿✿✿✿✿✿✿

  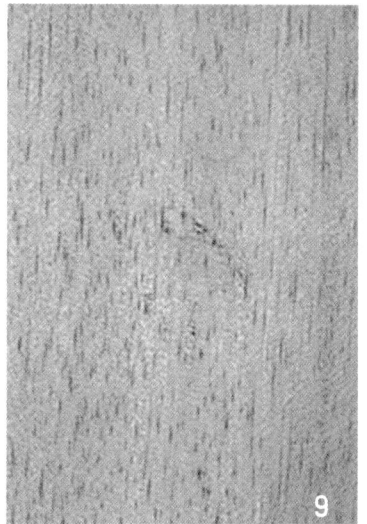

1.窄叶南洋杉 *Araucaria angustifolia*　　2.智利南洋杉 *Araucaria araucana*　　3.卵果松 *Pinus oocarpa*

4.展叶松 *Pinus patula*　　5.油橄榄罗汉松 *Podocarpus oleifolius*　　6.柳叶罗汉松 *Podocarpus salignus*

7.鳞枝木 *Aextoxicon punctatum*　　8.高腰果木 *Anacardium excelsum*　　9.巨腰果木 *Anacardium giganteum*

1. 烈味斑纹漆 *Astronium graveolens*
4. 蛇木歪翅漆 *Loxopterygium sagotii*
7. 瓜特番荔枝 *Guatteria scytophylla*

2. 莱蔻斑纹漆 *Astronium lecointei*
5. 黄槟榔青 *Spondias mombin*
8. 大果盾籽木 *Aspidosperma megalocarpon*

3. 乌隆斑纹漆 *Astronium urundeuva*
6. 圭亚那塔皮漆 *Tapirira guianensis*
9. 大果牛奶木 *Couma macrocarpa*

1.胶竹桃 *Parahancornia amapa*
4.莫罗鸭脚木 *Schefflera morototoni*
7.红蚁木 *Tabebuia rosea*

2.奇异胶竹桃木 *Parahancornia paradoxa*
5.锯齿类月桂 *Laurelia philippiana*
8.齿叶蚁木 *Tabebuia serratifolia*

3.乔木树参 *Dendropanax arboreus*
6.柯比蓝花楹木 *Jacaranda copaia*
9.帕州木棉 *Bombax paraense*

1. 奥氏垂冠木棉 *Catostemma alstonii*
2. 芳香垂冠木棉 *Catostemma fragrans*
3. 五雄吉贝 *Ceiba pentandra*
4. 塞姆吉贝 *Ceiba samuma*
5. 郝瑞木棉 *Chorisia insignis*
6. 全缘叶郝瑞木棉 *Chorisia integrifolia*
7. 二色马蒂木棉 *Matisia bicolor*
8. 轻木 *Ochroma pyramidale*
9. 硬丝木棉 *Scleronema micranthum*

1.疤痕破布木 *Cordia cicatricosa*
4.毛蜡烛木 *Dacryodes pubescens*
7.大四榄木 *Tetragastris altissima*

2.亚马孙破布木 *Cordia goeldiana*
5.尖头马蹄榄 *Protium apiculatum*
8.光油桃 *Caryocar glabrum*

3.苦木裂榄 *Bursera simaruba*
6.七叶马蹄榄 *Protium heptaphyllum*
9.柔毛油桃 *Caryocar villosum*

1.平滑圭巴卫矛 Goupia glabra

2.大黄砂君子 Buchenavia grandis

3.牛角拉美君子 Bucida buceras

4.亚马孙榄仁 Terminalia amazonia

5.毛籽魏曼树 Weinmannia trichasperma

6.缘生异翅香 Anisoptera marginata

7.橡胶木 Hevea brasiliensis

8.沙箱大戟 Hura crepitans

9.迈克大戟木 Micrandra spruceana

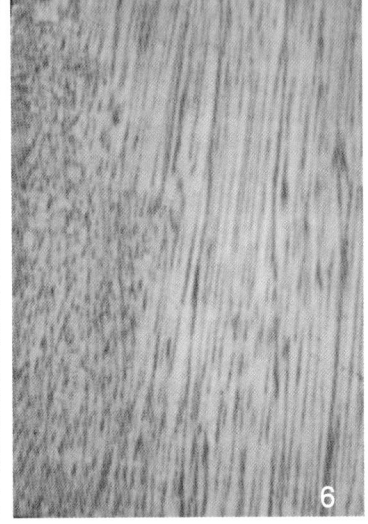

1. 二腺乌桕 Sapium biglandulosum
2. 大假水青冈 Nothofagus alpina
3. 智利假水青冈 Nothofagus dombeyi
4. 低矮假水青冈 Nothofagus pumilio
5. 白亮栎 Quercus candicans
6. 巴西海棠木 Calophyllum brasiliense
7. 深红默罗藤黄 Moronobea coccinea
8. 普拉藤黄 Platonia insignis
9. 球花西姆藤黄 Symphonia globulifera

1. 新热带胡桃 *Juglans neotropica*
2. 安尼樟 *Aniba canelilla*
3. 亚马孙热美樟 *Mezilaurus itauba*
4. 红克尼樟 *Nectandrarubra*
5. 小肋绿心樟 *Ocotea costulata*
6. 细孔绿心樟 *Ocotea porosa*
7. 绿心樟 *Ocotea rodiei*
8. 舌状鳄梨木 *Persea lingue*
9. 栗油果木 *Bertholletiaexcelsa*

1.利格卡林玉蕊 *Cariniana legalis*   2.梨状卡林玉蕊 *Cariniana pyriformis*   3.椭圆叶纤皮玉蕊 *Couratari oblongifolia*
4.皱缩正玉蕊 *Lecythis corrugata*   5.猴壶正玉蕊 *Lecythis davisii*   6.光果铁苏木 *Apuleia leiocarpa*
7.巴西苏木 *Caesalpinia echinata*   8.达卡香脂树 *Copaifera duckei*   9.圭亚那摘亚木 *Dialium guianense*

1. 双柱苏木 *Dicoryniaguianensis*
2. 李叶苏木 *Hymenaeacourbaril*
3. 剑叶李叶苏木 *Hymenaea oblongifolia*
4. 巨瓣苏木 *Macrolobium acacifolium*
5. 大鳕苏木 *Mora excelsa*
6. 圆锥紫心苏木 *Peltogyne paniculata*
7. 具脉紫心苏木 *Peltogyne venosa*
8. 翅雌豆木 *Pterogyne nitens*
9. 裂瓣苏木 *Schizolobium parahybum*

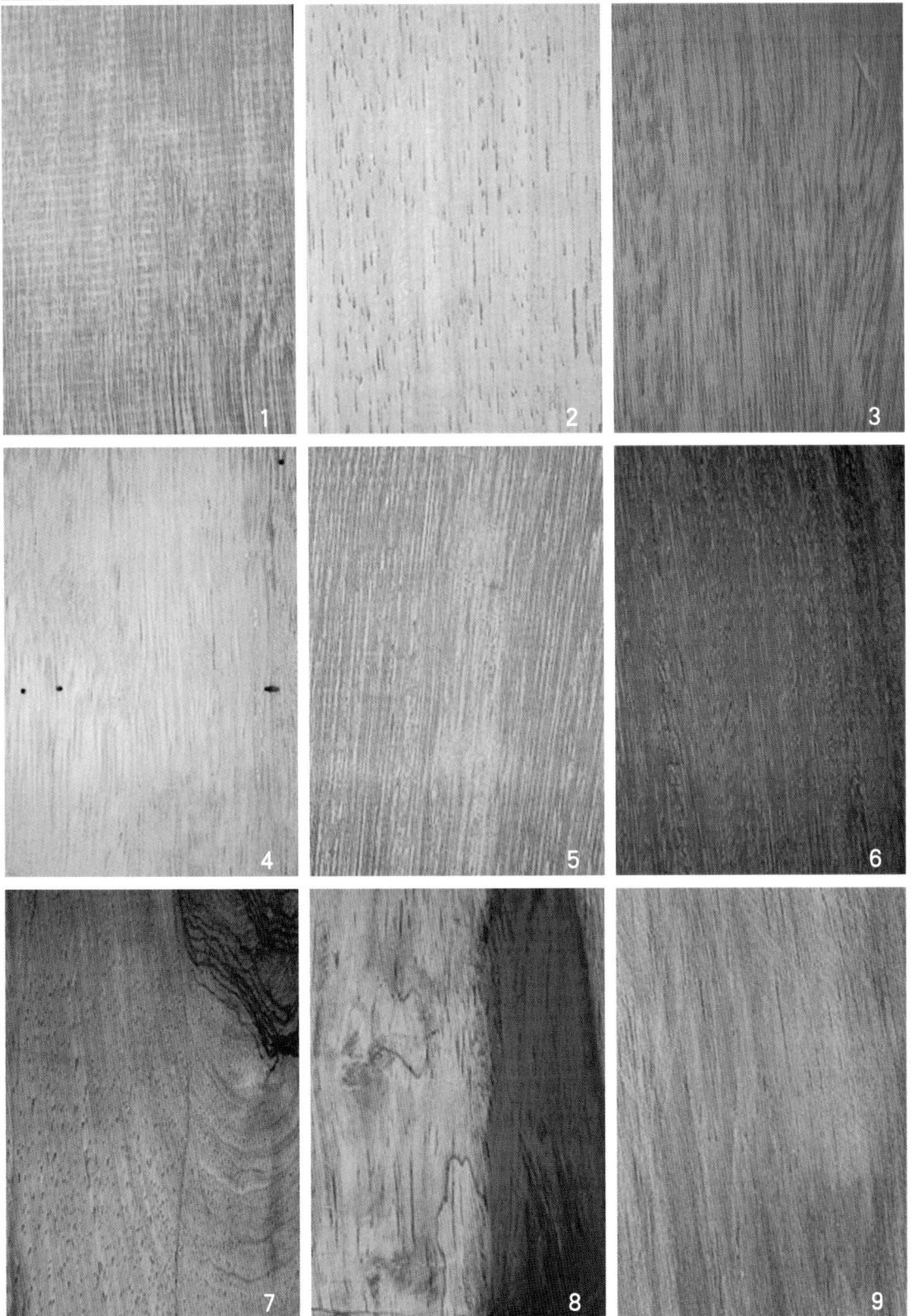

1. 亚马孙沃埃苏木 Vouacapoua americana
2. 大花护卫豆 Alexa grandiflora
3. 巴西良木豆 Amburana cearensis
4. 无刺甘蓝豆 Andira inermis
5. 光鲍迪豆 Bowdichia nitida
6. 鲍迪豆 Bowdichia virgilioides
7. 巴西黑黄檀 Dalbergia nigra
8. 微凹黄檀 Dalbergia retusa
9. 亚马孙黄檀 Dalbergia spruceana

1. 马氏双龙瓣豆 *Diplotropis martiusii*
2. 紫双龙瓣豆 *Diplotropis purpurea*
3. 香二翅豆 *Dipteryx odorata*
4. 大膜瓣豆 *Hymenolobium excelsum*
5. 香脂木豆 *Myroxylon balsamum*
6. 扁豆木 *Platycyamus regnellii*
7. 药用紫檀 *Pterocarpus officinalis*
8. 帕罗紫檀 *Pterocarpus* sp.
9. 无缘翅齿豆 *Pterodon emarginatus*

1. 平萼铁木豆 *Swartzia leiocalycina*
2. 巴西瓦泰豆 *Vatairea paraensis*
3. 阿巴豆 *Abarema jupunba*
4. 大果阿那豆 *Anadenanthera macrocarpa*
5. 亚马孙豆 *Cedrelinga catenaeformis*
6. 异味豆 *Dinizia excelsa*
7. 旋果象耳豆 *Enterolobium contortisiliquum*
8. 尚氏象耳豆 *Enterolobium schomburgkii*
9. 因加豆 *Inga alba*

1. 大理石豆木 *Marmaroxylon racemosum*
2. 坚硬赛落腺豆 *Parapiptadenia rigida*
3. 多叶球花豆 *Parkia multijuga*
4. 悬垂球花豆 *Parkia pendula*
5. 大裂五柳豆 *Pentaclethra macroloba*
6. 香甜落腺豆 *Piptadenia suaveolens*
7. 牧豆树 *Prosopis juliflora*
8. 南美楝 *Cabralea cangerana*
9. 圭亚那苦油楝 *Carapa guianensis*

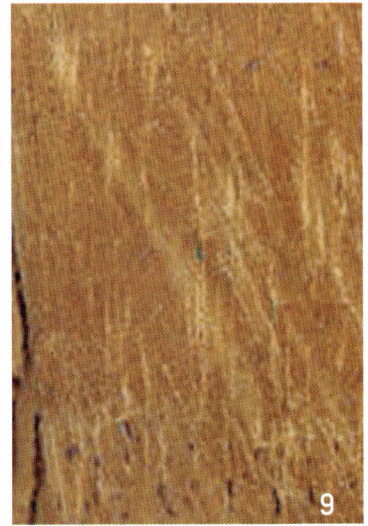

1. 劈裂洋椿 *Cedrela fissilis*
2. 香洋椿 *Cedrela odorata*
3. 大叶桃花心木 *Swietenia macrophylla*
4. 圭亚那乳桑 *Bagassa guianensis*
5. 麦粉饱食桑 *Brosimum alicastrum*
6. 窄叶饱食桑 *Brosimum paraensse*
7. 柏氏饱食桑 *Brosimum parinarioides*
8. 良木饱食桑 *Brosimum utile*
9. 染料绿柄桑 *Chlorophora tinctoria*

1. 总花克拉桑 Clarisia racemosa
2. 毛卷花桑 Helicostylis tomentosa
3. 蜡质维罗蔻 Virola sebifera
4. 苏里南维罗蔻 Virola surinamensis
5. 巴密商陆 Gallesia gorazema
6. 平地姜饼木 Parinari campestris
7. 萼叶茜木 Calycophyllum spruceanum
8. 美洲格尼茜 Genipa americana
9. 良木芸香 Euxylophora paraensis

1. 人心果 Achras zapota
2. 二齿铁线子 Manilkara bidentata
3. 圭亚那铁线子 Manilkara huberi
4. 厚皮山榄 Planchonella pachycarpa
5. 亚苦木 Simarouba amara
6. 痒痒苹婆 Sterculia pruriens
7. 粗热美椴 Apeiba aspera
8. 刺状热美椴 Apeiba echinata
9. 柚木 Tectona grandis

1. 轴独蕊 *Erisma uncinatum*　　　2. 玫瑰夸雷木 *Qualea rosea*　　　3. 圭亚那独蕊 *Vochysia guianensis*

第一部分
拉丁美洲裸子植物主要
商品材特性和用途

南洋杉科
Araucariaceae Henkel et W. Hochst.

常绿乔木，髓部略大，皮层具树脂。只有 2 属：南洋杉属 *Araucaria* 和贝壳杉属 *Agathis*，约 40 种。产于南半球热带及亚热带地区。

南洋杉属 *Araucaria* Juss.

本属约 18 种，分布于南美洲、大洋洲及太平洋群岛。拉丁美洲常见商品材树种有：
窄叶南洋杉 A. *angustifolia*（Bert.）O. Kuntze. 详见种叙述。
智利南洋杉 A. *araucana*（Mol.）Koch. 详见种叙述。

窄叶南洋杉 A. *angustifolia*（Bert.）O. Kuntze.
（彩版 1.1；图版 1.1~3）

【商品材名称】
巴拉那松 Parana pine

【地方名称】
平海若多巴拉那 Pinheiro do Parana'，平霍波拉锡莱若 Pinho brasileiro（巴西）；平海若多波拉锡勒 Pinheriro do Brasil，皮若布兰科 Pino blanco（巴拉圭）；柯瑞 Curiy，皮若巴拉那 Pino Parana'（阿根廷）；巴西松 Brazilian pine（美国）。

【树木及分布】
大乔木，高 24~37m，直径 0.9~1.5m；树干明显，长 25~30m，幼树树冠呈塔尖形，老树则平顶状。生长在雨林或森林公园密林中，有的以纯林存在。生长在海拔 600~1800m 地区。喜生于肥沃、土层厚和排水良好的土壤中。天然再生能力差。主要分布在巴拉圭、阿根廷和巴西的巴拉那高原。商品材基地集中在巴西的巴拉那州。可作为观赏树来种植，是速生树种，适合人工造林。

【木材构造】
　　宏观特征
心材浅黄褐色，常带浅粉红色条纹，与边材区别略明显或不明显。边材色浅。生长轮略明显或不明显。管胞在放大镜下可见，早材至晚材渐变。轴向薄壁组织未见。木射线在放大镜下可见；密度稀；甚窄。树脂道缺如。

　　微观特征
管胞最大弦径 84μm，平均 46μm；螺纹加厚缺如。早材管胞横切面近椭圆形及多角形，平均长 5316μm；径壁具缘纹孔 1~3（多 2）列，互列，多角形，排列紧密，为南洋杉型纹孔式。直径 16~20μm，纹孔口圆形。晚材管胞横切面为方形、多角形及近圆形，平均长 6700μm，径壁纹孔多 1 列，仍相互连接，直径 10～16μm，纹孔口近圆形。**轴向薄壁组织缺如。木射线**3～5 根/mm。单列，高 1～15（多为 5～9）细胞；全由射线薄壁细胞组成，多数近椭圆形，部分射线细胞含深色树脂；水平壁薄，纹孔未见；端壁节状加厚及凹痕未见。射线与管胞交叉场纹孔南洋杉型，2～8（多为 4～6）个，1～3（多 2）横列。**树脂道缺如。**

材料：W21134（巴西）

【木材性质】

木材具光泽；无特殊气味和滋味；纹理直；结构甚细且均匀；木材重量轻或轻至中；木材干缩中等；强度中等或弱。

产 地	密度(g/cm³)		干缩率(%)			顺纹抗压强度(MPa)	抗弯强度(MPa)	抗弯弹性模量(MPa)	顺纹抗剪强度(MPa)	冲击韧性(kJ/m²)
	基 本	气 干	径 向	弦 向	体 积					
巴西	0.45	0.54	3.8	7.3	11.6	128	228	24190		
						96	199			
阿根廷		0.46				46	79	10700	12	
		0.57				40	67	9100	10	

木材干燥较慢，比多数针叶树材干燥困难，材色深的木料更易于变形和开裂，干燥后的木材尺寸稳定性中等。木材不耐腐，边材易蓝变，偶有针孔蛀虫危害发生，易被白蚁和海生钻木动物侵害；心材防腐剂浸注性中等，边材易渗透，据报道疏水性防腐剂易吸收，在工厂只需浸渍 3min，心、边材在吸收量上没有明显差别。木材用手工或机械加工均容易，并可得到光滑表面，如有应力木存在，刨、锯时可能会产生明显的变形。胶粘、染色、油漆性能良好；旋切性能亦佳，握钉力强。

【木材用途】

用于建筑，室内装修如门、窗，家具，箱盒，单板，胶合板，地板，车辆材，乐器，制浆和造纸；果实可食。

智利南洋杉 *A. araucana*（Mol.）Koch.
（彩版 1.2；图版 1.4～6）

【商品材名称】

智利松 Chile pine

【地方名称】

皮朗 Pilon，佩休恩 Pehuen（智利）；智利松 Chilean pine（英国）。

【树木及分布】

大乔木，高 27～40m，直径 0.9～1.5m；主干通直圆柱状，长 18～27m，树皮含树脂。主要分布于智利南部。树木多数生长在火山土或干旱、有石头的土壤上，常形成纯林或与其他树种混交，分布在海拔 900～1800m 地区。该树种再生能力强，通常作为观赏树种植，在原产地适合人工造林。

【木材构造】

宏观特征

心材浅黄色或浅黄褐色，有时带深色条纹，与边材区别不明显。边材色浅。**生长轮略明显**。管胞在放大镜下可见，早材至晚材渐变。**轴向薄壁组织未见**。**木射线在放大镜下可见；密度稀至略密；甚窄**。树脂道缺如。

微观特征

管胞最大弦径 49μm，平均 33μm；螺纹加厚缺如。早材管胞横切面方形、多角形及近椭圆形，平均长 3474μm；径壁具缘纹孔 1 ~ 2 列，互列，多角形，排列紧密，为南洋杉型纹孔式，直径 12 ~ 15μm，纹孔口圆形。晚材管胞横切面长方形、多边形及近圆形，平均长 4360μm，径壁纹孔多 1 列，仍相互连接，直径 8 ~ 10μm，纹孔口近圆形和椭圆形。**轴向薄壁组织未见**。木射线 4 ~ 7 根/mm。单列，高 1 ~ 13（多为 4 ~ 7）细胞；全由射线薄壁细胞组成，多数呈椭圆形，部分射线细胞含深色树脂；水平壁薄，纹孔不见；端壁节状加厚及凹痕未见。射线与管胞交叉场纹孔为南洋杉型，2 ~ 6（多为 4 ~ 5）个，1 ~ 2 横列。树脂道缺如。

材料：W18531（英国送）

【木材性质】

木材有光泽；无特殊气味和滋味；纹理直；结构甚细且均匀；木材重量轻或中等；木材干缩大至甚大；强度中或弱。

产　地	密度（g/cm³）		干缩率（%）			顺纹抗压强度（MPa）	抗弯强度（MPa）	抗弯弹性模量（MPa）	顺纹抗剪强度（MPa）	冲击韧性（kJ/m²）
	基　本	气　干	径　向	弦　向	体　积					
智　利		0.64	4.1 ~ 5.0	6.6 ~ 8.0		46	79	10700	12	
阿根廷		0.50	>5.1	>8.1		40	67	9100	10	

木材干燥慢，还不均匀，干燥略困难。木材不耐腐，心材防腐剂浸注性中等，边材易渗透。木材加工容易，略使刀具变钝，切面多数光滑，但在端头有变粗糙的可能。刨切、锯切、胶合性能均佳，砂光和油漆性能好，握钉力强。

【木材用途】

用于建筑，地板，家具，细木工，单板和胶合板，箱盒，室内装修，火柴，刨花板，木丝，食品容器，制浆，作木炭；树脂可为医药用；种子可食。是欧洲云杉的替代树种。

柏　科
Cupressaceae Bartl.

常绿乔木或灌木。22 属，约 150 种；遍布全球，以温带为主。拉丁美洲常见商品材属为：柏木属 *Cupressus* 和智利肖柏属 *Fitzroya*。

柏木属 *Cupressus* L.

常绿乔木，稀灌木。植物体有显著香气，约20种；分布于北美洲南部、亚洲东部、喜马拉雅山及地中海等地。拉丁美洲常见商品材树种有墨西哥柏木。

墨西哥柏木 *C. lusitanica* Mill.　(*C. glauca* Lam.)
（图版2.1~3）

【商品材名称】

墨西哥柏 Mexican cypress

【地方名称】

西普赖斯 Ciprés（拉丁美洲）

【树木及分布】

大乔木，高30m，直径0.6~0.9m；树干形状好且通直，圆柱状。为墨西哥乡土树种。现在世界热带高海拔地区广泛种植。该种喜生雨林或潮湿肥沃土壤的高原地区，在阿根廷和智利引种效果良好。据报道，在海拔700~1800m的巴西夏季雨林区，生长迅速。但人工林幼龄材含有较多节疤，材质较差。

【木材构造】

宏观特征

心材黄色、褐色或粉色至红褐色，有时具褐色条纹，与边材区分略明显。边材浅白或浅黄色，宽2.5~7.5cm。生长轮可见，但不明显。管胞在放大镜下略见，早材至晚材渐变。轴向薄壁组织未见。木射线放大镜下可见；密度稀；甚窄。树脂道缺如。

微观特征

管胞横切面长方形、方形及多角形，略带圆形；最大弦径36μm，平均23μm，管胞平均长2287μm；径壁具缘纹孔1列，圆形，直径15~17μm，纹孔口圆形及透镜形。轴向薄壁组织星散状，薄壁细胞端壁节状加厚未见；多含深色树脂。木射线4~5根/mm。单列射线，高1~18（多为6~11）细胞；射线细胞椭圆形，部分细胞含树胶；全由射线薄壁细胞组成，水平壁较厚，纹孔偶见，端壁节状加厚未见；凹痕略明显或不明显。射线与管胞交叉场纹孔柏木型及云杉型，1~4（多为2~3）个，1~2（多为2）个横列。树脂道缺如。

材料：W22698（厄瓜多尔）

【木材性质】

木材光泽强；新切面木材略有香气，无特殊滋味；纹理颇直；结构细且匀；木材重量轻；干缩小至中；强度弱。

产　地	密度(g/cm³)		干缩率(%)			顺纹抗压强度(MPa)	抗弯强度(MPa)	抗弯弹性模量(MPa)	顺纹抗剪强度(MPa)	冲击韧性(kJ/m²)
	基　本	气　干	径　向	弦　向	体　积					
	0.43	0.51			8.0	40	85	9577		
						37	71	7028		
巴　西		0.46~0.50	2.1~4.0	3.6~5.0		40	67	9100	10	

　　木材气干和窑干均迅速；但略有表面开裂和翘曲。如用高温干燥基准会引起变形，采用适当基准可得到较好效果。天然耐腐性中或略低，防腐剂处理时，用浸渍法颇困难，真空加压处理效果不规律，而利用刻痕法处理效果较明显提高。用手工或机械加工容易，打孔时需钻孔工具，方可获光滑孔眼。钉钉和拧螺钉性能良好，染色与油漆性亦佳，适于刨切和旋切。

【木材用途】

　　用于建筑，电杆，桩木，地板，造船材，车辆材，家具及部件，单板和胶合板，纸浆，箱盒，刨花板，纤维板，玩具，装饰品，车旋材等。

智利肖柏属 *Fitzroya* Benth. & Hook. f.

　　本属1种；分布智利。

智利肖柏 *F. cupressoides*（Mol.）Johnst.（*F. patagonica* Hook. f.）
（图版 2.4~6）

【商品材名称】

　　阿勒森 Alerce

【地方名称】

　　拉休安 Lahuan（智利）

【树木及分布】

　　大乔木，树木高40~46m，直径1.5m；据记载在生长条件适宜地区高可达73m，直径4.5m。树干通直，圆柱状，无分枝，高25m。是低矮潮湿地区常见树种，该种也可生长在海拔近1000m地带，常形成稠密纯林。树木生长缓慢，但是长寿树种，有的长达3000年。老树中部常心腐。树皮含树脂。分布于智利中部和阿根廷南部。

【木材构造】

　　宏观特征

　　心材浅或深红褐色，常具浅或深色条纹；与边材略有区别。边材浅黄色；窄。生长轮明显，窄；可见早、晚材带。管胞在放大镜下略见，早材至晚材略急变或渐变。轴向薄壁组织未见。木射线放大镜下可见；密度稀；甚窄。树脂道缺如。

　　微观特征

　　管胞最大弦径59μm，平均42μm；螺纹加厚缺如。早材管胞横切面长方形、方形，平均长 3997μm；径壁具缘纹孔 1 列（偶 2 列），圆形，直径 18～20μm，纹孔口圆形或透镜形，眉条长。晚材管胞横切面扁长方形、方形，平均长 4018μm；径壁具缘纹孔 1 列，直径 12～14μm，纹孔口圆形或透镜形；最后数列晚材管胞弦壁纹孔极少。**轴向薄壁组织**星散状，端壁节状加厚未见；含深色树胶。**木射线**4～5 根/mm。单列，高 1～8（多为 3～5）细胞；射线细胞椭圆形，含较多内含物，无射线管胞。水平壁较薄，端壁节状加厚未见；凹痕略见或无。射线与早材管胞交叉场纹孔柏木型，1～6（多为 2～3）个，1～3（多为 2）横列。**树脂道**缺如。

材料：W22746（智利）

【木材性质】

木材具光泽；无特殊气味和滋味；纹理直；结构细且匀；木材重量轻至中；干缩中等；强度弱。

产　地	密度(g/cm³)		干缩率(%)			顺纹抗压强度（MPa）	抗弯强度（MPa）	抗弯弹性模量（MPa）	顺纹抗剪强度（MPa）	冲击韧性（kJ/m²）
	基　本	气　干	径　向	弦　向	体　积					
	0.38	0.48	3.8	5.8	9.1	35	60	7992		
		0.46～0.50	3.1～4.0	5.1～6.5						
		0.51～0.57								

木材干燥较容易，无降等。实验室用木块与土壤接触法测定表明，抗白腐和褐腐菌危害，抗昆虫侵害，在当地享有高度耐腐材的美名。防腐剂心边材均可浸注。木材加工容易，为了得到光滑切面，刀具应保持锋利。木材易劈裂，产生环裂。胶粘和涂饰性能良好。

【木材用途】

用于建筑，造船，电杆，桩木，家具，细木工，体育用品，单板，胶合板，乐器，箱盒，内部装修，纤维板，刨花板，雕刻，木桶，电池隔板，玩具和装饰品，木瓦，铅笔材。此外，还可作上等薪炭材，树皮的内皮常用来堵船舶缝隙或用作绝缘材。

松　科
Pinaceae Lindl.

常绿或落叶乔木，稀灌木。3 亚科，12 属，约 230 种。分布北半球，南到马来西亚、北美洲和西印度群岛。拉丁美洲主要商品材属有松属 *Pinus* 1 属。

松　属 *Pinus* L.

常绿乔木，植物体含树脂。分布于北半球，北至北极地区，南至北非、中美洲和马来西亚。为世界上生产木材和树脂的主要树种。拉丁美洲常见商品材树种有：

加勒比松 *P. caribaea* Morelet（*P. bahamensis* Gris.）

商品材名称：加勒比松 Caribbean pine

大乔木，高 15～30m，直径 0.9m。该种幼树速生，如果引种地的条件与原产地中美洲相近，树木生长良好。11.5 年人工林，平均树高 19m，直径 0.2m。由于分枝较少，可提供优质建筑材。新伐倒原木在端头渗出大量树脂。该种产在炎热、干旱、贫瘠地区，木材性质也因立地条件不同而异。心材红褐色，晚材带较宽，与边材区别较明显。边材白黄色。树脂道数多，在纵切面可见明显的褐色带。生长轮明显存在。木材略具光泽；有树脂气味，无特殊滋味；结构粗；纹理直；木材轻；干缩大；强度变异大，从强至中等，甚至弱。木材干燥较慢，厚板材可能产生端裂；生材的边材很快被蓝变菌感染，干燥前最好用防蓝变药剂处理，欲干燥的板材应置气干棚下。如树木未进行恰当的修枝，所产生的节疤是使木材降等的主要原因。在速生幼龄材中缺陷主要是应力木。木材较耐腐，抗昆虫危害，但易遭白蚁和海生钻木动物蛀害；心材防腐剂浸注性中等，边材易渗透。木材加工容易，但如树脂过多会使锯、刨困难。钉钉和拧螺钉可能会产生劈裂，但握钉力强。蒸汽弯曲性中等，尺寸稳定性好。木材可用于轻型建筑材，电杆，桩木，造船，地板，家具，单板，胶合板，造纸，箱盒，室内装修，夹芯碎料板，细木工，木桶，玩具和装饰品等。

湿地松 *P. elliottii* Engelm.

商品材名称：斯拉希松 Slash pine（引种）

大乔木，树高 24～30m，直径 0.6～0.9m；在巴西，21 年生人工林高达 24m，直径 0.4m。树干圆柱形，对称，生长较慢，比其他松的锯材出材率低，油状树脂从新切面渗出。美国东南沿海平原产的树木，可产生极好的松节油。该种在巴西的海拔 600～1100m 贫瘠土壤，生长仍良好。在阿根廷和乌干达引种的树木可得到很好的效益，树木耐火，在许多国家人工种植的树木抗病能力强。心材黄色至红褐色，与边材区别明显。边材色浅，宽 5～15cm。生长轮明显。木材有树脂气味；结构中等；纹理直或螺旋状；木材重量轻至中；干缩中等；强度中至弱。木材干燥略有降等，表面轻度开裂，但也有的严重开裂；干燥中幼龄材发生扭曲。天然耐腐性较差，易受白蚁和海生钻木动物危害，偶有家具番死虫侵害；心材防腐剂难浸注，边材易渗透。成熟材加工略难，但表面光滑。在加工中树脂会产生夹锯，并影响胶合，应加大齿间距，减轻夹锯现象。染色性好。幼龄材较轻、软，脆性大，主要用于制浆和建筑材。成熟材比其他松木更硬重，其材性可与花旗松相媲美。主要用途为重型和轻型建筑材，承重和一般地板，矿柱，电杆和桩木，造船材，车辆材，家具，细木工，单板，胶合板，纸浆材，箱盒，室内装修，玩具，装饰品，车旋材。

卡西亚松 *P. kesiya* Royle ex Gordon（*P. insularis* Endl.）

商品材名称：本格特松 Benguet pine，卡思亚松 Khasya pine

大乔木，高 30m，直径 0.4～1m。本种是东南亚的乡土树种，适合生长在海拔 600～2400m 高度处。据报道在巴西引种的林木生长迅速，但树形不太好，适于生长在排水良好的土壤，气温 1～38℃。幼树不抗火灾的破坏。心材红黄色至红褐色，空气中置久材色加深。边材白黄色，宽 4～5cm。生长轮明显。木材含树脂道多，树脂丰富，在纵切面常见到褐色细条纹。木材有光泽；结构中至较粗且均匀；纹理直；木材轻至中等；干缩小至中；强度中等至弱，木材强度随树龄而变化。树木伐倒后应立即运输，木材应在气干棚下干燥，窑干过程中有树脂溢出。天然耐腐性较差，边材易蓝变，常遭小蠹虫、白蚁和海生钻木动物危害；心材防腐剂浸注性中等，边材易渗透。木材加工容易，树脂含量高，使刀具变钝，但加工面光滑。节疤常使加工困难。胶合和钉钉性能均好。木材适于重型和轻型建筑材，地板，造船，枕木，电杆，桩木，家具，农具用材，单板，胶合板，纸浆材，箱盒，室内装修，刨花板，纤维板，车旋材。

辐射松 *P. radiata* D. Don（*P. insignis* Dougl.）

商品材名称：拉迪阿塔松 Radiata pine

大乔木，高 30～40m，直径 0.4～0.9m，树干通直，形状好。在厄瓜多尔的海拔 2500～3000m 的区域，20 年生的人工林，树高平均 24m，在智利，树高达 20～30m，干形颇佳。该树种可生长在各种类型土壤中，但在沃土和透水性良好的土壤中生长最好；该树种抗霜冻，易受冰雹影响和病菌侵染。树木节疤普遍，可通过调节种植密度和剪枝，使节疤减少。分布智利、厄瓜多尔等。心材新切面白色，置久后变成浅粉褐色，与边材略有区别。边材色浅。生长轮明显。树脂在纵切面呈细褐色线条。纹理近髓心处螺旋状，外部纹理直。木材轻至中等；干缩中至大；强度中等至弱。木材窑干迅速，干燥性能好，节疤会引起局部变形，含髓心的板材在干燥过程中应加重物，防止扭曲。天然耐腐性差，不抗白蚁，防腐剂处理容易，幼树的边材更易渗透。用手工和机械加工容易，在节疤周围，纹理易撕裂，采用锋利刀具并减小切削角，可获得光滑切面。染色和油饰性好。握钉力和胶合性亦佳。木材用于重型和轻型建筑材，承重和一般地板，枕木，家具，单板，胶合板，纸浆材，箱盒，室内装修，夹芯碎料板，火柴，细木工，刨花板，纤维板，玩具和装饰品，车旋材，木丝。

火炬松 *P. taeda* L.

商品材名称：洛博洛利松 Loblolly pine，塔特达松 Tatda pine

大乔木，高达 30m，直径 0.4～0.9m。在巴西 21 年生人工林平均树高 23m，直径 0.4m。该树种为美国东部和南部乡土树种，最适合生长在海岸和海拔近 1500m 山坡。此树种在乌干达引种十分成功。树木在透水性良好和潮湿地区生长最好，但也可生长在干旱、沙砾土壤中。此种比湿地松分枝多，是生长最快的南方松，常和湿地松及其他松统称为黄松，以混合价卖出。心材粉色至浅褐色，与边材略有区别。边材黄色，很宽。生长轮明显。木材含多数树脂道，有油腻感。木材有树脂气味，无特殊滋味；结构中至粗；纹理直；木材重量轻至中等；干缩变异大，从小至中到大；强度中等至弱。木材干燥性能相当好，略有扭曲或翘曲。原木易受变色菌感染而变色，树木伐倒后应立即处理。木材天然耐腐性差，不抗白蚁和海生钻木动物、小蠹虫和家具番死虫危害；心材防腐剂浸注性中等，边材易渗透。木材加工容易，由于节疤存在，板材表面常不光滑。染色和胶合性能好。木材汽蒸弯曲性好，常有多余的树脂溢出。木材用途为轻型建筑材，枕木，电杆，桩木，地板，家具，单板，胶合板，制浆，箱盒，室内装修，细木工，刨花板，纤维板，木桶，玩具和装饰品。

几种松木主要物理力学性质表

树种	产地	密度(g/cm³)		干缩率(%)			顺纹抗压强度(MPa)	抗弯强度(MPa)	抗弯弹性模量(MPa)	顺纹抗剪强度(MPa)	冲击韧性(kJ/m²)
		基本	气干	径向	弦向	体积					
加勒比松	巴西	0.37~0.40	0.73~0.90	4.1~5.0	6.6~8.0		62	114	14200	15	
	洪都拉斯						53	94	12400	19	
	尼加拉瓜						34	57	7900	9	
湿地松	巴西		0.46~0.72	3.1~4.0	5.1~6.5		53	94	12400	13	
							46	79	10700	12	
							34	57	7920	9	
卡西亚松	巴西		0.46~0.72	2.1~4.0	3.6~6.5		53	94	12400	13	
							40	67	9100	10	
							34	57	7920	9	
辐射松	智利		0.46~0.57	3.1~5.0	5.1~8.0		46	79	10700	12	
							40	67	9100	10	
火炬松	巴西		0.37~0.57	2.1~5.0	3.6~8.0		46	79	10700	12	
							34	57	7920	9	

卵果松 *P. oocarpa*　详见种叙述。

展叶松 *P. patula* Schlecht. et Cham.　详见种叙述。

卵果松 *P. oocarpa*
（彩版1.3；图版3.1~3）

【商品材名称】

奥柯特松 Ocote pine

【地方名称】

皮诺 Pino（拉丁美洲），奥柯特 Ocote（墨西哥、危地马拉、洪都拉斯、尼加拉瓜）。

【树木及分布】

大或中乔木，树高变化很大，最高可达37m，直径0.4~0.8m，偶可达1.3m；树干圆柱状，通直，无分枝，高15m左右。分布墨西哥、危地马拉、洪都拉斯和尼加拉瓜，多生长在山地和山脊。

【木材构造】

宏观特征

心材黄色或浅黄褐色，与边材区别明显。边材色浅。生长轮明显；轮宽1~4mm。早材管胞在放大镜下略见，早材至晚材急变；晚材带色深，占生长轮宽度的1/3~1/5。轴向薄壁组织放大镜下未见。木射线放大镜下明显；密度稀至略密；甚窄。树脂道具轴向和径向两大类，轴向者在放大镜下明显，分布于晚材带和早材带；在纵切面呈褐色条纹，径向者较小，在放大镜下偶见。

微观特征

管胞在早材带横切面为方形、矩形，最大弦向直径 70(多数 30~53)μm，管胞平均长 4937μm；螺纹加厚缺如。径壁具缘纹孔 1~2 列，圆形及椭圆形，直径 17~30μm，眉条长，数多；纹孔口圆形及椭圆形。管胞在晚材带横切面为矩形、方形，最大弦向直径 67(多数 18~42)μm，管胞平均长 5416μm，径壁具缘纹孔 1 列，螺纹加厚缺乏。纹孔圆形，直径 9~18μm，纹孔口透镜形。轴向薄壁组织缺如。木射线 4~6 根/mm。具单列和纺锤形两类。单列射线高 1~19(多数 8~14)细胞。大多数射线由射线薄壁细胞及射线管胞组成，少数全由射线管胞组成。射线细胞通常椭圆形，含少量树脂；水平壁薄，与早材管胞间交叉场纹孔主要为窗格状，1~3(多数 1~2)个，横列。射线管胞存在于上述两类射线中，位于上下边缘，中部未见，较射线细胞小，内壁具深锯齿、外缘呈波浪状。纺锤形中部具径向树脂道，近道上下射线细胞 2~3 列，两端单列部分高 3~6 细胞。树脂道轴向者边缘泌脂细胞壁薄，常含拟侵填体。径向者比轴向者小得多。

材料：W20120(墨西哥)

【木材性质】

木材略有光泽；有树脂气味，无特殊滋味；纹理直或斜；结构较粗，不均匀；重量中等；干缩大；强度中等。

产　地	密度(g/cm³)		干缩率(%)			顺纹抗压强度(MPa)	抗弯强度(MPa)	抗弯弹性模量(MPa)	顺纹抗剪强度(MPa)	冲击韧性(kJ/m²)
	基　本	气　干	径　向	弦　向	体　积					
	0.55	0.66	4.6	7.5	12.3	53	102	15503		135

木材干燥速度中至快，缺陷很少。心材抗白腐菌危害能力强，较抗褐腐菌，防腐剂心材难浸注，边材易渗透。木材用手工或机械加工均容易。木材最好油漆或喷涂，否则耐候性差。

【木材用途】

重型和轻型建筑材，电杆及枕木(需经防腐处理)，地板，箱盒等。

展叶松 *P. patula* Schlecht. et Cham. (*P. subpatula* Royle ex Gordon)
(彩版 1.4；图版 3.4~6)

【商品材名称】

帕图拉松 Patula pine

埃克索泰克 Exotic

【地方名称】

皮诺 Pino(拉丁美洲)，奥柯特 Ocoto(墨西哥)。

【树木及分布】

大乔木，高达 30~35m，直径 0.5~1.5m，树形好；树干通直，圆柱状。速生的树木应进行剪枝，以减少节疤。该种为墨西哥的乡土树种，适应生长在各种土壤中，在沃土中发育良好。分布巴西、厄瓜多尔、阿根廷的海拔 1000~3000m 的安第斯山区，此地区夏季雨量充沛。该种也是非洲的安哥拉、坦桑尼亚、肯尼亚、南非等国家喜爱种植的树种，也在新西兰、澳大利亚、印度等国家引种。

【木材构造】

宏观特征

心材黄色或浅褐色，与边材区别明显。边材色浅。生长轮明显；轮宽3～5mm。早材管胞在放大镜下略见或不见；早材至晚材略急变或急变；晚材带色深，占生长轮宽度的1/4～1/5。轴向薄壁组织放大镜下未见。木射线在放大镜下明显；密度稀至略密；甚窄。树脂道具轴向和径向两类，轴向者在放大镜下明显，分布于早材带及晚材带；在纵切面呈褐色条纹，径向者较小，在放大镜下间或可见。

微观特征

管胞在早材带横切面为方形、矩形，最大弦向直径62（多数28～45）μm，管胞平均长3027μm；螺纹加厚缺如。径壁具缘纹孔1（偶2）列，圆形及椭圆形，直径15～27μm，眉条长，数多；纹孔口圆形或椭圆形。管胞在晚材带横切面为矩形或方形，最大弦向直径55（多数22～40）μm，管胞平均长3579μm，径壁具缘纹孔1列，螺纹加厚缺如。纹孔圆形，直径8～16μm，纹孔口透镜形。索状管胞稀见。轴向薄壁组织缺如。木射线5～6根/mm。具单列和纺锤形两类。单列射线高3～16（多数7～10）细胞。大多数射线由射线薄壁细胞及射线管胞组成，少数全由射线管胞组成。射线细胞通常椭圆形，含少量树脂；水平壁薄，与早材管胞间交叉场纹孔主为窗格状，1～3（多数1～2）个，横列。射线管胞存在于上述两类射线中，位于上下边缘，中部稀见，较射线细胞小，内壁具深锯齿、外缘呈波浪形。纺锤射线中部具径向树脂道，近道上下射线细胞2～3列，两端单列部分高3～6细胞。树脂道轴向者边缘泌脂细胞壁薄，常含拟侵填体。径向者比轴向者小得多。

材料：W20106（墨西哥）

【木材性质】

木材具光泽；有树脂气味，无特殊滋味；纹理直；结构较粗，不均匀；重量轻至中等；干缩中至大；强度中至弱。

产地	密度(g/cm³)		干缩率(%)			顺纹抗压强度 (MPa)	抗弯强度 (MPa)	抗弯弹性模量 (MPa)	顺纹抗剪强度 (MPa)	冲击韧性 (kJ/m²)
	基本	气干	径向	弦向	体积					
	0.40～0.50	0.48～0.58	4.1	7.9	12.6	41	98			
						38	96	8337		
						50	83	12815		
巴西		0.46～0.57	2.1～5.0	5.1～8.0		46	79	10700	12	
墨西哥						40	67	9100	10	

据报道，30～40年树龄的木材，干燥迅速，性能好，很少降等，从生材（含水率150%～200%）至气干（含水率20%），板材约需2～3周；窑干迅速，无降等发生。原木和锯材容易蓝变，树木伐倒后应立即运走并进行防蓝变处理，避免木材变色。天然耐腐性差，易被小蠹虫、天牛、海生钻木动物、家具窃蠹虫和白蚁危害，木材用浸渍法

或高压真空系统法均可得到良好的处理效果。锯容易，但进料不宜过快，否则锯面粗糙。刨容易，但在节疤周围，纹理会凹凸不平。旋切性能好，但钻孔和开榫时，会撕裂木纤维。钉钉容易，不产生劈裂，握钉力强。胶合性能良好。

【木材用途】

轻型建筑材，电杆，桩木，地板，车辆材，家具，细木工，单板，胶合板，内装修，制浆，箱盒，夹芯碎料板，纤维板，刨花板，木桶，车旋材。

罗汉松科
Podocarpacear Endl.

常绿乔木或灌木。8 属，约 130 余种。分布热带、亚热带及南温带地区，多数分布于南半球。拉丁美洲主要商品材属有罗汉松属 *Podocarpus*。

罗汉松属 *Podocarpus* L' Her. ex Persoon

常绿乔木或灌木，约 100 种；分布亚热带及南温带，主产南半球。拉丁美洲主要商品材树种有：

云雾罗汉松 *P. nubigenus* Lindl.

商品材名称：纳尼奥 Nañio

大乔木，高 24m，直径 0.6~0.9m，树木干形好，高达 15m，常以片林或纯林生长在雨林中。经常作为装饰树种植。心材浅黄白色至黄褐色，偶带暗色条纹，与边材区分不明显。生长轮不明显。纹理直；结构细且均；木材重量轻至中（含水率 12%，气干密度 0.46~0.57g/cm^3）；干缩大至甚大（生材至炉干干缩率，径向 4.1%~5.0% 或 >5.1%，弦向 6.6%~8.0% 或 >8.1%）；强度弱（含水率 12%，顺纹抗压强度 40MPa，抗弯强度 67MPa，抗弯弹性模量 9100MPa，顺纹抗剪强度 10MPa）。原木边材易蓝变，树木伐倒后应立即用抗蓝变药物处理。木材常温下干燥容易，如采用高温可能开裂和变形，锯材应妥善堆放。木材易被白蚁、小蠹虫及天牛危害，天然耐腐性较低，防腐剂处理容易。用手工或机械加工十分容易，如刀具锋利，切面光滑。打孔和开榫须小心，防止纹理撕裂。染色、油饰及抛光性能良好。钉钉和拧螺钉木材有开裂趋势，需事先打孔。耐磨性差或中等。原木尖削度小，可旋出高质量单板。木材耐酸。干燥后的木材尺寸稳定性好。木材用途为建筑材，地板，造船材，车辆材，家具，单板，胶合板，室内装修，细木工，木桶等。

油橄榄罗汉松 *P. oleifolius* Don. 详见种叙述。

柳叶罗汉松 *P. salignus* D. Don. 详见种叙述。

油橄榄罗汉松 *P. oleifolius* Don.
（彩版1.5；图版4.1~3）

【商品材名称】

尤库马诺 Ulcumano

【地方名称】

尤库马诺 Ulcumano，阿库马努 Uncumanu，萨塞西洛 Saucecillo（秘鲁）。

【树木及分布】

大乔木，高40m，直径0.7~1.0m；树干通直，有时具沟槽，高20m；无板根。常生长在海拔1700~3000m的热带及亚热带地区。分布中美洲、委内瑞拉、哥伦比亚、厄瓜多尔、玻利维亚和秘鲁。

【木材构造】

宏观特征

心材浅黄褐色，与边材区别不明显。边材色浅。生长轮不明显。管胞放大镜下略见；早材至晚材渐变。轴向薄壁组织放大镜下不见。木射线放大镜下略见；略密；甚窄。树脂道缺如。

微观特征

管胞横切面长方形、方形及多边形，略具圆形轮廓；最大弦径46μm，平均40μm，管胞平均长2836μm；径壁具缘纹孔1列，圆形，直径16~18μm，纹孔口圆形及透镜形。轴向薄壁组织星散状；薄壁细胞端壁节状加厚未见；多含深色树脂。木射线5~7根/mm。单列射线，高1~16（多数3~9）细胞；射线细胞椭圆形，部分含深色树脂。全由射线薄壁细胞组成，水平壁薄，纹孔不见，端壁节状加厚未见；凹痕不明显或略明显。射线与管胞交叉场纹孔为柏木型及云杉型，常1个。树脂道缺如。

材料：W22056（厄瓜多尔）

【木材性质】

木材具光泽；无特殊气味和滋味；纹理直；结构略粗，均匀；木材重量轻；干缩中等；强度弱。

产地	密度(g/cm³)		干缩率(%)			顺纹抗压强度(MPa)	抗弯强度(MPa)	抗弯弹性模量(MPa)	顺纹抗剪强度(MPa)	冲击韧性(kJ/m²)
	基本	气干	径向	弦向	体积					
秘鲁	0.53		3.2	6.2	9.0	31	57	9709		

木材气干较容易。天然耐腐性较差，防腐剂处理容易。木材加工容易，胶合性能良好。

【木材用途】

轻型建筑，室内装修，家具，装饰单板，胶合板，乐器，雕刻等。

柳叶罗汉松 *P. salignus* D. Don. (*P. chilinus* Rich.)
(彩版 1.6；图版 4.4～6)

【**商品材名称**】

马尼奥 Manio

波多卡普斯 Podocarpus

【**地方名称**】

西普雷斯 Cipres（危地马拉，洪都拉斯）；西普里西洛 Cipricillo，西普瑞锡洛洛里托 Cipresillo lorito（哥斯达黎加）；皮诺查奎罗 Pino chaquiro（哥伦比亚）；皮诺卡斯坦托 Pino castaneto（委内瑞拉）；平霍布拉沃 Pinho bravo（巴西）；马纽 Maniu，马尼奥 Manio（智利）。

【**树木及分布**】

大乔木，高 18m，直径 0.45m；树干常弯曲。分布于西印度群岛、墨西哥、智利等。常生长在沼泽地带和河流两岸。

【**木材构造**】

宏观特征

心材浅黄至黄褐色，常带褐色条纹；与边材区别不明显。边材色浅。生长轮不明显。管胞在放大镜下略见；早材至晚材渐变。轴向薄壁组织在放大镜下不见。木射线在放大镜下可见；略密；甚窄。树脂道缺如。

微观特征

管胞横切面长方形、方形及多角形，略具圆形轮廓；最大弦径 39μm，平均 30μm，管胞平均长 2529μm；径壁具缘纹孔 1 列，圆形，直径 14～16μm，纹孔口圆形及透镜形。轴向薄壁组织星散状；薄壁细胞端壁节状加厚未见；含圆球形颗粒状物质。木射线 5～8 根/mm。单列射线，高 1～17（多数 4～9）细胞；射线细胞椭圆形。全由射线薄壁细胞组成，水平壁较薄，单纹孔偶见，端壁节状加厚未见；凹痕不明显或略明显。射线与管胞交叉场纹孔柏木型及云杉型，1～2 个，大多数 1 个。树脂道缺如。

材料：W19581（墨西哥）

【**木材性质**】

木材具光泽；无特殊气味和滋味；纹理直；结构细且匀；木材重量轻至中等；干缩中等；强度中等。

产 地	密度(g/cm³)		干缩率(%)			顺纹抗压强度(MPa)	抗弯强度(MPa)	抗弯弹性模量(MPa)	顺纹抗剪强度(MPa)	冲击韧性(kJ/m²)
	基 本	气 干	径 向	弦 向	体 积					
	0.37～0.55	0.44～0.67	2.6	6.4	9.6	48	81	9508		
						32	59			
						107		14331		79

　　木材干燥迅速，略有翘曲和变形。耐腐性差，但据巴西报道，野外试验表明耐腐性中等；真空加压防腐处理时，药剂易渗透，吸收量也大。用手工和机械加工均容易，但刨平、打孔和开榫时，常起毛或木纹撕裂，刀具应保持锋利。砂光、染色及油饰性能均好。钉钉有劈裂的可能。

【木材用途】

　　细木工，家具部件，建筑材，地板，箱盒，单板，胶合板，木模型，木桶，制浆和造纸。

第二部分
拉丁美洲被子植物主要
商品材特性和用途

鳞枝树科
Aextoxicaceae Engl. & Gilg.

乔木，本科只有鳞枝树属 *Aextoxicon* 1 属，分布于智利。

鳞枝树属 *Aextoxicon* Ruiz & Pav.

本属仅有鳞枝木 1 种，产于智利。

鳞枝木 *A. punctatum* Ruiz & Pav.
（彩版 1.7；图版 5.1~3）

【商品材名称】

奥利维洛 Olivillo

【地方名称】

特奎 Teque，帕洛马尔托 Polo muerto（智利）。

【树木及分布】

中或大乔木。分布于智利。

【木材构造】

宏观特征

木材散孔材。心材黄褐色至浅红褐色，与边材区别不明显。边材比心材材色略浅。生长轮不明显。管孔放大镜下略见；散生；数多；小至略小。轴向薄壁组织在放大镜下不见。木射线在放大镜下明显；密；甚窄至窄。波痕及胞间道未见。

微观特征

导管横切面圆形及椭圆形、多角形；主要为单管孔，少数呈短径列复管孔（2 个）及管孔团。由于导管分子端部重叠，部分管孔成对弦列；散生。95~133 个，平均 118 个/mm^2；最大弦径 108μm，平均 35μm；导管分子平均长 1434μm；侵填体和螺纹加厚未见。管间纹孔式梯状、梯状-对列，纹孔长椭圆形，纹孔口内含。复穿孔板梯状，横隔窄，数多，34~48 条或以上。导管与射线间纹孔式刻痕状，少数大圆形。轴向薄壁组织星散状和轮界状；部分细胞含树胶；晶体未见。木纤维壁薄至厚，直径 32μm，平均长 1937μm；具缘纹孔明显，纹孔口外展，呈裂隙状或 X 形；分隔木纤维未见。木射线 14~18 根/mm，非叠生。单列射线少，高 2~16（多为 8~10）细胞。多列射线宽 2~4 细胞，多数 3 列，高 15~36（多数 18~25）细胞，部分多列与单列等宽。具连接射线。射线组织异形 I 或 II 型。直立与方形射线细胞比横卧射线细胞高或高得多，多列部分细胞椭圆形及圆形；晶体未见。胞间道缺如。

材料：W19547（智利）

【木材性质】

木材有光泽；无特殊气味和滋味；纹理直；结构细且匀；重量中等；强度高。

产　地	密度(g/cm³)		干缩率(%)			顺纹抗压强度(MPa)	抗弯强度(MPa)	抗弯弹性模量(MPa)	顺纹抗剪强度(MPa)	冲击韧性(kJ/m²)
	基　本	气　干	径　向	弦　向	体　积					
		0.58								

木材易受变色菌的感染，会引起木材表面出现黄色或褐色斑点。木材加工容易，切面光滑。

【木材用途】

木器，细木工，木桶等。

漆树科
Anacardiaceae Lindl.

常绿或落叶，乔木及灌木。60 属，约 600 种；主要分布于热带，但也延伸至地中海、亚洲东部和美洲。拉丁美洲常见商品材属有：腰果木属 *Anacardium*，斑纹漆属 *Astronium*，籽漆属 *Campnosperma*，歪翅漆属 *Loxopterygium*，破斧木属 *Schinopsis*，槟榔青属 *Spondias*，塔皮漆属 *Tapirira*。

腰果木属 *Anacardium* L.

本属 15 种，分布于美洲热带地区。拉丁美洲常见商品材树种有：
高腰果木 *A. excelsum* （B. & B.） Skeels　详见种叙述。
巨腰果木 *A. giganteum* Engl. 详见种叙述。

高腰果木 *A. excelsum* （B. & B.） Skeels （*A. rhinocarpus* DC.）
（彩版 1.8；图版 5.4~6）

【商品材名称】

埃斯帕维 Espave

【地方名称】

卡朱 Caju，卡朱达马塔 Caju-da-mata，卡朱阿库 Cajuacu（巴西）。

【树木及分布】

大乔木，高 23~45m，直径 0.9~1.5m；树干高 10~18m，板根发育欠佳。分布哥伦比亚、委内瑞拉及巴拿马。生长在低地雨林和稠密常绿林中，喜生排水良好的土壤中，常群生。

【木材构造】

宏观特征

木材散孔材。心材新切面浅黄至红褐色，干燥后材色加深为金黄褐色或红褐色，与边材略有区别。边材灰粉色，宽15～25cm。生长轮不明显。管孔肉眼下略见，放大镜下明显；散生；数甚少，略大。轴向薄壁组织放大镜下呈环管束状。木射线放大镜下明显；略密；甚窄、窄。波痕及胞间道未见。

微观特征

导管横切面近圆形、椭圆形，具多角形轮廓；主单管孔，少数径列复管孔（2～3个，多为2个）；散生；1～4个，平均2个/mm²；最大弦径377μm，平均193μm；导管分子平均长614μm；有侵填体；螺纹加厚缺如。管间纹孔式互列，排列紧密；多角形；纹孔口内含。穿孔板单一，倾斜。导管与射线间纹孔式大圆形和刻痕状。轴向薄壁组织环管束状、翼状；部分细胞含树胶；晶体未见。木纤维壁薄；直径24μm，平均长1477μm；径面单纹孔较多，纹孔口长圆形，具胶质纤维；分隔木纤维未见。木射线8～10根/mm；非叠生。单列射线较多，高3～16（多数5～6）细胞。多列射线宽2（偶3）细胞，高6～29（多数10～18）细胞。射线组织异形Ⅲ型，少数Ⅱ型。方形和直立射线细胞比横卧射线细胞高，菱形晶体分布在方形、直立和横卧射线细胞中，部分细胞含深色树胶。胞间道未见。

材料：W22694（巴西）

【木材性质】

木材略具光泽；无特殊气味和滋味；纹理直或交错；结构略粗；木材重量轻至中等；干缩小至中等；强度弱。

产　地	密度(g/cm³)		干缩率(%)			顺纹抗压强度(MPa)	抗弯强度(MPa)	抗弯弹性模量(MPa)	顺纹抗剪强度(MPa)	冲击韧性(kJ/m²)
	基　本	气　干	径　向	弦　向	体　积					
委内瑞拉		0.37～0.57	2.1～4.0	3.6～6.5		34	57	7920	9	

木材气干速度多样，干燥较困难，应减慢干燥速度，将翘曲和开裂减至最小。天然耐腐性较差，易受粉蠹虫危害，但抗白蚁；防腐剂可处理性中等。木材加工容易，打孔、开榫均好，刨平和砂光性较差，纹理撕裂和表面起毛是加工主要缺陷。木材砂光需加填充剂（腻子粉等），染色容易。握钉力强，耐候性好。锯屑可引起皮炎和气喘。

【木材用途】

轻型建筑材，家具及家具部件，单板，胶合板，箱盒，内装修，细木工，食品容器等。

巨腰果木 *A. giganteum* Engl.
（彩版1.9；图版6.1~3）

【商品材名称】

卡拉科利 Caracoli

卡朱阿奎 Caju-acu

【地方名称】

卡朱 Caju，卡朱阿奎 Caju-acu，卡朱达马塔 Caju da mata（巴西）；卡拉科利 Cara-coli（哥伦比亚、厄瓜多尔、委内瑞拉）；马拉诺 Maranon（厄瓜多尔）；乌布迪 Ubudi（圭亚那）；布切卡苏 Bouchi cassoun，卡斯绸 Caschou（法属圭亚那）；卡舒 Cashu（秘鲁）；波斯卡斯朱 Boskasjoe，波锡 Boesi，卡斯朱 Kasjoe（苏里南）；米乔 Mijao（委内瑞拉）；阿斯帕维 Aspave，威尔德 Wild，卡休 Cashew（巴拿马、英国）；马拉诺 Maranon（秘鲁、哥斯达黎加）；波曼卡珠 Pomme cajou（海地）；布切 Bouchi，卡珠 Cajou，卡斯绸 Caschou（法国）；埃斯帕维 Espavel（英国）。

【树木及分布】

大乔木，高20~30m，直径1.5~2m；树冠茂密、美丽。分布巴西亚马孙河流域、哥斯达黎加、巴拿马、哥伦比亚、委内瑞拉、圭亚那、法属圭亚那、苏里南、厄瓜多尔和海地。喜生旱地林中的石灰质和砂质土壤中。

【木材构造】

宏观特征

木材散孔材。心材新切面为浅褐色，置久后变柠檬黄色至土黄褐色，与边材略有区别。边材深黄色。生长轮不明显。管孔肉眼下可见，放大镜下明显；散生；数甚少，略大；具侵填体。轴向薄壁组织放大镜下明显，环管束状、翼状。木射线放大镜下明显；略密；甚窄。波痕及胞间道未见。

微观特征

导管横切面近圆形、椭圆形，具多角形轮廓；单管孔，少数径列复管孔（2~3个）；极少管孔团；散生；2~7个，平均4个/mm^2；最大弦径391μm，平均160μm；导管分子平均长537μm；侵填体较丰富；螺纹加厚缺如。管间纹孔式互列，排列紧密；多角形及圆形；纹孔口内含。穿孔板单一，倾斜。导管与射线间纹孔式刻痕状及大圆形。轴向薄壁组织环管束状、翼状、带状（宽4~9细胞）；晶体未见。木纤维壁薄至厚；直径20μm，平均长994μm；径面单纹孔较多，略具狭缘，纹孔口外展，裂隙状。胶质纤维多，带状分布，与正常木纤维相间排列。分隔木纤维未见。木射线7~10根/mm；非叠生。单列射线较多，高2~15（多数5~8）细胞。多列射线宽2（偶3）细胞，高5~19（多数10~14）细胞。射线组织异形Ⅲ型，少数Ⅱ型。方形和直立射线细胞比横卧射线细胞高，晶体未见，部分细胞含树胶。胞间道未见。

材料：W22501（巴西）

【木材性质】

木材略具光泽；无特殊气味和滋味；纹理直或斜；结构略粗至粗；重量中等；干缩

和强度中等。

产　地	密度(g/cm³)		干缩率(%)			顺纹抗压强度(MPa)	抗弯强度(MPa)	抗弯弹性模量(MPa)	顺纹抗剪强度(MPa)	冲击韧性(kJ/m²)
	基　本	气　干	径　向	弦　向	体　积					
		0.55	3.5	5.7		44	81	10200		

木材干燥比较容易，有轻度扭曲和变形。天然耐腐性差，不抗腐朽菌、白蚁和昆虫危害；木材防腐剂可处理性中等。木材锯、刨、切、车性能均好，胶合性能亦佳，但钉钉易开裂。

【木材用途】

民用建筑内装修，胶合板，轻型包装箱，水泥模板，玩具等。

斑纹漆属 *Astronium* Jacq.

本属 15 种，分布热带地区，主产南美洲。拉丁美洲常见商品材树种有：

烈叶斑纹漆 *A. graveolens* Jacq. 详见种叙述。

莱蔻斑纹漆 *A. lecointei* Ducke　详见种叙述。

乌隆斑纹漆 *A. urundewva*（Fr. All.）Engl. 详见种叙述。

以上 3 种木材性质和用途相近，常划为同一类商品材。

烈叶斑纹漆 *A. graveolens* Jacq.
（彩版 2.1；图版 6.4～6）

【商品材名称】

盖蒂多 Gateado

冈卡洛阿尔文斯 Goncalo alves

【地方名称】

保罗德塞拉 Palo de cera，保罗德丘尔布拉 Palo de culebra（墨西哥）；格桑内罗 Gusanero（哥伦比亚）；盖蒂多 Gateado（委内瑞拉）；格里塔 Gurarita（巴西）；格桑古 Guasango（厄瓜多尔）；斑木 Zebrawood（英国）；虎木 Tigerwood（美国）。

【树木及分布】

大乔木，高可达 30m，直径 0.9m；主干通直，圆柱状，长 15～20m；具窄的板根，高 1.2～1.8m。分布在南美洲温带地区，特别从巴西的巴伊亚州往南，延伸至圣保罗的北部和东部，直到巴拉那州，从与巴拉圭边界到太平洋沿岸。是高山林地常见树种，可生产典型的少缺陷或无缺陷原木。

【木材构造】

宏观特征

木材散孔材。心材当为新鲜材时，黄褐至褐色、橘黄或红褐色，并具不规则的暗褐色条纹，干燥后变成褐色、红色或暗红褐色具黑色条纹，与边材区别明显。边材暗灰色或浅褐色，宽 10～15cm。生长轮略明显。管孔肉眼可见，放大镜下明显；散生；数少，略小。轴向薄壁组织放大镜下可见，环管束状。木射线放大镜下略见；密度略密；窄。波痕及胞间道未见。

微观特征

导管横切面圆形或椭圆形；为单管孔和径列复管孔（2~4 个，多为 2~3 个）；散生；7~17 个，平均 10 个/mm²；最大弦径 193μm，平均 89μm；导管分子平均长 451μm；侵填体丰富；螺纹加厚缺如。管间纹孔式互列；圆形或多角形；纹孔口内含，裂隙状。穿孔板单一，倾斜。导管与射线间纹孔式主为刻痕状，少数大圆形。轴向薄壁组织少，为疏环管状、星散状及少数轮界状；晶体未见。木纤维壁薄至厚；直径 17μm，平均长 1222μm；单纹孔少，略具狭缘，分隔木纤维普遍。木射线 6~8 根/mm；非叠生。单列射线较少，高 2~6 细胞。多列射线宽 2~4 细胞，多数 2~3 细胞，高 8~23（多数 11~15）细胞。射线组织异形 II 型。直立或方形射线细胞比横卧射线细胞高或高得多。多列部分射线多为卵圆形或多角形，部分细胞含树胶；菱形晶体普遍存在直立或方形射线细胞中，含晶细胞增大，形成含晶异细胞。胞间道系正常径向者位于射线中部，由 15~17 个分泌细胞组成，直径约为 50~55μm。

材料：W20156（墨西哥）

【木材性质】

木材具光泽；无特殊气味和滋味；纹理直或交错，偶见波浪状；结构细且均；木材甚重；干缩甚大；强度高。

产 地	密度(g/cm³)		干缩率(%)			顺纹抗压强度(MPa)	抗弯强度(MPa)	抗弯弹性模量(MPa)	顺纹抗剪强度(MPa)	冲击韧性(kJ/m²)
	基 本	气 干	径 向	弦 向	体 积					
巴 西		0.91~1.01	>5.1	>8.1		71	134	16300	17	
洪都拉斯		1.02~1.14				62	114	14200	15	

木材干燥较困难，速度中等，有翘曲和轻微开裂的趋势。心材抗白腐菌和褐腐菌能力强，防腐剂处理相当困难。木材虽然密度高，但加工不困难，加工表面光滑，容易旋切。具较高抗吸湿性，耐磨性和耐候性良好。可刨切单板，也有报道粘胶有困难。

【木材用途】

建筑材，地板，矿用材，枕木，电杆，桩木，车辆材，家具，细木工，工具柄，木梯，体育用品，单板，胶合板，室内装修，车旋材。

莱蔻斑纹漆 A. *lecointei* Ducke
（彩版 2.2；图版 7.1~3）

【商品材名称】

缪拉卡蒂亚拉 Muiracatiara

冈卡洛阿尔文斯 Goncalo alves

【地方名称】

瓜里塔 Gurarita，阿德诺波雷托 Aderno-preto，冈卡莱罗 Goncaleiro（巴西）；格桑古

Guasango（厄瓜多尔）；乌拉戴帕拉 Urunday-para（乌拉圭）；斑木 Zebrawood（英国）；虎木 Tigerwood（美国）。

【树木及分布】

大乔木，高可达 28m，直径 0.8m；主干通直，圆柱状。广泛分布于亚马孙地区，集中生长在巴西的帕拉州等地。大多生长在旱地林中。

【木材构造】

宏观特征

木材散孔材。心材新切面浅粉褐色至黄褐色，空气中置久后变成暗红色，具黑色条纹，与边材略有区别。边材浅褐色。生长轮略明显。管孔肉眼可见，放大镜下明显；散生；数少，略小。轴向薄壁组织放大镜下可见，疏环管状。木射线放大镜下略见；略密；窄至略宽。波痕及胞间道未见。

微观特征

导管横切面椭圆形或圆形，为单管孔和径列复管孔（2~6个，多为2~3个）；散生；12~23个，平均17个/mm²；最大弦径207μm，平均91μm；导管分子平均长609μm；侵填体丰富；螺纹加厚缺如。管间纹孔式互列；圆形或多角形；纹孔口内含，裂隙状。穿孔板单一，略斜。导管与射线间纹孔式为刻痕状或大圆形。轴向薄壁组织少，为疏环管状、星散状及少数轮界状；晶体未见。木纤维壁薄至厚；直径19μm，平均长1325μm；单纹孔少，略具狭缘；分隔木纤维普遍。木射线8~11根/mm；非叠生。单列射线较少，高3~15细胞。多列射线宽2~10细胞，多数2~3细胞，高8~39（多数10~18）细胞。射线组织异形Ⅱ型。直立或方形射线细胞比横卧射线细胞高或高得多。多列部分射线多为卵圆形或多角形，多数细胞含树胶；菱形晶体存在直立或方形射线细胞中。胞间道正常径向者位于射线中部，由18~20个分泌细胞组成，直径约为70~80μm。

材料：W20187，W21452（巴西）。

【木材性质】

木材具光泽；无特殊气味，略带苦味；纹理斜或交错，偶见波浪状；结构细且均；木材甚重；干缩大；强度高。

产　地	密度（g/cm³）		干缩率（%）			顺纹抗压强度（MPa）	抗弯强度（MPa）	抗弯弹性模量（MPa）	顺纹抗剪强度（MPa）	冲击韧性（kJ/m²）
	基　本	气　干	径　向	弦　向	体　积					
巴　西		0.9~1.1	4.1	7.2	11.0	84	146	11278	9.8	
巴　西						76	133	17100		

木材气干效果好，无缺陷产生，窑干迅速，有可能产生开裂。木材耐腐，抗昆虫和白蚁侵害，防腐剂处理困难，需采用真空加压系统。木材加工容易，砂光和打眼无困难，但刨平较难，表面不光滑。钉钉需事先打孔，防止劈裂。抛光、打腻、油饰效果均佳。

【木材用途】

适作内部及外部建筑材，门窗框，拼花地板，高档家具，工具柄，乐器材和装饰材，并可刨切装饰单板。

乌隆斑纹漆 A. *urundeuva*（Fr. All.）Engl.
（彩版 2.3；图版 7.4~6）

【商品材名称】

　　奥伦德维 Orendeuva

【地方名称】

　　阿罗拉多塞塔奥 Aroeira do sertao（巴西）

【树木及分布】

　　大乔木，高 18m，直径 0.8m；树干通直，高 12m。木材单宁含量 15%。分布于巴西、秘鲁等。树木生长在混交阔叶林中。

【木材构造】

宏观特征

　　木材散孔材。心材新鲜材紫色，空气中置久后变成红褐色，常具暗色条纹，与边材区别明显。边材粉黄色，宽 3cm 左右。生长轮不明显或略明显。管孔在放大镜下明显；散生；数少；略小。轴向薄壁组织放大镜下不见。木射线放大镜下明显；略密；甚窄、窄。波痕及胞间道未见。

微观特征

　　导管横切面圆形或椭圆形，单管孔和径列复管孔（2~7 个，多为 2~3 个）；散生；5~14 个，平均 10 个/mm^2；最大弦径 128μm，平均 79μm；导管分子平均长 354μm；侵填体和树胶极丰富；螺纹加厚缺如。管间纹孔式互列；圆形或多角形；纹孔口内含。穿孔板单一，略倾斜。导管与射线间纹孔式刻痕状，少数大圆形。轴向薄壁组织较少，为环管束状、疏环管状、星散状，少数轮界状；晶体未见。木纤维壁厚至甚厚；直径 12μm，平均长 904μm；单纹孔偶见，略具狭缘；分隔木纤维偶见。木射线 9~12 根/mm；非叠生。单列射线较少，高 2~16 细胞。多列射线宽 2~4（多数 2）细胞，高 4~21（多数 10~15）细胞。具连接射线。射线组织异形 II 型。直立或方形射线细胞比横卧射线细胞高。菱形晶体存在直立或方形细胞中，大部分细胞含树胶。胞间道正常径向者，位于射线中部，由 30~40 余个分泌细胞组成，直径约为 80~100μm。

　　材料：W22467（巴西）

【木材性质】

　　木材有光泽；无特殊气味和滋味；纹理交错或波浪状；结构细且匀；木材重或甚重；干缩中至大；强度高。

产　地	密度(g/cm³)		干缩率(%)			顺纹抗压强度(MPa)	抗弯强度(MPa)	抗弯弹性模量(MPa)	顺纹抗剪强度(MPa)	冲击韧性(kJ/m²)
	基　本	气　干	径　向	弦　向	体　积					
		1.02~1.14	3.1~5.0	5.1~8.0		81	158	18700	19	
		>1.15								
巴　西		1.19	3.8	7.2	12.6	83	157	14612	18	368

为避免木材干燥过程中产生严重翘曲,特别是较薄锯材,应十分小心处置。木材较耐腐,抗昆虫危害。木材硬、重,韧性和强度高,加工困难,但加工面光滑,效果好。钉钉和拧螺钉需事先打孔。耐候性极好。

【木材用途】

重、轻型建筑材,电杆,桩木,承重和一般地板,造船材,车辆材,工具柄,木梯,室内装修,细木工,车旋材等。还可作上等薪材、木炭,提取单宁。

籽漆属 *Campnosperma* Thw.

本属15种,分布热带地区。拉丁美洲常见商品材树种有巴拿马籽漆木。

巴拿马籽漆木 *C. panamensis*
(图版 8.1~3)

【商品材名称】

萨乔 Sajo

奥尔 Orey

【树木及分布】

中或大乔木,高12~18m,直径0.25~0.38m;树木干形好,高9m。分布巴拿马北部太平洋沿岸低地、哥斯达黎加、哥伦比亚太平洋沿岸,在沼泽地区形成纯林。

【木材构造】

宏观特征

木材散孔材。心材白色至灰黄色;与边材区别不明显。边材色浅。生长轮不明显。管孔放大镜下明显;散生;数略少,略小。轴向薄壁组织未见。木射线放大镜下明显;略密;甚窄至略宽。波痕及胞间道未见。

微观特征

导管横切面为近圆形、椭圆形,具明显多角形轮廓;主要为单管孔,少数径列复管孔(2~3个);散生;26~55个,平均33个/mm²;最大弦径128μm,平均73μm;导管分子平均长875μm;含侵填体;螺纹加厚缺如。管间纹孔式互列;圆形及椭圆形、多角形;纹孔口内含。单穿孔板为主,少数复穿孔板梯状,横闩多数8~17个,偶见网状复穿孔板,穿孔板斜或略斜。导管与射线间纹孔式刻痕状,少数大圆形。轴向薄壁组织量极少;星散状;晶体未见。木纤维壁薄;直径31μm,平均长1130μm;单纹孔很少,纹孔口狭长;分隔木纤维未见。木射线6~10根/mm;非叠生。单列射线高2~17(多数5~12)细胞。多列射线宽2细胞,含径向树胶道者宽5~7细胞。有连接射线。射线组织异形Ⅲ型及Ⅱ型。方形或直立细胞比横卧射线细胞高或略高,部分细胞含深色树胶,晶体未见。胞间道为正常径向者,位于射线中部,直径60~85μm,由16~29分泌细胞组成。通常每个射线含1个径向树胶道,也有含2个。

材料:W22747(巴拿马)

【木材性质】

木材具银色丝状光泽；新切面有明显气味，干燥后消失，无滋味；纹理直；结构细且匀；木材轻；强度弱。

产　地	密度(g/cm³)		干缩率(%)			顺纹抗压强度(MPa)	抗弯强度(MPa)	抗弯弹性模量(MPa)	顺纹抗剪强度(MPa)	冲击韧性(kJ/m²)
	基　本	气　干	径　向	弦　向	体　积					
	0.33	0.40				36	60	10197		

木材气干迅速，略翘曲或开裂。木材不耐腐，不抗粉蠹虫危害，易蓝变，防腐处理容易。木材加工容易，表面光滑，握钉力强。

【木材用途】

箱盒，食品容器，家具，木模型，胶合板，刨花板，纤维板，制浆和造纸，铅笔材。

歪翅漆属 *Loxopterygium* Hook. f.

本属5种，分布于南美洲热带地区。拉丁美洲常见商品材树种有蛇木歪翅漆。

蛇木歪翅漆 *L. sagotii* Hook. f.
（彩版2.4；图版8.4~6）

【商品材名称】

休布巴利 Hububalli
斯兰杰赫特 Slangenhout

【地方名称】

阿帕 Aupar，休布巴利 Hububalli，奎帕里 Kwipari，奎帕里亚 Kwipariye（圭亚那）；赫波巴利 Hoeboeballi，库皮亚利 Kooelpialli，斯兰杰赫特 Slangenhout，苏里南蛇木 Suriname snakewood（苏里南）；奥诺蒂洛 Onotillo，奥尔马塔 Ormata，皮卡汤 Picaton（委内瑞拉）。

【树木及分布】

大乔木，高30m，胸径0.7m；树木干形好，高15~20m；具低矮板根。分布于圭亚那和委内瑞拉西部。生长在雨林或稀树草原林。

【木材构造】

宏观特征

木材散孔材。心材浅褐色至红褐色，具深色条纹，形成漂亮花纹；与边材区别不明显。边材浅灰褐色或白黄色，宽5.0~7.5cm。生长轮不明显。管孔在放大镜下明显；散生；数少，略大；含侵填体。轴向薄壁组织未见。木射线在放大镜下可见；略密；窄至略宽。波痕及胞间道未见。

微观特征

导管横切面椭圆形及圆形；具多角形轮廓；为单管孔和径列复管孔（2~7个，多数2~3个）；管孔团偶见；散生；8~22个，平均15个/mm²；最大弦径201μm，平均

116μm；导管分子平均长493μm；具侵填体；螺纹加厚缺如。管间纹孔式互列；纹孔圆形及多角形；纹孔口外展及合生。穿孔板单一，略平行或倾斜。导管与射线间纹孔式刻痕状或大圆形。轴向薄壁组织星散状、疏环管状；薄壁细胞含树胶及内含物；晶体未见。木纤维壁薄；直径22μm，平均长1005μm；单纹孔略具狭缘，较少；分隔木纤维普遍。木射线3~5根/mm；非叠生。单列射线较少，高2~11细胞。多列射线宽2（偶3）细胞，含径向树胶道的射线宽4~5细胞；高4~19（多数10~15）细胞。射线组织异形Ⅲ及Ⅱ型。方形或直立射线细胞比横卧射线细胞略高或较高。菱形晶体分布于直立或方形射线细胞中；多数细胞含树胶及内含物。胞间道系正常径向树胶道，位于射线中部，弦向直径50~65μm，由15~26分泌细胞组成。

材料：W22716（圭亚那）

【木材性质】

木材略具光泽；无特殊气味和滋味；纹理直或交错，波浪状；结构细，均匀；木材重量中等；干缩中至大；强度中等。

产　地	密度(g/cm³)		干缩率(%)			顺纹抗压强度(MPa)	抗弯强度(MPa)	抗弯弹性模量(MPa)	顺纹抗剪强度(MPa)	冲击韧性(kJ/m²)
	基　本	气　干	径　向	弦　向	体　积					
委内瑞拉		0.65~0.72	3.1~5.0	5.1~8.0		53	94	12400	13	
苏里南	0.56	0.68	3.4	7.2	11.1	51	94	12060		

木材气干略困难，密度较高板材，水分移动很慢，并有翘曲和开裂发生。木材较耐腐或不耐腐，较抗白蚁危害，防腐剂难浸注。木材加工性能良好，锯、刨容易，加工表面光滑，抛光性好，油漆较困难，胶合需小心处理。耐候性极佳，尺寸稳定性好。如通风条件差，粉尘对加工者有害。

【木材用途】

重、轻型建筑材，承重和一般地板，车辆材，高档家具，工具柄，木梯，农具用材，单板，装饰单板，胶合板，室内装修，细木工，车旋材。

破斧木属 *Schinopsis* Engl.

本属7种，分布于南美洲。拉丁美洲常见商品材树种有：

红破斧木 *S. balansae* Engl. 详见种叙述。

阿根廷破斧木 *S. lorentzii*（Gris.）Engl. 详见种叙述。

红破斧木 *S. balansae* Engl.
（图版9.1~3）

【商品材名称】

奎布拉乔科洛拉多 Quebracho colorado

【地方名称】

巴朗瓦 Barauva，布朗纳 Brauna，奎布拉乔赫布拉 Quebracho hembra，奎布拉乔维梅霍 Quebracho-vermelho（巴西）；奎布拉乔科洛拉多 Quebracho colorado，奎萨蒂格诺 Q. satiagueno（阿根廷）。

【树木及分布】

大乔木，高 25m，直径 0.9～1.5m；树干通直，圆柱状，高 6～9m；树木以片林或混交林分布在潮湿地区，成熟大树常心腐。心材的单宁含量高达 35%。分布于阿根廷北部、巴拉圭西部，少数在玻利维亚和巴西。

【木材构造】

宏观特征

木材散孔材。心材新切面栗褐色，空气中置久后材色加深呈深红，常具条纹；与边材区别略明显或不明显。边材色浅。生长轮未见。管孔在放大镜下可见；散生；数少，略小；含沉积物。轴向薄壁组织放大镜下不见。木射线在放大镜下可见；略密；窄及略宽。波痕及胞间道未见。

微观特征

导管横切面椭圆形及圆形；单管孔、径列复管孔（2～4 个，多为 2 个）及管孔团；散生；11～14 个，平均 12 个/mm²；最大弦径 120μm，平均 80μm；导管分子平均长 350μm；管孔几乎全为厚壁侵填体及深色树胶堵塞，侵填体内含菱形晶体；螺纹加厚未见。管间纹孔式互列；圆形或多角形；纹孔口内含。穿孔板单一，略倾斜或平行。导管与射线间纹孔式类似管间纹孔式。轴向薄壁组织为环管束状或疏环管状；含深红色树胶；具分室含晶细胞，菱形晶体达数十个。木纤维壁甚厚；直径 11μm，平均长 977μm；单纹孔极少，偶见；分隔木纤维偶见。木射线 7～10 根/mm；非叠生。单列射线较少，高 2～25 细胞。多列射线宽 2～8（多数 2～3）细胞；高 6～33（多数 15～22）细胞。具连接射线。射线组织异形 Ⅲ 及 Ⅱ 型。几乎所有射线细胞含深色树胶；方形或直立射线细胞比横卧射线细胞高或高得多；菱形晶体分布于直立和方形细胞中。胞间道径向正常者，位于近射线中部；弦向直径 40～60μm，周围分泌细胞 15～20 左右。

材料：W22672（美国送）

【木材性质】

木材略具光泽；无特殊气味，略有苦味；纹理斜至交错；结构甚细且匀；木材甚重；干缩甚大；强度高。

产　地	密度(g/cm³)		干缩率(%)			顺纹抗压强度(MPa)	抗弯强度(MPa)	抗弯弹性模量(MPa)	顺纹抗剪强度(MPa)	冲击韧性(kJ/m²)
	基　本	气　干	径　向	弦　向	体　积					
阿根廷		>1.15	>5.1	>8.1		71	134	16300	17	

为了避免木材干燥翘曲和开裂，应认真对待干燥过程。木材天然耐腐性高，不易受腐朽菌侵害。锯、刨等加工困难，但加工面光滑，抛光性极佳。木屑引起加工者气喘、流鼻血、眼结膜炎等。

【木材用途】

重型建筑材，承重地板，矿柱材，枕木，电杆，桩木，车辆材，家具，体育用材，细木工，车旋材。还可作为上等薪材，并能提取单宁。

阿根廷破斧木 *S. lorentzii*（Gris.）Engl.
（图版 9.4～6）

【商品材名称】

奎布拉乔 Quebracho

【地方名称】

巴朗纳 Barauna，布朗纳 Brauna（巴西）。

【树木及分布】

大乔木，高 20～25m，直径 0.3～0.8m；树干略直，少分枝，高 8～10m。心材单宁含量 22%～24%。分布于阿根廷。树木生长在干旱平原，常形成小片林或混合林，喜生黏土或砂壤土。大树常心腐。

【木材构造】

宏观特征

木材散孔材。心材栗红色，有时具黑色条纹；与边材区别略明显。边材色浅，粉白色，宽 2.5～7.5cm。生长轮未见。管孔放大镜下可见；散生；数少，略小；含丰富的树胶和侵填体。轴向薄壁组织放大镜下不见。木射线放大镜下可见；略密；窄或略宽。波痕及胞间道未见。

微观特征

导管横切面圆形及椭圆形；单管孔、径列复管孔（2～4 个，多为 2 个）及管孔团；散生；11～16 个，平均 13 个/mm²；最大弦径 110μm，平均 81μm；导管分子平均长 356μm；硬化侵填体及深色树胶几乎全部填满管孔，侵填体内含丰富的菱形晶体；螺纹加厚未见。管间纹孔式互列；纹孔多角形或圆形；纹孔口内含。穿孔板单一，略平或倾斜。导管与射线间纹孔式类似管间纹孔式。轴向薄壁组织为环管状、略呈翼状、星散状；含深色树胶；晶体未见。木纤维壁厚至甚厚；直径 12μm，平均长 1094μm；单纹孔极少；分隔木纤维普遍。木射线 9～12 根/mm；非叠生。单列射线较少，高 2～24 细胞。多列射线宽 2～10（多数 2～3）细胞；高 6～28（多数 12～18）细胞。具连接射线。射线组织异形 Ⅱ 型及 Ⅲ 型。直立或方形射线细胞比横卧射线细胞高或高得多；树胶极其丰富；菱形晶体分布方形与直立细胞中。胞间道系正常径向胞间道；弦向直径 70～90μm，周围分泌细胞 20～26 个。

材料：W22673（美国送）

【木材性质】

木材有光泽；无特殊气味，略有苦味；纹理交错；结构甚细且匀；木材甚重；干缩甚大；强度高。

产　地	密度(g/cm³)		干缩率(%)			顺纹抗压强度（MPa）	抗弯强度（MPa）	抗弯弹性模量（MPa）	顺纹抗剪强度（MPa）	冲击韧性（kJ/m²）
	基　本	气　干	径　向	弦　向	体　积					
阿根廷		1.02 ~ 1.14	>5.1	>8.1		71	134	16300	17	
						62	114	14200	15	

木材须小心进行干燥，原木制成薄锯板时，有明显翘曲和开裂发生。天然耐腐性高，抗害虫危害，不需防腐处理。用手工或机械加工十分困难，打眼或开榫，常有木碎片脱落。染色和抛光性颇佳，钉钉和拧螺钉需预先打孔。木屑引起人们头痛、皮炎和哮喘。

【木材用途】

重、轻型建筑材，承重和一般地板，枕木，电杆，桩木，矿柱材，车辆材，工具柄，木梯，体育用材，细木工及车旋材。还可提取单宁，作薪炭材。

槟榔青属 *Spondias* L.

本属 10 ~ 12 种，分布热带美洲和东南亚。拉丁美洲常见商品材树种有黄槟榔青。

黄槟榔青 *S. mombin* L.（*S. lutea* L.）
（彩版 2.5；图版 10.1 ~ 3）

【商品材名称】

乔博 Jobo

霍普拉姆 Hog plum

【地方名称】

巴拉 Bala（哥斯达黎加）；乔比托 Jobito（巴拿马）；乔博布兰科 Jobo blanco（哥伦比亚）；乔博科若乔索 Jobo corronchoso（委内瑞拉）；霍贝 Hoe boe（苏里南）；卡杰 Caja'，波达塔佩拉 Pau da tapera（巴西）；乌博 Ubo（秘鲁）；霍博 Hobo（墨西哥）。

【树木及分布】

大乔木，高可达 40m，直径 1.2m；树干基部膨大，并有粗糙的沟槽，树干高 18 ~ 24m。分布印度次大陆西部，墨西哥南部，秘鲁和巴西。该树种生长在开阔的高原或山岭上。常作为林荫树或篱笆树来种植，可人工种植，也可天然更新。

【木材构造】

宏观特征

木材散孔材。心材米色或浅黄褐色，与边材区分不明显。边材浅米色，宽 10cm。生长轮不明显。管孔肉眼可见，放大镜下明显；散生；数少，略大。轴向薄壁组织在放大镜下不见。木射线在放大镜下可见；略密，窄至略宽。波痕及胞间道未见。

微观特征

导管横切面圆形或椭圆形，为单管孔和径列复管孔（2 ~ 5 个，多为 2 ~ 3 个）；散生；8～13 个，平均 11 个/mm²；最大弦径 227μm，平均 126μm；导管分子平均长 555μm；侵填体较丰富；螺纹加厚缺如。管间纹孔式互列，圆形或多角形，纹孔口内含，裂隙状。穿孔板单一，略倾斜。导管与射线间纹孔式为大圆形或刻痕状。**轴向薄壁组织稀少**，为疏环管状、星散状，偶见菱形晶体。木纤维壁薄；直径 38μm，平均长 885μm；具缘纹孔较多；分隔木纤维普遍。木射线 5～8 根/mm；非叠生。单列射线较少，高 2～12 细胞。多列射线宽 2～5 细胞，多数 2～3 细胞，高 5～39（多数 18～30）细胞。射线组织异形 Ⅱ 型。直立或方形射线细胞比横卧射线细胞高或高得多。多列部分射线多为卵圆形或多角形；菱形晶体存在于直立或方形射线细胞中。胞间道系正常径向者位于射线中部，由 10～13 个分泌细胞组成，直径约为 40～50μm。

　　材料：W18266，W20151（秘鲁）。

【木材性质】

　　木材略具光泽；无特殊气味和滋味；纹理斜或交错；结构略粗而均；木材轻至重；干缩性中等；强度高。

产　地	密度(g/cm³)		干缩率(%)			顺纹抗压强度(MPa)	抗弯强度(MPa)	抗弯弹性模量(MPa)	顺纹抗剪强度(MPa)	冲击韧性(kJ/m²)
	基　本	气　干	径　向	弦　向	体　积					
巴　西	0.46		2.7	4.7	7.5	30	61	8819		83
	0.64					40	67	9100	10	

　　木材气干速度中等，会产生轻微的翘曲和开裂。木材易蓝变，树木伐倒后，应立即处理或加工；易受白蚁、针孔蛀虫和海生钻木动物危害，防腐剂处理边材易渗透，心材浸注性中等；利用常压和高压处理可以使防腐剂渗透较深，药剂吸收较多，达到较好的处理效果。木材手工和机械加工均易，刨平时表面光滑，但钻孔时会起毛，砂光性能颇佳，胶合性能好。钉钉和拧螺钉不产生劈裂。

【木材用途】

　　建筑材，造船材，电杆，桩木，家具，细木工，工具柄，木梯，单板，胶合板，制浆，箱盒，室内装修，碎料板，纤维板，刨花板，火柴，玩具，装饰品和车旋材。

塔皮漆属 *Tapirira* Aubl.

　　本属 15 种，分布从墨西哥至南美洲，常见商品材树种有圭亚那塔皮漆。

圭亚那塔皮漆 *T. guianensis* Aubl.
（彩版 2.6；图版 10.4～6）

【商品材名称】

　　塔皮里里 Tapiriri

　　弗瑞斯诺 Fresno

【地方名称】

　　阿皮里里 Apiriri，克鲁塔德波博 Cryta-de-pombo，帕波博 Pau-pombo，塔塔皮里里卡 Tatapiririca（巴西）。

【树木及分布】

大乔木，树高 25m，直径 0.3m；树干通直，高 12m，无板根。分布热带美洲，特别在圭亚那、巴西、哥伦比亚、委内瑞拉，生长在草原稀树林和林带中。

【木材构造】

宏观特征

木材散孔材。心材金褐色至浅红褐色，与边材略有区别。边材比心材略浅。生长轮不明显。管孔放大镜下明显；散生；数少，略大；含侵填体和树胶。轴向薄壁组织放大镜下不见。木射线放大镜下明显；略密，窄至略宽。波痕及胞间道未见。

微观特征

导管横切面卵圆形及椭圆形，具多角形轮廓；单管孔及径列复管孔（2~5 个，多数 2 个）；偶见管孔团；散生；11~20 个，平均 15 个/mm²；最大弦径 267μm，平均 118μm；导管分子平均长 648μm；具侵填体和树胶；螺纹加厚缺如。管间纹孔式互列，纹孔多角形及圆形，纹孔口内含，透镜形。穿孔板单一，平行或略倾斜。导管与射线间纹孔式刻痕状及大圆形。**轴向薄壁组织星散状、星散-聚合状或疏环管状**，部分细胞含树胶；晶体未见。木纤维壁薄至厚，直径 19μm，平均长 1279μm；径面单纹孔数多，略具狭缘，纹孔口外展，裂隙状；分隔木纤维普遍。木射线 7~10 根/mm；非叠生。单列射线高 2~7 细胞。多列射线宽 2~10（多数 2~3）细胞，高 7~38（多数 15~23）细胞，部分单列常与多列等宽。连接射线普遍。射线组织为异形 II 型。直立或方形射线细胞比横卧射线细胞高或高得多；多列部分细胞长椭圆形或多角形，多数射线细胞含树胶。菱形晶体分布在直立或方形细胞中。胞间道为正常径向者，位于射线中部，直径 40~70μm，由 17~25 个分泌细胞组成。

材料：W22502（巴西）

【木材性质】

木材光泽弱；无特殊气味和滋味；纹理直；结构细且匀；重量变化大，从轻至中或重；干缩中至大；强度中至弱。

产 地	密度(g/cm³)		干缩率(%)			顺纹抗压强度(MPa)	抗弯强度(MPa)	抗弯弹性模量(MPa)	顺纹抗剪强度(MPa)	冲击韧性(kJ/m²)
	基 本	气 干	径 向	弦 向	体 积					
巴 西	0.46~0.72	3.1~5.0	5.1~8.0		46	79	10700	12		
哥伦比亚						40	67	9100	10	

木材干燥迅速，性能好，几无降等发生。天然耐腐性差，易受昆虫危害；边材易蓝变。木材用手工或机械加工均容易，加工表面光滑。刨切、打眼、钉钉与拧螺钉性能均佳，握钉力强。抛光性能好。

【木材用途】

轻型建筑材，家具及家具部件，单板，胶合板，箱盒，室内装修，夹芯碎料板，纤维板，刨花板，细木工，车旋材等。

番荔枝科
Annonaceae Juss.

本属约120属，2100种；广布世界热带、亚热带地区。拉丁美洲常见商品材属有：瓜特番荔枝属 *Guatteria*，剑木属 *Oxandra*。

瓜特番荔枝属 *Guatteria* Ruiz & Pav.

本属约250种，分布墨西哥南部至巴西。拉丁美洲常见商品材树种有瓜特番荔枝。

瓜特番荔枝 *G. scytophylla*
（彩版2.7；图版11.1~3）

【商品材名称】

卡拉休斯加 Carahuasca

【树木及分布】

大乔木，高20~30m，直径0.25~0.50m。分布于秘鲁亚马孙地区及巴西。

【木材构造】

宏观特征

木材散孔材。心材黄橄榄色，有深褐色或黑色条纹；与边材区别不明显。边材色浅。生长轮未见。管孔肉眼下可见，放大镜下明显；散生；数甚少，略大；含侵填体。轴向薄壁组织放大镜下呈弦向细线，与木射线相交，为梯状。木射线放大镜下明显；稀或略密，窄至略宽。波痕及胞间道未见。

微观特征

导管横切面椭圆形及近圆形，具多角形轮廓；为单管孔和径列复管孔（2~4个，多为2个）；散生；2~6个，平均4个/mm²；最大弦径244μm，平均175μm；导管分子平均长568μm；侵填体未见；螺纹加厚缺如。管间纹孔式互列，圆形及椭圆形，纹孔口外展及合生。穿孔板单一，略平行或倾斜。导管与射线间纹孔式类似管间纹孔式。轴向薄壁组织星散状，略呈弦向细线（单细胞宽），疏环管状，有纺锤形薄壁射线细胞；晶体未见。木纤维壁薄；直径41μm，平均长1494μm；径弦两壁单纹孔较明显，略具狭缘；分隔木纤维未见。木射线3~5根/mm；非叠生。单列射线较少，高2~6细胞。多列射线宽4~6细胞，高16~119或以上（多数72~89）细胞。射线组织同形单列和多列。多列部分细胞椭圆形及多角形；晶体未见；部分薄壁细胞含树胶。胞间道未见。

材料：W22517（巴西）

【木材性质】

木材略具光泽；无特殊气味和滋味；纹理直；结构较粗；木材重量轻；干缩大；强度弱。

产 地	密度(g/cm³)		干缩率(%)			顺纹抗压强度(MPa)	抗弯强度(MPa)	抗弯弹性模量(MPa)	顺纹抗剪强度(MPa)	冲击韧性(kJ/m²)
	基 本	气 干	径 向	弦 向	体 积					
巴 西	0.52		3.9	8.0	11.5	32	61	12063		

木材干燥性质良好。天然耐腐性较差，易为腐朽菌侵害，防腐剂处理心、边材均易渗透。锯、刨等加工容易。

【木材用途】

木器，家具，书架，车辆材，建筑材，木模板，工具柄等。

剑木属 *Oxandra* A. Rich.

本属22种，分布于中美洲和南美洲、西印度群岛。拉丁美洲常见商品材树种有剑木。

剑木 *O. lanceolata* （Sw.） Baill.（*O. laurifolia* A. Rich.）
（图版11.4~6）

【商品材名称】

西印度群岛长矛木 West indian lance wood

长矛木 Lancewood

【地方名称】

海牙普里塔 Haya prieta（波多黎各）；雅亚 Yaya（巴拿马、古巴、多米尼加共和国）；长矛木 Bois de lance（海地）。

【树木及分布】

中或大乔木，高9~15m，直径0.1~0.3m；树干高4m。分布于古巴、多米尼加共和国、波多黎各、亚马孙盆地。

【木材构造】

宏观特征

木材散孔材。心材黑色；与边材区别略明显。边材浅黄色，通常只利用边材。生长轮不明显。管孔放大镜下可见；散生；数略少，略小。轴向薄壁组织放大镜下可见；呈弦向细线。木射线放大镜下可见；略密；窄至略宽。波痕及胞间道未见。

微观特征

导管横切面椭圆形或圆形；为单管孔及径列复管孔（2~4个，多为2个）；管孔团偶见；散生；20~46个，平均33个/mm²；最大弦径170μm，平均55μm；导管分子平均长354μm；侵填体未见，含树胶；螺纹加厚缺如。管间纹孔式互列，纹孔小，排列紧密，圆形、多角形；纹孔口外展，略合生。穿孔板单一，略倾斜。导管与射线间纹孔式类似管间纹孔式。轴向薄壁组织为弦向带状［宽1（偶2）细胞］；星散状；晶体未见。木纤维壁厚甚厚，直径10μm，平均长871μm；单纹孔少；分隔木纤维未见。木射线5~7根/mm；非叠生。单列射线较少，高1~14细胞。多列射线宽2~5（多数4~

5）细胞，高 6~59（多数 24~37）细胞。射线组织同形单列及多列或异形Ⅲ型，局部有直立或方形射线细胞，大多数都由横卧射线细胞组成。部分射线细胞含树胶；晶体未见。胞间道未见。

材料：W22674（美国送）

【木材性质】

木材光泽中或强；无特殊气味和滋味；纹理直；结构细且均；木材重或甚重；干缩甚大；强度高。

产　地	密度(g/cm³)		干缩率(%)			顺纹抗压强度（MPa）	抗弯强度（MPa）	抗弯弹性模量（MPa）	顺纹抗剪强度（MPa）	冲击韧性（kJ/m²）
	基　本	气　干	径　向	弦　向	体　积					
法属圭亚那	0.81	0.99	6.2	9.6	15.4		163	19981		
		0.91~1.01	>5.1	>8.1		81	158	18700	19	

木材干燥较困难，略开裂。木材不耐腐。由于木材硬、重，用手工或机械加工较困难，略使加工刀具变钝。刨切表面光滑，但切削角不宜超过 25°。车旋与雕刻性能良好，染色和油漆性颇佳。钉钉和拧螺钉易开裂，需事先钻孔。

【木材用途】

工具柄，木梯，体育用品，钓竿，垒球棒，精密仪器箱盒，车旋材，弓箭，艺术品，纺织工业木管，风琴部件等。

夹竹桃科
Apocynaceae Juss.

常绿稀落叶，直立或藤状灌木，少为乔木，植物体具乳汁。约 250 属，2000 余种；主要分布热带，少数生长亚热带。拉丁美洲常见商品材属有：盾籽木属 *Aspidosperma*，牛奶木属 *Couma*，热美竹桃属 *Macoubea*，胶竹桃属 *Parahancornia*。

盾籽木属 *Aspidosperma* Mart. & Zucc.

本属约 80 种，分布热带南美洲、西印度群岛，可提供商品材，部分树种的树皮可提取单宁。拉丁美洲常见商品材树种共分为 3 类：

1. 阿拉拉坎加类（Araracanga group），主要树种有：

　　白盾籽木 *A. album*（Vahl）R. Ben.

　　束花盾籽木 *A. desmanthum* Benth.

　　大果盾籽木 *A. megalocarpon* Muell. Arg.

2. 珀罗巴罗萨类（Peroba rosa group），主要树种有：

　　红盾籽木 *A. peroba* Fr. All.

3. 奎布拉乔布兰科类（Quebracho-blanco group），主要树种有：

　　破斧盾籽木 A. *quebracho-blanco* Schl.

杜氏盾籽木 A. *dugandii* Standl.

商品材名称：卡雷托 Carreto

大乔木，树高 15~20m，直径 0.4m；树干通直。分布于南美洲和中美洲。心材黄色或黄褐色，带粉至紫色条纹；与边材区别不明显。边材暗灰白色。木材略具光泽；无特殊气味和略带苦味；纹理直；结构细且匀；木材重至甚重（含水率 12%，气干密度 0.91~1.01g/cm³）；干缩小至中等（生材至炉干干缩率，径向 2.1%~4.0%，弦向 3.6%~6.5%）；强度高（含水率 12%，顺纹抗压强度 71MPa，抗弯强度 134MPa，抗弯弹性模量 16300MPa，顺纹抗剪强度 17MPa）。木材气干略困难，为防止表面开裂和翘曲，干燥需缓慢进行。天然耐腐性较强，抗昆虫危害。用手工或机械加工较易，刨切和精加工表面光滑，如有交错纹理存在，纹理常撕裂。钉钉困难，但握钉力强。木材耐酸性极好，尺寸稳定性差。木屑和粉尘会引起过敏或皮肤病，加工时应注意通风、除尘。木材适于重型建筑材，承重和一般地板，矿用材，造船材，工具柄，木梯，体育用品，细木工，木桶，车旋材。

破斧盾籽木 A. *quebracho-blanco* Schl.

商品材名称：奎布拉乔布兰科 Quebracho blanco

大乔木，高 20m，直径 0.8m；树干较直，高 12m。分布热带美洲和西印度群岛。树木生长在干旱砂质土壤，天然更新能力强。心材黄色至玫瑰色或橘黄至玫瑰色；与边材区别不明显。边材略浅。木材材色随树龄增大，材色变浅。木材略具花纹。木材略具光泽；无特殊气味和滋味；纹理直或交错，常不规则；结构细且匀；木材重量中等（含水率 12%，气干密度 0.65~0.72g/cm³）；干缩大至甚大（生材至炉干干缩率，径向 4.1%~5.0% 或 >5.1%，弦向 6.6%~8.0% 或 >8.1%）；强度中等（含水率 12%，顺纹抗压强度 46MPa，抗弯强度 79MPa，抗弯弹性模量 10700MPa，顺纹抗剪强度 12MPa）。木材强度较高，较重、硬，有韧性和弹性，锯困难，木材干燥需小心处理，防止锯材翘曲和开裂。略耐腐，不易受小蠹虫侵害；防腐剂可处理性中等。用手工或机械加工较困难，但切面光滑。是极好的薪材，常制成木炭。木材可提取单宁。木材适于作重、轻型建筑材，承重和一般地板，枕木，电杆，桩木，矿用材，车辆材，室内装修，家具，细木工，木桶，车旋材。

大果盾籽木 A. *megalocarpon* Muell. Arg. 详见种叙述。

红盾籽木 A. *peroba* Fr. All. 详见种叙述。

大果盾籽木 A. *megalocarpon* Muell. Arg.
（彩版 2.8；图版 12.1~3）

【商品材名称】

　　阿拉拉坎加 Araracanga

【地方名称】

　　加维蒂洛 Gavetillo（玻利维亚、巴西）；阿拉拉坎加 Araracanga，阿拉劳巴 Ararauba，杰卡明 Jacamin（巴西）；奎洛卡斯皮 Quillocaspi，科帕奇 Capachi（哥伦比亚）；奇奇卡 Chichica（危地马拉）；希巴丹 Shibadan（圭亚那）；库曼蒂奥杜 Koumanti oudou（法属圭亚那）；查普尔 Chapel，查珀纳 Chaperna（洪都拉斯）；沃拉多尔 Volador，佩尔马克斯 Pelmax（墨西哥）；阿尔卡雷托 Alcarreto（巴拿马）；普马奎罗 Pumaquiro（秘鲁）；克罗曼蒂科皮 Kromanti kopi（苏里南）；尼利洛内格罗 Nielillo negro（委内瑞拉）。

【树木及分布】

大乔木，树冠高大，树高 37m，直径 0.6～0.9m；树干通直，少分枝，高 25m；无板根。分布于从墨西哥、经过中美洲到亚马孙流域（包括圭亚那），生长在潮湿土壤中。

【木材构造】

宏观特征

木材散孔材。心材新切面浅粉褐色或白黄褐色，空气中置久后呈浅橘红色至橘黄褐色，有时略带玫瑰色，与边材区别不明显。边材窄，白至黄色，置久后颜色加深，近心材材色。生长轮略明显。管孔放大镜下明显；散生；数略少，略小。轴向薄壁组织放大镜下不见。木射线放大镜下明显；略密，甚窄。波痕及胞间道未见。

微观特征

导管横切面近圆形、卵圆形，具多角形轮廓，大多数为单管孔，少数径列复管孔（2～3 个）；散生或略呈斜列；23～30 个，平均 26 个/mm²；最大弦径 153μm，平均 85μm；导管分子平均长 845μm；侵填体和螺纹加厚未见。管间纹孔式互列，圆形，系附物纹孔，纹孔口内含。穿孔板单一，平行或略斜。导管与射线间纹孔式类似管间纹孔式。轴向薄壁组织星散状、疏环管状，少数环管束状；晶体和树胶未见。纤维管胞壁薄至厚；直径 26μm，平均长 1775μm；径弦壁均有明显的具缘纹孔，通常 1 列，偶 2 列；纹孔口外展呈 X 形；分隔纤维管胞未见。木射线 6～8 根/mm；非叠生。大多数为单列射线（偶 2 列），高 2～28（多数 8～17）细胞。射线组织同形单列。射线几全由横卧射线细胞组成。少数射线细胞含树胶；晶体未见。胞间道未见。

材料：W20081（墨西哥）

【木材性质】

木材具光泽；干燥后无特殊气味和滋味；纹理直或斜；结构细，均匀；木材重；干缩大；强度高。

产地	密度(g/cm³)		干缩率(%)			顺纹抗压强度(MPa)	抗弯强度(MPa)	抗弯弹性模量(MPa)	顺纹抗剪强度(MPa)	冲击韧性(kJ/m²)
	基本	气干	径向	弦向	体积					
	0.70～0.80	0.85～1.03	5.2	8.7	14.3	77	143	19016		
						100	201	26830		
	0.95		6.4	10.2		91	172	20900		

木材气干不困难，为避免较严重端裂、面裂和变形，最好采用适中的干燥速度；窑干效果也较好。心材耐腐，抗白腐菌和褐腐菌，抗白蚁性中等，抗海生钻木动物危害；

据报道利用热或冷浸渍处理或真空加压系统，心材油基防腐剂吸收量为 $0.10\mathrm{g/cm^3}$，渗透较深和均匀。由于木材硬，加工困难，需特种钢加工刀具，切面光滑，抛光性能良好，装饰性亦佳。钉钉困难，需先打孔。

【木材用途】

重型建筑材，地板，枕木，造船材，车辆材，室内或外装修，家具，水利设施用材。

红盾籽木 A. *peroba* Fr. All.

（图版 12.4~6）

【商品材名称】

佩罗巴罗萨 Peroba rosa

【地方名称】

阿马里洛 Amarello，阿马戈罗 Amargoro（巴西）；伊比拉罗米 Ibira-romi，保罗罗萨 Palo rosa（阿根廷）。

【树木及分布】

大乔木，高达 38m，直径 1.2~1.5m；树干通直，形状好，高 9m。分布于巴西东南部和阿根廷，据报道在圣保罗州盛产。树木分布在混交阔叶树林中，喜群生。

【木材构造】

宏观特征

木材散孔材。心材新切面为玫瑰红色，带紫色或褐色条纹，但空气中置久后变成黄褐色或褐色；与边材略有区别或无区别。边材色浅。生长轮未见。管孔放大镜下略见；散生；数略多，形小。轴向薄壁组织放大镜下未见。木射线放大镜下可见；略密，甚窄。波痕及胞间道未见。

微观特征

导管横切面椭圆形及近圆形，具多角形轮廓，主为单管孔，少数径列复管孔（2~3 个）；散生；47~68 个，平均 58 个/mm^2；最大弦径 $82\mu\mathrm{m}$，平均 $51\mu\mathrm{m}$；导管分子平均长 $724\mu\mathrm{m}$；侵填体和螺纹加厚未见。管间纹孔式互列，系附物纹孔，圆形，纹孔口内含。穿孔板单一，略斜或平行。导管与射线间纹孔式类似管间纹孔式。轴向薄壁组织为星散状及星散-聚合状；具分室含晶细胞，菱形晶体可达 7~8 个。木纤维壁厚至甚厚；直径 $20\mu\mathrm{m}$，平均长 $1697\mu\mathrm{m}$；单纹孔略具狭缘，分隔木纤维未见。纤维管胞径、弦两面具缘纹孔明显，圆形，纹孔口内含。木射线 7~9 根/mm；非叠生。单列射线较少，高 2~7 细胞。多列射线宽 2 细胞，高 4~25（多数 11~18）细胞。射线组织同形单列及多列，部分异形Ⅱ型。晶体未见；部分细胞含树胶。胞间道缺如。

材料：W22456（巴西）

【木材性质】

木材光泽弱；无特殊气味，略带苦味；纹理直或交错，波浪状；结构甚细且匀；木材重量中等或重；干缩中等至大；强度高。

产　地	密度(g/cm³)		干缩率(%)			顺纹抗压强度 (MPa)	抗弯强度 (MPa)	抗弯弹性模量 (MPa)	顺纹抗剪强度 (MPa)	冲击韧性 (kJ/m²)
	基　本	气　干	径　向	弦　向	体　积					
巴　西		0.73~0.80	3.1~5.0	5.1~8.0		62	114	14200	15	
阿根廷	0.65	0.75	3.8	6.4	11.6	57	88	9894		232
						54	104			

为防止轻度开裂和变形的发生，干燥应谨慎处置。木材较耐腐，但遭小蠹虫、天牛和白蚁危害；防腐剂心材极难处理，边材可渗透。用手工和机械加工容易，会使刀具变钝。刨切时宜采用20°角，以得光滑表面。打孔和开榫时应防止木纹撕裂。染色、抛光与胶合性能均佳。木材可刨切装饰单板。耐磨性高。其木屑会引起加工者皮炎。

【木材用途】

重、轻型建筑材，承重和一般地板，枕木，电杆，桩木，矿柱材，造船材，车辆材，家具，细木工，工具柄，木梯，单板，胶合板，室内装修，木桶，车旋材。

牛奶木属 Couma Aubl.

本属15种，分布于巴西和圭亚那。拉丁美洲常见商品材树种有大果牛奶木。

大果牛奶木 C. macrocarpa Barb. ex Rodr.
（彩版2.9；图版13.1~3）

【商品材名称】

牛奶树 Cow tree

【地方名称】

佩里洛内格罗 Perillo negro，阿维丘里 Avichuri（哥伦比亚）；瓜马罗马乔 Guaimaro macho，瓦卡霍斯卡 Vacahosca（委内瑞拉）；杜卡巴利 Dukaballi（圭亚那）；阿马阿帕 Ama-apa（苏里南）；莱切卡斯皮 Leche-caspi（秘鲁）；坎马阿苏 Cuma assu，索瓦 Sorva（巴西）。

【树木及分布】

大乔木，树高18~24m，直径0.5~0.6m；树木通直，干形好。分布于巴西、哥伦比亚的柯雷若-奥佩和塞若德萨卢卡斯地区。多数生长在低海拔区域，是亚马孙地区的乡土树种。

【木材构造】

宏观特征

木材散孔材。心材浅黄褐色或奶油色，常具粉红色条纹，与边材区分不明显。边材比心材材色略浅。生长轮不明显。管孔在放大镜下明显；散生；数少，略大。轴向薄壁组织在放大镜下未见。木射线在放大镜下可见；略密，窄。波痕及胞间道未见。

微观特征

导管横切面椭圆形或圆形，略具多角形轮廓，为径列复管孔（2～5个，多为2～3个）和单管孔；散生；4～9个，平均6个/mm²；最大弦径207μm，平均124μm；导管分子平均长702μm；侵填体和螺纹加厚缺如。管间纹孔式互列，纹孔小，密集，多角形及圆形，纹孔口合生和内含。穿孔板单一，倾斜。导管与射线间纹孔式类似管间纹孔式。轴向薄壁组织稀少，为星散状或星散-聚合状；晶体未见。木纤维壁薄；直径34μm，平均长1553μm；具缘纹孔明显，纹孔口外展；分隔木纤维未见。木射线8～12根/mm；非叠生。单列射线较多，高2～11细胞。多列射线宽2～3细胞，以2列为主，高5～25（多数8～17）细胞。具联结射线。射线组织异形Ⅱ型。直立或方形射线细胞比横卧射线细胞高。多列部分射线多为卵圆形或多角形，部分细胞含树胶；晶体未见。胞间道系正常径向者位于射线中部，由8～10个分泌细胞组成，直径约为30～40μm。

材料：W22106，W22107（哥伦比亚）。

【木材性质】

木材具光泽；无特殊气味和滋味；纹理直或交错；结构细或略粗，均匀；木材重量中等；干缩中等；强度中至强。

产　地	密度(g/cm³)		干缩率(%)			顺纹抗压强度(MPa)	抗弯强度(MPa)	抗弯弹性模量(MPa)	顺纹抗剪强度(MPa)	冲击韧性(kJ/m²)
	基　本	气　干	径　向	弦　向	体　积					
	0.50	0.61	6.4	3.9	10.4	64	115			
						49	110			

木材气干和窑干均易，可能产生轻微翘曲和开裂，无降等。木材天然耐腐性差，易受蓝变菌感染；据报道木材防腐剂可处理性良好。木材加工性能好，如有交错纹理存在，需十分谨慎处理。径面解锯的板材可得到光滑的表面。钉钉和拧螺钉性能亦佳。

【木材用途】

适宜用作室内装修，建筑材，家具部件，单板，胶合板，刨花板，纤维板及箱盒。

热美竹桃属 *Macoubea* Aubl.

本属6种，分布南美洲热带地区。拉丁美洲常见商品材树种有热美竹桃。

热美竹桃 *M. guianensis* Aubl.
（图版13.4～6）

【商品材名称】

罗科罗科 Rokoroko

【地方名称】

阿马帕阿马高索 Amapa-amargoso，阿马帕多西 Amapa-doce，马库库达特拉弗莫 Macucu-da-terrafirme（巴西）。

【树木及分布】

大乔木，高30m，直径0.6m；树干通直，圆柱状，高21m，基部膨大。树皮含乳汁。分布南美洲热带地区，树木生长在沼泽林、雨林、原始林或潮湿林中。

【木材构造】

宏观特征

木材散孔材。心材浅黄色或黄褐色；与边材区别略明显。边材白色，宽 2.5 ~ 5.0cm。生长轮不明显。管孔肉眼下略见，放大镜下明显；散生；数少，略大。轴向薄壁组织放大镜下不见。木射线放大镜下可见；略密，甚窄、窄。波痕及胞间道未见。

微观特征

导管横切面椭圆形或近圆形，具多角形轮廓，单管孔及径列复管孔（2 ~ 4 个，多数 2 ~ 3 个），管孔团偶见；散生；4 ~ 8 个，平均 6 个/mm²；最大弦径 301μm，平均 113μm；导管分子平均长 1044μm；侵填体未见；螺纹加厚缺如。管间纹孔式互列，圆形及多角形，纹孔口外展及合生。穿孔板单一，略倾斜。导管与射线间纹孔式类似管间纹孔式。轴向薄壁组织星散状、星散-聚合状；薄壁细胞含圆球形内含物；具筛状纹孔；晶体未见。木纤维壁薄；直径 49μm，平均长 2152μm；径弦两面具缘纹孔明显；分隔木纤维未见。木射线 6 ~ 11 根/mm；非叠生。单列射线较少，高 1 ~ 14 细胞。多列射线宽 2 ~ 3 细胞，高 8 ~ 39（多数 12 ~ 29）细胞，部分多列射线与单列等宽。具连接射线。射线组织异形 I 型及 II 型。直立及方形射线细胞比横卧射线细胞高或高得多。部分射线细胞含圆球形内含物；晶体未见。胞间道缺如。

材料：W22675（苏里南）

【木材性质】

木材光泽中等；无特殊气味和滋味；纹理直；结构细且均；木材有时具十分漂亮的装饰性花纹；木材重量轻；干缩小至大；强度弱。

产地	密度(g/cm³)		干缩率(%)			顺纹抗压强度 (MPa)	抗弯强度 (MPa)	抗弯弹性模量 (MPa)	顺纹抗剪强度 (MPa)	冲击韧性 (kJ/m²)
	基 本	气 干	径 向	弦 向	体 积					
苏里南		0.46 ~ 0.50	2.1 ~ 5.0	3.6 ~ 8.0		34	57	7920	9	

木材气干迅速，略有翘曲、开裂和表面硬化发生，为了减少降等，最好采用较慢的干燥速度。木材不耐腐，易感染蓝变菌，被白蚁危害。木材加工性能良好，易锯、刨、打孔，加工表面光滑。钉钉和胶合效果令人满意。需打腻子，方可得到良好的抛光性。

【木材用途】

单板，胶合板，箱盒，夹芯碎料板，火柴，细木工，食品容器。

胶竹桃属 *Parahancornia* Ducke ▰▰▰▰▰▰▰▰

本属 8 种，分布热带南美洲。拉丁美洲常见商品材树种有：

胶竹桃 *P. amapa*（Hub.）Ducke　详见种叙述。

奇异胶竹桃木 *P. paradoxa* 详见种叙述。

胶竹桃 *P. amapa* (Hub.) Ducke
(彩版 3.1；图版 14.1~3)

【商品材名称】

　　阿马帕 Amapa

　　杜卡利 Dukali

【地方名称】

　　阿马帕 Amapa（巴西、圭亚那）；阿马帕阿马戈索 Amapa-amargoso，阿马帕布朗科 Amapa-branco，阿马帕津霍 Amapazinho（巴西）；杜卡利 Dukali（圭亚那）；马帕 Mapa（法属圭亚那）；纳兰杰波德达 Naranja podrida（秘鲁）。

【树木及分布】

　　中或大乔木，树高 10.7m，胸径 0.51m。树皮富含白色乳汁，略带苦味。该种分布在巴西亚马孙盆地、圭亚那、法属圭亚那和苏里南。喜生长于旱地林中。

【木材构造】

　　宏观特征

　　木材散孔材。心材奶白色或粉红色，与边材区分不明显。边材比心材颜色略浅。生长轮不明显。管孔放大镜下明显；散生；数少，略大。轴向薄壁组织放大镜下可见，呈弦向细线状。木射线放大镜下略见；略密，甚窄至窄。波痕及胞间道未见。

　　微观特征

　　导管横切面椭圆形或圆形，略具多角形轮廓，为径列复管孔（2~5个，多为2~3个）和单管孔；散生；4~14个，平均9个/mm²；最大弦径216μm，平均104μm；导管分子平均长902μm；侵填体和螺纹加厚未见。管间纹孔式互列，系附物纹孔，个小，密集，圆形和多角形；纹孔口内含。穿孔板单一，倾斜。导管与射线间纹孔式类似管间纹孔式。轴向薄壁组织少，单细胞弦向带状；晶体未见。纤维管胞壁薄；直径34μm，平均长1475μm；具缘纹孔普遍，纹孔口外展；分隔纤维管胞未见。木射线8~12根/mm；非叠生。单列射线多，高2~27细胞。多列射线宽2~3细胞，以2细胞为主，高10~33（多数14~22）细胞。射线组织同形单列和多列。多列部分射线细胞多为卵圆形或多角形，少数细胞含树胶；晶体未见。胞间道系正常径向树胶道，位于射线中部，由8~10个分泌细胞组成，直径约为25~35μm。

　　材料：W21228（南美洲）

【木材性质】

　　木材具光泽；无特殊气味和滋味；纹理直；结构细；重量中等；干缩甚大；强度中等。

产　地	密度(g/cm³)		干缩率(%)			顺纹抗压强度(MPa)	抗弯强度(MPa)	抗弯弹性模量(MPa)	顺纹抗剪强度(MPa)	冲击韧性(kJ/m²)
	基　本	气　干	径　向	弦　向	体　积					
	0.52	0.59	4.3	7.7		44	89	10600		

木材干燥迅速，略有变形和开裂。天然耐腐性差，易受白蚁和昆虫危害。木材加工容易，表面光滑，但略使加工刀具变钝。易刨切，胶合性能好。握钉力中等，装饰性好。

【木材用途】

适作室内装修，门窗，百叶窗，胶合板，家具，包装材，火柴，模型，玩具，经防腐处理后可作外部装修。

奇异胶竹桃木 *P. paradoxa*
（彩版 3.2；图版 14.4~6）

【商品材名称】

阿马帕 Amapa

【地方名称】

阿马帕 Amapa（苏里南、巴西）；马莫帕 Mampa（苏里南）；纳兰杰波德达 Naranja podrida（秘鲁）。

【树木及分布】

中或大乔木，分布于巴西的亚马孙盆地、圭亚那、苏里南、秘鲁等。

【木材构造】

宏观特征

木材散孔材。心材粉红色或浅黄褐色，与边材区别不明显。边材色浅。生长轮不明显。管孔放大镜下明显；散生；数少，略小至中。轴向薄壁组织放大镜下可见，呈弦向细线状。木射线放大镜下略见；略密，甚窄至窄。波痕及胞间道未见。

微观特征

导管横切面卵圆形或圆形，略具多角形轮廓，为径列复管孔（2~6 个，多为 2~3 个）和单管孔；散生；9~19 个，平均 14 个/mm²；最大弦径 148μm，平均 88μm；导管分子平均长 758μm；侵填体和螺纹加厚缺如。管间纹孔式互列，系附物纹孔，个小，密集，多角形和圆形；纹孔口内含。穿孔板单一，略斜。导管与射线间纹孔式类似管间纹孔式。轴向薄壁组织较少，带状，宽单个细胞；具分室含晶细胞，菱形晶体可达 9 个。纤维管胞壁薄；直径 32μm，平均长 1455μm；弦径两壁具缘纹孔均明显，纹孔口内含或外展；分隔纤维管胞未见。木射线 7~11 根/mm；非叠生。单列射线为主，高 2~25（多数 8~16）细胞。多列射线宽 2~3 细胞（多含树胶道），高 10~25（多数 12~19）细胞。射线组织同形单列和多列。多列部分射线细胞多为卵圆形或多角形，部分细胞含树胶；晶体未见。胞间道系正常径向者位于射线中部，由 4~7 个分泌细胞组成，直径约 15~30μm。

材料：W18253（秘鲁）

【木材性质】

木材具光泽；无特殊气味和滋味；纹理直或略交错；结构细；重量轻或中等；干缩大；强度中等。

产　地	密度(g/cm³)		干缩率(%)			顺纹抗压强度(MPa)	抗弯强度(MPa)	抗弯弹性模量(MPa)	顺纹抗剪强度(MPa)	冲击韧性(kJ/m²)
	基　本	气　干	径　向	弦　向	体　积					
	0.52	0.59	4.3	7.7		44	89	10600		

木材干燥快，略有开裂和变形。木材耐腐性差，不抗白蚁和昆虫危害。木材加工容易，略使刀刃变钝。胶合性能好，握钉力中等。

【木材用途】

内部装修，百叶窗，胶合板，家具，火柴，模型，玩具。

五加科
Araliaceae Juss.

常绿或落叶，乔木、灌木或藤本，茎有的具刺。约 80 属，900 余种；分布于热带和亚热带地区。拉丁美洲常见商品材属有：树参属 *Dendropanax*，鹅掌柴属 *Schefflera*。

树参属 *Dendropanax* Decne. & Planch.

本属 75 种，分布热带和亚热带地区。拉丁美洲常见商品材树种有乔木树参。

乔木树参 *D. arboreus*（L.）Decne. et Planch.
（彩版 3.3；图版 15.1~3）

【商品材名称】

安杰利卡树 Angelica tree

【地方名称】

保罗 Pollo（波多黎各）；莱瓜德瓦卡 Lengua de vaca（多米尼加共和国）；马诺德奥索 Mano de oso，帕罗萨托 Palo santo（墨西哥）；纳瓜布兰卡 Nagua blanca，瓦奎罗 Vaquero（巴拿马）；奎锡托 Quesito，帕马 Pama（委内瑞拉）；班科 Banco（哥伦比亚）；马里亚莫勒 Maria molle（巴西）。

【树木及分布】

大乔木，树高达 23m，直径 0.6m，具伸展很宽的树冠。广泛分布在热带美洲，西印度群岛，墨西哥、哥伦比亚、委内瑞拉、秘鲁和巴西。通常在咖啡种植园中作遮荫树。

【木材构造】

宏观特征

木材散孔材。心材奶油色至灰黄色，与边材区别不明显。边材略浅。生长轮未见。管孔放大镜下可见；散生；数略少，略小。轴向薄壁细胞放大镜下未见。木射线放大镜下明显；略密，窄至略宽。波痕及胞间道未见。

微观特征

导管横切面圆形或椭圆形，略具多角形轮廓，单管孔和径列复管孔（2~5个，多为2~3个），少数管孔团；散生；23~29个，平均26个/mm²；最大弦径116μm，平均69μm；导管分子平均长957μm；侵填体和螺纹加厚未见。管间纹孔式互列，有时对列或梯状-对列，长椭圆形至圆形、多角形，纹孔口内含。复穿孔板梯状，横隔窄或宽，6~12个，穿孔板倾斜。导管与射线间纹孔式为刻痕状或大圆形。**轴向薄壁组织少，星散状**；晶体未见。木纤维壁薄；直径39μm，平均长1330μm；单纹孔略具狭缘，数多，纹孔口外展；具分隔木纤维。木射线5~7根/mm；非叠生。单列射线较少，高1~4细胞。多列射线宽4~5细胞，高7~26（多数11~18）细胞。射线组织异形Ⅱ或Ⅲ型。直立或方形射线细胞比横卧射线细胞高或高得多。多列部分射线多为卵圆形或多角形，少数细胞含树胶；晶体未见。**胞间道未见**。

材料：W20079（墨西哥）

【木材性质】

木材略具光泽或光泽弱；无特殊气味和滋味；纹理直；结构细且匀；木材轻；干缩大；强度弱。

产　地	密度(g/cm³)		干缩率(%)			顺纹抗压强度(MPa)	抗弯强度(MPa)	抗弯弹性模量(MPa)	顺纹抗剪强度(MPa)	冲击韧性(kJ/m²)
	基　本	气　干	径　向	弦　向	体　积					
	0.45	0.50	5.1	8.3	13.8		72	11230		
						30	64			

木材干燥迅速，不会因开裂和翘曲降等。木材易蓝变，易被腐朽菌、昆虫危害；在真空高压条件下防腐处理容易，防腐药剂渗透较深，吸收量达0.32g/cm³。木材加工容易，刨切时会起毛。旋切性能差，但可刨切单板。

【木材用途】

箱盒，建筑材，家具，细木工，单板，胶合板，刨花板。

鹅掌柴属 *Schefflera* J. R. & G. Forst.

本属200种，分布热带及亚热带地区。拉丁美洲常见商品材树种有莫罗鸭脚木。

莫罗鸭脚木 *S. morototoni* (Aubl.) Decne. & Planch.
[*Didymopanax morototoni* (Aubl.) Decne. & Planch.]
（彩版3.4；图版15.4~6）

【商品材名称】

莫罗托托 Morototo

亚古莫 Yagumo

【地方名称】

亚古莫马乔 Yagumo macho（波多黎各、多米尼加共和国、古巴、委内瑞拉）；钱卡罗布兰科 Chancaro blanco（墨西哥）；亚如莫罗 Yarumero（哥伦比亚）；莫罗托托 Moro-toto，卡萨维赫特 Kasavehout（苏里南）；蒂纳杰罗 Tinajero（委内瑞拉）；曼迪奥奎拉 Mandioqueira（巴西）；阿莫巴奎朱 Ambayguazu（阿根廷）。

【树木及分布】

大乔木，高 30m，直径 0.8m；树干圆柱状，高 15～20m，基部膨大。分布西印度群岛和热带美洲。该种生长于雨林、草原稀树林、沼泽林及空旷地，是速生树种。

【木材构造】

宏观特征

木材散孔材。心材黄色至浅褐色，与边材区别不明显。边材色浅。生长轮不明显。管孔放大镜下可见；数少，略大；含侵填体。轴向薄壁组织放大镜下未见。木射线放大镜下明显；稀至略密，略宽。波痕及胞间道未见。

微观特征

导管横切面近圆形及椭圆形，略具多角形轮廓；单管孔及径列复管孔（2～3 个），偶见管孔团；散生；8～14 个，平均 11 个/mm²；最大弦径 193μm，平均 123μm；导管分子平均长 900μm；侵填体较丰富，螺纹加厚缺如。管间纹孔式互列，纹孔多角形、圆形和椭圆形，纹孔口内含，透镜形。穿孔板单一，偶见网状复穿孔板痕迹；穿孔板倾斜或略平行。导管与射线间纹孔式大圆形。轴向薄壁组织少，疏环管状、星散状；晶体未见。木纤维壁薄；直径 28μm，平均长 1271μm；径面单纹孔多，略具狭缘，纹孔口外展，裂隙状；分隔木纤维普遍。木射线 3～5 根/mm；非叠生。单列射线少，高 1～5 细胞。多列射线宽 4～6 细胞，高 7～33（多数 15～25）细胞。射线组织异形Ⅲ型，极少数Ⅱ型。方形或直立细胞比横卧射线细胞略高，菱形或方形晶体位于方形或直立细胞中。胞间道系正常径向者，位于射线中，直径 20～40μm，由 6～11 个分泌细胞组成。

材料：W22518，W22457（巴西）。

【木材性质】

木材有光泽；无特殊气味和滋味；纹理直；结构细且匀；重量轻至中等；干缩甚大；强度中等。

产 地	密度(g/cm³)		干缩率(%)			顺纹抗压强度(MPa)	抗弯强度(MPa)	抗弯弹性模量(MPa)	顺纹抗剪强度(MPa)	冲击韧性(kJ/m²)
	基 本	气 干	径 向	弦 向	体 积					
巴 西		0.62	4.1	7.8	19.2	39	79	9649		198
	0.36～0.54	0.45～0.64	5.9	9.2	14.8	48	83	12471		103
							90	16123		
		0.51～0.57	>5.1	>8.1		53	94	12400	13	

木材干燥迅速，但会产生中等或严重翘曲，扭曲或表面细裂，导致木材降等。木材天然耐腐性差，易被腐朽菌、白蚁危害；可采用浸渍法和真空高压系统进行防腐处理，药液的吸收和渗透较好。用手工和机械加工均易，但在加工时表面起毛或使纹理撕裂；如使用锋利刀具，降低切削角，减慢进料速度，可得到较好表面。钉钉和拧螺钉性能好，不劈裂。油漆和胶合性能亦佳。

【木材用途】

轻型建筑，地板，家具及家具部件，单板和胶合板，内装修如天花板、踢脚板、压条等，箱盒，火柴，细木工，纸浆材，纤维板，刨花板，玩具，装饰品，木丝，木模型，排水板，食品容器等。

芒籽科
Atherospermataceae R. Br.

约 5 属，12 种；分布智利、新几内亚、澳大利亚、新西兰等国。拉丁美洲常见商品材属为类月桂属 *Laurelia*。

类月桂属 *Laurelia* Juss.

本属 2 种，1 种分布于智利，1 种分布于新西兰。智利常见的商品材树种有锯齿类月桂。

锯齿类月桂 *L. philippiana* Looser
（彩版 3.5；图版 16.1~3）

【商品材名称】

智利劳雷尔 Laurel chilean

【地方名称】

休哈安 Huahuan，特帕 Tepa，劳雷尔 Laurel，万范 Vauvan（智利）。

【树木及分布】

中乔木，树高 14~15m，直径 0.6m；树干通直。分布智利，是混交林中较矮的树，常形成小块纯林。

【木材构造】

宏观特征

木材散孔材。心材黄绿色，带褐、灰或紫色条纹，与边材区别不明显。边材与心材材色相近。生长轮略明显。管孔放大镜下可见；散生；数略多，略小。轴向薄壁组织放大镜下未见。木射线放大镜下可见；略密，窄。波痕及胞间道未见。

微观特征

导管横切面圆形或椭圆形，略具多角形轮廓，主为单管孔，少数径列复管孔（2~3 个）；散生；62~80 个，平均 75 个/mm²；最大弦径 131μm，平均 67μm；导管分子平均长 1150μm；侵填体和螺纹加厚未见。管间纹孔式梯状，梯状-对列或互列，长椭圆形或椭圆形，纹孔口长圆形，内含。复穿孔板梯状，横隔较窄，10~15 个，穿孔板倾斜。导管与射线间纹孔式为刻痕状或大圆形。轴向薄壁组织很少，星散状；晶体未见。木纤维壁薄；直径 40μm，平均长 1750μm；具缘纹孔明显，圆形，纹孔口内含；分隔木纤维未见。木射线8~12根/mm；非叠生。单列射线少，高1~5细胞。多列射线宽2~3细胞，以2细胞为主，高7~21（多数11~16）细胞。具连接射线。射线组织异形Ⅱ型。直立或方形射线细胞比横卧射线细胞高或高得多。多列部分射线多为卵圆形或多角形，少数细胞含树胶；晶体未见。胞间道缺如。

材料：W19563（智利）

【木材性质】

木材略具光泽或光泽弱；无特殊气味和滋味；纹理直或斜；结构细且均；木材重量和强度中等。

产　地	密度(g/cm³)		干缩率(%)			顺纹抗压强度(MPa)	抗弯强度(MPa)	抗弯弹性模量(MPa)	顺纹抗剪强度(MPa)	冲击韧性(kJ/m²)
	基　本	气　干	径　向	弦　向	体　积					
		0.49				57	75	3177	13	

木材干燥很快，但可能会产生皱缩，但只要经过恢复处理可得到满意的效果。木材加工容易，如欲获得光滑的表面，加工工具必须保持锋利。在不同的温度下，尺寸稳定性好。钉钉和胶合性能好，染色和砂光性能亦佳。

【木材用途】

非常适合作门窗框架，护墙板，特种胶合板的单板，箱盒，蜂箱，制浆等。

紫葳科
Bignonlaceae Juss.

常绿或落叶，灌木、乔木或有时藤本。120属，约650种；分布热带，少数温带。拉丁美洲常见商品材属有：美洲掌叶树属 *Cybistax*，蓝花楹属 *Jacaranda*，蚁木属 *Tabebuia*。

美洲掌叶树属 *Cybistax* Mart. ex Meissn.

本属3种，分布美洲热带地区。拉丁美洲常见商品材树种有赛比葳。

赛比葳 *C. donnell-smithii*（*Tabebuia donnell-smithii*）
（图版16.4~6）

【商品材名称】

普马维拉 Primavera

【地方名称】

杜兰加 Duranga（墨西哥）；萨朱安 San Juan（洪都拉斯）；帕洛布兰科 Palo blanco（危地马拉）；科尔特斯 Cortez，科尔特斯布兰科 Cortez blanco（萨尔瓦多）。

【树木及分布】

大乔木，高30m，直径0.6~0.9m，偶达1.2m；树干通直，平滑，高7~12m。分布墨西哥南部、危地马拉和萨尔瓦多太平洋沿岸，洪都拉斯中北部及哥伦比亚；生长在排水良好的石灰质、火山土土壤及冲积平原上。

【木材构造】

宏观特征

木材散孔材。心材奶油色、黄白或浅黄褐色，常具条纹；与边材区别不明显。边材色浅。生长轮略见。管孔放大镜下可见；散生；数少，略大。轴向薄壁组织放大镜下不见。木射线放大镜下明显；略密，窄。波痕及胞间道未见。

微观特征

导管横切面椭圆形、近圆形，具多角形轮廓；为单管孔及径列复管孔（2~4个，多为2个），管孔团可见；散生；6~18个，平均11个/mm²；最大弦径204μm，平均119μm；导管分子平均长282μm；含侵填体；螺纹加厚缺如。管间纹孔式互列，圆形及多角形，纹孔口内含。穿孔板单一，平行或倾斜。导管与射线间纹孔式类似管间纹孔式。轴向薄壁组织为疏环管状、轮界状、少数环管束状至翼状；部分细胞含少量树胶；晶体未见。木纤维壁薄至较厚；直径18μm，平均长833μm；单纹孔较少，略具狭缘；分隔木纤维未见。木射线6~9根/mm；局部叠生或近叠生。单列射线少，高2~5细胞。多列射线宽2~3细胞，高3~15（多数9~12）细胞。连接射线偶见。射线组织同形单列及多列。晶体未见。胞间道缺如。

材料：W22695（哥伦比亚）

【木材性质】

木材光泽较强；无特殊气味和滋味；纹理直至交错；结构中至略粗，均匀；木材重量轻；干缩中等；强度中等。

产地	密度(g/cm³)		干缩率(%)			顺纹抗压强度(MPa)	抗弯强度(MPa)	抗弯弹性模量(MPa)	顺纹抗剪强度(MPa)	冲击韧性(kJ/m²)
	基 本	气 干	径 向	弦 向	体 积					
	0.40	0.46	3.1	5.1	9.1	39	66	7166		84

木材气干容易，干燥迅速，无开裂，略翘曲。木材加工容易，由于纹理多样，加工效果不同，直纹理加工表面光滑，刨切单板质量好。

【木材用途】

高档家具，装饰单板，室内装修。

蓝花楹属 *Jacaranda* Juss.

本属50种，分布中美洲、南美洲及西印度群岛。拉丁美洲常见商品材树种有：

含羞草叶蓝花楹木 *J. mimosifolia* D. Don（*J. ovalifolia* R. Br.）

商品材名称：杰卡兰达米莫索 Jacaranda mimoso

大乔木，树高10~18m，直径0.7m。分布于巴西、阿根廷等地。该种常作为行道树和装饰树在干旱和亚热带地区栽培，是较速生树种。心材为浅褐色常具浅玫瑰色，与边材区别不明显。边材色浅。木材光泽弱；纹理直；结构中且匀；木材重量轻至中

（含水率 12%，0.41 ~ 0.64g/cm³）；干缩中等（生材至炉干干缩率，径向 3.1% ~ 4.0%，弦向 5.1% ~ 6.5%）；强度弱（含水率 12%，顺纹抗压强度 34 ~ 40MPa，抗弯强度 57 ~ 67MPa，抗弯弹性模量 7900 ~ 9100MPa，顺纹抗剪强度 9 ~ 10MPa）。有些木材在锯面有漂亮花纹，是由导管和薄壁组织交错排列所致。木材干燥应减慢速度，如有可能宜在气干棚下进行，以防变形。天然耐腐性较差，易被白蚁和海生钻木动物危害。木材锯、刨、打孔和开榫容易，生材解锯易起毛。加工表面光滑，刨切性良好。抛光和染色效果皆佳。胶合性好。锯屑常引起加工者哮喘和皮炎。木材适于作造船，家具及部件，单板，胶合板，纸浆材，箱盒，黑板，纤维板，刨花板，玩具，装饰品，车旋材等。

柯比蓝花楹木 *J. copaia*（Aubl.）D. Don 详见种叙述。

柯比蓝花楹木 *J. copaia*（Aubl.）D. Don
（彩版 3.6；图版 17.1 ~ 3）

【商品材名称】

科佩亚 Copaia

戈巴杰 Gobaja

【地方名称】

瓜兰戴 Gualandai（巴拿马）；钦加莱 Chingale（哥伦比亚）；阿贝 Abey，卡佩 Cupay（委内瑞拉）；戈巴杰 Goebaja（苏里南）；科佩亚 Copaia，福克斯锡马鲁巴 Faux simarouba（法属圭亚那）；加瑙巴达马塔 Garnauba da matta，帕拉帕拉 Para-para（巴西）。

【树木及分布】

大乔木，高可达 30m，直径 0.4 ~ 0.8m；树干圆柱状，有时弯曲，高 15 ~ 18m；不具板根，但基部膨大。分布中美洲、南美洲，从伯利兹往南至巴西，是亚马孙高原林和圭亚那混交阔叶林中常见的树种之一。在开阔地域天然更新林丰富，也可生长在沿海的低矮山区。

【木材构造】

宏观特征

木材散孔材。心材白色、深白色或燕麦片色，可见明显的褐色导管线，与边材区别不明显。边材色略浅。生长轮略明显或明显。管孔肉眼下略见，放大镜下明显；散生；数甚少，略大。轴向薄壁组织放大镜下不见。木射线放大镜下明显；略密；甚窄、窄。波痕及胞间道未见。

微观特征

导管横切面圆形或椭圆形，具多角形轮廓；为单管孔和径列复管孔（2 ~ 4 个，多为 2 ~ 3 个）；散生；2 ~ 4 个，平均 3 个/mm²；最大弦径 272μm，平均 178μm；导管分子平均长 597μm；侵填体未见；螺纹加厚缺如。管间纹孔式互列，圆形及多角形，纹孔口合生或外展。穿孔板单一，略倾斜。导管与射线间纹孔式类似管间纹孔式。**轴向薄壁组织**为翼状、聚翼状；薄壁细胞含少量树胶；晶体未见。木纤维壁薄；直径 27μm，平均长 1264μm；具缘纹孔普遍明显；分隔木纤维未见。木射线 5 ~ 6 根/mm；非叠生。单列射线较少，高 2 ~ 9 细胞。多列射线宽 2 ~ 3 细胞，多数 2 细胞，高 6 ~ 25（多数

9～16）细胞。射线组织同形单列和多列，少数异形Ⅲ型。局部有直立或方形射线细胞，大多数都由横卧射线细胞组成。少数射线细胞含树胶；晶体未见。**胞间道未见。**

材料：W18249（秘鲁）；W18455（苏里南）；W22110（哥伦比亚）。

【木材性质】

木材略具光泽；无特殊气味和滋味；纹理直；结构略粗，均匀；木材重量轻；干缩中等；强度弱。

产　地	密度(g/cm³)		干缩率(%)			顺纹抗压强度(MPa)	抗弯强度(MPa)	抗弯弹性模量(MPa)	顺纹抗剪强度(MPa)	冲击韧性(kJ/m²)
	基　本	气　干	径　向	弦　向	体　积					
哥伦比亚	0.35	0.42	4.5	6.5		28	49	9026		61
委内瑞拉							68	11920		
						33	59	13091		
苏里南	0.37	0.41	4.1	6.6		40	67	9100	10	

木材干燥容易，迅速，只有轻微的表面和端部开裂。原木在运输过程中易被霉菌感染，引起木材变色。木材与地面接触易腐朽，同时也易受昆虫、蓝变菌的危害；防腐剂处理容易，用浸渍法或真空加压法，均可得到良好的处理效果。木材加工容易，生材锯面常起毛，甚至干燥木材，锯面与刨面部分也起毛，因此要求加工刀具锋利，方可得到光滑表面。旋切、刨切性能良好，握钉力强，砂光性和油饰性亦佳。

【木材用途】

适合作家具，单板，胶合板，箱盒，火柴，纤维板，刨花板，木丝，食品容器，制浆和造纸等。

蚁木属 *Tabebuia* Gomes ex DC.

本属100种，分布墨西哥至阿根廷北部，西印度群岛。拉丁美洲常见商品材树种有：

中美洲蚁木 *T. guayacan* (Seem.) Hemsl.（*Tecoma guayacan* Seem.）

商品材名称：瓜亚坎 Guayacan

大乔木，高可达30m，直径0.6～1.2m；树干通直，圆柱形，高12～15m，板根较矮。分布热带美洲和西印度群岛；生长在原始林和山地林中。心材为橄榄褐色或暗褐色，常具浅或深色细条纹，有时略带红色，与边材区别较明显。边材灰白色或黄色，宽5～7.5cm。生长轮较明显。木材有油腻感，富含黄绿色沉积物。木材光泽弱或略具光泽；典型的交错纹理，径切面形成细条状花纹；结构细至中，较均匀；木材甚重；干缩甚大；强度高。木材气干较快，可能产生轻度翘曲和中等开裂，有表面硬化的趋势。抗昆虫危害，防腐剂极难浸注。据报道加工相当困难，但加工表面非常光滑。车旋和砂光性能良好，胶粘困难。钉钉需预先打孔。耐磨和耐候性均佳。汽蒸弯曲性差至中。适合作制浆设备打浆机的套筒和搅拌器的棒杆。木材锯解时会引起加工者皮炎、视力模糊、呼吸短促等过敏症状。木材用于重型建筑材，承重地板，矿柱材，枕木，电杆，桩木，造船材，车辆材，家具，工具柄，木梯，体育用品，农具材，室内装修，木桶，车旋材等。

单叶显著蚁木 *T. insignis var. monophylla* Sandw. （*T. longipes* Baker）

商品材名称：白塔白亚 Whith tabebuia，兹沃波潘塔 Zwamp-panta。

大乔木，高 27m，直径 0.4m；树干高 12～15m，干形不好，尖削度大，板根高 3～4m。分布圭亚那和法属圭亚那；生长在潮湿沼泽林和稀树草原林。心材黄色或灰褐色，与边材区分不明显。边材浅白色。木材具光泽；无特殊气味和滋味；结构中；纹理直，有油细胞存在；木材重量中等；干缩大至甚大；强度中或高。木材干燥容易，只有少数降等；生材解锯困难，板材易开裂。略耐腐或不耐腐，易受白蚁和海生钻木动物危害，防腐剂浸注困难。干燥木材加工容易，刨、铣、打孔、开榫和砂光效果均好。加工表面光滑，抛光效果极佳。是欧洲白蜡的替代树种。木材主要用于重型和轻型建筑，承重和一般地板，造船材，车辆材，家具，工具柄，木梯，体育用品，农具材，单板，胶合板，箱盒，室内装修，夹芯碎料板，细木工，玩具，装饰品和车旋材等。

南美蚁木 *T. ipe*（Mart.）Standl.

商品材名称：拉帕乔内格罗 Lapacho negro

大乔木，高 30m，直径 0.6～1.2m；树干通直，圆柱形，无分枝，树干高 18～21m，略有板根。树皮约含 5% 单宁。分布阿根廷和巴拉圭等；生于落叶混交林和常绿林中，也可生长在陡峭石头山坡上，少数分布低矮潮湿林中，常作为行道树种植。心材新切面灰色，置久后变为灰绿色或褐橄榄色，有些具浅色条纹，与边材区分明显。边材较宽，浅黄色。心材导管含黄绿色沉积物。木材具光泽；无特殊气味和滋味；结构细且匀；纹理直或交错；木材重至甚重；干缩大；强度中等。木材干燥较容易，迅速，会产生极小的翘曲和开裂。木材略耐腐，易受白蚁和海生钻木动物危害。加工较困难，常使刀具变钝，但加工表面光滑。为了避免开裂，钉钉需预先打孔。车旋性能良好，尺寸稳定性亦佳，抗冲击性高。木屑可能会引起加工者皮肤过敏。主要用途为重型建筑，承重和一般地板，矿柱材，枕木，电杆，桩木，造船材，车辆材，家具，工具柄，木梯，体育用品，室内装修，细木工，车旋材。

几种蚁木主要物理力学性质

树种	产地	密度（g/cm³）		干缩率（%）			顺纹抗压强度（MPa）	抗弯强度（MPa）	抗弯弹性模量（MPa）	顺纹抗剪强度（MPa）	冲击韧性（kJ/m²）
		基本	气干	径向	弦向	体积					
中美洲蚁木	洪都拉斯		1.02～1.14	>5.1	>8.1		81	158	18700	19	
单叶显著蚁木	圭亚那		0.58～0.72	4.1～5.0	6.6～8.0		62	114	14200	15	
	法属圭亚那						53	94	12400	13	
南美蚁木	阿根廷		0.81～1.01				53	94	12000	13	

红蚁木 *T. rosea*（Bertol.）DC. 详见种叙述。

齿叶蚁木 *T. serratifolia* Nichols. 详见种叙述。

以上几种木材性质和用途相似，常划分为同一类商品材。

红蚁木 *T. rosea* (Bertol.) DC. [*T. pentaphylla* (L.) Hemsl.]
(彩版 3.7; 图版 17.4~6)

商品材名称

阿帕马特 Apamate

【地方名称】

白洋椿 White-cedar, 沃拉库里 Warakuri (圭亚那); 兹沃波潘塔 Zwamp panta (苏里南); 博伊斯布兰切特 Bois blanchet, 塞德布兰克 Cedre blanc (法属圭亚那)。

【树木及分布】

大乔木, 树高 12~18m, 直径 0.5~0.6m; 树干有时弯曲或形状不规则, 高 6~11m; 具板根, 其高达 2~3m。主要分布巴西和圭亚那地区, 生长在低矮干旱山地林, 有的形成纯林, 有的生长在混交林中。常作为遮荫树或装饰树来种植。

【木材构造】

宏观特征

木材散孔材。心材灰褐色或红褐色, 并具深红褐色或紫褐色条纹, 与边材区分不明显。边材新切面黄白色, 空气中置久后浅褐色。生长轮略明显。管孔放大镜下明显; 散生; 数少, 略小。轴向薄壁组织放大镜下明显, 呈弦向带状。木射线放大镜下可见; 略密, 窄。波痕及胞间道未见。

微观特征

导管横切面圆形或椭圆形, 略具多角形轮廓, 为单管孔和径列复管孔 (2~4 个, 多为 2 个); 散生; 6~12 个, 平均 10 个/mm²; 最大弦径 165μm, 平均 97μm; 导管分子平均长 319μm; 含侵填体, 螺纹加厚缺如。管间纹孔式互列, 多角形或圆形; 纹孔口内含。穿孔板单一, 略斜。导管与射线间纹孔式类似管间纹孔式。轴向薄壁组织丰富, 环管束状, 翼状, 聚翼状, 带状, 轮界状; 晶体未见。木纤维壁厚; 直径 16μm, 平均长 1017μm; 单纹孔略具狭缘; 分隔木纤维未见。木射线 6~9 根/mm; 叠生。单列射线较多, 高 2~9 细胞。多列射线宽 2~3 细胞, 以 2 细胞射线为主, 高 7~15 (多数 9~11) 细胞。射线组织同形单列和多列。多列部分射线多为卵圆形或多角形, 少数细胞含树胶; 晶体未见。胞间道未见。

材料: W20141 (墨西哥)

【木材性质】

木材略具光泽; 无特殊气味和滋味; 纹理直或交错; 结构细至略粗; 木材重量中等; 干缩中至大; 强度中等。

产　地	密度(g/cm³)		干缩率(%)			顺纹抗压强度 (MPa)	抗弯强度 (MPa)	抗弯弹性模量 (MPa)	顺纹抗剪强度 (MPa)	冲击韧性 (kJ/m²)
	基　本	气　干	径　向	弦　向	体　积					
		0.58~0.64	3.1~4.0	5.1~6.5		46	79	10700	12	

木材气干速度中等，有轻微的表面开裂和变形，窑干可能会产生降等。木材不耐腐，易受白蚁危害，采用真空加压法或浸渍法，心边材均可得到较好的处理效果。木材加工性质颇佳。锯切、砂光、打孔、旋切性能均好。刨平时，需小心处理，防止纹理撕破。染色和胶合性能好。为防止钉钉劈裂，需预先打孔。耐候性和尺寸稳定性均好。

【木材用途】

一般建筑材，地板，造船材，车辆材，家具，箱盒，体育用材，农具用材，单板，胶合板，室内装修，细木工，纤维板，刨花板。

齿叶蚁木 *T. serratifolia* Nichols.
（彩版 3.8；图版 18.1~3）

【商品材名称】

塔贝白亚 Tabebuia

兹沃波潘塔 Zwamp-panta

【地方名称】

赫凯 Hakia，铁木 Ironwood（圭亚那）；格罗赫特 Groenhart，沃锡巴 Wassiba（苏里南）；帕达科 Pau d'arco，伊佩塔巴科 Ipe tabaco（巴西）；拜泽巴拉 Bethabara（加勒比地区）；伊佩 Ipe，圭亚坎 Guayacan，塔休里 Tahuari，埃巴诺 Ebano（秘鲁）。

【树木及分布】

大乔木，高 27m，直径 0.4m；干形不太好，尖削度大，枝下高约 12~15m；板根高 3~4m。分布于墨西哥、巴西、哥伦比亚、玻利维亚、秘鲁、巴拉圭、委内瑞拉、圭亚那和苏里南。可生长在多种生态环境，从山脊、山坡到河流两岸及低矮山地雨林，常形成小群落的纯林。

【木材构造】

宏观特征

木材散孔材。心材浅或深橄榄褐色，常具浅或深色条纹，与边材区别略明显。边材灰黄色或灰褐色，宽 3~9cm。生长轮略明显。管孔放大镜下可见；散生；数少，略小至略大。轴向薄壁组织放大镜下呈环管束状。木射线放大镜下略见；略稀，甚窄。波痕及胞间道未见。

微观特征

导管横切面椭圆形、近圆形，具多角形轮廓；为单管孔和径列复管孔（2~3 个），极少管孔团；散生；10~18 个，平均 13 个/mm²；最大弦径 222μm，平均 104μm；导管分子平均长 292μm；含侵填体，螺纹加厚缺如。管间纹孔式互列，排列较紧密，多角形及圆形；纹孔口内含。穿孔板单一，略斜或平。导管与射线间纹孔式类似管间纹孔式。轴向薄壁组织为环管束状、翼状，部分聚翼状；含沉积物；轴向薄壁细胞叠生；晶体未见。木纤维壁甚厚；直径 11μm，平均长 895μm；单纹孔极少；分隔木纤维未见。木射线 5~8 根/mm；叠生。单列射线较少，高 3~10 细胞。多列细胞宽 2 细胞，多数高 7~9 细胞。射线组织同形单列和多列。部分细胞含沉积物；晶体未见。胞间道缺如。

材料：W22519（巴西）

【木材性质】

木材略具光泽或光泽弱；无特殊气味和滋味；纹理直或交错；结构细至略粗，均匀，木材有油腻感；木材甚重；干缩甚大；强度高。

产　地	密度(g/cm³)		干缩率(%)			顺纹抗压强度(MPa)	抗弯强度(MPa)	抗弯弹性模量(MPa)	顺纹抗剪强度(MPa)	冲击韧性(kJ/m²)
	基　本	气　干	径　向	弦　向	体　积					
巴　西		1.02~1.14	>5.1	>8.1		81	158	18700	19	
委内瑞拉		>1.15								
苏里南		0.92	5.7	8.9	13.9	77	141	19418		

木材干燥容易、迅速，略有翘曲、开裂和表面硬化，为将木材干燥的降等减至最低，应采用慢速干燥。木材较耐腐，抗白菌，但易受海生钻木动物蛀蚀；心材防腐剂难浸注，边材易处理。由于木材重、硬，加工较困难，特别是手工操作时。纵向解锯时，如木料过厚，会产生锯过热现象，横截时锯震动很大，常使锯条断裂。刨平应降低切削角至15°。打腻子或加填充剂后，染色和抛光性能良好。钉钉和拧螺钉需预先打孔。干燥后木材尺寸稳定性好。

【木材用途】

重、轻型建筑材，枕木，电杆，桩木，矿柱材，造船材，车辆材，家具，工具柄，木梯，体育用材，农具用材，单板，人造板，细木工，车旋材。

木棉科
Bombacaceae Kunth

乔木，20属，180种；分布热带地区，主产美洲。拉丁美洲常见商品材属有：类木棉属 *Bombacopsis*，木棉属 *Bombax*，垂冠木棉属 *Catostemma*，吉贝属 *Ceiba*，郝瑞棉属 *Chorisia*，马蒂木棉属 *Matisia*，轻木属 *Ochroma*，硬丝木棉属 *Scleronema*。

类木棉属 *Bombacopsis* Pittier.

本属22种，分布于中美洲和南美洲热带地区。拉丁美洲常见商品材树种有：

篱笆类木棉 *B. sepium* Pitt.

商品材名称：赫比拉 Habilia

大乔木，高35m，直径2m；通常具高2m的板根。树木生长在雨林中。心材红褐色，与边材区别明显。边材灰白色。生长轮未见。木材具光泽；无明显气味，滋味略苦；纹理直或略交错；结构略粗；木材重量轻（含水率12%，气干密度0.41~0.45g/cm³）；干缩小至中（生材至炉干干缩率，径向2.1%~4.0%，弦向2.6%~5.5%）；强度弱（含水率12%，顺纹抗压强度34MPa，抗弯强度57MPa，抗弯弹性模量

7920MPa，顺纹抗剪强度 9MPa）。木材气干速度慢并略有降等发生，据报道窑干迅速，效果良好。木材易蓝变，易被昆虫危害。用手工或机械加工容易，刨切表面光滑，抛光性好。旋切及雕刻性能良好。木材易被含铁物质腐蚀。单板尺寸稳定性好。木材用途为轻型结构材，家具及部件，单板和胶合板，箱盒，室内装修，细木工，木桶，车旋材。

类木棉 B. *quinata*（Jacq.）Dugand 详见种叙述。

类木棉 B. *quinata*（Jacq.）Dugand
（图版 18.4~6）

【商品材名称】

波乔特 Pochote

【地方名称】

锡著埃斯皮诺 Cedro espino（洪都拉斯、尼加拉瓜）；萨奎萨奎 Saquisaqui（委内瑞拉）；塞巴汤卢斯 Ceiba tolus（哥伦比亚）。

【树木及分布】

大乔木，高 30m，直径 0.9~1.8m；多分枝，树冠茂密，干形不规则，具板根，树干与大枝条具尖的皮刺。分布尼加拉瓜、哥斯达黎加、巴拿马、哥伦比亚和委内瑞拉。树木常生长在开阔地，在排水通畅的土壤中生长良好，也分布在低矮山谷与山坡上，喜生半干旱地区。

【木材构造】

宏观特征

木材散孔材。心材新切面粉白色或粉褐色，空气中置久后，颜色变为深红色或红褐色；与边材区别略明显或明显。边材黄至白色。生长轮不明显。管孔肉眼下可见，放大镜下明显；散生；数少；形略大。轴向薄壁组织未见。木射线放大镜下明显；略密；窄至略宽。波痕及胞间道未见。

微观特征

导管横切面椭圆形、近圆形，略具多角形轮廓；单管孔及径列复管孔（2~4 个，多数 2~3 个），极少数管孔团；散生；3~11 个，平均 7 个/mm²；最大弦径 290μm，平均 144μm；导管分子平均长 349μm；侵填体未见；螺纹加厚缺如。管间纹孔式互列，圆形及椭圆形、多角形；纹孔口内含。穿孔板单一，略倾斜。导管与射线间纹孔式类似管间纹孔式。轴向薄壁组织星散状、星散-聚合状；薄壁细胞比木纤维细胞大；晶体未见。木纤维壁薄；直径 23μm，平均长 1620μm；单纹孔少见，纹孔口裂隙状，具胶质纤维；分隔木纤维普遍。木射线 6~9 根/mm；非叠生。单列射线较多，高 2~7 细胞。多列射线宽 3~6（多数 4~5）细胞，高 6~45（多数 17~31）细胞。具连接射线。射线组织异形 III 型，少数 II 型。方形及直立射线细胞比横卧射线细胞较高；晶体未见。具鞘细胞。胞间道缺如。

材料：W22681（美国送）

【木材性质】

木材光泽中至高；无明显气味，略有苦味；纹理直或交错；结构细，均匀；木材重量轻至中；干缩中等；强度弱至中。

产　地	密度(g/cm³)		干缩率(%)			顺纹抗压强度（MPa）	抗弯强度（MPa）	抗弯弹性模量（MPa）	顺纹抗剪强度（MPa）	冲击韧性（kJ/m²）
	基　本	气　干	径　向	弦　向	体　积					
洪都拉斯		0.41～0.72	3.1～4.0	5.1～6.5		46	79	10700	12	
巴拿马	0.45	0.54				34	57	7900	9	
委内瑞拉						39	72	9646		116
						45	83			

　　木材气干很慢，略有开裂和翘曲，采用适宜的干燥基准，窑干能得到满意效果。边材易蓝变和为白蚁危害，心材较抗白腐菌和褐腐菌，边材防腐剂易渗透，心材略困难。用手工和机械加工容易，加工面光滑。汽蒸弯曲性差；不易燃烧。

【木材用途】

　　轻型建筑材，家具，单板，胶合板，箱盒，室内装修，细木工，木桶，车旋材，制浆与造纸，刨花板。还可提取单宁。

木棉属 *Bombax* L.

　　本属 8 种，分布热带地区，主要为南美洲和非洲南部。拉丁美洲常见商品材树种为帕州木棉。

帕州木棉 *B. paraense* Duck.
（彩版 3.9；图版 19.1～3）

【商品材名称】

　　帕加 Punga

【地方名称】

　　帕加 Punga，帕加卡洛若达 Punga colorada，帕加尼格拉 Punga negra（秘鲁）；马莫拉纳 Mamorana，莫古巴拉纳 Mungubarana（巴西）。

【树木及分布】

　　大乔木，高达 45m，直径 1m；树干圆柱状。分布于委内瑞拉、哥伦比亚、秘鲁及玻利维亚，主要生长在热带潮湿地区。

【木材构造】

　　宏观特征

　　木材散孔材。心材浅黄色至土黄色，与边材区别不明显。边材色浅。生长轮明显。管孔肉眼下略见，放大镜下明显；散生；数甚少；略大至大；含侵填体。轴向薄壁组织放大镜下，在湿切面略见，呈短弦向细线。木射线放大镜下明显；略密；窄至略宽。波痕可见。胞间道未见。

　　微观特征

　　导管横切面椭圆形及圆形，单管孔及径列复管孔（通常 2）；管孔团偶见；散生；

分布略均匀；1~5个，平均3个/mm²；最大弦径261μm，平均191μm；导管分子平均长508μm；侵填体较丰富；螺纹加厚缺如。管间纹孔式互列，排列紧密，纹孔多角形及圆形，纹孔口内含圆形及透镜形。穿孔板单一，倾斜或略斜。导管与射线间纹孔式大圆形，稀刻痕状。轴向薄壁组织量多，叠生；主为离管带状（宽1细胞），与宽1或2细胞纤维带相间排列。大部分轴向薄壁细胞比木纤维细胞大得多，并具筛状纹孔式。部分细胞含树胶；晶体未见。木纤维壁薄；直径26μm，平均长2186μm；叠生；单纹孔略具狭缘，纹孔口外展，X形；分隔木纤维未见。木射线4~6根/mm；局部叠生。单列射线较少，高2~8个细胞。多列射线宽2~6（多数4~5）细胞，高4~27（多数15~22）细胞，有时2列部分与单列等宽。射线组织异形Ⅲ型，少数Ⅱ型。方形或直立射线细胞比横卧射线细胞高或高得多，多列部分细胞卵圆形。菱形晶体分布方形或直立射线细胞中，部分细胞含树胶。胞间道未见。

材料：W22570（秘鲁）

【木材性质】

木材光泽弱；无特殊气味和滋味；纹理直；结构略粗，均匀；木材轻；干缩甚大；强度弱。

产　地	密度(g/cm³)		干缩率(%)			顺纹抗压强度(MPa)	抗弯强度(MPa)	抗弯弹性模量(MPa)	顺纹抗剪强度(MPa)	冲击韧性(kJ/m²)
	基　本	气　干	径　向	弦　向	体　积					
秘　鲁	0.39		3.6	10.1	12.9	12	34	7659		

木材干燥较快，可能开裂和瓦形翘曲。不耐腐，易受多种昆虫和微生物危害，防腐处理边材容易，心材困难。树木伐倒后宜立即解锯，气干或窑干，否则会蓝变及腐朽。锯容易，但锯面常起毛，刨后表面光滑；油漆后光亮性较差。握钉力弱。

【木材用途】

木材可作轻型包装箱，室内装修，家具，胶合板芯板，箱盒等。

垂冠木棉属 *Catostemma* Benth.

本属8种，分布圭亚那、巴西。拉丁美洲常见商品材树种有：

奥氏垂冠木棉 *C. alstonii* Sandw. 详见种叙述。

芳香垂冠木棉 *C. fragrans* Benth. 详见种叙述。

奥氏垂冠木棉 *C. alstonii* Sandw.
（彩版4.1；图版19.4~6）

【商品材名称】

巴若马力 Baromall

【地方名称】

巴拉曼尼 Baramanni（圭亚那）；弗拉莫博鲁杰 Flambeau rouge（法属圭亚那）；阿瑞尼洛 Arenillo（哥伦比亚）。

【树木及分布】

大乔木，一般树高 30m，直径 0.6m；无板根；树形极好，树干通直，圆柱状。分布圭亚那、法属圭亚那和哥伦比亚等。生长在热带雨林或干旱常绿林中。

【木材构造】

宏观特征

木材散孔材。心材黄色或浅褐色，有时具条纹，与边材区别不明显。边材浅黄褐色。生长轮不明显。管孔肉眼下可见；散生；数甚少至少；形大。轴向薄壁组织肉眼下略见，呈弦向带状。木射线放大镜下明显；稀；略宽。波痕及胞间道未见。

微观特征

导管横切面椭圆形或圆形，略具多角形轮廓，为单管孔和径列复管孔（2~5个，多为2~3个）；少数管孔团；散生；2~7个，平均4个/mm²；最大弦径355μm，平均211μm；导管分子平均长489μm；侵填体和螺纹加厚缺如。管间纹孔式互列，密聚，多角形或圆形，纹孔口内含。穿孔板单一，略斜。导管与射线间纹孔式类似管间纹孔式，少数大圆形。轴向薄壁组织丰富，离管弦向带状（宽1~6，多为4~6细胞）、环管束状、翼状、聚翼状，薄壁细胞与木纤维带相间排列；有纺锤形射线细胞存在，局部叠生；晶体未见。木纤维壁厚至甚厚；直径26μm，平均长2449μm；纹孔较少；分隔木纤维未见。木射线3~4根/mm；非叠生。单列射线较少，高2~12细胞。多列射线宽4~10（多数5~6）细胞，高许多细胞，常超出切片范围。射线组织同形单列和多列，少数异形Ⅱ型。多列射线部分为卵圆形或多角形。具鞘细胞。部分射线细胞含树胶；晶体未见。胞间道未见。

材料：W18371，W22108（哥伦比亚）。

【木材性质】

木材光泽弱；无特殊气味和滋味；纹理直；结构略粗至粗，均匀；木材重量中等；干缩甚大；强度中等。

产地	密度(g/cm³)		干缩率(%)			顺纹抗压强度（MPa）	抗弯强度（MPa）	抗弯弹性模量（MPa）	顺纹抗剪强度（MPa）	冲击韧性（kJ/m²）
	基本	气干	径向	弦向	体积					
	0.50~0.60	0.58~0.74	5.2	11.1	17.5	46	77	12540		187
						57	106	19843		

木材气干相当慢，有轻微的开裂和翘曲，可能会导致降等。木材不耐腐，易受腐朽菌和留粉甲虫危害，采用加压和浸渍方法处理，防腐剂心边材均易浸注。用手工或机械加工容易，加工表面粗糙，甚至有缺陷。钉钉不劈裂。刨切单板容易，胶合性能良好。

【木材用途】

一般建筑材，胶合板，箱盒，木桶，纤维板，刨花板，一般家具，室内装修等。

芳香垂冠木棉 *C. fragrans* Benth.
（彩版 4.2；图版 20.1～3）

【商品材名称】

巴若马利 Baromalli

【地方名称】

阿瑞尼洛 Arenillo（哥伦比亚）；巴拉曼尼 Baramanni，巴拉马利 Baramalli（圭亚那）；弗拉莫博鲁杰 Flambeau rouge（法属圭亚那）；巴拉曼 Baraman（委内瑞拉）；卡乔沃巴利 Kajoewaballi（苏里南）。

【树木及分布】

大乔木，据报道在最好的立地条件下树高可达 46m，直径 1.2m；一般树高 30m，直径 0.6m。树干圆柱状，干形颇佳；枝下高 27m；无板根。分布哥伦比亚、墨西哥南部、秘鲁亚马孙、圭亚那等。该种生长在干旱常绿林和雨林中。

【木材构造】

宏观特征

木材散孔材。心材暗黄色至粉褐色，有时具条纹，与边材区别不明显。边材黄褐色。生长轮不明显。导管肉眼下明显；散生；数甚少至少；形大。**轴向薄壁组织肉眼下略见，弦向带状。木射线放大镜下可见；略密；略宽。波痕及胞间道未见。**

微观特征

导管横切面圆形或椭圆形，略具多角形轮廓，为单管孔和径列复管孔（2～3 个）；散生；1～6 个，平均 3 个/mm²；最大弦径 364μm，平均 241μm；导管分子平均长 533μm；侵填体和螺纹加厚未见。管间纹孔式互列，多角形或圆形，纹孔口内含。穿孔板单一，略倾斜。导管与射线间纹孔式类似管间纹孔式，少数大圆形。**轴向薄壁组织丰富，离管弦向带状（宽 4～14，多为 4～6 细胞）、环管束状、翼状、聚翼状，薄壁细胞与木纤维带相间排列；晶体未见。木纤维壁厚至甚厚；直径 26μm，平均长 2524μm；纹孔较少；分隔木纤维缺如。木射线 5～8 根/mm；非叠生。单列射线较少，高 3～13 个细胞。多列射线宽 5～6 细胞，高 102～115 细胞或以上，常超出切片范围。射线组织同形单列和多列。多列部分射线多为卵圆形或多角形。具鞘细胞。部分射线细胞含树胶；晶体未见。胞间道未见。**

材料：W7515（圭亚那）

【木材性质】

木材光泽弱；无特殊气味和滋味；纹理直；结构略粗至粗，均匀；木材重量中等；干缩大；强度中等。

产 地	密度(g/cm³)		干缩率(%)			顺纹抗压强度(MPa)	抗弯强度(MPa)	抗弯弹性模量(MPa)	顺纹抗剪强度(MPa)	冲击韧性(kJ/m²)
	基 本	气 干	径 向	弦 向	体 积					
圭亚那		0.46～0.50	>5.1	>8.1		46	79	10700	12	

木材气干慢，易变形，干燥处理需认真对待。木材易被腐朽菌和白蚁危害，边材易为粉甲虫侵害；利用加压或浸渍法防腐处理，心边材均易浸注。加工不容易，常使刀刃变钝。由于木材粗糙，加工需非常锋利的刀具，如加工得当，可得到光滑表面。抛光性差，但胶合和油漆性能好。

【木材用途】

建筑材，地板，低档或一般家具，工具柄，木梯，农具用材，制浆材，室内装修，细木工等。

吉贝属 *Ceiba* Mill

本属 10 种，分布热带美洲。拉丁美洲常见商品材树种有：

五雄吉贝 *C. pentandra*（L.）Gaertn. 详见种叙述。

塞姆吉贝 *C. samuma* K. Schum. 详见种叙述。

五雄吉贝 *C. pentandra*（L.）Gaertn.
（彩版 4.3；图版 20.4~6）

【商品材名称】

苏马乌马 Sumauma

吉贝 Ceiba

【地方名称】

吉贝 Ceiba（中美洲，玻利维亚、哥伦比亚、秘鲁）；吉邦 Ceibon，伊纳普 Inup，皮汤 Piton，潘雅 Panya（中美洲）；马帕乔 Mapajo，托博罗奇 Toborochi（玻利维亚）；苏马乌马 Sumauma，帕尼拉 Paneira（巴西）；邦加 Bonga（哥伦比亚）；吉贝乌丘普图 Ceiba uchuputu，瓜姆布希 Guambush（厄瓜多尔）；库马克 Kumaka，锡柯科汤 Silk coton（圭亚那）；马霍特科汤 Mahot coton，科波基尔 Kapokier，博依斯科汤 Bois coton，弗若马格 Fromager（法属圭亚那）；休姆巴 Huimba（秘鲁）；坎坎特 Kankantrie，凯马克 Koemaka（苏里南）；吉贝尤卡 Ceiba yuca（委内瑞拉）；波乔塔 Pochota，亚克丝切 Yaxche（墨西哥）。

【树木及分布】

大乔木，树高达 46m，直径 2m；树干通直，圆柱状，有时中部加粗，树干光滑或具圆锥状的大枝；板根高大，呈板状并延伸很宽。分布整个热带地区，从墨西哥的坎塞往南到中美的哥伦比亚、委内瑞拉、巴西和厄瓜多尔，西非和马来西亚也有分布。通常生长在山坡或沼泽平地，特别喜生在河流两岸和冲积平原的肥沃土地上。是速生树种。可利用枝条繁殖，常作为观赏树种植。

【木材构造】

宏观特征

木材散孔材。心材新切面黄褐色或具黄褐色条纹，置久后变成浅灰褐色，有时带粉红色彩；干燥后常由于感染变色菌呈灰蓝色；与边材区分不明显。边材白色或浅粉色，常带灰色条纹。生长轮略明显。管孔肉眼下明显；散生；数甚少至少；略大，含侵填体。轴向薄壁组织放大镜下略见，呈细弦线。木射线放大镜下明显；略密；窄至略宽。波痕及胞间道未见。

微观特征

导管横切面卵圆形或近圆形，略具多角形轮廓，主为单管孔，少数径列复管孔（2～4个，多数2～3个）；偶见管孔团；散生；1～10个，平均4个/mm²；最大弦径293μm，平均150μm；导管分子平均长554μm；侵填体丰富；螺纹加厚未见。管间纹孔式互列，多角形或圆形，密集，纹孔口内含。穿孔板单一，略倾斜。导管与射线间纹孔大圆形，少数刻痕状。轴向薄壁组织离管带状（宽1～2细胞，主为单细胞），与木纤维相间排列，星散-聚合状，轮界状，部分叠生；晶体未见。木纤维壁薄；直径32μm，平均长2411μm；叠生；单纹孔略具狭缘；分隔木纤维未见。木射线3～7根/mm；局部叠生。单列射线较少，高1～10细胞。多列射线宽2～6（多数3～5）细胞，高12～56（多数18～28）细胞。射线组织异形Ⅱ型或Ⅲ型。直立或方形射线细胞比横卧射线细胞高或高得多，多列部分射线多为卵圆或椭圆形。部分射线细胞具树胶，方形或菱形晶体存在于直立或方形射线细胞中，部分射线细胞具瓦状细胞呈榴莲型及翻白叶型；具鞘细胞。胞间道未见。

材料：W20132（墨西哥）；W20182（巴西）。

【木材性质】

木材光泽弱；无特殊气味和滋味；纹理直或交错；结构略粗而均匀；木材甚轻；干缩小；强度弱。

产 地	密度(g/cm³)		干缩率(%)			顺纹抗压强度（MPa）	抗弯强度（MPa）	抗弯弹性模量（MPa）	顺纹抗剪强度（MPa）	冲击韧性（kJ/m²）
	基 本	气 干	径 向	弦 向	体 积					
	0.25	0.29	21	4.1	7.7	16	30	3721		27
						17	27			
哥伦比亚		0.27～0.32	2.1～3.0	3.6～5.0		34	57	7920	9	
		0.32	3.0	6.3		22	40	4100		

木材干燥迅速，很少开裂和翘曲。实验室测定表明木材不抗白腐菌，与地面接触后很快腐朽，也易为昆虫危害；原木和板材常被变色菌感染而变色，为了防止蓝变、真菌和昆虫危害，树木伐倒后，应立即运输，尽快干燥或处理。防腐处理可采用真空加压或浸渍法，均能得到较好的渗透性和较多的药剂吸收量。木材加工容易，但效果欠佳；锯切表面起毛，为了得到光滑表面，加工刀刃应保持锋利。打孔、开榫常使纹理撕裂，但刨平和砂光后表面质量极佳。钉钉和拧入螺钉容易，但握钉力差。适于室温下旋切单板，胶合性能好。

【木材用途】

胶合板，细木工板的芯板和单板，包装用材，建筑材，制浆和造纸，箱盒，家具，体育用材，模型，雕刻，玩具，装饰品，独木舟和木筏。种子的绒毛——木棉可作浮标、救生带、枕头填充物等。

塞姆吉贝 *C. samuma* K. Schum.
（彩版 4.4；图版 21.1~3）

【商品材名称】

卢普纳 Lupuna

塞马乌马 Samauma

【地方名称】

托波里切 Toborichi（玻利维亚）；吉贝 Ceiba（哥伦比亚）；塞马乌马 Samauma（巴西）；卢普纳 Lupuna（美国）。

【树木及分布】

大乔木，高 42m，直径 0.8~1.3m；树干通直，高 20m。分布巴西、哥伦比亚、玻利维亚和秘鲁等。是亚马孙盆地的乡土树种。

【木材构造】

宏观特征

木材散孔材。心材浅红褐色，常由于感染变色菌呈灰蓝色或有黑色条纹；与边材区分不明显。边材色浅，常有灰色条纹。生长轮略明显。管孔肉眼下可见；散生；数甚少；略大至大；含侵填体。轴向薄壁组织放大镜下略见，呈细弦线。木射线放大镜下明显；略密；窄至略宽。波痕及胞间道未见。

微观特征

导管横切面卵圆形或近圆形，略具多角形轮廓，主为单管孔，少数径列复管孔（2~3 个）；偶见管孔团；散生或斜列；1~5 个，平均 3 个/mm^2；最大弦径 236μm，平均 175μm；导管分子平均长 488μm；侵填体较丰富；螺纹加厚未见。管间纹孔式互列，多角形或圆形，密集，纹孔口内含。穿孔板单一，略倾斜。导管与射线间纹孔式大圆形。轴向薄壁组织离管带状（宽主要为单细胞），与木纤维相间排列，星散-聚合状、轮界状，部分叠生；偶见菱形晶体。木纤维壁薄；直径 23μm，平均长 2150μm；叠生；单纹孔略具狭缘；分隔木纤维未见。木射线 4~7 根/mm；局部叠生。单列射线较少，高 3~8 细胞。多列射线宽 2~9（多数 5~7）细胞，高 8~55（多数 21~39）细胞。射线组织异形 Ⅱ 型或 Ⅲ 型。多列部分射线多为卵圆或椭圆、多角形，方形或菱形晶体存在于直立或方形射线细胞中；部分射线具瓦状细胞呈榴莲型及翻白叶型；具鞘细胞。胞间道轴向创伤树胶道数十个弦向排列（W22058 切片中可见）。

材料：W18251，W22058（秘鲁）。

【木材性质】

木材略有光泽；无特殊气味和滋味；纹理直或交错；结构略粗而均匀；木材轻；干缩大；强度弱。

产 地	密度(g/cm³)		干缩率(%)			顺纹抗压强度(MPa)	抗弯强度(MPa)	抗弯弹性模量(MPa)	顺纹抗剪强度(MPa)	冲击韧性(kJ/m²)
	基 本	气 干	径 向	弦 向	体 积					
秘 鲁		0.57	4.4	7.7	11.6	28	37	10297		
		0.50	3.7	6.6						

　　木材干燥较迅速，气干比窑干效果好，干燥需小心处理。防止开裂和翘曲。木材不耐腐，易被变色菌、昆虫所危害；防腐剂处理较易。木材加工容易，适合旋切单板。胶合性能好，尺寸稳定性亦佳。

【木材用途】

　　制作胶合板，模型，一般建筑材，制浆和造纸。

郝瑞棉属 *Chorisia* Kunth.

　　本属5种，分布南美洲热带地区。拉丁美洲常见商品材树种有：

　　郝瑞木棉 *C. insignis* H. B. K. 详见种叙述。

　　全缘叶郝瑞木棉 *C. integrifolia* Ulbr. 详见种叙述。

　　以上两种划为同一类商品材。

郝瑞木棉 *C. insignis* H. B. K.
（彩版 4.5；图版 21.4~6）

【商品材名称】

　　卢普纳 Lupuna

【地方名称】

　　巴里古达 Barriguda ，帕尼拉 Paneira（巴西）。

【树木及分布】

　　大乔木，直径0.9~1.2m；树干通常高15m。分布南美洲热带地区，尤其在亚马孙地区。

【木材构造】

　　宏观特征

　　木材散孔材。心材浅黄褐色，与边材区别不明显。边材色浅。生长轮较明显。管孔肉眼下明显，放大镜下单管孔可见；散生；数甚少；形大；具侵填体。轴向薄壁组织放大镜下未见。木射线放大镜下明显；稀；窄至略宽。波痕及胞间道未见。

　　微观特征

　　导管横切面近圆形、椭圆形，略具多角形轮廓，单管孔为主，少数径列复管孔（多数2个）；管孔团偶见；散生；1~3个，平均2个/mm²；最大弦径375μm，平均297μm；导管分子平均长462μm；侵填体丰富；螺纹加厚未见。管间纹孔式互列，纹孔多角形，纹孔口内含，圆形。穿孔板单一，略斜或平行。导管与射线间纹孔式大圆形。轴向薄壁组织丰富，叠生；离管带状（宽1细胞），与宽1或2细胞纤维带相间弦列，薄壁细胞比木纤维细胞大。具纺锤薄壁细胞；菱形晶体偶见。木纤维壁薄；叠生；直径 37μm，平均长 1854μm；单纹孔极少，略具狭缘；分隔木纤维未见。木射线 3~6 根/mm；非叠生。单列射线高 3~7 细胞。多列射线宽 2~10（多数 6~8）细胞，高 8~120 或以上（多数 58~97）细胞。具连接射线。射线组织异形 III 型，少数 II 型。方形或直立射线细胞比横卧射线细胞高或高得多，多列部分细胞大小不一，变化较大，卵圆形及多角形，具鞘细胞，瓦形细胞榴莲型。菱形晶体分布在直立或方形细胞中。胞间道未见。

材料：W22571（秘鲁）

【木材性质】

木材光泽弱；无特殊气味和滋味；纹理直或略交错；结构略粗至粗，均匀；重量轻；强度弱。

产 地	密度(g/cm³)		干缩率(%)			顺纹抗压强度(MPa)	抗弯强度(MPa)	抗弯弹性模量(MPa)	顺纹抗剪强度(MPa)	冲击韧性(kJ/m²)
	基 本	气 干	径 向	弦 向	体 积					
秘 鲁	0.28		3.1	9.0	10.7	11	23	4609		

木材干燥应小心处理，防止变形和开裂。耐腐性差，防腐剂处理较难。木材加工容易。

【木材用途】

模型，胶合板（芯板），包装材料，制浆等。

全缘叶郝瑞木棉 *C. integrifolia* Ulbr.
（彩版 4.6；图版 22.1~3）

【商品材名称】

卢普纳 Lupuna

【地方名称】

帕尼罗 Paneiro，尤钱 Yuchan（阿根廷）；巴里古达 Barriguda，派尼拉 Paineira（巴西）；托波罗切 Toborochi（玻利维亚）；赞姆赫 Zamuhu（巴拉圭）；卢普纳 Lupuna（秘鲁）；帕尼拉 Paneira（乌拉圭）。

【树木及分布】

大乔木，分布于南美洲热带地区。

【木材构造】

宏观特征

木材散孔材。心材黄色或浅黄褐色，径面有黄色和褐色相间的条纹和斑点；与边材区分不明显。边材色浅，奶油色。生长轮明显及较明显。管孔肉眼下可见，放大镜下明显，单管孔；散生；数甚少；略大；含侵填体。轴向薄壁组织放大镜下不见。木射线放大镜下明显；稀；窄至略宽。波痕及胞间道未见。

微观特征

导管横切面椭圆形及近圆形，略具多角形轮廓；单管孔为主，少数径列复管孔（2个）；偶见管孔团；散生；1~3个，平均 2个/mm²；最大弦径 307μm，平均 167μm；

导管分子平均长 494μm；侵填体丰富；螺纹加厚未见。管间纹孔式互列，排列紧密，纹孔多角形及圆形，纹孔口内含，圆形。穿孔板单一，倾斜或平行。导管与射线间纹孔式大圆形。**轴向薄壁组织较多，叠生**；主要为离管带状（宽 1 细胞），与单列（偶 2）木纤维相间排列，薄壁细胞较木纤维细胞大。具纺锤形薄壁细胞；偶见菱形晶体。**木纤维壁薄**；叠生；直径 30μm，平均长 2274μm；单纹孔极少，略具狭缘；分隔木纤维未见。**木射线 3～5 根/mm**；非叠生。单列射线较少，高 2～10 细胞。多列射线宽 3～7（多数 5～6）细胞，高 5～55（多数 18～45）细胞。射线组织异形Ⅲ型及Ⅱ型。方形或直立射线细胞比横卧射线细胞高或高得多，具瓦状细胞，榴莲型；具鞘细胞。菱形晶体多位于方形或直立细胞中。**胞间道未见。**

材料：W18263（秘鲁）

【木材性质】

木材略具光泽；无特殊气味和滋味；纹理直或略交错；结构细或略粗，较均匀；重量轻；强度弱。

产 地	密度(g/cm³)		干缩率(%)			顺纹抗压强度(MPa)	抗弯强度(MPa)	抗弯弹性模量(MPa)	顺纹抗剪强度(MPa)	冲击韧性(kJ/m²)
	基 本	气 干	径 向	弦 向	体 积					
		0.31								

木材干燥变形和开裂较严重，需小心处理。天然耐腐性差，不抗白蚁和昆虫危害；防腐剂处理较难。木材加工容易，略使刀具变钝。旋切和胶合性能良好。

【木材用途】

胶合板（芯板），隔热和隔音材料，包装材料，木模型等。

马蒂木棉属 *Matisia* Humb. & Bonpl.

本属 35 种，分布热带南美洲。拉丁美洲常见商品材树种有二色马蒂木棉。

二色马蒂木棉 *M. bicolor* Ducke
（彩版 4.7；图版 22.4～6）

【商品材名称】

扎波特 Zapote

马清萨波特 Machin sapote

【树木及分布】

大乔木，高达 35m，直径 0.55m；树干通直，25m，板根高 2m。分布巴西和秘鲁的亚马孙区域，生长在热带潮湿地区。

【木材构造】

宏观特征

木材散孔材。心材奶白色或土黄色，与边材区别不明显。边材色浅。生长轮较明显。管孔肉眼下可见，放大镜下明显，径列复管孔；散生；数少；略大；具侵填体。轴向薄壁组织放大镜下不见。木射线放大镜下明显；略密；窄至略宽。波痕及胞间道未见。

微观特征

导管横切面椭圆形及近圆形，单管孔及径列复管孔（2~5个，多数2~3个）；管孔团偶见；散生；1~10个，平均5个/mm²；最大弦径341μm，平均168μm；导管分子平均长861μm；侵填体较丰富；螺纹加厚未见。管间纹孔式互列，纹孔圆形，直径小，纹孔口合生，线形。穿孔板单一，略倾斜或平行。导管与射线间纹孔式类似管间纹孔式。轴向薄壁组织量多，星散状、星散-聚合状；轴向薄壁细胞较木纤维细胞形大，部分含菱形晶体；叠生。木纤维壁薄；直径39μm，平均长2410μm；单纹孔略具狭缘；分隔木纤维未见；叠生。木射线4~7根/mm；非叠生。单列射线较多，高3~26（多数16~20）细胞。多列射线宽2~6（多数4~5）细胞，高25~130或以上（多数43~89）细胞，部分多列与单列等宽。连接射线可见。射线组织异形Ⅱ型，少数Ⅲ型。直立或方形射线细胞比横卧射线细胞高或高得多，多列部分射线细胞多为卵圆形及长方形。菱形和方形晶体多位于直立或方形射线细胞中。具鞘细胞。胞间道未见。

材料：W22572（秘鲁）

【木材性质】

木材略具光泽；无特殊气味和滋味；纹理直；结构细且匀；重量中等；干缩甚大；强度弱。

产　地	密度(g/cm³)		干缩率(%)			顺纹抗压强度(MPa)	抗弯强度(MPa)	抗弯弹性模量(MPa)	顺纹抗剪强度(MPa)	冲击韧性(kJ/m²)
	基　本	气　干	径　向	弦　向	体　积					
秘　鲁	0.52		5.1	10.7	14.6	19	54	12847		

木材气干速度中等，无降等发生。木材略耐腐。加工容易。

【木材用途】

一般建筑材，轻型包装材，细木工，家具等。

轻木属 *Ochroma* Sw.

本属只有1种，分布热带美洲、西印度群岛等。

轻木 *O. pyramidale* Urban（*O. bicolor* Rowl.，*O. lagopus* Sw.）
（彩版4.8；图版23.1~3）

【商品材名称】

巴尔萨 Balsa

【地方名称】

巴尔萨 Balsa（中美洲，南美洲）；科乔 Corcho（墨西哥）；加蒂洛 Gatillo（厄瓜多尔）；思尼亚 Enea，庞哥 Pung（哥斯达黎加）；拉那 Lana（巴拿马）；波德巴尔萨 Pau de balsa（巴西）；保罗德巴尔萨 Palo de balsa，托帕 Topa（秘鲁）；塔米 Tami（玻利维亚）；瓜诺 Guano（波多黎各、洪都拉斯）；兰纳罗 Lanero（古巴）；波拉克 Polak（巴西、尼加拉瓜）。

【树木及分布】

大乔木，高 18～27m，直径 0.8～1.2m；树皮光滑，有白色和灰白斑点。在适宜的立地条件下，5 年生树木高达 24m，直径 0.8m，略具板根，8 年后心材有呈粉色趋势，12～15 年成熟，其材质迅速下降，生长缓慢，心材变成湿材，其产出的木材硬重。该树种速生和短寿。世界上商用的软木大多是厄瓜多尔提供的，那里土壤肥沃、气温高、降雨量丰富，是最理想的生长环境。该树种广泛分布在热带美洲、西印度群岛、墨西哥南部、委内瑞拉、哥伦比亚、巴西、秘鲁和玻利维亚。通常生长在低海拔区域特别在河流两岸的滩地，也生长在更新和采伐后的林地中，常作为人工林的造林树种。

【木材构造】

宏观特征

木材散孔材。心材近白色，与边材区别不明显。边材色浅。生长轮不明显。管孔在肉眼下略见；数少；略小，内含侵填体。轴向薄壁组织放大镜下不明显。木射线在放大镜下明显；稀至略密；略宽。波痕及胞间道未见。

微观特征

导管横切面圆形或椭圆形，单管孔和径列复管孔（2～3 个）；散生；分布均匀；7～15 个，平均 10 个/mm²；最大弦径 164μm，平均 96μm；导管分子平均长 426μm；侵填体较丰富；螺纹加厚缺如。管间纹孔式互列，密集，多角形，纹孔口内含。穿孔板单一，略倾斜。导管与射线间纹孔式大圆形，有时类似刻痕状。轴向薄壁组织主为离管带状（宽 3～7 细胞），少数环管束状，具分室含晶细胞，含菱形晶体和晶簇 6 个以上。木纤维壁甚薄，直径 33μm，平均长 1239μm；单纹孔略具狭缘；纹孔口呈 X 形；分隔木纤维未见。木射线 3～6 根/mm；非叠生。单列射线高 3～10 细胞。多列射线宽 2～8（多数 3～5）细胞，高 6～78（多数 26～42）细胞。射线组织异形 II 和 III 型。具瓦状细胞介于榴莲和翻白叶型之间。射线细胞多列部分通常圆形和多角形。具鞘细胞，数较多。菱形晶体分布在方形或直立及鞘细胞中。胞间道未见。

材料：W13099（洪都拉斯）

【木材性质】

木材具丝绸状光泽；无特殊气味和滋味；纹理直；结构细且均；重量甚轻，是当今所利用的商品材中最轻者；干缩性多样，可从小至大；强度弱。

产 地	密度(g/cm³)		干缩率(%)			顺纹抗压强度(MPa)	抗弯强度(MPa)	抗弯弹性模量(MPa)	顺纹抗剪强度(MPa)	冲击韧性(kJ/m²)
	基 本	气 干	径 向	弦 向	体 积					
厄瓜多尔	0.10～0.17	0.16	2.1～3.0	3.6～5.0		34	57	7920	9	
		0.17～0.20	3.1～4.0	5.1～6.5		16	23	3169		
		0.21～0.26	4.1～5.0	6.6～8.0		9	15	2928		
						12	19	3790		

　　木材气干困难,据厄瓜多尔的报道,100mm 厚板材,由生材高含水率降至20%以下含水率需14~21 天,干燥快常发生严重降等。波多黎各的经验表明25mm 厚板材,在气干棚下加垫木,含水率降至17%,需4 个月,发生弓形翘曲、扭曲和表面轻度开裂;窑干需小心处理,避免翘曲、开裂、表面硬化和"烤焦"。木材干燥后,尺寸稳定性好,空气湿度发生变化只引起木材很小的收缩和膨胀。生材含水率达200%~400%,浸泡的木材试样可达792%,为了克服吸湿性,常用粗石蜡、防水剂、防水防腐剂或清漆等进行防水处理。为防止木材蓝变和小蠹虫危害及开裂发生,树木伐倒后应立即运走和处理。木材不耐腐,易受白蚁和海生钻木动物危害;防腐处理边材易渗透,心材较难浸注。用薄刃锋利刀具,并降低加工角度,无论用手工还是机械加工均易。如加工刀具厚钝,则切面发毛。木材染色和抛光性能好,油饰需打腻子。木材太软,握钉力差。不适于汽蒸弯曲。

【木材用途】

　　该种木材是世界上最轻软的木材,也是吸收能量最好的树种之一,木材浮力大,也是极好的热和声不良导体。大多用于航空工业的隔热、隔音材料及减缓冲击和抗震材料,玩具,船体,瓶塞,漂浮材料如救生圈、浮子、木筏,夹层建筑材的芯板,飞机模型,外科用夹板等。

硬丝木棉属 *Scleronema* Benth.

　　本属5 种,分布南美洲热带地区。拉丁美洲常见商品材树种有硬丝木棉。

硬丝木棉 *S. micranthum* Duck.
(彩版 4.9；图版 23.4~6)

【商品材名称】

　　卡戴罗 Cardeiro

【地方名称】

　　卡戴罗 Cardeiro,锡德博拉沃 Cedro bravo,锡德霍 Cedrinho,卡斯坦哈德帕卡 Castanha de paca (巴西)。

【树木及分布】

　　中或大乔木,分布巴西亚马孙地区。

【木材构造】

宏观特征

　　木材散孔材。心材红褐色,与边材区别略明显。边材灰白色。生长轮不明显。管孔放大镜下明显;散生;数甚少;略大,含侵填体和内含物。轴向薄壁组织放大镜下弦向带状略见。木射线放大镜下明显;稀或略密;窄至略宽。波痕及胞间道未见。

微观特征

　　导管横切面椭圆形、近圆形,具多角形轮廓;单管孔为主,径列复管孔 (2~3 个,多为2 个);管孔团偶见;2~4 个,平均3 个/mm²;最大弦径230μm,平均199μm;导管分子平均长438μm;侵填体丰富;螺纹加厚缺如。管间纹孔式互列,排列紧密,多角形、圆形，纹孔口外展或内含。穿孔板单一，平行或略倾斜。导管与射线间纹孔式刻痕状及大圆形。轴向薄壁组织较丰富，环管束状、弦向带状（宽 3 ~ 5 细胞，以 3 ~ 4 为多）、星散及星散-聚合状；少数细胞含内含物，晶体未见。木纤维壁薄，直径28μm，平均长 1826μm；单纹孔较少，部分略具狭缘；分隔木纤维可见。木射线4 ~ 6 根/mm；非叠生。单列射线较少，高 2 ~ 15 细胞。多列射线宽2 ~ 5（多数 3 ~ 4）细胞，高 12 ~ 115 或以上（多数34 ~ 72）细胞。射线组织异形Ⅱ型。部分细胞含树胶，晶体未见。**胞间道缺如。**

材料：W22520（巴西）

【**木材性质**】

木材具光泽；无特殊气味和滋味；纹理直；结构略粗；木材重量中等；干缩甚大；强度高。

产　地	密度(g/cm³)		干缩率(%)			顺纹抗压强度(MPa)	抗弯强度(MPa)	抗弯弹性模量(MPa)	顺纹抗剪强度(MPa)	冲击韧性(kJ/m²)
	基　本	气　干	径　向	弦　向	体　积					
		0.72	5.4	10.0		62	111	12700		

木材干燥需小心处置，否则会产生较严重变形、开裂和表面硬化。天然耐腐性差，易被腐朽菌和白蚁危害，但干燥木材抗昆虫侵害；防腐剂可处理性差。木材锯解容易，略使刀具变钝。车旋不困难，刨切性能较好。握钉力强，胶合性能亦佳。

【**木材用途**】

建筑材，室内装修，地板，木模型，胶合板等。由于木材常有创伤树脂道产生，故不宜作装饰材。

紫草科
Boraginaceae Juss.

落叶或常绿，大部分为草本或灌木，稀乔木。100 属，2000 种；分布热带、亚热带及温带。拉丁美洲常见商品材属为破布木属 *Cordia*，帕塔厚壳属 *Patagonula*。

破布木属 *Cordia* L.

乔木或灌木，本属约250 种，分布热带和亚热带地区，特别在热带南美洲和西印度群岛。拉丁美洲常见商品材树种有：

蒜味破布木 *C. alliodora*（R. et P.）Cham.（*C. gerascanthus* Jacq.）

商品材名称：劳雷尔布兰科 Laurel blanco，帕迪洛 Pardillo，博乔恩 Bojon，卡纳莱特 Canalete，洛若 Louro。

中或大乔木，高12 ~ 18m，直径0.5 ~ 0.6m，树干高4 ~ 6m，窄的板根高1.8m。分布于哥伦比亚、委内瑞拉、洪都拉斯、尼加拉瓜和巴拿马，生长在丘陵的雨林、次生林中和河流冲积平原上。心材新切面浅绿褐色或橄榄褐色，常带黑色条纹，空气中久置后变为浅金褐色至褐色，与边材区分不明显。边材黄色至浅褐色，宽 2.5～7.5cm。生长轮较明显。木材光泽较强至强，一般无特殊气味和滋味，少数材色较深的试样有明显的辛辣味。结构细至中；纹理相当直或略交错；木材重量轻至中等（含水率12%，气干密度0.41～0.64g/cm³）；干缩中等至大（从生材至炉干，干缩率径向3.1%～5.0%，弦向5.1%～8.0%）；强度中等或弱（含水率12%，顺纹抗压强度34～53 MPa，抗弯强度57～94 MPa，抗弯弹性模量7920～12400 MPa，顺纹抗剪强度9～13 MPa），其强度和硬度因产地不同而异。木材气干迅速，有轻微开裂和翘曲。较耐腐，抗白蚁，但不抗海生钻木动物危害，心材防腐剂可处理性中等。锯和刨削容易，加工面光滑，胶合性能良好。钉钉和拧螺钉有开裂可能，需事先打孔。抛光和砂光性颇佳，耐候性较好，汽蒸弯曲性较好。木材适于作轻型建筑材，造船材，家具，细木工，单板，胶合板，乐器，室内装修，车旋材，木模型。

三出破布木 C. *trichotoma* (Vell.) Arrab.

商品材名称：佩特雷拜 Petereby，帕特雷比 Paterebi。

大乔木，高30～38m，直径0.5～0.6m，树干对称，形状好，高12～15 m，不具板根。分布于巴西、阿根廷等，生长在混交阔叶林中，河流两岸的砂质和黏土上。心材灰色至灰褐色，有时金褐色具明显花纹，与边材区别明显。边材黄灰色。生长轮不明显。木材光泽中等至高；有令人不愉快的气味，但无明显滋味；木材重量中至重（含水率12%，密度0.58～0.64g/cm³ 或 0.73～0.80g/cm³）；干缩中等至大（生材至炉干，干缩率径向3.1%～5.0%，弦向5.1%～8.0%）；强度高至中等（含水率12%，顺纹抗压强度53～62 MPa，抗弯强度94～114 MPa，抗弯弹性模量12400～14200 MPa，顺纹抗剪强度13～15 MPa）。木材干燥后有轻度开裂和变形，干燥后尺寸稳定性好。木材耐腐性差，不抗白蚁危害。加工容易，切面光滑，抛光和胶合性能良好；旋切和刨切均可得到满意效果。可作为欧洲栎木的替代材。木材适合作造船材，车辆材，家具和部件，单板，胶合板，室内装修，细木工等。

疤痕破布木 C. *cicatricosa* 详见种叙述。

亚马孙破布木 C. *goeldiana* Hub. 详见种叙述。

以上几种木材性质和用途相近，常作为同一类商品材。

疤痕破布木 C. *cicatricosa*
（彩版 5.1；图版 24.1～3）

【商品材名称】

弗赖乔 Freijo

劳雷尔布兰科 Laurel blanco

佩特雷拜 Peterebi

【树木及分布】

大乔木，高12～18m，直径0.5～0.6m，在适宜条件下，高可达37m，直径达0.9m；板根窄，高1.8m。分布于墨西哥南部、南美洲热带地区。

【木材构造】

宏观特征

木材散孔材。心材黄褐色至金黄褐色，具深浅相间条纹，与边材区分不明显。边材色浅。生长轮不明显。管孔肉眼下略见，放大镜下明显；散生；数甚少或少；形大；具侵填体。轴向薄壁组织放大镜下明显，主要为环管束状。木射线肉眼下可见，放大镜下很明显；稀；略宽。波痕及胞间道未见。

微观特征

导管横切面卵圆形及圆形，具多角形轮廓；单管孔，少数径列复管孔（2～3个）及管孔团；散生；3～6个，平均5个/mm^2；最大弦径329μm，平均226μm；导管分子平均长441μm；侵填体较丰富；螺纹加厚缺如。管间纹孔式互列，纹孔排列紧密，多角形及圆形，纹孔口合生或外展。穿孔板单一，平行或略倾斜。导管与射线间纹孔式类似管间纹孔式。轴向薄壁组织丰富，环管束状、翼状、聚翼状、带状（宽2～4细胞）及轮界状；轴向薄壁组织与木纤维相间排列。薄壁细胞不含树胶和晶体；纺锤薄壁细胞可见，局部叠生。木纤维壁薄至厚；直径41μm，平均长2668μm；单纹孔略具狭缘，分隔木纤维未见。木射线2～3根/mm；非叠生或局部叠生。单列射线甚少，高2～6细胞。多列射线宽2～8（多数4～5）细胞，高17～69（多数37～45）细胞。连接射线可见。射线组织异形Ⅱ型或Ⅲ型。直立或方形射线细胞比横卧射线细胞高。具鞘细胞。射线细胞不含树胶和晶体。胞间道未见。

材料：W18257（秘鲁）

【木材性质】

木材具光泽；无特殊气味和滋味；纹理直；结构略粗至粗；均匀；重量中等；干缩大；强度中等。

产　地	密度（g/cm^3）		干缩率（%）			顺纹抗压强度（MPa）	抗弯强度（MPa）	抗弯弹性模量（MPa）	顺纹抗剪强度（MPa）	冲击韧性（kJ/m^2）
	基　本	气　干	径　向	弦　向	体　积					
	0.44～0.52	0.54～0.64	3.4	7.1	9.2	44	84	10404		156
						50	101	14400		

木材气干迅速，有轻度翘曲和开裂。心材略耐腐，干燥木材抗白蚁，不抗海生钻木动物危害，心材防腐剂处理困难，边材较易渗透。木材加工容易，加工表面光滑，胶合性能良好。

【木材用途】

一般建筑材，家具及部件，地板，装饰单板，造船材，常是柚木、核桃木或桃花心木的替代木材。

亚马孙破布木 *C. goeldiana* Hub.
（彩版5.2；图版24.4～6）

【商品材名称】

弗赖乔 Freijo

【地方名称】

弗赖乔 Freijo，弗赖朱杰 Frei-Jorge，巴西核桃木 Brasilian walnut（巴西）；寇迪亚木 Cordia wood，珍尼木 Jenny wood（美国）。

【树木及分布】

大乔木，高 30m，直径 0.45 ~ 0.61m，平均 0.53m；树干通直，圆柱状，高 7 ~ 27m，平均 17m。树干呈沟槽状，树皮厚 1 ~ 2cm。该树种喜生潮湿土壤，分布于巴西帕拉州，主要在托康舍斯河下游及其支流。

【木材构造】

宏观特征

木材散孔材。心材金黄褐色至红褐色，与边材区别略明显。边材浅灰褐色或灰黄色，宽 1.5 ~ 5.0cm。生长轮略明显。管孔放大镜下明显；散生；数少；略大；含侵填体。轴向薄壁组织放大镜下可见，呈环管束状、翼状。木射线肉眼下略见，放大镜下明显；稀；略宽。波痕及胞间道未见。

微观特征

导管横切面椭圆形及圆形，具多角形轮廓；主单管孔，少数径列复管孔（2 个）及管孔团；散生；2 ~ 10 个，平均 8 个/mm²；最大弦径 295μm，平均 177μm；导管分子平均长 393μm；侵填体丰富；螺纹加厚未见。管间纹孔式互列，纹孔排列紧密，多角形及圆形，纹孔口合生或外展，呈线状或透镜形。穿孔板单一，略平行或倾斜。导管与射线间纹孔式类似管间纹孔式。轴向薄壁组织较丰富，环管状、翼状、聚翼状、带状（宽 1 ~ 2 细胞）及轮界状；纺锤薄壁细胞可见，薄壁细胞不含树胶和晶体。木纤维壁薄至厚；直径 19μm，平均长 1524μm；单纹孔极少，略具狭缘；分隔木纤维未见。木射线 3 ~ 5 根/mm；局部叠生。单列射线甚少，高 2 ~ 7 细胞。多列射线宽 4 ~ 7（多数 4 ~ 5）细胞，高 12 ~ 139（多数 50 ~ 88）细胞或以上。射线组织异形 Ⅱ 型及 Ⅲ 型。有瓦状细胞，略为榴莲型。直立或方形射线细胞比横卧射线细胞高或略高，菱形或方形晶体分布射线细胞中，鞘细胞普遍。胞间道未见。

材料：W22459（巴西）

【木材性质】

木材有光泽；无特殊气味和滋味；纹理直或略交错；结构略粗；均匀；重量中等；干缩大；强度中等。

产　地	密度(g/cm³)		干缩率(%)			顺纹抗压强度(MPa)	抗弯强度(MPa)	抗弯弹性模量(MPa)	顺纹抗剪强度(MPa)	冲击韧性(kJ/m²)
	基　本	气　干	径　向	弦　向	体　积					
巴　西		0.59	3.2	6.7	9.1	46	94	14632	96	274
		0.59	2.9	6.1		54	97	12000		

木材干燥迅速，有轻微变形和开裂。略耐腐，较抗白蚁侵害。木材加工容易，锯、刨、旋、切、钉钉均易。胶合性能好。

【木材用途】

细木工，装饰单板，胶合板，内外部装修材，家具，枪托，造船等，为巴西较珍贵木材，为桃花心木替代树种，巴西政府将其列为有限价出口的木材之一。

帕塔厚壳木属 *Patagonula* L.

本属2种，分布于巴西、阿根廷。拉丁美洲常见商品材树种有帕塔厚壳木。

帕塔厚壳木 *P. americana* L.
（图版 25.1~3）

【商品材名称】

瓜亚比 Guayabi

【地方名称】

吉拉波维拉 Goarapovira，奎阿比布朗科 Guaibi-branco，瓜著维拉 Guajuvira（巴西）。

【树木及分布】

大乔木，树高25m，直径0.8m；树干通直，高20m。主要分布巴西、阿根廷。树木生长在山脚的潮湿土壤中；天然更新能力极强，是生长较快树种。

【木材构造】

宏观特征

木材散孔材。心材油橄榄色均一，或带褐色与紫色斑点；与边材略有区别。边材白色至褐色，宽。生长轮略见或不见。管孔肉眼下不见，放大镜下可见；弦向排列；数略少；略小；含侵填体。轴向薄壁组织肉眼下略见，放大镜下明显，环管束状；弦向带状或波浪状。木射线放大镜下明显；略密；窄至略宽。波痕及胞间道未见。

微观特征

导管横切面圆形、椭圆形，具多角形轮廓；为单管孔、径列复管孔（2~4个，多为2个）及管孔团；弦向及波浪状排列；15~40个，平均30个/mm^2；最大弦径97μm，平均53μm；导管分子平均长230μm；侵填体丰富；螺纹加厚缺如。管间纹孔式互列，圆形，纹孔口内含。穿孔板单一，平行或略倾斜。导管与射线间纹孔式类似管间纹孔式。轴向薄壁组织为环管束状、带状（宽3~4细胞）、星散状或星散-聚合状；部分细胞含内含物；晶体未见。木纤维壁甚厚；直径13μm，平均长1360μm；单纹孔较少；分隔木纤维未见。木射线8~10根/mm；非叠生。单列射线很少，高3~6细胞。多列射线宽3~6细胞，高6~47（多数18~29）细胞。射线组织同形单列及多列或异形Ⅲ型。方形射线细胞比横卧射线细胞高或高得多，部分细胞有内含物；晶体未见。胞间道缺乏。

材料：W22719（阿根廷）

【木材性质】

木材光泽中；无特殊气味和滋味；纹理直；结构细且匀；木材重量中至重；干缩甚大；强度高或中等。

产　地	密度(g/cm³)		干缩率(%)			顺纹抗压强度(MPa)	抗弯强度(MPa)	抗弯弹性模量(MPa)	顺纹抗剪强度(MPa)	冲击韧性(kJ/m²)
	基　本	气　干	径　向	弦　向	体　积					
巴　西		0.73~0.80	>5.1	>8.1		62	114	14200	15	
阿根廷						53	94	12400	13	

木材硬、重，强度高，弹性好，用任何工具加工均易；锯、刨均可获得满意效果。加工表面光滑，抛光后具光泽。耐候性好，汽蒸弯曲性颇佳。

【木材用途】

重型建筑材，承重地板，矿柱，电杆，桩木，车厢材，家具，工具柄，木梯，体育用品，农具材，单板，胶合板，乐器材，精密仪器箱，室内装修，细木工，雕刻材，玩具，装饰物，车旋材，为优等薪炭材，常作为欧洲白蜡的替代材。

橄榄科
Burseraceae Kunth.

乔木或灌木，有芳香树脂。16 属，约 500 种；产于热带。拉丁美洲常见商品材属有：裂榄属 *Bursera*，蜡烛树属 *Dacryodes*，马蹄榄属 *Protium*，高四榄属 *Tetragastris*。

裂榄属 *Bursera* Jacq. ex L.

本属 80 种，分布于热带美洲。拉丁美洲常见商品材树种有苦木裂榄。

苦木裂榄 *B. simaruba*（L.）Sarg.（*B. gummifera* L.）
（彩版 5.3；图版 25.4~6）

【商品材名称】

冈博利莫博 Gumbo-limbo

阿勒马西古 Almacigo

【地方名称】

特彭蒂尼树 Turpentine tree（牙买加）；戈米尔布兰克 Gommier blanc（海地）；查卡 Chaca，保罗奇诺 Palo chino（墨西哥）；卡拉特 Carate（巴拿马、哥伦比亚）；卡拉纳 Carana，英迪奥登努多 Indio desnudo（委内瑞拉）。

【树木及分布】

中或大乔木，一般高 18m，直径 0.4~0.5m；树干通直、尖削，高 8~15m，不具板根；但有时树高可达 24~27m，直径可达 0.9m。树皮含红色芳香树脂，当流出后，遇空气变硬。常分布于中美洲和南美洲的北部，西印度群岛，墨西哥南部等。该树种可生长在各种立地条件下，从旱生林到中生林，更喜生低地森林中，在某些地区形成纯林或近纯林。

【木材构造】

宏观特征

木材散孔材。心材奶白色、黄色或浅褐色，与边材区别不明显。边材色浅。生长轮不明显。管孔放大镜下明显；散生；数少；略大；含侵填体。轴向薄壁组织放大镜下不见。木射线放大镜下可见；略密；甚窄至窄。波痕及胞间道未见。

微观特征

导管横切面椭圆形或近圆形，略具多角形轮廓；单管孔和径列复管孔（2～7个，多数2～3个）；散生；8～18个，平均14个/mm²；最大弦径187μm，平均119μm；导管分子平均长580μm；侵填体丰富；螺纹加厚未见。管间纹孔式互列，密聚，多角形，纹孔口内含。穿孔板单一，倾斜。导管与射线间纹孔式类似管间纹孔式，少数刻痕状。轴向薄壁组织少，星散状；晶体未见。木纤维壁薄；直径37μm，平均长888μm；单纹孔略具狭缘，纹孔口外展，裂隙状；分隔木纤维普遍。木射线7～11根/mm；非叠生。单列射线少，高3～6个细胞。多列射线宽2～4（多数2～3）细胞，高6～19（多数10～15）细胞。射线组织异形Ⅱ型。直立或方形射线细胞比横卧射线细胞高或高得多，多列部分射线多为卵圆形及圆形。偶见方形或菱形晶体存在于直立或方形细胞中。胞间道系正常径向者位于射线中部，由7～9个分泌细胞组成，弦径21～35μm。

材料：W20155（墨西哥）

【木材性质】

木材光泽弱；无特殊气味和滋味；纹理直或略斜；结构细且均；木材轻；干缩小；强度弱。

产　地	密度(g/cm³)		干缩率(%)			顺纹抗压强度（MPa）	抗弯强度（MPa）	抗弯弹性模量（MPa）	顺纹抗剪强度（MPa）	冲击韧性（kJ/m²）
	基　本	气　干	径　向	弦　向	体　积					
委内瑞拉		0.33～0.36	2.1～3.0	3.6～5.0		34	57	7920	9	
	0.30～0.38	0.30～0.48	2.6	4.2	7.3	21	33	5099		
						38		7441		

木材干燥迅速，略有轻度开裂和翘曲，有降等可能。原木和木材易被变色菌感染，最好树木伐倒后立即运出并用化学药剂处理。木材不耐腐，易受小蠹虫、白蚁和海生动物危害，防腐剂处理心边材均易。木材手工和机械加工均容易，锯、刨表面较光滑，为了避免加工表面纹理撕裂、起毛，需锋利刀具、减小切削角并降低供料速度。原木室温下可旋切。染色和抛光性能良好。胶合和钉钉性能亦佳。

【木材用途】

建筑材，地板，家具，细木工，体育用品，箱盒，单板和胶合板，纤维板，刨花板，玩具，装饰品，木丝，食品容器，模型。

蜡烛树属 *Dacryodes* Vahl.

本属 30 种，分布热带地区。拉丁美洲常见商品材树种有：

大蜡烛木 *D. excelsa* Vahl.

商品材名称：古米尔 Gommier，蜡烛树 Candle tree。

地方名称：塔波缪柯 Tabonuco（波多黎各）。

大乔木，高达 30m，直径 0.9～1.5m，树干形状好，通直，无板根。分布波多黎各，通常沿山坡形成小片林，在高海拔处形成纯林。心材新切面浅褐色具紫色斑点，气干后材色转为带光泽的粉褐色，与桃花心木相似，与边材区分明显。边材灰色，窄。木材具光泽；无特殊气味和滋味；结构细至中；纹理交错，具漂亮的带状花纹；木材重量中等（含水率 12%，基本密度 0.52g/cm³，气干密度 0.64g/cm³）；干缩大（生材至炉干干缩率，径向 4.1%，弦向 6.4%，体积 10.5%）；强度中等（含水率 12%，顺纹抗压强度 49 MPa，抗弯强度 90 MPa，抗弯弹性模量 10542 MPa）。木材气干容易，略有降等，缺陷为轻微翘曲和端裂，不存在表面硬化。心材略抗腐朽菌，干燥木材易受白蚁和海生钻木动物危害，无论用加压或常压防腐处理，心边材均困难。木材锯、切容易，由于含丰富的硅石（据报道硅石含量 0.5%），使加工刀具变钝，但切面光滑。油漆性能良好。木材适于作家具及家具部件、单板、建筑材，树木基部可提取芳香树脂，制成蜡烛和药品。

毛蜡烛木 *D. pubescens* H. J. Lam. 详见种叙述。

毛蜡烛木 *D. pubescens* H. J. Lam.
（彩版 5.4；图版 26.1～3）

【商品材名称】

古米尔 Gommier

【地方名称】

阿尼莫 Anime，柯帕 Copal（厄瓜多尔）；古米尔 Gommier，古布兰克 G. blanc，塔波缪柯 Tobornuco（波多黎各）。

【树木及分布】

大乔木，高可达 30m，直径 1.2～1.5m；主干通直，圆柱状。分布热带南美洲和中美洲、加勒比海地区和西印度群岛，常生长在雨林和沿河两岸。

【木材构造】

宏观特征

木材散孔材。心材灰黄色至粉褐色，与边材略有区别。边材灰白色或土黄色。生长轮不明显。管孔放大镜下明显；散生；数少；中等大小或大；具侵填体。轴向薄壁组织放大镜下不见。木射线放大镜下可见；略密；甚窄至窄。波痕及胞间道未见。

微观特征

导管横切面椭圆形及圆形，具多角形轮廓；单管孔和径列复管孔（2～6 个，多数

2~3 个）；管孔团偶见；散生；5~11 个，平均 8 个/mm²；最大弦径 239μm，平均 137μm；导管分子平均长 655μm；侵填体较丰富；螺纹加厚未见。管间纹孔式互列，纹孔排列紧密，多角形及圆形，纹孔口合生或内含，透镜形。穿孔板单一，略倾斜。导管与射线间纹孔式大圆形及刻痕状。**轴向薄壁组织星散状、疏环管状；晶体未见。木纤维**壁薄至厚；直径 24μm，平均长 1461μm；单纹孔略具狭缘，分隔木纤维未见。**木射线** 4~7 根/mm；非叠生。单列射线很少，高 1~6（多为 3~5）细胞。多列射线宽 2~3 细胞，高 5~22（多为 11~16）细胞。连接射线可见。射线组织异形 Ⅱ 型。直立或方形射线细胞比横卧射线细胞高或高得多，多列部分射线细胞为卵圆形及圆形；晶体未见。**胞间道缺如。**

材料：W17939（葡萄牙送）

【木材性质】

木材具光泽；无特殊气味和滋味；纹理直或略交错；结构细至略粗，均匀；重量中等；干缩大；强度中等。

产　地	密度(g/cm³)		干缩率(%)			顺纹抗压强度(MPa)	抗弯强度(MPa)	抗弯弹性模量(MPa)	顺纹抗剪强度(MPa)	冲击韧性(kJ/m²)
	基　本	气　干	径　向	弦　向	体　积					
		0.61	5.1	7.9		51	102	11700		

木材气干容易，略有轻度变形和开裂。木材天然耐腐性差或略差；略抗白蚁、抗海生钻木动物蛀蚀，防腐剂浸注较困难。木材锯、刨容易，但常使刀具变钝。胶合性能良好，握钉力强，砂光、着色、油漆性均佳。原木适宜旋切和刨切。

【木材用途】

家具，胶合板，装饰单板，室内装修，细木工，造船材，箱盒，木模型，护壁板等。

马蹄榄属 *Protium* Burm. f.

本属 90 种，分布南美洲热带地区，马达加斯加、马来西亚等。拉丁美洲常见商品材树种有：

十蕊马蹄榄 *P. decandrum* March.

商品材名称：库若凯 Kurokai

大乔木，高达 27m，直径 1m，树干形状好，有沟槽，高 18m，具板根。树皮含丰富的芳香树脂。分布中美洲、西印度群岛和巴西等，生长在树种繁多的沼泽林中。心材粉褐色，带暗褐色条纹，与边材区别明显。边材粉色或白黄色宽 2.5cm。生长轮不明显。木材有光泽；无特殊气味和滋味；结构细；纹理直或交错；木材重量中等（含水率 12%，密度 0.58~0.72g/cm³）；干缩中等（生材至炉干干缩率，径向 3.1%~4.0%，弦向 5.1%~6.5%）；强度中至高（含水率 12%，顺纹抗压强度 53~62 MPa，抗弯强度 94~114 MPa，抗弯弹性模量 12400~14200 MPa，顺纹抗剪强度 13~15 MPa）。木材干燥相当迅速，并产生明显翘曲和扭曲。天然耐腐性较差，易受白蚁和钉头蛀虫危害，心材防腐剂难浸注，边材较易渗透。木材加工较困难，由于树脂丰富，常堵塞锯齿。用机械加工较容易，使刀具变钝。开榫和打孔需锋利刀具，最好采用20°切削角，可得到光滑表面。染色和抛光可得到令人满意结果。钉钉易劈裂，需事先打孔。胶合性能良好，汽蒸弯曲性和尺寸稳定性中等。木材用途为轻型建筑材，车辆材，单板，胶合板，箱盒，室内装修，细木工。树脂可作为天然药材和制作香料。

尼氏马蹄榄 *P. neglectum* Swart.

商品材名称：阿尼迈 Anime

大乔木，高18～30m，直径0.4～0.6m，树干高21m。分布于哥伦比亚和智利等。心材红褐色或玫瑰褐色，与边材区别不明显。边材玫瑰色。生长轮明显。木材光泽较强或强；无特殊气味和滋味；结构细且匀；纹理直；木材重量中等至重（含水率12%，密度0.63～0.80g/cm³）；干缩大（生材至炉干干缩率，径向4.1%～5.0%，弦向6.6%～8.0%）；强度高（含水率12%，顺纹抗压强度62～71 MPa，抗弯强度114～134 MPa，抗弯弹性模量14200～16300 MPa，顺纹抗剪强度15～17 MPa）。木材气干效果好。木材较耐腐，心材防腐剂难浸注。用手工和机械加工较容易，刨面光滑，如再打腻和砂光可得到极好效果。钉钉困难，但握钉力强。适合旋切和刨切，胶合性能良好，耐候性差。木材可用于重型和轻型建筑材，承重和一般地板，车辆材，家具和部件，室内装修，细木工等。

尖头马蹄榄 *P. apiculatum* Sw. 详见种叙述。

七叶马蹄榄 *P. heptaphyllum* (Aubl.) March. 详见种叙述。

尖头马蹄榄 *P. apiculatum* Sw.
（彩版5.5；图版26.4～6）

【商品材名称】

　　库若凯 Kurokai

　　科帕 Copal

【地方名称】

　　拉蒂拉 Latilla，波姆 Pom（墨西哥）；阿勒坎福 Alcanfor，方托勒 Fontole（洪都拉斯）；卡拉诺 Carano（巴拿马、哥伦比亚）；查特雷 Chutra（巴拿马）；阿尼迈 Anime（哥伦比亚）；贝勒萨莫 Balsamo，塔卡马赫科 Tacamahaco（委内瑞拉）；库若凯 Kurokai（圭亚那）；博奥斯恩森斯 Bois encens（法属圭亚那）；布列布朗科 Breu branco，布列波若托 Breu prete，苏库若巴 Sucuriuba（巴西）。

【树木及分布】

　　大乔木，树高27m，直径0.4～0.5m，有时可达1m；具低矮板根。分布热带美洲，在亚马孙盆地更为丰富，也分布在圭亚那沼泽林中。

【木材构造】

　　宏观特征

　　木材散孔材。心材黄褐色至红褐色，与边材略有区别。边材浅黄褐色，常有变色菌感染，形成黑色或褐色条纹。生长轮不明显。管孔放大镜下可见；散生；数少；略大；

含侵填体。轴向薄壁组织放大镜下不见。木射线放大镜下明显；略密；甚窄。波痕及胞间道未见。

微观特征

导管横切面椭圆形和圆形，具多角形轮廓；单管孔和径列复管孔（2～4 个，多数 2 个）；偶见管孔团；散生；9～18 个，平均 14 个/mm²；最大弦径 187μm，平均 119μm；导管分子平均长 676μm；侵填体丰富；螺纹加厚缺如。管间纹孔式互列，多角形及圆形，纹孔口内含，透镜形。穿孔板单一，略倾斜。导管与射线间纹孔式刻痕状及大圆形。轴向薄壁组织稀少，星散状；部分薄壁细胞含树胶，晶体未见。木纤维壁薄至厚；直径 19μm，平均长 1253μm；单纹孔略具狭缘，分隔木纤维普遍。木射线 5～7 根/mm；非叠生。单列射线高 1～10 细胞。多列射线宽 2～3（主为 2）细胞，高 10～38（多数 10～25）细胞。具连接射线。射线组织异形 II 型。直立或方形射线细胞比横卧射线细胞高或高得多，菱形晶体位于直立或方形射线细胞中。胞间道未见。

材料：W22091（秘鲁）

【木材性质】

木材光泽弱；无特殊气味和滋味；纹理直；结构细且匀；木材重量轻至中；干缩大；强度中至高。

产　地	密度(g/cm³)		干缩率(%)			顺纹抗压强度(MPa)	抗弯强度(MPa)	抗弯弹性模量(MPa)	顺纹抗剪强度(MPa)	冲击韧性(kJ/m²)
	基　本	气　干	径　向	弦　向	体　积					
	0.45～0.61	0.53～0.72	4.2	6.8	10.7	63	116	12161		188
						48	81	11379		
						60	108	12815		

木材干燥容易，气干较困难，刨或旋切的单板，在干燥中会翘曲不平。天然耐腐性差，易受白蚁和海生钻木动物危害；据报道用真空加压系统防腐处理，心材困难，边材较易。原木加工时应剥树皮，以免树脂堵塞加工工具。木材加工容易，效果好。

【木材用途】

家具，胶合板，建筑材，刨花板，可作桦木的替代树种；也可从创伤树皮中提取香味树脂，称为"榄香脂"。

七叶马蹄榄 *P. heptaphyllum*（Aubl.）March.
（彩版 5.6；图版 27.1～3）

【商品材名称】

布列 Breu

【地方名称】

阿勒梅西加 Almecega，阿勒梅西古拉 Almecegueira，布列布朗克沃达戴罗 Breu-branco-verdadeiro（巴西）。

【树木及分布】

大乔木，直径 0.5～0.6m；树干通直，圆柱形，高 7～17m，平均 9m。树皮光滑，含树脂，厚 0.5~2.0cm，是巴西常见树种。分布巴西亚马孙地区，苏里南，哥伦比亚，委内瑞加，巴拉圭。树木喜生在旱地林中。

【木材构造】

宏观特征

木材散孔材。心材灰褐色至淡红褐色，与边材区别不明显。边材比心材略浅。生长轮不明显。管孔放大镜下明显；数少；略大；具侵填体。轴向薄壁组织放大镜下未见。木射线放大镜下可见；稀至略密；甚窄。波痕及胞间道未见。

微观特征

导管横切面近圆形及椭圆形，具多角形轮廓；单管孔及径列复管孔（2~4 个，多数 2 个）；少数管孔团；散生或略呈斜列或径列；8~14 个，平均 10 个/mm²；最大弦径 176μm，平均 102μm；导管分子平均长 493μm；侵填体较丰富；螺纹加厚缺如。管间纹孔式互列，多角形或圆形，纹孔口内含，透镜形。穿孔板单一，倾斜。导管与射线间纹孔式刻痕状及大圆形。轴向薄壁组织少，疏环管状；薄壁细胞含深色树胶，晶体未见。木纤维壁薄；直径 18μm，平均长 948μm；单纹孔极少，略具狭缘；分隔木纤维普遍。木射线 4~5 根/mm；非叠生。单列射线少，高 4~5 细胞。多列射线宽 2（偶 3）细胞，高 7~27（多数 15~21）细胞。射线组织异形Ⅲ型及Ⅱ型。方形或直立射线细胞比横卧射线细胞高或高得多，多列部分细胞多长椭圆形或长方形。大多数射线细胞含深色树胶，菱形晶体多分布于方形或直立的含晶异细胞中。胞间道未见。

材料：W22436（巴西）

【木材性质】

木材有光泽；无特殊气味和滋味；纹理直；结构细且匀；重量中；干缩甚大；强度高。

产　地	密度(g/cm³)		干缩率(%)			顺纹抗压强度(MPa)	抗弯强度(MPa)	抗弯弹性模量(MPa)	顺纹抗剪强度(MPa)	冲击韧性(kJ/m²)
	基　本	气　干	径　向	弦　向	体　积					
巴　西		0.91	5.4	11.5	18.0	59	126	11834		512
		0.75	5.7	11.7	19.3	57	111	11160	11	276

木材干燥快，有环裂和扭曲可能，表面轻度硬化。木材锯、刨均易，涂漆后光亮度好。

【木材用途】

一般建筑，细木工制品，办公室用具，包装箱等。

高四榄属 *Tetragastris* Gaertn.

本属 8 种，分布于中美洲，南美洲，西印度群岛。拉丁美洲常见商品材树种有大四榄木。

大四榄木 *T. altissima* Swart.
（彩版 5.7；图版 27.4~6）

【商品材名称】

　　萨利 Sali

　　马萨 Masa

【地方名称】

　　马萨 Masa，保罗德阿赛特 Palo de aceite（波多黎各）；凯罗森 Kerosen（尼加拉瓜）；保罗德塞多 Palo de cerdo，阿瓜拉斯 Aguarras（哥伦比亚）；海亚沃巴利 Haiawaballi（圭亚那）；果米尔 Gommier，恩森斯如吉 Encens rouge（法属圭亚那）；阿勒曼斯卡 Almesca（巴西）。

【树木及分布】

　　大乔木，高可达 30m，直径 0.7m；干形较好，高 9~12m；略具板根。分布西印度群岛、中美洲、南美洲，尤其广泛分布于苏里南。

【木材构造】

　　宏观特征

　　木材散孔材。心材黄褐色至桔黄褐色；与边材区分明显。边材浅黄褐色。生长轮略明显。管孔在放大镜下明显；散生；数少；略小；侵填体丰富。轴向薄壁组织在放大镜下未见。木射线在放大镜下可见；略密；甚窄。波痕及胞间道未见。

　　微观特征

　　导管横切面近圆形、椭圆形，略具多角形轮廓；单管孔和径列复管孔（2~4 个，多为 2~3 个），管孔团偶见；散生；10~17 个，平均 13 个/mm^2；最大弦径 142μm，平均 92μm；导管分子平均长 476μm；侵填体丰富；螺纹加厚缺如。管间纹孔式互列，多角形和圆形，纹孔口内含，透镜形。穿孔板单一，略倾斜。导管与射线间纹孔式刻痕状、大圆形。轴向薄壁组织疏环管状、环管束状和星散状；薄壁细胞含树胶；晶体未见。木纤维壁薄至厚；直径 17μm，平均长 986μm；单纹孔略具狭缘；纹孔口外展，裂隙状；分隔木纤维普遍。木射线 8~11 根/mm；非叠生。单列射线高 2~14 细胞。多列射线宽 2 细胞，高 4~18（多数 9~14）细胞。射线组织异形 II 型。直立和方形射线细胞比横卧射线细胞高或高得多，多列部分射线细胞椭圆形或多角形。部分细胞含树胶，菱形晶体存在直立或方形射线细胞中。胞间道未见。

　　材料：W22437（巴西）

【木材性质】

　　木材光泽强；略有芳香气味，无特殊滋味；纹理直或略交错；结构细；木材重至甚重；干缩甚大；强度高。

产　地	密度(g/cm³)		干缩率(%)			顺纹抗压强度(MPa)	抗弯强度(MPa)	抗弯弹性模量(MPa)	顺纹抗剪强度(MPa)	冲击韧性(kJ/m²)
	基　本	气　干	径　向	弦　向	体　积					
	0.63~0.78	0.77~0.98	3.5	8.6	12.3	58	111	13022		251
						57	105	15020		
						70	134	16605		

干燥性质变异较大，有的干燥较迅速，无缺陷或略有缺陷，有的干燥慢，中等开裂和变形。不抗腐朽菌和白蚁危害，实验表明防腐剂难浸注。木材加工性质好，旋切性能亦佳。

【木材用途】

家具，箱盒，室内装修，纤维板，刨花板，细木工。

多柱树科

Caryocarceae Szyszyl.

乔木或灌木，2属，25种；分布热带地区，主产美洲。拉丁美洲常见商品材属为油桃木属 Caryocar。

油桃木属 Caryocar Allam. ex L.

本属20种，分布美洲。拉丁美洲常见商品材树种有：

红油桃 C. coccineum Pilger

商品材名称：阿勒曼德鲁 Almendro

大乔木，高30m，直径0.8m，树干高20m，圆柱状，对称。分布秘鲁海拔约700m地区；生长在潮湿地区和与干旱地区过渡带。心材黄褐或浅黄褐色，与边材略有区别。木材略具光泽或有光泽；无特殊气味和滋味；纹理直或交错；结构略细至略粗；重量中等（含水率12%，密度0.65g/cm³）；干缩甚大（生材至炉干干缩率，弦向4.4%，径向4.4%，体积13.8%）；强度弱（含水率12%，顺纹抗压强度24 MPa，抗弯强度67 MPa，抗弯弹性模量13043 MPa）。木材气干速度中等，天然耐腐性中等，防腐剂处理较难。加工较容易。木材主要用作建筑，车辆，枕木，电杆等。

光油桃 C. glabrum（Aubl.）Pers. 详见种叙述。

柔毛油桃 C. villosum（Aubl.）Pers. 详见种叙述。

光油桃 *C. glabrum*（Aubl.）Pers.
（彩版 5.8；图版 28.1~3）

【商品材名称】

皮奎拉纳 Piquiarana

皮奎阿 Piquia

【地方名称】

比奎 Biqui，休沃德布罗 Huevo de burro，卡奎 Caqui（玻利维亚）；皮奎阿 Piquia，皮奎阿罗克斯奥 Piquia roxo，皮奎 Piqui，皮奎阿拉纳 Piquiarana（巴西）；阿勒曼德鲁 Almendron（哥伦比亚）；桑沃里 Sawari（圭亚那）；查沃里 Chawari，卡萨格那 Kassagnan（法属圭亚那）；阿勒曼德罗 Almendro（秘鲁、委内瑞拉）；阿勒曼德拉康 伊斯皮纳斯 Almendra con espinas（秘鲁）；萨沃里 Sawari，索波奥多 Sopo oedoe（苏里南）；吉格 Jigue（委内瑞拉）。

【树木及分布】

大乔木，高 37m，直径 0.9~1.2m；树干干形好，高 20m。分布巴西、圭亚那、哥斯达黎加、哥伦比亚。

【木材构造】

宏观特征

木材散孔材。心材黄色或浅红褐色，有的具黑褐色条纹；与边材区别不明显。边材色浅。生长轮不明显。管孔肉眼下略见，放大镜下明显；散生；数甚少；大；含侵填体和沉积物。轴向薄壁组织放大镜下呈环管束状。木射线放大镜下明显；密；甚窄、窄。波痕及胞间道未见。

微观特征

导管横切面圆形及椭圆形，略具多角形轮廓；单管孔和径列复管孔（2~4 个，多为 2 个）；散生；1~5 个，平均 4 个/mm^2；最大弦径 386μm，平均 215μm；导管分子平均长 597μm；侵填体丰富；螺纹加厚缺如。管间纹孔式互列，圆形及多角形，纹孔口内含或外展。穿孔板单一，略倾斜。导管与射线间纹孔式刻痕状或大圆形。轴向薄壁组织星散、星散-聚合状，略呈弦向单细胞带状，少数疏环管状；具分室含晶细胞，菱形晶体可达 15 个或以上。木纤维壁厚至甚厚；直径 27μm，平均长 2188μm；单纹孔偶见；分隔木纤维未见。木射线 15~19 根/mm；非叠生。单列射线较多，高 3~17（多数 9~15）细胞。多列射线宽 2（偶 3）细胞，高 5~38（多数 16~29）细胞。部分双列与单列射线等宽。连接射线普遍。射线组织异形 I 型或 II 型。直立或方形射线细胞比横卧射线细胞高或高得多。晶体未见，部分射线细胞含树胶。胞间道未见。

材料：W22522（巴西）

【木材性质】

木材具光泽或较强；无特殊气味和滋味；纹理直或略交错；结构略粗至粗；木材重；干缩甚大；强度高。

产　地	密度(g/cm³)		干缩率(%)			顺纹抗压强度(MPa)	抗弯强度(MPa)	抗弯弹性模量(MPa)	顺纹抗剪强度(MPa)	冲击韧性(kJ/m²)
	基　本	气　干	径　向	弦　向	体　积					
巴　西		0.81	3.9	8.0	14.3	60	112	17319	12	252

　　木材干燥应妥善处理，防止产生严重变形和开裂。抗腐朽菌侵害，防腐剂渗透性较差，即使在真空加压系统下效果也不理想。木材加工较容易，刨切性极好，车旋性、打孔性亦佳，但砂光性差。

【木材用途】

　　桩木，电杆，枕木，栅栏，地板，木瓦，木屋等。

柔毛油桃 *C. villosum* (Aubl.) Pers. (*C. brasiliense* Camb.)
(彩版 5.9；图版 28.4~6)

【商品材名称】

　　皮奎阿 Piquia

【地方名称】

　　阿吉洛 Ajillo（哥斯达黎加）；佩基亚 Pekia（圭亚那）；萨沃里 Sawarie（苏里南）；阿勒曼德罗 Almendro（秘鲁）；皮奎阿 Piquia（巴西）。

【树木及分布】

　　大乔木，树高 36~45m，直径 1.5~2m；树干通直。分布巴西。树木生长在砂质土壤的高原林中。

【木材构造】

宏观特征

　　木材散孔材。心材黄色至浅灰褐色，与边材区分不明显。边材浅黄色。生长轮不明显。管孔肉眼下可见；散生；数甚少至少；中等大小至大；含侵填体。轴向薄壁组织放大镜下不见。木射线放大镜下略见；略密；甚窄。波痕及胞间道未见。

微观特征

　　导管横切面椭圆形和圆形，略具多角形轮廓，单管孔和径列复管孔（2~4 个，多数 2~3 个）；散生；1~10 个，平均 5 个/mm²；最大弦径 364μm，平均 188μm；导管分子平均长 851μm；侵填体丰富；螺纹加厚未见。管间纹孔式互列，多角形或圆形，纹孔口合生或内含。穿孔板单一，略倾斜。导管与射线间纹孔式刻痕状或大圆形。轴向薄壁组织星散状、星散-聚合状，略呈弦向单细胞短带状，少数疏环管状；具分室含晶细胞，菱形晶体一般 4 个或以上。木纤维壁厚至甚厚；直径 23μm，平均长 2120μm；单纹孔极少；分隔木纤维未见。木射线 9~12 根/mm；非叠生。单列细胞较少，高 2~10（多数 5~6）细胞。多列射线宽 2~3 细胞，高 9~35（多数 12~17）细胞。连接射线普遍。射线组织异形 I 型或 II 型。直立或方形射线细胞比横卧射线细胞高或高得多，多列部分射线多为卵圆或圆形、多角形。部分细胞含树胶；晶体未见。胞间道未见。

　　材料：W20183（巴西）

【木材性质】

木材光泽弱；生材有酸味，干燥后消失，无特殊滋味；纹理交错；结构略粗至粗，均匀；木材重至甚重；干缩大；强度高。

产 地	密度(g/cm³)		干缩率(%)			顺纹抗压强度(MPa)	抗弯强度(MPa)	抗弯弹性模量(MPa)	顺纹抗剪强度(MPa)	冲击韧性(kJ/m²)
	基 本	气 干	径 向	弦 向	体 积					
巴 西		0.91~1.01	4.1~5.0	6.6~8.0		62	114	14200	15	
		0.93	5.5	9.2	16.7	86	146	14112	15	384

木材气干慢，并有开裂、翘曲和表面硬化可能。天然耐腐性高，抗白蚁和海生钻木动物侵害，防腐剂处理较易。木材加工容易，为使切面光滑，需加工刀具锋利。抛光和油漆性极好，耐腐性高，耐候性中等。钉钉和拧螺钉较困难。

【木材用途】

外部建筑如柱、架，内部建筑如托梁、椽子、压条、门窗、百叶窗等，枕木，电杆，桩木，造船材，车辆材，家具及家具部件，细木工，车旋材。

卫矛科
Celastraceae R. Br.

落叶或常绿，乔木、灌木或攀援状。55 属，850 种；分布热带或温带。拉丁美洲常见商品材属有圭巴卫矛属 *Goupia*。

圭巴卫矛属 *Goupia* Aubl.

本属 3 种，分布圭亚那和巴西北部。拉丁美洲常见商品材树种有平滑圭巴卫矛。

平滑圭巴卫矛 *G. glabra* Aubl.
（彩版 6.1；图版 29.1~3）

【商品材名称】

卡皮巴 Cupiuba

科派 Kopie

【地方名称】

卡皮巴 Cupiuba，柯查塞若 Cachaceiro，科皮沃 Copiuva（巴西）；查奎若 Chaquiro，萨皮若 Sapino，塞诺 Saino（哥伦比亚）；卡巴卡利 Kabukalli，科皮 Copi（圭亚那）；高皮 Coupi（法属圭亚那）；柯波瑞克纳 Capricornia（秘鲁）；科派 Kopie（苏里南）；刚雷布兰科 Congrio blanco（委内瑞拉）。

【树木及分布】

大乔木，半落叶，树高达 40m，直径 0.8~1.2m；树冠郁闭，树干圆柱状，有时具沟槽，高 12～20m，具高大板根。分布南美洲热带地区，特别在亚马孙地区和哥伦比亚等地。生长在雨林、低矮山地林和沼泽林中，常生在砂土和沃土中。

【木材构造】

宏观特征

木材散孔材。心材浅红褐色或红褐色，常带细黑色条纹；与边材区分不明显。边材浅黄褐色。生长轮不明显。管孔放大镜下明显；散生；数少；略大。轴向薄壁组织放大镜下未见。木射线放大镜下明显；略密；窄至略宽。波痕及胞间道未见。

微观特征

导管横切面卵圆形或近圆形，略呈多角形轮廓，主为单管孔，少数径列复管孔（2～3 个）；散生；5～12 个，平均 9 个/mm^2；最大弦径 185μm，平均 144μm；导管分子平均长 1602μm；部分含树胶；侵填体和螺纹加厚缺如。管间纹孔式互列，多角形或圆形，纹孔口合生或内含。复穿孔板梯状，横隔宽或窄，5～12 个，穿孔板略倾斜。导管与射线间纹孔式类似管间纹孔式。轴向薄壁组织星散状、星散-聚合状、疏环管状；晶体未见。木纤维壁厚至甚厚；直径 27μm，平均长 2468μm；具缘纹孔明显，圆形，纹孔口内含；分隔木纤维未见。木射线 8～12 根/mm；非叠生。单列射线少，高 3～8 个细胞。单列射线细胞与 2～3 列等宽。多列射线宽 3～10 细胞，多数 3～5 细胞，高 10～78（多数 25～33）细胞。具连接射线。射线组织异形 I 型。直立或方形射线细胞比横卧射线细胞高或高得多。多列射线部分为卵圆形或多角形。部分射线细胞含树胶；晶体未见。胞间道未见。

材料：W18542（巴西）；W19539（圭亚那）；W21595（巴拿马）。

【木材性质】

木材具光泽；新鲜切面有臭味，干燥后消失；纹理直或略交错；结构细至均；木材重；干缩中至大；强度中至强。

产　地	密度(g/cm^3)		干缩率(%)			顺纹抗压强度(MPa)	抗弯强度(MPa)	抗弯弹性模量(MPa)	顺纹抗剪强度(MPa)	冲击韧性(kJ/m^2)
	基　本	气　干	径　向	弦　向	体　积					
巴　西	0.72	0.87	4.5	8.0	12.6	58	105	14814		14.9
苏里南		0.81～0.90	4.1～5.0	6.6～8.0		62	114	14200	15	
						53	94	12400	13	
		0.84		8.8		62	122	14700		

木材气干速度中等，可能会产生轻度翘曲和开裂。木材天然耐腐性较差或中等，抗白蚁和海生钻木动物危害中等；心材防腐剂处理困难，边材可处理性中等，可利用浸渍法和真空加压法进行防腐处理。木材加工较困难，锯解时使刀刃中等变钝。在刨切时，切削角宜采用 15°，防止木纹撕裂。钉钉困难，需事先打孔。如要得到光滑的表面，需打腻子和砂光。胶合、染色性能好。尺寸稳定性好。

【木材用途】

一般建筑材，枕木，电杆，桩木，承重和一般地板，矿柱，造船，农具，单板，胶合板，细木工，车旋材等。

使君子科
Combretaceae R. Br.

常绿或落叶，乔木、灌木或木质藤本。20 属，600 种；主产热带和亚热带，以非洲和亚洲分布为主，美洲和大洋洲较少。拉丁美洲常见商品材属有：黄砂君子属 *Buchenavia*，拉美君子属 *Bucida*，榄仁属 *Terminalia*。

黄砂君子属 *Buchenavia* Eichl.

本属约 20 种，分布南美洲和西印度群岛。拉丁美洲常见商品材树种有：

头状黄砂君子 *B. capitata*（Vahl.）Eichl.

商品材名称：黄砂木 Yellow sanders。

地方名称：格兰迪洛 Granadillo（波多黎各）；阿勒曼德罗 Almendro（哥伦比亚）；阿马里洛 Amarillo，奥利沃尼格罗 Olivo negro（委内瑞拉）；米瑞迪巴 Mirindiba，波里奎特拉 Periquiteira（巴西）。

大乔木，高 18 ~ 24m，直径 0.6 ~ 1.2m，树干形状好；具高大板根。分布西印度群岛，巴拿马，南美洲的委内瑞拉至法属圭亚那、巴西和玻利维亚，还分布在亚马孙地区。心材新切面橘黄色，置久后呈黄至金黄褐色带灰或橄榄色，与边材区分不明显。边材浅黄褐色。木材光泽强；具香气，生材有苦味；纹理交错；结构中至粗；木材重量中等（含水率 12%，基本密度 $0.63g/cm^3$，气干密度 $0.75g/cm^3$）；干缩中等（生材至炉干干缩率，径向 2.8%，弦向 5.7%，体积 8.6%）；强度中等（含水率 12%，顺纹抗压强度 51 MPa，抗弯强度 89 MPa，抗弯弹性模量 11369 MPa，冲击韧性 $139kJ/m^2$）。木材气干迅速，略有降等，产生轻度变形和翘曲；太阳能干燥窑干燥效果极佳。心材耐腐，抗白蚁，但有时受海生钻木动物危害；边材易被粉蠹虫侵害。用油溶性和水溶性防腐剂处理边材较难，心材很难浸注，通过刻槽可改善木材渗透性，得到较好处理效果。由于木材硬，加工较困难，但能产生光滑的切面。后装饰性好，汽蒸弯曲性和耐候性亦佳。木材用途为高档家具，船码头，造船材，地板，装饰单板，车旋材，木桶。木材性质与白栎和柚木相近。

大黄砂君子 *B. grandis* Ducke 详见种叙述。

大黄砂君子 *B. grandis* Ducke
（彩版 6.2；图版 29.4 ~ 6）

【商品材名称】

塔尼莫布卡 Tanimbuca

【地方名称】

卡拉拉 Carara，奎阿拉纳 Cuiarana，米瑞迪巴 Mirindiba，波里奎特拉 Periquiteira，

塔尼布卡 Tanibuca，黄砂木 Yellow-sander（巴西）。

【树木及分布】

中或大乔木，树高平均 15（8～19）m，直径 0.6（0.58～0.64）m；树干直，圆柱形；具板根，高 4m。树皮灰白色，厚 0.5～2cm。分布巴西，特别是亚马孙地区。

【木材构造】

宏观特征

木材散孔材。心材浅黄褐色、金黄褐色；与边材区分不明显。边材色浅。生长轮略明显。管孔放大镜下可见；数少；略大；含侵填体。轴向薄壁组织放大镜下明显；翼状、聚翼状和环管束状。木射线放大镜下可见；略密至密；甚窄。波痕及胞间道未见。

微观特征

导管横切面椭圆形及近圆形，略具多角形轮廓，主为单管孔，少数径列复管孔（2～3 个），偶见管孔团；散生；4～11 个，平均 7 个/mm²；最大弦径 258μm，平均 153μm；导管分子平均长 555μm；具侵填体；螺纹加厚未见。管间纹孔式互列，多角形及圆形，系附物纹孔，纹孔口内含，透镜形。穿孔板单一，略倾斜。导管与射线间纹孔式类似管间纹孔式。轴向薄壁组织较丰富，翼状、聚翼状、环管束状和弦向带状（宽 2～3 细胞）；部分细胞含树胶；晶体未见。木纤维壁厚至甚厚；直径 15μm，平均长 1561μm；单纹孔略具狭缘，纹孔口外展；分隔木纤维未见。木射线 12～14 根/mm；非叠生。主为单列（偶 2 列）射线，高 2～38（多数 10～17）细胞。射线组织同形单列。柱状或长方形晶体，存在一排横卧射线细胞中，细胞略膨大，似含晶异细胞，在弦切面含晶细胞呈长方形和正方形，与其他椭圆形和卵圆形射线细胞区别明显，在短单列射线细胞出现 1 次，在较长射线中出现 2～3 次；部分射线细胞含树胶。胞间道未见。

材料：W18264，W22089（巴西）。

【木材性质】

木材光泽强；无特殊气味和滋味；纹理直；结构细且均；木材重；干缩甚大；强度高。

产　　地	密度(g/cm³)		干缩率(%)			顺纹抗压强度(MPa)	抗弯强度(MPa)	抗弯弹性模量(MPa)	顺纹抗剪强度(MPa)	冲击韧性(kJ/m²)
	基　本	气　干	径　向	弦　向	体　积					
巴　西		0.88～0.94	5.4	10.2	16.5	79	160	13494	14	402

木材干燥迅速，轻度翘曲，严重表面硬化。天然耐腐性中等，抗白蚁，但不抗粉蠹虫危害；边材防腐剂处理较容易，心材用 CCA-A 处理困难，应采用真空加压系统。锯、刨困难，但加工表面光滑；砂光、车旋和打眼性能均佳。

【木材用途】

民用建筑，地板，刨切单板，车旋材，工具柄等。

拉美君子属 *Bucida* L.

本属 4 种，分布于中美洲、美国佛罗里达南部、西印度群岛。拉丁美洲常见商品材树种有牛角拉美君子。

牛角拉美君子 *B. buceras* L.
(*Terminalia buceras* C. Wright)
(彩版 6.3；图版 30.1~3)

【商品材名称】

朱卡罗 Jucaro

奥克斯霍布西达 Oxhorn bucida

【地方名称】

黑奥利维 Black-olive（牙买加）；乌卡 Ucar，格里格里 Gregre（波多黎各）；博伊斯格力格力 Bois gri-gri（海地）；格力尼翁 Grignon（法属圭亚那）；利图沃斯布 Leertou-warsboom（苏里南）。

【树木及分布】

中及大乔木，一般高 9~18m，直径 0.9m，有的高可达 34m，直径 1.5m，树干通直。分布于美国、巴哈马、古巴、牙买加、波多黎各、维尔京群岛、墨西哥、巴拿马、哥伦比亚、委内瑞拉和圭亚那等地。生长在沿海岸和河流的森林中。在沿海和干旱地区常作为遮阳树和观赏树种植。

【木材构造】

宏观特征

木材散孔材。心材黄色至绿褐色、橄榄色，纵向条纹普遍，与边材区别不明显。边材黄色或浅褐色。生长轮不明显。管孔肉眼下明显；散生；数少；略小至中等。轴向薄壁组织放大镜下不见。木射线放大镜下明显；略密；甚窄至窄。波痕及胞间道未见。

微观特征

导管横切面椭圆形或近圆形，略具多角形轮廓，单管孔和径列复管孔（2~3 个，多为 2 个）；散生；6~12 个，平均 9 个/mm^2；最大弦径 142μm，平均 94μm；导管分子平均长 436μm；侵填体和螺纹加厚未见。管间纹孔式互列，圆形，系附物纹孔，纹孔口内含。穿孔板单一，略倾斜。导管与射线间纹孔式类似管间纹孔式。轴向薄壁组织少，星散状，疏环管状，少数环管束状，略呈翼状；晶体未见。木纤维壁甚厚；直径 12μm，平均长 1840μm；纹孔未见；分隔木纤维未见。木射线 9~12 根/mm；非叠生。单列射线较少，高 1~22（多数 5~8）细胞。多列射线宽 2~4（多数 2~3）细胞，高 6~35（多数 18~25）细胞。射线组织同形单列和多列，少数异形 II 型。多列部分射线多为卵圆或圆形；晶体未见。胞间道未见。

材料：W20135（墨西哥）

【木材性质】

木材光泽较强；生材有柏油气味，干燥后无特殊气味和滋味；纹理直或交错；结构细；木材重至甚重；干缩大；强度高。

产　地	密度(g/cm³)		干缩率(%)			顺纹抗压强度(MPa)	抗弯强度(MPa)	抗弯弹性模量(MPa)	顺纹抗剪强度(MPa)	冲击韧性(kJ/m²)
	基　本	气　干	径　向	弦　向	体　积					
		1.02~1.14	4.1~5.0	6.6~8.0		81	158	19000	19	
	0.93	1.11	4.4	7.9	122		106	13780		

木材干燥较慢，25mm 厚的生材板材，含水率降至17%，需约6个月，并有降等的可能，缺陷为轻度翘曲和开裂。木材耐腐性强，抗白蚁，但不抗海生钻木动物危害；防腐剂处理时，心边材均难浸注。木材重硬，用手工和机械加工相当困难，但可获得光滑表面；如遇交错纹理刨切时，应降低切削角，避免木纹撕裂。砂光和抛光性能好；油饰性颇佳。耐候性很好，但汽蒸弯曲性较差。钉钉和拧螺钉有劈裂可能，需事先打孔。

【木材用途】

建筑材，承重和一般地板，矿柱，车辆材，电杆，桩木，家具及家具部件，体育用材，室内装修，细木工，纤维板，刨花板，车旋材。

榄仁属 *Terminalia* L.

本属约250种，广泛分布于热带地区。拉丁美洲常见商品材树种为亚马孙榄仁木。

亚马孙榄仁 *T. amazonia* (Gmel.) Exell (*T. obovata*)
(彩版 6.4；图版 30.4~6)

【商品材名称】

纳古斯塔 Nargusta

【地方名称】

阿尔曼德罗 Almendro（洪都拉斯）；坎尚 Canshan（墨西哥）；阿马里洛卡拉巴兹洛 Amarillo carabazuelo（巴拿马）；瓜加博利昂 Guayabo leon（哥伦比亚）；帕迪洛内格罗 Pardillo negro（委内瑞拉）；波穆拉托博兰乔 Pau-mulato brancho（巴西）。

【树木及分布】

大乔木，高达43m，直径1.2~1.5m；树干高18~21m，圆柱状；具高大板根；树皮厚0.5~1.0cm，有裂隙。分布于墨西哥、巴西、秘鲁和圭亚那。生长在热带雨林和平原地区，生长较迅速。

【木材构造】

宏观特征

木材散孔材。心材材色多样，从黄橄榄色至浅褐色、金褐色，常带不规则的红褐色条纹；与边材区别不明显。边材色浅。生长轮不明显。管孔肉眼下略见，放大镜下明显；散生；数甚少或少；形大。轴向薄壁组织放大镜下明显；环管束状、翼状。木射线放大镜下明显；略密；甚窄。波痕及胞间道未见。

微观特征

导管横切面圆形或椭圆形；单管孔和径列复管孔（2～4个）；散生；3～7个，平均4个/mm²；最大弦径402μm，平均201μm；导管分子平均长546μm；部分管孔含树胶；侵填体和螺纹加厚未见。管间纹孔式互列，圆形及椭圆形；系附物纹孔；纹孔口内含。穿孔板单一，略倾斜。导管与射线间纹孔式类似管间纹孔式。轴向薄壁组织为环管束状、翼状、星散状及轮界状；部分细胞含深色树胶；柱状及菱形晶体分布在分室含晶细胞中。木纤维壁薄至厚；直径16μm，平均长1606μm；单纹孔稀少，略具狭缘；具分隔木纤维。木射线10～12根/mm；非叠生。几全为单列射线，高1～18（多数6～10）细胞。射线组织同形单列。柱状及菱形晶体分布在横卧射线细胞中，部分射线细胞含深色树胶。胞间道未见。

材料：W22599（秘鲁）

【木材性质】

木材光泽中至略强；干燥木材无特殊气味和滋味；纹理直或交错；结构略粗；木材重量中至重；干缩大或甚大；强度高。

产 地	密度(g/cm³)		干缩率(%)			顺纹抗压强度(MPa)	抗弯强度(MPa)	抗弯弹性模量(MPa)	顺纹抗剪强度(MPa)	冲击韧性(kJ/m²)
	基 本	气 干	径 向	弦 向	体 积					
委内瑞拉	0.58～0.73	0.70～0.90	6.4	8.7	14.9	66	122	15847		211
圭亚那						71	132	14676		
洪都拉斯						80	174	20050		
巴拿马		0.73～0.90	4.1～5.0	6.6～8.0		81	158	18700	19	
						62	114	14200	15	

木材干燥性质多样，一些报道认为干燥容易，略有或无降等。但有些木材干燥困难，气干和窑干速度慢，产生翘曲与开裂，须谨慎处理。试验表明木材抗白腐和褐腐菌，野外试验报道天然耐腐性较好，干燥木材抗白蚁，不抗土栖白蚁，易为海生钻木动物蛀蚀；防腐剂心材极难浸注，边材渗透性较好。用手工和机械加工困难，会使刀具变钝。直纹理，锯、刨、打孔、开榫均好；如交错纹理，刨平时纹理易撕裂，为得光滑表面，建议切削角为10°，锯齿54个，锯角15°。胶合、染色和抛光性均良好。钉钉为防止劈裂，需事先打孔。汽蒸弯曲性中等或差。耐候性较好。旋切性良好，但刨切单板困难。

【木材用途】

重、轻型建筑材，枕木，电杆，桩木，承重和一般地板，矿用材，车辆材，家具，单板，胶合板，室内装修，细木工，车旋材。还可从树皮提取单宁，有人建议可作为栎木（Oak）替代材。

火把树科
Cunoniaceae R. Br.

灌木或乔木，26 属，约 250 种；分布热带和温带。拉丁美洲常见商品材属为：恩曼火把木属 *Weinmannia*。

恩曼火把木属 *Weinmannia* L.

本属约 170 种，分布从墨西哥至智利、马达加斯加、马来西亚、新西兰及太平洋地区。拉丁美洲常见商品材树种有毛籽魏曼树。

毛籽魏曼树 *W. trichosperma* Cav.
（彩版 6.5；图版 31.1~3）

【商品材名称】

蒂内奥 Tineo

【地方名称】

特内奥 Teneo（智利）；塞塞 Saisai（委内瑞拉）；塔柯 Tarco（阿根廷）。

【树木及分布】

大乔木。分布于墨西哥、智利。

【木材构造】

宏观特征

木材散孔材。心材红褐色至紫红褐色，与边材区分略明显。边材色浅。生长轮不明显。管孔放大镜下可见；散生；数多；形小。轴向薄壁组织放大镜下不见。木射线放大镜下明显；略密；甚窄至窄。波痕及胞间道未见。

微观特征

导管横切面圆形及椭圆形，具多角形轮廓，单管孔，少数径列复管孔（2~3 个）；由于导管端部相互重叠，部分管孔成对弦列，管孔团偶见；散生；111~152 个，平均 131 个/mm²；最大弦径 158μm，平均 35μm；导管分子平均长 829μm；侵填体和螺纹加厚未见。管间纹孔式梯状或梯状-对列；复穿孔板梯状，横隔 10~15 条或以上，穿孔板略倾斜。导管与射线间纹孔式多数刻痕状，少数大圆形。轴向薄壁组织数少，星散或星散-聚合状；具分室含晶细胞，菱形晶体达 12 个以上。木纤维壁薄至厚；直径 22μm，平均长 1331μm；径弦两壁具缘纹孔均明显，圆形，纹孔口外展，透镜形；分隔木纤维未见。木射线 6~10 根/mm；非叠生。单列射线较多，高 1~19（多数 5~9）细胞。多列射线宽 2~3 细胞，高 7~28（多数 12~18）细胞。具连接射线。射线组织异形 Ⅱ 型，少数 Ⅰ 型。直立和方形射线细胞比横卧射线细胞高或高得多，多列部分射线细胞多为椭圆形或圆形，部分细胞含深色树胶；晶体未见。胞间道缺乏。

材料：W19594（智利）

【木材性质】

木材具光泽；无特殊气味和滋味；纹理直；结构细且匀；重量中等；干缩中；强度高。

产　地	密度(g/cm³)		干缩率(%)			顺纹抗压强度（MPa）	抗弯强度（MPa）	抗弯弹性模量（MPa）	顺纹抗剪强度（MPa）	冲击韧性（kJ/m²）
	基　本	气　干	径　向	弦　向	体　积					
		0.59~0.71								

木材干燥较容易，有开裂和变形的可能，故应妥善处理。木材较耐腐，加工容易。

【木材用途】

重型建筑，一般房屋建筑，地板，木瓦，柱，栅栏，枕木，矿柱材，家具，木模型，刨切单板。

翅萼树科
Cyrillaceae Endl.

常绿灌木、乔木，约3属；分布热带地区。拉丁美洲常见商品材属有：翅萼树属 *Cyrilla*。

翅萼树属 *Cyrilla* L'Herit.

本属约50种，分布美洲热带地区。拉丁美洲常见商品材树种有总状花翅萼木。

总状花翅萼木 *C. racemiflora* L.
（图版31.4~6）

【商品材名称】

斯沃普西里拉 Swamp cyrilla

【树木及分布】

大乔木，高15~18m，直径0.9~1.8m；树干通常较矮，有些树中空。分布中美洲，广泛生长在河流两岸和沼泽地边缘，也分布山区雨林。

【木材构造】

宏观特征

木材半环孔材。心材浅至深红褐色；与边材区别不明显。边材浅褐色。生长轮略明显。管孔放大镜下可见；散生；略多；形小。轴向薄壁组织未见。木射线放大镜下明显；略密；窄至略宽。波痕及胞间道未见。

微观特征

导管横切面椭圆形、近圆形，具多角形轮廓；单管孔及径列复管孔（2~3个），有的呈弦向对列，管孔团偶见；散生；59~127 个，平均 95 个/mm²；最大弦径 148μm，平均 47μm；导管分子平均长 922μm；侵填体未见；螺纹加厚缺如。管间纹孔式对列或梯状-对列；纹孔椭圆形；纹孔口内含。复穿孔板梯状，横闩 15~37 个，穿孔板略倾斜。导管与射线间纹孔式类似管间纹孔式。**轴向薄壁组织很少**；星散状；晶体未见。**木纤维壁薄至厚**；直径 22μm，平均长 1704μm；径弦两面具缘纹孔明显，纹孔口外展，多呈 X 形；分隔木纤维未见。木射线8~11 根/mm；非叠生。单列射线较少，高 2~8 细胞。多列射线宽 3~6（多数 4~5）细胞，高 8~39（多数 15~31）细胞。射线组织异形Ⅱ型，少数Ⅲ型。直立或方形射线细胞比横卧射线细胞高或高得多；晶体未见。**胞间道缺如**。

材料：W22676（智利）

【**木材性质**】

木材光泽中至弱；无特殊气味和滋味；纹理交错；结构细且匀；木材重；干缩甚大；强度中等。

产　地	密度(g/cm³)		干缩率(%)			顺纹抗压强度(MPa)	抗弯强度(MPa)	抗弯弹性模量(MPa)	顺纹抗剪强度(MPa)	冲击韧性(kJ/m²)
	基　本	气　干	径　向	弦　向	体　积					
波多黎各		0.73~0.80	>5.1	>8.1		53	94	12400	13	

木材气干速度慢，由于干缩大，产生较严重降等。木材较耐腐，易被白蚁和其他昆虫危害。用手工或机械加工较容易，切削性能良好或颇佳，加工表面光滑，拧螺钉不劈裂。

【**木材用途**】

重型建筑材，轻型建筑材，电杆，桩木，船码头，还可作木炭。

龙脑香科
Dipterocarpaceae Bl.

常绿乔木，具树胶或树脂。15 属，580 种；分布于亚洲热带，少数产于非洲和南美洲热带地区。拉丁美洲常见商品材属有：异翅香属 *Anisoptera*。

异翅香属 *Anisoptera* Korth.

本属 13 种，主要分布于东南亚、马来西亚，少数在南美洲。拉丁美洲常见商品材树种有缘生异翅香。

缘生异翅香 *A. marginata* Korth.
（彩版6.6；图版32.1~3）

【**商品材名称**】

克拉巴克 Krabak

默萨沃 Mersawa

帕洛萨皮斯 Palosapis

【树木及分布】

大乔木。主要分布秘鲁等地。

【木材构造】

宏观特征

木材散孔材。心材浅黄褐色，长时间置于大气中，材色加深，呈浅黄褐色或稻草黄褐色，与边材区分略明显。边材新切面黄色，易受变色菌感染而呈浅灰褐色，宽5cm。生长轮不明显。管孔肉眼下略见；数少；形大；内含侵填体。轴向薄壁组织放大镜下未见。木射线肉眼下可见，放大镜下明显；稀至略密；略宽。波痕及胞间道未见。

微观特征

导管横切面圆形和椭圆形，单管孔，少数径列复管孔（2~3个）；散生或斜列；4~7个，平均6个/mm²；最大弦径361μm，平均226μm；导管分子平均长590μm；侵填体丰富；螺纹加厚未见。管间纹孔式不见，导管与环管管胞间纹孔排列稀疏，系附物纹孔，圆形或椭圆形，纹孔口内含。穿孔板单一，略倾斜。导管与射线间纹孔式大圆形。环管管胞位于导管周围，与轴向薄壁组织混杂；具缘纹孔明显。轴向薄壁组织星散状、星散-聚合状，常弦列于两根射线之间，略呈梯状，环管束状；晶体未见。纤维管胞壁厚至甚厚；直径28μm，平均长2321μm；具缘纹孔略明显。木射线3~6根/mm；非叠生。单列射线较少，高3~18（多数5~10）细胞。多列射线宽2~9（多数5~6）细胞，高25~94或以上（多数35~56）细胞。射线组织异形Ⅱ和Ⅲ型。射线多列部分细胞卵圆形或圆形；具鞘细胞，硅石普遍存在于直立、方形或横卧射线细胞中；树胶和晶体未见。胞间道系正常轴向树胶道，弦径120~135μm，胞间道周围由分泌细胞环绕，单个分布。

材料：W21474（秘鲁）

【木材性质】

木材光泽弱；无特殊气味和滋味；纹理直或略交错；结构粗，均匀；木材重量中等；干缩大；强度中。

产　地	密度(g/cm³)		干缩率(%)			顺纹抗压强度(MPa)	抗弯强度(MPa)	抗弯弹性模量(MPa)	顺纹抗剪强度(MPa)	冲击韧性(kJ/m²)
	基　本	气　干	径　向	弦　向	体　积					
		0.51	3.7	8.8		46	88	12540	10	

生材气干很慢，略有翘曲；在干燥过程中需通气，否则会感染变色菌和腐朽菌。心材耐腐性中等，不抗白蚁危害，边材易为粉蠹虫侵害；不适宜在腐朽菌滋生的环境中使用；防腐剂难浸注。木材加工略易，据报道硅石含量约为木材绝干重的0.24%~1.37%。由于硅石存在，常使加工刀具变钝。为得到光滑的切面，需用高碳钢的锯齿或刀刃。如遇交错纹理，应选用20°切削角，以防止切面撕裂。胶合和油漆性好。

【木材用途】

地板，模板，造船材，室内装修，车辆材，箱盒，制胶合板（面板和背板）和微薄木。

船形果科
Eucryphiaceae Endl.

常绿乔木或灌木。1属；分布南温带。拉丁美洲常见商品材属有：船形果属 *Eucryphia*。

船形果属 *Eucryphia* Cav.

本属5~6种，分布于智利、澳大利亚等地。拉丁美洲常见商品材树种有心叶船形果木。

心叶船形果木 *E. cordifolia* Cav.
（图版 32.4~6）

【商品材名称】

厄尔莫 Ulmo

【地方名称】

戈努古 Gnulgu，米厄莫 Muermo，罗布尔德智利 Roble de Chile，厄尔莫 Ulmo（智利）。

【树木及分布】

大乔木，高40m，直径0.6m。分布于智利南纬37°~44°之间，并可延伸至冰山的边缘。

【木材构造】

宏观特征

木材散孔材。心材红色或灰褐色，有的材色多种；与边材区别略明显或不明显。边材色浅。生长轮未见。管孔放大镜下略见；散生；数多；形小。轴向薄壁组织未见。木射线放大镜下可见；略密；窄至甚窄。波痕及胞间道未见。

微观特征

导管横切面椭圆形、近圆形，具明显多角形轮廓；单管孔和径列复管孔（2个）；有的呈弦向对列，少数管孔团；散生；116~145 个，平均 129 个/mm²；最大弦径99μm，平均42μm；导管分子平均长877μm；侵填体未见；螺纹加厚缺如。管间纹孔式对列或梯状-对列，纹孔椭圆形，纹孔口内含。复穿孔板梯状，横闩13~30 个。导管与射线间纹孔式刻痕状、大圆形。轴向薄壁组织为星散状、星散-聚合状、轮界状（宽2~3 细胞）；大部分细胞含深色树胶；晶体未见。木纤维壁薄至厚；直径22μm，平均长1190μm。径弦两壁纹孔明显，纹孔口外展；分隔木纤维未见。木射线9~12 根/mm；非叠生。单列射线较少，高1~18 细胞。多列射线宽2（偶3）细胞，高7~35（多数15~27）细胞；部分多列与单列等宽。射线组织异形Ⅱ型及Ⅲ型。直立及方形射线细胞比横卧射线细胞高或高得多。大部分细胞含树胶；晶体未见。**胞间道缺如。**

材料：W22679（美国送）

【木材性质】

木材光泽强；无特殊气味和滋味；纹理直；结构细且匀；木材重量中等；干缩甚大；强度中等。

产　地	密度(g/cm³)		干缩率(%)			顺纹抗压强度(MPa)	抗弯强度(MPa)	抗弯弹性模量(MPa)	顺纹抗剪强度(MPa)	冲击韧性(kJ/m²)
	基　本	气　干	径　向	弦　向	体　积					
	0.48	0.61	4.5	8.2	13.2	45	76	9784		

木材干燥较困难，可能发生严重表面开裂和端裂。心材不耐腐，防腐剂处理心边材均可渗透。据报道木材加工性能良好。

【木材用途】

枕木（须经防腐处理），地板，一般建筑材，家具和细木工。

大戟科
Euphorbiaceae Juss.

草本、灌木或乔木，约300属，5000种以上；主要分布于热带地区，温带次之。拉丁美洲常见商品材属有：橡胶树属 *Hevea*，沙箱大戟属 *Hura*，海厄大戟属 *Hieronima*，迈克大戟属 *Micrandra*，乌桕属 *Sapium*。

橡胶树属 *Hevea* Aubl.

本属约20种，分布于热带美洲。原产巴西，现在多数热带地区引种，特别是马来西亚种植的大量橡胶园，以橡胶树引种最多。

橡胶木 *H. brasiliensis*（H. B. K.）Muell. -Arg.
（彩版6.7；图版33.1～3）

【商品材名称】

帕拉橡胶树 Para rubbertree

【地方名称】

阿波勒德考乔 Arbol de caucho（委内瑞拉）；西比西比 Sibi-sibi（圭亚那）；马帕拉帕 Mapalapa（苏里南）；塞林格 Seringa，塞林各拉 Seringuera（巴西）；柯皮 Capi，杰维 Jeve，希林格 Shiringa（秘鲁）。

【树木及分布】

野生大乔木，高30～38m，直径1m；树干圆柱状，高9～14m；具或不具板根。栽培树直径0.5m，通常树干较矮。树木富含白色或黄色乳汁，可提炼高质量橡胶。新鲜乳汁由橡胶颗粒、蛋白质、树脂、糖、单宁和生物碱组成。该种原产巴西，中美洲不少国家也有生长，分布苏里南、委内瑞拉、玻利维亚、秘鲁等。生长在热带常绿树林中，特别在淹水林中，少数高大的树分布在排水良好的高原，是世界上多数热带国家人工林树种之一。

【木材构造】

宏观特征

木材散孔材。心材新鲜切面白色，空气中置久后呈浅褐色或麦秆色，带粉色条纹，与边材区别不明显。边材色浅。生长轮不明显。管孔放大镜下明显；数甚少至少；中等大小或略小。轴向薄壁组织放大镜下不见。木射线放大镜下可见；略密至密；窄。波痕及胞间道缺如。

微观特征

导管横切面卵圆形，单管孔及径列复管孔（2~4 个，多为 2~3 个）；少数管孔团；散生；2~7 个，平均 1 个/mm^2；最大弦径 193μm，平均 92μm；导管分子平均长 658μm；少数管孔被菌丝堵塞；螺纹加厚和侵填体未见。管间纹孔式互列，圆形、椭圆及多角形，纹孔口长圆形。穿孔板单一，略倾斜。导管与射线间纹孔式类似管间纹孔式。轴向薄壁组织星散及星散聚合状、略呈短带状（宽 1~2 细胞）、环管束状；含菱形晶体及少量树胶。木纤维壁薄；直径 21μm，平均长 1311μm；单纹孔略具狭缘，较多；分隔木纤维未见。木射线 10~14 根/mm；非叠生。单列射线高 2~13（多数 3~6）细胞。多列射线宽 2~3 细胞，高 5~40（多数 9~26）细胞；多列有的与单列近宽。连接射线普遍。射线组织异形 II 型及 I 型。直立或方形射线细胞比横卧射线细胞高或高得多，多列部分细胞多为卵圆形或多角形；少数细胞含树胶；菱形晶体分布在直立或方形射线细胞中。胞间道缺如。

材料：W20474（巴西）

【木材性质】

木材略具光泽；无特殊气味和滋味；纹理直或略斜；结构细至略粗，均匀；木材重量中等；干缩大；强度弱。

产　地	密度(g/cm^3)		干缩率(%)			顺纹抗压强度(MPa)	抗弯强度(MPa)	抗弯弹性模量(MPa)	顺纹抗剪强度(MPa)	冲击韧性(kJ/m^2)
	基　本	气　干	径　向	弦　向	体　积					
		0.46~0.50	4.1~5.0	6.6~8.0		40	67	9100	10	
	0.46~0.50	0.56~0.64	2.3	5.1						

气干较迅速，25mm 板材气干需 2 个月，为了避免干燥过程中产生翘曲和开裂，应妥善堆垛，并置于气干棚下。木材不耐腐，易蓝变和被钉头粉蠹虫、白蚁和天牛危害，是影响其利用的主要原因，树木采伐后应及时进行处理、干燥和加工；防腐处理容易，利用热和冷处理系统，防腐剂吸收量达 0.11g/cm^3。木材锯解容易，但由于含树胶常堵塞锯齿，使刀刃变钝，为得到光滑表面，需锋利的刀具。胶合和油漆性能好。钉钉有劈裂可能，需事先打孔。

【木材用途】

原木在采伐后两周内进行窑干，其效果好，既防止蓝变、腐朽又可得到美观的材色，大大提高其利用价值。木材宜作家具，室内装修如护墙板、地板、楼梯扶手，单板，胶合板，箱盒，模板，纸浆材，纤维板和刨花板。

沙箱大戟属 *Hura* L.

本属 2 种，分布墨西哥、热带南美洲和西印度群岛。拉丁美洲常见商品材树种有沙箱大戟。

沙箱大戟 *H. crepitans* L.
（彩版 6.8；图版 33.4～6）

【商品材名称】

赫拉 Hura

波苏莫木 Possumwood

【地方名称】

杰比洛 Jabillo，哈比拉 Habilla，波兰塔德戴博洛 Planta del diablo（中美洲）；奥乔霍 Ochoho（玻利维亚）；阿萨奎 Assacu，阿卡奎 Acacu（巴西）；哈比洛 Habillo（厄瓜多尔）；桑德博克斯 Sandbox（圭亚那）；萨伯利尔 Sablier，博伊斯杜戴博莱 Bois du diablo（法属圭亚那）；卡塔休阿 Catahua（秘鲁）；波苏莫 Possum，波森特里 Possentrie，尤拉木 Urawood（苏里南）；哈巴 Haba（墨西哥）；吉贝阿马里拉 Ceiba amarilla，吉贝德莱切 Ceiba de leche（哥伦比亚）；吉贝布兰卡 Ceiba blanca，吉贝哈比洛 Ceiba habillo（委内瑞拉）；波苏莫木 Possumwood，拉库达 Rahuda（美国）。

【树木及分布】

大乔木，高 27～40m，直径 0.9～1.5m，有的甚至可达 2.7m；树干粗壮，呈圆柱状，高 12～23m。树常具小的板根或基部膨大。树皮生有圆锥形刺，还含乳汁，会使加工者眼睛发炎。分布于西印度群岛、中美洲、南美洲的巴西和玻利维亚、加勒比海地区，在苏里南生长在砂质沃土中，形成近纯林。常生长在沿海平原、山坡和沼泽地边缘。有人将其作为遮阳树栽培。

【木材构造】

宏观特征

木材散孔材。心材浅黄褐色或浅橄榄灰色，与边材区分不明显。边材黄白色。生长轮不明显。管孔肉眼下可见，放大镜下明显；散生；数甚少至少；中等至大；含侵填体。轴向薄壁组织放大镜下不见。木射线放大镜下明显；略密；甚窄。波痕及胞间道未见。

微观特征

导管横切面卵圆形和圆形，单管孔和径列复管孔（2～3 个）；散生；1～7 个，平均 4 个/mm²；最大弦径 324μm，平均 154μm；导管分子平均长 502μm；侵填体丰富；螺纹加厚未见。管间纹孔式互列，多角形和圆形，纹孔口内含。穿孔板单一，略倾斜。

导管与射线间纹孔式类似管间纹孔式。**轴向薄壁组织星散、星散-聚合状，略呈弦向单列短带状；具分室含晶细胞，菱形晶体可达12个或以上。木纤维壁薄；**直径28μm，平均长1235μm；单纹孔略具狭缘，纹孔口外展，呈裂隙状；分隔木纤维未见。木射线6～10根/mm；非叠生。射线细胞单列（偶2列），高2～18（多数6～12）细胞。射线组织同形单列。射线细胞椭圆和圆形或多角形，部分细胞含树胶；晶体未见。胞间道缺如。

　　材料：W20465（圭亚那）

【木材性质】

　　木材光泽强；无特殊气味和滋味；纹理直或交错；结构细至略粗，均匀；木材轻至中等；干缩小至中；强度弱。

产　地	密度(g/cm³)		干缩率(%)			顺纹抗压强度(MPa)	抗弯强度(MPa)	抗弯弹性模量(MPa)	顺纹抗剪强度(MPa)	冲击韧性(kJ/m²)
	基　本	气　干	径　向	弦　向	体　积					
巴　西	0.33～0.38	0.40～0.45	2.7	4.5	7.3	33	60	8061		79
		0.37～0.45				27	55			
						34	57	7920	9	
	0.45		2.9	4.7		31	60	7500		

　　木材气干较困难，可能会产生轻度或严重翘曲和开裂。为防止木材霉变和蓝变，树木伐倒后应立即干燥处理。据报道，木材抗白腐菌和褐腐菌能力中等，不抗白蚁和海生钻木动物危害；防腐剂处理容易，采用浸渍法药剂吸收量为0.32kg/cm³。木材加工较容易，如生材有应拉木存在，加工表面起毛。木材胶合和装饰性好。适于刨切和旋切。耐候性良好，但不耐磨。

【木材用途】

　　家具及部件，电杆，桩木，体育用品特别用作球拍在巴西很畅销，单板，胶合板，箱盒，室内装修，细木工，纤维板，刨花板，玩具，装饰物，食品容器，模型，火柴。

海厄大戟属 *Hieronima* Allem.

　　本属36种，分布于美洲热带地区及西印度群岛。拉丁美洲常见商品材树种有：

海厄大戟 *H. alchorneoides* Fr. Allem. 详见种叙述。

疏花海厄大戟 *H. laxiflora* (Tul.) Muell. Arg. 详见种叙述。

海厄大戟 *H. alchorneoides* Fr. Allem.
（图版34.1～3）

【商品材名称】

　　苏拉丹 Suradan

【地方名称】

　　纳波 Napo，苏拉丹 Suradan（圭亚那）；阿里库拉纳 Aricurana，萨古德博尼 Sangue-de-bio，乌如柯拉纳 Urucurana（巴西）；卡加曼托 Cargamento，科萨科 Casaco（哥

伦比亚）；皮隆 Pilon（哥斯达黎加）；马斯凯尔 Mascare（厄瓜多尔）；柯蒂多 Curtidor（洪都拉斯）；纳西托 Nancito（尼加拉瓜）；潘塔诺 Pantano（巴拿马）；皮托波莱特 Piento-bolletrie，卡恩阿萨达 Carne asada，特皮洛 Trompillo（委内瑞拉）。

【树木及分布】

大乔木，高 30m，直径 0.9m；树干通直，圆柱状，高 15m 或以上；粗大板根高 1.8m。分布于中美洲和南美洲。生长范围广泛，可在海岸高山阔叶混交林及潮湿沼泽林中。

【木材构造】

宏观特征

木材散孔材。心材浅红褐色至深褐色，新锯面常有黑色汁液流出；与边材区别不明显。边材灰粉色。生长轮未见。管孔肉眼下可见，放大镜下明显，主要为单管孔；散生；数甚少；略大；含深色树胶。轴向薄壁组织放大镜下不见。木射线放大镜下明显；略密或密；窄至略宽。波痕及胞间道未见。

微观特征

导管横切面椭圆形或卵圆形，具多角形轮廓；主要为单管孔，少数弦向对列；散生；2～6 个，平均 4 个/mm²；最大弦径 278μm，平均 201μm；导管分子平均长 2034μm；部分管孔含侵填体；螺纹加厚缺如。管间纹孔式互列，纹孔圆形，纹孔口合生或内含。穿孔板单一，略倾斜。导管与射线间纹孔式刻痕状或大圆形。轴向薄壁组织星散状或星散-聚合状；大部分细胞含深色树胶；具分室含晶细胞，菱形晶体可达 8～9 个。纤维管胞壁厚至甚厚；直径 23μm，平均长 2503μm；弦、径两面具缘纹孔较多，纹孔为椭圆或圆形，纹孔口内含或外展；分隔纤维管胞未见。木射线 11～13 根/mm；非叠生。单列射线较少，高 3～9 细胞。多列射线宽 4～8（多数 4～5）细胞，高 16～98 或以上（多数 26～45）细胞。具连接射线。射线组织异形 Ⅱ 型。直立或方形射线细胞高得多；大部分含深色树胶；菱形晶体偶见。胞间道未见。

材料：W22702（尼加拉瓜）

【木材性质】

木材光泽弱；无特殊气味和滋味；纹理不规则，直至交错；结构略粗至粗，有时不均匀；木材重量中等至重；干缩甚大；强度高。

产 地	密度(g/cm³)		干缩率(%)			顺纹抗压强度(MPa)	抗弯强度(MPa)	抗弯弹性模量(MPa)	顺纹抗剪强度(MPa)	冲击韧性(kJ/m²)
	基 本	气 干	径 向	弦 向	体 积					
巴 西		0.65～0.80	>5.1	>8.1		62	114	14200	15	
哥伦比亚	0.60～0.67	0.74～0.85	5.4	11.7	17.0	66	125	15640		211

为防止木材翘曲和开裂，干燥需妥善处理。木材较耐腐，较抗白蚁危害；防腐剂浸注困难。加工性能良好，打孔或开榫表面光滑；车旋和雕刻性颇佳，但刨平较困难；加入合适的填充剂如腻子，则涂饰性能良好。

【木材用途】

重、轻型建筑材，造船材，车辆材，枕木，电杆，桩木，高档家具，单板，胶合板，制浆，室内装修，细木工，雕刻，车旋材。

疏花海厄大戟 *H. laxiflora* （Tul.）Muell. Arg.
（图版 34.4~6）

【商品材名称】

苏拉丹 Suradan

皮隆 Pilon

【地方名称】

柯蒂多 Curtidor（洪都拉斯）；纳西托 Nancito（尼加拉瓜）；潘塔诺 Pantano（巴拿马）；卡恩阿萨达 Carne asada，特皮洛 Trompillo（委内瑞拉）；苏拉丹尼 Suradanni（苏里南）；卡加曼托卡萨科 Cargamanto casaco（哥伦比亚）；萨古德博尼 Sangue-de-boi，乌如柯拉纳 Urucurana（巴西）。

【树木及分布】

大乔木，高 40m，直径 0.9m；树干通直，形状好，高 21m；板根高 1.2m。分布于墨西哥、巴西、圭亚那、秘鲁、哥伦比亚。生长低矮雨林和次生林中。

【木材构造】

宏观特征

木材散孔材或近半环孔材。心材红褐色至深红色；与边材区别明显或略明显。边材粉色，宽 2.5~5.0cm。生长轮较明显。管孔肉眼下略见，放大镜下明显，主要为单管孔；散生或近半环孔材；数甚少或少；略大。轴向薄壁组织在放大镜下不见。木射线在放大镜下明显；略密至密；窄至略宽。波痕及胞间道未见。

微观特征

导管横切面长圆形或近圆形，具多角形轮廓；主为单管孔，管孔团偶见；散生或呈斜列；1~10 个，平均 5 个/mm²；最大弦径 230μm，平均 150μm；导管分子平均长 984μm；侵填体未见；螺纹加厚缺如。管间纹孔式互列，纹孔圆形，纹孔口内含。穿孔板单一，略倾斜。导管与射线间纹孔式大圆形及刻痕状。轴向薄壁组织星散状或星散-聚合状；含深色树胶；具分室含晶细胞，菱形晶体可达十几个。纤维管胞壁厚至甚厚；直径 42μm，平均长 2375μm；弦、径两面具缘纹孔较多，纹孔圆形，纹孔口内含；分隔纤维管胞未见。木射线 9~13 根/mm；非叠生。单列射线较少，高 2~11 细胞；部分单列与多列等宽。多列射线宽 4~5 细胞，高 11~58（多数 29~37）细胞。具连接射线。射线组织异形 II 型。直立或方形射线细胞比横卧射线细胞高或高得多；多数细胞含深色树胶；菱形晶体分布在直立或方形细胞中，部分细胞含圆球状淀粉颗粒。胞间道未见。

材料：W22701（苏里南）

【木材性质】

木材光泽弱；无特殊气味和滋味；纹理交错，具条状花纹；结构略粗；木材重；干缩甚大；强度高。

产地	密度(g/cm³)		干缩率(%)			顺纹抗压强度(MPa)	抗弯强度(MPa)	抗弯弹性模量(MPa)	顺纹抗剪强度(MPa)	冲击韧性(kJ/m²)
	基本	气干	径向	弦向	体积					
苏里南		0.81~0.90	>5.1	>8.1		71	134	16300	17	
委内瑞拉						62	114	14200	15	

木材干燥迅速，但常产生中等翘曲和表面开裂、轻度端裂与表面硬化；为避免降等，干燥速度应适中。木材较耐腐，中等抗白蚁和海生钻木动物危害。木材加工略困难，刨切性能良好，加工面需认真砂光，染色与油漆效果极佳。胶合性良好。汽蒸弯曲性亦佳。

【木材用途】

重、轻型建筑材，造船材，车辆材，枕木，电杆，桩木，家具及部件，农具用材，单板，胶合板，内部装修。

迈克大戟属 *Micrandra* Benth.

本属14种，分布于热带南美洲。拉丁美洲常见商品材树种有迈克大戟木。

迈克大戟木 *M. spruceana*（Baillon）R. Schultes
（彩版6.9；图版35.1~3）

【商品材名称】

海盖里拉 Higuerilla

【地方名称】

卡拉帕乔 Carapacho，希里加拉纳 Shiringarana，希里加马沙 Shiringa masha，寇乔马沙 Caucho masha（秘鲁）。

【树木及分布】

大乔木，高33m，直径0.7m；树干圆柱状，高21m。分布秘鲁，哥伦比亚和巴西中部。

【木材构造】

宏观特征

木材散孔材。心材深红褐色；与边材区分略明显或明显。边材黄褐色。生长轮不明显。管孔放大镜下明显；散生；数甚少；略大。轴向薄壁组织放大镜下不见。木射线放大镜下可见；略密；甚窄。波痕及胞间道未见。

微观特征

导管横切面椭圆形、卵圆形，略具多角形轮廓；单管孔和径列复管孔（2~4个）；散生；2~11个，平均4个/mm²；最大弦径315μm，平均188μm；导管分子平均长1130μm；侵填体和螺纹加厚未见。管间纹孔式互列，多角形及圆形，纹孔口内含，透镜形。穿孔板单一，略平行或斜列。导管与射线间纹孔式类似管间纹孔式。轴向薄壁组织星散状，呈弦向带状（宽 1 细胞），多数细胞含深色树胶；晶体未见。木纤维壁薄；直径 35μm，平均长 1919μm；单纹孔略具狭缘，纹孔口外展；分隔木纤维未见。木射线 7～9 根/mm；非叠生。单列射线较少，高 1～12（多数 4～9）细胞。多列射线宽 2（偶 3）细胞，高 6～32（多数 16～25）细胞，2～3 列细胞常与单列等宽。具连接射线。射线组织异形 III 型或同形单列和多列。方形射线细胞比横卧射线细胞高；部分细胞含深色树胶；晶体未见。胞间道未见。

材料：W22597（秘鲁）

【木材性质】

木材具光泽；无特殊气味和滋味；纹理直；结构细，均匀；木材轻；干缩大；强度弱。

产　地	密度(g/cm³)		干缩率(%)			顺纹抗压强度(MPa)	抗弯强度(MPa)	抗弯弹性模量(MPa)	顺纹抗剪强度(MPa)	冲击韧性(kJ/m²)
	基　本	气　干	径　向	弦　向	体　积					
秘　鲁	0.40		3.4	6.8	8.9	20	40	9219		

木材干燥较快，性能良好。天然耐腐性中等，易受小蠹虫和白蚁危害；防腐剂可处理性较好。木材加工性质较好。

【木材用途】

房屋建筑，柜台，书架，家具等。

乌桕属 *Sapium* P. Br.

本属约 120 种，广布于热带地区，尤以南美洲种类最多，亚洲、非洲次之。拉丁美洲常见商品材树种有二腺乌桕。

二腺乌桕 *S. biglandulosum*（L.）Muell. Arg.
（彩版 7.1；图版 35.4～6）

【商品材名称】

莱切鲁 Lechero

【地方名称】

拜赫德斯帕达 Bainha-de-spada，波德莱特 Pau-de-leite（巴西）。

【树木及分布】

大乔木，树高 30m，直径 0.6～0.9m；树木干形好，高 21m。分布于南美洲。生长在草原稀树林和山地，也生长在次生林中。

【木材构造】

宏观特征

木材散孔材。心材浅褐色；与边材区别略明显。边材奶白色，宽 1.2～2.5cm。生长轮不明显。管孔放大镜下明显；散生；数少；略大。轴向薄壁组织放大镜下未见。木射线放大镜下可见；略密；甚窄。波痕及胞间道未见。

微观特征

导管横切面椭圆形、圆形，具多角形轮廓；单管孔及径列复管孔（2 ~ 7 个，多数 2 ~ 3 个），少数管孔团；散生；3 ~ 12 个，平均 5 个/mm²；最大弦径 227μm，平均 120μm；导管分子平均长 960μm；侵填体未见；螺纹加厚缺如。管间纹孔式互列，圆形及多角形，纹孔口内含。穿孔板单一，略斜或平行。导管与射线间纹孔式类似管间纹孔式。轴向薄壁组织稀少；星散状；晶体未见。木纤维壁薄；直径 37μm，平均长 1591μm；单纹孔少，纹孔口长圆形或裂隙状；分隔木纤维未见。木射线7 ~ 11 根/mm；非叠生。几全为单列（偶2）射线，高 1 ~ 46 或以上（多数 15 ~ 29）细胞。射线组织异形单列。直立或方形射线细胞比横卧射线细胞高或高得多；晶体未见。胞间道未见。

材料：W22721（巴拿马）

【木材性质】

木材光泽弱；无特殊气味和滋味；纹理直或略交错；结构细至略粗；木材重量轻至中；干缩中等；强度弱。

产　地	密度(g/cm³)		干缩率(%)			顺纹抗压强度(MPa)	抗弯强度(MPa)	抗弯弹性模量(MPa)	顺纹抗剪强度(MPa)	冲击韧性(kJ/m²)
	基　本	气　干	径　向	弦　向	体　积					
委内瑞拉	0.51 ~ 0.57		3.1 ~ 4.0	5.1 ~ 6.5		40	67	9100	10	

木材气干迅速，略有降等。不耐腐，不抗昆虫危害；木材易蓝变，树木伐倒后应立即用抗蓝变药剂浸渍处理。用手工或机械加工容易，锯、刨表面光滑；打孔时周围木纹起毛，钉钉易劈裂，需事先打眼。原木室温旋切单板也能得到较好效果。胶合性能良好。

【木材用途】

轻型建筑材，家具及部件，单板，胶合板，制浆，箱盒，室内装修，夹芯碎料板，细木工，纤维板，刨花板，排水板，食品容器。

壳斗科
Fagaceae Dum.

常绿或落叶，乔木，稀灌木。8 属，约 900 种以上；大多分布于北半球的温带、亚热带和热带地区。拉丁美洲常见商品材属有：假水青冈属 *Nothofagus*，栎属 *Quercus*。

假水青冈属 *Nothofagus* Blume.

本属35 种，分布南美洲的温带地区，新几内亚、澳大利亚、新西兰等。拉丁美洲常见商品材树种有：

斜假水青冈 *N. obliqua*（Mirb.）Blume.

商品材名称：罗博勒 Roble

　　大乔木，树高 48m，直径 1.2～1.5m；树干高 25～30m。木材含丰富的单宁和泌脂细胞。分布阿根廷、智利。树木喜生干旱地区的沃土上，生长在稠密的纯林和混合林中。天然更新能力强或弱。心材粉色至深红褐色，带淡色条纹，与边材略有区别。边材黄粉色。生长轮不明显。木材光泽弱；无特殊气味和滋味；纹理直；结构细且匀；重量中等（含水率 12%，密度 0.58～0.72g/cm³）；干缩大至甚大（生材至炉干干缩率，弦向 6.6%～8.0%，或 >8.1%，径向 4.1%～5.0%，或 >5.1%）；强度中等（含水率12%，顺纹抗压强度 46 MPa，抗弯强度 79 MPa，抗弯弹性模量 10700 MPa，顺纹抗剪强度 12 MPa）。木材干燥困难，速度较慢，并有翘曲和开裂趋势，干燥必须小心处理。成熟木材天然耐腐性较好，未成熟的木材不耐腐。木材加工容易，装饰性好。染色和油饰效果良好。还是上等薪材并可制成高级木炭。木材适于重型或轻型建筑材，承重和一般地板，造船材，车辆材，枕木，电杆，桩木，家具，工具柄，木梯，室内装修，细木工，食品容器和车旋材。

　　大假水青冈 *N. alpina*（P. et E.）Oerst. 详见种叙述。

　　智利假水青冈 *N. dombeyi*（Mirb.）Blume. 详见种叙述。

　　低矮假水青冈 *N. pumilio*（P. et E.）Krasser 详见种叙述。

大假水青冈 *N. alpina*（P. et E.）Oerst. ［*N. procera*（P. et E.）Oerst.］
（彩版 7.2；图版 36.1～3）

【商品材名称】

　　劳利 Rauli

【树木及分布】

　　大乔木，高 40m，直径 0.8m；树干通直，高 18m。分布智利等国家。生长在 90～600m 地区的沃土纯林中。树木生长快，繁殖容易。

【木材构造】

宏观特征

　　木材散孔材。心材红褐色，与边材区分不明显。边材浅红褐色。生长轮明显或略明显。管孔肉眼下不见，放大镜下可见；散生；数略多至多；略小；含侵填体。轴向薄壁组织放大镜下不见。木射线放大镜下明显；略密；甚窄。波痕及胞间道未见。

微观特征

　　导管横切面圆形、椭圆形，具多角形轮廓；单管孔和径列复管孔（2～4 个，多为 2～3 个）；少数管孔团；散生；72～108 个，平均 94 个/mm²；最大弦径 94μm，平均 50μm；导管分子平均长 781μm；含侵填体；螺纹加厚缺如。管间纹孔式梯状、对列或互列，纹孔长椭圆形或圆形及多角形，纹孔口内含。多数穿孔板单一，倾斜，少数复穿孔板梯状，横隔 7～16 个或以上。导管与射线间纹孔式大圆形或刻痕状。轴向薄壁组织数少，轮界状、星散状；晶体未见，部分细胞含树胶。木纤维壁薄至厚；直径 24μm，平均长 1242μm；单纹孔略具狭缘，明显纹孔口外展，呈裂隙状；分隔木纤维可见。木射线 8～12 根/mm；非叠生。单列射线多，高 2～22（多数 10～16）细胞。多列射线宽 2 细胞，高 8～21（多数 10～15）细胞。射线组织为异形 Ⅱ 型和 Ⅲ 型。直立或方形射线细胞比横卧射线细胞高或高得多，多列部分射线细胞为多角形、圆形及椭圆形；部分细胞含树胶；晶体未见。胞间道未见。

    材料：W19567（智利）

【木材性质】

    木材光泽弱；无特殊气味和滋味；纹理直；结构细且匀；木材轻至中等；干缩中至大；强度弱。

产 地	密度 (g/cm³)		干缩率 (%)			顺纹抗压强度 (MPa)	抗弯强度 (MPa)	抗弯弹性模量 (MPa)	顺纹抗剪强度 (MPa)	冲击韧性 (kJ/m²)
	基 本	气 干	径 向	弦 向	体 积					
智 利		0.46~0.50	4.1~5.0 >5.1	6.6~8.0 >8.1		34	57	7920	9	

    木材气干相当慢，略有降等。天然耐腐性中等，不抗白蚁和海生钻木动物危害，防腐剂可处理性中等。木材用手工和机械加工容易，但略使刀具变钝，加工表面光滑。染色和抛光性能良好，胶合性能亦佳。钉钉和拧螺钉需预先打孔。汽蒸弯曲性中等。吸湿性小，尺寸稳定性好。耐候性中等至高。

【木材用途】

    一般建筑，地板，造船材，家具，单板，胶合板，乐器，箱盒，精密仪器箱，室内装修，细木工，木桶，车旋材。

智利假水青冈 *N. dombeyi* (Mirb.) Blume.
（彩版 7.3；图版 36.4~6）

【商品材名称】

    科伊格 Coigue

【地方名称】

    科伊休 Coihue

【树木及分布】

    大乔木，高达 45m，直径 1.5~2.4m；树干高 25m 以上；树皮含单宁。分布智利。生长在沿海或海拔 700~1200m 高山地区的密林和纯林中，天然更新能力强，是速生树种。

【木材构造】

    宏观特征

    木材散孔材。心材新切面粉白色，置久后变成浅粉褐色至黄褐色，与边材区别明显。边材灰白色，宽。生长轮明显或略明显。管孔肉眼下不见，放大镜下可见；散生；数略多；略小至中等大小；含侵填体。轴向薄壁组织放大镜下不见。木射线放大镜下可见；略密；甚窄。波痕及胞间道未见。

    微观特征

    导管横切面椭圆形及圆形，具多角形轮廓；单管孔和径列复管孔（2~4个，多为

2~3个）；管孔团偶见；散生；76~95个，平均85个/mm²；最大弦径125μm，平均48μm；导管分子平均长564μm；侵填体较丰富；螺纹加厚缺如。管间纹孔式互列，纹孔圆形及椭圆形，纹孔口内含，少数梯状、对列。多数穿孔板单一，甚倾斜，少数复穿孔板梯状，横隔7~8个，网状穿孔板偶见。导管与射线间纹孔式类似管间纹孔式或大圆形及刻痕状。**轴向薄壁组织较少**，轮界状、星散状；具分室含晶细胞，菱形晶体7~8个或以上；部分细胞含树胶。**木纤维壁薄至厚**；直径19μm，平均长926μm；单纹孔略具狭缘，明显，纹孔口内含或外展；分隔木纤维可见。**木射线8~11根/mm**；非叠生。单列射线较多，高1~16（多数8~13）细胞。多列射线宽2细胞，高5~18（多数9~12）细胞。射线组织为异形Ⅱ型及Ⅲ型。直立或方形射线细胞比横卧射线细胞高或高得多，多列部分射线细胞为椭圆形、圆形及多角形；部分射线细胞含树胶；晶体未见。胞间道缺如。

材料：W18228（智利）

【木材性质】

木材光泽强；无特殊气味和滋味；纹理直或斜；结构细且均；木材重量中等；干缩大至甚大；强度中等至弱。

产　地	密度(g/cm³)		干缩率(%)			顺纹抗压强度(MPa)	抗弯强度(MPa)	抗弯弹性模量(MPa)	顺纹抗剪强度(MPa)	冲击韧性(kJ/m²)
	基　本	气　干	径　向	弦　向	体　积					
智　利		0.58~0.64	4.1~5.0	6.6~8.0		46	79	10700	12	
智　利			>5.1	>8.1		40	67	9100	10	

木材干燥性质多样，通常干燥很慢，会发生明显的变形和开裂，为减少干燥缺陷发生，应慎重处理，板材应置于气干棚下。木材天然耐腐性中等，不抗小蠹虫和白蚁危害；防腐剂处理心材较困难，边材易渗透。用手工和机械加工容易，略使刀具变钝；如加工刀具锋利，切面则光滑。木材与金属接触，可能会引起木材变色。染色和抛光性能良好；汽蒸弯曲性亦佳。

【木材用途】

建筑材，地板，矿柱材，枕木，电杆，桩木，造船材，家具，工具柄，木梯，体育用材，制浆，箱盒，室内装修，细木工，雕刻，滴水板，食品容器。

低矮假水青冈 *N. pumilio*（P. et E.）Krasser
（彩版7.4；图版37.1~3）

【商品材名称】

林加 Lenga

【地方名称】

林加 Lenga，罗博 Roble，罗博德马加莱纳斯 Roble de magallanes（智利）。

【树木及分布】

大乔木，高36m，直径1.5m；树干通直，圆柱状。分布智利。常生长在1000~

2000m 高原纯林内，也分布在低矮山区的混交林内。天然更新能力强。

【木材构造】

宏观特征

木材散孔材。心材黄粉色至黄褐色，与边材区别不明显。边材粉白至黄粉色。生长轮明显或略明显。管孔放大镜下可见；数多；略小；含侵填体。轴向薄壁组织放大镜下不见。木射线放大镜下可见；略密；甚窄。波痕及胞间道未见。

微观特征

导管横切面近圆形、椭圆形，具多角形轮廓；径列复管孔（2～5个，多为2～3个）及单管孔，少数管孔团；散生；85～141个，平均108个/mm²；最大弦径97μm，平均49μm；导管分子平均长594μm；具侵填体；螺纹加厚明显。管间纹孔式以互列为主，纹孔圆形及多角形，纹孔口内含，少数梯状、对列。穿孔板单一，倾斜或略斜，极少数复穿孔板梯状，横隔4～5个。导管与射线间纹孔式类似管间纹孔式及大圆形。轴向薄壁组织较少，轮界状、星散状；晶体未见。木纤维壁薄；直径22μm，平均长894μm；单纹孔略具狭缘，数多，纹孔口外展，裂隙状；分隔木纤维可见。木射线10～12根/mm；非叠生。单列射线较少，高2～17（多数8～14）细胞。多列射线宽2细胞，高6～30（多数12～18）细胞。射线组织异形Ⅱ型及Ⅲ型。直立或方形射线细胞比横卧射线细胞高或高得多。多列部分射线细胞圆形、多角形；晶体未见；部分细胞含树胶。胞间道未见。

材料：W19572（智利）

【木材性质】

木材光泽弱；无特殊气味和滋味；纹理直或略斜；结构细且匀；木材轻至中等重；干缩大至甚大；强度弱。

产地	密度(g/cm³)		干缩率(%)			顺纹抗压强度(MPa)	抗弯强度(MPa)	抗弯弹性模量(MPa)	顺纹抗剪强度(MPa)	冲击韧性(kJ/m²)
	基 本	气 干	径 向	弦 向	体 积					
智 利		0.41～0.45	4.1～5.0	6.6～8.0		40	67	9100	10	
智 利		0.51～0.57	>5.1	>8.1		34	57	7920	9	

木材气干较好；较耐腐。用手工和机械加工容易，切面光滑；抛光、胶合性能良好；握钉力强，汽蒸弯曲性中等。

【木材用途】

一般建筑材，地板，造船材，电杆，枕木，车辆材，家具及部件，工具柄，木梯，单板，胶合板，纸浆，箱盒，室内装修，细木工，雕刻，木桶，玩具，装饰品，车旋材。

栎 属 *Quercus* L.

落叶或常绿，乔木，稀灌木。约450种；分布北美洲、南美洲热带地区，亚洲、非洲的温带和亚热带地区。拉丁美洲常见商品材树种有白亮栎。

白亮栎 *Q. candicans*

(彩版 7.5；图版 37.4 ~ 6)

【商品材名称】

　　罗博勒 Roble

　　安塞诺 Encino

　　栎木 Oak

【地方名称】

　　阿休特 Ahuatl，卡查里洛 Cucharillo，安塞诺 Encino（墨西哥）；罗博勒塞托 Roble-cito（危地马拉）；安塞诺尼格罗 Encino negro（洪都拉斯）；罗博勒安塞诺 Roble encino，罗博勒寇洛拉多 Roble colorado（哥斯达黎加）；马梅塞洛 Mamecillo（巴拿马）；罗博勒 Roble，罗博勒阿马里洛 Roble amarillo（哥伦比亚）。

【树木及分布】

　　大乔木，高 27m，直径 1.5m；多数高 20m，直径 0.8m；树干通直，圆柱状。分布热带美洲，从墨西哥南部到中美洲至南美洲哥伦比亚，生长在高山，少数在低海拔地区。

【木材构造】

　　宏观特征

　　木材散孔材。心材黄褐色至红褐色，与边材略有区别。边材白色或浅黄褐色。生长轮略明显。管孔肉眼下略见，放大镜下明显；散生或径列和斜列；数少，中等大小至大；含侵填体。轴向薄壁组织放大镜下略见，呈弦向短细线。木射线宽者肉眼下明显，窄者放大镜下略见；略密；窄至极宽。波痕及胞间道未见。

　　微观特征

　　导管横切面椭圆形、近圆形；略具多角形轮廓，主要为单管孔；呈径列及斜列；5 ~ 9 个，平均 8 个 $/mm^2$；最大弦径 338μm，平均 180μm；导管分子平均长 638μm；侵填体较丰富；螺纹加厚未见。管间纹孔式互列；纹孔圆形；纹孔口内含。穿孔板单一，略斜倾。导管与射线间纹孔式为刻痕状，少数大圆形。环管管胞丰富，常围绕导管周围，与四周的薄壁细胞混杂；具缘纹孔圆形，明显，1 ~ 2 列，纹孔口裂隙状或 X 形。**轴向薄壁组织**星散状、星散-聚合状，略呈弦向短带状（多单细胞），少数疏环管状；具分室含晶细胞，菱形晶体 6 个或以上。木纤维壁薄至厚；直径 21μm，平均长 1271μm；单纹孔少，略具狭缘；分隔木纤维未见。木射线 6 ~ 10 根 /mm；非叠生。窄射线几全为单列射线（偶见 2 列），高 2 ~ 38（多数 16 ~ 25）细胞。宽射线为复合射线，宽 30 细胞或以上，高许多，超出切片范围。射线组织为同形单列及多列。多列射线细胞圆形、椭圆形和多角形，部分细胞含树胶；晶体未见。**胞间道缺如。**

　　材料：W20091（墨西哥）

【木材性质】

　　木材光泽弱；无特殊气味和滋味；纹理直或略斜；结构略粗至粗；木材重至甚重；干缩大至甚大；强度中或高。

产　地	密度(g/cm³)		干缩率(%)			顺纹抗压强度(MPa)	抗弯强度(MPa)	抗弯弹性模量(MPa)	顺纹抗剪强度(MPa)	冲击韧性(kJ/m²)
	基　本	气　干	径　向	弦　向	体　积					
	0.57~0.82	0.74~0.99	6.4	11.7	18.5		154	20394		
							113	19568		
							200			

　　木材气干非常困难，并伴有严重开裂、翘曲和皱缩，如原木径切面解锯并减慢干燥速度，可将缺陷降至最低。心材天然耐腐性高，边材易被昆虫和腐朽菌危害，木材防腐剂难浸注。加工困难，尤其是密度高的木材，弦切面加工面光滑，径切面纹理有撕裂的可能。

【木材用途】

　　地板，枕木，矿柱材，造船材，装饰单板，木炭等。

大风子科
Flacourtiaceae DC.

　　常绿或落叶乔木或灌木，稀草本。80 属，约 500 余种；主要分布热带。拉丁美洲常见商品材属有棉籽木属 *Gossypiospermum*。

棉籽木属 *Gossypiospermum*（Griseb.）Urb.

　　本属 2 种；分布巴西和南美洲热带地区。拉丁美洲常见商品材树种有棉籽木。

棉籽木 *G. praecox*（Griseb.）P. Wilson
（图版 38.1~3）

【商品材名称】

　　西印度群岛盒木 West indian boxwood

　　马拉凯波盒木 Maracaibo boxwood

【地方名称】

　　阿格拉塞乔 Agracejo（古巴）；帕洛布兰科 Palo blanco（多米尼加共和国）；扎帕特罗 Zapatero（哥伦比亚、委内瑞拉）。

【树木及分布】

　　小乔木，高 2.7~3.7m，最高达 11m，直径通常 0.15~0.30m，有时可达 0.46m；树干形状好，圆柱状，高 3~5m；新鲜树皮切口会流出暗色树胶。常生长在干旱石灰质和石砾土壤中。分布多米尼加共和国、古巴、委内瑞拉和哥伦比亚东部。

【木材构造】

　　宏观特征

木材散孔材。心材柠檬色或白色，与边材略有区别或无区别。边材色浅。生长轮不明显或略明显。管孔放大镜下略见；散生；数略多，形小。轴向薄壁组织未见。木射线放大镜下可见；略密；甚窄、窄。波痕及胞间道缺如。

微观特征

导管横切面椭圆形、近圆形；具多角形轮廓；径列复管孔（2～4个，多为2个）和单管孔，少数管孔团；散生；48～80个，平均69个/mm²；最大弦径68μm，平均33μm；导管分子平均长650μm；侵填体未见；螺纹加厚缺如。管间纹孔式互列；多角形及圆形；纹孔口内含。穿孔板单一，倾斜或略斜。导管与射线间纹孔式类似管间纹孔式。轴向薄壁组织很少；星散状；晶体未见。木纤维壁厚至甚厚；直径20μm，平均长1081μm；径面单纹孔普遍，纹孔口外展。分隔木纤维未见。木射线8～10根/mm；非叠生。单列射线较少，高1～12细胞。多列射线宽2～3细胞，高9～75或以上（多数25～39）细胞。具连接射线。射线组织异形Ⅱ型。直立射线细胞比横卧射线细胞高得多，射线细胞椭圆形或多角形。菱形晶体丰富，位于各类射线细胞中。胞间道缺如。

材料：W22678（古巴）

【木材性质】

木材光泽强；无特殊气味和滋味；纹理直；结构细且匀；木材重；干缩甚小至小；强度高。

产　地	密度(g/cm³)		干缩率(%)			顺纹抗压强度（MPa）	抗弯强度（MPa）	抗弯弹性模量（MPa）	顺纹抗剪强度（MPa）	冲击韧性（kJ/m²）
	基　本	气　干	径　向	弦　向	体　积					
委内瑞拉	0.65～0.73	0.81～0.90	0～3.0	0～5.0		71	134	16300	17	

木材气干困难，速度慢，并伴有开裂，需谨慎处置；小尺寸锯材适于窑干，干燥后木材尺寸稳定性好。原木贮存时易蓝变，应及时进行处理；木材耐腐性差，但抗白蚁危害。加工容易，适合雕刻和旋切，加工表面十分光滑。胶合和染色、抛光性均佳，但耐候性较差。

【木材用途】

家具，细木工，工具柄，木梯，体育用品，单板，胶合板，乐器材，精密仪器箱，室内装修，雕刻，玩具，装饰品，车旋材，尺子，纺织工业用纱管。

藤黄科
Guttiferae Juss.

或称山竹子科。常绿、半常绿或落叶，乔木或灌木，稀草本，树皮具黄色胶液。约50属，1300余种；分布于热带、温带地区。拉丁美洲常见商品材属有：红厚壳属 *Calophyllum*，克拉藤黄属 *Clusia*，默罗藤黄属 *Moronobea*，普拉藤黄属 *Platonia*，雷德藤黄属

Rheedia，西姆藤黄属 *Symphonia*。

红厚壳属 *Calophyllum* L.

乔木或灌木，约112种；主产于东半球热带地区，还分布于热带美洲、西印度群岛及马达加斯加等。拉丁美洲常见商品材树种为巴西海棠木。

巴西海棠木 *C. brasiliense* Camb.
（彩版7.6；图版38.4~6）

【商品材名称】

萨塔马瑞亚 Santa maria

加卡若巴 Jacareuba

【地方名称】

萨塔马瑞亚 Santa maria，巴瑞洛 Barillo（中美洲）；巴里 Bari，莱切德马瑞亚 Leche de maria（墨西哥）；卡拉巴 Calaba（中美洲，巴拿马）；巴勒萨马瑞亚 Balsa maria（玻利维亚）；加卡若巴 Jacareuba，瓜纳蒂 Guanandi，塞著多潘塔诺 Cedro do pantano（巴西）；阿赛特马瑞奥 Aceite mario，阿卡切卡莫 A. cachicamo，马瑞奥 Mario（哥伦比亚），马瑞亚 Maria，贝拉马瑞亚 Balla maria（厄瓜多尔）；埃德巴利 Edaballi，库拉赫拉 Kurahara（圭亚那）；加拉托卡斯派 Lagarto-caspi，阿勒法罗 Alfaro（秘鲁）；保罗马瑞亚 Palo maria（中美洲，委内瑞拉）；卡切卡莫 Cachicamo（委内瑞拉）。

【树木及分布】

大乔木，高30~45m，直径0.9~1.8m；树干通直，高15~20m；无板根。树皮可压出黄色树胶。分布于西印度群岛、墨西哥南部、中美洲、南美洲北部。树木喜生潮湿立地条件，但在干旱地区的砂质或石砾土壤中生长也良好。

【木材构造】

宏观特征

木材散孔材。心材粉色或黄粉色至红褐色，带深色条纹，与边材区别不明显。边材浅粉色，浅红褐色，宽4~7cm。生长轮不明显。管孔放大镜下明显，斜列或径列；数少，大小中等或大。轴向薄壁组织放大镜下可见，弦向带状。木射线放大镜下略见；密度略密至密；甚窄。波痕及胞间道未见。

微观特征

导管横切面椭圆形或圆形；主为单管孔，个别径列复管孔（2~3个）和管孔团；常径列和斜列；5~13个，平均9个/mm²；最大弦径224μm，平均141μm；导管分子平均长718μm；含侵填体；螺纹加厚未见。管间纹孔式互列；多角形和圆形；纹孔口内含及外展。穿孔板单一，略斜倾。导管与射线间纹孔式为大圆形和刻痕状。环管管胞常见于导管周围，与周围薄壁细胞混杂，具缘纹孔数多，1~2列，纹孔口内含。轴向薄壁组织数少，弦向带状（宽2~6，多数2~3细胞）、少数疏环管状、环管束状；有分室含晶细胞，菱形晶体达9个或以上。纤维管胞壁薄或厚；直径15μm，平均长

1327μm；单纹孔略具狭缘；分隔纤维管胞未见。木射线8～12根/mm；非叠生。为单列射线（偶2列），高1～15（多数8～12）细胞。射线组织为异形或同形单列。直立或方形射线细胞比横卧射线细胞略高，射线细胞多为卵圆形和多角形。部分细胞含树胶；晶体未见。胞间道缺如。

　　材料：W7535（洪都拉斯）；W22098（巴西）。

【木材性质】

　　木材光泽中等；无特殊气味和滋味；纹理直或略交错；结构细至略粗，均匀；木材重量中等；干缩大至甚大；强度中至高。

产　地	密度(g/cm³)		干缩率(%)			顺纹抗压强度(MPa)	抗弯强度(MPa)	抗弯弹性模量(MPa)	顺纹抗剪强度(MPa)	冲击韧性(kJ/m²)
	基　本	气　干	径　向	弦　向	体　积					
巴　西		0.63	5.0	7.7		58	111	12300		
巴　西		0.58～0.64	4.1～5.0	6.6～8.0		53	94	12400	13	
		0.65～0.72	>5.1	>8.1		46	79	10700	12	
	0.51	0.62	4.6	8.0	13.6	48	101	12609		203
						60	108	11782		

　　木材干燥较困难，速度慢并伴有较明显翘曲和开裂，干燥需认真处理，据报道径切锯材采用低温和高湿的干燥基准，窑干效果好。木材天然耐腐性较差，抗白蚁中等，易受海生钻木动物危害；防腐剂边材易渗透，心材难浸注。木材锯容易，有树胶存在，会引起刀具很快变钝；刨切时为防止表面起毛应降低切削角至15°～20°。胶合性能好；使用填料，木材染色、油漆效果好。汽蒸弯曲性中等。木屑会引起皮炎。

【木材用途】

　　建筑材，承重和一般地板，矿柱材，造船材，车辆材，枕木，电杆，桩木，家具及部件，单板，胶合板，室内装修，细木工，木桶，车旋材。

克拉藤黄属 *Clusia* L.

　　本属约145种；分布北美洲温带地区、马达加斯加等地。拉丁美洲常见商品材树种为玫瑰克拉藤黄。

玫瑰克拉藤黄 *C. rosea* Jacq.
（图版39.1～3）

【商品材名称】

　　科普 Copey

【地方名称】

　　塞波拉布拉瓦 Cebola-brava，卡派 Cupai，马塔泼 Mata-pau（巴西）。

【树木及分布】

　　大乔木，树高18m，直径0.6m。分布于巴西、波多黎各等。树木通常生长河流两岸和山地树林中。

【木材构造】

宏观特征

木材散孔材。心材深红褐色；与边材区别不明显。边材浅红褐色。生长轮不明显。管孔放大镜下明显；散生；数少，略大。轴向薄壁组织放大镜下未见。木射线放大镜下可见；略密；窄至略宽。波痕及胞间道未见。

微观特征

导管横切面椭圆形、圆形，部分具多角形轮廓；单管孔和径列复管孔（2~3个），少数管孔团；散生；7~18个，平均11个/mm²；最大弦径179μm，平均109μm；导管分子平均长1478μm；含侵填体和树胶；螺纹加厚未见。管间纹孔式梯状或梯状-对列；纹孔长椭圆形；纹孔口内含。穿孔板单一，平行或略斜。导管与射线间纹孔式刻痕状。轴向薄壁组织较少；环管束状、疏环管状、星散状；大部分细胞含深色树胶；晶体未见。木纤维壁薄至厚；直径36μm，平均长2529μm；径弦两面单纹孔（略具狭缘）明显，纹孔口外展；分隔木纤维可见。木射线5~8根/mm；非叠生。单列射线较少，高1~7细胞。多列射线宽4~5细胞，高9~66或以上（28~41）细胞。具连接射线。射线组织异形Ⅱ型。直立或方形射线细胞比横卧射线细胞高或高得多，大部分细胞含深色树胶；晶体未见。胞间道缺如。

材料：W22758（波多黎各）

【木材性质】

木材光泽中等；无特殊气味和滋味；纹理直；结构细至略粗；木材重；干缩大至甚大；强度高。

产　地	密度(g/cm³)		干缩率(%)			顺纹抗压强度（MPa）	抗弯强度（MPa）	抗弯弹性模量（MPa）	顺纹抗剪强度（MPa）	冲击韧性（kJ/m²）
	基　本	气　干	径　向	弦　向	体　积					
波多黎各		0.81~0.90	4.1~5.0 >5.1	6.6~8.0 >8.1		62	114	14200	15	

木材气干速度中等，略有降等发生。木材略耐腐，易受针孔小蠹虫、白蚁和海生钻木动物危害。由于木材硬、重，加工较困难，但加工后表面十分光滑。在刨平或打孔时偶有木纹撕裂。钉钉和拧螺钉性能良好，胶合与抛光性亦佳。

【木材用途】

重、轻型建筑材，家具，工具柄，木梯，农具用材，细木工，枕木，桩木，还可作薪炭材。果实可提取树脂作药用。

默罗藤黄属 *Moronobea* Aubl.

本属7种；分布南美洲热带地区。拉丁美洲常见商品材树种有深红默罗藤黄。

深红默罗藤黄 *M. coccinea* Aubl.
(彩版7.7；图版39.4~6)

【商品材名称】

曼尼巴利 Manniballi

【地方名称】

曼尼巴利 Manniballi，莫罗博拉 Morombo-rai（圭亚那）；阿纳尼达特拉发莫 Anani da terra firme，巴库里德安塔 Bacuri de anta，马若帕 Marupa（巴西）；科罗诺波 Coronobo，马尼勒芒塔格尼 Manil montagne，莫罗诺巴 Moronoba（法属圭亚那）；马塔凯 Matakkie，帕柯里马尼勒 Parcouri-manil（苏里南）。

【树木及分布】

大乔木，高30~40m，直径0.5~0.8m；树干通直，圆柱状，高15~25m；无板根；成熟树基部膨大。分布南美洲热带地区。

【木材构造】

宏观特征

木材散孔材。心材浅黄褐色，有时具条纹；与边材略有区别。边材浅黄色，宽3~5cm。生长轮不明显。管孔放大镜下明显；散生；数少；略大；侵填体丰富。轴向薄壁组织肉眼下略见，放大镜下明显；呈弦向带状。木射线放大镜下可见；略密；窄、甚窄。波痕及胞间道未见。

微观特征

导管横切面椭圆形或近圆形，具多角形轮廓；为单管孔和径列复管孔（2~4个，多为2~3个）；散生；4~11个，平均7个/mm²；最大弦径298μm，平均114μm；导管分子平均长869μm；侵填体丰富；螺纹加厚缺如。管间纹孔式互列，多角形及圆形；纹孔口内含。穿孔板单一，平行或略倾斜。导管与射线间纹孔式类似管间纹孔式。轴向薄壁组织为弦向带状（宽2~4细胞）；疏环管状；菱形晶体2~4个；部分细胞含树胶。木纤维壁厚；直径26μm，平均长2244μm；单纹孔未见；分隔木纤维不见。木射线7~9根/mm；非叠生。单列射线少，高1~10细胞。多列射线宽2~3细胞，高6~44（多数12~26）细胞。射线组织同形单列和多列。射线细胞椭圆形、多角形；晶体未见。部分细胞含树胶。胞间道未见。

材料：W22065（秘鲁）

【木材性质】

木材具光泽；无特殊气味和滋味；纹理直或交错，有时波浪状；结构略粗至粗；木材重、甚重；干缩甚大；强度高。

产　地	密度(g/cm³)		干缩率(%)			顺纹抗压强度(MPa)	抗弯强度(MPa)	抗弯弹性模量(MPa)	顺纹抗剪强度(MPa)	冲击韧性(kJ/m²)
	基　本	气　干	径　向	弦　向	体　积					
	0.88	0.96	4.6	9.4	14.9	66	161	22650		

木材干燥需小心处理，欲干板材应置于气干棚下，为防止开裂端部应封涂；窑干应选用速度较慢基准，干燥过程中略有变形与开裂。天然耐腐性高，中等抗白蚁，干燥木材抗昆虫危害；防腐剂可处理性差。木材加工容易，胶合性能良好；握钉力强；装饰性亦佳。

【木材用途】

枕木，重型建筑材，外装修，工业用地板，桥墩。

普拉藤黄属 *Platonia* Mart.

本属 1 ~ 2 种，分布巴西等。拉丁美洲常见商品材树种有普拉藤黄。

普拉藤黄 *P. insignis* Mart.
（彩版 7.8；图版 40.1 ~ 3）

【商品材名称】

帕库里 Pakuri

巴柯里 Bacuri

【地方名称】

巴柯里 Bacuri，巴柯里阿库 Bacuri-acu，巴库西优巴 Bacuxiuba（巴西）；马塔扎马 Matazama（厄瓜多尔）；帕库里 Pakuri（圭亚那）；派克里 Parcouri（法属圭亚那）；帕科利 Pakoeli，吉勒哈特 Geelhart（苏里南）。

【树木及分布】

大乔木，树高 27 ~ 30m，直径 0.6 ~ 0.9m；树干圆柱状，形状好，无分枝，高 21m；无板根或具低矮、厚板根；树皮乳汁丰富。分布亚马孙地区和圭亚那。生长在高的草原疏树林和热带雨林。

【木材构造】

宏观特征

木材散孔材。心材暗黄褐色，具条状花纹，与边材区别略明显至明显。边材黄色至浅黄褐色，宽 3 ~ 9cm。生长轮不明显。管孔肉眼下略见，放大镜下明显；散生；含黄色沉积物；数甚少；中等大小至大。轴向薄壁组织肉眼下明显，弦向带状。木射线放大镜下可见；略密；甚窄至窄。波痕及胞间道未见。

微观特征

导管横切面卵圆形及近圆形，径列复管孔（2 ~ 4 个）及单管孔，少数管孔团；散生；1 ~ 4 个，平均 2 个/mm^2；最大弦径 395μm，平均 188μm；导管分子平均长 734μm；侵填体丰富；螺纹加厚未见。管间纹孔式互列，圆形和多角形，纹孔口内含。穿孔板单一，略倾斜。导管与射线间纹孔式大圆形及刻痕状。轴向薄壁组织主为弦向带状（宽 3 ~ 5，多为 3 ~ 4 细胞），与木纤维相间排列，环管束状、翼状。部分薄壁细胞含方形和菱形晶体。木纤维壁厚至甚厚；直径 32μm，平均长 2410μm；单纹孔极少，略具狭缘，纹孔口裂隙状；分隔木纤维未见。木射线 6 ~ 10 根/mm；非叠生。单列射线少，高 4～12 细胞。多列射线宽 2～3 细胞，高 8～57（多数 15～26）细胞。有连接射线。射线组织同形单列和多列，少数异形Ⅲ型。多列部分射线多为卵圆形、圆形和多角形；晶体未见。胞间道未见。

材料：W21133（南美洲）

【木材性质】

木材光泽弱至中；无特殊气味和滋味；纹理直或略交错；结构细至略粗，均匀；木材重；干缩大至甚大；强度高。

产　地	密度(g/cm³)		干缩率(%)			顺纹抗压强度（MPa）	抗弯强度（MPa）	抗弯弹性模量（MPa）	顺纹抗剪强度（MPa）	冲击韧性（kJ/m²）
	基　本	气　干	径　向	弦　向	体　积					
圭亚那	0.81～0.90		4.1～5.0	6.6～8.0		81	158	18700	19	
			＞5.1	＞8.1						
	0.85		5.4	10		73	163	18200		

木材气干较困难，应慎重处理，减慢干燥速度。天然耐腐性强或极强，抗白蚁和昆虫危害，防腐剂难浸注。木材用手工和机械加工容易，表面光滑，抛光性好。钉钉困难，需事先打孔。胶合和耐候性均佳，但尺寸稳定性差。

【木材用途】

建筑材，室内及外装修，地板，楼梯，家具，箱盒，单板，木桶，车旋材。果实可食。

雷德藤黄属 *Rheedia* L.

本属 45 种；分布于中美洲、南美洲热带地区，西印度群岛及马达加斯加。拉丁美洲常见商品材树种有美丽雷德藤黄。

美丽雷德藤黄 *R. spruceana*
（图版 40.4～6）

【商品材名称】

帕柯里 Pacuri

里米莱托 Remelento

【地方名称】

帕洛德克鲁兹 Palo de cruz（波多黎各）；利姆西洛 Limoncillo（墨西哥）；凯米托 Caimito（洪都拉斯）；马德罗诺 Madrono（哥伦比亚、委内瑞拉）；帕科利 Pakoeli（苏里南）；雷梅莱托 Remelento，巴柯力 Bacury，帕柯鲁 Pacuru（巴西）；查里切拉 Charichuela（秘鲁）。

【树木及分布】

大乔木，高 30m，直径 0.91m 或以上；树干圆柱状，通直，高 20m；具低矮粗厚板根。广泛分布于美洲热带地区，从西印度群岛到墨西哥及阿根廷北部。

【木材构造】

宏观特征

木材散孔材。心材深黄褐色、灰或粉褐色；与边材区别不明显。边材色浅。生长轮不明显。管孔放大镜下可见；散生；数少；略小。轴向薄壁组织放大镜下呈环管束状、翼状。木射线放大镜下明显；略密；窄至略宽。波痕及胞间道未见。

微观特征

导管横切面椭圆形、圆形，具明显多角形轮廓；单管孔和径列复管孔（2～3个），少数管孔团；散生；16～33个，平均25个/mm^2；最大弦径99μm，平均58μm；导管分子平均长563μm；侵填体未见；螺纹加厚缺如。管间纹孔式互列，纹孔圆形、多角形，纹孔口外展，合生明显。穿孔板单一，略斜。导管与射线间纹孔式类似管间纹孔式。轴向薄壁组织翼状、环管束状、星散状；晶体未见。木纤维壁厚至甚厚；直径20μm，平均长1647μm；单纹孔极少或不见；分隔木纤维缺如。木射线6～9根/mm；非叠生。单列射线高1～8细胞。多列射线宽3～5（多数3～4）细胞，高18～69（多数25～55）细胞；部分多列与单列等宽。具连接射线。射线组织同形单列和多列或异形Ⅲ型，少数Ⅱ型。方形或直立射线细胞比横卧射线细胞高或高得多；多列部分射线细胞卵圆形及多角形；部分细胞含树胶；晶体未见。胞间道缺如。

材料：W22684（美国送）

【木材性质】

木材光泽中或弱；无特殊气味和滋味；纹理直或交错；结构细至略粗；木材重；干缩甚大；强度高。

产　地	密度(g/cm^3)		干缩率(%)			顺纹抗压强度(MPa)	抗弯强度(MPa)	抗弯弹性模量(MPa)	顺纹抗剪强度(MPa)	冲击韧性(kJ/m^2)
	基　本	气　干	径　向	弦　向	体　积					
	0.72	0.88	4.0	14.2	16.6	60	130			479
						62	127			
巴　西		0.87	4.2	16.7	21.1	60	130	12445	10	

木材干燥迅速，但有报道认为气干较困难，常产生翘曲和开裂。苏里南产的木材耐腐性高，干燥木材抗白蚁危害。实验室试验结果表明哥伦比亚产的木材抗褐腐菌，但不抗白腐菌侵害；野外试验结果表明易受腐朽菌和昆虫危害。可采用加压或浸渍法进行防腐处理，药剂渗透性不规律。加工性质随木材不同而异，切削较困难；染色或油漆性能佳。木材尺寸稳定性好。

【木材用途】

家具，地板，重型建筑材，一般木制品。

西姆藤黄属 *Symphonia* L. f.

本属21种，分布热带美洲和非洲、哥伦比亚及马达加斯加等。拉丁美洲常见商品材树种有球花西姆藤黄。

球花西姆藤黄 *S. globulifera* L. f. ［*S. gabonensis*（Vesque）Pirre］
（彩版 7.9；图版 41.1~3）

【商品材名称】

曼尼尔 Manil

【地方名称】

巴里洛 Barillo，莱切阿曼里拉 Leche amerilla，巴里奥 Bario（中美洲）；布列阿马里拉 Brea amarilla（玻利维亚）；阿纳尼 Anani，加纳迪 Canadi（巴西）；曼尼 Mani（巴西、苏里南、委内瑞拉）；马查里 Machare（哥伦比亚、厄瓜多尔）；阿祖弗里 Azufre（玻利维亚、哥伦比亚）；扎普蒂 Zaputi，普加 Puenga（厄瓜多尔）；门尼 Manni（圭亚那）；曼尼尔 Manil，曼尼尔马雷加吉 Manil marecage（法属圭亚那）；布列卡斯比 Brea-caspi，阿祖弗里 Azufre（秘鲁）；马塔基 Mataki（苏里南）；帕拉曼 Paraman，潘拉曼西洛 Peramancillo（委内瑞拉）；切斯提克 Chewstick（英国）。

【树木及分布】

大乔木，高 30m，直径 0.5~0.8m；在潮湿地区具支持根并发育出弯曲的板根。木材含黏稠的黄色乳汁。分布于中美洲和热带南美洲，也分布在热带非洲。常生长在混合阔叶林、潮湿地和沼泽林中。

【木材构造】

宏观特征

木材散孔材。心材黄褐色至浅红褐色；与边材区别明显。边材浅黄色、浅褐色，宽 4~8cm。生长轮不明显。管孔肉眼下略见，放大镜下明显；散生；数少；大小中等；部分管孔内有侵填体。轴向薄壁组织放大镜下明显，呈弦向细线状。木射线放大镜下可见；密度略密；窄至略宽。波痕及胞间道未见。

微观特征

导管横切面卵圆形及椭圆形，略具多角形轮廓；单管孔及径列复管孔（2~4 个，多为 2 个）；散生；2~12 个，平均 7 个/mm^2；最大弦径 270μm，平均 189μm；导管分子平均长 814μm；侵填体丰富；螺纹加厚缺如。管间纹孔式互列，多角形、圆形，纹孔口内含。穿孔板单一，略平行或倾斜。导管与射线间纹孔式类似管间纹孔式和大圆形。轴向薄壁组织量较多，环管束状、翼状、聚翼状、带状（宽 3~5 细胞）；具分室含晶细胞，内含菱形和方形晶体 8 个或以上。木纤维壁厚至甚厚；直径 30μm，平均长 2465μm；单纹孔数少，纹孔口裂隙状；分隔木纤维未见。木射线 7~11 根/mm；非叠生。单列射线较少，高 3~18 细胞；多列射线宽 2~5（多数 2~3）细胞，高 15~65（多数 25~41）细胞。连接射线普遍。射线组织异形Ⅲ和Ⅱ型。方形和直立射线细胞比横卧射线细胞高。多列部分射线细胞多为卵圆形或多角形；少数细胞含树胶；晶体未见。胞间道未见。

材料：W21132（圭亚那）

【木材性质】

木材光泽中等；生材有柏油气味，干燥后无特殊气味和滋味；纹理直；结构细至略粗；木材重量中等至重；干缩甚大；强度中等至高。

产　地	密度(g/cm³)		干缩率(%)			顺纹抗压强度（MPa）	抗弯强度（MPa）	抗弯弹性模量（MPa）	顺纹抗剪强度（MPa）	冲击韧性（kJ/m²）
	基　本	气　干	径　向	弦　向	体　积					
巴　西 洪都拉斯		0.58~0.64	>5.1	>8.1		62	114	14200	15	455
		0.65~0.72	4.7	9.7		54	94	12400	13	
		0.73~0.80				56	117	12400		
						90	175	21635		
						96	174	20739		
						193		23082		

木材气干容易，迅速，但有的会轻度开裂、翘曲和表面硬化；为防止干燥降等，建议减慢干燥速度并在锯材端部封涂。心材耐腐性强或中等，边材易受留粉甲虫的侵害，不抗白蚁和海生钻木动物危害；边材防腐剂较难渗透，心材极难浸注。木材加工较容易，略使刀具变钝；旋切、打孔、砂光和开榫性能均佳，但在刨平和抛光时可能使纹理破碎、撕裂。胶合、着色、油漆效果很好。握钉力强，钉钉时有劈裂趋势。耐候性好，在淡水中耐腐朽。

【木材用途】

建筑材，承重和一般地板，矿柱材，车辆材，家具，农具用材，单板和胶合板，枕木，电杆，桩木，雕刻，玩具，装饰品，木桶，室内装修，食品容器，车旋材，工具柄。树皮含的黄色树脂可药用、堵船缝等。是柚木和非洲桃花心木的替代树种。

莲叶桐科
Hernandiaceae

3属，约54种，分布热带地区。拉丁美洲常见商品材属有莲叶桐属 *Hernandia*。

莲叶桐属 *Hernandia* L.

本属约24种，分布于中美洲、圭亚那、西印度群岛、西非等。拉丁美洲常见商品材树种有墨西哥莲叶桐。

墨西哥莲叶桐 *H. sonora* L.
（彩版；图版41.4~6）

【商品材名称】

霍赫 Hoahoa

马古 Mago

【树木及分布】

大乔木，高 30m，直径 0.6m；树木干形较差，尖削度大，高 18m 或以上。有低矮板根。分布于中美洲和南美洲热带地区；树木生长在沼泽林和河流两岸。

【木材构造】

宏观特征

木材散孔材。心材灰白色，具橄榄色条纹；与边材区别不明显。边材色浅。生长轮不明显。管孔肉眼下可见，放大镜下明显；数甚少；略大。轴向薄壁组织放大镜下呈翼状、环管束状。木射线放大镜下明显；稀或略密；甚窄、窄。波痕及胞间道未见。

微观特征

导管横切面椭圆形或近圆形，具多角形轮廓；为单管孔和径列复管孔（2~3 个）；散生；1~4 个，平均 2 个/mm²；最大弦径 264μm，平均 172μm；导管分子平均长 399μm；含侵填体；螺纹加厚缺如。管间纹孔式互列，纹孔多角形、圆形，纹孔口内含。穿孔板单一，略倾斜或平行。导管与射线间纹孔式刻痕状或大圆形。轴向薄壁组织为翼状、环管束状；晶体未见。木纤维壁薄；直径 29μm，平均长 805μm；径面单纹孔较多，2~3 列，部分纹孔略具狭缘，纹孔口外展；分隔木纤维未见。木射线 4~6 根/mm；非叠生。单列射线较少，高 3~11 细胞。多列射线宽 2~3（多数 2）细胞，高 7~24（多数 10~16）细胞。具连接射线。射线组织同形单列及多列。树胶和晶体未见。胞间道缺如。

材料：W22677（墨西哥）；W22700（美国送）。

【木材性质】

木材光泽弱；无特殊气味和滋味；纹理直；结构略粗至粗；木材重量轻至甚轻；干缩小；强度弱。

产地	密度(g/cm³)		干缩率(%)			顺纹抗压强度(MPa)	抗弯强度(MPa)	抗弯弹性模量(MPa)	顺纹抗剪强度(MPa)	冲击韧性(kJ/m²)
	基 本	气 干	径 向	弦 向	体 积					
圭亚那	0.27~0.32	0.33~0.36	2.1~3.0	3.6~5.0		34	57	7920	9	

木材干燥迅速，气干效果好，略有轻度翘曲，不开裂。25mm 厚生材板材在气干棚下，干燥至含水率 17%，约需 4 个月。木材耐腐性差，易被白蚁与海生钻木动物危害；边材和心材防腐剂均易浸注。用手工或机械加工容易，但常发生起毛现象，据报道加工使锯或其他工具变钝，应采用锋利刀具和小切削角，可得较好效果。钉钉和拧螺钉容易，不产生劈裂。由于木材软，油饰和抛光较困难。

【木材用途】

单板，胶合板，制浆和造纸，箱盒，内部装修，火柴，独木舟，鱼浮子，木模型，常作为轻木（较重级）的替代木材。

核果树科
Humiraceae Juss.

乔木或灌木；8属，约50种；分布拉丁美洲、非洲及亚洲的热带地区。拉丁美洲常见商品材属有核果树属 *Humiria*。

核果树属 *Humiria* Jaume St. -Hill.

本属3~4种；分布南美洲热带地区。拉丁美洲常见商品材树种有香正核果木。

香正核果木 *H. balsamifera* (Aublet) A. St. -Hill.
(图版 42. 1~3)

【商品材名称】

陶罗尼罗 Tauroniro

乌米里 Umiri

【地方名称】

巴斯塔德布莱特木 Bastard bulletwood，塔巴尼罗 Tabaniro（圭亚那）；巴斯拉波莱太 Basra bolletrie，塔万纳格罗 Tawanangro（苏里南）；波伊斯鲁杰 Bois rouge，霍米里 Houmiri（法属圭亚那）；奥洛罗索 Oloroso，查努 Chanu（哥伦比亚）；考拉米拉 Couramira，特拉尼拉 Turanira（巴西）；查努尔 Chanul（哥伦比亚、厄瓜多尔）；奎尼拉柯洛拉多 Quinilla colorado（秘鲁）；尼那 Nina（委内瑞拉）。

【树木及分布】

大乔木，高27~37m，直径0.5~0.7m，粗者可达1.2m；树干通直，圆柱状，高18~21m，基部膨大。分布圭亚那、哥伦比亚、委内瑞拉和巴西亚马孙地区。是圭亚那沼泽林主要树种，在砂质土壤中生长最好，在苏里南主要分布在稀疏草原林中。

【木材构造】

宏观特征

木材散孔材。心材浅褐色至红褐色，与边材略有区别。边材浅褐色，窄。**生长轮未见。**管孔放大镜下明显；散生；含红色树胶；数少，略大。**轴向薄壁组织放大镜下不见。**木射线放大镜下明显；略密；甚窄、窄。**波痕及胞间道未见。**

微观特征

导管横切面长圆形及卵圆形，具多角形轮廓；为单管孔；散生；12~22个，平均16个/mm²；最大弦径224μm，平均143μm；导管分子平均长2156μm；侵填体未见；部分管孔为深色树胶堵塞；螺纹加厚缺如。管间纹孔式互列；纹孔圆形；纹孔口合生及内含。复穿孔板梯状，横闩一般5~12个，略倾斜。导管与射线间纹孔式类似管间纹孔式。**轴向薄壁组织为星散及星散-聚合状；**大部分细胞含深色树胶；晶体未见。木纤维壁厚至甚厚；直径 30μm，平均长 2648μm；径、弦两壁具缘纹孔明显，圆形，纹孔口外展及内含；分隔木纤维未见。木射线 11 ~ 14 根/mm；非叠生。单列射线较少，高 3 ~ 12 细胞，部分单列与双列等宽。多列射线宽 2（偶 3）细胞，高 6 ~ 31（多数 11 ~ 22）细胞。具连接射线。射线组织异形 Ⅱ 型，少数 Ⅰ 型。直立射线细胞比横卧射线细胞高得多，大部分含树胶。菱形晶体偶见于射线细胞中。胞间道未见。

　　材料：W22699（苏里南）

【木材性质】

　　木材光泽中等；无特殊气味和滋味；纹理直至交错；结构略粗；木材重；干缩甚大；强度高。

产　地	密度(g/cm³)		干缩率(%)			顺纹抗压强度(MPa)	抗弯强度(MPa)	抗弯弹性模量(MPa)	顺纹抗剪强度(MPa)	冲击韧性(kJ/m²)
	基　本	气　干	径　向	弦　向	体　积					
	0.66	0.80	7.2	9.7	15.7	62	129	17294		165
圭亚那	0.81	0.95	5.7	9.5	17.6	86	168	18800		

　　木材气干迅速，略有轻度面裂、端裂及翘曲。实验室的培养基法测试表明极抗白腐菌，略抗褐腐菌侵蚀，干燥木材抗白蚁危害，但不抗海生钻木动物危害；防腐剂难浸注。木材加工较困难，如遇纹理交错，刨切时有碎片脱落。

【木材用途】

　　重型建筑材，工业地板，拼花地板，家具，装饰单板，水利设施，桥梁，枕木。

核桃科
Juglandaceae R. Rich. ex Kunth.

　　落叶乔木，稀灌木。8 属，约 60 种；分布于北半球温带和热带。拉丁美洲常见商品材属为核桃属 Juglans。

核桃属 Juglans L.

　　常绿乔木，稀灌木，枝条具横隔状髓心。本属约 20 种；分布于南美洲、北美洲、欧洲东南部、亚洲东部。拉丁美洲常见商品材树种有新热带胡桃。

新热带胡桃 J. neotropica Diels
（彩版 8.1；图版 42.4 ~ 6）

【商品材名称】

　　诺加尔 Nogal

　　热带核桃 Tropical walnut

【地方名称】

诺加尔 Nogal（中美洲，玻利维亚、厄瓜多尔、秘鲁）；保罗德纽兹 Palo de nuez，纽兹梅卡 Nuez meca（中美洲）；诺加尔克里洛 Nogal criollo，诺加尔德派斯 Nogal del pais（阿根廷）；托克特 Tocte（厄瓜多尔）；诺布兰科 N. blanco，诺纳格罗 N. negro（秘鲁）；热带核桃 Tropical walnut（美国）。

【树木及分布】

大乔木，分布中美洲和南美洲。

【木材构造】

宏观特征

木材散孔材或半环孔材。心材暗红褐色或巧克力色，带深色条纹，与边材区别略明显。边材灰白色至灰褐色。生长轮明显或略明显。管孔肉眼下略见，放大镜下明显；散生或略呈之形排列；数少，略大；含侵填体。轴向薄壁组织放大镜下略见，呈连续或不连续弦向细线。木射线放大镜下可见；略密；甚窄至窄。波痕及胞间道未见。

微观特征

导管横切面椭圆形及圆形，具多角形轮廓；单管孔及径列复管孔（2~4 个，多数 2 个），管孔团偶见；散生或略呈之字排列；4~11 个，平均 7 个/mm²；最大弦径 270µm，平均 159µm；导管分子平均长 649µm；侵填体丰富；螺纹加厚未见。管间纹孔式互列；椭圆形、圆形及多角形；纹孔口内含，透镜形。穿孔板单一，倾斜或略斜。导管与射线间纹孔式类似管间纹孔式。轴向薄壁组织星散状、星散-聚合状、轮界状；具分室含晶细胞，菱形晶体达 15 个以上，还具含晶异细胞。木纤维壁薄；直径 29µm，平均长 1619µm；单纹孔略具狭缘；分隔木纤维未见。木射线 5~9 根/mm；非叠生。单列射线较少，高 1~16（多数 9~12）细胞。多列射线宽 2~4 细胞，多数 3 列，高 8~23（多数 15~19）细胞；部分 2~3 列射线与单列等宽。连接射线可见。射线组织异形 II 型，少数 I 型。直立或方形射线细胞比横卧射线细胞高或高得多，多列部分射线细胞为椭圆形、圆形；晶体未见。部分细胞含深色树胶。胞间道未见。

材料：W21613（秘鲁）

【木材性质】

木材具光泽；无特殊气味和滋味；纹理直；结构细至略粗，均匀；重量中等；干缩中；强度弱。

产　地	密度(g/cm³)		干缩率(%)			顺纹抗压强度(MPa)	抗弯强度(MPa)	抗弯弹性模量(MPa)	顺纹抗剪强度(MPa)	冲击韧性(kJ/m²)
	基　本	气　干	径　向	弦　向	体　积					
		0.61	2.7	5.2		36	63	7030		

木材干燥较慢，应妥善处理，速度不宜过快，干燥后木材略有变形和开裂，在较厚板材中可能会发生皱缩和蜂窝裂。天然耐腐性中等，不抗白蚁危害，干燥木材抗昆虫侵害；防腐剂可处理性中等。木材锯切容易，略使刀具变钝，钉钉困难，握钉力强。木材的装饰性良好，旋切和刨切均可，但单板干燥较慢。

【木材用途】

装饰单板，内装修，车旋材，家具部件。

樟　科
Lauraceae Juss.

常绿，稀落叶，乔木或灌木，大部分植物体有挥发油腺体。约45属，2000～2500种；分布于世界热带及亚热带地区，其中心在东南亚及巴西。在拉丁美洲常见商品材属有：安尼樟属 *Aniba*，琼楠属 *Beilschmiedia*，厚壳桂属 *Cryptocarya*，恩德樟属 *Endlicheria*，斜蕊樟属 *Licaria*，热美樟属 *Mezilaurus*，尼克樟属 *Nectandra*，绿心樟属 *Ocotea*，鳄梨属 *Persea*，桢楠属 *Phoebe* 等。

安尼樟属 *Aniba* Aubl.

本属40种，分布中美洲及热带南美洲。拉丁美洲常见商品材树种有：

安尼樟 *A. canelilla* (H. B. K.) Mez. 详见种叙述。

白背安尼樟 *A. hypoglauca* Sandw. 详见种叙述。

亚马孙安尼樟 *A. amazonica* Mez.

商品材名称：芒那阿马里拉 Moena amarilla

大乔木，高可达32m，直径达0.9m，枝下高18～22m；分布于圭亚那、秘鲁等亚马孙地区。木材重量中等（基本密度为0.56g/cm³）；干缩甚大（干缩率：径向4.3%，弦向9.0%，体积9.4%）；强度中。木材用途略同白背安尼樟。

安尼樟 *A. canelilla* (H. B. K.) Mez.
（彩版8.2；图版43.1～3）

【商品材名称】

卡斯卡-普雷塞奥萨 Casca-preciosa

【地方名称】

卡尼拉 Canela，普雷塞奥萨 Preciosa（巴西）。

【树木及分布】

乔木，分布于巴西亚马孙等地区。

【木材构造】

宏观特征

木材散孔材。心材橄榄色至黑褐色；与边材区别明显。边材浅黄色；宽2cm或以上。生长轮不明显。管孔放大镜下可见；散生；数少；具侵填体。轴向薄壁组织放大镜下可见；环管状。木射线放大镜下明显；略密；窄。波痕及胞间道未见。

微观特征

导管横切面多为卵圆形，大部分具多角形轮廓；单管孔，径列复管孔（2～4个）及管孔团；散生；4~10个，平均7个/mm²；最大弦径150μm，平均116μm；导管分子平均长500μm；硬化侵填体丰富。管间纹孔式互列，多角形；纹孔口内含，透镜形。单穿孔，穿孔板平行至略倾斜。导管与射线间纹孔式大圆形及刻痕状。**轴向薄壁组织疏环管状、星散状**（略呈弦向排列似轮界状）；部分细胞含树胶；晶体未见；油细胞丰富。木纤维壁甚厚；直径18μm，纤维平均长1320μm，单纹孔略具狭缘。**木射线**5~7根/mm；非叠生。单列射线较少，高4~10细胞。多列射线宽2~3细胞，高6~25（多数14~20）细胞。射线组织异形Ⅱ型，少数Ⅲ型。直立或方形射线细胞比横卧射线细胞高或高得多。射线细胞多列部分多为多角形；大部分射线细胞含树胶；晶体未见；油细胞常见。胞间道缺如。

材料：W22477（巴西）

【木材性质】

木材光泽弱；具芳香气味；无特殊滋味；纹理直至略交错；结构细，均匀；木材重、硬；强度高。

木材干燥速度中等，略有开裂和变形。木材耐腐，防腐剂浸注困难。木材锯、刨等加工不难，切面光滑。

【木材用途】

建筑，家具，地板，车辆，造船，农具，车旋制品等。

白背安尼樟 *A. hypoglauca* Sandw.（*A. ovalifolia* kosterm.）
（图版43.4~6）

【商品材名称】

黄西尔弗巴里 Yellow silverbali

【地方名称】

卡维奥依 Kawioi，库雷罗西尔弗巴里 Kurero silverbali（圭亚那）。

【树木及分布】

大乔木，高可达30m，直径0.75m；树干直，圆柱形，枝下高达18m，无板根。树皮含单宁。分布圭亚那。常生长在旱地常绿林和热带雨林中。

【木材构造】

宏观特征

木材散孔材。心材褐色或金黄褐色，久则转呈暗褐色；与边材界限明显。边材淡黄白色。生长轮不明显。管孔放大镜下明显；散生；数少；略大；具侵填体。轴向薄壁组织放大镜下可见；环管状。木射线放大镜下明显；略密；窄。波痕及胞间道未见。

微观特征

导管横切面多为卵圆形，大部分具多角形轮廓；单管孔及径列复管孔（2~4个，多为2~3个），少数管孔团；散生；6~14个，平均10个/mm²；最大弦径239μm，平均129μm；导管分子平均长570μm；具侵填体；螺纹加厚缺如。管间纹孔式互列，多角形；纹孔口内含，透镜形。单穿孔，穿孔板平行至略倾斜。导管与射线间纹孔式大圆形及刻痕状。轴向薄壁组织为疏环管状、环管束状及星散状；晶体未见；油细胞丰富。木纤维壁薄至厚；直径25μm，纤维平均长1170μm，单纹孔略具狭缘，径面比弦面略多；

分隔木纤维普遍。木射线5~8根/mm；非叠生。单列射线少，高1~5细胞。多列射线宽2~3(稀4)细胞，高4~21(多数8~15)细胞。具连接射线。射线组织异形Ⅱ型，少数异Ⅲ型。直立或方形细胞比横卧射线细胞高或高得多。射线细胞多含树胶；晶体未见；油细胞量多，形较大。胞间道缺如。

材料：W22759（圭亚那）

【木材性质】

木材具光泽；具香气；无特殊滋味；纹理通常直；结构细，均匀；木材重量中等；干缩大；强度低。

产　地	密度(g/cm³)		干缩率(%)			顺纹抗压强度(MPa)	抗弯强度(MPa)	抗弯弹性模量(MPa)	顺纹抗剪强度(MPa)	冲击韧性(kJ/m²)
	基　本	气　干	径　向	弦　向	体　积					
圭亚那		0.6				40	67	9100	10	

木材气干性能良好，几无降等，但有很浅的面裂。木材略耐腐，抗蚁性能强。锯、刨等加工容易，性能良好；适宜旋切和刨切，弯曲性能佳。

【木材用途】

建筑，家具，微薄木，胶合板，造船，车旋制品等。

热美樟属 *Mezilaurus* Kuntze ex Taubert.

本属9种，产热带南美。常见商品材树种有：

亚马孙热美樟 *M. itauba* Taub. ex Mez. 详见种叙述。

林达热美樟 *M. lindaviana* Schw. et Mez.

商品材名称：伊陶巴 Itauba

乔木，高可达16m以上，直径达0.78m；树干直，圆柱形，产巴西等地。心材浅红褐色，与边材区别明显。边材灰白色，宽1~4cm。生长轮不明显。木材具光泽；纹理直至波状；结构细；重量中（气干密度为0.68g/cm³）；干缩大（干缩率：弦向8.3%，径向3.3%，体积11.6%）；强度中（顺纹抗压强度35.8MPa，抗弯强度74MPa，抗弯弹性模量10196MPa，顺纹抗剪强度8.3MPa）。干燥速度慢，但干燥性能良好，仅有轻微变形和表面硬化。防腐处理较困难。木材用于家具，室内装修，地板，建筑，造船等。

亚马孙热美樟 *M. itauba* Taub. ex Mez.
（彩版8.3；图版44.1~3）

【商品材名称】

伊陶巴 Itauba

【地方名称】

伊陶巴阿马里拉 Itauba amarela，伊陶巴弗米尔哈 Itauba-vermelha（巴西）。

【树木及分布】

　　大乔木，树高可达 36m，直径 0.8m；主要产于巴西、秘鲁、苏里南及法属圭亚那等热带南美洲；常生长在高原或丘陵的森林中。

【木材构造】

　　宏观特征

　　木材散孔材。心材材色变化大，从黄褐色至黑褐色；与边材界限常不明显。边材灰褐色；宽约 2.5cm。生长轮不明显。管孔在肉眼下略见，放大镜下明显；散生；数少；略大；侵填体丰富。轴向薄壁组织放大镜下可见；傍管状。木射线放大镜下略见；略密；窄。波痕及胞间道缺如。

　　微观特征

　　导管横切面近圆形，略具多角形轮廓；单管孔及径列复管孔（2~3，稀 4~5 个），少数管孔团；散生；管孔 17~29 个，平均 13 个/mm²；最大弦径 250μm，平均 107μm；导管分子平均长 553μm；侵填体丰富；螺纹加厚未见。管间纹孔式互列，多角形；纹孔口内含，透镜形。单穿孔，穿孔板平行至略倾斜。导管与射线间纹孔式大圆形，很少数刻痕状。轴向薄壁组织疏环管状、环管束状、稀似翼状；具油细胞或黏液细胞。木纤维壁甚厚；直径 27μm，纤维平均长 1685μm，单纹孔略具狭缘；具分隔木纤维。木射线 6~8 根/mm；非叠生。单列射线很少，高 2~7 细胞。多列射线宽 2~3 细胞，高 8~32（多数 15~22）细胞。具连接射线。射线组织异形 Ⅲ 型。方形细胞比横卧射线细胞略高，后者多为卵圆形。射线细胞内含硅石较多；晶体未见；具油细胞或黏液细胞。胞间道缺如。

　　材料：W20462（圭亚那）

【木材性质】

　　木材光泽弱；无特殊气味和滋味；纹理直至略交错；结构细而匀；木材重；干缩率甚大；强度强。

产　地	密度(g/cm³)		干缩率(%)			顺纹抗压强度(MPa)	抗弯强度(MPa)	抗弯弹性模量(MPa)	顺纹抗剪强度(MPa)	冲击韧性(kJ/m²)
	基　本	气　干	径　向	弦　向	体　积					
		0.86	3.7	9.7		62	124	16200		
巴　西		0.70	2.6	7.9	10.5	41	86	10392	10	
巴　西		0.96	2.3	6.7	12.1	68	126	14500	12	

　　木材差异干缩大，干燥宜小心；干燥时开裂、翘曲严重，干燥速度应慢。木材很耐腐，抗白蚁和海生钻木动物能力强，不受小蠹虫危害；防腐剂处理很困难。锯解容易，但因含硅石，锯齿易钝；精加工好；钉钉困难，宜先打孔；生产装饰单板宜刨切。

【木材用途】

　　用于建筑，室内外装修，枕木，桥梁，码头用桩木，家具，细木工，地板，造船等。

尼克樟属 *Nectandra* Roland. ex Rottb.

　　本属约 100 种，分布中美洲到亚热带南美洲。常见商品材树种有红尼克樟。

红尼克樟 *N. rubra* C. K. Allen（*Ocotea rubra* Mez.）
（彩版 8.4；图版 44.4 ~ 6）

【商品材名称】

红劳罗 Red louro

【地方名称】

德特玛 Determa，红劳罗 Red louro（圭亚那）；瓦纳 Wana，韦恩 Wane，蒂杰罗马 Tejeroma（苏里南）；格里尼翁鲁吉 Grignon rouge（法属圭亚那）；卡内拉弗米尔哈 Canela-vermelha，劳罗莫格诺 Louro-mogno，劳罗罗莎 Louro-rosa，劳罗弗米尔霍 Louro vermelho，劳罗格米拉 Louro gamela，格米拉 Gamela（巴西）。

【树木及分布】

大乔木，高一般达 30m，在圭亚那可达 50m，直径 0.6 ~ 1.2m；树干直，圆柱状，无板根，但树基部常膨大。产圭亚那、巴西、玻利维亚、苏里南、特立尼达和多巴哥等地，常生长在低地、湿地或热带雨林中。

【木材构造】

宏观特征

木材散孔材。心材粉红褐色，因纹理交错径面常具带状条纹；与边材区别明显。边材灰白色，宽 5 ~ 6cm。生长轮不明显。管孔在肉眼下可见，放大镜下明显；散生或略斜列；管孔数少；略大；侵填体较丰富。轴向薄壁组织放大镜下明显；环管状、似翼状。木射线在放大镜下明显；略密；窄。波痕及胞间道缺如。

微观特征

导管横切面卵圆形，少数椭圆形，具多角形轮廓；主为单管孔，少数径列复管孔，偶管孔团；斜列或散生；11 ~ 19 个，平均 14 个/mm^2；最大弦径 178μm，平均 128μm；导管分子平均长 735μm；侵填体丰富；螺纹加厚未见。管间纹孔式互列，多角形；纹孔口内含，透镜形。单穿孔，穿孔板平行或略倾斜。导管与射线间纹孔式大圆形。轴向薄壁组织环管束状、翼状及聚翼状，少数细胞含树胶；晶体未见；油细胞形大，量多，单独或位于薄壁细胞中。木纤维壁薄至厚；直径 37μm，纤维平均长 1868μm，单纹孔略具狭缘；分隔木纤维普遍。木射线 5 ~ 8 根/mm；非叠生。单列射线甚少，高 2 ~ 5 细胞。多列射线宽 2 ~ 3（偶 4）细胞，高 6 ~ 41（多数 14 ~ 22）细胞。具连接射线。射线组织异形Ⅲ型，稀Ⅱ型。直立或方形细胞比横卧射线细胞略高或高得多；后者多为卵圆形；射线细胞多含树胶，晶体未见；油细胞或黏液细胞形大，量多。胞间道缺如。

材料：W21130（法国送）

【木材性质】

木材具金色光泽；无特殊气味和滋味；纹理直至交错；结构细，均匀；木材重量中；干缩率大；强度中。

产　地	密度(g/cm³)		干缩率(%)			顺纹抗压强度 (MPa)	抗弯强度 (MPa)	抗弯弹性模量 (MPa)	顺纹抗剪强度 (MPa)	冲击韧性 (kJ/m²)
	基　本	气　干	径　向	弦　向	体　积					
巴　西	0.55	0.65	3.2	7.9	11.9	50	78	10686	7	
巴　西		0.77	4.0	10.0	15.9	50	94	10029	9	
圭亚那		0.68	3.4	8.2	14.0	45	102	10686	6	
	0.52~0.59	0.64~0.72	3.7	7.6	10.4	40	72	12551		154

木材气干速度中等，略有开裂和翘曲；窑干用软基准性能良好。木材耐腐，抗白蚁和海生钻木动物性能中等；心材防腐剂浸注性能差，边材中等。木材加工容易，染色、抛光性能良好，胶粘、钉钉亦佳，弯曲性能中等，耐候性极好。

【木材用途】

房屋建筑，室内装修，造船，枕木，电杆，车辆，家具，微薄木，胶合板，包装箱，食品包装，雕刻，车旋制品等。

绿心樟属 *Ocotea* Aubl.

本属 300~400 种，分布热带及亚热带美洲，少数产热带南非。拉丁美洲常见商品材树种有：

小肋绿心樟 *O. costulata*（Nees.）Mez. 详见种叙述。

细孔绿心樟 *O. porosa* L. Barroso 详见种叙述。

绿心樟 *O. rodiei* Mez. 详见种叙述。

小肋绿心樟 *O.* costulata（Nees.）Mez.
（彩版 8.5；图版 45.1~3）

【商品材名称】

劳雷尔门达 Laurel menta

【地方名称】

劳雷尔 Laurel，劳雷尔布朗科 Laurel blanco，劳雷尔门达 Laurel menta，劳雷尔内格罗 Laurel negro，劳雷尔罗莎 Laurel rosa，劳罗 Louro（玻利维亚）；卡内罗 Canelo（玻利维亚、厄瓜多尔）；阿瓜拉斯 Aguarras，阿马里罗劳雷尔 Amarillo-Laurel，劳雷尔科米诺 Laurel comino（哥伦比亚）；阿尔坎福 Alcanfor，阿瓜卡蒂罗 Aguacatillo，卡内龙 Canelon，吉瓜 Jigua（厄瓜多尔）；阿尔坎福莫纳 Alcanfor moena，莫纳尼格拉 Moena negra（秘鲁）；劳雷 Laure，劳雷内格罗 Laure negro（委内瑞拉）；阿巴卡蒂拉纳 Aba-catirana，劳罗坎福拉 Louro-Canfora（巴西）。

【树木及分布】

大乔木，树高可达 35m，直径达 0.9~1.2m；主干圆柱形。产玻利维亚、哥伦比亚、委内瑞拉、厄瓜多尔、秘鲁、巴西等地。

【木材构造】

宏观特征

木材散孔材。心材浅黄褐色，与边材界限不明显。边材色浅。生长轮不明显。管孔在肉眼下可见，放大镜下明显；散生；数少；略大。轴向薄壁组织在放大镜下略明显；环管状。木射线放大镜下明显；略密；窄。波痕及胞间道未见。

微观特征

导管横切面为卵圆形及圆形，略具多角形轮廓；单管孔及径列复管孔（2～4个，多为2～3个），少数管孔团；散生；6～17个，平均11个/mm²；最大弦径196μm，平均124μm；导管分子平均长710μm；侵填体可见；螺纹加厚未见。管间纹孔式互列，多角形；纹孔口内含，透镜形。单穿孔，穿孔板略倾斜。导管与射线间纹孔式为大圆形及刻痕状。轴向薄壁组织为疏环管状、环管束状及星散状（多为油细胞或黏液细胞）；薄壁细胞内通常不含树胶，晶体未见；油细胞或黏液细胞量多、形大。木纤维壁薄至厚；直径26μm，纤维平均长1474μm，单纹孔略具狭缘；分隔木纤维普遍。木射线5～7根/mm；非叠生。单列射线少，高1～8细胞。多列射线宽2～3细胞，高5～29（多数11～20）细胞。射线组织异形Ⅱ型，少数Ⅲ型。直立或方形细胞比横卧射线细胞高或高得多，后者近圆形；部分射线细胞含树胶；菱形晶体未见；油细胞或黏液细胞量多，形大。胞间道未见。

材料：W18255（秘鲁）

【木材性质】

木材具光泽；无特殊气味和滋味；纹理直或略斜；结构细，均匀；木材干缩甚大；重量中或轻至中；强度弱至中。

产　地	密度(g/cm³)		干缩率(%)			顺纹抗压强度(MPa)	抗弯强度(MPa)	抗弯弹性模量(MPa)	顺纹抗剪强度(MPa)	冲击韧性(kJ/m²)
	基　本	气　干	径　向	弦　向	体　积					
秘　鲁	0.51		3.7	8.7	11.9	27.2	57.0	11569		

木材干燥不难，采用软基准无严重缺陷。锯、刨等加工容易，切面光滑，车旋、雕刻性能良好，钉钉性能亦佳。

【木材用途】

建筑，室内装修，家具，胶合板，地板，包装箱，车旋制品等。

细孔绿心樟 O. porosa L. Barroso（Phoebe porosa Mez.）
（彩版8.6；图版45.4～6）

【商品材名称】

英布亚 Imbuia

【地方名称】

卡内拉布罗托 Canela broto，卡内拉英布亚 Canela Imbuia，恩布亚 Embuia，昂姆布亚 Umbuia，福尔哈拉加 Folha larga，巴西核桃 Brazilian-Walnut（巴西）。

【树木及分布】

　　大乔木，高可达 40m，直径 1.8m，枝下高通常 10 ~ 12m；产巴西，常生长在海拔 750 ~ 1200m 的混交林中，与狭叶南洋杉 *Araucaria angustifolia* 和其他阔叶林混交，过熟林大树常有心腐或中空。

【木材构造】

　　宏观特征

　　木材散孔材。心材黄褐至巧克力褐色。边材灰色。生长轮明显，在生长轮外部管孔较少而色深。管孔在肉眼下略见，放大镜下明显；散生或略斜列；数略少；略小；侵填体可见。轴向薄壁组织放大镜下可见；傍管状。木射线在放大镜下可见；略密；窄。波痕及胞间道未见。

　　微观特征

　　导管横切面为圆形及卵圆形，部分略具多角形轮廓；单管孔，径列复管孔（2 ~ 3 个，偶 5 ~ 6 个），少数管孔团；散生或略斜列；11 ~ 19 个，平均 15 个/mm²；最大弦径 150μm，平均 96μm；导管分子平均长 545μm；具侵填体；螺纹加厚未见。管间纹孔式互列，近圆形；纹孔口内含，少数外展，透镜形或线形。单穿孔，偶见梯状复穿孔（横闩 5 个），穿孔板略倾斜。导管与射线间纹孔式大圆形，少数刻痕状或肾形。轴向薄壁组织疏环管状、少数环管束状及星散状；晶体未见；很少数细胞含树胶，油细胞或黏液细胞量多。木纤维壁薄至厚；直径 19μm，纤维平均长 1210μm；单纹孔略具狭缘；分隔木纤维普遍。木射线 5 ~ 8 根/mm；非叠生。多列射线（极少单列射线）宽 2 ~ 3（偶 4）细胞，高 3 ~ 25（多数 10 ~ 17）细胞。具连接射线。射线组织异形多列。直立（较少）或方形射线细胞比横卧射线细胞略高或高得多，后者多为卵圆形；少数射线细胞含树胶；晶体未见。油细胞或黏液细胞常见。胞间道缺如。

　　材料：W18225（巴西）

【木材性质】

　　木材具光泽；新伐材有树脂香味，干后消失；无特殊滋味；纹理直；结构细而匀；木材干缩小或至中；木材重量及强度中等。

产　地	密度(g/cm³)		干缩率(%)			顺纹抗压强度(MPa)	抗弯强度(MPa)	抗弯弹性模量(MPa)	顺纹抗剪强度(MPa)	冲击韧性(kJ/m²)
	基　本	气　干	径　向	弦　向	体　积					
	0.53	0.64	2.7	6.0	9.0	44	91			231
						46	83	9724		
巴　西		0.65	2.7	6.3	9.8	44	92	7735	9.6	

　　木材干燥无多大问题，可能有开裂和变形；气干宜慢。木材耐腐性能中等，仅有很少白蚁和其他虫害；防腐剂浸注性能中等。锯、刨等加工容易，切面光滑，钝具性能中等。刨时切削角宜在 20° 左右，以防撕裂。车旋、雕刻、胶粘、油漆性能好，耐磨性能中至高，抛光性能高，钉钉性能好。

【木材用途】

　　建筑，室内装修，地板，家具，装饰单板，胶合板，造船，电杆，枕木，玩具，车旋制品等。

绿心樟 *O. rodiei*（Schomb.）Mez.
（*Chlorocardium rodiei* Rohwer，Richter et Van der Werff）
（彩版 8.7；图版 46.1~3）

【商品材名称】

　　格林赫特 Greenheart

【地方名称】

　　伊陶巴布朗卡 Itauba branca（巴西）；比比鲁 Bibiru（巴西、圭亚那）；赛皮里 Sipi-ri，凯瓦图克 Kevatuk，科格伍德 Cogwood，库特 Kut，赛普 Sipu（圭亚那）；比比罗 Beeberoe，德米拉拉-格朗哈特 Demerara groenhart，赛皮罗 Sipiroe（苏里南）。

【树木及分布】

　　大乔木，高可达 40m，直径 0.6m；树干通直，圆柱形，尖削度中等；基部常具板根或膨大，高有时达 2.4m。主产圭亚那、苏里南、委内瑞拉及巴西，常生长在小河旁的密林中，有时也生长在沼泽地区。

【木材构造】

　　宏观特征

　　木材散孔材。心材黄色至黄褐色微带绿，有时具不规则条纹；与边材区别明显或不明显。边材色浅。生长轮常不明显。管孔放大镜下明显；散生或略斜列；数少；略大；侵填体可见。轴向薄壁组织放大镜下略明显；环管状。木射线放大镜下可见；略密；窄。波痕及胞间道缺如。

　　微观特征

　　导管横切面多为卵圆形，略具多角形轮廓；单管孔，少数径列复管孔（多为 2个），略斜列；5~12 个，平均 9 个/mm^2；最大弦径 216μm，平均 151μm；导管分子平均长 700μm；具硬化侵填体。管间纹孔式互列，多角形；纹孔口多为外展或合生，呈线形。单穿孔，穿孔板略倾斜。导管与射线间纹孔式为大圆形及似管间纹孔式。轴向薄壁组织为环管状、环管束状、少数侧向伸展似翼状；少数细胞含树胶；晶体未见。木纤维壁甚厚；直径 22μm，纤维平均长 1430μm；单纹孔略具狭缘；分隔木纤维未见。木射线 5~7 根/mm；非叠生。单列射线很少，高 3~10 细胞。多列射线宽 2~3 细胞，高 8~35（多为 15~25）细胞。射线组织异形 Ⅲ 型。方形细胞少，比横卧射线细胞略高；部分射线细胞含树胶；晶体未见。胞间道缺如。

　　材料：W18214（圭亚那）

【木材性质】

　　木材具光泽；新切面有香气；无特殊滋味；纹理直至波状；结构细，均匀；木材甚重；干缩大至甚大；强度强。

产地	密度(g/cm³)		干缩率(%)			顺纹抗压强度(MPa)	抗弯强度(MPa)	抗弯弹性模量(MPa)	顺纹抗剪强度(MPa)	冲击韧性(kJ/m²)
	基　本	气　干	径　向	弦　向	体　积					
圭亚那	0.8	0.97	7.5	8.2	15.0	98	240	24500		
						90	176	25517		

木材气干慢，略有面裂、端裂和翘曲；窑干也宜慢，尤其板材厚时如此，并有可能降等。木材耐腐；抗蚁性强，但易受小蠹虫及海生钻木动物危害；防腐剂浸注困难。加工性能中等，加工工具易钝。由于木材重、硬，纹理交错，在刨时切削角以 20° 为宜。精加工好，加工后表面光滑。胶粘需小心，车旋容易，钉钉宜先打孔，蒸煮后弯曲性能好，木材耐磨性、耐候性、耐燃性能亦佳。

【木材用途】

房屋建筑，家具，地板，造船，车辆，农具，枕木，电杆，矿柱，化工用木桶，车旋制品等。

鳄梨属 *Persea* Mill.

本属约 150 种，产热带，大部分产美洲，少数产东南亚。拉丁美洲常见商品材树种有舌状鳄梨木。

舌状鳄梨木 *P. lingue* Nees.
（彩版 8.8；图版 46.4~6）

【商品材名称】

林格 Lingue

【地方名称】

莱恩 Line，利奇 Litchi（智利）；林格 Lingué（巴西）。

【树木及分布】

中至大乔木，树干直，高可达 18m，直径约 1m。广泛分布在智利南纬 30°~33° 之间，有时呈纯林。

【木材构造】

宏观特征

木材散孔材。心材浅褐色；与边材界限不明显。边材色浅。生长轮不明显至略明显。管孔在肉眼下略见，放大镜下明显；散生；管孔数略少；略小；侵填体偶见。轴向薄壁组织放大镜下可见；傍管状。木射线放大镜下明显；略密；窄。波痕及胞间道缺如。

微观特征

导管横切面多为卵圆形，具多角形轮廓；单管孔，少数径列复管孔（2~4 个，多为 2 个）及管孔团；散生或不明显斜列；1~13 个，平均 8 个/mm²；最大弦径 145μm，平均 86μm；导管分子平均长 460μm；侵填体可见；螺纹加厚未见。管间纹孔式互列，多角形；纹孔口内含，透镜形，少数外展或合生，呈线形；主为单穿孔，少数梯状穿孔

（横闩达5个或以上）。导管与射线间纹孔式为刻痕状及大圆形。**轴向薄壁组织环管束**状、疏环管状；部分细胞含树胶；具油细胞或黏液细胞。木纤维壁薄至厚；直径25μm，纤维平均长976μm，单纹孔略具狭缘；分隔木纤维可见。木射线6~8根/mm；非叠生。单列射线少，高1~5细胞。多列射线宽2~4细胞，高5~17（多数8~12）细胞。具连接射线。射线组织主为异形Ⅲ型，稀Ⅱ型。直立或方形细胞比横卧射线细胞略高或高得多，部分细胞含树胶；晶体未见；具油细胞或黏液细胞。胞间道未见。

材料：W19598（智利）

【木材性质】

木材具光泽；无特殊气味和滋味；纹理多交错，有时直；结构细而匀；木材重量中等；干缩率很大；强度中等。

产　地	密度(g/cm³)		干缩率(%)			顺纹抗压强度(MPa)	抗弯强度(MPa)	抗弯弹性模量(MPa)	顺纹抗剪强度(MPa)	冲击韧性(kJ/m²)
	基　本	气　干	径　向	弦　向	体　积					
巴拿马	0.57~0.64	4.8	9.5	13.5		48	90	10103		241
							73	12345		

木材干缩率很大，但干燥性能尚好，干燥时有轻微翘曲发生，干后尺寸稳定。木材耐腐。木材锯、刨等加工容易，径切面光滑；由于纹理交错，径切面有时略具花纹。木材蒸煮后宜做弯曲木。

【木材用途】

木材宜做家具，室内装修，装饰单板，胶合板，地板等。在智利还用作枪托。

玉蕊科
Lecythidaceae Poit.

乔木和灌木。24属，450种；产热带美洲。拉丁美洲常见商品材属有：栗油果属 *Bertholletia*，卡林玉蕊属 *Cariniana*，纤皮玉蕊属 *Couratari*，炮弹果属 *Couroupita*，拉美玉蕊属 *Eschweilera*，全盖果玉蕊属 *Holopyxidium* 及正玉蕊属 *Lecythis* 等。

栗油果属 *Bertholletia* Humb. et Bonpl.

本属2种，产于热带南美洲。常见商品材树种有栗油果木。

栗油果木 *B. excelsa* H. B. K.
（彩版8.9；图版47.1~3）

【商品材名称】

巴西坚果树 Brazil-nut Tree

卡斯坦赫拉 Castanheira

【地方名称】

贾维亚 Juvia，尤比亚 Yubia（委内瑞拉）；巴西努特 Brazil noot（苏里南）；卡斯坦哈弗达迪拉 Castanha verdadeira，卡斯坦赫罗 Castanheiro（巴西）；卡斯塔纳迪尔马拉农 Castana del maranon（哥伦比亚）。

【树木及分布】

大乔木，高可达 50m，最大直径可达 3.5m；树干直，圆柱形；商品材长通常可达 31m，直径 0.9m；树皮厚 0.5 ~ 2.5cm，开裂，含树脂。分布在秘鲁、哥伦比亚、委内瑞拉、巴西等亚马孙流域，通常生长在排水良好的黏土或砂壤土上。

【木材构造】

宏观特征

木材散孔材。心材浅红褐色；与边材界限不明显或略明显。边材浅黄褐或近灰色；宽可达 9cm。生长轮略明显。管孔在肉眼下略见，放大镜下明显；散生；数少；略大；侵填体丰富。轴向薄壁组织放大镜下明显；带状及轮界状。木射线放大镜下略明显；略密；窄。波痕及胞间道未见。

微观特征

导管横切面为卵圆形，少数椭圆形，部分略具多角形轮廓；单管孔，少数径列复管孔（2 ~ 4 个，多为 2 个），偶管孔团；散生；3 ~ 15 个，平均 7 个/mm^2；最大弦径 298μm，平均 151μm；导管分子平均长 535μm；侵填体丰富；螺纹加厚未见。管间纹孔式互列，多角形；纹孔口内含，透镜形，少数合生呈线形。单穿孔，穿孔板略倾斜。导管与射线间纹孔式大圆形及刻痕状。轴向薄壁组织丰富，带状（宽 2 ~ 5，多为 2 ~ 3 细胞）、轮界状及少数疏环管状；具分室含晶细胞，内含菱形晶体可达数十个。木纤维壁薄至厚；直径 24μm，纤维平均长 1778μm，单纹孔略具狭缘；在径面较多。木射线 8 ~ 10 根/mm；非叠生。单列射线少，高 2 ~ 17（多数 5 ~ 10）细胞。多列射线宽 2 ~ 4 细胞，高 11 ~ 60（多数 20 ~ 40）细胞或以上。射线组织同形单列及多列，少数异形 III 型。方形细胞可见，比横卧射线细胞高。射线细胞含硅石；晶体未见。胞间道未见。

材料：W18242（巴西）；W20466（圭亚那）。

【木材性质】

木材光泽中等；无特殊气味和滋味；纹理直或直至略交错；结构细，略均匀；木材干缩甚大；重量及强度中等。

产　地	密度(g/cm^3)		干缩率(%)			顺纹抗压强度(MPa)	抗弯强度(MPa)	抗弯弹性模量(MPa)	顺纹抗剪强度(MPa)	冲击韧性(kJ/m^2)
	基　本	气　干	径　向	弦　向	体　积					
巴　西	0.63		4.7	9.4	13.2	58	116	12549		12
		0.59	3.9	8.3	11.2			11023	8	

木材干缩率甚大，干燥宜慢，用软基准时，干燥有轻微开裂、变形和表面硬化，但不会降等。木材耐腐性强，能抗白腐菌和褐腐菌，防腐剂浸注性能差。耐候性好。木材锯、刨等加工容易，切面光滑，生材锯解因渗出树胶有粘锯倾向；生产装饰单板略容易。

【木材用途】

家具，细木工，装饰单板，胶合板，室内外装修，地板，造船甲板，蒸煮后可用做弯曲木以及化工用木桶等。

卡林玉蕊属 *Cariniana* Casar.

本属 13 种，产热带南美洲。常见商品材树种有：

利格卡林玉蕊 *C. legalis*（Mart.）O. Kuntze　详见种叙述。

梨状卡林玉蕊 *C. pyriformis* Miers　详见种叙述。

利格卡林玉蕊 *C. legalis*（Mart.）O. Kuntze
（*C. brasiliensis* Casar.）
（彩版 9.1；图版 47.4 ~ 6）

【商品材名称】

杰奎蒂巴 Jequitiba

【地方名称】

杰奎蒂巴 Jequitiba（巴西、法国、英国、美国）；杰奎蒂巴罗莎 Jequitiba-rosa（巴西）。

【树木及分布】

大乔木，高可达 30 ~ 38m，直径 0.9 ~ 1.2m，枝下高达 18 ~ 25m。产巴西等地，常生在阔叶树混交林中。

【木材构造】

宏观特征

木材散孔材。心材淡黄褐或浅红褐色；与边材区别不明显。边材浅褐色。生长轮不明显或略见。管孔肉眼可见，放大镜下明显；散生；数少；略大；侵填体丰富。轴向薄壁组织放大镜下略明显；细线状。木射线放大镜下明显；略密；窄。波痕及胞间道未见。

微观特征

导管横切面卵圆形，具多角形轮廓；单管孔及径列复管孔（2 ~ 4 个），少数管孔团；散生；6 ~ 15 个，平均 11 个/mm²；最大弦径 256μm，平均 142μm；导管分子平均长 544μm；侵填体丰富；螺纹加厚未见。管间纹孔式互列，多角形或近圆形；纹孔口内含，透镜形。单穿孔，穿孔板略倾斜。导管与射线间纹孔式变化大，为大圆形（单纹孔或略具狭缘），少数刻痕状和似管间纹孔式。轴向薄壁组织丰富，带状（宽 1 细胞，偶呈对），少数轮界状及疏环管状；部分细胞含树胶；分室含晶细胞普遍，内含菱形晶体可达 15 个或以上。木纤维壁薄至厚；直径 20μm，纤维平均长 1788μm，单纹孔略具狭缘；径面比弦面数多。木射线 8 ~ 10 根/mm；非叠生。单列射线甚少，高 4 ~ 12 细胞。多列射线宽 2 ~ 3 细胞，高 5 ~ 36（多数 15 ~ 26）细胞。连接射线可见。射线组织为同形单列及多列或同形多列。方形细胞可见；射线细胞含树胶及硅石；菱形晶体可见，位于分室含晶细胞中。胞间道未见。

材料：W18540（巴西）

【木材性质】

木材具光泽；无特殊气味和滋味；纹理直或略斜；结构细，均匀；木材干缩小至中；重量轻至中；强度中等。

产　地	密度(g/cm³)		干缩率(%)			顺纹抗压强度(MPa)	抗弯强度(MPa)	抗弯弹性模量(MPa)	顺纹抗剪强度(MPa)	冲击韧性(kJ/m²)
	基　本	气　干	径　向	弦　向	体　积					
巴　西	0.51~0.57			3.6~6.5		53	94	12400	13	
	0.53	3.0	5.7	9.8		44	86	8529	9	

木材干燥性能良好，几无降等，干燥后尺寸稳定性好。略耐腐，木材有时受小蠹虫危害；防腐剂浸注心材困难，但边材容易。木材锯、刨等加工容易，但工具易钝，刨刀锋利时切面光滑；钉钉宜先打孔，以防劈裂；胶粘、旋切性能良好。加工时产生的粉尘可能引起皮炎和呼吸困难。

【木材用途】

建筑，家具，细木工，地板，室内装修，造船，装饰单板，胶合板等。

梨状卡林玉蕊 *C. pyriformis* Miers
（彩版9.2；图版48.1~3）

【商品材名称】

阿尔巴库 Albarco

【地方名称】

阿尔巴库 Albarco（哥伦比亚）；巴科 Baco（委内瑞拉）；哥伦比亚莫格努 Mognoda-colombia（巴西）。

【树木及分布】

大乔木，高可达38~53m，直径0.9~1.5m，主干直，圆柱形，枝下高15~24m，具较大板根。分布哥伦比亚、委内瑞拉及巴西等地，常生长在海拔600m左右山坡和盆地。

【木材构造】

宏观特征

木材散孔材。心材褐色；与边材区别不明显。边材色浅。生长轮不明显。管孔肉眼易见，放大镜下明显；数少；略大；具侵填体。轴向薄壁组织在放大镜下湿切面可见；细线状。木射线在放大镜下几不见。波痕及胞间道未见。

微观特征

导管横切面卵圆形，少数椭圆形，略具多角形轮廓；单管孔及径列复管孔（2~4个），少数管孔团；散生；5~11个，平均7个/mm²；最大弦径335μm，平均176μm；导管分子平均长763μm；侵填体丰富；螺纹加厚未见。管间纹孔式互列，多角形；纹孔口内含，透镜形，少数合生呈线形。单穿孔，穿孔板略倾斜。导管与射线间纹孔式变化大，为大圆形（具狭缘），少数刻痕状及似管间纹孔式。轴向薄壁组织丰富，带状

（主为 1 细胞宽，偶呈对或 2 细胞），少数轮界状及疏环管状；部分细胞含树胶；分室含晶细胞普遍，内含菱形晶体达数十个。木纤维壁薄至厚；直径 19μm，纤维平均长 1940μm，单纹孔略具狭缘；在弦、径两面均较多。木射线 6 ~ 9 根/mm；非叠生。单列射线很少，高 3 ~ 12 细胞。多列射线宽 2 ~ 4 细胞，高 9 ~ 38（多数 18 ~ 27）细胞。具连接射线。射线组织同形单列及多列，或同形多列。射线细胞充满树胶；硅石常见；晶体未见。胞间道未见。

材料：W21118（南美洲）

【木材性质】

木材具光泽；无特殊气味和滋味；纹理直至略交错；结构略粗，略均匀；木材干缩大至甚大；木材重量中或中至重；强度中至高。

产　地	密度(g/cm³)		干缩率（%）			顺纹抗压强度（MPa）	抗弯强度（MPa）	抗弯弹性模量（MPa）	顺纹抗剪强度（MPa）	冲击韧性（kJ/m²）
	基　本	气　干	径　向	弦　向	体　积					
哥伦比亚	0.72 ~ 0.8					62	114	14200	15	
	0.7		5.5	7.9	14.3	62	88	11226	8	

木材干燥应妥善处理，没有严重开裂、变形或收缩。木材略耐腐，能抗白蚁和海生钻木动物危害；防腐剂浸注困难。因木材含硅石，锯解时工具易钝，建议使用合金钢锯，木材加工容易，欲得光洁表面需打腻子，胶粘、油漆、钉钉性能好，旋切、刨切性能佳，木材加工后尺寸稳定性好，木材弹性好、耐冲击。

【木材用途】

建筑，室内装修，地板，家具，细木工，微薄木，胶合板，车辆，造船，工具柄等。

纤皮玉蕊属 *Couratari* Aubl.

本属 18 种，产于热带南美洲。常见商品材树种有椭圆叶纤皮玉蕊。

椭圆叶纤皮玉蕊 *C. oblongifolia* Ducke et Knuth
（彩版 9.3；图版 48.4 ~ 6）

【商品材名称】

陶阿里 Tauari

【地方名称】

艾姆比里马 Imbirema，陶阿里阿马里罗 Tauari-amarelo（巴西）。

【树木及分布】

大乔木，枝下高可达 16m 或以上，直径 0.75m；主干直，圆柱形，板根高达 5m；树皮厚 1 ~ 2cm，光滑至略开裂。产于巴西。

【木材构造】

宏观特征

木材散孔材。**心材淡黄白色；与边材区别不明显。边材色浅。生长轮不明显。管孔在肉眼下略见，放大镜下明显；散生；数少；略大；具侵填体。轴向薄壁组织肉眼下不见，放大镜下明显；梯状。木射线放大镜下明显；略密；窄。波痕及胞间道未见。**

微观特征

导管横切面为卵圆形，略具多角形轮廓；单管孔，少数径列复管孔（2~6个，多为2~3个，大小不一），稀管孔团；散生；3~9个，平均6个/mm²；最大弦径286μm，平均153μm；导管分子平均长744μm；具侵填体；螺纹加厚缺如。管间纹孔式互列，多角形；纹孔口内含，透镜形。单穿孔，穿孔板略倾斜。导管与射线间纹孔式大圆形、刻痕状及似管间纹孔式。**轴向薄壁组织丰富，带状（宽1细胞，偶呈对），少数细胞含树胶；晶体未见。木纤维壁甚厚，少数薄至厚；直径22μm，纤维平均长1984μm，单纹孔略具狭缘。木射线5~8根/mm；非叠生。单列射线很少，高2~10细胞。多列射线宽2~4（多数3~4）细胞，高6~28（多数10~18）细胞。射线组织同形单列及多列。方形细胞可见，比横卧射线细胞略高。部分射线细胞充满树胶，而另一部分几全无树胶；菱形晶体未见。胞间道未见。**

材料：W20180（巴西）

【木材性质】

木材具光泽；无特殊气味和滋味；纹理直；结构细，略均匀；木材干缩中；重量中；强度中等。

产　地	密度(g/cm³)		干缩率(%)			顺纹抗压强度(MPa)	抗弯强度(MPa)	抗弯弹性模量(MPa)	顺纹抗剪强度(MPa)	冲击韧性(kJ/m²)
	基　本	气　干	径　向	弦　向	体　积					
巴　西	0.49	0.59	3.6	6.1	10.4	47	89	10588	8.5	

木材干燥性能良好，干燥快，开裂、变形小；耐腐性差，抗白蚁和干木害虫能力差；防腐剂浸注性能好。木材锯、刨等加工容易，切面光滑，宜于旋切和刨切；胶粘性能好，握钉力中等。

【木材用途】

一般建筑，室内装修，普通家具，胶合板，包装箱盒，板条箱，木模，玩具等。

炮弹果属 *Couroupita* Aubl.

本属20种，分布热带美洲和西印度群岛。常见商品材树种有圭亚那炮弹果。

圭亚那炮弹果 *C. guianensis* Aubl.（*C. surinamensis* Mart.）
（图版49.1~3）

【商品材名称】

麦克卡里奎亚 Macacarecuia

【地方名称】

阿布里库迪马卡库 Abrico-de-macaco（巴西）。

【树木及分布】

大乔木，树高可达 32m，直径 2m；树干直，圆柱形；树皮深灰白色，粗糙，有裂隙。分布巴西、苏里南、厄瓜多尔等地。

【木材构造】

宏观特征

木材散孔材。心材淡黄白色；与边材区别不明显。边材色浅。生长轮不明显。管孔在放大镜下明显；散生；数少；略大；侵填体未见。轴向薄壁组织丰富；梯状。木射线放大镜下明显；略密；窄。波痕及胞间道未见。

微观特征

导管横切面卵圆形，略具多角形轮廓；单管孔及径列复管孔（2～6 个，多为 2～3 个），少数管孔团；散生；3～11 个，平均 6 个/mm²；最大弦径 210μm，平均 126μm；导管分子平均长 782μm。管间纹孔式互列，多角形；纹孔口内含，透镜形。单穿孔，穿孔板略倾斜。导管与射线间纹孔式大圆形，少数刻痕状。轴向薄壁组织主为单列带状，少数星散或星散-聚合状；分室含晶细胞丰富，内含菱形晶体可达 22 个或以上。木纤维壁薄至厚，部分甚薄；直径 25μm，纤维平均长 1930μm，单纹孔略具狭缘，径面比弦面量多。木射线 7～10 根/mm；非叠生。单列射线高 2～22（多数 6～14）细胞。多列射线宽 2～3 细胞，高 7～40（多数 17～28）细胞。具连接射线。射线组织异形 II 型。直立或方形细胞比横卧射线细胞高或高得多。部分射线细胞含硅石；晶体未见。胞间道未见。

材料：W20415（苏里南）

【木材性质】

木材具光泽；无特殊气味和滋味；纹理直；结构细，均匀；干缩中等；木材重量轻；强度弱。

产　地	密度(g/cm³)		干缩率(%)			顺纹抗压强度(MPa)	抗弯强度(MPa)	抗弯弹性模量(MPa)	顺纹抗剪强度(MPa)	冲击韧性(kJ/m²)
	基　本	气　干	径　向	弦　向	体　积					
巴　西		0.42	3.2	6.3	9.8	35	57	6725		

木材干燥时有翘曲现象，应注意控制温度和湿度，以防变形。木材加工容易，如工具锋利切面光滑，否则易起毛；木材脆性大，旋切时，主轴压力过大易开裂，旋切后的单板在干燥时有开裂倾向；华西公司胶合板厂利用该种木材已成功地生产了胶合板。

【木材用途】

一般建筑，包装箱，胶合板，室内装修，纸浆等。因木材轻，长期浸泡在水中也不下沉，因此当地木材商常用作水运时编木排用。

拉美玉蕊属 *Eschweilera* Mart.

本属 120 种，产热带美洲。常见商品材树种有：

翅拉美玉蕊 *E. alata* A. C. Smith

商品材名称：瓜瓦斯金卡卡拉里 Guava-skin kakaralli，瓜瓦斯金 Guava-skin，卡卡拉里 Kakaralli，奥克罗麦 Okoromai，蒂克罗马 Tekroma。

乔木，高可达30m，直径0.4m。分布于圭亚那及委内瑞拉东部。木材散孔材。心材褐色。边材色浅。生长轮明显。管孔肉眼下有时明显；散生。单管孔、径列复管孔及管孔团，具侵填体和内含物。轴向薄壁组织放大镜下明显；环管状、带状及轮界状。木材纹理直；结构略粗，均匀；甚重（基本密度 0.88g/cm³，气干密度 1.12g/cm³）；干缩甚大（干缩率：径向 7.4%，弦向 12.7%，体积 19.2%）；强度高（顺纹抗压强度 88MPa，抗弯强度 181MPa，抗弯弹性模量 22928MPa）。木材干燥速度中等；略耐腐至耐腐，防腐剂浸注性能差。木材甚重、硬，又含硅石，锯困难；其他机械加工亦不易；胶粘困难；钉钉宜先打孔；精加工好。用于承重部件，工业用地板，造船，电杆，枕木，车工制品，码头用材等。

革质拉美玉蕊 *E. coriaceae* S. Mori

商品材名称：光叶卡卡拉里 Smooth-leaf kakaralli

大乔木；高可达37m，直径0.6m。分布圭亚那及亚马孙地区。散孔材。心材灰褐色。边材色略浅，与心材界限不明显。生长轮略明显。管孔肉眼下明显或不明显。单管孔、径列复管孔及管孔团，径列复管孔2~4个或以上，内含侵填体。轴向薄壁组织肉眼下不明显，放大镜下明显；呈网状。木材纹理直；结构略粗，均匀；甚重（基本密度 0.86g/cm³，气干密度 1.00g/cm³）；干缩甚大（干缩率：径向 6.4%，弦向 11.0%，体积 15.8%）；强度高（顺纹抗压强度 66MPa，抗弯强度 170MPa，抗弯弹性模量 18600MPa）。木材气干速度慢至中，干燥性能中等，略开裂和略变形。木材耐腐；能抗白蚁和其他干木害虫危害；防腐剂浸注性能差。因木材硬又含硅石，加工困难；加工工具易钝。胶粘困难；钉钉宜先打孔；精加工好。木材用于重型建筑，工业用地板，造船，车旋制品，枕木，电杆，桩，柱，码头用材等。

黑拉美玉蕊 *E. sagotiana* Miers 详见种叙述。

黑拉美玉蕊 *E. sagotiana* Miers
（图版 49.4~6）

【商品材名称】

黑卡卡拉里 Black kakaralli

【地方名称】

克瓦特里 Kwateri，克瓦特鲁 Kwatru，波科 Poko，波鲁科伊 Prukoi，塔马德 Tamad（圭亚那）；马塔马塔布朗科 Matamata-branco（巴西）。

【树木及分布】

大乔木；高可达40m，直径0.6m；枝下高达18m，干形好，无板根或很小板根。主要生长在热带雨林中，常为混交林。主产圭亚那及巴西等。

【木材构造】

宏观特征

木材散孔材。心材褐色；与边材界限明显。边材浅黄白色；宽2.5~5cm。生长轮不明显或略见。管孔放大镜下略明显；散生；数甚少；略大；管孔内充满黄褐色沉积物。轴向薄壁组织放大镜下明显；呈带状。木射线放大镜下略明显；略密至密；窄。波痕及胞间道未见。

微观特征

导管横切面卵圆形，部分略具多角形轮廓；单管孔及径列复管孔（2~5个，多为2~3个），稀管孔团；散生；1~4个，平均3个/mm^2；最大弦径241μm，平均189μm；导管分子平均长610μm；具沉积物；硬化侵填体丰富。管间纹孔式互列，多角形；纹孔口内含，透镜形。单穿孔，穿孔板略倾斜。导管与射线间纹孔式大圆形，刻痕状及似管间纹孔式。轴向薄壁组织丰富；带状（宽1~3细胞）；部分细胞含树胶；晶体未见。木纤维壁甚厚；直径18μm，纤维平均长2230μm，单纹孔略具狭缘，分隔木纤维未见。木射线10~13根/mm；非叠生。单列射线略少，高3~29（多数12~19）细胞。多列射线宽2~3（偶4）细胞，高10~57（多数25~40）细胞或以上。具连接射线。射线组织同形单列及多列，偶异形Ⅲ型。方形细胞可见，比横卧射线细胞略高。射线细胞多含树胶；晶体未见。胞间道未见。

材料：W22705（圭亚那）

【木材性质】

木材具光泽；无特殊气味和滋味；纹理直；结构略粗，略均匀；木材甚重；干缩大至甚大；强度高。

产　地	密度(g/cm^3)		干缩率(%)			顺纹抗压强度(MPa)	抗弯强度(MPa)	抗弯弹性模量(MPa)	顺纹抗剪强度(MPa)	冲击韧性(kJ/m^2)
	基　本	气　干	径　向	弦　向	体　积					
圭亚那	0.87	1.07	5.8	10.3		77	182	21635		
		>1.0				81	158	18700	19	

木材干燥慢至中，略有开裂和略翘曲。很耐腐；抗蚁性能甚强，抗海生钻木动物性能也好；防腐剂浸注性能差。木材重、硬、又含硅石，加工较困难，但加工后切面光滑；抛光性好；胶粘要注意；钉钉需要预先打孔；蒸煮后弯曲性能尚好。

【木材用途】

重型建筑，载重地板，造船，枕木，矿柱，电杆，运动器材，车旋制品等。

全盖果玉蕊属 *Holopyxidium* Ducke

本属3种，分布亚马孙、巴西等地。常见商品材树种为全盖果玉蕊。

全盖果玉蕊 *H. jarana*（Huber）Ducke
（图版50.1~3）

【商品材名称】

雅拉那 Jarana

英豪巴 Inhauba

【树木及分布】

大乔木，在巴西帕拉州高地林区肥沃土壤生长良好，尤其在塔帕若斯河下游产量丰富。

【木材构造】

宏观特征

木材散孔材。心材褐色；与边材区别明显。边材乳白色，宽约 1.5～5cm。生长轮不明显。管孔放大镜下可见；散生；数少；略大；多数管孔内具沉积物。轴向薄壁组织放大镜下明显；带状。木射线放大镜下明显；略密；窄。波痕及胞间道未见。

微观特征

导管横切面卵圆形及近圆形，部分略具多角形轮廓；单管孔及径列复管孔（2～4个，多为 2～3 个），偶管孔团；散生；7～15 个，平均 11 个/mm²；最大弦径 216μm，平均 108μm；导管分子平均长 526μm；导管内具沉积物；螺纹加厚未见。管间纹孔式互列，多角形；纹孔口内含，透镜形，系附物纹孔。单穿孔，穿孔板平行至略倾斜。导管与射线间纹孔式类似管间纹孔式，少数大圆形及刻痕状。轴向薄壁组织主要为带状（宽 1～3 细胞），疏环管状，少数星散状；具分室含晶细胞，内含菱形晶体可达 15 个或以上。木纤维壁甚厚；直径 18μm，纤维平均长 1790μm，单纹孔略具狭缘，少数纤维具树胶。木射线 6～8 根/mm；非叠生。单列射线很少，高 3～12 细胞。多列射线宽 2～4 细胞，高 8～62（多数 22～40）细胞。具连接射线。射线组织同形单列及多列，或同形多列。方形细胞可见，与横卧射线细胞近等高。少数细胞含树胶；晶体未见。胞间道未见。

材料：W22706（美国送）

【木材性质】

木材具光泽；无特殊气味和滋味；纹理直；结构略粗，均匀；木材干缩甚大；甚重；强度高。

产　地	密度(g/cm³)		干缩率(%)			顺纹抗压强度(MPa)	抗弯强度(MPa)	抗弯弹性模量(MPa)	顺纹抗剪强度(MPa)	冲击韧性(kJ/m²)
	基　本	气　干	径　向	弦　向	体　积					
巴　西		0.97	8.4	15.8	24.9	76	166	16735	10	
			6.2	8.3	16.8	86	208	20069		165

木材干燥速度快，略有翘曲和面裂。在室内用白腐菌、褐腐菌试验很耐腐；在巴西用作枕木 10～12 年仍完好；不抗海生钻木动物危害。因木材重，加工较困难，但锯、刨、钻孔切面光滑。

【木材用途】

重型建筑，家具，枕木，运动器材，工具柄等。

正玉蕊属 *Lecythis* Loefl.

本属约 50 种，产美洲热带地区。常见商品材树种有：

皱缩正玉蕊 *L. corrugata* Poit. 详见种叙述。

猴壶正玉蕊 *L. davisii* Sandwith 详见种叙述。

皱缩正玉蕊 *L. corrugata* Poit.
[*Eshweilera corrugata*（Poit.）Miers]
（彩版 9.4；图版 50.4~6）

【商品材名称】

威纳 Wina

【地方名称】

威纳卡卡拉里 Wina kakaralli（圭亚那）；马塔马塔 Matamata，莫劳 Morrao（巴西）；卡纳里马克奎 Canari macaque，马霍特鲁杰 Mahot rouge（法属圭亚那）；利亚罗卡卡拉里 Liaroe kakaralli，奥曼巴克莱克 Oemanbarklak，塔莫尼 Tamoene（苏里南）；卡布罗 Cabullo，高查拉科 Guacharaco，库马蒂卡 Kumaiteka，塔巴里 Tabari（委内瑞拉）。

【树木及分布】

大乔木，高可达 35m，直径 0.9m，主干直，圆柱形；无板根。分布于圭亚那地区、亚马孙流域及委内瑞拉等。

【木材构造】

宏观特征

木材散孔材。心材红褐色；与边材区别明显。边材浅黄白色。生长轮不明显。管孔放大镜下明显；散生；数少；大；管孔内具侵填体及浅色沉积物。轴向薄壁组织肉眼下可见；带状。木射线放大镜下明显；略密；窄。波痕及胞间道未见。

微观特征

导管横切面为卵圆形及圆形，略具多角形轮廓；单管孔，少数径列复管孔（2~7个，多数 2~3 个），偶见管孔团；散生；3~7 个，平均 5 个/mm²；最大弦径 301μm，平均 210μm；导管分子平均长 600μm；侵填体丰富；螺纹加厚缺如。管间纹孔式互列，多角形；纹孔口内含，透镜形。单穿孔，穿孔板平行至略倾斜。导管与射线间纹孔式类似管间纹孔式，少数刻痕状及大圆形。轴向薄壁组织傍管带状（带宽 2~6 细胞，多为 3~5 细胞），偶星散状；树胶及晶体未见。木纤维壁甚厚；直径 27μm，纤维平均长 1960μm，单纹孔略具狭缘。木射线 6~8 根/mm；非叠生。单列射线较少，高 2~15（多为 6~10）细胞。多列射线宽 2~5（多为 3~4）细胞，高 10~70（多数 25~50）细胞或以上。连接射线常见。射线组织同形单列及多列，偶异形Ⅲ型。方形细胞比横卧射线细胞略高；晶体未见。胞间道缺如。

材料：W22852（苏里南）

【木材性质】

木材具光泽；无特殊气味和滋味；纹理直；结构粗，略均匀；木材重；干缩甚大；强度中至高。

产 地	密度(g/cm³)		干缩率(%)			顺纹抗压强度(MPa)	抗弯强度(MPa)	抗弯弹性模量(MPa)	顺纹抗剪强度(MPa)	冲击韧性(kJ/m²)
	基 本	气 干	径 向	弦 向	体 积					
圭亚那	0.79	0.86	6.7	9.8	16.9	59	136	16700		
		0.96	7.4	11.7		78	157	17640		

木材干燥略困难，需小心。略耐腐至耐腐；略抗蚁，抗干木害虫能力强；防腐剂浸注性能差。因木材硬，又含硅石，锯解和其他加工比较困难，工具易钝；钉钉宜先打孔，精加工好，可刨切生产装饰单板。

【木材用途】

建筑，室内外装修，承载地板，体育用材，造船，枕木，工具柄等。

猴壶正玉蕊 L. *davisii* Sandwith*
(彩版 9.5；图版 51.1~3)

【商品材名称】

萨普凯亚 Sapucaia

【地方名称】

卡斯坦哈萨普凯亚 Castanha-sapucaia，萨普凯亚维米尔哈 Sapucaia vermelha（巴西）；克瓦塔帕图 Kwattapatoe（苏里南）；蒙基波特 Monkey pot（圭亚那）。

【树木及分布】

大乔木；在圭亚那树高可达 55m，直径 1.5m；树干直，圆柱形；基部膨大或具板根。分布于苏里南、委内瑞拉、圭亚那、巴西等地。

【木材构造】

宏观特征

木材散孔材。心材红褐色；与边材区别明显。边材黄白色，宽约 7cm。生长轮不明显，有时明显。管孔放大镜下可见；径列；数少；大；管孔内侵填体丰富。轴向薄壁组织放大镜下明显；网状。木射线放大镜下明显；略密；窄。波痕及胞间道未见。

微观特征

导管横切面卵圆形，部分略具多角形轮廓；单管孔及径列复管孔（2~5 个，多数 2~3 个），稀管孔团；径列；5~9 个，平均 7 个/mm²；最大弦径 306μm，平均 213μm；导管分子平均长 490μm；侵填体丰富；螺纹加厚缺如。管间纹孔式互列，多角形；纹孔口内含，透镜形，系附物纹孔。单穿孔，穿孔板平行至略倾斜。导管与射线间纹孔式类似管间纹孔式，少数大圆形及刻痕状。轴向薄壁组织带状（宽 1~2，偶 3 细胞），薄壁细胞含少量树胶，分室含晶细胞少见，内含晶体 4 个或以上。木纤维壁甚厚；直径 16μm，纤维平均长 1270μm，单纹孔略具狭缘。木射线 7~8 根/mm；非叠生。多列射线（偶单列）宽 2~4（多为 2~3）细胞，高 7~56（多为 25~42）细胞。连接射线可见。射线组织为同形多列。部分细胞含树胶；晶体未见。胞间道未见。

---

* 本种巴西改为 L. *zabucaja* Aubl.。

材料：W22659（苏里南）

【木材性质】

木材光泽强；无特殊气味和滋味；纹理交错；结构略粗至粗，略均匀；木材干缩大；甚重；强度高。

产　地	密度(g/cm³)		干缩率(%)			顺纹抗压强度(MPa)	抗弯强度(MPa)	抗弯弹性模量(MPa)	顺纹抗剪强度(MPa)	冲击韧性(kJ/m²)
	基　本	气　干	径　向	弦　向	体　积					
圭亚那	0.82	1.02	6.5	10.6	17.6	93	187	22369		
		1.0	5.1	7.9		82	157	15600		
			6.0	7.6	13.4	92	189	23295		450

木材干燥速度应放慢，推荐气干，开裂、变形较严重。很耐腐；抗白蚁性能强，抗干木害虫亦佳；防腐剂浸注性能差。由于木材硬、重，又含硅石，加工较困难，胶粘性能好，精加工后光滑，钉钉宜先打孔。

【木材用途】

建筑，造船（龙骨），仓库载重地板，码头桩木，枕木，卡车车厢板，工具柄等。

豆　科
Leguminosae Juss.

乔木，灌木，稀草本。694 属，17600 余种，为种子植物第三大科，广布全世界。本科分为 3 个亚科，即苏木亚科 *Caesalpinioideae*，蝶形花亚科 *Faboideae* 及含羞草亚科 *Mimosoideae*。亦有些学者主张将这 3 个亚科提升为 3 个独立科。

苏木亚科　Caesalpinioideae Taub.

156 属，2800 种；分布世界热带及亚热带地区，少数产温带。拉丁美洲主要商品材属有：铁苏木属 *Apuleia*，苏木属 *Caesalpinia*，铁刀木属 *Cassia*，香脂树属 *Copaifera*，摘亚木属 *Dialium*，双柱苏木属 *Dicorynia*，木荚苏木属 *Eperua*，角刺豆属 *Goniorrhachis*，李叶苏木属 *Hymenaea*，巨瓣苏木属 *Macrolobium*，黑苏木属 *Melanoxylon*，鳕苏木属 *Mora*，紫心苏木属 *Peltogyne*，翅雌豆属 *Pterogyne*，裂瓣苏木属 *Schizolobium*，硬瓣苏木属 *Sclerolobium*，沃埃苏木属 *Vouacapoua* 等。

铁苏木属 *Apuleia* Mart.

本属 2 种，产巴西、阿根廷等南美洲地区。

光果铁苏木 *A. leiocarpa* (Vog) Macbride　详见种叙述。

铁苏木 A. *molaris* Spruce ex Benth.（A. *ferrea* Mart.）

商品材名称：加拉帕 Garapa，加拉佩拉 Garapeira，费罗 Ferro，波费罗 Pau ferro。

产在巴西等亚马孙流域。木材重（基本密度 0.75g/cm³，气干密度 0.88g/cm³）；干缩甚大（干缩率：径向 6.5%，弦向 10.1%，体积 15.9%）；强度高（顺纹抗压强度 63MPa，抗弯强度 125MPa，抗弯弹性模量 12647MPa，顺纹抗剪强度 13MPa）。

光果铁苏木 A. *leiocarpa*（Vog）Macbride（A. *praecox* Mart.）
（彩版9.6；图版51.4~6）

【商品材名称】

波穆拉托 Pau Mulato

加拉帕 Garapa

【地方名称】

加勒帕 Galapa，加拉帕 Garapa，格拉皮亚庞哈 Grapiapunha，米拉朱巴 Muirajuba，波赛蒂姆 Pau cetim*（巴西）；阿纳 Ana，阿纳卡斯派 Ana caspi（秘鲁）；阿尔曼德里洛阿马里洛 Almendrillo amarillo（玻利维亚）；科布里 Cobre（哥伦比亚）；盖蒂多 Gateado，梅普里特 Mapurite（委内瑞拉）。

【树木及分布】

大乔木，树高可达 30m，直径 1.2m；枝下高可达 15~18m。主要分布于阿根廷、巴西、委内瑞拉及秘鲁。

【木材构造】

宏观特征

木材散孔材。心材黄褐色，久置于大气中略变深；与边材区别明显。边材近白色；窄。生长轮不明显。管孔肉眼下略见，放大镜下明显；散生；数少；大小中等。轴向薄壁组织放大镜下明显；为翼状及聚翼状。木射线放大镜下明显；略密；略宽。波痕及胞间道未见。

微观特征

导管横切面圆形及卵圆形，略具多角形轮廓；主要为单管孔，少数径列复管孔（2~4 个，偶至 6 个），稀管孔团；斜列或散生；9~16 个，平均 13 个/mm²；最大弦径 190μm，平均 117μm；导管分子平均长 364μm；侵填体未见；具沉积物或树胶。管间纹孔式互列，多角形；纹孔口内含，透镜形，系附物纹孔。导管分子叠生。单穿孔，穿孔板近平行。导管与射线间纹孔式类似管间纹孔式。轴向薄壁组织丰富；疏环管状、翼状、聚翼状、星散状及轮界状；分室含晶细胞普遍，内含菱形晶体可达 15 个或以上，薄壁细胞内含硅石；叠生。木纤维壁甚厚；直径 17μm，纤维平均长 1342μm，单纹孔略具狭缘；分隔木纤维未见；叠生。木射线6~8 根/mm；叠生。单列射线很少，高 4~8 细胞。多列射线宽 2~5（多为 4~5）细胞，高 9~15 细胞。射线组织异形Ⅲ型，稀

---

* Pau cetim 有时也指帕拉芸香木 *Euxylophora paraensis* Huber。

Ⅱ型。直立（很少）或方形细胞比横卧射线细胞高，后者为卵圆形。部分射线细胞含树胶；晶体未见。胞间道未见。

　　材料：W19211（巴西）

【木材性质】

　　木材具光泽；无特殊气味和滋味；纹理直至波状；结构细，均匀；干缩甚大；木材重；强度高。

产　地	密度(g/cm³)		干缩率(%)			顺纹抗压强度(MPa)	抗弯强度(MPa)	抗弯弹性模量(MPa)	顺纹抗剪强度(MPa)	冲击韧性(kJ/m²)
	基　本	气　干	径　向	弦　向	体　积					
巴　西		0.83	4.4	8.5	14.0	54	125	14102	13	

　　木材耐腐；加工容易，切面光滑。

【木材用途】

　　用于建筑，枕木，矿柱，电杆，造船，车辆，地板。长期以来地方用作独木舟。

苏木属 *Caesalpinia* L.

　　本属约100种，分布世界热带及亚热带。拉丁美洲常见商品材树种有：

巴西苏木 *C. echinata* Lam. 详见种叙述。

浸斑苏木 *C. granadillo* Pitt. 详见种叙述。

巴西苏木 *C. echinata* Lam.（*Guilandina echinata* Spreng.）
（彩版9.7；图版52.1~3）

【商品材名称】

　　巴西木 Brazilwood

　　波纳姆巴科 Pernambuco

【地方名称】

　　波布拉西尔 Paubrasil，布拉西莱特 Brasilete，波波纳姆巴科 Pau-pernambuco（巴西）。

【树木及分布】

　　大乔木，高可达30m，直径0.5~0.8m；主干细长，枝下高达15~18m；常生长在沿河两岸阔叶树混交林中，也可用作观赏树栽种；分布于巴西等。

【木材构造】

宏观特征

　　木材散孔材。心材新切面橘红色，久则呈深红或红褐色；与边材界限明显。边材窄；浅黄或近白色。生长轮略明显，轮间界以轮界薄壁组织。管孔放大镜下略明显；散生；数略少；略小。轴向薄壁组织放大镜下明显；环管状及轮界状。木射线放大镜下明显；略少；甚窄。波痕略见。胞间道未见。

微观特征

导管横切面圆形及卵圆形,略具多角形轮廓;单管孔,少数径列复管孔 (2~6 个,多为 2~3 个),稀管孔团;散生;19~33 个,平均 26 个/mm²;最大弦径 116μm,平均 72μm;导管分子平均长 360μm;部分导管具沉积物;螺纹加厚未见。管间纹孔式互列,密集;多角形;纹孔口内含,透镜形,系附物纹孔。单穿孔,穿孔板略倾斜。导管与射线间纹孔式类似管间纹孔式。**轴向薄壁组织为翼状、聚翼状、疏环管状及轮界状;**具分室含晶细胞,内含菱形晶体可达 8 个或以上,具纺锤形细胞;略叠生。木纤维壁甚厚;直径 12μm,纤维平均长 1250μm,单纹孔略具狭缘。木射线 7~10 根/mm;部分射线叠生。单列射线少,高 2~10 细胞。多列射线宽 2 (稀 3) 细胞,高 8~30 (多数15~25) 细胞。连接射线可见。射线组织为同形单列及多列。射线细胞多含树胶;具菱形晶体。胞间道未见。

材料:W22476 (巴西)

【木材性质】

木材光泽强;无特殊气味和滋味;纹理直至略交错;结构甚细而均匀;木材甚重、硬;干缩甚大;强度高。

产 地	密度(g/cm³)		干缩率(%)			顺纹抗压强度(MPa)	抗弯强度(MPa)	抗弯弹性模量(MPa)	顺纹抗剪强度(MPa)	冲击韧性(kJ/m²)
	基 本	气 干	径 向	弦 向	体 积					
		>1.0	5.1	8.1		81	158	18700	19	

木材干燥开裂较严重,但干燥慢时并不翘曲。耐腐;抗虫害性能强。木材虽然重、硬,但锯、刨等加工性能中等,精加工后表面非常光亮;车旋、雕刻无困难。据报道加工时锯屑可能引起操作者头痛、恶心和影响视力等,但只要在加工时适当通风,这一问题即可解决。

【木材用途】

适用于高级家具,雕刻,装饰品,车旋制品,乐器,尤其适用作小提琴琴弓。本种木材材质好,适宜多种用途。但产量甚少,应用在最需要的地方。

浸斑苏木 *C. granadillo* Pitt.

(图版 52.4~6)

【商品材名称】

帕特里奇伍德 Partridge wood

【地方名称】

马雷凯伯 Maracaibo,马雷凯伯埃博尼 Maracaibo ebony,格兰那迪罗 Granadillo (英国);科库斯伍德 Cocuswood (西印度群岛);布朗埃博尼 Brown ebony,咖啡木 Coffee wood (美国)。

【树木及分布】

乔木,高可达 23m,直径 1m;干形好,枝下高达 10m。分布委内瑞拉等南美洲及中美洲;生长在干旱林中,也作观赏树栽培。

【木材构造】

宏观特征

木材散孔材。心材为巧克力褐色或近黑色；与边材区别明显。边材浅黄褐色；宽3～6cm。生长轮不明显。管孔放大镜下明显；散生；数少；略大；管孔内多含树胶或沉积物。轴向薄壁组织放大镜下明显；带状及轮界状。木射线在放大镜下可见；密；甚窄。波痕略见。胞间道缺如。

微观特征

导管横切面为卵圆形，少数略具多角形轮廓；单管孔，少数径列复管孔（2～6个，多为2～3个），稀管孔团；散生；2～7个，平均5个/mm²；最大弦径196μm，平均115μm；导管分子平均长227μm；导管内多充满树胶或沉积物；螺纹加厚未见。管间纹孔式互列，多角形；纹孔口内含，透镜形，少数外展或合生，呈线形，系附物纹孔。单穿孔，穿孔板略倾斜。导管与射线间纹孔式类似管间纹孔式。轴向薄壁组织丰富；带状（宽2～7细胞）、聚翼状及轮界状；薄壁细胞多含树胶；分室含晶细胞普遍，内含菱形晶体达12个或以上；叠生。木纤维壁甚厚；直径11μm，纤维平均长1210μm，单纹孔略具狭缘。木射线12～14根/mm；叠生。单列射线少，高3～9细胞。多列射线宽2～3（稀4）细胞，高7～13细胞。射线组织同形单列及多列。射线细胞多含树胶；晶体未见。胞间道未见。

材料：W22761（委内瑞拉）

【木材性质】

木材具光泽；无特殊气味和滋味；纹理直至略交错；结构细，略均匀；木材甚重；干缩大至甚大；强度高。

产　地	密度(g/cm³)		干缩率(%)			顺纹抗压强度(MPa)	抗弯强度(MPa)	抗弯弹性模量(MPa)	顺纹抗剪强度(MPa)	冲击韧性(kJ/m²)
	基　本	气　干	径　向	弦　向	体　积					
		1.25				81	158	18700	19	

木材干缩大，干燥需小心。很耐腐；由于木材甚重、硬，强度甚高，加工困难；遇交错纹理，刨可能产生撕裂，但精加工后表面光滑；适宜车旋和雕刻；锯屑可能引起皮炎。

【木材用途】

高级家具，细木工，室内装修，乐器（适宜做琴弓），运动器材，雕刻，车旋制品，工具柄，警棍等。

铁刀木属 *Cassia* L.

本属约600种，分布于热带、亚热带和温带地区。拉丁美洲常见商品材树种有锈色铁刀木。

锈色铁刀木 *C. ferruginea* Schrad. ex DC. （*C. staminea* Vog.）
（图版 53. 1 ~ 3）

【商品材名称】

　　卡纳菲斯图拉 Canafistula

【树木及分布】

　　乔木；主产巴西。

【木材构造】

　　宏观特征

　　木材散孔材。心材浅红褐色。边材色浅。生长轮不明显。管孔肉眼下可见，放大镜下明显；散生；数少；略大；沉积物或树胶可见。轴向薄壁组织放大镜下明显；翼状及聚翼状。木射线在放大镜下明显；略密；窄。波痕及胞间道未见。

　　微观特征

　　导管横切面多为卵圆形，部分略具多角形轮廓；单管孔，少数径列复管孔（2 ~ 5 个，多数 2 ~ 3 个），稀管孔团；散生；4 ~ 9 个，平均 6 个/mm^2；最大弦径 284μm，平均 149μm；导管分子平均长 340μm；沉积物或树胶可见；螺纹加厚未见。管间纹孔式互列；多角形；纹孔口内含，透镜形，部分外展或合生，呈线形，系附物纹孔。单穿孔，穿孔板平行至略倾斜。导管与射线间纹孔式类似管间纹孔式。轴向薄壁组织丰富，为翼状、聚翼状、带状（宽 2 ~ 10 细胞）及轮界状；部分细胞含树胶；分室含晶细胞可见，内含菱形晶体可达 6 个或以上。木纤维壁甚厚；直径 13μm，纤维平均长 990μm，单纹孔略具狭缘。木射线 8 ~ 11 根/mm；非叠生。单列射线较少，高 2 ~ 16（多数 6 ~ 10）细胞。多列射线宽 2（偶 3）细胞，高 6 ~ 24（多数 10 ~ 16）细胞。射线组织为同形单列及多列。大部分细胞含树胶；晶体未见。胞间道未见。

　　材料：W22760（巴西）

【木材性质】

　　木材光泽弱；无特殊气味和滋味；纹理不规则或交错；结构略粗，略均匀；木材重；干缩中；强度高。

产　地	密度(g/cm^3)		干缩率(%)			顺纹抗压强度(MPa)	抗弯强度(MPa)	抗弯弹性模量(MPa)	顺纹抗剪强度(MPa)	冲击韧性(kJ/m^2)
	基　本	气　干	径　向	弦　向	体　积					
巴　西		0.87	2.7	6.0	9.7	71	101	12000	12	

　　木材干燥需小心，以避免面裂和端裂。木材略耐腐；防腐剂浸注不易。木材加工性能好，但刨时要小心，防止因交错纹引起撕裂；通常切面光滑；抛光性能好。

【木材用途】

　　建筑（如梁、柱），家具，地板，农具，车旋制品，镶嵌工艺等。

香脂树属 *Copaifera* L.

本属 25 种，5 种产热带非洲，其余产热带美洲。拉丁美洲常见树种有达卡香脂树。

达卡香脂树 *C. duckei* Dwyer
（彩版 9.8；图版 53.4~6）

【商品材名称】

科巴依巴 Copaiba

【地方名称】

科巴依巴 Copaiba，奥利奥 Oleo（巴西）。

【树木及分布】

大乔木，高可达 30m，商品材直径 0.45~0.8m；树干通直，呈圆柱形。木材含油脂较多，故有人称柴油树。主要分布亚马孙流域。

【木材构造】

宏观特征

木材散孔材。心材红褐色；与边材区别明显。边材近灰色；宽 4~20cm。生长轮不明显。管孔在放大镜下明显；散生；数少；略小。轴向薄壁组织放大镜下可见；傍管状。木射线放大镜下明显；略密；略宽。波痕未见。胞间道系轴向胞间道，放大镜下明显，呈长弦线。

微观特征

导管横切面卵圆形及椭圆形，少数略具多角形轮廓；单管孔，少数径列复管孔（2~3 个，稀 4 个），偶管孔团；散生；4~10 个，平均 8 个/mm²；最大弦径 173μm，平均 99μm；导管分子平均长 412μm；具树胶；螺纹加厚未见。管间纹孔式互列，多角形；纹孔口内含，透镜形，系附物纹孔。单穿孔，穿孔板近平行。导管与射线间纹孔式类似管间纹孔式。轴向薄壁组织环管束状、轮界状；部分细胞含树胶，晶体未见。木纤维壁薄至厚；直径 15μm，纤维平均长 895μm，单纹孔略具狭缘。木射线 7~10 根/mm；非叠生。单列射线较少，高 1~9 细胞。多列射线宽 2~7（多为 3~5）细胞，高 8~32（多数 15~22）细胞。射线组织异形Ⅲ型，或同形单列及多列。方形（直立射线细胞很少见）射线细胞比横卧射线细胞略高，后者多为卵圆形；射线细胞多含树胶；菱形晶体未见。胞间道系正常轴向者，比管孔小，直径 46~62μm，埋在薄壁组织中，呈长弦列。

材料：W20172（巴西）

【木材性质】

木材具光泽；无特殊气味和滋味；纹理直；结构细而均匀；木材重量中等；干缩大；强度中等。

产　地	密度(g/cm³)		干缩率(%)			顺纹抗压强度(MPa)	抗弯强度(MPa)	抗弯弹性模量(MPa)	顺纹抗剪强度(MPa)	冲击韧性(kJ/m²)
	基　本	气　干	径　向	弦　向	体　积					
巴　西		0.69	3.8	7.1	13.4	50	113	10336		
巴　西		0.62	4.1	8.2	12.5	59	115	12059	12	

木材干燥容易；气干和窑干性能均良好。但窑干易出现轻微翘曲；木材耐腐；抗菌、虫能力强，抗白蚁性能差，木材干燥后也会有白蚁危害；防腐剂浸注性能差。木材锯、刨、旋等性能良好；胶粘、油漆性能亦佳。

【木材用途】

木材旋切花纹美丽，常用来生产胶合板，室内装修，拼花地板，家具，木模，包装箱盒，车旋制品等。木材的油可燃烧并有医疗作用，涂在身上可防止皮肤病和蚊、虫叮咬。

摘亚木属 *Dialium* L.

本属40余种，主要产于非洲及东南亚，1种产于热带南美洲。

圭亚那摘亚木 *D. guianense* Sandwith（*D. divaricatum* Vahl.）
（彩版9.9；图版54.1~3）

【商品材名称】

贾塔海 Jutahy

【地方名称】

瓜帕克 Guapaque（墨西哥）；帕列塔 Paleta（危地马拉、洪都拉斯）；塔马林德蒙特罗 Tamarindo montero（尼加拉瓜）；奥索 Hauso（巴拿马）；塔马林德 Tamarindo（哥伦比亚）；卡乔 Cacho（委内瑞拉）；休蒂罗 Huitillo（秘鲁）；雅太佩巴 Jatai-peba，帕拉朱巴 Parajuba（巴西）。

【树木及分布】

大乔木，高可达36m，直径0.9m；主干直，圆柱形，板根以上可达18m。板根窄，有时高达1.8m。为常绿树，生长在排水良好的黏土原始林边缘或砂土次生林中。分布从墨西哥南部，经巴拿马、委内瑞拉、哥伦比亚、圭亚那、巴西到秘鲁等地。

【木材构造】

宏观特征

木材散孔材。心材褐色、红褐色，久置大气中转深至巧克力色；与边材界限略明显。边材浅黄色；宽至少达10cm以上。生长轮不明显。管孔放大镜下明显；散生；数少；略大。轴向薄壁组织放大镜下明显；带状。木射线放大镜下可见；略密；窄。波痕略见。胞间道未见。

微观特征

　　导管横切面近圆形，少数卵圆形，部分略具多角形轮廓；单管孔，少数径列复管孔（2~3 个），稀管孔团；散生；4~15 个，平均 8 个/mm²；最大弦径 224μm，平均直径 110μm；导管分子平均长 328μm；侵填体未见；螺纹加厚缺如。管间纹孔式互列；纹孔口内含，透镜形，系附物纹孔。单穿孔，穿孔板近平行。导管与射线间纹孔式类似管间纹孔式。**轴向薄壁组织**主为带状（宽 1~3 细胞），少数环管状；薄壁细胞内含硅石，晶体未见；叠生。**木纤维**壁甚厚；直径 17μm，纤维平均长 1330μm，单纹孔略具狭缘，分隔木纤维未见。**木射线** 10~12 根/mm；局部叠生。单列射线很少，高 5~11 细胞。多列射线宽 2~4 细胞，高 7~35（多数 14~20）细胞。射线组织同形单列及多列或同形多列。晶体未见。胞间道缺如。

　　材料：W18367，W22102，W22103（哥伦比亚）。

【木材性质】

　　木材具光泽；无特殊气味和滋味；纹理交错；结构细，均匀；木材甚重；干缩甚大；强度高。

产　地	密度(g/cm³)		干缩率(%)			顺纹抗压强度（MPa）	抗弯强度（MPa）	抗弯弹性模量（MPa）	顺纹抗剪强度（MPa）	冲击韧性（kJ/m²）
	基　本	气　干	径　向	弦　向	体　积					
巴　西		1.12	6.3	11.5	17.7	96	199	21147	16	
	0.81~0.93	1.0~1.17	5.3	8.9	13.9	108	235			

　　木材干燥速度慢至中等；面裂和端裂中等，略有翘曲。木材耐腐至很耐腐，能抗蚁，由于含硅石亦能抗海生钻木动物危害；防腐剂处理可能困难。由于木材重、硬又含硅石加工略困难；钉钉宜先打孔；精加工后表面光滑。锯屑可能引起咳嗽和皮炎。

【木材用途】

　　重型建筑，载重地板，车辆，造船，枕木，矿柱，电杆，工具柄，车工制品等。树皮可供药用。

双柱苏木属 *Dicorynia* Benth.

　　本属 2 种，产于圭亚那及亚马孙地区。常见商品材树种有双柱苏木。

双柱苏木 *D. guianensis* Amsh.
（彩版 10.1；图版 54.4~6）

【商品材名称】

　　安热利克 Angélique

　　巴斯拉洛库斯 Basralocus

【地方名称】

　　巴斯拉洛库斯 Basralokus，巴拉卡罗巴里 Barakaroeballi（苏里南）；安热利克巴塔德 Angélique batárd，安热利克格里斯 Angélique gris，圭亚那蒂克 Teck de guyane（法属

圭亚那）；安吉利卡 Angelica，安吉利卡多帕拉 Angelica-do-para（巴西）。

【树木及分布】

　　大乔木，高可达 45m，直径 1.5m；主干直，高可达 15～20m，圆柱形，具板根。生长在热带雨林和热带雨林与稀树草原林过渡地区，喜排水良好土壤。分布苏里南东部、法属圭亚那西部及巴西。

【木材构造】

宏观特征

　　木材散孔材。心材黄褐色至红褐色，与边材区别明显。边材浅褐色或近白色；宽 4～7cm。生长轮不明显。管孔肉眼下可见，放大镜下明显；散生；数少；略大。轴向薄壁组织放大镜下明显；环管状、翼状及带状。木射线放大镜下可见；略密；窄。波痕在肉眼下明显。胞间道未见。

微观特征

　　导管横切面卵圆形，略具多角形轮廓；单管孔，少数径列复管孔（2～4 个，偶6～8 个）；散生；2～10 个，平均 5 个/mm²；最大弦径247μm，平均直径158μm；导管分子平均长513μm；具沉积物或树胶。管间纹孔式互列；多角形，纹孔口内含，透镜形，少数合生呈线形，系附物纹孔。单穿孔，穿孔板平行至略倾斜。导管与射线间纹孔式类似管间纹孔式。轴向薄壁组织丰富，翼状、聚翼状及带状（宽 1～8 细胞，多为2～4 细胞，常不连续）；部分细胞含树胶，具硅石，菱形晶体未见；叠生。木纤维壁薄至厚；直径20μm，纤维平均长 1677μm，单纹孔略具狭缘。木射线7～10 根/mm；叠生。单列射线高 3～11 细胞。多列射线宽 2～3 细胞，高 5～17（多数 12～15）细胞。连接射线可见。射线组织异形 II 型，少数 III 型。直立或方形细胞比横卧射线细胞高或高得多，后者为椭圆形。射线细胞含树胶，具硅石（多位于直立或方形细胞中）。胞间道未见。

　　材料：W21121（南美洲）

【木材性质】

　　木材光泽强；无特殊气味和滋味；纹理直至略交错；结构略粗而均匀；木材中至重；干缩甚大；强度高。

产　地	密度(g/cm³)		干缩率(%)			顺纹抗压强度(MPa)	抗弯强度(MPa)	抗弯弹性模量(MPa)	顺纹抗剪强度(MPa)	冲击韧性(kJ/m²)
	基　本	气　干	径　向	弦　向	体　积					
圭亚那		0.79	5.1	9.1	14.1	73	178	13431	11	
圭亚那		0.73	4.6	8.7	17.5	62	158	14020	10	

　　木材干燥快，性能中等；有端裂和面裂发生，厚板材有翘曲和表面硬化现象。木材很耐腐；能抗白腐菌、褐腐菌及海生钻木动物危害，抗蚁性能中等。防腐剂处理困难；耐候性能佳。某些用途可代替柚木。木材加工性能随密度和硅石含量而异，通常性能良好。锯时推荐用合金钢的锯片；精加工好；钉钉略困难；胶粘性能中等。

【木材用途】

　　重型建筑，载重地板，家具，室内装修，车辆，造船，矿柱，枕木，电杆，化工用木桶，车工制品等。

木荚苏木属 *Eperua* Aubl.

本属约 12 种；产热带南美洲。常见商品材树种有镰形木荚苏木。

镰形木荚苏木 *E. falcata* Aubl.
（图版 55.1~3）

【商品材名称】

沃拉巴 Wallaba

【地方名称】

佩尔威 Parewe，软沃拉巴 Soft wallaba，白沃拉巴 White wallaba，沃帕 Wopa（圭亚那）；埃斯帕迪拉 Espadeira，阿帕 Apa，阿帕蔡罗 Apazeiro，缪拉皮兰加 Muirapiranga，耶巴罗 Yebaro（巴西）；阿瓦帕 Awapa，比杰尔霍特 Bijlhout，沃拉巴 Wallaba（苏里南）；布卡雷 Bucare，波洛马奇特 Palo machete，瓦帕 Uapa（委内瑞拉）；比奥道 Bioudou，潘加潘加 Pangapanga，塔巴卡 Tabaca（法属圭亚那）。

【树木及分布】

大乔木，高可达 40m，直径 0.8m；主干直，圆柱形或略具凹槽。分布圭亚那、苏里南、巴西等南美洲东北部；常生长在白砂土、沼泽、季节林中，有的为混交林。

【木材构造】

宏观特征

木材散孔材。心材褐色至红褐色，径面具深浅相间条纹；与边材区别明显。边材灰至粉红色；宽 3~5cm。生长轮明显。管孔放大镜下明显；散生；数少；略大；具浅色沉积物。轴向薄壁组织放大镜下明显；环管状、带状及轮界状。木射线肉眼下可见，放大镜下明显；略密；略宽。波痕未见。胞间道正常轴向者，在横切面排成长弦线。

微观特征

导管横切面卵圆形或近圆形，略具多角形轮廓；单管孔及径列复管孔（2~3 个），少数管孔团；散生；3~8 个，平均 5 个/mm²；最大弦径 298μm，平均直径 158μm；导管分子平均长 530μm；侵填体未见；螺纹加厚缺如。管间纹孔式互列；多角形，纹孔口内含，透镜形，少数合生呈线形，系附物纹孔。单穿孔，穿孔板略倾斜。导管与射线间纹孔式类似管间纹孔式。轴向薄壁组织环管束状及轮界状；具分室含晶细胞，内含菱形晶体可达 15 个或以上。木纤维壁薄至厚；直径 18μm，纤维平均长 1310μm，单纹孔略具狭缘，径面多而明显。木射线 5~7 根/mm；非叠生。单列射线高 2~14（多数 5~8）细胞。多列射线宽 2~4（偶 5）细胞，高 8~45（多数 25~35）细胞。射线组织异形 II 型。直立或方形细胞比横卧射线细胞略高或高得多；射线细胞多含树胶；晶体未见。胞间道正常轴向者，直径 65~160cm，呈长弦列。

材料：W22671（圭亚那）；W22709（美国送）。

【木材性质】

木材光泽强；无特殊气味和滋味；纹理通常直；结构略粗，略均匀；木材重；干缩小至中；强度高。

产　地	密度(g/cm³)		干缩率(%)			顺纹抗压强度(MPa)	抗弯强度(MPa)	抗弯弹性模量(MPa)	顺纹抗剪强度(MPa)	冲击韧性(kJ/m²)
	基　本	气　干	径　向	弦　向	体　积					
圭亚那		0.87			9.1	67	167			
圭亚那	0.74	0.86	2.1	6.1	10.1	69	128	14400		

木材气干慢，略有开裂和变形；窑干时最好先气干一个时期；干燥后尺寸稳定性中等。很耐腐；抗蚁和抗干木害虫能力强，抗海生钻木动物性能中等。防腐剂浸注性能差。木材锯解需要一定动力，树脂易塞锯齿；胶粘性能好，精加工需打腻子和小心砂光，因木材重又含树胶不宜生产微薄木。

【木材用途】

重型建筑，木瓦，家具，载重地板，海港码头用材（淡水），枕木，化工用木桶，桩，柱等。

角刺豆属 *Goniorrhachis* Taub.

本属1种；产巴西东南部。

角刺豆木 *G. marginata* Taub.
（图版 55.4~6）

【商品材名称】

瓜里布阿马雷罗 Guaribu-amarelo

伊塔皮卡卢 Itapicuru

【树木及分布】

乔木；分布于巴西。

【木材构造】

宏观特征

木材散孔材。心材近紫色；与边材区别明显。边材浅黄白色。生长轮不明显或略见，后者界以轮界薄壁组织细线。管孔肉眼下略见，放大镜下明显；散生；数少；略大；部分管孔内含树胶或沉积物。轴向薄壁组织放大镜下明显；翼状、稀聚翼状及轮界状。木射线放大镜下略见；略密；甚窄。波痕肉眼下略见。胞间道未见。

微观特征

导管横切面为卵圆形，少数近圆形，部分略具多角形轮廓；散生；3~8个，平均5个/mm²；最大弦径244μm，平均直径129μm；导管分子平均长350μm；部分导管含沉积物或树胶；螺纹加厚未见。管间纹孔式互列；多角形，纹孔口内含，透镜形，部分外展或合生，呈线形，系附物纹孔；导管分子叠生。单穿孔，穿孔板略倾斜。导管与射线间纹孔式类似管间纹孔式。轴向薄壁组织主要为翼状（多呈菱形），少数聚翼状及轮界状（宽通常3~6细胞）；部分细胞含树胶；具分室含晶细胞，菱形晶体可达15个或以上；叠生。木纤维壁甚厚；直径 15μm，纤维平均长 1240μm，单纹孔略具狭缘，叠生。木射线 7 ~ 11 根/mm；叠生。单列射线少，高 3 ~ 12 细胞。多列射线宽 2（偶 3）细胞，高 8 ~ 16 细胞。射线组织同形单列及多列。射线细胞多含树胶；晶体未见。**胞间道未见。**

　　材料：W22764（巴西）

【木材性质】

　　木材具光泽；无特殊气味和滋味；纹理略交错；结构细，略均匀；木材甚重；干缩甚大；强度高。

产　地	密度(g/cm³)		干缩率(%)			顺纹抗压强度(MPa)	抗弯强度(MPa)	抗弯弹性模量(MPa)	顺纹抗剪强度(MPa)	冲击韧性(kJ/m²)
	基　本	气　干	径　向	弦　向	体　积					
巴　西		1.01	4.8	8.4	13.8	86	186	16657	17	

　　木材干缩甚大，干燥时应小心，以防开裂和变形。木材通常耐腐；略抗干木害虫危害。防腐剂浸注性能在加压情况下尚好。木材重、硬，最好用电锯，切面光滑。木材钉钉宜先打孔。

【木材用途】

　　用于建筑（梁、柱、椽等），室内装修，家具，地板，镶嵌工艺，造船（桅杆），工具柄等。

孪叶苏木属 *Hymenaea* L.

　　本属 25 种，产墨西哥、古巴、热带南美洲。拉丁美洲常见商品材树种有：
孪叶苏木 *H. courbaril* L. 详见种叙述。
剑叶孪叶苏木 *H. oblongifolia* Huber　详见种叙述。

孪叶苏木 *H. courbaril* L.
（彩版 10.2；图版 56.1 ~ 3）

【商品材名称】

　　库巴里尔 Courbaril
　　阿尔加罗伯 Algarrobo

【地方名称】

　　库皮诺尔 Cuapinol，瓜皮诺尔 Guapinol（墨西哥）；莫伊里 Moire，诺特 Not，斯庭金托 Stinking toe，洛卡斯特 Locust，卡沃纳里 Kwanari（圭亚那）；罗迪洛库斯 Rode lokus（苏里南）；贾塔希 Jatahy，贾托巴 Jatoba（巴西）。

【树木及分布】

　　大乔木，高可达 30 ~ 50m，直径 0.6 ~ 1.2m，在圭亚那有的可达 2m；干形好，枝下高 18 ~ 24m；大树具板根或基部膨大。喜生砂土，排水良好坡地或沿河两岸。分布于墨西哥南部，经中美洲、西印度群岛到巴西北部，玻利维亚，秘鲁等地。

【木材构造】

宏观特征

木材散孔材。心材红褐色，常具深浅相间条纹；与边材界限明显。边材灰白色；宽。生长轮明显，界以轮界薄壁组织浅色线。管孔肉眼可见，放大镜下明显；散生；数甚少；略大；具沉积物。轴向薄壁组织放大镜下明显；环管状、翼状及轮界状。木射线放大镜下明显；略密；略宽。波痕及胞间道未见。

微观特征

导管横切面多为圆形，少数略具多角形轮廓；单管孔，少数径列复管孔（多为 2 ~ 4 个）及管孔团；树胶及沉积物丰富，散生；2 ~ 7 个，平均 4 个/mm²；最大弦径 244μm，平均直径 169μm；导管分子平均长 482μm。管间纹孔式互列；多角形，纹孔口内含，透镜形，少数外展或合生，呈线形，系附物纹孔。单穿孔，穿孔板略倾斜。导管与射线间纹孔式类似管间纹孔式。轴向薄壁组织疏环管状、翼状及轮界状；具分室含晶细胞，内含菱形晶体可达 20 个或以上。木纤维壁甚厚；直径 18μm，纤维平均长 1610μm，单纹孔略具狭缘。木射线 4 ~ 6 根/mm；非叠生。单列射线高 2 ~ 12 细胞。多列射线宽 2 ~ 7（多数 5 ~ 6）细胞，高 8 ~ 64（多数 25 ~ 40）细胞。射线组织同形单列及多列。射线细胞多含树胶；晶体未见。胞间道未见。据资料记载本种具创伤轴向胞间道。

材料：W20170（巴西）

【木材性质】

木材光泽强；无特殊气味和滋味；纹理常交错；结构略粗，略均匀；木材重；干缩甚大；强度高。

产　地	密度（g/cm³）		干缩率（%）			顺纹抗压强度（MPa）	抗弯强度（MPa）	抗弯弹性模量（MPa）	顺纹抗剪强度（MPa）	冲击韧性（kJ/m²）
	基　本	气　干	径　向	弦　向	体　积					
巴　西	0.76	0.89	3.4	7.7	11.4	76	137	15588	19.0	
	0.71 ~ 0.82	0.83 ~ 0.98	4.5	8.5	12.7	66	134	14897		259

木材干燥速度中至快，略有面裂、翘曲和表面硬化。木材很耐腐；抗白腐菌、褐腐菌及白蚁能力强，不抗海生钻木动物危害；防腐剂浸注性能差。木材锯、刨等加工性能中等，遇交错纹理刨较困难；车旋、胶粘、蒸煮后弯曲性能好，油漆吸收性强，漆面光滑，耐磨性佳，耐候性及钉钉性差。

【木材用途】

建筑，室内装修，家具，细木工，车辆，造船，枕木，农具，工具柄，乐器，雕刻，玩具等。

剑叶孪叶苏木 *H. oblongifolia* Huber
（彩版 10.3；图版 56.4 ~ 6）

【商品材名称】

贾托巴 Jatoba

【地方名称】

阿朱卡瓦约 Azucar huayo，贾塔海 Jutahi，尤图班库 Yutubanco（秘鲁）；贾太格兰德 Jutai-grande（巴西）；卡瓦纳里 Kawanari，莫伊雷 Moire，西迈里 Simiri，洛卡斯特 Locust（圭亚那）；阿尔加罗伯 Algarrobo（哥伦比亚）；阿朱卡迈尤 Azucar muyo，图克特 Tocte（厄瓜多尔）。

【树木及分布】

大乔木，高可达 40m，直径 0.85m，枝下高可达 20~30m；分布于圭亚那、秘鲁、巴西、哥伦比亚、厄瓜多尔、玻利维亚等地。

【木材构造】

宏观特征

木材散孔材。心材褐色至红褐色；与边材区别明显。边材近白色；宽 6~12cm。生长轮常明显。管孔肉眼可见；散生；甚少；略大；具树胶。轴向薄壁组织肉眼可见；翼状、带状及轮界状。木射线放大镜下可见；略密；窄至略宽。波痕及胞间道未见。

微观特征

导管横切面多为卵圆形，略具多角形轮廓；主要为单管孔，少数径列复管孔（多为 2 个）；散生；1~5 个，平均 3 个/mm²；最大弦径 270μm，平均直径 181μm；导管分子平均长 420μm；螺纹加厚未见。管间纹孔式互列；多角形，纹孔口内含，透镜形，系附物纹孔。单穿孔，穿孔板略倾斜。导管与射线间纹孔式类似管间纹孔式。轴向薄壁组织翼状、带状（宽 1~5 细胞）及轮界状；具分室含晶细胞，内含菱形晶体 8 个或以上。木纤维壁甚厚；直径 18μm，纤维平均长 1836μm，单纹孔略具狭缘。木射线 5~7 根/mm；非叠生。多列射线（偶单列）宽 2~5（多为 3~4）细胞，高 7~38（多数 16~28）细胞。射线组织为同形多列。射线细胞多含树胶；晶体未见。胞间道未见。

材料：W22590（秘鲁）

【木材性质】

木材具光泽；无特殊气味和滋味；纹理直；结构略粗，略均匀；木材重；干缩大；强度高。

产　地	密度(g/cm³)		干缩率(%)			顺纹抗压强度(MPa)	抗弯强度(MPa)	抗弯弹性模量(MPa)	顺纹抗剪强度(MPa)	冲击韧性(kJ/m²)
	基　本	气　干	径　向	弦　向	体　积					
秘　鲁	0.62	0.87	3.3	7.3	11.2	69	127	14706		
圭亚那	0.77	0.88	3.4	6.8	11.2	84	172	18500		

木材加工性质略同孪叶苏木。

【木材用途】

建筑，家具，细木工，室内装修如地板、走廊扶手，桥梁，枕木，车旋制品，工艺品等。

巨瓣苏木属 *Macrolobium* Schreb.

本属约100种，产热带美洲及非洲。拉丁美洲常见商品材树种有巨瓣苏木。

巨瓣苏木 *M. acacifolium* Benth.
(*Outea acaciifolia* Benth. , *Vouapa acaciifolia* Kuntze)
(彩版 10.4；图版 57.1~3)

【商品材名称】

　　阿拉帕里 Arapari

【地方名称】

　　埃古阿诺帕萨库 Aguano pashaco，帕萨库 Pashaco（秘鲁）；阿拉帕里 Arapari（巴西、玻利维亚）；卡坦加 Cutanga，瓦兰戈 Huarango（厄瓜多尔）；阿里皮托 Arepito，埃斯皮尼托 Espinito（委内瑞拉）。

【树木及分布】

　　大乔木，树高可达30m，直径1m；分布于玻利维亚、巴西、秘鲁、委内瑞拉、厄瓜多尔等地。

【木材构造】

　　宏观特征

　　木材散孔材。心材浅褐色；与边材界限不明显。边材近白色。生长轮略明显。管孔放大镜下明显；散生；数甚少；略小。轴向薄壁组织放大镜下明显；环管状、翼状、聚翼状及轮界状。木射线放大镜下可见；密；甚窄。波痕及胞间道未见。

　　微观特征

　　导管横切面为卵圆形，略具多角形轮廓；单管孔，少数径列复管孔（2~3个），管孔团偶见；散生；1~6个，平均4个/mm²；管孔最大弦径145μm，平均97μm；导管分子平均长383μm；少数导管内含树胶或沉积物。管间纹孔式互列；多角形，纹孔口内含，透镜形，系附物纹孔。单穿孔，穿孔板略倾斜。导管与射线间纹孔式类似管间纹孔式。轴向薄壁组织在生长轮内部为环管束状，向外为翼状、聚翼状（傍管带状）及轮界状；少数细胞含树胶，具分室含晶细胞，内含菱形晶体达7个或以上。木纤维壁甚薄；直径21μm，纤维平均长1256μm，单纹孔略具狭缘，纹孔口常外展呈 X 形，径面较多。木射线13~15根/mm；非叠生。单列射线高1~16（多数5~10）细胞。多列射线宽2细胞，有时2列部分与单列近等宽，高略同单列射线。连接射线常见。射线组织异形Ⅱ及Ⅲ型。直立或方形细胞比横卧射线细胞略高或高得多；具菱形晶体，有时为分室含晶细胞，多位于直立或方形细胞中。胞间道未见。髓斑常见。

　　材料：W22511（巴西）

【木材性质】

　　木材具光泽；无特殊气味和滋味；纹理直；结构细而匀；木材轻（气干密度0.4~0.55 g/cm³）；强度弱。

木材干燥不难，无严重开裂和变形。木材锯、刨等加工容易，切面光滑。

【木材用途】

普通家具，单板，胶合板，室内装修，包装箱，板条箱等。

黑苏木属 *Melanoxylon* Schott

本属 3 种，分布热带南美洲。常见商品材树种有黑苏木。

黑苏木 *M. brauna* Schott
（图版 57.4~6）

【商品材名称】

布劳纳 Brauna

【地方名称】

阿沃雷达丘瓦 Arvore-da-chuva，布劳纳普雷塔 Brauna-preta，格劳纳 Grauna（巴西）。

【树木及分布】

乔木；产于巴西等地。

【木材构造】

宏观特征

木材散孔材。心材巧克力色或近黑色。边材色浅。生长轮不明显。管孔放大镜下明显；散生；数略少；略大。轴向薄壁组织放大镜下不见。木射线放大镜下略见；略密；窄。波痕及胞间道未见。

微观特征

导管横切面为圆形及卵圆形，少数略具多角形轮廓；单管孔及径列复管孔（2~6个，多数 2~3 个），管孔团偶见；散生；13~31 个，平均 24 个/mm²；最大弦径181μm，平均108μm；导管分子平均长 420μm，部分导管具沉积物或树胶；螺纹加厚未见。管间纹孔式互列；多角形，纹孔口内含，透镜形，系附物纹孔；导管分子略叠生。单穿孔，穿孔板略倾斜。导管与射线间纹孔式类似管间纹孔式。轴向薄壁组织为疏环管状、环管束状、少数侧向伸展似翼状；大部分细胞含树胶；具分室含晶细胞，内含菱形晶体可达 12 个或以上。木纤维壁甚厚；直径 16μm，平均长 1215μm，单纹孔略具狭缘。木射线7~9 根/mm；局部叠生。单列射线很少，高 5~8 细胞。多列射线宽 2~4细胞，高 5~34（多数 15~22）细胞。射线组织为同形单列及多列，或同形多列。大部分射线细胞含树胶；晶体未见。胞间道未见。

材料：W22725（巴西）

【木材性质】

木材具光泽；无特殊气味和滋味；纹理直至交错；结构细，均匀；木材甚重；干缩大；强度高。

产　地	密度(g/cm³)		干缩率(%)			顺纹抗压强度(MPa)	抗弯强度(MPa)	抗弯弹性模量(MPa)	顺纹抗剪强度(MPa)	冲击韧性(kJ/m²)
	基　本	气　干	径　向	弦　向	体　积					
巴　西		1.05	3.6	7.4	10.5	93	188	18873	15	

木材耐腐；能抵抗食木害虫危害；防腐剂浸注困难。

【木材用途】

建筑（如梁、柱等），地板，乐器，文化用品，体育器材，枕木，矿柱等。

鳕苏木属 *Mora* Schomb. ex Benth.

本属10种，产于热带南美洲及西印度群岛。拉丁美洲常见商品材树种有大鳕苏木。

大鳕苏木 *M. excelsa* Benth.　（*Dimorphandra guianensis* Baill.）
（彩版10.5；图版58.1~3）

【商品材名称】

莫拉 Mora

【地方名称】

普拉库 Praku，莫拉 Mora，莫拉伊克 Mora-yek，帕拉考亚 Parakaua（圭亚那）；皮托 Peto，威特莫拉 Witte mora（苏里南）；马霍特鲁吉 Mahot rouge（法属圭亚那）；纳托 Nato，纳托罗乔 Nato rojo（哥伦比亚）；普拉库巴 Pracuúba（巴西）；圭亚那莫拉 Mora de guayana（委内瑞拉）。

【树木及分布】

大乔木，在圭亚那生长者高可达50m，直径1.2m；主干直，高15~18m；板根高可达4.5m。常生长沼泽和沿河两岸及热带雨林中，喜群生，常形成纯林或几为纯林。大树常中空。分布圭亚那、法属圭亚那、苏里南、委内瑞拉及巴西等。

【木材构造】

宏观特征

木材散孔材。心材红褐色，深红色，具深浅相间条纹；与边材界限明显。边材浅黄色，宽5~15cm。生长轮不明显或略明显。管孔放大镜下明显；散生；数少；略大。轴向薄壁组织肉眼下略见，放大镜下明显；为翼状、聚翼状及轮界状。木射线放大镜下可见；略密；甚窄。波痕及胞间道未见。

微观特征

导管横切面近圆形或卵圆形，略具多角形轮廓；单管孔，少数径列复管孔（2~5个，多为2~3个），稀管孔团；散生；6~11个，平均8个/mm²；最大弦径176μm，平均直径123μm；导管分子平均长576μm；具树胶或沉积物，螺纹加厚未见。管间纹孔式互列；多角形，纹孔口内含，透镜形，系附物纹孔。单穿孔，穿孔板平行至略倾斜。导管与射线间纹孔式类似管间纹孔式。轴向薄壁组织丰富，为翼状、聚翼状及轮界状（宽常 1 细胞）；分室含晶细胞普遍，内含菱形晶体可达 15 个或以上；具硅石。木纤维壁甚厚；直径 16μm，纤维平均长 1553μm，单纹孔略具狭缘。木射线5~8 根/mm；非叠生。单列射线高 4~27（多数 12~20）细胞。多列射线宽 2（稀 3）细胞，高 14~31（多数 18~25）细胞。连接射线常见。射线组织同形单列及多列，稀异Ⅲ型。方形细胞（少见）比横卧射线细胞略高，后者近圆形。射线细胞具硅石；晶体未见。胞间道未见。

材料：W20514（英国送）

【木材性质】

木材光泽强；无特殊气味；具苦味；纹理直至交错；结构略粗，均匀；木材甚重；干缩甚大；强度高。

产　地	密度(g/cm³)		干缩率(%)			顺纹抗压强度(MPa)	抗弯强度(MPa)	抗弯弹性模量(MPa)	顺纹抗剪强度(MPa)	冲击韧性(kJ/m²)
	基　本	气　干	径　向	弦　向	体　积					
特立尼达和多巴哥		1.05	8.5	13.1	22.2	87	208	14902	11	
		0.95~1.04	6.9	9.8	18.8	82	152	20414		257
圭亚那	0.78	0.99	5.8	9.5	17.6	81	149	21020		

木材干燥宜慢，以减轻开裂和变形。耐腐性能中等，能抗白蚁和其他虫害；但易受海生钻木动物危害，边材易受小蠹虫危害；防腐剂浸注心材困难，边材容易。因木材重、硬，加工略困难，但加工性能良好，刨切角用 20°，以克服径面撕裂；旋切容易，精加工后表面光滑；耐磨性强；钉钉不容易，但握钉力强。木材耐燃性好，为烧炭的好材料。

【木材用途】

用于建筑，造船，车辆，家具，细木工，地板，枕木，矿柱，电杆，工具柄，车工制品等。

紫心苏木属 *Peltogyne* Vogel.

本属 25 种，产热带南美洲。常见商品材树种有：

毛紫心苏木 *P. pubescens* Benth.

商品材名称：紫心木 Purpleheart，科罗博雷里 Koroborelli，阿马兰斯 Amaranth，阿马兰蒂 Amarante，波罗克索 Pau-roxo。

大乔木，高可达 36m，直径达 0.9m；枝下高 18~21m；主干圆柱形，具板根，高达 1m。产于巴西、圭亚那、苏里南等地；常生长在干旱常绿林和沼泽林中，也生长在热带雨林及热带草原林中。心材新切面为褐色，久露大气中转呈深褐色；与边材界限明显。边材近白色，具紫色条纹；宽 5~10cm。木材具光泽；无特殊气味和滋味；纹理直，有的呈波状或交错；重量重；干缩小至中；强度高。干燥速度慢，窑干用软基准性能良好。木材很耐腐；能抗白蚁危害，但易受海生钻木动物危害；防腐剂浸注心材困难，边材容易。因木材重、硬，加工略困难，但用锋利工具，加工后表面光滑；遇交错纹理刨切角宜在 15°左右。木材着色、胶粘性能良好；耐磨性强，蒸煮后弯曲性也佳，并具一定耐酸和阻燃能力。木材适用于建筑，家具，细木工，地板，造船，车辆，农具，运动器材，枕木，矿柱，电杆，化工用木桶，乐器，车工制品等。

圆锥紫心苏木 *P. paniculata* Benth. 详见种叙述。

具脉紫心苏木 *P. venosa*（Vahl.）Benth. 详见种叙述。

圆锥紫心苏木 *P. paniculata* Benth.
（彩版 10.6；图版 58.4 ~ 6）

【商品材名称】

　　紫心木 Purpleheart

【地方名称】

　　内札雷诺 Nazareno，坦纳尼奥 Tananeo（哥伦比亚）；阿尔加罗比托 Algarrobito（委内瑞拉）；科蒂奎考亚 Coatiquicaua，波-罗克索 Pau-roxo，罗星霍 Roxinho（巴西）。

【树木及分布】

　　大乔木，高可达 30m，直径 0.8m 或以上；主干直，圆柱形，具板根。分布巴西、哥伦比亚、委内瑞拉等地。

【木材构造】

　　宏观特征

　　木材散孔材。心材暗红褐至紫褐色；与边材界限明显。边材近白色，宽约 1.5cm。生长轮不明显。管孔肉眼下可见，放大镜下明显；散生；数少；具沉积物或树胶。轴向薄壁组织肉眼下略见，放大镜下明显；翼状、聚翼状及少数带状。木射线放大镜下明显；略密；窄。波痕及胞间道未见。

　　微观特征

　　导管横切面近圆形，少数略具多角形轮廓；单管孔，少数径列复管孔（2 ~ 6 个，稀至 9 个，多为 2 ~ 3 个），稀管孔团；散生；5 ~ 11 个，平均 8 个/mm²；最大弦径 130μm，平均直径 105μm；导管分子平均长 277μm；部分导管含树胶或沉积物。管间纹孔式互列；多角形，纹孔口内含，透镜形，部分外展或合生，呈线形，系附物纹孔。单穿孔，穿孔板平行至略倾斜。导管与射线间纹孔式类似管间纹孔式。轴向薄壁组织为翼状（多单侧）、聚翼状、带状（不连续，宽 2 ~ 5 细胞）及轮界状；晶体未见；部分叠生。木纤维壁甚厚；直径 13μm，纤维平均长 1240μm，单纹孔略具狭缘。木射线 5 ~ 7 根/mm；非叠生。单列射线少，高 3 ~ 13（多数 5 ~ 8）细胞。多列射线宽 2 ~ 3（偶 4）细胞，高 8 ~ 33（多数 13 ~ 25）细胞。射线组织同形单列及多列。射线细胞多列部分多为多角形；部分细胞含树胶；晶体未见。胞间道缺如。

　　材料：W22442（巴西）

【木材性质】

　　木材光泽强；无特殊气味和滋味；纹理直、波状或交错；结构细，略均匀；木材甚重；干缩甚大；强度高。

产 地	密度(g/cm³)		干缩率(%)			顺纹抗压强度(MPa)	抗弯强度(MPa)	抗弯弹性模量(MPa)	顺纹抗剪强度(MPa)	冲击韧性(kJ/m²)
	基 本	气 干	径 向	弦 向	体 积					
巴 西	0.81	1.00	5.1	8.1	12.7	91	187	17745	18	

木材窑干速度快，略有端裂、扭曲和侧弯。天然耐腐性强，抗菌性能高，抗蚁性极强，但有海生钻木动物危害；防腐剂浸注性能差。由于木材硬，加工工具热时有树脂渗出，致使加工难度中等；但刨、旋切、砂光、钻孔性能非常好，胶粘、精加工也佳；钉钉宜先打孔。

【木材用途】

家具，细木工，地板，建筑，造船，雕刻，车旋制品，工具柄等。

具脉紫心苏木 *P. venosa*（Vahl.）Benth.
（彩版 10.7；图版 59.1~3）

【商品材名称】

阿马兰特 Amarante

紫心木 Purpleheart

【地方名称】

紫心木 Purpleheart（圭亚那、苏里南）；卡拉韦 Karawai，科罗博雷里 Koroboreli，库克威 Kukwi，马拉科 Marako，莫科 Mok，萨克 Saka（圭亚那）；莫拉多 Morado（玻利维亚、委内瑞拉）；瓜拉布 Guarabu，波洛克苏 Pau roxo，波维奥莱特 Pau violeta，罗克星霍 Roxinho（巴西）；纳扎伦诺 Nazareno，塔那尼诺 Tananeo（哥伦比亚）；阿马兰特 Amarante，布衣斯瓦奥莱特 Bois violet（法属圭亚那）；波波阿蒂 Popo-ati（苏里南）；阿尔加罗贝托 Algarrobito，扎帕蒂罗 Zapatero（委内瑞拉）。

【树木及分布】

大乔木；树高可达 55m，直径 1.5m；树干直，圆柱形，具板根。分布于热带南美洲，如巴西、圭亚那、苏里南、委内瑞拉等。

【木材构造】

宏观特征

木材散孔材。心材褐色、红褐或深紫色；与边材区别明显。边材浅粉到灰白色，宽 3~6cm。生长轮略明显。管孔肉眼下可见，放大镜下明显；散生；数少；略大。轴向薄壁组织为翼状、聚翼状及轮界状。木射线放大镜下可见；稀至略密；窄。波痕及胞间道未见。

微观特征

导管横切面卵圆形及圆形，略具多角形轮廓；单管孔，少数径列复管孔（2~3个），稀管孔团；散生；3~9个，平均 5 个/mm²；最大弦径 227μm，平均直径 163μm；导管分子平均长 440μm；部分导管含沉积物或树胶。管间纹孔式互列；多角形，纹孔口内含，透镜形，系附物纹孔。单穿孔，穿孔板平行至略倾斜。导管与射线间纹孔式类似管间纹孔式。轴向薄壁组织为翼状（有时为单侧翼状）、聚翼状及轮界状；具分室含晶细胞，内含菱形晶体可达 7（多为 3~4）个或以上；部分薄壁细胞叠生。木纤维壁甚厚；直径 17μm，纤维平均长 1800μm，单纹孔略具狭缘。木射线 4~5 根/mm；非叠生。多列射线（偶单列）宽 2~4 细胞，高 13~45（多数 28~35）细胞。射线组织同形多列。射线细胞多含树胶；晶体未见。胞间道缺如。

材料：W22654（苏里南）

【木材性质】

木材具光泽；无特殊气味和滋味；纹理直至略交错；结构细，略均匀；木材重；干缩大；强度高。

产　地	密度(g/cm³)		干缩率(%)			顺纹抗压强度(MPa)	抗弯强度(MPa)	抗弯弹性模量(MPa)	顺纹抗剪强度(MPa)	冲击韧性(kJ/m²)
	基　本	气　干	径　向	弦　向	体　积					
圭亚那	0.75	0.84	4.6	6.6	11.2	79	155	16860		
圭亚那		0.90	6.1	8.6	15.6	92	225	17647	10	
苏里南		0.80				71	132	15647	15	

木材干燥性能好，几无开裂和变形；干燥后尺寸稳定性较佳。木材耐腐，抗蚁和抗干木害虫能力强；防腐剂浸注性能差。锯解不难，其余机械加工困难程度中等；胶粘尚好，钉钉需先打孔，握钉力中等，精加工好，刨切装饰单板性能佳。

【木材用途】

家具，细木工，室内外装修，地板，楼梯，胶合板，刨切单板，造船，雕刻，工具柄，体育用品等。

翅雌豆属 *Pterogyne* Tul.

本属仅 1 种，产于巴西、阿根廷、巴拉圭等地。

翅雌豆木 *P. nitens* Tul.
（彩版 10.8；图版 59.4~6）

【商品材名称】

阿们多伊姆 Amendoim

阿朱诺 Ajunau

【地方名称】

马迪拉诺瓦 Madeira-nova（巴西）；杰奇图里奎科洛雷多 Jichituriqui colorado，西雷里 Sirare，蒂帕科洛雷达 Tipa colorada，蒂皮拉 Tipilla（玻利维亚）。

【树木及分布】

大乔木，高可达 25m，直径 0.8m；树干直而不规则；产于巴西、阿根廷、巴拉圭、玻利维亚等。

【木材构造】

宏观特征

木材散孔材。心材褐色；与边材界限不明显。边材色浅。生长轮略明显；界以轮界薄壁组织带。管孔放大镜下明显；散生；数少；略大。轴向薄壁组织环管状及轮界状。木射线放大镜下略明显；略密；窄。波痕肉眼下略明显。胞间道未见。

微观特征

导管横切面多为卵圆形，略具多角形轮廓；单管孔，少数径列复管孔（2～5个，多数2～3个），稀管孔团；散生；4～13个，平均9个/mm²；最大弦径187μm，平均直径129μm；导管分子平均长335μm；部分导管含树胶或沉积物；螺纹加厚未见。管间纹孔式互列；多角形，纹孔口内含，透镜形，部分外展或合生，呈线形，系附物纹孔；叠生。单穿孔，穿孔板略倾斜。导管与射线间纹孔式类似管间纹孔式。轴向薄壁组织为疏环管状、环管束状、翼状、聚翼状及轮界状；部分细胞含少量树胶；分室含晶细胞可见，内含菱形晶体3个或以上；叠生。木纤维壁厚至甚厚；直径15μm，纤维平均长1040μm，单纹孔略具狭缘。木射线6～11根/mm；叠生。多列射线（偶见单列）宽2～3（稀4）细胞，高6～13（多为8～11）细胞。射线组织为同形多列，稀异形。方形细胞可见，比横卧射线细胞略高或近等高。射线细胞多含树胶；菱形晶体常见，多位于上下边缘或方形细胞中。胞间道未见。

材料：W22728，W22742（阿根廷）。

【木材性质】

木材光泽强；具使人愉快气味；无特殊滋味；纹理交错；结构细，均匀；木材重量中至重；干缩中；强度中等。

产　地	密度(g/cm³)		干缩率(%)			顺纹抗压强度(MPa)	抗弯强度(MPa)	抗弯弹性模量(MPa)	顺纹抗剪强度(MPa)	冲击韧性(kJ/m²)
	基　本	气　干	径　向	弦　向	体　积					
巴　西		0.77	3.5	6.5	11.0	53	116	11118	12	

木材耐腐性能中等；防腐剂浸注性能差。

【木材用途】

用于一般建筑，室内装修，地板，家具，独木舟，化工用木桶，农具等。

裂瓣苏木属 *Schizolobium* Vog.

本属5种，分布中美洲到巴西。常见商品材树种有裂瓣苏木。

裂瓣苏木 *S. parahybum*（Vell.）Blake（*S. excelsum* Vog.）
（彩版10.9；图版60.1～3）

【商品材名称】

瓜普鲁武 Guapuruvu

帕卡库 Pachaco

【地方名称】

平霍丘阿巴诺 Pinho-Cuiabano（巴西）；帕卡库 Pachaco，马萨奇 Masachi（厄瓜多尔）；塞雷伯 Serebo（玻利维亚）；坦布 Tambor（哥伦比亚）；帕沙科 Pashaco（秘鲁）。

【树木及分布】

大乔木，高可达 30m，直径 1m；该种速生，在适宜的条件下，2.5 年高生长达 15m，直径 0.2m；通常干形好。常生长在沿河两岸阔叶混交林中；也种植在花园中用作美化和咖啡园中遮荫树。主要分布于墨西哥、巴西、秘鲁、玻利维亚、哥伦比亚、厄瓜多尔等。

【木材构造】

宏观特征

木材散孔材。心材黄白色；与边材区别不明显。边材近白色。生长轮略明显。管孔放大镜下明显；散生；数甚少；略大；侵填体可见。轴向薄壁组织放大镜下略见；傍管状。木射线放大镜下可见；稀至略密；窄。波痕及胞间道未见。

微观特征

导管横切面卵圆形及椭圆形；主为单管孔，少数径列复管孔（2~3 个）；散生；2~4 个，平均 3 个/mm^2；最大弦径 352μm，平均 185μm；导管分子平均长 424μm；侵填体未见；螺纹加厚缺如。管间纹孔式互列；多角形或近圆形，纹孔口内含，透镜形，系附物纹孔。单穿孔，穿孔板平行至略倾斜。导管与射线间纹孔式类似管间纹孔式。轴向薄壁组织量少；环管束状；通常不含树胶；晶体未见。木纤维壁甚薄；直径 45μm，纤维平均长 1098μm，单纹孔略具狭缘；分隔木纤维可见。木射线 4~6 根/mm；非叠生。单列射线很少，高 2~9 细胞。多列射线宽 2~4（偶 5）细胞，高 5~35（多数 13~20）细胞。射线组织同形单列及多列或同形多列。射线细胞内晶体未见，硅石偶见。胞间道未见。

材料：W20142（墨西哥）

【木材性质】

木材光泽较强；无特殊气味和滋味；纹理直；结构略粗，均匀；木材很轻；干缩小或小至中；强度弱。

产 地	密度（g/cm^3）		干缩率（%）			顺纹抗压强度（MPa）	抗弯强度（MPa）	抗弯弹性模量（MPa）	顺纹抗剪强度（MPa）	冲击韧性（kJ/m^2）
	基 本	气 干	径 向	弦 向	体 积					
巴　西	0.27~0.32					<34	<57	<7920	<9	
	0.32	1.8	5.5	8.4	19	41	4971	5		

木材干燥容易；干燥性能好，不开裂也不翘曲；但木料过宽，在窑干或气干时，中心有可能产生皱缩。木材不耐腐，据报道木材不易被虫害，在海水中耐久；边材防腐剂处理容易。锯切易起毛，但加工后光滑；钉钉容易，握钉力差；旋切性能好，但遇应力木或脆心材时旋切可能困难。

【木材用途】

可旋切装饰单板，胶合板，食品包装箱，家具，纸浆，普通建筑，独木舟等。

沃埃苏木属 *Vouacapoua* Aubl.

本属常见商品材树种有亚马孙沃埃苏木。

亚马孙沃埃苏木 *V. americana* Aubl.
（彩版 11.1；图版 60.4~6）

【商品材名称】

　　瓦卡普 Wacapou

　　阿卡普 Acapou

【地方名称】

　　布鲁因哈特 Bruinhart（苏里南）；萨拉贝贝巴里 Sarabebeballi（圭亚那）；瓦卡普 Wacapou（法属圭亚那）；阿卡普 Acapú（巴西）。

【树木及分布】

　　大乔木，高可达23m，直径0.6m；树干细长，无板根或具小的板根，主干长可达14~17m。常生长在山地雨林中，河流两旁高地，喜群生。分布于圭亚那、苏里南、法属圭亚那及巴西，为苏里南重要商品材。

【木材构造】

　　宏观特征

　　木材散孔材。心材为黑褐色或红褐色；与边材区别明显。边材近白色，宽2~4cm。生长轮不明显或略见，界以生长轮外部管孔少的深色带。管孔肉眼可见，放大镜下明显；散生或不明显斜列；数少；略大。轴向薄壁组织肉眼可见，放大镜下明显；环管状、翼状及聚翼状。木射线放大镜下可见；略密；窄。波痕及胞间道未见。

　　微观特征

　　导管横切面圆形及卵圆形；部分略具多角形轮廓；多为单管孔，少数径列复管孔（多为2个，稀3个）；偶见管孔团；散生；3~9个，平均7个/mm^2；最大弦径156μm，平均114μm；导管分子平均长674μm；具树胶或沉积物；螺纹加厚未见。管间纹孔式互列，多角形，纹孔口内含，透镜形，系附物纹孔。单穿孔，穿孔板略倾斜。导管与射线间纹孔式类似管间纹孔式。轴向薄壁组织丰富；为翼状及聚翼状，少数轮界状（宽1细胞）；少数细胞含树胶；具分室含晶细胞，内含菱形晶体可达9个或以上；具硅石。木纤维壁甚厚；直径19μm，纤维平均长1507μm，单纹孔略具狭缘；分隔木纤维未见。木射线7~8根/mm；非叠生。单列射线很少，高2~10细胞。多列射线宽2~4细胞，高6~42（多数17~28）细胞。具连接射线。射线组织同形单列及多列。部分射线细胞含树胶；具硅石；晶体未见。胞间道未见。

　　材料：W21138（圭亚那）

【木材性质】

　　木材具光泽；无特殊气味和滋味；纹理直或略波状；结构细，略均匀；木材重；干缩中至大；强度高。

产　地	密度(g/cm³)		干缩率(%)			顺纹抗压强度(MPa)	抗弯强度(MPa)	抗弯弹性模量(MPa)	顺纹抗剪强度(MPa)	冲击韧性(kJ/m²)
	基　本	气　干	径　向	弦　向	体　积					
圭亚那		0.87	4.1	6.2	13.0	82	187	14804	9	
	0.79	0.94	4.9	6.9	13.0	79	149	17437		

　　木材干燥速度中等；性能良好，略有端裂、面裂、翘曲和表面硬化。很耐腐；能抗白蚁和海生钻木动物危害，抗小蠹虫危害；防腐剂浸注困难。虽然木材重、硬，但锯、刨加工不难，切面光滑；车旋、胶粘、抛光性能好；钉钉宜先打孔；耐候性能好；加工后性能稳定。

【木材用途】

　　建筑，地板，高级家具，细木工，车辆，造船，矿柱，枕木，电杆等。

蝶形花亚科 **Faboideae** Reichenb.
（**Papilionoideae** Giseke）

　　482 属，约 12000 种，广泛分布世界各地。拉丁美洲常见商品材属有：护卫豆属 *Alexa*，良木豆属 *Amburana*，甘蓝豆属 *Andira*，鲍迪豆属 *Bowdichia*，刺片豆属 *Centrolobium*，黄檀属 *Dalbergia*，双龙瓣豆属 *Diplotropis*，二翅豆属 *Dipteryx*，膜瓣豆属 *Hymenolobium*，合生果属 *Lonchocarpus*，军刀豆属 *Machaerium*，香脂木豆属 *Myroxylon*，红豆属 *Ormosia*，扁豆木属 *Platycyamus*，杂花豆属 *Poecilanthe*，紫檀属 *Pterocarpus*，翅齿豆属 *Pterodon*，铁木豆属 *Swartzia*，斯威豆属 *Sweetia*，同名豆属 *Tipuana*，瓦泰豆属 *Vatairea* 等。

护卫豆属 *Alexa* Moq.

　　本属 7 种；产美洲热带地区。常见商品材树种有：

圭亚那护卫豆 *A. imperatricis* (Schomb.) Baillon

商品材名称：海阿里巴里 Haiaribali，克鲁克 Crook，卡佩 Kapai，靠托伊 Koatoi。

　　大乔木，高可达 30~40m，直径 0.6~0.9m。产于圭亚那、巴西、委内瑞拉等地；多生长在混交林中。木材散孔材。心材褐色，与边材区别明显。边材色浅。生长轮不明显。木材具光泽；重量轻（基本密度 0.46g/cm³，气干密度 0.51g/cm³）；干缩甚大（干缩率：径向 4.0%，弦向 8.5%，体积 11.7%）；强度弱（顺纹抗压强度 39MPa，抗弯强度 73MPa，抗弯弹性模量 10890MPa）。

　　大花护卫豆 *A. grandiflora* Ducke 详见种叙述。

大花护卫豆 A. *grandiflora* Ducke
（彩版 11.2；图版 61.1~3）

【商品材名称】

梅兰西拉 Melancieira

【地方名称】

苏库皮拉佩皮欧 Sucupira-pepino（巴西）

【树木及分布】

大乔木，树高可达 20m，直径达 1m；主干直，圆柱形；树皮光滑，厚 0.5~1cm。产巴西等地。

【木材构造】

宏观特征

木材散孔材。心材黄色至黄褐色，因纹理交错，径面具深浅相间带状条纹。边材色浅。生长轮不明显。管孔肉眼略见，放大镜下明显；散生；管孔甚少；大小中等；侵填体可见。轴向薄壁组织放大镜下明显；环管状、翼状及带状。木射线放大镜下明显；稀至略密；窄。波痕及胞间道未见。

微观特征

导管横切面卵圆形，略具多角形轮廓；单管孔及径列复管孔（2~6 个，多为 2~3 个），少数管孔团；散生；1~6 个，平均 4 个/mm^2；最大弦径 329μm，平均 185μm；导管分子平均长 500μm；螺纹加厚缺如。管间纹孔式互列，多角形；纹孔口内含，透镜形，系附物纹孔。单穿孔，穿孔板平行至略倾斜。导管与射线间纹孔式类似管间纹孔式。轴向薄壁组织主为翼状，少数聚翼状及不规则短带状（位于木纤维中，宽 1~4 细胞）；很少细胞含树胶；菱形晶体未见。木纤维壁薄至厚；直径 27μm，纤维平均长 1414μm，单纹孔略具狭缘；分隔木纤维未见。木射线 4~8 根/mm；非叠生。单列射线少，高 2~11 细胞。多列射线宽 2~4（多为 3）细胞，高 4~27（多数 15~20）细胞。射线组织为异形 III 型。方形细胞比横卧射线细胞高，后者多为卵圆形。射线细胞内含少量树胶；晶体未见。胞间道未见。

材料：W20467（法国送）

【木材性质】

木材光泽弱；无特殊气味和滋味；纹理交错（波状）；结构略粗，均匀；木材重；干缩率甚大；强度中等。

产　地	密度(g/cm^3)		干缩率(%)			顺纹抗压强度(MPa)	抗弯强度(MPa)	抗弯弹性模量(MPa)	顺纹抗剪强度(MPa)	冲击韧性(kJ/m^2)
	基　本	气　干	径　向	弦　向	体　积					
巴　西		0.80	5.1	9.7	15.5	47	98			

木材干燥慢，干燥时易开裂、皱缩或表面硬化，所以要小心。木材不耐腐，易受白蚁和其他虫害；防腐剂浸注容易。锯、刨等加工容易，钉钉和胶粘性能良好；耐候性差。

【木材用途】

一般建筑，家具，刨切单板，胶合板，包装箱，地板等。

良木豆属 *Amburana* Schwacke et Taub.

本属 3 种，产于热带南美洲。拉丁美洲常见商品材树种有巴西良木豆。

巴西良木豆 *A. cearensis* A. C. Sm. （ *Torresea Cearensis* Fr. Allem. ）
（彩版 **11.3**；图版 **61.4~6**）

【商品材名称】

赛雷杰拉 Cerejeira

【地方名称】

赛雷杰拉鲁雅达 Cerejeira rujada，库马拉 Cumaré（巴西）；帕洛特雷包尔 Palo trebol，佩斯罗布尔 Roble de pais（阿根廷）；安布拉纳 Amburana（英国、德国、意大利）；伊什平姆戈 Ishpimgo（秘鲁）。

【树木及分布】

大乔木，树高可达 20m，直径达 0.7m，主干通常直，树皮含树脂，内具芳香油。产于中美洲、南美洲，但主产地为巴西、秘鲁、玻利维亚，常生长在潮湿的砂壤土中。

【木材构造】

宏观特征

木材散孔材。心材黄色；与边材界限不明显。边材灰白色。生长轮不明显，但在旧切面可见。管孔在放大镜下明显；散生或略斜列；数甚少；略大；侵填体未见。轴向薄壁组织肉眼可见，放大镜下明显；翼状及聚翼状。木射线放大镜下明显；略密；甚窄。波痕及胞间道未见。

微观特征

导管横切面卵圆形或近圆形，略具多角形轮廓；单管孔，少数径列复管孔（2 个，稀 3 个）；散生；2~5 个，平均 3 个/mm²；最大弦径 193μm，平均 120μm；导管分子平均长 320μm；部分导管具树胶或沉积物；螺纹加厚未见。管间纹孔式互列，多角形；纹孔口内含，透镜形，系附物纹孔；导管分子叠生。穿孔板单一，略倾斜。导管与射线间纹孔式类似管间纹孔式。轴向薄壁组织为翼状及聚翼状；具菱形晶体，部分为分室含晶细胞，内含菱形晶体 5 个或以上；叠生。木纤维壁薄至厚；直径 23μm，纤维平均长 1240μm，单纹孔略具狭缘；近叠生。木射线6~8 根/mm；叠生。单列射线较少，高4~8 细胞。多列射线宽 2（偶 3）细胞，高 6~17（多数 8~12）细胞。具连接射线。射线组织异形Ⅲ型，稀Ⅱ型。直立或方形细胞比横卧射线细胞高；具菱形晶体，位于直立或方形细胞中。胞间道未见。

材料：W18451（秘鲁）

【木材性质】

木材光泽强；略具香气；无特殊滋味；纹理斜；结构细，均匀；木材重量轻至中；干缩小；强度中等。

产 地	密度(g/cm³)		干缩率(%)			顺纹抗压强度(MPa)	抗弯强度(MPa)	抗弯弹性模量(MPa)	顺纹抗剪强度(MPa)	冲击韧性(kJ/m²)
	基 本	气 干	径 向	弦 向	体 积					
秘 鲁	0.43	0.59	2.4	4.5		45	81	8800		
			2.3	4.1	7.6	30	73	9216		

木材干燥慢；性能良好，仅有轻微的翘曲和开裂。耐腐性能中等；抗蚁性能差；防腐剂浸注性能中等。锯、刨等加工容易，切面光滑；宜刨切单板；胶粘性能佳。

【木材用途】

家具，细木工，装饰单板，胶合板，室内外装修，地板，车辆，包装箱，化工用木桶，木模等。

甘蓝豆属 *Andira* Juss.

本属约 35 种，产热带美洲及非洲。拉丁美洲常见商品材树种有：

革质甘蓝豆 *A. coriacea* Pulle（*A. wachenheimii* R. Ben.）

商品材名称：安杰林 Angelin，库拉鲁 Kuraru，科拉罗 Koraro，圣马丁罗杰 Saint-martin rouge，罗德卡贝斯 Rode kabbes。

产于圭亚那、秘鲁等地。木材散孔材。心材红褐色；与边材区别明显。边材黄白色，宽 4～5cm。生长轮不明显。产圭亚那者，木材重量中至重（气干密度 0.72～0.88 g/cm³），干缩甚大（干缩率：弦向 7.2%，径向 4.6%，体积 11.9%），强度中至高（顺纹抗压强度 52～75MPa，抗弯强度 92.7～174.5MPa，抗弯弹性模量 13725.5MPa，顺纹抗剪强度 9.2MPa）。

苏里南甘蓝豆 *A. surinamensis*（Bondt）Splitg. ex Pulle

商品材名称：安杰林 Angelin，巴特西德 Bat seed，科拉罗 Koraro，麦阿斯 Maats。

大乔木，高可达 20～35m，直径 0.7～1m；产巴西、苏里南及圭亚那等地区。在圭亚那常生长在沿河两岸林区中。木材散孔材。心材红褐色，具深色条纹；与边材区别明显。边材色浅，宽 4～5cm。

无刺甘蓝豆 *A. inermis*（Wright）H. B. K. 详见种叙述。

无刺甘蓝豆 *A. inermis*（Wright）H. B. K.（*A. jamaicensis* Urb.）
（彩版 11.4；图版 62.1～3）

【商品材名称】

安杰林 Angelin

【地方名称】

莫卡 Moca（古巴、波多黎各）；库林伯科 Cuilimbuco，马奎拉 Maquilla（墨西哥）；巴伯斯奎罗 Barbosquillo，阿伦尼罗 Arenillo（巴拿马）；罗德卡贝斯 Rode Kabbes（苏里南）；阿卡普拉纳 Acapurana，阿迪拉尤克西 Andira-uxi，阿迪拉 Andira（巴西）；科拉罗 Koraro（圭亚那）。

【树木及分布】

大乔木，树高可达 30m，直径 0.8 ~ 1.2m；枝下高约 21m；无板根。分布广，从墨西哥经中美洲一直到南美洲的巴西。常生长在沼泽和潮湿林区，作为观赏树和遮荫树栽种。

【木材构造】

宏观特征

木材散孔材。心材红褐色，在弦面上具浅色条纹；与边材区别明显。边材浅黄白色。生长轮不明显或明显。管孔放大镜下明显；散生；数甚少；略大；侵填体未见。轴向薄壁组织在肉眼下明显；丰富，为翼状及聚翼状。木射线放大镜下可见；略密；窄。波痕及胞间道未见。

微观特征

导管横切面卵圆形，部分略具多角形轮廓；单管孔，少数径列复管孔（2 ~ 5，多 2 ~ 3 个），稀管孔团；散生；2 ~ 7 个，平均 3 个/mm^2；最大弦径 267μm，平均直径 164μm；导管分子平均长 435μm；侵填体未见；具少量树胶；螺纹加厚未见。管间纹孔式互列；多角形，纹孔口内含、外展或合生，透镜形或线形，系附物纹孔。穿孔板单一，略倾斜。导管与射线间纹孔式类似管间纹孔式。轴向薄壁组织量多；为翼状、聚翼状；具分室含晶细胞，内含菱形晶体可达 10 个或以上；局部叠生。木纤维壁薄至厚；平均直径 26μm，纤维平均长 1480μm，单纹孔略具狭缘；分隔木纤维可见。木射线 5 ~ 7 根/mm；非叠生；局部排列整齐。单列射线少，高 2 ~ 11（多数 4 ~ 7）细胞。多列射线宽 2 ~ 3 细胞，高 6 ~ 24（多为 10 ~ 18）细胞。具连接射线。射线组织异形Ⅲ型及同形单列和多列。方形细胞比横卧射线细胞略高；树胶及晶体未见。胞间道未见。

材料：W20515（巴西）

【木材性质】

木材光泽弱；无特殊气味和滋味；纹理直至略交错；结构细，略均匀；木材重量中；干缩甚大；强度中至高。

产　地	密度(g/cm^3)		干缩率(%)			顺纹抗压强度(MPa)	抗弯强度(MPa)	抗弯弹性模量(MPa)	顺纹抗剪强度(MPa)	冲击韧性(kJ/m^2)
	基　本	气　干	径　向	弦　向	体　积					
圭亚那	0.78	0.87	4.7	7.3	11.7	74	143	16300		
西印度群岛		0.58			10.4	46	113			

木材干燥速度中等；性能良好，几无降等。木材耐腐性强，在淡水中很耐腐；抗白蚁及海生钻木动物危害性能中等；边材常有虫孔；防腐剂浸注性能差。锯、刨等加工性能中等；工具锋利时加工后表面光滑；车旋、钉钉、抛光性能好，胶粘、染色性能亦佳。

【木材用途】

建筑，矿柱，车辆，造船，枕木，电杆，家具，装饰单板，胶合板，地板，雕刻，车旋制品，工具柄，运动器材等。此外，树皮和种子有毒，接触久时可中毒，通常用作杀虫和消毒剂或泻药。

鲍迪豆属 *Bowdichia* Kunth.

本属5种，产热带南美洲。拉丁美洲常见商品材树种有：

光鲍迪豆 *B. nitida* Spruce　详见种叙述。

鲍迪豆 *B. virgilioides* H. B. K. 详见种叙述。

光鲍迪豆 *B. nitida* Spruce
（彩版 11.5；图版 62.4~6）

【商品材名称】

萨普皮拉 Sapupira

苏库皮拉 Sucupira

【地方名称】

卡图巴 Cutiuba，麦卡奈巴 Macanaiba，苏库皮拉达马塔 Sucupira-da-mata，苏库皮拉普雷塔 Sucupira-preta，苏库皮拉弗米尔哈 Sucupira-vemelha（巴西）；黑苏库皮拉 Black sucupira（英国）。

【树木及分布】

大乔木，高可达27~30m，直径0.6m或以上；主干直，圆柱形，板根高达1m，枝下高可达18m。产于巴西北部、委内瑞拉、乌拉圭、玻利维亚等。

【木材构造】

宏观特征

木材散孔材。心材新伐时切面巧克力褐色，干后黑褐色；与边材区别明显。边材灰色；窄。生长轮略明显。管孔肉眼下可见，放大镜下明显；散生或斜列；数少；略大。轴向薄壁组织放大镜下明显；翼状、聚翼状及及少数轮界状。木射线放大镜下可见；略密；窄。波痕不明显。胞间道未见。

微观特征

导管横切面多为卵圆形；部分略具多角形轮廓；单管孔，少数径列复管孔（2~4个，多为2个）；稀管孔团；散生；3~8个，平均6个/mm²；最大弦径295μm，平均156μm；导管分子平均长320μm；部分导管含沉积物；螺纹加厚未见；叠生。管间纹孔式互列；多角形，纹孔口内含，透镜形，少数外展或合生，呈线形；系附物纹孔。单穿孔，穿孔板略倾斜。导管与射线间纹孔式类似管间纹孔式。轴向薄壁组织为翼状、聚翼状、少数轮界状（不连续）；分室含晶细胞可见，内含菱形晶体达8个或以上；叠生。木纤维壁甚厚；直径16μm，纤维平均长1490μm，单纹孔略具狭缘；叠生。木射线8~10根/mm；叠生。单列射线少，高2~7细胞。多列射线宽2~4（多为2~3）细胞，高

5~15（多数 8~12）细胞。连接射线常见。射线组织同形单列及多列或异形Ⅲ型。方形细胞比横卧射线细胞略高或高得多，射线细胞几不含树胶；晶体未见。**胞间道缺如。**

　　材料：W22539（巴西）

【木材性质】

　　木材具光泽；无特殊气味和滋味；纹理直至略交错；结构细，略均匀；木材甚重；干缩甚大；强度高。

产　地	密度(g/cm³)		干缩率(%)			顺纹抗压强度(MPa)	抗弯强度(MPa)	抗弯弹性模量(MPa)	顺纹抗剪强度(MPa)	冲击韧性(kJ/m²)
	基　本	气　干	径　向	弦　向	体　积					
巴　西	0.85	1.01	6.0	9.0	14.7	92	182	17941	19	

　　木材气干很困难，有轻度端裂和变形；窑干快，开裂和扭曲中等。木材耐腐；能抗白蚁和干木害虫危害，抗海生钻木动物性能差；防腐剂浸注边材容易，心材困难。木材加工性能中等，锯容易，刨因交错纹理较困难；车旋、胶粘、油漆、抛光、精加工性能均好，钉钉困难。

【木材用途】

　　建筑，室内外装修如地板、墙壁板，枕木，桥梁，高级家具，装饰单板。

鲍迪豆 *B. virgilioides* H. B. K.
（彩版 11.6；图版 63.1~3）

【商品材名称】

　　苏库皮拉 Sucupira

【地方名称】

　　阿尔克诺块 Alcornoque，康格里奥 Congrio（委内瑞拉）；萨普皮拉 Supupira，苏库皮拉 Sucupira，苏库皮拉帕尔达 Sucupira parda（巴西）。

【树木及分布】

　　大乔木，树高可达 36m，直径 1.2m；树干通常直，干形好，枝下高可达 20m。产委内瑞拉、圭亚那、巴西等；常生长在雨林和稀树草原林内。

【木材构造】

　　宏观特征

　　木材散孔材。心材红褐色至巧克力色，具深浅相间带状条纹；与边材界限明显。边材窄；白色。生长轮不明显至略明显，后者系年轮外部管孔少所致。管孔肉眼下呈白点状，放大镜下明显；散生；数少；略大；侵填体可见。轴向薄壁组织丰富；环管状、翼状、聚翼状及带状。木射线放大镜下明显；略密；窄。波痕及胞间道未见。

　　微观特征

　　导管横切面为卵圆形，少数近圆形；部分略具多角形轮廓；单管孔，少数径列复管孔（2~5，多为 2~3 个）；管孔团偶见；散生；1~8 个，平均 6 个/mm²；最大弦径 224μm，平均 133μm；导管分子平均长 364μm；部分导管内含树胶；螺纹加厚未见。管间纹孔式互列；多角形，纹孔口内含，透镜形，少数合生，呈线形；系附物纹孔。叠生。单穿孔，穿孔板平行至略倾斜。导管与射线间纹孔式类似管间纹孔式。**轴向薄壁组织丰富**，为翼状、聚翼状及轮界状（宽 1 细胞，不连续），稀星散状；分室含晶细胞可见，内含菱形晶体可达 6 个或以上；叠生。木纤维壁甚厚；直径 $15\mu m$，纤维平均长 $1510\mu m$，单纹孔略具狭缘；叠生。木射线 8 ~ 11 根/mm；叠生。单列射线少，高 2 ~ 7 细胞。多列射线宽 2 ~ 3 细胞，高 4 ~ 14 细胞。射线组织同形单列及多列或异形 III 型。方形细胞在局部可见，比横卧射线细胞略高。在射线细胞内晶体未见。**胞间道缺如**。

材料：W18538（巴西）

【木材性质】

木材具光泽；无特殊气味和滋味；纹理不规则至交错；结构细，略均匀；木材重；干缩大；强度高。

产　地	密度(g/cm³)		干缩率(%)			顺纹抗压强度(MPa)	抗弯强度(MPa)	抗弯弹性模量(MPa)	顺纹抗剪强度(MPa)	冲击韧性(kJ/m²)
	基　本	气　干	径　向	弦　向	体　积					
	0.74	0.89	5.0	7.8	13.4	80	141			446

木材干燥宜慢，以防止变形。很耐腐；能抗虫害；在荷兰用作枕木可达 17 年不腐。由于木材重、硬，加工不易；钉钉困难，但握钉力好；胶粘、着色性能佳。

【木材用途】

建筑，车辆，造船，家具，装饰单板，胶合板，地板；尤其适用于枕木，矿柱，电杆等。

刺片豆属 *Centrolobium* Mart. ex Benth.

本属约 7 种，产于热带美洲。拉丁美洲常见商品材树种有粗刺片豆。

粗刺片豆 *C. robustum* Mart.（*C. minus* presl）
（图版 63.4 ~ 6）

【商品材名称】

阿拉里巴 Arariba

【地方名称】

阿拉里巴罗莎 Arariba-rosa，波雷恩哈 Paurainha，波塔马朱 Potumuju（巴西）。

【树木及分布】

乔木；主产巴西东部。

【木材构造】

宏观特征

木材散孔材。心材浅黄色。边材色浅。生长轮略明显；界以轮界薄壁组织带。管孔放大镜下明显；散生；数少；略大。轴向薄壁组织放大镜下明显；环管状、翼状及轮界状。木射线放大镜下可见；略密；甚窄。波痕不明显；胞间道缺如。

微观特征

导管横切面为卵圆形及圆形；具多角形轮廓；单管孔，少数径列复管孔（2～5，多数2～3个）及管孔团；散生；3～18个，平均8个/mm²；最大弦径193μm，平均112μm；导管分子平均长225μm；叠生；树胶可见；螺纹加厚未见。管间纹孔式互列；多角形，纹孔口内含，透镜形，少数外展或合生，呈线形；系附物纹孔。单穿孔，穿孔板略倾斜。导管与射线间纹孔式类似管间纹孔式。**轴向薄壁组织为翼状、聚翼状、少数疏环管状及轮界状；具分室含晶细胞，内含菱形晶体达8个或以上；叠生。木纤维壁甚厚**；直径17μm，纤维平均长1112μm，单纹孔略具狭缘；叠生。**木射线7～9根/mm**；叠生。单列射线（偶成对或2列）高4～21（多数7～12）细胞。射线组织为同形单列。部分射线细胞含少量树胶；晶体未见。胞间道未见。

材料：W22762（巴西）

【木材性质】

木材具光泽；无特殊气味和滋味；纹理通常直至交错；结构细，均匀；木材重；干缩中等；强度中。

产 地	密度(g/cm³)		干缩率(%)			顺纹抗压强度(MPa)	抗弯强度(MPa)	抗弯弹性模量(MPa)	顺纹抗剪强度(MPa)	冲击韧性(kJ/m²)
	基 本	气 干	径 向	弦 向	体 积					
巴 西		0.79	3.1	5.8	9.7	58	108	9824	11	

木材耐腐；未见虫害。木材锯、刨等加工不难；切面光滑。

【木材用途】

建筑，室内装修，家具，地板，装饰单板，车工制品，台球棍，镶嵌制品等。

黄檀属 *Dalbergia* L. f.

本属约120种，广布世界热带及亚热带。拉丁美洲常见商品材树种有：

赛州黄檀 *D. cearensis* Ducke

商品材名称：金木 Kingwood，瓦奥莱特 Violete，瓦奥莱塔 Violetta，瓦奥莱特木 Violet wood，瓦奥莱特帕利桑德雷 Palissandre de Violete。

小乔木，产南美洲，主产巴西。心材材色变异大，浅红至浅红褐色，具紫褐或黑褐色细条纹；与边材区别明显。边材白色。木材光泽强；结构细而匀；木材甚重（气干密度0.95g/cm³）。虽然木材硬、重，但用锋利工具加工颇易，切面光滑。木材用于细木工，装饰单板，乐器，豪华艺术品等。

巴西黄檀 *D. decipularis* Rizz. et Matt.

商品材名称：罗斯帕利桑德雷 Palissandre de rose，杰卡兰达罗莎 Jacaranda rosa，西巴斯蒂奥阿鲁达 Sebastiao arruda。

产巴西。木材淡黄色，具紫红色细条纹。木材具光泽；结构细而匀；木材甚重（气干密度0.95g/cm³）。木材用于细木工，装饰单板，豪华艺术品等。

中美黄檀 *D. granadillo* Standl.

商品材名称：科库博洛 Cocobolo

产墨西哥等地。木材橘红褐色,具褐色细条纹。木材很重(气干密度约1.0g/cm³)。木材用于细木工,装饰单板及高级艺术品。

巴西黑黄檀 *D. nigra* Fr. Allem. 详见种叙述。

微凹黄檀 *D. retusa* Hemsl. 详见种叙述。

亚马孙黄檀 *D. spruceana* Benth. 详见种叙述。

伯利兹黄檀 *D. stevensonii* Standl. 详见种叙述。

巴西黑黄檀 *D. nigra* Fr. Allem.
(彩版11.7;图版64.1~3)

【商品材名称】

巴西玫瑰木 Brazilian rosewood

杰卡兰达 Jacaranda

【地方名称】

卡布纳 Cabiuna,卡维尤纳 Caviuna,杰卡兰达 Jacaranda,巴伊亚玫瑰木 Bahia rosewood,里奥玫瑰木 Rio rosewood(巴西);巴西帕利森德雷 Palissandre du brésil(法国);巴西杰卡兰达 Jacaranda de brasil(西班牙)。

【树木及分布】

大乔木,树高可达38m,直径0.9~1.2m;主干干形不规则,高可至14m;常具板根;老树树干常中空。产于巴西,常生长在沿河两岸阔叶林中。

【木材构造】

宏观特征

木材散孔材。心材材色变异较大,褐色、红褐到紫黑色;与边材区别明显;有油性感。边材近白色。生长轮不明显。管孔放大镜下明显;散生;数甚少;略大;沉积物可见。轴向薄壁组织放大镜下可见;环管状及带状。木射线放大镜下可见;略密;甚窄。波痕略见。胞间道未见。

微观特征

导管横切面为卵圆形,略具多角形轮廓;单管孔,少数径列复管孔(2~5,稀至9个,多数2~3个)及管孔团;散生;2~7个,平均4个/mm²;最大弦径261μm,平均149μm;导管分子平均长236μm;部分导管内含树胶及沉积物;螺纹加厚未见。管间纹孔式互列;多角形,纹孔口内含,少数外展或合生,透镜形或线形。单穿孔,穿孔板平行至略倾斜。导管与射线间纹孔式类似管间纹孔式。**轴向薄壁组织星散-聚合状**、带状(宽1~3细胞)、轮界状、环管束状及翼状;具分室含晶细胞,内含菱形晶体可达6个或以上;纺锤形薄壁细胞可见;叠生。木纤维壁甚厚;直径20μm,纤维平均长1295μm,单纹孔略具狭缘;部分纤维含树胶;叠生。木射线5~10根/mm;叠生。单列射线高2~10细胞。多列射线宽2(偶3)细胞,高5~10细胞。射线组织同形单列及多列或异形Ⅲ型。直立(少见)或方形射线细胞比横卧射线细胞高;少数细胞含树胶;晶体未见。胞间道缺如。

材料:W19212(巴西)

【木材性质】

木材具光泽;无特殊气味;新切面略具甜味;纹理直,有时波状;结构细,均匀;

木材重；干缩率甚大；强度高。

产　地	密度(g/cm³)		干缩率(%)			顺纹抗压强度(MPa)	抗弯强度(MPa)	抗弯弹性模量(MPa)	顺纹抗剪强度(MPa)	冲击韧性(kJ/m²)
	基　本	气　干	径　向	弦　向	体　积					
巴　西		0.87	4.0	10.2	14.1	63	136	11716	14	

　　木材干燥性能良好，但宜慢，以防端裂和面裂。木材很耐腐；能抗虫害，但表面常有小蠹虫危害。木材加工性能良好，但手工加工颇困难。车旋、刨切性能良好，精加工性能亦佳；蒸煮后弯曲性能好，并具有很好的耐候性；胶粘性能有变异。木屑可能引起皮炎。

【木材用途】

　　主要用于生产高级家具，细木工，装饰单板，乐器，室内装修，车工制品，工具柄等。

　　注：根据《红木》国家标准GB/T 18107—2000，红木包括：紫檀木、花梨木、香枝木、黑酸枝木、红酸枝木、乌木、条纹乌木、鸡翅木八类，每类木材必须符合《红木》标准中规定的4个必备条件即：树种、结构、密度、心材材色。巴西黑黄檀符合黑酸枝类木材的必备条件，为生产红木家具的良材。

微凹黄檀 *D. retusa* Hemsl.
（彩版11.8；图版64.4~6）

【商品材名称】

　　科库波洛 Cocobolo

【地方名称】

　　格拉纳迪洛 Granadillo（墨西哥、危地马拉）；芬尼拉 Funera（萨尔瓦多）；帕洛尼格罗 Palo negro（洪都拉斯）；纳母巴 Nambar（尼加拉瓜、哥斯达黎加）；科库波洛 Cocobolo，科库波洛普雷图 Cocobolo prieto（巴拿马）。

【树木及分布】

　　小至中乔木，高可达13~18m，直径可达0.5m或以上；树形通常较差；分布从巴拿马到墨西哥的西南部和太平洋沿岸中美洲地区，通常生长在干旱的丘陵地区。

【木材构造】

　　宏观特征

　　木材散孔材。心材红褐色，久露大气呈紫红褐色；与边材区别明显。边材浅黄白色。生长轮不明显。管孔放大镜下明显；散生；数甚少；略大；部分管孔内含树胶。轴向薄壁组织放大镜下可见；环管状、翼状及带状。木射线放大镜下略明显；密；甚窄。波痕不明显。胞间道未见。

　　微观特征

　　导管横切面多为卵圆形，部分略具多角形轮廓；单管孔，少数径列复管孔（2~3个）；散生；1~6个，平均3个/mm²；最大弦径239μm，平均138μm；导管分子平均长210μm；部分导管含树胶；螺纹加厚未见。管间纹孔式互列；多角形，纹孔口内含，透镜形或长椭圆形，系附物纹孔。导管分子叠生。单穿孔，穿孔板略倾斜。导管与射线间纹孔式类似管间纹孔式。轴向薄壁组织为星散状、星散－聚合状、带状（多宽1细胞，少数2细胞，偶3细胞）、轮界状、环管束状及少数翼状；分室含晶细胞普遍，内含菱形晶体可达8个或以上；叠生。木纤维壁厚；直径16μm，纤维平均长1180μm，叠生。单纹孔略具狭缘。木射线12~15根/mm；叠生。单列射线（极少数宽2或3细胞）高2~13（多数8~10）细胞。射线组织为同形单列。部分射线细胞含树胶；晶体未见。胞间道未见。

材料：W4449（美国送）

【木材性质】

木材具光泽；有辛辣气味；无特殊滋味；纹理直至交错；结构细而均匀；木材甚重；干缩小；强度高。

产　地	密度(g/cm³)		干缩率(%)			顺纹抗压强度(MPa)	抗弯强度(MPa)	抗弯弹性模量(MPa)	顺纹抗剪强度(MPa)	冲击韧性(kJ/m²)
	基　本	气　干	径　向	弦　向	体　积					
		>1.0	2.9	4.6	8.5	81	158	18700	19	

木材干燥应慢，以防开裂；建议窑干前先气干一段时间；干燥后吸湿很慢，尺寸稳定性好。木材耐腐；抗海生钻木动物危害性强。机械加工性能好，具油性感，易砂光，但胶粘性能较差。在加工过程中产生粉尘人接触时可能产生皮疹。

【木材用途】

高级家具，装饰单板，乐器部件，珠宝盒，车旋制品，工具柄等。

注：根据《红木》国家标准GB/T 18107—2000，红木包括：紫檀木、花梨木、香枝木、黑酸枝木、红酸枝木、乌木、条纹乌木、鸡翅木八类，每类木材必须符合《红木》标准中规定的4个必备条件即：树种、结构、密度、心材材色。微凹黄檀符合红酸枝类木材的必备条件，为生产红木家具的良材。

亚马孙黄檀 D. spruceana Benth.
（彩版11.9；图版65.1~3）

【商品材名称】

杰卡兰达 Jacaranda

【地方名称】

杰卡兰达多帕拉 Jacaranda-do-para，杰卡兰达普雷托 Jacaranda preto（巴西）；帕利森德罗 Palissandro（法国）；乌木 Black-wood，玫瑰木 Rose-wood（英国）。

【树木及分布】

中、小乔木，树皮灰白色；分布巴西巴拉州、亚马孙州、阿马帕州、罗东尼亚州等；喜生在干旱不太高的山坡地带。

【木材构造】

宏观特征

木材散孔材。心材栗褐色，具黑色条纹；与边材区别明显。边材浅黄白色。生长轮不明显。管孔在肉眼下可见，放大镜下明显；散生；管孔数甚少；直径大；具树胶或沉积物。轴向薄壁组织放大镜下略见；环管状及带状。木射线放大镜下略见；略密；窄。波痕及胞间道未见。

微观特征

导管横切面为卵圆形，略具多角形轮廓；单管孔，少数径列复管孔（2~6个，多为 2～3 个），稀管孔团，管孔内多含沉积物；散生；1～4 个，平均 3 个/mm²；最大弦径 281μm，平均 209μm；导管分子平均长 232μm；管间纹孔式互列；多角形，纹孔口内含，透镜形，系附物纹孔；略叠生。单穿孔，穿孔板略倾斜。导管与射线间纹孔式类似管间纹孔式。**轴向薄壁组织丰富**，环管束状、似翼状、星散状、星散-聚合状及带状（宽 1～3 细胞）；部分细胞含树胶，菱形晶体未见；略叠生。木纤维壁甚厚；直径 19μm，纤维平均长 1170μm，单纹孔略具狭缘；少数纤维含树胶。木射线 10～16 根/mm；多叠生。单列射线略多，高 4～15（多数 6～9）细胞。多列射线宽 2（少数 3）细胞，高 5～17（多数 7～12）细胞。射线组织同形单列及多列。方形细胞可见，比横卧射线细胞略高；大部分细胞含树胶；菱形晶体未见。**胞间道未见。**

材料：W22512（巴西）

【木材性质】

木材具光泽；无特殊气味和滋味；纹理直至略交错；结构略粗，略均匀；木材甚重（0.98～1.1g/cm³）；强度中等或中至高。

木材锯、刨等加工不难，切面光滑。

【木材用途】

高级家具，细木工，室内装修，刨切装饰单板，雕刻，乐器，剑柄等。

注：根据《红木》国家标准 GB/T 18107—2000，红木包括：紫檀木、花梨木、香枝木、黑酸枝木、红酸枝木、乌木、条纹乌木、鸡翅木八类，每类木材必须符《红木》述标准中规定的 4 个必备条件即：树种、结构、密度、心材材色。亚马孙黄檀符合黑酸枝类木材的必备条件，为生产红木家具的良材。

伯利兹黄檀 D. *stevensonii* Standl.
（图版 65.4～6）

【商品材名称】

洪都拉斯玫瑰木 Honduras rosewood

【地方名称】

洪都拉斯帕里桑德雷 Palissandre du honduras（法国）；洪都拉斯帕里桑德罗 Palisandro de honduras（西班牙）；洪都拉斯罗森霍尔兹 Honduras roseholz（德国）。

【树木及分布】

大乔木，高可达 15～30m，直径 0.9m；主干常具凹槽，距地面 7m 高左右常分枝。本种只产于伯利兹，常生长在沿河两岸及干旱地区。

【木材构造】

宏观特征

木材半环孔材。心材浅红褐色，具深浅相间条纹。边材色浅。生长轮明显。管孔放大镜下明显；散生；数略少；略小；部分管孔内含树胶。**轴向薄壁组织丰富**；环管状、翼状、带状及轮界状。木射线放大镜下明显；略密；甚窄。波痕略明显。胞间道未见。

微观特征

导管横切面为圆形及卵圆形，部分略具多角形轮廓；单管孔及径列复管孔（2～6 个，多为 2～4 个），少数管孔团；散生；8～32 个，平均 21 个/mm²；最大弦径 312μm，平均 82μm；导管分子平均长 184μm；叠生。部分导管含树胶；螺纹加厚未见。管间纹孔式互列；多角形，纹孔口内含，透镜形，少数外展或合生，呈线形，系附物纹孔。单穿孔，穿孔板平行或略倾斜。导管与射线间纹孔式类似管间纹孔式。**轴向薄壁组织疏环管状、翼状、聚翼状、星散-聚合状、带状**（宽 1～2 细胞，不连续）**及轮界状；分室含晶细胞量多，内含菱形晶体达 12 个或以上；具纺锤薄壁细胞；叠生。木纤维壁甚厚**；直径 17μm，纤维平均长 930μm，单纹孔略具狭缘；叠生。**木射线9～12 根/mm；叠生。**单列射线高 4～11 细胞。多列射线宽 2（偶 3）细胞，高 6～13 细胞。射线组织同形单列及多列。方形细胞偶见；部分射线细胞含树胶；**晶体未见。胞间道未见。**

材料：W22665（伯利兹）

【木材性质】

木材具光泽；新鲜切面略具香气，久则消失；滋味不明显或略苦；纹理直至略交错；木材结构细，略均匀；甚重（基本密度 0.75～0.88g/cm³，气干密度 0.93～1.19g/cm³）；强度高。

木材气干有明显开裂倾向，建议进行窑干。天然耐腐性强，但抗蚁性能中等。木材锯、刨加工性能中等，工具易钝，车旋及精加工好。

【木材用途】

高级家具，细木工，装饰单板，乐器部件，刷背，刀柄等。

注：根据《红木》国家标准 GB/T 18107—2000，红木包括：紫檀木、花梨木、香枝木、黑酸枝木、红酸枝木、乌木、条纹乌木、鸡翅木八类，每类木材必须符合《红木》标准中规定的 4 个必备条件即：树种、结构、密度、心材颜色。伯利兹黄檀符合黑酸枝类木材的必备条件，为生产红木家具的良材。

双龙瓣豆属 *Diplotropis* Benth.

本属 12 种，产于美洲热带地区。常见商品材树种有：

马氏双龙瓣豆 *D. martiusii* Benth. 详见种叙述。

紫双龙瓣豆 *D. purpurea*（Rich.）Amshoff　详见种叙述。

以上两种木材有观点认为与光鲍迪豆 *Bowdichia nitida* Spruce 为同一类商品材，统称苏库皮拉普雷塔 Sucupira preta。

马氏双龙瓣豆 *D. martiusii* Benth.
（彩版 12.1；图版 66.1～3）

【商品材名称】

科尤尔皮霍斯 Coeur pehors

苏库皮拉普雷塔 Sucupira preta

【地方名称】

空塔奎罗 Chontaquiro（秘鲁）；萨普皮拉 Sapupira，苏库皮拉 Sucupira，萨普皮拉达瓦泽亚 Sapupira-da-varzea（巴西）。

【树木及分布】

乔木，高可达 20m；主干圆柱形，枝下高 14m，直径 0.7～0.8m；主产秘鲁及巴西。

【木材构造】

宏观特征

木材散孔材。心材褐色；与边材区别明显。边材浅黄白色。生长轮不明显或略明显。管孔肉眼下可见，放大镜下明显；散生；数甚少；大。**轴向薄壁组织**放大镜下明显；环管束状及翼状。**木射线**放大镜下可见；略密；窄。**波痕及胞间道**未见。

微观特征

导管横切面为卵圆形，部分略具多角形轮廓；单管孔及径列复管孔（2~5个，多为2~3个）；散生；1~7个，平均3个/mm²；最大弦径412μm，平均245μm；导管分子平均长732μm；侵填体未见；螺纹加厚缺如。管间纹孔式互列；多角形，纹孔口内含，透镜形，系附物纹孔。单穿孔，穿孔板略平行。导管与射线间纹孔式类似管间纹孔式。**轴向薄壁组织**主为翼状、少数聚翼状及环管束状；薄壁细胞树胶未见；分室含晶细胞可见，内含菱形晶体4个或以上。**木纤维**壁甚厚，直径31μm，纤维平均长2330μm，单纹孔略具狭缘。**木射线**5~7根/mm；非叠生。单列射线高2~7细胞。多列射线宽2~4（多为2~3）细胞，高6~14细胞。2或3列部分常与单列近等宽。射线组织异形Ⅱ型。直立或方形细胞比横卧射线细胞略高或高得多。晶体未见。**胞间道**未见。

材料：W22589（秘鲁）

【木材性质】

木材具光泽；无特殊气味和滋味；纹理交错；结构粗，略均匀；木材重；干缩中；强度中。

产　地	密度(g/cm³)		干缩率(%)			顺纹抗压强度(MPa)	抗弯强度(MPa)	抗弯弹性模量(MPa)	顺纹抗剪强度(MPa)	冲击韧性(kJ/m²)
	基　本	气　干	径　向	弦　向	体　积					
秘　鲁	0.74		4.1	6.1	10.6	45	98	14510		

木材干燥容易，速度宜慢，略有开裂和变形。木材耐腐，抗蚁性强，抗虫也好；防腐剂浸注困难。木材锯需耗较多能量，钝锯性中等；刨切性良好；胶粘需要注意；钉钉宜先打孔。

【木材用途】

高级家具，室内装修，地板，楼梯扶手，工具柄，车旋制品等。

紫双龙瓣豆 *D. purpurea*（Rich.）Amshoff（*D. guianensis* Benth.）
（彩版12.2；图版66.4~6）

【商品材名称】

塔塔布 Tatabu

苏库皮拉 Sucupira

【地方名称】

科厄德霍斯 Coeur dehors（法属圭亚那）；博托纳拉里 Botonallare，皮尼亚 Ponia（委内瑞拉）；阿拉马它 Aramatta，科纳托普 Konatop，奥格鲁 Ogoru，奥尔格伊 Olgoi，塔巴图 Tabato（圭亚那）；兹瓦蒂卡比斯 Zwarte kabbes（苏里南）；萨普皮拉 Sapupira，苏普皮拉 Supupira（巴西）。

【树木及分布】

大乔木，树高可达27~30m，直径0.6~0.8m；主干直，圆柱状；枝下高可达18~21m；通常无板根或有很小板根。常生长在雨林山地中。主要分布在圭亚那、法属圭亚那、巴西、苏里南等地。

【木材构造】

宏观特征

木材散孔材。心材新切面为巧克力褐色，干后为浅褐色；与边材界限明显。边材黄白色。生长轮不明显。管孔肉眼下略见，放大镜下明显；散生；数少；直径大；具沉积物。轴向薄壁组织肉眼可见；环管状及翼状。木射线放大镜下可见；密度稀至略密；窄。波痕及胞间道未见。

微观特征

导管横切面多为卵圆形，少数圆形及椭圆形，部分略具多角形轮廓；单管孔，少数径列复管孔（2～4，多为2～3个）；散生；3～7个，平均5个/mm²；最大弦径345μm，平均209μm；导管分子平均长638μm；部分导管含树胶；螺纹加厚缺如。管间纹孔式互列；多角形，纹孔口内含，透镜形，系附物纹孔。单穿孔，穿孔板略倾斜。导管与射线间纹孔式类似管间纹孔式。轴向薄壁组织丰富；为翼状及聚翼状；具分室含晶细胞（较少），内含菱形晶体达7个或以上；硅石可见。木纤维壁甚厚；直径27μm，纤维平均长1750μm，单纹孔，数少。木射线3～7根/mm；非叠生，有的局部排列整齐。单列射线甚少，高1～6细胞。多列射线宽2～3细胞，高6～16细胞。具连接射线。射线组织异形Ⅱ型及Ⅲ型。直立或方形射线细胞比横卧射线细胞高或高得多；射线细胞内具硅石；晶体未见。胞间道未见。

材料：W21526（苏里南）

【木材性质】

木材光泽强；无特殊气味和滋味；纹理直至略交错，有时不规则；结构略粗，略均匀；木材重；干缩大；强度高。

产　地	密度(g/cm³)		干缩率(%)			顺纹抗压强度(MPa)	抗弯强度(MPa)	抗弯弹性模量(MPa)	顺纹抗剪强度(MPa)	冲击韧性(kJ/m²)
	基　本	气　干	径　向	弦　向	体　积					
	0.78	0.93	4.6	7.0	11.8	84	142	19793		227
						85	144	21655		
圭亚那		0.96	5.2	7.0	14.7	97	189	18725	14	

木材重、硬、强度大，干燥较困难，为避免降等，气干也需慢；除非采用软基准，窑干也可能产生缺陷。木材耐腐，能抗白蚁，但易受海生钻木动物及小蠹虫危害。加工略困难，锯解性能好，但遇交错纹理刨困难，为获得光滑表面需砂光。车旋性能好，上腻子后抛光亦佳；钉钉困难，握钉力强。

【木材用途】

建筑，地板，车辆，造船，农具，家具，电杆，矿柱，枕木，车旋制品等。

二翅豆属 *Dipteryx* Schreb. ▬▬▬▬▬▬▬▬

本属约21种，产于热带美洲。拉丁美洲常见商品材树种有香二翅豆。

香二翅豆 *D. odorata* Willd. （*Coumarouna odorata* Aubl.）
（彩版 12.3；图版 67.1~3）

【商品材名称】

　　汤卡 Tonka

　　埃博 Ebo

【地方名称】

　　阿尔门德罗 Almendro（哥斯达黎加、巴拿马）；萨拉皮亚 Sarrapia（委内瑞拉、哥伦比亚、巴西）；巴鲁 Baru，香帕希 Champanhe，卡马拉达福尔哈格兰德 Cumaru-da-fol-ha-grande，卡马拉费罗 Cumaru-ferro，坎巴里 Cumbari，卡马拉 Cumaru（巴西）；查拉皮拉 Charapilla，卡马鲁特 Cumarut（秘鲁）；汤卡比恩 Tonka bean，艾波 Aipo，克拉帕博西 Krapabosi，库马鲁 Kumaru（圭亚那）。

【树木及分布】

　　大乔木，树高可达 20~36m，直径 0.5~0.8m；主干光滑，圆柱形，高可达 24m，无板根。在雨林和稀树草原林中都有生长，喜生长在排水良好砂石土壤中。分布于圭亚那、委内瑞拉、哥伦比亚和巴西的亚马孙流域等。

【木材构造】

　　宏观特征

　　木材散孔材。心材浅红褐色，径面有时具带状条纹；与边材区别明显。边材色浅。生长轮略明显。管孔肉眼下可见，放大镜下明显；散生；数少；略大。**轴向薄壁组织放大镜下明显；翼状、聚翼状及轮界状。木射线放大镜可见；略密；甚窄。波痕不明显。**胞间道未见。

　　微观特征

　　导管横切面为卵圆形及圆形；略具多角形轮廓；单管孔及径列复管孔（2~5 个，多为 2~3 个）；稀管孔团；散生；6~11 个，平均 8 个/mm²；最大弦径 190μm，平均 134μm；导管分子平均长 373μm；具沉积物；螺纹加厚未见。管间纹孔式互列，多角形，纹孔口内含，透镜形，少数合生呈线形；系附物纹孔，叠生。单穿孔，穿孔板平行至略倾斜。导管与射线间纹孔式类似管间纹孔式。**轴向薄壁组织主为翼状、聚翼状及少数轮界状；具分室含晶细胞，内含菱形晶体 11 个或以上；叠生。木纤维壁甚厚；直径13μm，纤维平均长 1236μm，单纹孔略具狭缘（很少）；纤维叠生。木射线11~12 根/mm；叠生。单列射线（偶成对或 2 列）高 4~13 细胞。射线组织为同形单列。少数射线细胞含树胶；晶体未见。胞间道缺如。**

　　材料：W22276（巴西）

【木材性质】

　　木材具光泽；无特殊气味与滋味；纹理常交错；结构细，略均匀；木材甚重；干缩大至甚大；强度高。

产　地	密度(g/cm³)		干缩率(%)			顺纹抗压强度(MPa)	抗弯强度(MPa)	抗弯弹性模量(MPa)	顺纹抗剪强度(MPa)	冲击韧性(kJ/m²)
	基　本	气　干	径　向	弦　向	体　积					
巴　西	0.91	1.08	5.4	8.4	13.5	97	173	17941	22	
圭亚那		1.11			10.7	111	293			
圭亚那	0.97	1.07	5.3	7.9	13.4	105	200	22000		

木材干燥速度中等；略有面裂。耐腐性强；能抗白蚁和海生钻木动物危害；心材防腐剂浸注性能差。由于木材硬、重，加工困难，但锯、刨、钻孔均能获得光洁表面；胶粘性差；耐磨性能和耐候性能好；稳定性差；油漆性能好。

【木材用途】

重型建筑，地板，矿柱，枕木，电杆，车辆，造船，农具，运动器材，工具柄，箭，钓鱼竿等等。据报道能生产刨切单板和高级家具。

膜瓣豆属 *Hymenolobium* Benth.

本属 12 种，产于热带南美洲。常见商品材树种有：

黄膜瓣豆 *H. flavum* Kleinh.

商品材名称：安杰里姆 Angelim，阿托里坦 Atoritan，达里纳 Darina，卡斯雷那 Kaserena，库拉罗巴里 Koraroballi，库蒂克 Kotik，马宾那尼罗 Mabinanero（圭亚那）；格利基阿比西 Gullikiabicci，赛恩特马庭格利斯 Saint Martin gris，赛恩特马庭耀尼 Saint Martin jaune（法属圭亚那）；埃雷乔埃罗 Erejoeroe，利亚迪阿丹科利罗 Liadiadan koleroe，马卡卡比斯 Makka kabes（苏里南）。

大乔木，高可达 50m，直径 1m；主干圆柱形，树基部具板根，通常有分枝和凹槽。心材深黄褐色至浅褐色；与边材界限不明显。边材奶黄色至浅褐色。木材纹理直至交错；结构粗。木材干燥速度中至快；略开裂。耐腐至甚耐腐；防腐剂浸注性能中等。其他性质和用途略同大膜瓣豆，可为同一类商品材。

大膜瓣豆 *H. excelsum* Ducke 详见种叙述。

大膜瓣豆 *H. excelsum* Ducke
（彩版 12.4；图版 67.4~6）

【商品材名称】

安杰利姆 Angelim

帕拉安杰利姆 Para-Angelim

【地方名称】

埃雷朱埃罗 Erejoeroe，利亚利亚丹库莱罗 Lialiadan koleroe，萨安多伊 Saandoe（苏里南）；安杰利姆多帕拉 Angelim do para，卡拉梅特 Caramate，萨普皮拉阿马雷拉 Sapuira amarella，安杰利姆佩德拉 Angelim-pedra，安杰利姆达马塔 Angelim da mata（巴西）。

【树木及分布】

中至大乔木，树高可达45m，直径3m；分布巴西中部和东部亚马孙地区，北至圭亚那，南至巴西里约热内卢。

【木材构造】

宏观特征

木材散孔材。心材橘黄褐至浅褐色，从边材到心材材色渐变。边材灰白色。生长轮不明显。管孔肉眼下明显；散生；甚少；大。轴向薄壁组织肉眼下明显；翼状、聚翼状及带状。木射线放大镜明显；稀；窄至略宽。波痕及胞间道未见。

微观特征

导管横切面卵圆形或近圆形；单管孔，少数径列复管孔（2~7个，多为2~3个）；偶管孔团；散生；1~8个，平均3个/mm²；最大弦径369μm，平均217μm；导管分子平均长460μm；侵填体未见；螺纹加厚缺如。略叠生。管间纹孔式互列，多角形，纹孔口内含，透镜形；系附物纹孔。单穿孔，穿孔板略倾斜。导管与射线间纹孔式类似管间纹孔式。轴向薄壁组织翼状、聚翼状及带状（宽3~15细胞）；分室含晶细胞可见，内含菱形晶体可达8个或以上。木纤维壁甚厚；直径25μm，纤维平均长1860μm，单纹孔略具狭缘。木射线5~7根/mm；叠生。多列（偶见单列）射线宽2~5（多为3~4）细胞，高8~31（多数12~20）细胞。具连接射线。射线组织为异形多列。方形细胞比横卧射线细胞高；晶体未见。胞间道缺如。

材料：W22495，W22559（巴西）。

【木材性质】

木材光泽弱；无特殊气味和滋味；纹理直至略交错；结构粗，欠均匀；木材重量中或重；干缩大；强度高。

产　地	密度(g/cm³)		干缩率(%)			顺纹抗压强度(MPa)	抗弯强度(MPa)	抗弯弹性模量(MPa)	顺纹抗剪强度(MPa)	冲击韧性(kJ/m²)
	基　本	气　干	径　向	弦　向	体　积					
圭亚那	0.63	0.75	4.4	7.1	10.2	62	121	14129		229
						62	92	13784		

木材干燥速度中至快；略有端裂，翘曲中等。耐腐；能抗白腐菌及褐腐菌，抗海生钻木性能中等；防腐剂浸注性能良好。木材无论手工加工还是机械加工均容易，切面光滑；胶粘、着色、精加工均好。

【木材用途】

家具，建筑，车旋制品，墙壁板，包装箱，板条箱等。

合生果属 *Lonchocarpus* Kunth.

本属约150种，产热带美洲、西印度群岛、非洲及大洋洲。拉丁美洲常见商品材树种有香甜合生果。

香甜合生果 *L. hedyosmus* Miq.
(图版 68.1~3)

【商品材名称】

　　辛杰普利 Sindjaple

【地方名称】

　　尼克里 Nickerie，巴斯拉洛库斯 Basralokus（苏里南）；巴斯塔德罗库斯特 Bastard locust（圭亚那）。

【树木及分布】

　　大乔木，高可达 27~30m，直径 0.7m；枝下高 18~20m，主干圆柱形，具矮板根。产苏里南、圭亚那等；常生长在热带雨林和沼泽林中。

【木材构造】

　　宏观特征

　　木材散孔材。心材新切面为黄褐色，久置大气中呈暗褐色，具浅色带状条纹；与边材区别明显。边材灰色至柠檬黄色，宽约 5cm。生长轮不明显。管孔放大镜下明显；散生；数少；略大。轴向薄壁组织肉眼下可见；环管状、带状（部分不连续）及轮界状。木射线放大镜下明显；略密；窄。波痕不明显。胞间道未见。

　　微观特征

　　导管横切面卵圆形，略具多角形轮廓；单管孔，少数径列复管孔（2~5 个，多为 2~3 个）及管孔团；散生；3~9 个，平均 6 个/mm²；最大弦径 241μm，平均 121μm；导管分子平均长 230μm；部分导管含沉积物；螺纹加厚未见。管间纹孔式互列，多角形，纹孔口内含，透镜形；系附物纹孔。导管分子叠生。单穿孔，穿孔板平行至略倾斜。导管与射线间纹孔式类似管间纹孔式。轴向薄壁组织主为带状（宽 3~10 细胞，多为 5~7 细胞，大部为断续带状），少数为疏环管状及翼状；具分室含晶细胞，菱形晶体可达 10 个或以上；叠生。具纺锤薄壁细胞。木纤维壁甚厚；直径 13μm，纤维平均长 1560μm，单纹孔略具狭缘；叠生。木射线 10~13 根/mm；叠生。单列射线很少，高 4~10 细胞。多列射线宽 2~4 细胞，高 6~11 细胞。射线组织为同形单列及多列。多列射线细胞多数近圆形；晶体未见。胞间道未见。

　　材料：W22711（美国送）

【木材性质】

　　木材具光泽；无特殊气味和滋味；纹理直至略交错；结构细，均匀；木材重量重；干缩甚大；强度高。

产　地	密度(g/cm³)		干缩率(%)			顺纹抗压强度(MPa)	抗弯强度(MPa)	抗弯弹性模量(MPa)	顺纹抗剪强度(MPa)	冲击韧性(kJ/m²)
	基　本	气　干	径　向	弦　向	体　积					
		0.85	3.9	8.2	13.0	83	172	21034		338
						62	114	14200	15	
苏里南		0.88	3.6	7.1	68	149	15294	14		

木材干燥慢，性能良好。略耐腐；易蓝变；抗蚁性能差，不抗蛀船虫危害；防腐剂浸注性能差。虽然木材硬，但锯解并不困难；当遇交错纹理时，刨较困难；车旋、油漆和抛光性能良好。

【木材用途】

建筑，承重地板，车辆，矿柱，电杆，车旋制品等。

军刀豆属 *Machaerium* Pers.

本属约150种，分布于墨西哥到热带南美洲、西印度群岛等地。常见商品材树种有：

毛军刀豆 *M. villosum* Vog.

商品材名称：杰卡兰达帕多 Jacaranda-pardo，杰卡兰达波里斯塔 Jacaranda-paulista。

分布巴西、委内瑞拉等地。木材重（气干密度0.85g/cm³）；干缩大（干缩率：径向2.9%，弦向6.9%，体积11.2%）；强度高（顺纹抗压强度55MPa，抗弯强度117MPa，抗弯弹性模量10873MPa，顺纹抗剪强度13MPa）。

硬木军刀豆 *M. scleroxylon* Tul. 详见种叙述。

硬木军刀豆 *M. scleroxylon* Tul.（*M. paraguariense* Hassler）
（图版 68.4~6）

【商品材名称】

卡维尤纳 Caviuna

莫雷多 Morado

【地方名称】

莫雷迪罗 Moradillo，帕罗莫雷多 Palo morado，卡维尤纳 Caviuna（玻利维亚）；西波 Cipo，萨普瓦 Sapuva（阿根廷）；波费罗 Pau-ferro，杰克兰达 Jacaranda（巴西）。

【树木及分布】

大乔木，高可达25m，直径0.8m；主干圆柱形。分布于玻利维亚、巴西、阿根廷、巴拉圭、秘鲁等地。

【木材构造】

宏观特征

木材散孔材。心材紫褐色，具深浅相间条纹；与边材区别明显。边材近白色或淡黄色。生长轮略明显。管孔在放大镜下明显；散生；数略少；略大；管孔内常含树胶。轴向薄壁组织放大镜下略见；星散-聚合状、带状及轮界状。木射线放大镜下明显；密；甚窄。波痕略明显。胞间道未见。

微观特征

导管横切面为卵圆形及圆形，很少数略具多角形轮廓；单管孔，少数径列复管孔（2~4个）及管孔团；散生；16~37个，平均24个/mm²；最大弦径148μm，平均72μm；导管分子平均长215μm；部分管孔含树胶或沉积物；螺纹加厚未见。管间纹孔式互列，多角形，纹孔口内含，透镜形；部分外展或合生，呈线形，系附物纹孔。导管分子叠生。单穿孔，穿孔板平行至略倾斜。导管与射线间纹孔式类似管间纹孔式。**轴向薄壁组织**主要为星散及星散-聚合状、环管束状，少数侧向伸展似翼状及轮界状；分室含晶细胞普遍，内含菱形晶体可达 12 个或以上；叠生。**木纤维**壁厚至甚厚；直径 11μm，纤维平均长 787μm，单纹孔略具狭缘；叠生。**木射线**16~21 根/mm；叠生。主要为单列射线，高 7~12 细胞。多列射线很少，宽 2 细胞，高略同单列射线。射线组织为同形单列及多列，或同形单列。少数射线细胞含树胶；晶体未见。胞间道未见。

材料：W22724（玻利维亚）

【木材性质】

木材具光泽；无特殊气味和滋味；纹理直至略交错；结构甚细而匀；木材重；干缩大；强度高。

产　地	密度(g/cm³)		干缩率(%)			顺纹抗压强度(MPa)	抗弯强度(MPa)	抗弯弹性模量(MPa)	顺纹抗剪强度(MPa)	冲击韧性(kJ/m²)
	基　本	气　干	径　向	弦　向	体　积					
巴　西		0.88	2.9	6.7	10.6	60	122	9226	13	

木材耐腐；防腐剂浸注不易。刨、锯等加工不难，加工性能良好。

【木材用途】

建筑，家具，细木工，装饰单板，车旋制品，工具柄等。

香脂木豆属 *Myroxylon* L. f.

本属 2 种，产热带南美洲。常见商品材树种有香脂木豆。

香脂木豆 *M. balsamum* Harms.
(*M. peruiferum* L. f.；*Myrospermum erythoxylum* Allem.)
（彩版 12.5；图版 69.1~3）

【商品材名称】

鲍尔萨莫 Balsamo

【地方名称】

卡布雷鲁瓦维米尔哈 Cabreuva-Vermelha，奥利奥维米尔霍 Oleo-Vermilho（巴西）；埃斯托拉块 Estoraque（秘鲁）。

【树木及分布】

乔木，高通常可达 20m，直径 0.5~0.8m；主干直，圆柱形，无板根。分布于巴西、秘鲁、委内瑞拉、阿根廷等地；普遍生长在热带雨林。树木生长快，生产天然树脂称"balsam"，用作医药和香料。

【木材构造】

宏观特征

木材散孔材。心材红褐色至紫红褐色，具浅色条纹；与边材区别明显。边材近白色。生长轮不明显。管孔放大镜下明显；散生；数少；略小；部分导管含树胶或沉积物。轴向薄壁组织放大镜下可见；为环管状、少数翼状。木射线放大镜略见；略密；窄。波痕不明显。胞间道未见。

微观特征

导管横切面为卵圆形，部分具多角形轮廓；单管孔及径列复管孔（2~4 个，多为 2~3 个）；管孔团偶见；散生；15~25 个，平均 19 个/mm²；最大弦径 128μm，平均 84μm；导管分子平均长 245μm；导管分子叠生；部分导管充满树胶；螺纹加厚未见。管间纹孔式互列，密集，多角形，纹孔口内含，透镜形；系附物纹孔。单穿孔，穿孔板略倾斜。导管与射线间纹孔式类似管间纹孔式。轴向薄壁组织为疏环管状、环管束状、少数翼状及聚翼状；菱形晶体少见；叠生。木纤维壁甚厚；直径 12μm，纤维平均长 976μm，单纹孔略具狭缘；叠生。木射线 8~11 根/mm；叠生。单列射线少，高 1~6 细胞。多列射线宽 2~3 细胞，高 5~11 细胞。具连接射线。射线组织异形 Ⅱ 及 Ⅲ 型。直立或方形细胞比横卧射线细胞略高或高得多；部分细胞含树胶；菱形晶体可见，多位于直立或方形细胞中。胞间道未见。

材料：W22468（巴西）

【木材性质】

木材光泽强；滋味微苦；略具香味；木材纹理交错；结构甚细而匀；木材重；干缩中；强度高。

产　地	密度(g/cm³)		干缩率(%)			顺纹抗压强度(MPa)	抗弯强度(MPa)	抗弯弹性模量(MPa)	顺纹抗剪强度(MPa)	冲击韧性(kJ/m²)
	基　本	气　干	径　向	弦　向	体　积					
秘　鲁	0.78		4.2	6.5	10.0	70	131	17157		
巴　西		0.95	4.0	6.7	11	71	133	12529	18	

木材耐腐；抗蚁性强，能抗菌、虫危害；防腐剂处理性能差。木材加工略困难，但切面很光滑；因纹理交错，刨时宜小心；木材着色性能差。

【木材用途】

木材宜用于建筑，地板，家具，装饰单板，胶合板，车辆，造船，矿柱，枕木，电杆，农具，工具柄，雕刻，车旋制品等。

红豆属 *Ormosia* G. Jack.

本属约 120 种，分布全世界热带地区。拉丁美洲常见商品材树种有：

苏里南红豆 *O. coutinhoi* Ducke

商品材名称：坦恩托 Tento。

地方名称：克鲁克 Crook，霍斯艾 Horse-eye，科罗科罗罗 Korokororo，科隆平布 Korongpinbiu，瓦纳卡 Wanaka（圭亚那）；布由库 Buiucu，坦恩托 Tento（巴西）；海阿里 Haiari，莱比基阿比西 Lebi kiabici，尼科奥都阿吉庭 Neko oudou aguitin，赛恩特马庭

布兰克 Saint martin blanc，赛恩特马庭鲁杰 Saint martin rouge（法属圭亚那）；尼凯奥都 Nekoe oedoe，瓦拉博卡丹 Warabokkadan（苏里南）。

大乔木，高可达 35m，直径 0.75m；主干圆柱形，基部膨大或具板根。分布圭亚那地区及亚马孙下游地区。心材暗褐至黄褐，具深色条纹；与边材界限明显。边材灰至浅褐或浅黄色。纹理直至略交错；结构粗；重量中（基本密度 0.51g/cm³，气干密度 0.62g/cm³）；干缩小（干缩率：径向 1.3%，弦向 3.4%）；强度中（顺纹抗压 47MPa，抗弯强度 95MPa，抗弯弹性模量 11859MPa）。

深红红豆 *O. coccinea*（Aubl.）B. D. Jack. 详见种叙述。

深红红豆 *O. coccinea*（Aubl.）B. D. Jack.
（图版 69.4~6）

【商品材名称】

坦恩托 Tento

巴拉卡罗 Barakaro

【地方名称】

埃皮克赖克 Epik rik，江比比德特里 Jumbi bead tree，勒基锡德 Lucky seed（圭亚那）；坦恩托 Tento（巴西）；阿圭 Agui，科克里基 Kokriki，莱比基阿比西 Lebi kiabici，帕纳科科布兰克 Panacoco blanc（法属圭亚那）；菲利贝罗巴那 Firiberoebana，霍格兰德科克里奇 Hoogland kokrikie（苏里南）。

【树木及分布】

大乔木，高可达 35m，直径 0.9m；树干直，圆柱形，无板根，老树基部膨大。分布圭亚那、苏里南、巴西等地；在圭亚那主要为常绿林，少数为混交林。

【木材构造】

宏观特征

木材散孔材。心材褐色。边材色浅。生长轮不明显或缺如。管孔在肉眼下可见，放大镜下明显；散生；数甚少；略大；侵填体未见。轴向薄壁组织肉眼可见，放大镜下明显；翼状、聚翼状及带状。木射线放大镜下明显；略密；甚窄。波痕及胞间道未见。

微观特征

导管横切面卵圆形，略具多角形轮廓；单管孔，少数径列复管孔（2~3 个）；稀管孔团；散生；1~3 个，平均 2 个/mm²；最大弦径 284μm，平均 189μm；导管分子平均长 440μm；部分导管含树胶或沉积物；螺纹加厚未见。管间纹孔式互列，多角形，纹孔口内含，透镜形；系附物纹孔。单穿孔，穿孔板略倾斜。导管与射线间纹孔式类似管间纹孔式。轴向薄壁组织丰富，为翼状、聚翼状及带状（宽 3~7 细胞，多为傍管带状，稀离管短带状）；具分室含晶细胞，内含菱形晶体 6 个或以上。木纤维壁薄至厚；直径 25μm，纤维平均长 1420μm，单纹孔略具狭缘。木射线 5~8 根/mm；非叠生，有的局部排列较整齐。单列射线高 2~15（多数 5~10）细胞。多列射线宽 2（偶 3）细胞，高 6~20（多数 10~15）细胞。具连接射线，部分 2 列射线与单列近等宽。射线组织异形 II 型，稀 III 型。直立或方形细胞比横卧射线细胞高或高得多；少数细胞含树胶；

晶体未见。胞间道未见。

　　材料：W22726（苏里南）

【木材性质】

　　木材具光泽；无特殊气味和滋味；纹理常交错；结构略粗，略均匀；木材重量中至重；干缩甚大；强度高。

产　地	密度(g/cm^3)		干缩率(%)			顺纹抗压强度(MPa)	抗弯强度(MPa)	抗弯弹性模量(MPa)	顺纹抗剪强度(MPa)	冲击韧性(kJ/m^2)
	基　本	气　干	径　向	弦　向	体　积					
		0.77	4.4	8.2		64	148	16530		
圭亚那	0.60	0.70	3.2	6.4	9.3	58	107	14510		

　　木材干燥慢，略有开裂和翘曲；耐腐性能中等；抗干木害虫危害性能好，抗蚁性能中等；防腐剂浸注性能中等。木材锯容易，刨因交错纹理需要小心；胶粘性能好；钉钉握钉力强。

【木材用途】

　　家具，室内外装修，地板，装饰单板，楼梯，墙壁板等。

扁豆木属 *Platycyamus* Benth.

　　本属2种；产巴西。常见商品材树种有扁豆木。

扁豆木 *P. regnellii* Benth.
（彩版12.6；图版70.1~3）

【商品材名称】

　　安杰利姆罗萨 Angelim-Rosa

【地方名称】

　　福尔哈德波罗 Folha-De-Bolo，波佩雷拉 Pau-pereira（巴西）。

【树木及分布】

　　乔木；产巴西等地。

【木材构造】

宏观特征

　　木材散孔材。心材粉红色；与边材区别明显。边材浅黄色。生长轮略明显。管孔肉眼下可见，放大镜下明显；散生；数少；略大。轴向薄壁组织放大镜下明显；环管状、翼状、聚翼状及轮界状。木射线放大镜可见；略密；窄至略宽。波痕不明显。胞间道未见。

微观特征

　　导管横切面卵圆形，略具多角形轮廓；单管孔，少数径列复管孔（2~4个，多为2个）及管孔团；散生；2~7个，平均5个/mm^2；最大弦径312μm，平均197μm；导管分子平均长370μm；具少量树胶；螺纹加厚未见。管间纹孔式互列，多角形，纹孔口内含，透镜形；系附物纹孔。单穿孔，穿孔板略倾斜。导管与射线间纹孔式类似管间纹孔式。**轴向薄壁组织丰富**，疏环管状、环管束状、翼状（有时单侧翼状）及聚翼状；具分室含晶细胞，内含菱形晶体可达 13 个或以上；叠生。木纤维壁甚厚；直径 20μm，纤维平均长 1960μm，单纹孔略具狭缘。木射线 5～7 根/mm，在生长轮交界处略加粗；矮射线多叠生。单列射线少，高 2～8 细胞。多列射线宽 2～6（多数 3～5）细胞，高 5～38（多数 15～25）细胞。具连接射线。射线组织同形单列及多列。直立和方形细胞偶见；具菱形晶体，位于上下两端，多位于直立或方形细胞中，有时呈分室含晶细胞，内含晶体多为 2 个。**胞间道未见。**

　　材料：W22540（巴西）

【木材性质】

　　木材具光泽；无特殊气味和滋味；纹理直至略交错；结构略粗，略均匀；木材干缩率大；重量及强度中等。

产　地	密度(g/cm³)		干缩率(%)			顺纹抗压强度(MPa)	抗弯强度(MPa)	抗弯弹性模量(MPa)	顺纹抗剪强度(MPa)	冲击韧性(kJ/m²)
	基　本	气　干	径　向	弦　向	体　积					
巴　西		0.68	4.6	6.5	11.0	46	77	11775	6.3	

　　木材较耐腐；锯、刨等加工容易，切面光滑。

【木材用途】

　　建筑，家具，细木工，室内装修，地板，化工用木桶，工具柄等。

杂花豆属 *Poecilanthe* Benth.

　　本属 8 种；产于北美洲、热带南美洲。常见商品材树种有小杂花豆木。

小杂花豆木 *P. parviflora* Benth.
（图版 70.4～6）

【商品材名称】

　　克拉考迪尼格罗 Coracao-De-Negro

【地方名称】

　　拉帕乔 Lapacho（巴西）。

【树木及分布】

　　乔木；产巴西。

【木材构造】

　　宏观特征

　　木材散孔材。心材黄褐色，具深浅相间条纹。边材色浅。生长轮略见。管孔放大镜下略明显；散生；数略少；略小；部分管孔含树胶。轴向薄壁组织放大镜下可见；环管状、带状及轮界状。木射线放大镜下明显；略密；窄。波痕略见。胞间道未见。

　　微观特征

导管横切面卵圆形及圆形，具多角形轮廓；径列复管孔（2～4个，稀5个）；少数单管孔，稀管孔团；散生；22～40个，平均31个/mm²；最大弦径105μm，平均63μm；导管分子平均长252μm；部分导管含树胶或沉积物；螺纹加厚未见。管间纹孔式互列，多角形，纹孔口内含、外展或合生，呈透镜形或线形；系附物纹孔；导管分子叠生。单穿孔，穿孔板略倾斜。导管与射线间纹孔式类似管间纹孔式。**轴向薄壁组织**主为带状（宽2～5细胞），少数疏环管状及轮界状；晶体未见；叠生。木纤维壁甚厚；直径18μm，纤维平均长1146μm，单纹孔略具狭缘；叠生。木射线8～11根/mm；叠生。多列射线（极少单列）宽2～3（偶4）细胞，高9～14细胞。具连接射线。射线组织为同形多列。射线细胞含少量树胶；晶体未见。胞间道未见。

材料：W22727（巴西）

【木材性质】

木材具光泽；无特殊气味和滋味；纹理直；结构甚细；木材甚重；干缩甚大；强度高。

产　地	密度(g/cm³)		干缩率(%)			顺纹抗压强度(MPa)	抗弯强度(MPa)	抗弯弹性模量(MPa)	顺纹抗剪强度(MPa)	冲击韧性(kJ/m²)
	基　本	气　干	径　向	弦　向	体　积					
巴　西		0.99	4.0	8.0	14.4	73	137	12539	16	

木材干燥性能不详。试验证明，木材耐腐；能抗白蚁危害。

【木材用途】

建筑（梁、柱、椽等），地板，造船，枕木，桥梁，文化用品（绘图板、丁字尺），车旋制品等。

紫檀属 *Pterocarpus* Jacq.

本属约30种；分布世界热带。拉丁美洲常见商品材树种有：

药用紫檀 *P. officinalis* Jacq. 详见种叙述。

罗氏紫檀 *P. rohrii* Vahl. 　详见种叙述。

帕罗紫檀 *Pterocarpus* sp. 详见种叙述。

药用紫檀 *P. officinalis* Jacq.
（彩版 12.7；图版 71.1～3）

【商品材名称】

科克伍德 Corkwood

贝贝 Bebe

【地方名称】

穆图蒂 Mututi（巴西）；瓦特拉贝贝 Watra bebe，霍格兰德贝贝 Hoogland bebe（苏里南）；科克伍德 Corkwood（圭亚那）；德拉戈 Drago（委内瑞拉、巴西）。

【树木及分布】

乔木，高可达15～27m，直径0.6～0.9m；枝下高可达18m，主干常弯曲或呈螺旋状并具凹槽，具板根，大者高达 4.5m；产巴西、苏里南、圭亚那、委内瑞拉等地；生长在低洼沼泽地和山下沿河两岸，常形成稠密的近纯林。该种常作为遮荫或绿化树种栽培。

【木材构造】

宏观特征

木材散孔材。心材暗褐或带紫色。边材宽，近白色或淡黄。生长轮不明显或略见。管孔放大镜下明显；散生；数少；略小。轴向薄壁组织放大镜下明显；环管状、翼状、带状及轮界状。木射线放大镜下略明显；密；甚窄。波痕不明显。胞间道未见。

微观特征

导管横切面卵圆形，少数为圆形，部分具多角形轮廓；单管孔及径列复管孔（2～5 个，多为 2～3 个）；少数管孔团；散生；4～16 个，平均 9 个/mm²；最大弦径 145μm，平均 98μm；导管分子平均长 295μm；螺纹加厚未见。管间纹孔式互列，多角形，纹孔口内含，透镜形；系附物纹孔；导管分子叠生。单穿孔，穿孔板略倾斜。导管与射线间纹孔式类似管间纹孔式。轴向薄壁组织环管束状、翼状、带状（宽 1～3 细胞）及轮界状（宽 1～4 细胞）；具分室含晶细胞，内含菱形晶体可达 8 个或以上；叠生。木纤维壁甚薄；直径 26μm，纤维平均长 980μm，单纹孔略具狭缘；纹孔口多外展呈 X 形，叠生。木射线 13～15 根/mm；叠生。单列（偶成对）射线高 3～13（多数 9～11）细胞。射线组织同形单列。部分细胞含少量树胶；晶体未见。胞间道未见。

材料：W22438（巴西）

【木材性质】

木材具光泽；无特殊气味和滋味；纹理直，有时不规则；结构细，略均匀；木材重量轻；干缩大至甚大；强度低。

产　地	密度(g/cm³)		干缩率(%)			顺纹抗压强度(MPa)	抗弯强度(MPa)	抗弯弹性模量(MPa)	顺纹抗剪强度(MPa)	冲击韧性(kJ/m²)
	基　本	气　干	径　向	弦　向	体　积					
委内瑞拉		0.6				46	79	10700	12	
波多黎各		0.5				34	57	7920	9	

木材干燥容易，但干燥时要小心以防变色。木材不耐腐；易受白蚁和海生钻木动物及小蠹虫危害。锯、刨等加工容易，切面光滑。

【木材用途】

可用作普通家具，食品包装箱，板条箱，因木材轻可用做浮子，救生带，树脂可用作医药。

罗氏紫檀 *P. rohrii* Vahl.

（图版 71.4～6）

【商品材名称】

贝贝 Bebe

桑格雷 Sangre

【地方名称】

波桑格雷 Pau sangre（巴西）；科克伍德 Corkwood，希尔科克伍德 Hill corkwood，伊蒂基博罗 Itikiboro，马图希 Mutushi（圭亚那）；莫图奇 Moutouchi（法属圭亚那）；霍格兰德贝贝 Hoogland bebe，瓦特拉贝贝 Watra bebe（苏里南）；斯瓦姆普布拉德伍德 Swamp bloodwood（特立尼达和多巴哥）；德拉戈 Drago，桑格里托 Sangrito（委内瑞拉）；皮扎罗 Pizarro，桑格里罗 Sangrillo（中美洲）。

【树木及分布】

大乔木；高可达 25m，直径 1m；枝下高达 15～18m；主干通常有凹槽，树基部有板根。分布从墨西哥、巴西南部到玻利维亚。

【木材构造】

宏观特征

木材散孔材或半散孔材。心材浅褐或浅黄褐色；与边材区别不明显。边材色浅。生长轮略明显。管孔放大镜下明显；散生；数少；略大。轴向薄壁组织聚翼状、带状及轮界状。木射线放大镜下明显；密；甚窄。波痕不明显。胞间道未见。

微观特征

导管横切面圆形及卵圆形，部分略具多角形轮廓；单管孔及径列复管孔（2～8 个，多为 2～4 个）；少数管孔团；散生；4～12 个，平均 9 个/mm^2；最大弦径 162μm，平均 102μm；导管分子平均长 330μm；少数导管含树胶；螺纹加厚未见。管间纹孔式互列，多角形，纹孔口内含，透镜形；系附物纹孔。导管分子叠生。单穿孔，穿孔板略倾斜。导管与射线间纹孔式类似管间纹孔式。轴向薄壁组织聚翼状、带状（宽 1～8 细胞）及轮界状；具分室含晶细胞，内含菱形晶体达 9 个或以上；叠生。木纤维壁薄；直径 20μm，纤维平均长 1258μm；单纹孔略具狭缘，径面多而明显；叠生。木射线 13～15 根/mm；叠生。单列（偶成对或 2 列）射线高 5～16 细胞。射线组织为同形单列。部分射线细胞含树胶；晶体未见。胞间道未见。

材料：W22631（巴西）

【木材性质】

木材具光泽；无特殊气味和滋味；纹理直，有时不规则；结构细，略均匀；木材轻；干缩中；强度低。

产　地	密度（g/cm^3）		干缩率（%）			顺纹抗压强度（MPa）	抗弯强度（MPa）	抗弯弹性模量（MPa）	顺纹抗剪强度（MPa）	冲击韧性（kJ/m^2）
	基　本	气　干	径　向	弦　向	体　积					
圭亚那	0.41	0.49	3.2	6.3		37	72	9895		

木材干燥容易，略变形；窑干时应先气干。不耐腐；不抗白蚁和其他干木害虫危害；防腐剂浸注性能好。木材锯、刨等加工容易，切面光滑；钉钉容易，握钉力好。

【木材用途】

一般木器，家具部件，板条箱，刨花板，救生材料等。

帕罗紫檀 *Pterocarpus* sp.
（彩版 12.8；图版 72.1~3）

商品材名称

诺加法尔索 Noga falso

【地方名称】

桑格雷加多 Sangregado（哥伦比亚）；桑格龙 Sangron（委内瑞拉）；帕罗桑格雷尼格罗 Palo sangre negro（秘鲁）。

【树木及分布】

大乔木；树高可达 35m，直径 0.8m；主干直，圆柱形，枝下高达 26m。分布秘鲁、玻利维亚、哥伦比亚、委内瑞拉等地。

【木材构造】

宏观特征

木材散孔材。心材褐色。边材色浅。生长轮不明显，局部有时略明显。管孔肉眼下略见，放大镜下明显；散生；数少；略大。轴向薄壁组织放大镜下明显；带状、翼状及环管状。木射线放大镜下明显；密；甚窄。波痕不明显。胞间道未见。

微观特征

导管横切面卵圆形，部分略具多角形轮廓；单管孔，少数径列复管孔（2~6 个，多为 2~3 个）；稀管孔团；散生；3~13 个，平均 8 个/mm²；最大弦径 182μm，平均 113μm；导管分子平均长 276μm；大部分导管含沉积物；螺纹加厚未见。管间纹孔式互列，多角形，纹孔口内含，透镜形；少数外展或合生，呈线形；系附物纹孔；导管分子叠生。单穿孔，穿孔板平行至略倾斜。导管与射线间纹孔式类似管间纹孔式。轴向薄壁组织主为带状（宽 1~6 细胞，多为 1~2 细胞）、翼状及疏环管状，少数星散及星散-聚合状；具分室含晶细胞，内含菱形晶体可达 12 个或以上；叠生。木纤维壁薄至厚；直径 15μm，纤维平均长 960μm；单纹孔略具狭缘；叠生。木射线 14~16 根/mm；叠生。单列射线高 5~11 细胞。射线组织为同形单列。少数细胞含树胶；晶体未见。胞间道缺如。

材料：W22601（秘鲁）

【木材性质】

木材光泽强；无特殊气味和滋味；纹理交错；结构细，均匀；重量中至重；干缩小；强度高。

产地	密度(g/cm³)		干缩率(%)			顺纹抗压强度(MPa)	抗弯强度(MPa)	抗弯弹性模量(MPa)	顺纹抗剪强度(MPa)	冲击韧性(kJ/m²)
	基本	气干	径向	弦向	体积					
秘鲁	0.72		2.7	4.8	7.4	74	144	18431		

木材自然干燥慢，人工干燥也应采用软基准，干燥效果良好。木材易受菌、虫危害，伐后原木应加强防护。木材锯、刨等加工容易，刨时遇交错纹理宜小心。

【木材用途】

家具，细木工，室内装修如地板、楼梯板，装饰单板用于火车、轮船内部装修，精密仪器包装等。

翅齿豆属 *Pterodon* Vog.

本属4种；产于巴西、玻利维亚。常见商品材树种有无缘翅齿豆。

无缘翅齿豆 *P. emarginatus* Vog.（*P. pubescens* Benth.）
（彩版 **12.9**；图版 **72.4～6**）

【商品材名称】

法维罗 Faveilo

白苏卡皮拉 White sucupira

【地方名称】

法瓦 Fava，苏卡皮拉 Sucupira（巴西）。

【树木及分布】

乔木；产于巴西中部及东部。

【木材构造】

宏观特征

木材散孔材。心材褐色。边材色浅。生长轮在放大镜下略明显，界以轮界薄壁组织细线。管孔放大镜下可见；散生；数少；略大；部分管孔内含树胶或沉积物。轴向薄壁组织放大镜下可见；环管状、翼状及轮界状。木射线在放大镜下明显；密；甚窄。波痕及胞间道未见。

微观特征

导管横切面多为卵圆形，略具多角形轮廓；单管孔及径列复管孔（2～6 个，多为 2～3 个）；稀管孔团；散生；10～26 个，平均 18 个/mm²；最大弦径 193μm，平均 102μm；导管分子平均长 270μm；少数管孔含沉积物；螺纹加厚未见。管间纹孔式互列，多角形，纹孔口内含，透镜形；部分外展或合生，呈线形；系附物纹孔；导管分子叠生。单穿孔，穿孔板略倾斜。导管与射线间纹孔式类似管间纹孔式。轴向薄壁组织疏环管状、环管束状、翼状、聚翼状及轮界状；少数细胞含树胶；晶体未见；叠生。木纤维壁甚厚；直径 12μm，纤维平均长 1055μm，单纹孔略具狭缘；叠生。木射线 14～16 根/mm；叠生。单列（偶成对或 2 列）射线高 2～18（多数 6～10）细胞。射线组织同形单列。少数细胞含树胶；晶体未见。胞间道未见。

材料：W22729，W22743（巴西）。

【木材性质】

木材光强；无特殊气味和滋味；纹理直；结构细，均匀；木材重；干缩大；强度高。

产　地	密度(g/cm³)		干缩率(%)			顺纹抗压强度(MPa)	抗弯强度(MPa)	抗弯弹性模量(MPa)	顺纹抗剪强度(MPa)	冲击韧性(kJ/m²)
	基　本	气　干	径　向	弦　向	体　积					
巴　西		0.94	3.5	6.8	12.0	74	134	12784	13	

木材耐腐；能抗菌、虫危害；防腐剂浸注性能差。因木材重、硬，锯需耗较多能源；刨不难，切面光滑。

【木材用途】

建筑（梁、柱、椽等），地板，造船，枕木，桩木，电杆，装饰物等。

铁木豆属 *Swartzia* Schreb.

本属100种；产热带美洲和非洲。拉丁美洲常见商品材树种有：

毛铁木豆 *S. tomentosa* DC.

商品材名称：费里奥尔 Ferreol，瓦马拉 Wamara，铁木豆 Ironwood，莫西泰巴 Mocitaiba。

乔木，高可达24m，直径0.4m；枝下高15m，具低板根。产巴西、圭亚那、苏里南等地。心材暗红褐色；与边材区别明显。边材浅黄褐色，宽4~8cm。生长论不明显。木材光泽强；纹理直至交错；结构细；木材干缩甚大；甚重（气干密度>1.0g/cm³）；硬；强度高。木材干燥开裂颇重，干燥速度宜慢。木材很耐腐，抗蚁性强，但易受海生钻木动物及小蠹虫危害；防腐剂处理困难。木材锯、刨等加工困难，但精加工后表面光滑；车旋性能好，光洁度高；钉钉宜先打孔。木材加工后产生粉尘可能刺激鼻子和喉咙。木材用于重型建筑，重载地板，家具，细木工，造船，农具，运动器材，枕木，电杆，乐器，工具柄，车旋制品，玩具等。

班尼铁木豆 *S. bannia* Sandw. 详见种叙述。

铁木豆 *S. benthamiana* Miq. 详见种叙述。

平萼铁木豆 *S. leiocalycina* Benth. 详见种叙述。

班尼铁木豆 *S. bannia* Sandw.

（图版73.1~3）

【商品材名称】

班尼亚 Bannia

艾泽哈特 Ijzerhart

【地方名称】

艾泽哈特 Ijzerhart（苏里南）；班亚 Banya，埃伯尼 Ebony（圭亚那）。

【树木及分布】

大乔木，高可达24m，直径0.5m；枝下高6~10m；主干常具深沟，无板根。产于圭亚那、苏里南等地，常生长在热带稀树草原林和干旱常绿林中。

【木材构造】

宏观特征

木材散孔材。心材深紫褐至近黑色；与边材界限明显。边材浅黄色至黄色，宽约2.5cm。生长轮不明显。管孔放大镜下明显；散生；数甚少；略大；管孔内含浅色沉积物。轴向薄壁组织放大镜下略见；环管状、翼状、带状及轮界状。木射线放大镜下略见；密；甚窄。波痕未见。胞间道缺如。

微观特征

导管横切面多为卵圆形，略具多角形轮廓；单管孔，少数径列复管孔（2~6个，多为2~3个）；稀管孔团；散生；2~6个，平均4个/mm²；最大弦径212μm，平均157μm；导管分子平均长330μm；部分导管含沉积物；螺纹加厚未见。管间纹孔式互列，多角形，纹孔口内含，透镜形，少数外展或合生，呈线形，系附物纹孔；叠生。单穿孔，穿孔板平行至略倾斜。导管与射线间纹孔式类似管间纹孔式。轴向薄壁组织主为带状（宽1~3、偶4细胞，有时不连续），少数疏环管状、翼状及轮界状；薄壁细胞多充满树胶；具分室含晶细胞，内含菱形晶体4个或以上；叠生。木纤维壁甚厚；直径17μm，纤维平均长1076μm，单纹孔略具狭缘。木射线13~16根/mm；叠生。单列射线高2~12细胞。多列射线宽2（稀3）细胞，高7~15细胞。射线组织同形单列及多列，或异形Ⅲ型。方形细胞比横卧射线细胞略高；射线细胞多含树胶；晶体未见。胞间道缺如。

材料：W22732（苏里南）

【木材性质】

木材具光泽；无特殊气味和滋味；纹理交错；结构细，均匀；木材甚重；干缩中至大；强度高。

产　地	密度(g/cm³)		干缩率(%)			顺纹抗压强度(MPa)	抗弯强度(MPa)	抗弯弹性模量(MPa)	顺纹抗剪强度(MPa)	冲击韧性(kJ/m²)
	基　本	气　干	径　向	弦　向	体　积					
	>1.14		3.9	7.6	11.2	81	158	18700	19	

木材干燥快时，开裂和翘曲性能中等，并有表面硬化倾向，干燥慢时缺陷可减小。木材很耐腐；抗白蚁性能强，但易受海生钻木动物危害；防腐剂浸注困难。因木材重、硬，锯解困难，但锯、刨均可获得光洁表面，钻孔光滑，车旋性能好，抛光性能佳，钉钉宜先打孔。木材耐磨性、抗冲击能力很高。加工时，操作者鼻子、喉咙和眼睛易受锯末刺激，应注意防护。

【木材用途】

重型建筑，重载地板，家具，车辆，造船，矿柱，枕木，电杆，乐器，雕刻，车旋制品等。

铁木豆 S. benthamiana Miq.
（图版73.4～6）

【商品材名称】

费尔里奥尔 Ferreol

瓦马拉 Wamara

【地方名称】

伊蒂凯布罗巴里 Itikiboroballi，蒙图查 Montouchy，莫罗母波 Morompo，奥克拉普拉布 Okraprabu（圭亚那）。

【树木及分布】

大乔木，在圭亚那生长，高可达 30m，直径 0.6m；分布圭亚那中部、北部和东北部、苏里南及法属圭亚那等。

【木材构造】

宏观特征

木材散孔材。心材红褐色或灰红褐色；与边材区别明显。边材近白色，很宽。生长轮不明显或略见。管孔放大镜下略明显；散生；数甚少；略大；管孔内具沉积物。轴向薄壁组织放大镜下略明显；环管状、带状及轮界状。木射线放大镜下略明显；密；甚窄。波痕未见。胞间道缺如。

微观特征

导管横切面多为卵圆形，略具多角形轮廓；单管孔及径列复管孔（2～7 个，多数 2～3 个）；稀管孔团；散生；1～7 个，平均 3 个/mm²；最大弦径239μm，平均146μm；导管分子平均长366μm；部分管孔含沉积物；螺纹加厚未见。管间纹孔式互列，多角形，纹孔口内含，透镜形；系附物纹孔；导管分子略叠生。单穿孔，穿孔板略倾斜。导管与射线间纹孔式类似管间纹孔式。轴向薄壁组织主为带状（宽1～6 细胞，多为2～3 细胞），少数疏环管状、翼状及轮界状；分室含晶细胞常见，内含菱形晶体达10 个或以上；叠生。木纤维壁甚厚，少数厚；直径19μm，纤维平均长1270μm，单纹孔略具狭缘。木射线13～15 根/mm；略叠生。单列（偶成对或2 列）射线高2～24（多数8～15）细胞。射线组织同形单列。少数射线细胞含树胶；晶体未见。胞间道未见。

材料：W22730（圭亚那）

【木材性质】

木材具光泽；气味不明显；无特殊滋味；纹理略交错；结构细，均匀；木材重；干缩大；强度高。

产 地	密度(g/cm³)		干缩率(%)			顺纹抗压强度(MPa)	抗弯强度(MPa)	抗弯弹性模量(MPa)	顺纹抗剪强度(MPa)	冲击韧性(kJ/m²)
	基 本	气 干	径 向	弦 向	体 积					
圭亚那		0.89			16.3	84	218			
圭亚那	0.78	0.89			14.0	85	163			

木材干燥慢；中等开裂，变形小。很耐腐；抗白蚁和干木害虫能力强，而不抗海生钻木动物蛀蚀；防腐剂浸注性能弱。木材加工需要较多动力；钉钉宜先打孔，精加工性能好。美国试验证明加工时锯屑对人有刺激。

【木材用途】

家具，室内装修，地板，小提琴琴弓，乐器，拐杖，车工制品等。

平萼铁木豆 S. *leiocalycina* Benth.

（彩版 13.1；图版 74.1~3）

【商品材名称】

铁木豆 Ironwood

【地方名称】

埃瓦图 Awartu，布朗埃博尼 Brown ebony，克拉布伍德 Clubwood，希赖普 Shiraip，瓦马拉 Wamara（圭亚那）；科拉考迪尼格罗 Coracao-de-negro（巴西）。

【树木及分布】

大乔木，高可达 30m，直径 0.5m；枝下高约 20m，具矮板根。分布圭亚那、苏里南、巴西等地；主要生长在热带雨林混交林中。

【木材构造】

宏观特征

木材散孔材。心材深褐色至紫褐色，具深橄榄色或紫褐色条纹；与边材界限明显。边材近白色或浅黄色；宽约 6.5~7.5cm。生长轮明显。管孔肉眼下不明显，放大镜下明显；散生；数少；略小；管孔具侵填体。轴向薄壁组织在肉眼下略明显；翼状、带状及轮界状。木射线放大镜下明显；略密至密；窄。波痕及胞间道未见。

微观特征

导管横切面为卵圆形及圆形，略具多角形轮廓；单管孔及径列复管孔（2~4 个）；稀管孔团；散生；7~18 个，平均 12 个/mm²；最大弦径 136μm，平均弦径 86μm；导管分子平均长 350μm；部分导管含树胶或沉积物；螺纹加厚未见。管间纹孔式互列，多角形，纹孔口内含，透镜形；系附物纹孔；导管分子略叠生。单穿孔，穿孔板略倾斜。导管与射线间纹孔式类似管间纹孔式。**轴向薄壁组织为疏环管状、环管束状、翼状、聚翼状、带状（宽 1~6 细胞，多为 2~4 细胞）及轮界状；具分室含晶细胞，内含菱形晶体可达 8 个或以上；叠生。木纤维壁甚厚；直径 15μm，纤维平均长 1150μm，单纹孔略具狭缘。木射线 10~14 根/mm；叠生。单列射线高 3~17（多数 8~12）细胞。多列射线宽 2~3（稀 4）细胞，高 10~21（多数 13~17）细胞。射线组织异形Ⅲ型。方形细胞比横卧射线细胞略高。射线细胞含少量树胶；晶体未见。胞间道未见。**

材料：W22731（圭亚那）

【木材性质】

木材具光泽；无特殊气味和滋味；纹理通常直；结构细而匀；木材甚重；干缩中；强度高。

产地	密度(g/cm³)		干缩率(%)			顺纹抗压强度(MPa)	抗弯强度(MPa)	抗弯弹性模量(MPa)	顺纹抗剪强度(MPa)	冲击韧性(kJ/m²)
	基本	气干	径向	弦向	体积					
圭亚那	0.87	1.06	3~4	5~6.5		110	213	23630		

　　木材干燥慢；有面裂和端裂发生，变形不严重。木材略耐腐；能抗白蚁，但几乎不抗海生钻木动物危害，有时遭小蠹虫危害；心材防腐剂浸注困难，边材容易。由于木材重、硬，强度高，韧性大，加工较困难，加工工具易钝；在刨时，切削角在20°左右可获得光洁表面，精加工后色泽好。钉钉宜先打孔，以防劈裂。

【木材用途】

　　建筑，重载地板，家具，装饰单板，车辆，造船，运动器材，矿柱，枕木，电杆，农具，玩具，车旋制品等。

斯威豆属 *Sweetia* Spreng.

　　本属12种；产于南美洲。常见商品材树种有美丽斯威豆。

美丽斯威豆 *S. fruticosa* Speng. (*Ferreirea spectabilis* Allem.)
（图版74.4~6）

【商品材名称】

　　苏库皮拉阿马雷拉 Sucupira-amarela

　　凯卡拉 Caicara

【树木及分布】

　　乔木；分布巴西等南美洲中部及南部。

【木材构造】

　　宏观特征

　　木材散孔材。心材新切面淡金黄色，久则呈暗褐色。边材色浅。生长轮不明显或略明显，后者界以轮界薄壁组织细线。管孔放大镜下明显；散生；数少；略大；部分管孔含树胶或沉积物。轴向薄壁组织肉眼可见；翼状、聚翼状及轮界状。木射线放大镜下明显；略密；甚窄。波痕略见。胞间道未见。

　　微观特征

　　导管横切面多为卵圆形，少数近圆形，部分略具多角形轮廓；单管孔，少数径列复管孔（2~4个）；稀管孔团；散生；3~10个，平均6个/mm²；最大弦径213μm，平均127μm；导管分子平均长270μm；部分导管含树胶；螺纹加厚未见。管间纹孔式互列，多角形，纹孔口内含，透镜形，少数外展或合生，呈线形，系附物纹孔；导管分子叠生。单穿孔，穿孔板平行至略倾斜。导管与射线间纹孔式类似管间纹孔式。轴向薄壁组织为翼状、聚翼状及轮界状；具分室含晶细胞，内含菱形晶体达10个或以上；叠生。木纤维壁甚厚；直径18μm，纤维平均长1390μm，单纹孔略具狭缘；叠生。木射线7~

9 根/mm；叠生。单列射线很少，高 3~8 细胞。多列射线宽 2~3 细胞，高 6~15 细胞。射线组织为同形单列及多列或同形多列。少数细胞含树胶；晶体未见。胞间道未见。

材料：W22763（巴西）

【木材性质】

木材具光泽；无特殊气味和滋味；纹理直至略交错；结构细，略均匀；木材甚重；干缩大；强度高。

产　地	密度(g/cm³)		干缩率(%)			顺纹抗压强度(MPa)	抗弯强度(MPa)	抗弯弹性模量(MPa)	顺纹抗剪强度(MPa)	冲击韧性(kJ/m²)
	基　本	气　干	径　向	弦　向	体　积					
巴　西		0.99	4.1	7.0	12.8	74	139	14559	15	

木材干缩大，干燥应小心。木材耐腐；能抗白蚁危害。因木材重、硬，加工需耗较多动力，但切面光滑；钉钉宜先打孔，精加工后光亮。

【木材用途】

用于建筑，上等家具，细木工，室内装修，装饰单板，造船（如桅杆），枕木，车旋制品，工艺品等。

同名豆属 *Tipuana* Benth.

本属约 5 种；产热带南美洲。常见商品材树种有同名豆。

同名豆 *T. tipu*（Benth.）O. Kuntze
（图版 75.1~3）

【商品材名称】

蒂帕 Tipa

【地方名称】

蒂帕布朗卡 Tipa-branca，蒂普 Tipu，蒂普阿纳 Tipuana（巴西）。

【树木及分布】

乔木；分布阿根廷、玻利维亚及巴西等。

【木材构造】

宏观特征

木材散孔材。心材浅黄色；与边材区别不明显。边材色浅。生长轮不明显。管孔放大镜下明显；散生；数少；略小；部分管孔含树胶。轴向薄壁组织放大镜下明显；环管状、翼状及聚翼状。木射线放大镜下可见；密；甚窄。波痕放大镜下略明显。胞间道未见。

微观特征

导管横切面为卵圆形，具多角形轮廓；主要为径列复管孔（2~10 个，多为 2~4 个）；少数管孔团及单管孔；散生；6~27 个，平均 14 个/mm²；最大弦径 256μm，平均 88μm；导管分子平均长 230μm；少数导管含树胶；螺纹加厚未见。管间纹孔式互列，多角形，纹孔口内含，少数外展或合生，呈透镜形或线形；系附物纹孔；导管分子叠生。单穿孔，穿孔板略倾斜。导管与射线间纹孔式类似管间纹孔式。**轴向薄壁组织**环管状、翼状、聚翼状及带状（宽 1～4 细胞）；具分室含晶细胞，内含菱形晶体可达 8 个或以上；叠生。木纤维壁薄至厚；直径 14μm，纤维平均长 950μm，单纹孔略具狭缘，径面比弦面多；叠生。木射线 14～24 根/mm；叠生。单列（偶成对）射线高 4～9 细胞。射线组织同形单列。部分细胞含树胶；晶体未见。胞间道未见。

材料：W22733（阿根廷）

【木材性质】

木材具光泽；无特殊气味和滋味；纹理直或略斜；结构细，均匀；木材重量中等；干缩中；强度弱。

产　　地	密度(g/cm³)		干缩率(%)			顺纹抗压强度(MPa)	抗弯强度(MPa)	抗弯弹性模量(MPa)	顺纹抗剪强度(MPa)	冲击韧性(kJ/m²)
	基　本	气　干	径　向	弦　向	体　积					
巴　西		0.63	4.1	6.4	11.8	34	82	6892	9	

木材耐腐性不强；防腐剂浸注性能中等。木材锯、刨等加工不难，切面光滑。

【木材用途】

用于建筑，室内装修如门、窗、护墙板等，工具柄，车工制品等。

瓦泰豆属 *Vatairea* Aubl.

本属 7 种；产热带南美洲。常见商品材树种有：

圭亚那瓦泰豆 *V. guianensis* Aubl. （*V. surinamensis* Klenh.）

商品材名称：阿里索罗 Arisauro.

地方名称：阿拉卡卡 Arakaka（圭亚那）；法维拉阿马戈萨 Faveira-amargosa，安吉利姆阿马戈素 Angelim-anargoso，安吉利姆阿拉库 Angelim-aracui（巴西）；吉利卡贝斯 Gelekabbes（苏里南）。

大乔木，高可达 30m，直径 0.5～0.7m；产于圭亚那、秘鲁、苏里南等地；常生长在沼泽、潮湿地区和鳕苏木林中。木材具光泽；无特殊气味；滋味苦；纹理直至略交错；结构略粗；重量重（气干密度 0.77g/cm³）；干缩大（干缩率：径向 3.5%，弦向 7.6%，体积 8.6%）；强度中（顺纹抗压强度 51MPa，抗弯强度 104MPa，抗弯弹性模量 12882MPa）。

木材干燥速度中等，无大缺陷发生。耐腐性能中至耐腐，抗蚁性能中，抗虫害能力强；防腐剂浸注性能差。木材锯、刨等加工容易，表面光滑；胶粘容易；钉钉性能好，握钉力佳。木材多用于建筑，室内装修如地板、围墙，枕木，电杆，矿柱等。

巴西瓦泰豆 *V. paraensis* Ducke 详见种叙述。

巴西瓦泰豆 *V. paraensis* Ducke
（彩版 13.2；图版 75.4～6）

【商品材名称】

法维拉阿马戈萨 Faveira-amargosa

【地方名称】

法瓦阿马戈萨 Fava-amargosa，法维拉鲍拉查 Faveira-bolacha（巴西）；阿里索罗 Arisauro（圭亚那）。

【树木及分布】

大乔木；产于巴西及圭亚那等地。

【木材构造】

宏观特征

木材散孔材。心材红褐色；与边材区别明显。边材浅褐或灰色。生长轮不明显。管孔放大镜下明显；略大；少数管孔含树胶。轴向薄壁组织肉眼下可见，放大镜下明显；翼状及聚翼状。木射线放大镜下明显；略密；甚窄。波痕及胞间道未见。

微观特征

导管横切面为卵圆形及圆形，部分略具多角形轮廓；单管孔及径列复管孔（2～3个）；稀管孔团；散生；1～6个，平均3个/mm²；最大弦径298μm，平均215μm；导管分子平均长477μm；部分导管含树胶。管间纹孔式互列，多角形，纹孔口内含，透镜形，少数外展或合生，呈线形；系附物纹孔。单穿孔，穿孔板平行至略倾斜。导管与射线间纹孔式类似管间纹孔式。轴向薄壁组织为翼状及聚翼状，稀轮界状；具分室含晶细胞，内含菱形晶体可达18个或以上。木纤维壁甚厚；直径27μm，纤维平均长2006μm，单纹孔略具狭缘；分隔木纤维可见。木射线5～6根/mm；非叠生，局部排列较整齐。单列射线较少，高3～19（多数5～10）细胞。多列射线宽2细胞，高8～35（多数13～25）细胞。射线组织为异形Ⅲ型。方形细胞比横卧射线细胞略高。射线细胞多含树胶；晶体未见。胞间道缺如。

材料：W21135（法国送）

【木材性质】

木材光泽较强；无特殊气味和滋味；纹理直至略交错；结构略粗，略均匀；木材重；干缩甚大；强度高。

产　地	密度(g/cm³)		干缩率(%)			顺纹抗压强度(MPa)	抗弯强度(MPa)	抗弯弹性模量(MPa)	顺纹抗剪强度(MPa)	冲击韧性(kJ/m²)
	基　本	气　干	径　向	弦　向	体　积					
巴　西	0.78	0.93	4.8	9.8	14.0	78	148	15000	16	

木材干燥速度中等；几无缺陷。耐腐性能中等；能抵抗白蚁危害。木材锯、刨等加工性能中等，切面光滑；但遇交错纹理时，刨切时切面有撕裂现象。

【木材用途】

建筑，家具，地板，护墙板，枕木，电杆等。

含羞草亚科 **Mimosoideae** Taub.

约 56 属，2800 种；主产热带及亚热带地区。拉丁美洲主要商品材属有：阿巴豆属 *Abarema*，相思属 *Acacia*，合欢属 *Albizia*，阿那豆属 *Anadenanthera*，亚马孙豆属 *Cedrelinga*，异味豆属 *Dinizia*，象耳豆属 *Enterolobium*，因加豆属 *Inga*，大理石豆属 *Marmaroxylon*，赛落腺豆属 *Parapiptadenia*，球花豆属 *Parkia*，五柳豆属 *Pentaclethra*，落腺豆属 *Piptadenia*，牧豆树属 *Prosopis* 等。

阿巴豆属 *Abarema* Pittier

本属约 50 种；分布世界热带（除非洲）。拉丁美洲常见商品材树种有阿巴豆。

阿巴豆 *A. jupunba* (Willd.) Britton et Killip
[*Pithecellobium jupunba* (Willd.) Urban]
（彩版 13.3；图版 76.1~3）

【商品材名称】

赫鲁阿萨 Huruasa

【地方名称】

赫鲁阿萨 Huruasa，克莱皮奥 Klaipio，克瓦特佩因 Kwatpain，克瓦图帕纳 Kwatupana，奥鲁克龙 Orukorong，素普伍德 Soapwood（圭亚那）；安杰利姆法尔索 Angelim-falso，法瓦阿马戈萨 Fava-amargosa（巴西）；阿贝布兰克 Abey blanc，安杰里奥 Angelino，卡博尼罗 Carbonero（哥伦比亚）；马特津瓜 Matzingua（厄瓜多尔）；阿绍布兰克 Assao blanc，布伊斯马克块 Bois macaque（法属圭亚那）；霍鲁瓦萨 Horowassa，克雷普乔 Kleipjo（苏里南）。

【树木及分布】

大乔木，高可达 30m，直径 0.85m；树基部膨大或具较低的板根。分布巴西、加勒比海地区、哥伦比亚、厄瓜多尔、苏里南、圭亚那及委内瑞拉等地。

【木材构造】

宏观特征

木材散孔材。心材浅褐色；与边材区别明显。边材白至黄白色。生长轮不明显。管孔肉眼下可见，放大镜下明显；散生；数甚少；大。轴向薄壁组织肉眼可见，放大镜下明显；环管束状、翼状、少数聚翼状。木射线放大镜下明显；略密；甚窄。波痕及胞间道未见。

微观特征

导管横切面为卵圆形及近圆形，具多角形轮廓；单管孔，少数径列复管孔（2~4

个，多为2个），管孔团偶见；散生；2～5个，平均3个/mm²；最大弦径324μm，平均202μm；导管分子平均长534μm；部分导管内含树胶；螺纹加厚缺如。管间纹孔式互列，密集，多角形；纹孔口内含，透镜形，系附物纹孔。单穿孔，穿孔板略倾斜至倾斜。导管与射线间纹孔式类似管间纹孔式。轴向薄壁组织为环管束状（束宽）、翼状及聚翼状；具分室含晶细胞，内含菱形晶体达数十个，薄壁细胞内几无树胶。木纤维壁薄至厚；直径25μm，纤维平均长1620μm，单纹孔略具狭缘。木射线9～11根/mm；非叠生。单列（偶成对或2列）射线高2～25（多为10～18）细胞。射线组织为同形单列。少数射线细胞含树胶；晶体未见。胞间道未见。

　　材料：W22841（苏里南）

【木材性质】

　　木材具光泽；无特殊气味和滋味；纹理直至略交错；结构粗，略均匀；重量中等；干缩大；强度中。

产　地	密度(g/cm³)		干缩率(%)			顺纹抗压强度(MPa)	抗弯强度(MPa)	抗弯弹性模量(MPa)	顺纹抗剪强度(MPa)	冲击韧性(kJ/m²)
	基　本	气　干	径　向	弦　向	体　积					
圭亚那	0.51	0.62	4.5	7.3	12.5	51	102	13770		

　　木材干燥快，性能良好。耐腐性能中等；防腐剂浸注性能差。木材锯、刨等加工容易，切面光滑；胶粘性能好；适宜旋切；握钉力强；精加工好。

【木材用途】

　　家具，室内装修，装饰单板，胶合板，普通木器等。

相思属 *Acacia* Willd.

　　本属约900种；广布世界热带及亚热带地区，以大洋洲及非洲为多。

黑相思 *A. melanoxylon* R. Br.
（图版76.4～6）

【商品材名称】

　　黑木 Blackwood

【树木及分布】

　　大乔木，高可达30m，直径0.9m；产智利。本种原产澳大利亚，分布范围很广，在阿根廷人工栽培18年高可达18m。

【木材构造】

　　宏观特征

　　木材散孔材。心材材色变化大，从灰色到暗褐色或黑色。边材白色；宽可达10cm。生长轮略明显或不明显。管孔放大镜下明显；散生；数少；略大；沉积物或树胶可见。轴向薄壁组织放大镜下略见；环管状，少数为翼状。木射线放大镜下略明显；略密；窄。波痕及胞间道未见。

微观特征

导管横切面卵圆形或近圆形，略具多角形轮廓；单管孔及径列复管孔（2～4个，多为2～3个），稀管孔团；散生；6～20个，平均12个/mm²；最大弦径324μm，平均120μm；导管分子平均长360μm；树胶或沉积物可见；螺纹加厚未见。管间纹孔式互列，多角形；纹孔口内含，透镜形，系附物纹孔。单穿孔，穿孔板略倾斜。导管与射线间纹孔式类似管间纹孔式。**轴向薄壁组织主要为环管束状**，少数侧向伸展呈翼状或聚翼状；薄壁细胞多含树胶；晶体未见。木纤维壁薄至厚；直径17μm，纤维平均长1070μm，单纹孔略具狭缘。木射线7～10根/mm；非叠生。单列射线高2～17（多为5～10）细胞。多列射线宽2～4细胞，高6～23（多数12～17）细胞。射线组织为同形单列及多列。射线细胞多含树胶；晶体未见。**胞间道缺如。**

材料：W22670，W24112（美国送）

【**木材性质**】

木材具光泽；无特殊气味和滋味；纹理直至略交错；结构略粗，均匀；木材重量中等；干缩小至中；强度中或中至高。

产　地	密度(g/cm³)		干缩率(%)			顺纹抗压强度(MPa)	抗弯强度(MPa)	抗弯弹性模量(MPa)	顺纹抗剪强度(MPa)	冲击韧性(kJ/m²)
	基　本	气　干	径　向	弦　向	体　积					
		0.58				53	93	12400	13	
		0.70				62	114	14200	15	

原木或板材在存放时有开裂倾向。木材气干或窑干性能颇好。木材略耐腐，但易受小蠹虫和白蚁危害；防腐剂浸注边材中等，心材性能差。木材加工性能良好，遇交错纹理时刨面粗糙，切削角采用20°左右可获得光滑表面。精加工和抛光性能好，胶粘性能佳，钉钉性能差。

【**木材用途**】

家具，细木工，地板，车辆，造船，装饰单板，枕木，电杆，农具，雕刻，化工用木桶，车旋制品等。

合欢属 *Albizia* Durazz.

本属约150种；产于亚洲、非洲、大洋洲热带、亚热带及温带地区。南美洲分布少。常见商品材树种有加勒比合欢。

加勒比合欢 *A. caribaea* Britt. et Rose
（图版77.1～3）

【**商品材名称**】

卡拉巴里 Carabali

坦塔卡尤 Tantakayo

【树木及分布】

大乔木，高可达 27m，直径 0.9m；枝下高通常 10m，常生长在季风林中。分布在亚马孙地区、委内瑞拉等。

【木材构造】

宏观特征

木材散孔材。心材浅黄白色；与边材区别略明显。边材白色，宽 7.5 ~ 10cm。生长轮不明显。管孔放大镜下明显；散生；数少；略大；具侵填体。轴向薄壁组织放大镜下明显；环管束状及翼状。木射线放大镜下明显；略密；窄。波痕及胞间道未见。

微观特征

导管横切面为卵圆形，部分略具多角形轮廓；单管孔，少数径列复管孔（2 ~ 5 个，多为 2 ~ 3 个），管孔团偶见；散生；1 ~ 14 个，平均 7 个/mm^2；最大弦径 239μm，平均 138μm；导管分子平均长 290μm；部分导管含树胶；螺纹加厚未见。管间纹孔式互列，多角形；纹孔口内含、外展或合生，呈透镜形或线形，系附物纹孔。单穿孔，穿孔板略倾斜。导管与射线间纹孔式类似管间纹孔式。轴向薄壁组织为环管束状、翼状及聚翼状；具分室含晶细胞，内含菱形晶体可达 13 个或以上。木纤维壁厚，部分甚厚；直径 16μm，纤维平均长 1013μm；单纹孔略具狭缘；分隔木纤维可见。木射线5 ~ 7 根/mm；非叠生。多列（很少单列）射线宽 2 ~ 4 细胞，高 6 ~ 28（多数 10 ~ 21）细胞。射线组织为同形多列。多列射线细胞多为多角形；在射线细胞内晶体未见。胞间道未见。

材料：W22707（美国送）

【木材性质】

木材具光泽；无特殊气味和滋味；纹理直，偶交错；结构细，略均匀；重量中；干缩中至大；强度中等。

产　地	密度(g/cm³)		干缩率(%)			顺纹抗压强度(MPa)	抗弯强度(MPa)	抗弯弹性模量(MPa)	顺纹抗剪强度(MPa)	冲击韧性(kJ/m²)
	基　本	气　干	径　向	弦　向	体　积					
		>0.7				53	94	12400	13	

木材干燥颇快，有开裂和翘曲倾向，应适当减慢干燥速度。略耐腐，略抗白蚁危害；防腐剂浸注困难。木材加工较困难，通常加工后表面光滑，但遇交错纹在径面可能引起撕裂，打腻子后精加工好，耐候性好，尺寸稳定性佳；锯屑可能刺激鼻和喉咙。

【木材用途】

建筑，地板，家具，车辆，造船，枕木，矿柱，电杆，工具柄，车旋制品等。

阿那豆属 *Anadenanthera* Speg.

本属 4 种；产于热带南美洲。常见商品材树种有大果阿那豆。

大果阿那豆 *A. macrocarpa* Brenan (*Piptadenia macrocarpa* Benth.)
(彩版 13.4；图版 77.4~6)

【商品材名称】

　　柯鲁派 Curupy

【地方名称】

　　安杰科普雷托 Angico preto（巴西）；西比尔 Cebil，西比尔科洛雷多 Cebil colorado（阿根廷）；柯鲁派阿塔 Curupay-ata（巴拉圭）。

【树木及分布】

　　大乔木；高可达 24m，直径 0.9m；主干直，枝下高可达 7m。在阿根廷分布广，而在巴西和巴拉圭分布于亚热带和干旱林中。

【木材构造】

宏观特征

　　木材散孔材。心材浅褐至粉红褐色，几乎总是具黑色带状条纹。边材黄褐色或浅粉色。生长轮略明显，界以轮界薄壁组织。管孔放大镜下明显；散生；数少；略大；管孔内含树胶或沉积物。轴向薄壁组织放大镜下明显；环管束状、翼状、聚翼状及轮界状。木射线放大镜下略见；略密；窄。波痕及胞间道未见。

微观特征

　　导管横切面近圆形，略具多角形轮廓；单管孔及径列复管孔（2~5 个，多为 2~3 个），少数管孔团；散生；6~20 个，平均 11 个/mm^2；最大弦径 202μm，平均 106μm；导管分子平均长 250μm；部分导管含树胶；螺纹加厚未见。管间纹孔式互列，多角形；纹孔口内含，透镜形，系附物纹孔。单穿孔，穿孔板略倾斜。导管与射线间纹孔式类似管间纹孔式。轴向薄壁组织环管束状、翼状、聚翼状及轮界状；少数细胞含树胶；分室含晶细胞普遍，内含菱形晶体可达数十个。木纤维壁甚厚；直径 11μm，纤维平均长 970μm，单纹孔略具狭缘；具分隔木纤维；分室含晶细胞常见，内含菱形晶体数多。木射线 7~9 根/mm；非叠生。单列射线高 3~20（多数 8~13）细胞。多列射线宽 2~3 细胞，高 6~23 细胞。射线组织同形单列及多列。射线细胞内含少量树胶；晶体未见。胞间道缺如。髓斑可见。

　　材料：W22708（阿根廷）

【木材性质】

　　木材具光泽；无特殊气味和滋味；纹理不规则和交错；结构细，均匀；木材重量甚重；干缩大至甚大；强度高。

产地	密度(g/cm^3)		干缩率(%)			顺纹抗压强度(MPa)	抗弯强度(MPa)	抗弯弹性模量(MPa)	顺纹抗剪强度(MPa)	冲击韧性(kJ/m^2)
	基本	气干	径向	弦向	体积					
巴西		1.05	4.9	8.1	13.9	87	185	16353	19	
			4.6	7.6	12.0	97	202	17897		535

木材干燥慢，几无翘曲发生；但窑干有面裂和劈裂倾向。耐腐性强，防腐剂浸注困难。木材重、硬，加工困难，工具易钝，刨时建议切削角宜在 10°～15°，以防因交错纹引起撕裂。

【木材用途】

重型建筑，海港码头，地板，枕木，矿柱，工具柄，车旋制品。树皮可提取单宁。

亚马孙豆属 *Cedrelinga* Ducke

本属 1 种；产南美洲热带地区。

亚马孙豆 *C. catenaeformis* Ducke
（彩版 13.5；图版 78.1～3）

【商品材名称】

托尼罗 Tornillo

【地方名称】

赛德罗拉纳 Cedrorana，塞德罗拉马 Cedrorama，赛德罗布朗科 Cedro-branco，赛德拉拉纳 Cedrarana，赛德罗马拉 Cedromara，亚凯卡 Iacaica，亚凯亚卡 Yacayaca（巴西）；阿卡波 Achapo（哥伦比亚）；赛块 Seique，赛奎 Seiqui，赛克 Tsaik，丘乔 Chuncho（厄瓜多尔）；托尼罗 Tornillo（秘鲁）；唐赛德 Don cede（法属圭亚那）。

【树木及分布】

大乔木，高可达 30～45m，直径 1.5～2.7m；在秘鲁可提供直径 1.2m，长 13m 或以上的原木。产秘鲁、巴西等亚马孙流域及哥伦比亚。

【木材构造】

宏观特征

木材散孔材。心材浅黄色，微带粉红；与边材界限不明显。边材色浅。生长轮不明显。管孔在肉眼下可见，放大镜下明显；散生；数甚少；略大；侵填体未见。轴向薄壁组织放大镜下可见；环管状。木射线放大镜下可见；略密；甚窄。波痕及胞间道未见。

微观特征

导管横切面多为卵圆形，部分略具多角形轮廓；单管孔，少数径列复管孔（2～7 个，多为 2～3 个）及管孔团；散生；1～8 个，平均 3 个/mm^2；最大弦径 360μm，平均 190μm；导管分子平均长 515μm；侵填体未见；螺纹加厚未见。管间纹孔式互列，多角形；纹孔口内含，透镜形，系附物纹孔。单穿孔，近圆形。导管与射线间纹孔式类似管间纹孔式。轴向薄壁组织较丰富；环管束状（束宽几个细胞）、翼状及星散状；少数细胞含树胶；晶体未见。木纤维壁甚薄；直径 37μm，纤维平均长 1300μm，单纹孔略具狭缘；分隔木纤维未见。木射线 6～8 根/mm；非叠生；局部排列较整齐。单列（偶成对）射线高 2～15（多为 6～10）细胞。射线组织为同形单列。部分射线细胞含树胶；晶体未见。胞间道未见。髓斑可见。

材料：W18247（巴西）

【木材性质】

　　木材具金色光泽；无特殊气味和滋味，新切面有不愉快气味；纹理直至略交错；结构略粗而均匀；木材重量轻至中；干缩大；强度中。

产　地	密度(g/cm^3)		干缩率(%)			顺纹抗压强度(MPa)	抗弯强度(MPa)	抗弯弹性模量(MPa)	顺纹抗剪强度(MPa)	冲击韧性(kJ/m^2)
	基　本	气　干	径　向	弦　向	体　积					
	0.41~0.53	0.51~0.66	3.8	7.0	11.8	38	79	8800		
巴西	0.44		4.8	7.9	11.8	47	78	12843	7	
秘鲁	0.45		3.2	6.9	10.6	22	57	10588		

　　木材干燥性能良好，略有开裂和变形。耐腐性能中等，抗蚁和抗菌虫能力差；防腐剂浸注性能差至中。木材锯、刨等加工容易，宜旋切，胶粘性能好，易钉钉，握钉力差，打腻、上漆、精加工好，耐候性亦佳。

【木材用途】

　　木模，家具部件，造船，胶合板，室内外装修（需经防腐处理），车旋制品，包装箱，板条箱，胶合梁等。

异味豆属 *Dinizia* Ducke

　　本属1种；产亚马孙流域、巴西。

异味豆 *D. excelsa* Ducke
（彩版 13.6；图版 78.4~6）

【商品材名称】

　　安杰利姆弗米尔霍 Angelim vermelho

【地方名称】

　　帕拉卡瓦 Parakwa，库拉鲁 Kuraru（圭亚那）；安杰利姆法尔索 Angelim falso，安杰利姆佩德拉 Angelim pedra，安杰利姆弗罗 Angelim ferro，法弗拉格兰地 Faveira grande，格拉帕 Gurupa（巴西）。

【树木及分布】

　　大乔木；树高达 55~60m，直径可达 2m 或以上，树干通直，具板根。分布亚马孙流域和圭亚那地区，常见于巴西亚马孙州、巴拉州、罗格尼亚及罗来地区。喜生在石灰质土壤上地势较高林地中，有的形成小片纯林。

【木材构造】

　　宏观特征

　　木材散孔材。心材红褐色；与边材区别明显。边材浅红灰色。生长轮不明显。管孔肉眼下略见，放大镜下明显；散生；数甚少；略大；管孔内含沉积物和树胶。轴向薄壁组织为翼状、聚翼状及轮界状。木射线放大镜下可见；略密；窄。波痕及胞间道未见。

微观特征

导管横切面为卵圆形及圆形，部分略具多角形轮廓；单管孔，少数径列复管孔（2～6 个，多为 2～3 个），稀管孔团；散生；2～7 个，平均 4 个/mm²；最大弦径287μm，平均弦径 168μm；导管分子平均长 463μm；导管内具沉积物；螺纹加厚未见。管间纹孔式互列，纹孔口内含，透镜形，系附物纹孔。单穿孔，穿孔板略倾斜。导管与射线间纹孔式类似管间纹孔式。**轴向薄壁组织丰富**；为翼状、聚翼状、不规则带状（宽 3～8 细胞）、星散状及轮界状；分室含晶细胞可见，内含菱形晶体可达 8 个或以上。**木纤维壁甚厚**；直径 14μm，纤维平均长 1330μm；单纹孔略具狭缘。**木射线**4～6根/mm；非叠生。单列射线甚少，高 3～11 细胞。多列射线宽2～3 细胞，高 8～38（多数 16～28）细胞。射线组织同形单列及多列或同形多列。部分细胞含树胶；菱形晶体未见。胞间道缺如。

材料：W22275，W22489（巴西）。

【木材性质】

木材具光泽；新鲜材或干材遇湿后有不愉快气味，干燥后略有香气；无特殊滋味；纹理交错；结构略粗，略均匀；木材甚重；干缩甚大；强度高。

产　地	密度(g/cm³)		干缩率(%)			顺纹抗压强度(MPa)	抗弯强度(MPa)	抗弯弹性模量(MPa)	顺纹抗剪强度(MPa)	冲击韧性(kJ/m²)
	基　本	气　干	径　向	弦　向	体　积					
巴　西	0.83	0.99	5.7	9.5	14.5	86	157	16961	18	

木材窑干速度快，略有扭曲及轻度表面皱缩。木材耐腐，抗白蚁和其他菌虫危害能力强；防腐剂难浸注。木材重、硬，锯较困难，又因纹理交错刨切宜小心；精加工好。钉钉需要先打孔。

【木材用途】

用于重型建筑，车辆，造船，桥梁，码头用桩、柱，枕木，木桶，走廊扶手，楼梯等。

象耳豆属 *Enterolobium* Mart.

本属 11 种，分布热带美洲及非洲西部。在拉丁美洲常见商品材树种有：

旋果象耳豆 *E. contortisiliquum* Morong. 详见种叙述。

尚氏象耳豆 *E. schomburgkii* Benth. 详见种叙述。

旋果象耳豆 *E. contortisiliquum* Morong. （*E. timbouva* Mart.）
（彩版 13.7；图版 79.1～3）

【商品材名称】

坦包里尔 Tamboril

【地方名称】

廷布瓦 Timbuva（巴西）；廷伯 Timbo（阿根廷）。

【树木及分布】

大乔木；树高可达30m，直径0.8～1.0m；主干直，枝下高达15m；分布阿根廷、巴西等地；常生长在海拔700～1000m湿林和沿河两岸热带雨林中；树木生长快，适宜作观赏植物和遮荫树栽培。

【木材构造】

宏观特征

木材散孔材。心材材色从粉色到浅红褐色，带深褐色条纹。边材浅黄白色。生长轮明显。管孔肉眼下可见，放大镜下明显；散生；数甚少；略大；具树胶或沉积物。轴向薄壁组织放大镜下明显；环管状、翼状、少数聚翼状及轮界状。木射线放大镜下明显；略密；窄。波痕及胞间道未见。

微观特征

导管横切面卵圆形，部分略具多角形轮廓；单管孔，少数径列复管孔（2～7个，多为2个），偶管孔团；散生；1～8个，平均3个/mm²；最大弦径273μm，平均149μm；导管分子平均长332μm；部分导管含树胶；螺纹加厚未见。管间纹孔式互列；多角形，纹孔口内含，透镜形，系附物纹孔。单穿孔，穿孔板略倾斜。导管与射线间纹孔式类似管间纹孔式。轴向薄壁组织环管束状（鞘宽可达5～6细胞）、翼状、聚翼状、轮界状及星散状；菱形晶体未见。木纤维壁薄至厚；直径28μm，纤维平均长1137μm，单纹孔略具狭缘。木射线5～7根/mm；非叠生。单列射线高2～12细胞。多列射线宽2～4细胞，高5～32（多为13～21）细胞。射线组织同形单列及多列。射线细胞含少量树胶；晶体未见。胞间道未见。

材料：W19554（阿根廷）

【木材性质】

木材具光泽；无特殊气味和滋味；纹理直至略交错；结构细，略均匀；木材重量轻；干缩小；强度中等。

产 地	密度(g/cm³)		干缩率(%)			顺纹抗压强度(MPa)	抗弯强度(MPa)	抗弯弹性模量(MPa)	顺纹抗剪强度(MPa)	冲击韧性(kJ/m²)
	基 本	气 干	径 向	弦 向	体 积					
巴 西		0.54	2.2	4.6	7.7	37	77	7549	9	

木材干燥容易，速度快；几无开裂和变形。耐腐性差；不抗白蚁和干木害虫危害；防腐剂浸注容易。木材锯、刨等加工容易，切面光滑；胶粘性能好；握钉力佳；精加工好；作单板旋切、刨切均可。

【木材用途】

家具，室内装修，墙围，木模型，造船，包装箱，板条箱，食品包装等。

尚氏象耳豆 *E. schomburgkii* Benth.

（彩版13.8；图版79.4～6）

【商品材名称】

巴蒂巴特拉 Batibatra

【地方名称】

法瓦奥雷尔哈马卡科 Fava orelha de macaco，安杰利厄姆 Angelium，坦鲍巴 Tim-bauba，坦布拉纳 Timbo rana，法瓦奥雷尔哈内格罗 Fava orelha de negro，法瓦罗斯卡 Fava de rosca（巴西）；阿卡西亚弗朗克 Acacia franc，布古巴蒂巴特拉 Bougou bati batra（法属圭亚那）；塔马伦普罗科尼 Tamaren prokeni（苏里南）；哈诺 Harino（巴拿马）；梅纽迪托 Menudito（委内瑞拉）；杰比欧 Jebio，黑维奥 Hevio（玻利维亚）。

【树木及分布】

大乔木，树高可达36m，直径1.8m；分布圭亚那、巴西、秘鲁、玻利维亚及中美洲地区；喜生长在非水淹的砂土地上。

【木材构造】

宏观特征

木材散孔材。心材黄褐色或粉红褐色；有的具深浅相间带状条纹；与边材区别明显。边材乳白色；窄。生长轮略明显。管孔肉眼下可见，放大镜下明显；散生；数甚少；略大。轴向薄壁组织肉眼可见，放大镜下明显；环管束状、翼状、聚翼状及轮界状。木射线放大镜下明显；略密；窄。**波痕及胞间道未见。**

微观特征

导管横切面为卵圆形，少数近圆形；单管孔，少数径列复管孔（2～3个）及管孔团；散生；2～5个，平均3个/mm^2；最大弦径247μm，平均140μm；导管分子平均长505μm；具树胶或沉积物；螺纹加厚未见。管间纹孔式互列；纹孔口内含，透镜形，系附物纹孔。单穿孔，穿孔板略倾斜。导管与射线间纹孔式类似管间纹孔式。**轴向薄壁组织丰富；**聚翼状、翼状、轮界状及星散状，有的似岛屿状独立分布在纤维中；分室含晶细胞常见（多位于星散薄壁组织中），内含菱形晶体达20个或以上。木纤维壁多为甚厚；直径18μm，纤维平均长1502μm，单纹孔略具狭缘，分隔木纤维普遍，少数纤维含沉积物或树胶。木射线5～9根/mm；非叠生。单列射线高2～15（多数5～10）细胞。多列射线宽2～4细胞，高5～19（多数10～15）细胞。射线组织同形单列及多列。少数射线细胞含树胶；晶体未见。**胞间道缺如。**

材料：W21119，W22111（哥伦比亚）。

【木材性质】

木材具光泽；无特殊气味和滋味；纹理直至略交错，偶呈波状；结构细而均匀；木材重至甚重；干缩甚大；强度高。

产　地	密度(g/cm^3)		干缩率(%)			顺纹抗压强度(MPa)	抗弯强度(MPa)	抗弯弹性模量(MPa)	顺纹抗剪强度(MPa)	冲击韧性(kJ/m^2)
	基　本	气　干	径　向	弦　向	体　积					
	0.82	0.99	3.8	8.8	13.9	79	162	21931		321
巴西	0.84		4.2	9.3	12.7	79	162	16764	17	
圭亚那		0.81			16.6	79	172			

木材自然干燥慢，窑干快；开裂、翘曲中等；厚板材有表面硬化发生。木材很耐腐；能抗白蚁及其他害虫危害；防腐剂浸注性能差。锯、刨等加工性能良好，遇交错纹

不易刨平；胶粘需要注意，钉钉性能尚可，握钉力强。

【木材用途】

房屋建筑，室内装修如地板、墙围、走廊扶手等，家具，枕木，桥梁，工具柄等。

因加豆属 *Inga* Mill.

本属约 200 种，产于美洲的热带、亚热带地区及西印度群岛。常见商品材树种有因加豆。

因加豆 *I. alba* Willd.
（彩版 13.9；图版 80.1~3）

【商品材名称】

马尼巴里 Manniballi

【地方名称】

因加 Inga，因加西西 Inga-xixi，因加齐拉 Ingazeira，因加齐齐 Inga-chi-chi（巴西）；马波罗康 Maporokon，库兰 Kurang，克瓦里 Kwari，克瓦里伊 Kwariye，约卡 Yokar（圭亚那）。

【树木及分布】

大乔木，高可达 30m，直径 0.8m；主干高达 15m，干形一般较差，常常具凹槽；产于巴西、圭亚那、苏里南、委内瑞拉等地；常生长在热带雨林、沼泽林及稀树草原林中。

【木材构造】

宏观特征

木材散孔材。心材浅红褐色，有的具深色带状条纹；与边材区别不明显。边材色浅。生长轮不明显或略明显。管孔肉眼下明显；散生；数甚少；略大；沉积物可见。轴向薄壁组织放大镜下明显；翼状、聚翼状及环管状。木射线放大镜下可见；略密；窄。波痕及胞间道未见。

微观特征

导管横切面卵圆形，略具多角形轮廓；主要为单管孔，少数径列复管孔（2~3 个）及管孔团；散生；1~7 个，平均 3 个/mm^2；最大弦径 337μm，平均弦径 188μm；导管分子平均长 446μm；少数导管具沉积物；螺纹加厚未见。管间纹孔式互列，密集，多角形，纹孔口内含，透镜形，系附物纹孔。单穿孔，穿孔板平行至略倾斜。导管与射线间纹孔式类似管间纹孔式。轴向薄壁组织丰富；翼状、聚翼状及环管束状，少数呈岛屿状位于基本组织中；分室含晶细胞普遍，菱形晶体可达数十个。木纤维壁薄至厚；直径 20μm，纤维平均长 1590μm，分隔木纤维普遍。木射线 9~11 根/mm；非叠生。单列射线高 2~23（多数 6~14）细胞。多列射线宽 2~3 细胞，高 6~22（多数 12~18）细胞。具连接射线。射线组织同形单列及多列。射线细胞多充满树胶；晶体未见。胞间道未见。

材料：W22441（巴西）

【木材性质】

木材具光泽；无特殊气味和滋味；纹理直至略交错；结构略粗，均匀；木材干缩中至大；重量及强度中等。

产地	密度(g/cm³)		干缩率(%)			顺纹抗压强度(MPa)	抗弯强度(MPa)	抗弯弹性模量(MPa)	顺纹抗剪强度(MPa)	冲击韧性(kJ/m²)
	基本	气干	径向	弦向	体积					
巴　西		0.63	3.2	7.0	11.9	50	94	9814	11	
圭亚那	0.57	0.67	3.4	6.9	12.3	53	95	11800		

木材干燥速度快，略变形。木材不耐腐，树木伐倒后，易受变色菌危害而变色；抗白蚁和海生钻木动物危害性能差。木材锯、刨等加工容易，切面光滑；木材干燥后使用，尺寸稳定性好；胶粘性能好，易钉钉，握钉力强；精加工后光滑；生产单板宜旋切。

【木材用途】

普通建筑，家具，胶合板，包装箱以及薪材等。

大理石豆属 *Marmaroxylon* Killip.

本属1种，产南美洲的巴西、秘鲁等。

大理石豆木 *M. racemosum*（Ducke）Killip. ex Record.
（*Pithecelobium racemosum* Ducke）
（彩版 14.1；图版 80.4～6）

【商品材名称】

因加拉纳 Ingarana

【地方名称】

安杰利姆雷加多 Angelim-Rajado（巴西、秘鲁）；安杰利姆鲍达多 Angelim-Bordado，安杰科雷加多 Angico-rajado（秘鲁）；桑基伍德 Sankewood（圭亚那）；鲍斯塔马林德 Bostamarinde，斯奈基奥多 Sneki-oedoe（苏里南）；博伊斯瑟彭特 Bois serpent（法属圭亚那）。

【树木及分布】

乔木，高可达 25～30m，直径 0.4～0.6m；产巴西、圭亚那、苏里南和秘鲁，主要集中在亚马孙流域；喜生干旱林中。

【木材构造】

宏观特征

木材散孔材。心材黄至黄褐色；与边材界限不明显。边材黄色。生长轮不明显。管孔肉眼可见，放大镜下明显；散生；数甚少；略大；具沉积物。轴向薄壁组织肉眼可见，放大镜下明显；翼状、聚翼状及带状。木射线放大镜下可见；略密；窄。波痕及胞间道未见。

微观特征

导管横切面为卵圆形及圆形，略具多角形轮廓；单管孔，少数径列复管孔（2～5个，多为2～3个）及管孔团；散生；2～5个，平均3个/mm²；最大弦径273μm，平均177μm；导管分子平均长496μm；沉积物丰富；螺纹加厚未见。管间纹孔式互列，多角形，纹孔口内含，透镜形，系附物纹孔。单穿孔，穿孔板略倾斜。导管与射线间纹孔式类似管间纹孔式。轴向薄壁组织丰富；翼状、聚翼状及带状（不规则，宽3～8细胞）；部分细胞含树胶；具分室含晶细胞，菱形晶体可达9个或以上。木纤维壁甚厚；直径18μm，纤维平均长1410μm，单纹孔略具狭缘。木射线8～12根/mm；非叠生。单列射线多，高2～21（多数8～15）细胞。多列射线宽2～3细胞，高6～33（多数12～22）细胞。射线组织同形单列及多列。部分细胞含树胶；晶体未见。胞间道未见。

材料：W22281（巴西）

【木材性质】

木材具光泽；无特殊气味和滋味；纹理直至交错；结构略粗，欠均匀；木材甚重；干缩甚大；强度高。

产　地	密度（g/cm³）		干缩率（%）			顺纹抗压强度（MPa）	抗弯强度（MPa）	抗弯弹性模量（MPa）	顺纹抗剪强度（MPa）	冲击韧性（kJ/m²）
	基　本	气　干	径　向	弦　向	体　积					
秘　鲁	0.79		5.9	9.3	15.2	79	164	16373		
		1.0	6.0	0.5		83	177	21400		
圭亚那		1.01			16.7	66	160			

木材干燥速度慢，干燥性能良好，表面偶发生细裂纹。木材耐腐性能中等；抗蚁、抗菌、抗虫能力强；防腐剂浸注性能差。因木材重、硬，有时纹理交错，加工略困难；钉钉宜先打孔，胶粘要注意，可用来刨切单板。

【木材用途】

木材用于建筑，室内装修，家具，重载地板，造船，枕木，桥梁，车旋制品等。

赛落腺豆属 *Parapiptadenia* Brenan.

本属2种，产美洲热带地区。常见商品材树种有坚硬赛落腺豆。

坚硬赛落腺豆 *P. rigida* Brenan.（*Piptadenia rigida* Benth.）
（彩版14.2；图版81.1～3）

【商品材名称】

安吉科 Angico

【地方名称】

安吉科 Angico，安吉科弗米尔霍 Angico-vermelho（巴西）。

【树木及分布】

大乔木，高可达30m，直径1.2m；主干通常直，枝下高可达15m。常生长在低海拔、土层厚度中等的阔叶混交林中；树皮单宁含量48%。分布于巴西、哥伦比亚、委内瑞拉等地。

【木材构造】

宏观特征

木材散孔材。心材褐色，常见深色条纹；与边材界限不明显。边材色浅。生长轮略明显。管孔放大镜下略明显；散生；数少；略小；具沉积物。轴向薄壁组织放大镜下明显；环管状、翼状及轮界状。木射线放大镜下可见；略密；窄。波痕及胞间道未见。

微观特征

导管横切面为卵圆形，略具多角形轮廓；单管孔，少数径列复管孔（2～3个）及管孔团；散生；4～7个，平均6个/mm²；最大弦径142μm，平均89μm；导管分子平均长272μm；导管内具树胶，螺纹加厚未见。管间纹孔式互列，多角形，纹孔口内含，透镜形，系附物纹孔。单穿孔，穿孔板略倾斜。导管与射线间纹孔式类似管间纹孔式。轴向薄壁组织为环管束状（束宽可达5细胞或以上）、翼状及轮界状；分室含晶细胞普遍，内含菱形晶体可达20个或以上。木纤维壁多数为甚厚；直径13μm，纤维平均长938μm，单纹孔略具狭缘；具分隔木纤维。木射线7～10根/mm；非叠生。单列射线较少，高2～14（多数5～8）细胞。多列射线宽2～3细胞，高6～19（多数8～15）细胞。射线组织同形单列及多列。射线细胞内含硅石；菱形晶体未见。胞间道未见。

材料：W18544（巴西）

【木材性质】

木材光泽强；无特殊气味和滋味；纹理交错；结构细而均匀；木材重；干缩甚大；强度高。

产　地	密度(g/cm³)		干缩率(%)			顺纹抗压强度(MPa)	抗弯强度(MPa)	抗弯弹性模量(MPa)	顺纹抗剪强度(MPa)	冲击韧性(kJ/m²)
	基　本	气　干	径　向	弦　向	体　积					
巴　西		0.85	3.8	8.4	14.2	53	107	9049	14	

木材干燥宜慢，以防止降等；耐腐；能抗菌、虫危害；木材加工性能中等，因纹理交错，刨切略困难，为获得光洁表面需打腻子、砂光，钉钉宜先打孔，耐候性好。

【木材用途】

建筑，室内装修，家具，地板，车辆，造船，矿柱，电杆，枕木，运动器材，车旋制品等。

球花豆属 *Parkia* R. Br.

本属约60种，产于世界热带地区。拉丁美洲常见商品材树种有：

多叶球花豆 *P. multijuga* Benth. 详见种叙述。

悬垂球花豆 **P. pendula**（Willd.）Benth. ex Walp. 详见种叙述。

多叶球花豆 *P. multijuga* Benth.（*Dimorphandra megacarpa* Rolfe.）
（彩版 14.3；图版 81.4～6）

【商品材名称】

　　法维拉布朗卡 Faveira-Branca

　　格瓦兰古 Guarango

【地方名称】

　　米尔佩素斯 Mil Pesos，卡坦加 Cutanga，帕奎亚 Parquia，托塔 Torta（厄瓜多尔）；沙-阿 Sha-a，帕查科 Pachaco（哥伦比亚）；格瓦兰古 Guarango（厄瓜多尔、哥伦比亚）；塔坎 Takan，帕沙科克蒂多 Pashaco curtidor（秘鲁）；法维拉 Faveira（巴西）。

【树木及分布】

　　大乔木，高可达 40m，直径 1m；树干直。产哥伦比亚、秘鲁、巴西、厄瓜多尔等。喜生在石灰质土壤上，常分布原始林或次生林中。

【木材构造】

　　宏观特征

　　木材散孔材。心材浅黄白色；与边材界限不明显。边材色浅。生长轮略明显。管孔放大镜下明显；散生；数甚少；略大。轴向薄壁组织放大镜下略明显；环管状及轮界状。木射线放大镜下可见；略密；窄。波痕及胞间道未见。

　　微观特征

　　导管横切面卵圆形，具多角形轮廓；主为单管孔，少数径列复管孔（2～4 个）及管孔团；散生；1～7 个，平均 3 个/mm^2；最大弦径 233μm，平均弦径 154μm；导管分子平均长 470μm；部分导管含树胶，螺纹加厚未见。管间纹孔式互列，多角形，纹孔口内含，透镜形，系附物纹孔。单穿孔，穿孔板平行至略倾斜。导管与射线间纹孔式类似管间纹孔式。轴向薄壁组织为疏环管状、环管束状、翼状及轮界状；具分室含晶细胞，内含菱形晶体可达 12 个或以上。木纤维壁甚薄；直径 33μm，纤维平均长 1068μm，单纹孔略具狭缘。木射线 4～7 根/mm；非叠生。单列射线较多，高 2～24（多数 10～18）细胞。多列射线宽 2～3（偶 4）细胞，高 9～40（多数 16～28）细胞。具连接射线。射线组织同形单列及多列。少数射线细胞含树胶；菱形晶体未见。胞间道未见。

　　材料：W22497（巴西）

【木材性质】

　　木材具光泽；无特殊气味和滋味；纹理直；结构细，均匀；木材重量轻；干缩大；强度低。

产　地	密度(g/cm^3)		干缩率(%)			顺纹抗压强度(MPa)	抗弯强度(MPa)	抗弯弹性模量(MPa)	顺纹抗剪强度(MPa)	冲击韧性(kJ/m^2)
	基　本	气　干	径　向	弦　向	体　积					
巴　西	0.38	0.44	2.9	7.0	9.8	37	61	8627	8	

木材干燥宜慢，窑干速度快时产生两边翘和扭曲。天然耐腐性差，不能抵抗白蚁和其他虫害；防腐剂浸注性能中等。木材锯、刨等加工容易，精加工性能好；胶粘性佳；钉钉容易，握钉力差。

【木材用途】

轻型包装箱盒，木模型，普通胶合板，室内装修，隔墙板，家具部件等。

悬垂球花豆 *P. pendula* (Willd) Benth. ex Walp.

（彩版 14.4；图版 82.1~3）

【商品材名称】

法维拉 Faveira

安杰利姆赛亚 Angelim-saia

【地方名称】

安杰利姆博洛塔 Angelim-bolota，阿拉拉塔库皮 Arara-tucupi，埃斯庞亚 Esponja，法瓦博洛塔 Fava-bolota，于衣拉那弗米尔哈 Jueirana-vermelha，缪拉雷马 Muirarema（巴西）。

【树木及分布】

乔木，树干通直，圆柱形；高 6.5~16m，直径 0.45~0.68m；树皮平滑，厚 1~2cm；喜生长在旱地中。本种主要分布于巴西亚马孙州和巴拉州，圭亚那等地也有分布。

【木材构造】

宏观特征

木材散孔材。心材浅黄褐色至褐色；与边材区别明显。边材黄白色。生长轮略明显或不明显。管孔肉眼可见，放大镜下明显；散生；数甚少；略大；少数管孔含树胶。轴向薄壁组织肉眼下可见，放大镜下明显；翼状，少数聚翼状。木射线放大镜下可见；略密；窄。波痕及胞间道未见。

微观特征

导管横切面多为卵圆形，部分略具多角形轮廓；单管孔，少数径列复管孔（2~8 个，多为大小不一）及管孔团；散生；1~10 个，平均 3 个/mm²；最大弦径 253μm，平均弦径 139μm；导管分子平均长 511μm；侵填体及螺纹加厚未见。管间纹孔式互列，多角形，纹孔口内含，透镜形，少数合生呈线形；系附物纹孔。单穿孔，穿孔板略倾斜。导管与射线间纹孔式类似管间纹孔式。轴向薄壁组织为翼状及聚翼状；具分室含晶细胞，内含菱形晶体可达 25 个或以上。木纤维壁薄；直径 23μm，纤维平均长 1671μm，单纹孔略具狭缘，径面较多。木射线 5~8 根/mm；非叠生。单列射线高 2~23（多数 5~11）细胞。多列射线宽 2~5（多数 3~4）细胞，高 8~33（多数 13~22）细胞。射线组织同形单列及多列。射线细胞多列部分多为多角形；晶体未见。胞间道未见。

材料：W20174（巴西）

【木材性质】

木材具光泽；无特殊气味和滋味；纹理直至略交错；结构细，均匀；重量中；干缩大；强度中等。

产　地	密度(g/cm³)		干缩率(%)			顺纹抗压强度(MPa)	抗弯强度(MPa)	抗弯弹性模量(MPa)	顺纹抗剪强度(MPa)	冲击韧性(kJ/m²)
	基　本	气　干	径　向	弦　向	体　积					
巴　西	0.51	0.60	2.5	7.2	10.0	48	92	10784	10	

木材窑干速度很快，略有开裂和翘曲。耐腐性中等，抗菌性能中等，抗蚁性能差；防腐剂浸注心材差，边材容易。木材锯、刨等加工容易，切面尚可；钻孔、砂光容易。

【木材用途】

民用建筑，家具，室内装修（地板、天花板、门、窗等），造船，胶合板，车工制品。据记载，巴西巴拉州一胶合板厂，用此种木材生产胶合板，质量甚好。

五柳豆属 *Pentaclethra* Benth. ▬▬▬▬▬▬▬▬

本属 3 种：五柳豆 *P. eetveldiana* De wild 及大叶五柳豆 *P. macrophylla* Benth. 分布在非洲热带地区；大裂五柳豆 *P. macroloba* O. Kuntze 分布在美洲热带地区，详见种叙述。

大裂五柳豆 *P. macroloba* O. Kuntze
（彩版 14.5；图版 82.4~6）

【商品材名称】

特里西尔 Trysil

科罗巴里 Koroballi

【地方名称】

普拉卡希 Pracaxi，塔劳亚希 Tarauaxi（巴西）。

【树木及分布】

乔木；分布南美洲巴西、圭亚那及巴拉圭等。

【木材构造】

宏观特征

木材散孔材。心材褐色；与边材界限明显。边材近白色；宽约2cm。生长轮不明显。管孔放大镜下明显；散生或略斜列；数少；管孔内多含沉积物。轴向薄壁组织放大镜下明显；环管状、翼状、少数聚翼状及带状。木射线放大镜下可见；略密至密；甚窄。波痕及胞间道未见。

微观特征

导管横切面近圆形，略具多角形轮廓；主为单管孔，少数径列复管孔（2~7 个，多为 2~3 个，大小不一）及管孔团；散生；6~11 个，平均 8 个/mm²；最大弦径239μm，平均130μm；导管分子平均长444μm。管间纹孔式互列，多角形，密集，纹孔口内含，透镜形，系附物纹孔。单穿孔，穿孔板略倾斜。导管与射线间纹孔式类似管间纹孔式。轴向薄壁组织丰富，环管状、翼状、聚翼状、星散状（比纤维大）及轮界状；薄壁细胞不含树胶；具分室含晶细胞，内含菱形晶体可达 16 个或以上。木纤维壁薄至厚；直径21μm，纤维平均长1130μm，单纹孔略具狭缘。木射线10～15根/mm；非叠生。单列射线（偶成对或2列）高2～15（多数7～12）细胞。射线组织同形单列。射线细胞含树胶；晶体未见。**胞间道未见。**

材料：W18213（圭亚那）

【木材性质】

木材光泽较强；无特殊气味和滋味；纹理略交错；结构细，略均匀；木材重量中至重；强度高。

木材可能耐腐；防腐剂浸注困难。木材锯、刨等加工性能中等，切面光滑。

【木材用途】

房屋建筑，室内装修，车辆，造船，枕木，矿柱，电杆，农具等。

落腺豆属 *Piptadenia* Benth.

本属18种或以上；分布从墨西哥到南美洲。常见商品材树种有香甜落腺豆。

香甜落腺豆 *P. suaveolens* Miq.
（彩版14.6；图版83.1～3）

【商品材名称】

庭布拉纳 Timborana

法维拉福尔哈菲纳 Faveira-Folha-Fina

【地方名称】

安吉科 Angico，安吉科弗米尔霍 Angico-Vermelho，庭鲍巴 Timbauba（巴西）。

【树木及分布】

乔木；主干直，高可达16m以上，直径0.62m；圆柱形，板根高达4m；树皮光滑，含树脂，厚1～1.5cm。分布亚马孙流域如巴西、苏里南等。

【木材构造】

宏观特征

木材散孔材。心材红褐色；与边材界限略明显。边材灰白色。生长轮明显，不规则。管孔放大镜下明显；散生或略斜列；数少；略大。轴向薄壁组织放大镜下略明显；环管状。木射线放大镜下明显；略密；甚窄。波痕及胞间道未见。

微观特征

导管横切面卵圆形，部分略具多角形轮廓；单管孔，少数径列复管孔（2～3个，稀4个）及管孔团；散生或略呈斜列；5～15个，平均10个/mm²；最大弦径193μm，平均弦径127μm；导管分子平均长434μm；部分导管含树胶，螺纹加厚未见。管间纹孔式互列，多角形，纹孔口内含、外展或合生，透镜形和线形，系附物纹孔。单穿孔，穿孔板略倾斜。导管与射线间纹孔式类似管间纹孔式。轴向薄壁组织为疏环管状、环管束状，有时侧向伸展似翼状及聚翼状，少数轮界状；分室含晶细胞普遍，内含菱形晶体可达30个。木纤维壁薄至厚；平均直径15μm，纤维平均长1140μm，单纹孔略具狭缘，分隔木纤维可见。木射线8~12根/mm；局部排列较整齐。单列射线较多，高4~21（多数8~16）细胞。多列射线宽2（偶3）细胞，2列部分有的与单列近等宽，高8~29（多数13~24）细胞。射线组织同形单列及多列。部分射线细胞含树胶；晶体未见。胞间道未见。

　　材料：W22488（巴西）；W22660（苏里南）。

【木材性质】

　　木材具光泽；无特殊气味和滋味；纹理交错；结构略粗，均匀；木材重量重；干缩甚大；强度高。

产　地	密度(g/cm³)		干缩率(%)			顺纹抗压强度(MPa)	抗弯强度(MPa)	抗弯弹性模量(MPa)	顺纹抗剪强度(MPa)	冲击韧性(kJ/m²)
	基　本	气　干	径　向	弦　向	体　积					
巴　西	0.76	0.90	5.1	8.3	13.1	78	147	15392	16	

　　木材干燥速度快，有扭曲和表面硬化倾向。木材耐腐，能抗菌、虫危害；防腐剂浸注性能中等。锯、刨等加工略困难，但车旋性能良好。

【木材用途】

　　重型建筑，家具，地板，刨切装饰单板，卡车车底板，乐器部件等。

牧豆树属 *Prosopis* L.

　　本属约45种，分布热带及亚热带，主产美洲，少数产亚洲及非洲。常见商品材树种有牧豆树。

牧豆树 *P. juliflora* DC.
（彩版 14.7；图版 83.4~6）

【商品材名称】

　　梅斯奎特 Mesquite

【地方名称】

　　阿尔加罗比亚 Algarobia，阿尔加罗博 Algarobo（巴西）。

【树木及分布】

　　落叶乔木，高可达12m，直径达1.2m；常作为观赏树栽培，也用作干旱地区造林和水土保持树种，生长速度中等。主要分布巴西、哥伦比亚、委内瑞拉、墨西哥等地。

【木材构造】

宏观特征

　　木材散孔材。心材深褐色；与边材界限明显。边材通常窄；浅黄色。生长轮不明显或略明显。管孔肉眼下略见，放大镜下明显；散生；数少；略小；导管内常含树胶。轴向薄壁组织肉眼可见；环管状、翼状、聚翼状及轮界状。木射线放大镜下明显；略密；略宽。波痕及胞间道未见。

微观特征

导管横切面多为卵圆形，部分略具多角形轮廓；单管孔，径列复管孔（2~7 个或以上，多数2~4 个）及管孔团；散生；3~16 个，平均7 个/mm²；最大弦径176μm，平均弦径80μm；导管分子平均长190μm；部分导管充满树胶，螺纹加厚未见。管间纹孔式互列，多角形，纹孔口内含，透镜形，系附物纹孔。单穿孔，穿孔板略倾斜至倾斜。导管与射线间纹孔式类似管间纹孔式。**轴向薄壁组织丰富，翼状、聚翼状及轮界状**；具纺锤薄壁细胞；分室含晶细胞普遍，内含菱形晶体多为4~8 个。木纤维壁厚或甚厚；直径11μm，纤维平均长1170μm，单纹孔略具狭缘。木射线5~9 根/mm；非叠生。单列射线少，高1~10 细胞。多列射线宽2~6（多为4~5）细胞，高6~39（多数15~30）细胞。射线组织为同形单列及多列。多列射线细胞多为多角形。射线细胞内晶体未见，硅石可见。**胞间道未见。髓斑可见。**

材料：W20149（墨西哥）

【木材性质】

木材具光泽；略具香气；无特殊滋味；纹理直或略斜；结构细，略均匀；木材重；干缩大至甚大；强度高。

产　地	密度（g/cm³）		干缩率（%）			顺纹抗压强度（MPa）	抗弯强度（MPa）	抗弯弹性模量（MPa）	顺纹抗剪强度（MPa）	冲击韧性（kJ/m²）
	基　本	气　干	径　向	弦　向	体　积					
		0.8~0.9				62	114	14200	15	

木材气干略有开裂，干后尺寸稳定性好。耐腐，抗白蚁性能中等，生材易受小蠹虫危害。木材锯、刨等加工容易，切面光滑；钉钉宜先打孔，握钉力好。

【木材用途】

木材用于建筑，室内装修，家具，地板，车辆，电杆，枕木，矿柱，车工制品，薪炭材等。

棟　科
Meliaceae Juss.

乔木600 种以上，并有灌木及草本；50 属，1400 种；包括一些有价值的木材，如桃花心木。主要分布世界的各热带地区，少数分布亚热带和温带地区。拉丁美洲常见商品材属有：南美楝属 *Cabralea*，苦油楝属 *Carapa*，洋椿属 *Cedrela*，桃花心木属 *Swietenia* 等。

南美楝属 *Cabralea* A. Juss.

本属约40 种；分布南美洲。拉丁美洲常见商品材树种有南美楝。

南美楝 *C. cangerana* Sald.
（彩版 14.8；图版 84.1～3）

【商品材名称】

　　坎杰拉纳 Canjerana

　　坎吉拉纳 Cangerana

【地方名称】

　　康吉拉纳 Congerana（乌拉圭）；塞德拉 Cedro-rá（巴拉圭）；卡沙拉纳 卡泽拉纳 Cancharana canxarana（阿根廷）；卡杰拉纳 Cajarana，卡赫拉纳 Canherana，坎杰拉纳维梅哈 Canjarana vermelha，波德桑托 Pau de santo，波桑托 Pau santo（巴西）。

【树木及分布】

　　乔木，中等高度，树干较粗，直径可达 1.4m。主要分布巴西中部和东南部，还分布巴拉圭、乌拉圭、阿根廷。

【木材构造】

　　宏观特征

　　木材散孔材。心材棕红色或栗色；与边材区别不明显。边材色略浅。生长轮不明显。管孔肉眼下略见，放大镜下明显；散生；数少；略大。轴向薄壁组织放大镜下可见；带状。木射线放大镜下略见；略密；窄。波痕及胞间道未见。

　　微观特征

　　导管横切面多为圆形或椭圆形；单管孔、径列复管孔（2～4 个，多为 2～3 个），偶见管孔团；散生；2～12 个，平均 6 个/mm²；最大弦径 295μm，平均 170μm；导管分子平均长 588μm；侵填体未见；树胶可见；螺纹加厚缺如。管间纹孔式互列，圆形；密集；纹孔口合生。穿孔板单一，略倾斜。导管与射线间纹孔式类似管间纹孔式。轴向薄壁组织甚多，近叠生；为傍管带状，宽 2～6 细胞；含树胶；晶体未见。木纤维壁薄至厚；直径 27μm，纤维平均长 1375μm，单纹孔可见，略具狭缘；分隔木纤维普遍。木射线 7～10 根/mm；非叠生；单列射线较少，高 2～8 细胞。多列射线宽 2～4 细胞，多数 2～3 细胞，高 4～38（多数 12～32）细胞。射线组织同形单列和多列，少数异形Ⅱ型。少数直立射线细胞，绝大多数横卧射线细胞。树胶丰富；硅石和晶体未见。胞间道未见。

　　材料：W22474（巴西）

【木材性质】

　　木材不具光泽；新鲜材具芳香气味，干燥后无特殊气味和滋味；纹理波状，有时直纹理；结构细，略均匀；木材重量中；干缩大；强度中等。

产　地	密度(g/cm³)		干缩率(%)			顺纹抗压强度(MPa)	抗弯强度(MPa)	抗弯弹性模量(MPa)	顺纹抗剪强度(MPa)	冲击韧性(kJ/m²)
	基　本	气　干	径　向	弦　向	体　积					
	0.55	0.67	3.4	6.6	10.4	51	90			
		0.75								
巴　西		0.67	3.6	7.0	11.6	51	88			

木材干燥需小心，防端裂，表面不开裂。心材耐腐和抗虫害。加工容易，由于具波状纹理，刨切的单板易出现裂纹。

【木材用途】

一般木器，室内外建筑用材，细木工，小型家具，在巴西是雕刻的优良用材。

苦油楝属 *Carapa* Aubl.

本属10～12种，常绿耐湿树种。在潮湿和红树林沼泽地生长最好。主要分布非洲西部，但南美洲赤道附近，亚洲斐济、菲律宾等地也有分布。拉丁美洲常见商品材树种有圭亚那苦油楝。

圭亚那苦油楝 *C. guianensis* Aubl.
（彩版 **14.9**；图版 **84.4～6**）

【商品材名称】

安迪罗巴 Andiroba

【地方名称】

酸木 Crabwood（圭亚那）；克拉帕 Krappa（苏里南）；坦加雷 Tangare，菲格罗 Figueroa（厄瓜多尔）；马扎巴洛 Mazabalo（哥伦比亚）；安迪罗贝拉 Andirobeira，安迪罗巴 Andiroba，安迪罗贝拉 布朗卡 Andirobeira branca（巴西、委内瑞拉）；锡德贝特奥 Cedro bateo（哥斯达黎加、巴拿马）；锡德马乔 Cedro macho（哥斯达黎加、巴拿马、洪都拉斯）；卡拉帕 Carapa（巴西、委内瑞拉、法属圭亚那）；假桃花心木 Bastard mahogany（洪都拉斯）；马萨巴洛 Masabalo（哥伦比亚、委内瑞拉）；克拉波 Croppo（特立尼达和多巴哥）。

【树木及分布】

大乔木，高24～40m 或更高，直径0.6～1.2m；树干通直，树形好，具短板根或根部膨胀。树木生长迅速，如条件好可获较大生长量。是低地树种，洪水出没的河流，森林低洼地常形成纯林，但也可生长在高海拔区域的河流两岸。分布西印度群岛、古巴、特立尼达和多巴哥、洪都拉斯、圭亚那、苏里南、哥伦比亚、秘鲁、巴西、委内瑞拉等地。

【木材构造】

宏观特征

木材散孔材。心材褐色；与边材区别明显。边材色浅。心边材都可见明显的褐色导管线。生长轮略明显或不明显。管孔肉眼下可见，放大镜下明显；散生；数少；略大。轴向薄壁组织放大镜下不见。木射线放大镜下可见；略密；窄。波痕及胞间道未见。

微观特征

导管横切面圆形或卵圆形，略具多角形轮廓；单管孔和径列复管孔（2～6个，多数2个）；散生；2～12个，平均7个/mm^2；最大弦径253μm，平均166μm；导管分子平均长656μm；侵填体未见；螺纹加厚缺如。管间纹孔式互列，多角形，密集；纹孔口合生。穿孔板单一，倾斜或略倾斜。导管与射线间纹孔式类似管间纹孔式。**轴向薄壁组织**为疏环管状、星散状，树胶缺如；晶体未见。木纤维壁甚薄；直径24μm，纤维平均长1815μm，单纹孔普遍明显，分隔木纤维未见。**木射线**3~4根/mm；非叠生。单列射线较少，高2~7细胞。多列射线宽2~5细胞，多数2~3细胞，高10~50（多数20~42）细胞。射线组织异形Ⅱ型。大部分由横卧射线细胞组成，部分为直立或方形射线细胞；树胶丰富；偶见菱形晶体；硅石未见。**胞间道未见。**

材料：W22061（秘鲁）

【木材性质】

木材略具光泽；无特殊气味和滋味；纹理直；结构细，均匀；径切面射线斑纹明显；木材重量中；干缩大；强度中。

产　地	密度(g/cm³)		干缩率(%)			顺纹抗压强度(MPa)	抗弯强度(MPa)	抗弯弹性模量(MPa)	顺纹抗剪强度(MPa)	冲击韧性(kJ/m²)
	基　本	气　干	径　向	弦　向	体　积					
委内瑞拉		0.58~0.64	4.1~5.1	6.6~8.1		62	114	14200	15	
苏里南		0.58~0.64				53	93	12400	13	
巴西、圭亚那		0.65~0.72				53	93	12400	13	
秘鲁	0.54		3.9	8.0	12.1	28	71	11670	8	353
		0.72	4.3	7.4	13.4	54	102	11376	10	
		0.67	4.8	7.7		59	111	11700		
		0.70								
	0.59		4.4	8.1	12.6					

气干、窑干相当慢，有翘曲和开裂。易受白蚁侵害，略抗海生钻木动物，原木可受粉蠹虫侵害，心材渗透性差。手工、机械加工容易。加工时，刀具略发钝。有交错纹理时，如锯成板材，切削角为15°。解锯好，表面光滑，握钉力强，有开裂倾向。胶合好，易染色，加填充剂后，抛光性好。旋切性佳。木材稳定性极好。

【木材用途】

是桃花心木的替代树种，可用于家具，细木工，地板，百叶窗，风向标，窗框，室内外装修，单板，民用建筑如梁、柱、门，车辆材，食品容器，硬质纤维板，乐器，人造板，运动器材，胶合板，纸浆材，船桅等。种子提炼的油，可用于制肥皂、蜡烛。

洋椿属 *Cedrela* P. Br.

本属6~7种，分布于墨西哥至热带南美洲。本属包括一些有重要价值的木材，常见商品材树种有：

劈裂洋椿 *C. fissilis* Vell. 详见种叙述。

香洋椿 *C. odorata* L. 详见种叙述。

劈裂洋椿 *C. fissilis* Vell.
（彩版 15.1；图版 85.1 ~ 3）

【商品材名称】

南美洋椿 South American cedar

【地方名称】

巴西洋椿 Brazilian cedro，秘鲁洋椿 Perurian cedro，圭亚那洋椿 Guyana cedro（英国）；西德罗 Cedro，西德罗巴塔塔 Cedro batata，西德罗罗莎 Cedro rosa，西德罗弗米霍 Cedro vermelho（巴西）。

【树木及分布】

大乔木，高 27 ~ 40m，直径 0.5 ~ 1.25m；树干通直，板根明显；树干长 12 ~ 25m。树木可生长在河流下游或雨林的上游，钙质多、排水良好的山坡生长更快。分布美国南部、圭亚那、法属圭亚那、苏里南、巴西、巴拉圭等地，有天然林和很多人工林。

【木材构造】

宏观特征

木材散孔材。心材棕褐色，略具深色条纹，与边材区别明显。边材浅褐色，条纹略见。生长轮略明显。管孔肉眼下明显；散生；数少；略大。轴向薄壁组织肉眼下可见；轮界状或带状。木射线肉眼下略见；略密；窄。波痕及胞间道未见。

微观特征

导管横切面圆形或扁圆形，具多角形轮廓；主单管孔，径列复管孔（2 ~ 3 个，多数 2 个）；散生；5 ~ 13 个，平均 8 个/mm²；最大弦径 220μm，平均 118μm；导管分子平均长 472μm；侵填体未见；树胶可见；螺纹加厚缺如。管间纹孔式互列，密集，纹孔口合生。穿孔板单一，倾斜。导管与射线间纹孔式类似管间纹孔式。轴向薄壁组织带状（宽 4 ~ 8 细胞）、轮界状、环管束状；树胶未见；晶体缺如。木纤维壁薄至厚；直径 21μm，纤维平均长 1100μm，单纹孔可见，略具狭缘；分隔木纤维未见。木射线 3 ~ 6 根/mm；非叠生。单列射线偶见，高 2 ~ 8 细胞。多列射线宽 2 ~ 3 细胞，多数 2 列，高 6 ~ 16（多数 9 ~ 13）细胞。射线组织同形单列和多列，少数异形 Ⅲ 型。局部方形射线细胞，大多数由横卧射线细胞组成，少数方形细胞含菱形晶体，射线细胞含少量树胶；硅石未见。胞间道未见。

材料：W18319，W22055（厄瓜多尔）。

【木材性质】

木材无光泽；无特殊气味和滋味；纹理直或略斜；结构细，均匀；径切面略见射线斑纹；木材重量中；干缩小至中；强度中。

产　地	密度（g/cm³）		干缩率（%）			顺纹抗压强度（MPa）	抗弯强度（MPa）	抗弯弹性模量（MPa）	顺纹抗剪强度（MPa）	冲击韧性（kJ/m²）
	基　本	气　干	径　向	弦　向	体　积					
巴　西		0.51 ~ 0.57	2.1 ~ 4.0	3.6 ~ 6.5		46	79	10700	12	
阿根廷		0.51 ~ 0.57				40	67	9100	10	

木材气干迅速，略有翘曲，端裂，有时可能出现皱缩。易受白蚁和留粉甲虫危害；心材不易渗透，边材易渗透；耐久性较好。手工、机械加工容易，20°切削角可获得光滑表面；刀具不锋利时加工会出现轻度起毛。抛光、染色性好，胶合性和握钉力均好。可旋切单板。

【木材用途】

一般建筑，小船及构件，家具，细木工，乐器，箱，盒，内装修，木桶，玩具，装饰物，排水板，单板，胶合板，人造板，硬质纤维板，食品容器，木模，烟盒，地板。可作燃料。

香洋椿 *C. odorata* L.（*C. mexicana* M. J. Roem.）
（彩版15.2；图版85.4~6）

【商品材名称】

中美洲洋椿 Central american cedar

【树木及分布】

大乔木，树高27~40m，直径0.6~1.2m，偶见直径2m或2m以上；树干通直，圆柱状，具板根；树干长15~24m。在各类土壤的混交林中都有分布，更喜生长在阳光充足、排水良好、土层深的山坡，沼泽地不易生长，有些地方天然更新较多。分布拉丁美洲中部和南部。

【木材构造】

宏观特征

木材散孔材。心材棕色或浅棕色，可见明显导管线，与边材区别明显。边材色略浅。生长轮明显。管孔肉眼下明显；散生；数少；略大。轴向薄壁组织肉眼下可见；轮界状。木射线肉眼下略见；略密；窄。波痕及胞间道未见。

微观特征

导管横切面圆形或扁圆形，具多角形轮廓；主单管孔，少数短径列复管孔（2~3，多数2个）；散生；1~5个，平均3个/mm²；最大弦径375μm，平均235μm；导管分子平均长422μm；侵填体未见；含少量树胶；螺纹加厚缺如。管间纹孔式互列，圆形，纹孔口合生。穿孔板单一，略倾斜。导管与射线间纹孔式类似管间纹孔式。轴向薄壁组织轮界状、翼状、疏环管状、环管束状、星散状；晶体可见。木纤维壁薄至厚；直径27μm，纤维平均长1355μm，单纹孔明显，略具狭缘；分隔木纤维未见。木射线2~5根/mm；非叠生。单列射线偶见，高2~9细胞。多列射线宽2~3细胞，高13~28（多数17~24）细胞。射线组织同形单列和多列。大多数为横卧射线细胞，偶见方形细胞；含少量树胶；硅石和晶体未见。胞间道未见。

材料：W18229（尼加拉瓜），W21124（圭亚那）。

【木材性质】

木材略具光泽；无特殊气味和滋味；纹理直；结构略粗，均匀；径切面可见射线斑纹；木材重量轻；干缩小至中；强度弱至中。

产　地	密度(g/cm³)		干缩率(%)			顺纹抗压强度 (MPa)	抗弯强度 (MPa)	抗弯弹性模量 (MPa)	顺纹抗剪强度 (MPa)	冲击韧性 (kJ/m²)
	基　本	气　干	径　向	弦　向	体　积					
委内瑞拉		0.46~0.50	2.1~4.0	3.6~6.5		40	67	9100	10	
尼加拉瓜		0.51~0.57				40	67	9100		
危地马拉		0.46~0.50				46	79	10700	12	
		0.37~0.40				34	57	7920	9	128
		0.41~0.45				34	57	7920		

木材干燥通常容易，可气干，窑干，初期可出现端裂；干燥迅速时，会略翘曲或轻度降等，节疤处更明显；采用低温干燥效果好。心材偶被粉蠹虫危害，也受海生钻木动物侵害，抗白蚁。心材防腐剂难浸注，边材易渗透。手工、机械加工都较容易，用锋利刀具，30°切削角可得到光滑表面。握钉力与胶合性均好。可旋切良好单板。

【木材用途】

家具，镶嵌细木工，细木工，船体，轻型建筑，车体，单板，刨花板，硬质纤维板，乐器，精密仪器箱盒，雕刻，旋切制品，盒，桶，烟盒，玩具，装饰物，木模型。常作为观赏和纳凉树种人工种植。

桃花心木属 *Swietenia* Jacq.

本属7~8种，包括很有价值的木材。分布拉丁美洲、亚洲等热带地区。拉丁美洲常见商品材树种有大叶桃花心木。

大叶桃花心木 *S. macrophylla* King.（*S. tessmennii* Harms）
（彩版15.3；图版86.1~3）

【商品材名称】

莫哥诺 Mogno

考巴 Caoba

美洲桃花心木 American mahogany

【地方名称】

阿拉普坦加 Araputanga，阿瓜诺 Aguano，莫哥诺 Mogno（巴西）；马拉 Mara（巴西、玻利维亚）；考巴 Caoba（玻利维亚、委内瑞拉、哥伦比亚）；查卡特 Chacalte（危地马拉）；阿瓜诺 Aguano，考巴 Caoba，奥雷拉 Orura（委内瑞拉）；佐皮洛特盖蒂多 Zopilote gateado（墨西哥）；阿卡朱 Acajou（法国）；巴西桃花心木 Brasilica mahogany，桃花心木 Mahogany（英国、美国）。

【树木及分布】

大乔木，高24~46m，直径1.2~1.8m；树干圆柱状，具板根。树木生长在稀树草原林及热带雨林中。但大多数喜生肥沃的积沉土壤和沿河的混交阔叶林带，在天然分布区和其他地方都有人工种植。人工林生长迅速，好条件下20年可达小锯材标准。分布从墨西哥南部向南至哥伦比亚、委内瑞拉、亚马孙上游的秘鲁、玻利维亚、巴西等国。

【木材构造】

宏观特征

木材散孔材。心材褐色、浅褐色，与边材区别不明显。边材色浅，宽2.5~5.0cm。生长轮略明显或明显。管孔肉眼下可见，放大镜下明显；散生；数少；略大。轴向薄壁组织放大镜下不见。木射线放大镜下明显；略密；窄。波痕及胞间道未见。

微观特征

导管横切面圆形及卵圆形；单管孔，少数径列复管孔（2~4个，多为2个）；散生；5~13个，平均9个/mm²；最大弦径245μm，平均149μm；导管分子平均长553μm；侵填体未见；树胶少量；螺纹加厚缺如。管间纹孔式互列，多角形，纹孔口内含或外展。穿孔板单一，略倾斜。导管与射线间纹孔式类似管间纹孔式。轴向薄壁组织轮界状、带状、疏环管状；含少量树胶；晶体未见。木纤维壁薄至厚；直径26μm，纤维平均长1378μm，单纹孔略具狭缘，纹孔口裂隙状；分隔木纤维普遍（有的分隔木纤维少见）。木射线3~8根/mm；非叠生。单列木射线少，高3~5细胞。多列射线宽2~5细胞，高6~27（多数10~23）细胞。射线组织异形Ⅱ型。具直立和方形射线细胞，大多数由横卧射线细胞组成；含少量树胶；可见少量菱形晶体；硅石未见。胞间道未见。

材料：W20150（墨西哥），W7532（洪都拉斯），W21120（南美洲）。

【木材性质】

木材光泽强；无特殊气味和滋味；纹理直或略斜；结构细，均匀；木材重量中；干缩小；强度中。

产　地	密度(g/cm³)		干缩率(%)			顺纹抗压强度(MPa)	抗弯强度(MPa)	抗弯弹性模量(MPa)	顺纹抗剪强度(MPa)	冲击韧性(kJ/m²)
	基　本	气　干	径　向	弦　向	体　积					
巴西、洪都拉斯		0.51~0.57	2.1~3.0	3.6~5.0		40	67	9100	10	
秘　鲁		0.65~0.72				46	79	10700	12	
尼加拉瓜		0.58~0.64				46	79	10700	12	
墨西哥		0.51~0.57				40	67	9100	10	
	0.40		3.0	4.1	7.8	45	80	9784		
	0.68					65	79	10335		
						44	83	8750		

木材易干燥，无翘曲，如没有应力出现，气干较好和迅速，略有降等。耐腐性中，心材抗褐腐菌和白腐菌，原木易受粉蠹虫侵害，伐倒以后必须用杀虫剂处理。略抗白蚁，易受海生钻木动物的侵害；心材渗透性差。手工、机械加工容易，工具略发钝。可旋切、刨切出满意单板；如软化不完全，板皮常出现开裂。木材强重比好，为著名良

材。胶合、染色、抛光、握钉力均好。

【木材用途】

由于强度好、重量轻，可用于飞机（螺旋桨除外）制造，高档家具，高级细木工，船体，轻建筑材，地板，单板，胶合板，乐器，木模，雕刻，体育器材，盒，桶，精密仪器箱盒，硬质纤维板，人造板，玩具，装饰物，车旋制品。

桑　科
Moraceae Link

大多数乔木、灌木，少数草本；含有乳汁；约53属，1400种。主要分布热带、亚热带，少数温带。拉丁美洲常见商品材属有：乳桑属 *Bagassa*，饱食桑属 *Brosimum*，沙纸桑属 *Cecropia*，绿柄桑属 *Chlorophora*，克拉桑属 *Clarisia*，花柱桑属 *Helicostylis* 等。

乳桑属 *Bagassa* Aubl.

本属2种；分布圭亚那和巴西北部。拉丁美洲常见商品材树种有圭亚那乳桑。

圭亚那乳桑 *B. guianensis* Aubl.　（*B. tiliaefolia* R. Ben.）
（彩版 15.4；图版 86.4~6）

【商品材名称】

塔特朱巴 Tatajuba

巴加西 Bagasse

【地方名称】

巴甘塞拉 Bagaceira，阿马雷劳 Amarelao，塔特朱巴 Tatajuba，阿玛佩拉纳 Amaparana（巴西）；奶牛木 Cow-wood（圭亚那）；巴加西 Bagasse（圭亚那、法属圭亚那）；巴加西杰昂 Bagasse jaune（法属圭亚那）；吉利巴加西 Gele bagasse，卡韦奥多 Kaw-oe-doe，杰瓦希丹 Jawahedan（苏里南）。

【树木及分布】

大乔木，高27~30m，直径0.6m；无板根；树干通直，可达18~21m；割开树皮，可流出大量黏性乳汁。树木散生较高林地的低洼处，分布圭亚那、法属圭亚那和巴西的亚马孙地区。

【木材构造】

宏观特征

木材散孔材。心材黄色，时间长呈栗色或褐色；心、边材区别略明显。边材灰白色。生长轮略明显或不明显。管孔肉眼可见，放大镜下明显；含侵填体；散生；数少；略大。轴向薄壁组织放大镜下不见。木射线放大镜下明显；略密；窄。波痕及胞间道未见。

微观特征

导管横切面为卵圆、椭圆或圆形；主要为单管孔，少数径列复管孔（2~8个，多数2~5个）；散生；6~16个，平均10个/mm²；最大弦径321μm，平均146μm；导管分子平均长360μm；侵填体略多；树胶未见；螺纹加厚缺如。管间纹孔式互列，圆形或多角形；纹孔口合生。穿孔板单一，平行或略倾斜。导管与射线间纹孔式类似管间纹孔式。**轴向薄壁组织**环管束状、少数翼状、星散状；不含树胶；晶体可见。**木纤维**壁甚厚；直径17μm，纤维平均长1308μm，单纹孔可见，略具狭缘；分隔木纤维不见。**木射线**4~7根/mm；非叠生；多列宽2~4细胞，高11~29（多数15~25）细胞。射线组织异形多列；绝大多数为横卧射线细胞，边缘为方形和直立射线细胞。含菱形晶体和硅石；树胶未见。**胞间道**未见。

材料：W18537（巴西）

【木材性质】

木材光泽强；无特殊气味和滋味；纹理直或斜；结构细，均匀；木材重；干缩小至中；强度高。

产　地	密度(g/cm³)		干缩率(%)			顺纹抗压强度(MPa)	抗弯强度(MPa)	抗弯弹性模量(MPa)	顺纹抗剪强度(MPa)	冲击韧性(kJ/m²)
	基　本	气　干	径　向	弦　向	体　积					
巴西		0.80	3.7	5.2		78	121	17300		
	0.81~0.90		5.6~7.1	3.1~4.1		71	134	16300	17	
圭亚那	0.73~0.80					81	158	18700	19	
			5.2	6.6		80	138	17776		

木材干燥较慢，时间应适中，方可避免翘曲和开裂。心材非常耐久，略抗海生钻木动物；渗透性差。加工难度中等，抛光性和胶合性好；握钉力强，但需预先打孔；木材尺寸稳定性及弹性均佳。

【木材用途】

家具，细木工，甲板，船骨架，楼梯，体育器材，屋间栅栏，木屋，木模型，护墙板，重型建筑材，轻型建筑材，地板，车旋制品。果实可食。

饱食桑属 *Brosimum* Sw.

本属约50种；主要分布于热带、亚热带地区。拉丁美洲常见商品材树种有：

尖叶饱食桑 *B. acutifolium* Huber.

商品材名称：**墨拉里 Murure**

地方名称：伊哈雷 Inhare，墨卡里奥 Mercurio，维加塔尔 Vegatal，墨里德坦雷费姆 Mure-de-terra-firma（巴西）。

中乔木，枝下高约10m，直径0.5m；树干直或倾斜。心材浅褐色或红色；与边材区别明显。边材黄色或黄白色。生长轮略见或可见。木材无光泽，无特殊气味和滋味；纹理直；结构略粗；木材重（基本密度 0.67g/cm³，气干密度 0.91g/cm³）；干缩大（干缩率：径向 5.0%，弦向 9.1%，体积 14.1%）；强度高（顺纹抗压强度 77MPa，抗弯强度 137MPa，抗弯弹性模量 14220MPa）。干燥速度中等，有变形趋势。耐腐性好。木材用于一般建筑，家具，枕木，柱，桩，箱，盒等。

亚马孙饱食桑 *B. potabile* Ducke

商品材名称：阿马帕多塞 Amapa doce

地方名称：阿马帕德特拉法梅 Amapa de terra firme（巴西）。

大乔木，枝下高 13~24m，平均 15m；直径 0.5~0.8m；树干直，通圆；树皮厚 1.0~2.5cm，光滑，含乳汁。心材深红色，较窄。边材白色具粉色条纹，宽 26~35cm，心边材区别明显。生长轮区别明显。木材略具光泽，无特殊气味和滋味；纹理交错；结构略粗；木材重量中（基本密度 0.53g/cm³）；干缩大（干缩率：径向 4.1%，弦向 6.8%，体积 11.9%）；强度中（顺纹抗压强度 55MPa，抗弯强度 97MPa，抗弯弹性模量 10788MPa，顺纹抗剪强度 10MPa）。木材干燥迅速，有扭曲和表面硬化的趋向。渗透均匀。解锯中等，刨切性中等。木材用于一般建筑，枕木，柱，桩等。

红变饱食桑 *B. rubescens* Taub.

商品材名称：阿马帕阿马戈索 Amapa amargoso

地方名称：波雷哈 Pau rainha（巴西）。

大乔木，枝下高 7~17m，平均 12m；直径 0.5~0.6m；树干直，通圆；树皮厚 0.5~2.0cm，光滑，含乳汁。心材深红棕色。边材浅棕色，宽 8~21cm；心材与边材区别明显。生长轮区别不明显。木材略具光泽，无特殊气味和滋味；纹理交错；结构略粗；木材重（基本密度 0.73g/cm³，气干密度 0.80g/cm³）；干缩大（干缩率：径向 5.3%，弦向 7.8%，体积 13.2%）；强度大（顺纹抗压强度 71MPa，抗弯强度 137MPa，抗弯弹性模量 14612MPa，顺纹抗剪强度 13MPa）。木材干燥慢，有开裂、瓦状翘、扭曲和表面硬化。木材耐腐性好。边材渗透均匀，心材不均匀。解锯困难，刨切困难。木材用于优良家具，建筑物内外装修，枕木，车旋制品，载重地板，单板等。

麦粉饱食桑 *B. alicastrum* Swartz 详见种叙述。

窄叶饱食桑 *B. paraensse* Hub. 详见种叙述。

柏氏饱食桑 *B. parinarioides* Ducke 详见种叙述。

良木饱食桑 *B. utile*（H. B. K.）Pittier 详见种叙述。

麦粉饱食桑 *B.* *alicastrum* Swartz
（彩版 15.5；图版 87.1~3）

【商品材名称】

卡波莫 Capomo

欧乔切 Ojoche

【地方名称】

马西卡伦 Masicaron（危地马拉、洪都拉斯）；欧贾斯特 Ojuste（萨尔瓦多）；格艾玛罗 Guaimaro，马纳塔 Manata（哥伦比亚）；蒂洛 Tillo（厄瓜多尔）；杰尼塔 Janita，米雷廷加 Muiratinga（巴西）。

【树木及分布】

大乔木，树高达 37m，直径 0.8～1.0m；树干圆柱状，高 23m，不具板根。分布墨西哥南部、中美洲以南至秘鲁的亚马孙地区。

【木材构造】

宏观特征

木材散孔材。心材黄白色，或黄棕色；与边材区别不明显。生长轮不明显。管孔肉眼不见，放大镜下略见；散生；数少；略小。轴向薄壁组织肉眼下略见，放大镜下可见；近似带状。木射线放大镜下可见；略密；甚窄、窄。波痕及胞间道未见。

微观特征

导管横切面圆形或椭圆形；单管孔和径列复管孔 2～3 个；散生；10～17 个，平均 12 个/mm²；最大弦径 125μm，平均 66μm；导管分子平均长 354μm；含硬化侵填体；具菱形晶体；螺纹加厚缺如。管间纹孔式互列，密集，圆形或多角形；纹孔口内含。穿孔板单一，略倾斜。导管与射线间纹孔式中部类似管间纹孔式，少数为大圆形。轴向薄壁组织翼状；树胶未见；晶体缺如。木纤维壁甚厚；直径 11μm，纤维平均长 1295μm，单纹孔略具狭缘；分隔木纤维未见。木射线 8～10 根/mm；非叠生；单列射线少，高 6～10 细胞。多列射线宽 2～5 细胞，高 6～26（多数 11～24）细胞。射线组织异形 I、少数 II 型。射线组织中部为横卧射线细胞，不含晶体；边缘 2—数行方形细胞，每个方形细胞都含菱形晶体，不含树胶；硅石未见。胞间道未见。

材料：W20157（墨西哥）

【木材性质】

木材具光泽；无特殊气味和滋味；纹理直或略斜；结构细，均匀；木材重量重；干缩大；强度强。

产　地	密度(g/cm³)		干缩率(%)			顺纹抗压强度(MPa)	抗弯强度(MPa)	抗弯弹性模量(MPa)	顺纹抗剪强度(MPa)	冲击韧性(kJ/m²)
	基　本	气　干	径　向	弦　向	体　积					
	0.55～0.72	0.72～1.04	5.1	9.4	15.4		110	12747		
						61	114			
		0.69	5.8	8.2		64	118	15000		

木材干燥较容易，气干略困难；有扭曲倾向。耐腐性差，易受白腐、褐腐菌及昆虫侵害，防腐处理较好。加工略困难，应采用锋利刀具。适合旋切，旋出有花纹单板。胶合性好；握钉力强；抛光性好。

【木材用途】

一般建筑构件，地板，家具，细木工，单板，胶合板，工具柄，木模型，室内装修，箱，柜。种子可煮熟食用。

窄叶饱食桑 *B. paraensse* Hub.
（彩版 15.6；图版 87.4~6）

【商品材名称】

　　萨蒂尼 Satine

【地方名称】

　　米劳皮兰加 Muirapiranga，阿马帕拉纳 Amapa rana，波雷恩哈 Pau rainha，假巴西红木 Falso pao brasil，康杜拉 Conduru（巴西）；缎木 Satinwood（圭亚那、英国）；萨蒂尼 Satine，萨蒂尼鲁格 Satine rouge，萨蒂尼 拉贝恩 Satine rubane，西汤帕加 Siton paya（法属圭亚那）；萨蒂杰蒙特 Satijnhout，多伊卡利巴利 Doekaliballi（苏里南）；萨蒂尼 Satine，萨蒂尼拉贝恩 Satine rubane，多伊西萨蒂尼 Dois satine（法国）；萨廷霍尔兹 Satinholz（德国）；费罗利阿 Ferolia，莱格诺萨蒂诺 Legno satino（意大利）；帕洛德奥罗 Palo de oro（西班牙）；血木 Bloodwood（英国）。

【树木及分布】

　　大乔木，树高 27~36m，直径 0.5~0.7m；板根可达 2.4m；树干长可达 15~20m，树干通圆，直。可生长雨林的上坡，多数长在砂壤土上。分布于南美洲热带地区。

【木材构造】

　　宏观特征

　　木材散孔材。心材红褐色至草莓红，偶具黑棕色条纹；心、边材区别明显。边材黄白色。生长轮不明显。管孔肉眼不见，放大镜下略见；含树胶；散生；数少；略大。轴向薄壁组织放大镜下略见；近带状。木射线放大镜下略见；密；窄。波痕及胞间道未见。

　　微观特征

　　导管横切面圆形、卵圆形；主单管孔，少数径列复管孔（2~5 个，多数 2~3 个）；散生；9~13 个，平均 6 个/mm²；最大弦径 210μm，平均 162μm；导管分子平均长616μm；具分枝纹孔的硬化侵填体；螺纹加厚缺如。管间纹孔式互列；纹孔口内含。穿孔板单一。导管与射线间纹孔式类似管间纹孔式。轴向薄壁组织翼状、星散状；晶体未见。木纤维壁甚厚；直径 20μm，纤维平均长 1612μm，单纹孔略见，不明显；分隔木纤维未见。木射线 3~6 根/mm；非叠生；单列射线高 3~6 细胞，细胞大。多列射线宽2~3 细胞，高 6~30（多数 10~21）细胞。射线组织异形 II 型。大多数为横卧射线细胞，并有直立和方形射线细胞；；含树胶；硅石和晶体未见；胞间道未见。

　　材料：W20185，W18541（巴西）。

【木材性质】

　　木材光泽显著，常称为缎状光泽、天然光泽或金色光泽；无特殊气味和滋味；纹理直或略交错；结构细，均匀；木材重；干缩大；强度高。

产　地	密度(g/cm³)		干缩率(%)			顺纹抗压强度(MPa)	抗弯强度(MPa)	抗弯弹性模量(MPa)	顺纹抗剪强度(MPa)	冲击韧性(kJ/m²)
	基　本	气　干	径　向	弦　向	体　积					
	0.91~1.01			6.6~8.0		71	134	16300	17	
		1.11	4.1	5.8		113	196	23300		
巴　西		0.80								

　　木材干燥不困难，但必须仔细。木材耐久性极好；抗白蚁。木材密度大，强度高，加工略困难。旋切性和表面加工性好；砂光后表面非常光滑。钉钉要预先打孔；胶合性能好；可旋切单板。

【木材用途】

　　优良家具，车旋制品，室内外装修，单板，镶嵌细木工，细木工，乐器，雕刻，装饰品，台球棒。

柏氏饱食桑 *B. parinarioides* Ducke
（彩版15.7；图版88.1~3）

【商品材名称】

　　阿玛帕 Amapa

【地方名称】

　　阿玛帕阿马戈 Amapa-amargo，阿玛帕多塞 Amapa-doce，阿玛帕拉纳 Amaparana，阿玛帕罗斯奥 Amapa-roxo，莱特拉 Leiteira，马鲁里 Murure，马鲁里拉纳 Mururerana（巴西）。

【树木及分布】

　　大乔木，主要分布于亚马孙流域。

【木材构造】

　　宏观特征

　　木材散孔材。心材黄白色，具褐色导管条纹；心边材区别不明显。生长轮不明显。管孔肉眼可见，放大镜下明显；散生；数甚少；略大。轴向薄壁组织放大镜下可见；翼状。木射线放大镜下可见；密；窄。波痕及胞间道未见。

　　微观特征

　　导管横切面椭圆形，略具多角形轮廓；主要为单管孔，少数短径列复管孔2~3个；散生；1~5个，平均3个/mm²；最大弦径264μm，平均156μm；导管分子平均长560μm；侵填体略少，硬化；螺纹加厚缺如。管间纹孔式互列，圆形或多角形；纹孔口合生。穿孔板单一，略倾斜。导管与射线间纹孔式类似管间纹孔式。轴向薄壁组织为翼状；含少量树胶；晶体未见。木纤维壁薄至厚；直径20μm，纤维平均长1550μm，径面、弦面都可见单纹孔，明显，具狭缘；分隔木纤维未见。木射线3~5根/mm；非叠生。单列射线较少，高2~8细胞。多列射线宽2~4细胞，多数3列，高12~37（多数14~30）细胞。射线组织异形Ⅱ型。具直立、方形射线细胞，大多数由横卧射线细胞组成；树胶缺如；硅石和晶体未见。**胞间道未见。**

　　材料：W22270（巴西）

【木材性质】

　　木材无光泽；无特殊气味和滋味；纹理直或略斜；结构细，均匀；木材重量中；干缩大；强度中。

产　地	密度(g/cm³)		干缩率(%)			顺纹抗压强度(MPa)	抗弯强度(MPa)	抗弯弹性模量(MPa)	顺纹抗剪强度(MPa)	冲击韧性(kJ/m²)
	基　本	气　干	径　向	弦　向	体　积					
		0.68	5.0	8.7	14.7	47	102			247

　　木材干燥不困难。抗虫性低。在一定的压力下，木材具渗透性。加工容易，表面较光滑。旋切、刨切性能良好。

【木材用途】

　　适合家具，包装材料，造纸，绘画装饰，柱，桩，枕木，一般建筑。

良木饱食桑 *B. utile*（H. B. K.）Pittier
（彩版15.8；图版88.4~6）

【商品材名称】

　　桑德 Sande

　　奶牛树 Cow-tree

【地方名称】

　　马斯塔坦 Mastate（哥斯达黎加）；阿维邱里 Avichuri（哥伦比亚）；帕洛迪瓦卡 Palo de vaca（委内瑞拉）；阿玛帕多宽 Amapa doce，考乔玛乔 Caucho macho（巴西）；潘格纳 Panguana（秘鲁）。

【树木及分布】

　　大乔木，树高24.4~30.5m，直径0.8~1.1m；树干通直，枝下高10~15m。主要分布自哥斯达黎加至哥伦比亚和厄瓜多尔。在哥伦比亚和厄瓜多尔现有林分中占很大比例，是这两个国家主要出口材。

【木材构造】

宏观特征

　　木材散孔材。心材黄白或浅棕色，可见明显褐色导管线；与边材区别不明显。生长轮不明显。管孔肉眼下可见，放大镜下明显；散生；数少；略小。轴向薄壁组织放大镜下可见；翼状。木射线肉眼下略见，放大镜下可见；略密；窄。波痕及胞间道未见。

微观特征

　　导管横切面为圆形或卵圆形，略具多角形轮廓；单管孔，径列复管孔（2~8个，多为2~3个）；散生；5~16个，平均8个/mm²；最大弦径162μm，平均97μm；导管分子平均长465μm；侵填体偶见；螺纹加厚缺如。管间纹孔式互列，圆形或多角形；纹孔口合生或外展。穿孔板单一，略倾斜。导管与射线间纹孔式类似管间纹孔式。**轴向薄壁组织翼状、轮界状；树胶和晶体未见。木纤维壁薄至厚；直径22μm，纤维平均长**

1180μm，部分生长轮内充满胶质纤维；单纹孔明显，略具狭缘，纹孔口外展，裂隙状；分隔木纤维未见。木射线3~5根/mm；非叠生。单列射线较少，高2~9细胞。多列射线宽2~3细胞，多数2细胞，高10~48（多数16~38）细胞。偶具连接射线。射线组织异形Ⅱ型。边缘直立或方形射线细胞含少量菱形晶体；硅石和树胶未见。**胞间道缺如，但在W18369切片中，见径向胞间道。**

　　材料：W22574（秘鲁），W18369（哥伦比亚）。

【木材性质】

　　木材略具光泽；无特殊气味和滋味；纹理直；结构细，均匀；木材重量轻至中；干缩大；强度弱至强。

产　地	密度(g/cm³)		干缩率(%)			顺纹抗压强度（MPa）	抗弯强度（MPa）	抗弯弹性模量（MPa）	顺纹抗剪强度（MPa）	冲击韧性（kJ/m²）
	基　本	气　干	径　向	弦　向	体　积					
秘　鲁	0.35~0.50	0.38~0.61	3.9	7.8		57	99	16467		
	0.49		3.71	6.88	9.69	26	50	9807	7	
委内瑞拉		0.65~0.72	3.1~5.0	5.1~8.0		62	114	14200	15	

　　木材干燥迅速，容易，略有或无降等；如为应拉木，干燥后会出现翘曲。易受腐朽菌、害虫侵害；易蓝变。防腐处理较容易。本种有的出现应拉木，锯解起毛，常引起锯齿发钝或夹锯。木材加工容易，易染色、抛光和胶合。

【木材用途】

　　胶合板，人造板，纤维板，细木工，轻型建筑材料，纸浆，造纸，木模型，家具，箱，食品容器，门，窗等。

沙纸桑属 *Cecropia* Loefl.

　　本属约100种；分布于美洲热带地区。拉丁美洲常见商品材树种有盾状沙纸桑。

盾状沙纸桑 *C. peltata* L.
（图版89.1~3）

【商品材名称】

　　喇叭木 Trumpet wood

　　雅格鲁莫 赫布拉 Yagrumo hembra

【地方名称】

　　雅格鲁莫 Yagrumo（巴西、委内瑞拉）；瓜鲁莫 Guarumo（墨西哥、哥伦比亚）；贝西帕帕杰 Boessi papaja（苏里南）；英鲍巴 Imbauba，安贝巴 Ambaiba，安巴蒂 Ambati，伊贝巴 Ibaiba，英鲍巴 Imbaubao，昂鲍巴 Umbauba（巴西）；塞塔科 Cetico，塔卡纳 Tacuna（秘鲁）；安巴哈 Ambahu（阿根廷）。

【树木及分布】

大乔木，高达21m，直径0.6m；树干常有空洞，成为蚁穴。皆伐区、开阔地、低洼平地及一些森林中常可见纯林；被看作一些植被的代表种；树种天然更新，最初发展迅速，为先锋树种。分布近整个美洲。

【木材构造】

宏观特征

木材散孔材。心材灰棕色，燕麦片色；可见明显导管线；与边材区别不明显。生长轮不明显。管孔肉眼下明显；散生；数少；大。轴向薄壁组织放大镜下不见。木射线放大镜下明显；稀；略窄。波痕略见；胞间道未见。

微观特征

导管横切面圆形或椭圆形；主单管孔，少数径列复管孔2~3个；散生；1~6个，平均3个/mm²；最大弦径398μm，平均257μm；导管分子平均长532μm；侵填体未见；螺纹加厚缺如。管间纹孔式互列，大圆形；纹孔口内含。穿孔板单一，略倾斜。导管与射线间纹孔式类似管间纹孔式。轴向薄壁组织为翼状、偶聚翼状；具分室含晶细胞4~13个，含少量树胶。木纤维壁薄至厚；直径32μm，纤维平均长1568μm，单纹孔明显，略具狭缘，纹孔口内含；分隔木纤维未见。木射线2~4根/mm；非叠生。单列射线较少，高5~8细胞。多列射线宽3~7细胞，高8~50（多数12~44）细胞。射线组织异形Ⅱ型。边缘为直立或方形射线细胞，中间都由横卧射线细胞组成。少数射线细胞含树胶；硅石和晶体未见。胞间道未见。

材料：W22687（美国送）

【木材性质】

木材略具光泽；无特殊气味和滋味；纹理直；结构略粗至粗，均匀；木材轻至中；缩小至中；强度弱至中。

产　地	密度(g/cm³)		干缩率(%)			顺纹抗压强度(MPa)	抗弯强度(MPa)	抗弯弹性模量(MPa)	顺纹抗剪强度(MPa)	冲击韧性(kJ/m²)
	基　本	气　干	径　向	弦　向	体　积					
	0.26~0.34	0.32~0.42	2.0	6.2	8.3	24	45	7510		
波多黎各		0.27~0.42	<4.0	<6.5		35	57	7924		
委内瑞拉		0.51~0.57				46	79	10690		

木材干燥迅速，窑干容易，但易降等，有翘曲或开裂。易受虫、白蚁和其他害虫的危害；易蓝变，受腐朽菌危害；使用真空加压法和浸渍法防腐处理较容易；树木伐倒后，应喷杀虫剂或迅速干燥。干燥后的成品锯解和机械加工容易。在旋切和成型中，表面会出现撕裂和起毛。油漆效果不佳；易钉钉，握钉力强。

【木材用途】

胶合板芯材，人造板，箱，包装箱，火柴，木丝，单板，胶合板，盒，室内装修，细木工，硬质纤维板，纸板，玩具，装饰物，木模型。本种木材最轻一级可替代轻木中较重一级的木材。

绿柄桑属 *Chlorophora* Gaud. ▬▬▬▬▬▬

本属12种，分布于美洲及非洲的马达加斯加。拉丁美洲常见商品材树种有染料绿柄桑。

染料绿柄桑 *C. tinctoria* Gaud.
（彩版 15.9；图版 89.4~6）

【商品材名称】

　　莫拉尔 Moral

　　富斯蒂克 Fustic

【地方名称】

　　桔木 Bois d'orange（特立尼达和多巴哥）；巴罗索 Barossa（墨西哥）；莫拉尔 Moral（墨西哥、厄瓜多尔，中美洲）；帕洛德莫拉 Palo de mora（哥斯达黎加、哥伦比亚）；丁德 Dinde，丁德富斯特特 Dinde fustete（哥伦比亚）；莫里 Mora（委内瑞拉、玻利维亚、阿根廷）；莫拉尔阿马利拉 Moral amarillo（委内瑞拉）；阿马利拉 Amarillo（玻利维亚）；帕洛阿马利拉 Palo amarillo（哥伦比亚、玻利维亚）；英西拉 Insira，英西拉卡斯皮 Insira caspi，利穆拉纳 Limulana（秘鲁）；塔塔伊瓦赛龙 Tatayivá-saiyú，莫拉 阿马里拉 Mora amarilla（阿根廷）；莫拉尔 菲诺 Moral fino（厄瓜多尔）；塔塔伊巴 Tatayiba（阿根廷、巴拉圭）；泰乌瓦 Taiúva，阿马利洛 Amarello，阿莫赖里 Amoreira，利莫拉纳 Limorana，塔塔朱巴德埃斯皮霍 Tatajuba de espinho（巴西）；阿布朗卡 A brance，帕洛莫拉尔 Palo moral，马卡诺 Macano（中美洲）；富斯蒂克 Fustic（欧洲）。

【树木及分布】

　　大乔木，高 18~24m，直径 0.5~0.6m；树木生长在森林中；树形好；枝下高 6~11m；生长在开阔地的树木矮，具分枝，树干扭曲。有些区域的树木树高 27~37m，直径可达 1m。在整个南美洲热带都有分布，但数量并不丰富。墨西哥南部沿海低洼地带、中美洲、西印度群岛和南美洲的北部树木为北方型；阿根廷、巴拉圭、巴西南部的为南方型。

【木材构造】

宏观特征

　　木材散孔材。心材黄至黄棕色；与边材区别明显。边材灰白色。生长轮不明显。管孔肉眼下略见，放大镜下可见；散生；数少；略大；侵填体可见。轴向薄壁组织肉眼下可见，放大镜下明显；环管状、翼状、近带状。木射线放大镜下可见；略密；窄、甚窄。波痕及胞间道未见。

微观特征

　　导管横切面卵圆形或椭圆形；单管孔及径列复管孔（2~5 个，多为 2~3 个）；散生；3~9 个，平均 6 个/mm²；最大弦径 275μm，平均 152μm；导管分子平均长 277μm；侵填体丰富；螺纹加厚缺如。管间纹孔式互列，圆形或多角形；纹孔口合生或外展。穿孔板单一，略倾斜。导管与射线间纹孔式大圆形或刻痕状。**轴向薄壁组织翼状、聚翼状**；近叠生；树胶未见；分室含晶细胞 4 ~ 11 个。木纤维壁薄至厚；直径 11μm，纤维平均长 900μm，单纹孔难见；分隔木纤维未见；胶质纤维普遍。木射线 5 ~ 8 根/mm；非叠生。单列射偶见，高 4 ~ 7 细胞。多列射线宽 2 ~ 6 细胞，高 6 ~ 23（多数 10 ~ 20）细胞。射线组织同形多列。射线细胞硅石含量丰富；晶体未见；树胶缺如。胞间道未见。

材料：W22473（巴西）

【木材性质】

木材略具光泽；无特殊气味和滋味；纹理通常交错，有时为波状；结构细，均匀；木材重；干缩中；强度高。

产　地	密度(g/cm³)		干缩率(%)			顺纹抗压强度（MPa）	抗弯强度（MPa）	抗弯弹性模量（MPa）	顺纹抗剪强度（MPa）	冲击韧性（kJ/m²）
	基　本	气　干	径　向	弦　向	体　积					
危地马拉	0.71 ~ 0.78	0.83 ~ 0.96	3.4	5.4	7.8	76	134	16300	17	
		0.88	3.6	6.1		91	167	17600		
			2.3	4.3	7.2	83	149			
委内瑞拉						71	134	16300	17	
巴　西		0.81 ~ 0.90				71	134	16300	17	
洪都拉斯		0.73 ~ 0.80				62	114	14200	15	

木材干燥略快，有轻微的开裂和翘曲。心材耐腐性极好，抗白蚁、抗虫；心材防腐处理困难，边材易渗透。采取手工和机械加工都较困难；胶合性好；钉钉要预先打眼。

【木材用途】

重型建筑，甲板，支架，船体肋材，室内外地板，车旋制品，家具构件，枕木，工具柄，车辆，细木工，卧车，木容器，雕刻，柱，桩，矿柱，乐器等。

克拉桑属 *Clarisia* Ruiz and Pav.

本属 2 种；分布墨西哥和热带南美洲。拉丁美洲常见商品材树种有总花克拉桑。

总花克拉桑 *C. racemosa* Ruiz and Pav.
（彩版 16.1；图版 90.1 ~ 3）

【商品材名称】

瓜里乌巴 Guariuba

奥蒂西考 阿马雷拉 Oiticica amarela

【地方名称】

默鲁雷 Murure（玻利维亚）；奥提 Oity，奥提西卡达马塔 Oiticica da mata，奥提阿马雷拉 Oiti amarela（巴西）；卡拉科 Caraco，阿拉卡乔 Arracacho，阿杰 Aji，瓜里乌巴

Guariuba（哥伦比亚）；莫拉尔博博 Moral bobo，马塔帕洛 Mata palo，皮特卡 Pituca，莫拉尔科米多迪莫诺 Moral comido de mono（厄瓜多尔）；卡皮纽里 Capinuri，默雷雷 Murere，瓜里乌巴 Guariuba，特雷佩阿马里劳 Turupay amarillo，奇奇利卡 Chichillica（秘鲁）。

【树木及分布】

大乔木；树高 40m，直径 0.9m；树干通直；枝下高达 15～18m；不具板根。散生或呈小群落。分布巴西各地、秘鲁东南部、哥伦比亚部分地区、委内瑞拉、圭亚那等。

【木材构造】

宏观特征

木材散孔材。心材鲜黄色，置久后呈黄褐色；心边材区别明显。边材黄白色；窄。生长轮不明显。管孔肉眼下可见，放大镜下明显；散生；数少；略大，含侵填体。轴向薄壁组织肉眼下略见，放大镜下明显；带状。木射线放大镜下明显；密；窄。波痕及胞间道未见。

微观特征

导管横切面长圆形或圆形；单管孔和径列复管孔(2～7 个，多为 2～3 个)；散生；7～16 个，平均 12 个/mm²；最大弦径 253μm，平均 132μm；导管分子平均长 348μm；侵填体丰富；螺纹加厚缺如。管间纹孔式互列，圆形；纹孔口合生。穿孔板单一，略倾斜。导管与射线间纹孔式刻痕状。轴向薄壁组织为翼状、带状，3～8 细胞宽；叠生；树胶和晶体未见。木纤维壁薄至厚；直径 19μm，纤维平均长 1153μm，单纹孔可见，具狭缘，纹孔口外展；分隔木纤维未见。木射线 2～4 根/mm；非叠生。单列射线偶见。多列射线宽 2～7 细胞，高 10～47(多数 20～37)细胞。射线组织异形多列。大多数由横卧射线细胞组成，边缘具一列直立射线细胞；树胶、硅石和晶体均未见。胞间道缺如。

材料：W18452（秘鲁）；W21453（比利时送）。

【木材性质】

木材略具光泽；无特殊气味和滋味；纹理斜或交错；结构细，均匀；木材重量中；干缩大；强度高。

产　地	密度(g/cm³)		干缩率(%)			顺纹抗压强度(MPa)	抗弯强度(MPa)	抗弯弹性模量(MPa)	顺纹抗剪强度(MPa)	冲击韧性(kJ/m²)
	基　本	气　干	径　向	弦　向	体　积					
	0.53	0.64				66	115	16122		
						63	124	16260		
		0.69	3.1	6.5		68	117	13700		
哥伦比亚、委内瑞拉		0.65～0.72		6.6～8.1		62	114	14220	15	
洪都拉斯		0.58～0.64	2.9	6.1	9.0					

木材干燥迅速，但必须放慢速度，才可防止扭曲，降等。干燥好的木材尺寸稳定。木材与地面接触不耐腐、略耐腐；易受白蚁、海生钻木动物、粉蠹虫侵害。生材锯解表面易起毛，木材干燥后，刀具锋利可加工出光滑表面；加工容易；胶合好；握钉力差；染色佳；表面加工性与旋切性均佳。

【木材用途】

一般建筑，造船，地板，家具构件，细木工板，单板，胶合板，室内装修，楼梯，木器，车旋制品，护壁板。

花柱桑属 *Helicostylis* Tréc.

本属 12 种；分布热带中美洲和南美洲。拉丁美洲常见商品材树种有毛卷花桑。

毛卷花桑 *H. tomentosa*（Poepp. and Endl.）
（彩版 16.2；图版 90.4~6）

【商品材名称】

莱切佩拉 Leche perra

【地方名称】

阿莫拉 Amora，阿莫拉达马塔 Amora-da-mata，卡杰卡廷加 Caja catinga，卡斯卡杜拉 Casca dura，康杜鲁 Coinduru，杰奎因海 Jaquinha，马奥德古托 Mao de gato，芒鲁里普里托 Murure preto，艾梅彭 Aimpem，艾拉里 Irare，芒拉廷加 Muira tinga（巴西）；费格奥 Feguo，卡巴卡拉 Kabakra（哥斯达黎加）；伯巴 Berba，乔伊巴 Choyba（巴拿马）；苏克内 Sukune（圭亚那）；巴斯里莱特 Basri letri，翁巴塔波 Ombatapo（苏里南）。

【树木及分布】

大乔木；高 31m，直径 0.5~0.7m；树干圆柱状，枝下高 24m。分布巴西的亚马孙地区并延伸至秘鲁的东南部，哥伦比亚、圭亚那也有分布。

【木材构造】

宏观特征

木材散孔材。心材黑棕色，具条纹或杂色；与边材区别明显。边材黄色；宽；可见导管线。生长轮不明显。管孔肉眼下略见，放大镜下明显；散生；数少；略小。轴向薄壁组织放大镜下不见。木射线放大镜下略见；略密；甚窄、窄。波痕及胞间道未见。

微观特征

导管横切面圆形或卵圆形；单管孔和径列复管孔（2~7 个，多为 2~3 个）；散生；3~13 个，平均 9 个/mm^2；最大弦径 136μm，平均 66μm；导管分子平均长 478μm；侵填体丰富，硬化；螺纹加厚缺如；可见少量晶体。管间纹孔式互列，圆形；纹孔口外展。穿孔板单一，略倾斜。导管与射线间纹孔式类似管间纹孔式。轴向薄壁组织为翼状；晶体未见。木纤维壁甚厚；直径 11.4μm，纤维平均长 1575μm，单纹孔具狭缘，纹孔数多，纹孔口内含；分隔木纤维未见。木射线 6~8 根/mm；非叠生。单列射线较少，高 4~10 细胞。多列射线宽 2~3 细胞，多数 2 列，高 14~28（多数 17~25）细胞。射线组织异形 II 型。由直立、方形、横卧射线细胞组成；菱形晶体丰富；不含树胶；硅石缺如。胞间道未见。

材料：W18366（哥伦比亚）

【木材性质】

木材具光泽；无特殊气味和滋味；纹理直；结构细，均匀；木材重；干缩大；强度强。

产　地	密度(g/cm³)		干缩率(%)			顺纹抗压强度(MPa)	抗弯强度(MPa)	抗弯弹性模量(MPa)	顺纹抗剪强度(MPa)	冲击韧性(kJ/m²)
	基　本	气　干	径　向	弦　向	体　积					
	0.68~0.76	0.83~0.93	5.4	9.2	14.6	85	157	19705		

木材干燥迅速，略有降等。心材易受腐朽菌侵害，边材受蓝变菌危害；防腐处理心、边材均难浸注。机械加工容易，但刀具很快会发钝。

【木材用途】

重型建筑材，地板，车旋材，家具。

肉豆蔻科
Myristicaceae R. Br.

常绿、乔木和灌木。18属，300种；其中200多种为，具芳香乔木或灌木，含红色树汁。广泛分布热带。拉丁美洲常见商品材属有维罗蔻属 Virola。

维罗蔻属 *Virola* Aubl.

本属60种；分布热带中美洲和南美洲。拉丁美洲常见商品材树种有：

米氏维罗蔻 *V. michellii* Heckel（*V. melinonii*（Ben.）A. C. Smith）

商品材名称：乌卡巴德特罗 Ucuuba da terra，菲梅 Firma

地方名称：多尔 Dalli，伊维科瓦 Irikwa（圭亚那）；维罗蔻 Virola，贝卡巴 Becuiba（巴西）；鲍齐劳姆巴 Bouchi mouloumba，乌图莫劳姆巴 Matou mouloumba，亚亚马道蒙塔尼 Yayamadou montagne（法属圭亚那）；巴波恩 Baboen，平特里 Pintrie（苏里南）。

大乔木，树高25~35m；枝下高15~20m；直径0.4~0.6m，最大1.0m；树干直，通圆，有凹凸板根，较低。树皮厚1cm，有槽和裂纹，具红色树胶。分布巴西和圭亚那。心材米色至灰棕色；与边材区别不明显。生长轮可见，但不规则。木材略有光泽，无特殊气味和滋味；纹理直；结构细至略粗；略见花纹。木材重量中（基本密度0.47~0.50 g/cm³，气干密度0.56g/cm³）；干缩大（干缩率：径向4.7%~5.4%，弦向9.4%~9.9%，体积14.8%~16.3%）；强度中（顺纹抗压强度40~51MPa，抗弯强度78~95MPa，抗弯弹性模量10070~11866MPa，顺纹抗剪强度10MPa）。木材干燥略困难，要求仔细，略或严重扭曲和开裂，较厚木板会出现表面硬化和皱缩。耐腐性差，不抗白蚁和其他害虫；防腐处理容易。机械加工容易，刀具出现轻微发钝。胶合、握钉力均好。抛光佳。木材用于单板，一般建筑，室内装修，木模型，箱，盒，火柴，细木工，人造板，纤维板，低档家具，烟盒等。

似平滑维罗蔻 *V. oleifera*（Schott）A. C. Sm.

商品材名称：比卡巴 Bicuiba

地方名称：比卡巴马乔 Bicuiba-macho，博卡维 Bocuva，帕里卡 Parica（巴西）。

大乔木，树高 27m，直径 0.6～0.9m；树干直，通圆，枝下高达 21m。主要生长热带雨林 800～1000m 潮湿、砂壤和腐殖质丰富的土壤上。分布巴西各地。心材新鲜时为黑棕色，干燥后变为浅粉棕色；与边材区别不明显。生长轮一般不明显。木材光泽略见；无特殊气味和滋味；纹理直；结构中至细；木材重量轻至中（气干密度 0.51～0.57g/cm^3）；干缩大（干缩率：径向 4.1%～5.1%，弦向 6.6%～8.1%）；强度弱（顺纹抗压强度 40MPa，抗弯强度 67MPa，抗弯弹性模量 9101MPa，顺纹抗剪强度 10MPa）。干燥易出现翘曲和开裂，偶尔会出现皱缩，气干必须仔细。易受菌、害虫、白蚁侵害；渗透性好；易防腐处理；锯解后要浸注和防护。容易加工，加工性好；易钉钉无开裂；握钉力好；旋切性好。胶合、抛光和清漆效果均佳。木材用于轻型建筑，室内地板，单板，胶合板，纸浆材，箱，包装箱，室内装修，芯材，细木工，装饰物，旋切材，木模型等。

蜡质维罗蔻 *V. sebifera* Aubl. 详见种叙述。

苏里南维罗蔻 *V. surinamensis*（Rolander）Warb. 详见种叙述。

蜡质维罗蔻 *V. sebifera* Aubl.
（彩版 16.3；图版 91.1～3）

【商品材名称】
卡马拉 Cumala

【地方名称】
维罗拉 Virola，巴纳克 Banak，乌卡基巴 Ucukiba，索塔 Sota，索塔阿马里拉 Sota amarilla，蒂纳苏乔 Tirasucio，桑格德托罗 Sangre de toro（秘鲁）；比奎巴 Bicuiba，乌卡乌巴德桑格 Ucuuba de sangue，卡蒂纳 Catina，卡南加 Cananga，巴卡瓦 Bucuva（巴西）。

【树木及分布】
大乔木，树高 27～35m，直径 0.6～1.2m；树干高 23m。可生长在海拔 1300m 的地区，主要生长在次生林中，分布南美洲热带地区的尼加拉瓜、秘鲁、玻利维亚、巴西南部。

【木材构造】
宏观特征
木材散孔材。心材灰黄至浅褐色，浅黄色；心边材区别不明显。生长轮不明显。管孔肉眼下可见，放大镜下略明显；散生；数少；略大。轴向薄壁组织放大镜下不见。木射线放大镜下略见；密；甚窄、窄。波痕及胞间道未见。

微观特征
导管横切面为卵圆形或椭圆形；单管孔，主要为径列复管孔（2～4 个，多数 2 个）；散生；13～18 个，平均 15 个/mm^2；最大弦径 140μm，平均 103μm；导管分子平均长 1278μm；侵填体未见；螺纹加厚缺如。管间纹孔式互列，圆形；纹孔口合生或内含。

穿孔板单一，倾斜。导管与射线间纹孔式刻痕状。**轴向薄壁组织稀少；星散状、偶疏环管状；树胶、晶体未见**。木纤维壁薄至厚；直径23μm，纤维平均长1597μm，单纹孔略具狭缘，纹孔口裂隙状；分隔木纤维偶见。木射线7~8根/mm；非叠生。单列射线较少，高3~8细胞，W22104切片中，以单列射线为主。多列射线宽2~3细胞，2列为主，高10~41（多数14~35）细胞。射线组织异形Ⅱ型，或异形双列。边缘为直立或方形射线细胞，大多数由横卧射线细胞组成。树胶、晶体未见，可见少数黏液细胞；硅石缺如。**胞间道未见**。

材料：W18368，W22104（哥伦比亚）。

【木材性质】

木材略有光泽；无特殊气味和滋味；纹理直；结构细，均匀；木材重量中；干缩中至大；强度中。

产　地	密度(g/cm³)		干缩率(%)			顺纹抗压强度(MPa)	抗弯强度(MPa)	抗弯弹性模量(MPa)	顺纹抗剪强度(MPa)	冲击韧性(kJ/m²)
	基　本	气　干	径　向	弦　向	体　积					
哥伦比亚		0.58~0.64		5.1~6.5		53	94	12357	13	
秘　鲁	0.45		4.5	9.8	13.4	30	72	16981		

木材干燥迅速，可引起皱缩，窑干后能得到满意效果。易受白蚁和针孔蛀虫的侵害，利用前应进行防腐处理，防止变色、病菌和虫害引起的降等；耐腐性差，防腐处理容易。如出现应拉木，加工时会常产生起毛和撕裂现象。采用普通工具加工容易，加工性好；钉钉容易；握钉力强；易染色，涂漆和抛光性均好；易旋切；胶合稳定。

【木材用途】

家具，细木工，箱，柜，单板，胶合板，硬质纤维板，人造板，排水板，车旋制品，食品容器，牙签，火柴，木丝。

苏里南维罗蔻 V. *surinamensis*（Rolander）Warb.
（彩版16.4；图版91.4~6）

【商品材名称】

斯沃姆帕 Swamp dalli

【地方名称】

维罗拉 Virola(巴西、委内瑞拉)；比卡海巴 Bicuhyba(巴西)；狒狒木 Boboonwood，多尔 Dalli，洗衣木 Dollywood，伊维科瓦 Irikwa，沃里希 Warishi，韦 We(圭亚那)；巴纳科 Banak，博盖马尼 Bogamani，切博 Cebo，帕洛德桑格伦 Palo de sangre，桑格伦 Sangre(中美洲)；努乌纳莫 Nuanamo，奥托博 Otobo，塞博 Sebo(哥伦比亚)；查利维安德 Chaliviande，卡安加里 Cuangare，谢姆波 Shempo，梯齐姆博 Tzimbo(厄瓜多尔)；金盖马杜 Guingamadou，莫劳姆巴 Mouloumba，亚亚姆杜马雷卡吉 Yayamabou mouloumba(法属圭亚那)；坎姆拉 Cumala(秘鲁)；巴博恩 Baboen，蒙巴 Moonba，沃罗斯 Waroes(苏里南)；卡马蒂卡里 Camaticaro，卡阿乔 Cuajo，奥蒂沃 Otivo(委内瑞拉)。

【树木及分布】

大乔木，高 30~36m，直径 0.6~0.9m，在条件良好的地方，高达 45m，直径达 1.5m；树干通常直，通圆，板根较大；枝下高通常为 18~24m。此树种大量生长在苏里南沼泽林、圭亚那河岸林和沼泽地，亚马孙河口的岛屿。主要分布于圭亚那、法属圭亚那、苏里南、委内瑞拉、巴西等。

【木材构造】

宏观特征

木材散孔材。心材黄棕色，或浅红色；可见明显的褐色导管线；与边材区别不明显。边材色略浅。生长轮不明显。管孔肉眼下可见，放大镜下明显；散生；数少；略大。轴向薄壁组织放大镜下不见。木射线放大镜下略见；甚窄、窄。波痕及胞间道未见。

微观特征

导管横切面长圆或椭圆形；单管孔和径列复管孔 2~4 个；散生；7~16 个，平均 10 个/mm²；最大弦径 213μm，平均 144μm；导管分子平均长 1550μm；侵填体未见；螺纹加厚缺如。管间纹孔式互列，圆形；纹孔口内含。穿孔板单一，倾斜。导管与射线间纹孔式刻痕状或大圆形。轴向薄壁组织轮界状（3~4 细胞宽）、疏环管状、星散状；树胶略见；晶体未见。木纤维壁薄至厚；直径 31μm，纤维平均长 1900μm，单纹孔明显，数多，略具狭缘，纹孔口裂隙状；分隔木纤维未见。木射线 4~6 根/mm；非叠生。单列射线偶见，高 2~6 细胞。多列射线宽 2~3 列，高 7~36（多数 12~28）细胞。射线组织异形多列。具直立、方形、横卧射线细胞，少数射线细胞含树胶；晶体未见；硅石缺如。胞间道未见。

材料：W18226（巴西）

【木材性质】

木材具光泽；无特殊气味和滋味；纹理直；结构细，均匀；木材轻；干缩大；强度弱。

产　地	密度(g/cm³)		干缩率(%)			顺纹抗压强度(MPa)	抗弯强度(MPa)	抗弯弹性模量(MPa)	顺纹抗剪强度(MPa)	冲击韧性(kJ/m²)
	基　本	气　干	径　向	弦　向	体　积					
巴　西		0.46~0.50		6.6~8.1		40	67	9100	10	67
委内瑞拉		0.41~0.45				35	57	7920	9	
圭亚那		0.46~0.51				34	57	7920	9	
圭亚那	0.38	0.46	6.1	9.6	15.3	33	64	8730		

木材适于窑干，略翘曲和干裂，但厚板干燥迅速会出现表面硬化和皱缩。易受白蚁和海生钻木动物侵害；树木伐倒后，最好储藏水下或立即防腐处理；木材渗透性好。手工、机械加工容易，加工后光泽强；木材稳定性差；染色、涂漆、抛光性均好；钉钉容易，不劈裂；加工性好；胶合性佳。旋切性颇佳，为上等旋切材。

【木材用途】

低档家具，细木工，单板，刨花板，箱，柜，室内装修，芯板，火柴，人造板，硬质纤维板，胶合板，杆，柱，电池隔板，木丝，排水板，食品容器。种子含油多，可用于制作蜡烛和肥皂。

商陆科
Phytolaccaceae R. Br.

乔木、灌木或草本；12 属，约 100 种。主要分布美洲和非洲南部。拉丁美洲常见商品材属有：巴密商陆属 *Gallesia*。

巴密商陆属 *Gallesia* Casaretto.

本属 2 种；分布巴西和秘鲁。拉丁美洲常见商品材树种有巴密商陆。

巴密商陆 *G. gorazema*（Vell.）Moq.
（彩版 16.5；图版 92.1～3）

【商品材名称】
波德阿尔霍 Pau d'alho
【地方名称】
瓜拉费马 Guarafema，伊比拉雷马 Ibirarema，古拉雷马 Gorarema，古里雷马 Gororema，艾维拉雷马 Ivirarema，简迪帕拉马 Jandiparama，大蒜木 Garlic wood（巴西）。
【树木及分布】
大乔木；主要分布巴西和秘鲁。
【木材构造】
宏观特征
木材散孔材。心材黄白色；与边材区别不明显。生长轮不明显。管孔肉眼下不见，放大镜下略见；散生；数少；略小。轴向薄壁组织放大镜下不见。木射线肉眼下略见，放大镜下明显；略密；窄。波痕及胞间道缺如。具内含韧皮部，肉眼下明显，系同心式，由木质部与带状轴向薄壁组织相互交替组成，有时韧皮部误认为管孔。
微观特征
导管横切面长圆或圆形；单管孔、径列复管孔 2～3 个；径列；9～30 个，平均 18 个/mm^2；最大弦径 95μm，平均 60μm；导管分子平均长 226μm；侵填体可见；螺纹加厚缺如。管间纹孔式互列，圆形；纹孔口合生。导管与射线间纹孔式类似管间纹孔式。轴向薄壁组织多；带状、星散状；树胶缺如；晶体未见。木纤维壁薄至厚；直径 11μm，纤维平均长 881μm，单纹孔难见；分隔木纤维缺如。木射线 3～4 根/mm；非叠生。单列木射线偶见。多列木射线宽 2～4 细胞，高 6～20 细胞。射线组织异形多列。树胶、晶体未见；硅石缺如。胞间道缺如。内含韧皮部系同心式，均匀分布，位于带状轴向薄壁细胞与木纤维组织相交处。
材料：W20439（玻利维亚）

【木材性质】

木材具光泽；无特殊气味和滋味；纹理直；结构细，均匀；木材重量中；干缩大；强度中。

产　地	密度(g/cm³)		干缩率(%)			顺纹抗压强度(MPa)	抗弯强度(MPa)	抗弯弹性模量(MPa)	顺纹抗剪强度(MPa)	冲击韧性(kJ/m²)
	基　本	气　干	径　向	弦　向	体　积					
巴　西		0.66	3.8	8.7	14.6	4.3	83		7	157

木材干燥较容易。手工、机械加工容易。

【木材用途】

建筑材，箱，盒，包装材。

蔷薇科
Rosaceae Juss.

乔木、灌木或草本；约 100 属，2000 种。分布于全世界。拉丁美洲常见商品材属有：利堪蔷薇属 *Licania*，姜饼木属 *Parinari* 等。

利堪蔷薇属 *Licania* Aubl.

本属 135 种；分布美国东北部至南美洲。拉丁美洲常见商品材树种有大叶里卡木。

大叶里卡木 *L. macrophylla* Benth.
（图版 92.4~6）

【商品材名称】

安奥雷 Anaura

【地方名称】

安奥拉 Anoera，马卡卡法林哈塞科 Macucu-farinha-seca，马卡卡福福 Macucu-fofo（巴西）。

【树木及分布】

大乔木，高达 20~24m，直径 0.5~0.9m，树形较好。生长在沼泽林或高原林中。分布于巴西、苏里南等。

【木材构造】

宏观特征

木材散孔材。心材新鲜时浅红，髓心附近具浅或深色条纹；木材干燥后，颜色浅棕色或红棕色。边材色浅，宽 1~4cm。心边材区别不明显。生长轮不明显。管孔肉眼下明显；散生；数甚少；大。轴向薄壁组织肉眼下略见，放大镜下明显；带状。木射线放大镜下略见；密；窄。波痕及胞间道未见。

微观特征

导管横切面圆形或椭圆形；单管孔；散生；2~7个，平均5个/mm²；最大弦径470μm；平均218μm；导管分子平均长900μm；侵填体可见，树胶未见，螺纹加厚未见。管间纹孔式互列，圆形，纹孔口内含。穿孔板单一，倾斜。导管与射线间纹孔式为刻痕状。**轴向薄壁组织带状（宽1~2细胞）、疏环管状**。树胶、晶体未见。木纤维壁甚厚；直径25μm，平均长1650μm；具缘纹孔弦面、径面都可见；分隔木纤维普遍。木射线13~19根/mm；非叠生。单列射线高6~44（多数13~38）细胞。射线组织单列同形。硅石丰富；晶体未见；含树胶。胞间道未见。

材料：W22697（美国送）

【木材性质】

木材光泽中至弱；无特殊气味和滋味；纹理直；结构略粗；木材重；干缩中至大；强度高。

产　地	密度(g/cm³)		干缩率(%)			顺纹抗压强度(MPa)	抗弯强度(MPa)	抗弯弹性模量(MPa)	顺纹抗剪强度(MPa)	冲击韧性(kJ/m²)
	基　本	气　干	径　向	弦　向	体　积					
巴西、苏里南		0.91~1.01	2.1~4.0	3.6~6.5		71	134	16280	17	

干燥速度中至快，干燥容易至略难，有轻微翘曲、开裂和表面硬化。抗海生钻木动物性强。木材含硅石多，约1.8%。由于木材密度高，硅石含量多，机械加工困难，不易解锯。刀具易发钝。刀具锋利可加工出光滑表面。握钉力差，易开裂。

【木材用途】

海港码头，载重地板，结构材，柱、矿柱，船，车辆，室内装修，建筑，细木工，卧车，薪材，木炭等。

姜饼木属 *Parinari* Aubl.

本属60种，分布热带地区。拉丁美洲常见商品材树种有：

大姜饼木 *Parinari excelsa* Sabine

商品材名称：帕里纳里 Parinari

地方名称：法林哈塞卡 Farinha seca，帕朱雷德马塔 Pajura de mata，帕雷纳里 Paranari（巴西）。

大乔木，枝下高13m，直径0.6m；树干直，板根达1.9m。心材浅粉色；与边材区别不明显。生长轮少见或不见。木材光泽不明显；无特殊气味和滋味；纹理直；结构略粗；木材重（基本密度0.75g/cm³，气干密度0.92g/cm³）；干缩大（干缩率：径向5.3%，弦向10.2%，体积14.8%）；强度高（顺纹抗压强度81MPa，抗弯强度146MPa，抗弯弹性模量16182MPa）。木材干燥速度中等。耐腐性强。木材用于地板，电杆，一般建筑等。

平地姜饼木 *P. campestris* Aubl. 详见种叙述。

平地姜饼木 *P. campestris* Aubl.
（彩版 16.6；图版 93.1~3）

【商品材名称】

布拉达 Burada

福恩戈 Foengoe

【地方名称】

佩雷菲塔诺 Perefuetano（哥伦比亚）；托斯塔多 Tostado（委内瑞拉）；艾莫拉顿 Ai-omoradan，布拉达 Burada（圭亚那）；福恩戈 Foenge，沃克赫特 Vonkhout（苏里南）；帕里纳里 Parinari，帕朱雷 Pajura（巴西）；乌切帕乌马里 Uchpa-umari（秘鲁）。

【树木及分布】

大乔木，高达 40m，直径 1.2m，树干圆柱状，高 18~24m，板根高达 6m，较厚。分布圭亚那和巴西亚马孙区域及南美洲北部地带。该种生长在雨林、沼泽林和稀树草原林中。

【木材构造】

宏观特征

木材散孔材。心材灰褐色、黄褐色或黄粉褐色，新切面深桔黄褐色，与边材区别不明显。边材浅黄褐色，4cm 宽。生长轮不明显。管孔肉眼下略见，放大镜下明显；散生；数甚少；略大至大。轴向薄壁组织放大镜下可见，弦向带状。木射线放大镜下不见。波痕及胞间道未见。

微观特征

导管横切面椭圆形、圆形，略具多角形轮廓，几乎全为单管孔；散生；1~5 个，平均 3 个/mm²；最大弦径 293μm；平均 191μm；导管分子平均长 993μm；侵填体和螺纹加厚缺如。管间纹孔式互列，圆形，纹孔口内含。穿孔板单一，略倾斜。导管与射线间纹孔式为刻痕状及大圆形。轴向薄壁组织环管束状、疏环管状、弦向带状（宽 1~3 细胞）；晶体未见。木纤维壁薄至厚；直径 31μm，平均长 1684μm；具缘纹孔具狭缘，纹孔口外展；分隔木纤维未见。环管管胞存在，常在导管周围，与薄壁细胞混杂，具缘纹孔数多，明显，圆形，常 1 列。木射线 8~12 根/mm；非叠生。单列射线较多，高 6~48 细胞。多列射线宽 2 细胞，高 15~52（多数 18~44）细胞。有连接射线。射线组织异形单列和异形Ⅰ型。部分射线细胞含硅石。树胶缺如，晶体未见。胞间道未见。

材料：W20964（圭亚那）

【木材性质】

木材光泽弱；无特殊气味和滋味；纹理直或交错；结构细；木材重；干缩甚大；强度中至高。

产　地	密度（g/cm³）		干缩率（%）			顺纹抗压强度（MPa）	抗弯强度（MPa）	抗弯弹性模量（MPa）	顺纹抗剪强度（MPa）	冲击韧性（kJ/m²）
	基　本	气　干	径　向	弦　向	体　积					
苏里南		0.81~0.90	>5.1	>8.1		46	79	10700	12	
	0.64~0.72	0.80~0.88	5.9	10.0	14.6	71	139	17983		
						82	150	20188		
						68	135	17087		
圭亚那	0.76	0.89	5.9	9.8	17.0	86	157	16500		

　　木材气干迅速、容易，略有开裂，翘曲中等，有时表面硬化，采用适中的干燥基准，可使缺陷减至最小。实验室结果表明中等抗白腐菌和褐腐菌，野外暴露测试证明木材天然耐腐性差，但抗海生钻木动物和白蚁危害；采用真空高压系统处理木材，防腐剂渗透好，吸收量多。树木伐倒时容易开裂。由于木材密度较高，含硅石，加工较困难，常使刀具很快变钝，如果加工工具好，方法得当，在锯、刨、打眼时可得到光滑表面。抛光性能好。为防止钉钉劈裂，需事先打孔。旋切性能差。

【木材用途】
　　一般建筑材，承重和一般地板，枕木，电杆，坑木和海上用材等。

茜草科
Rubiaceae Juss.

　　为双子叶植物大科之一；500 属，6000 余种。多数分布热带，少数分布温带，极少数还可分布北极地带。拉丁美洲常见商品材属有：萼叶茜属 *Calycophyllum*，格尼茜属 *Genipa*，红瓦茜草属 *Warscewiczia*。

萼叶茜属 *Calycophyllum* DC.

　　本属 6 种；分布西印度群岛和美洲南部。拉丁美洲常见商品材树种有：
　　极白萼叶茜木 *C. candidissimum* G. M. 详见种叙述。
　　萼叶茜木 *C. spruceanum* Benth. 详见种叙述。

极白萼叶茜木 *C. candidissimum* G. M.
（图版 93.4~6）

【商品材名称】
　　德盖姆 Degame
　　柠檬木 Lemonwood
【地方名称】
　　卡马罗恩 Camarón，佩洛卡马罗恩 Palo camarón（墨西哥）；苏拉 Surrá（哥斯达黎加）；阿拉替奥 Alazano（巴拿马）；瓜加博 Guayabo（哥伦比亚）；阿里瓜托 Araguato，比腾 Betun（危地马拉）；波马拉托 Pau mulato（巴西）。

【树木及分布】

中或大乔木，树高 12～20m，最高 25m，直径 0.5～0.8m；树干直，较细，高 10～15m，或为全树的一半；在有些地方形成近纯林，河道两旁或山坡阴面常见。分布古巴，自墨西哥南部通过南美洲中部至哥伦比亚和委内瑞拉等地。

【木材构造】

宏观特征

木材散孔材。心材浅棕色至燕麦片色或黄色；与边材区别不明显。边材色浅。生长轮不明显。管孔肉眼下不见，放大镜下略见；散生；数多；略小。轴向薄壁组织放大镜下不见。木射线放大镜下可见；略密；窄、甚窄。波痕及胞间道未见。

微观特征

导管横切面圆形或椭圆形；单管孔，径列复管孔（2～4 个，多数 2～3 个）；散生；62～85 个，平均 76 个/mm²；最大弦径 80μm，平均 51μm；导管分子平均长 686μm；侵填体及螺纹加厚缺如。管间纹孔式互列，圆形；纹孔口内含。穿孔板单一，略倾斜。导管与射线间纹孔式类似管间纹孔式。轴向薄壁组织甚少，星散状；树胶和晶体未见。木纤维壁薄至厚；直径 19μm，纤维平均长 1350μm，单纹孔可见，纹孔口外展；分隔木纤维普遍。木射线 8～10 根/mm；非叠生。单列射线高 2～10 细胞。多列射线宽 2～4 细胞，高 9～27（多数 13～24）细胞。连接射线偶见。射线组织异形 II 型，偶 I 型。具直立、方形和横卧射线细胞组成。树胶缺如，硅石及晶体未见。胞间道缺如。

材料：W22766（美国送）

【木材性质】

木材略具光泽；无特殊气味和滋味；纹理直或交错；结构细，均匀；木材重；干缩大；强度高。

产　地	密度(g/cm³)		干缩率(%)			顺纹抗压强度(MPa)	抗弯强度(MPa)	抗弯弹性模量(MPa)	顺纹抗剪强度(MPa)	冲击韧性(kJ/m²)
	基　本	气　干	径　向	弦　向	体　积					
委内瑞拉		0.73～0.80	4.1～5.1	6.6～8.1		62	114	14200	15	
哥伦比亚		0.73～0.80				71	134	16300	17	
	0.67	0.82	4.8	8.6	13.2	66	154	15640		

木材气干时，会出现轻微面裂和端裂；如木材尺寸小，易发生翘曲。对腐朽菌抗性差，抗海生钻木动物蛀蚀，略抗白腐菌和白蚁。锯解略困难，可使刀具发钝；刀具锋利可加工出光滑表面。开榫和钻孔有开裂倾向，旋切好。木材重，强度高，弹性及弯曲性能好。

【木材用途】

制造箭弓和鱼竿，工具柄，车旋材，雕刻，木梭及其他纺纱专用品，重型建筑，车体，家具，细木工，木梯，体育器材，农业用具，精密仪器箱盒，室内装修等。可替代披针剑木作箭弓。

萼叶茜木 *C. spruceanum* Benth.
（彩版16.7；图版94.1～3）

【商品材名称】

波穆拉托 Pau mulato

【地方名称】

阿比拉莫罗蒂 Ibira moroti（阿根廷）；加拉博基 Garabochi（玻利维亚）；波穆拉托 Pau mulato，穆拉泰劳 Mulateiro，卡比罗农 Capirona，卡皮罗纳 Capirona，波马菲麦 Pau-marfim，明林迪达 Mirindiba，卡拉洛梅拉多 Caralo melado，埃斯科里高马卡科 Escorrega macaco（巴西）；阿拉扎诺 Alazano，瓜雅博 Guayabo（哥伦比亚）；科勒西卡 Corusicaa（厄瓜多尔）；帕洛布兰科 Palo blanco（阿根廷、巴拉圭）；卡比罗农内格雷 Capirona negra（秘鲁）；阿雷瓜托 Araguato（委内瑞拉）；巴西柠檬木 Brasil zitronenholz（德国）；波洛卡马罗恩 Polo camaron（西班牙）。

【树木及分布】

乔木，分布热带南美洲。

【木材构造】

宏观特征

木材散孔材。心材米灰色或黄灰色；与边材区别不明显。边材色浅。生长轮不明显。管孔肉眼下不见，放大镜下略见；散生；数略少；略小；侵填体可见。轴向薄壁组织放大镜下不见。木射线肉眼下略见，放大镜下可见；密；窄。波痕及胞间道未见。

微观特征

导管横切面长圆、椭圆或圆形；单管孔，径列复管孔（2～4个，多数2～3个）；散生；31～45个，平均38个/mm²；最大弦径108μm，平均75μm；导管分子平均长462μm；侵填体偶见；螺纹加厚缺如。管间纹孔式互列，圆形，密集；纹孔口内含。穿孔板单一，略倾斜。导管与射线间纹孔式类似管间纹孔式。轴向薄壁组织为星散状；树胶和晶体未见。木纤维壁甚厚；直径25μm，纤维平均长1720μm，单纹孔明显；分隔木纤维未见。木射线8～10根/mm；非叠生。单列射线偶见，高2～4细胞。多列射线宽2～4细胞，高16～40（多数20～35）细胞。射线组织异形多列。边缘具直立或方形射线细胞，大多数由横卧射线细胞组成。树胶缺如；硅石和晶体未见。胞间道未见。

材料：W18268（秘鲁）

【木材性质】

木材略具光泽；无特殊气味和滋味；纹理直；结构细，均匀；木材重；干缩大；强度高。

产　地	密度(g/cm³)		干缩率(%)			顺纹抗压 强度(MPa)	抗弯强度 (MPa)	抗弯弹性 模量(MPa)	顺纹抗剪 强度(MPa)	冲击韧性 (kJ/m²)
	基　本	气　干	径　向	弦　向	体　积					
		0.83	3.9	8.2		77	162	16600		

木材干燥需仔细，易出现扭曲，轻微开裂，气干为好。耐腐性中等。由于硬度较大，加工困难，需性能良好的加工工具。钉钉易劈裂；抛光性好；可旋切。

【木材用途】

工具柄，细木工，体育器材，精密仪器箱盒，雕刻，地板，弓箭。

格尼茜属 *Genipa* L.

本属6种；分布美洲温暖地带和西印度群岛。拉丁美洲常见商品材树种有美洲格尼茜。

美洲格尼茜 *G. americana* L.
（彩版16.8；图版94.4~6）

【商品材名称】

杰瓜 Jagua

吉尼帕 Genipa

【地方名称】

杰瓜阿朱尔 Jagua azul（墨西哥）；艾拉约尔 Irayol（危地马拉）；布里尔 Brir（哥斯达黎加）；安杰利娜 Angelina（哥伦比亚）；卡鲁托 Caruto（委内瑞拉）；阿拉斯洛 Arasaloe，塔波尔帕 Tapoeripa（苏里南）；帕洛科罗雷多 Palo colorado，休托克 Huitoc（秘鲁）；吉尼帕皮罗 Genipapeiro，杰尼帕皮罗 Janipapeiro，杰尼帕波 Jenipapo，杰尼帕巴 Janipaba（巴西）。

【树木及分布】

大乔木，树高21~33m，直径0.4~0.6m；树干圆柱状，枝下高15~20m；不具板根。树木常生长在低洼地、原始林，稀树草原林林缘，开阔林地也有生长。在城镇和农村作为遮阳和食果树种得到广泛的种植。分布于南美洲热带地区，自西印度群岛、墨西哥至阿根廷。

【木材构造】

宏观特征

木材散孔材。心材淡黄棕色，略浅粉色；略具淡条纹；与边材区别不明显。边材色浅。生长轮不明显。管孔肉眼下不见，放大镜下略见；散生；数多；略小。轴向薄壁组织放大镜下不见。木射线放大镜下略见；略密；窄、甚窄。波痕及胞间道未见。

微观特征

导管横切面圆形或椭圆形；单管孔，径列复管孔（2~3个，多数2个）；散生；21~38个，平均30个/mm²；最大弦径202μm，平均84μm；导管分子平均长621μm；

侵填体未见；螺纹加厚缺如。管间纹孔式互列，圆形或多角形；密集；纹孔口合生或外展。穿孔板单一，略倾斜。导管与射线间纹孔式类似管间纹孔式。**轴向薄壁组织少**，星散状；树胶和晶体未见。木纤维壁甚厚；直径 22μm，纤维平均长 1593μm，单纹孔可见；分隔木纤维未见。木射线 6～8 根/mm；非叠生。单列射线偶见，高 3～13 细胞。多列射线宽 2～3 细胞，高 9～24（多数 12～22）细胞。连接射线数少。射线组织异形Ⅰ型，少数Ⅱ型。边缘为直立或方形射线细胞，中部为横卧射线细胞。树胶缺如；硅石及晶体未见。**胞间道缺如**。

材料：W22059（秘鲁）

【木材性质】

木材具光泽；无特殊气味和滋味；纹理直；结构细，均匀；木材重；干缩中；强度高。

产　地	密度(g/cm³)		干缩率(%)			顺纹抗压强度(MPa)	抗弯强度(MPa)	抗弯弹性模量(MPa)	顺纹抗剪强度(MPa)	冲击韧性(kJ/m²)
	基　本	气　干	径　向	弦　向	体　积					
委内瑞拉		0.81～0.90		5.1～6.5		62	114	14220	15	
巴　西		0.81～0.90				71	134	16280	17	
哥伦比亚		0.65～0.72				62	114	14220	15	
	0.57	0.70	4.6	9.1	13.5	51	119	11782		

木材气干慢，有轻微翘曲，表面无开裂，干燥过程会发生蓝变。干材易受白蚁、粉蠹虫、腐朽菌侵害；心材、边材防腐处理均易。加工容易，可得到比桃花心木和柚木更好的用材，为欧洲白蜡的替代树种。旋切性好，可得到致密与光滑的单板。可制作各种弯曲木件，耐磨性极佳，胶合性好，木材弹性与抗冲击性均好。

【木材用途】

家具，细木工，鞋楦，工具柄，木梯，弯曲构件，旋切制品，雕刻，运动器材，农具，箱盒，室内装修。叶子和种子产生的黑蓝或黑可做布匹染料。果实可食。

红瓦茜草属 *Warscewiczia* klotzsch

本属 4 种；分布热带西印度群岛和南美洲。拉丁美洲常见商品材树种有红瓦茜草。

红瓦茜草 *W. coccinea* Ki.
（图版 95.1～3）

【商品材名称】

瓦卡迈 Wakamy

【地方名称】

卡里西卡阿 Curaci caa，里博德阿里里 Rabo de arara（巴西）。

【树木及分布】

中乔木，树高 15m，直径 0.3m；树干较直。普遍生长在低地干燥土壤中，与老伐林区，也分布树林边缘上坡。分布哥伦比亚。

【木材构造】

宏观特征

木材散孔材。心材奶黄色或浅棕色；与边材区别不明显。边材色浅。生长轮不明显。管孔肉眼下不见，放大镜下略见；径列；数多；略小。轴向薄壁组织放大镜下不见。木射线肉眼下略见，放大镜下明显；略密；窄。波痕及胞间道未见。

微观特征

导管横切面椭圆形或扁圆形，略具多角形轮廓；单管孔，径列复管孔（2~4个，多数2~3个）；散生；41~61个，平均49个/mm²；最大弦径125μm，平均58μm；导管分子平均长810μm；侵填体未见；螺纹加厚缺如。管间纹孔式互列，密集；圆形；纹孔口内含。穿孔板单一，略倾斜。导管与射线间纹孔式类似管间纹孔式。轴向薄壁组织少，星散状；树胶和晶体未见。木纤维壁薄至厚；直径29μm，纤维平均长1543μm，单纹孔数多，明显，直列或斜列；纹孔口内含或外展，裂隙状；分隔木纤维普遍。木射线7~11根/mm；非叠生。单列射线可见，高4~22细胞。多列射线宽2~5细胞，高11~52（多数16~44）细胞；部分含鞘细胞。射线组织异形Ⅰ型，少数Ⅱ型。边缘为直立细胞，多数为横卧射线细胞。树胶缺如；硅石及晶体未见。胞间道缺如。

材料：W22688（美国）

【木材性质】

木材具光泽；无特殊气味和滋味；纹理直；结构细，均匀；木材重量中；干缩大；强度高。

产　地	密度(g/cm³)		干缩率(%)			顺纹抗压强度(MPa)	抗弯强度(MPa)	抗弯弹性模量(MPa)	顺纹抗剪强度(MPa)	冲击韧性(kJ/m²)
	基　本	气　干	径　向	弦　向	体　积					
哥伦比亚		0.65~0.72	3.1~5.0	5.1~8.0		62	114	14200	15	

木材干燥好，有开裂趋势。易蓝变；不抗虫；耐腐性略差。锯解和加工容易，可得到光滑表面；刨切容易，利用细砂纸可磨出光滑表面；钉钉性好，略有劈裂倾向。

【木材用途】

轻型建筑材，家具，细木工，单板，胶合板，室内装修，车旋材。

芸香科
Rutaceae Juss.

多数乔木、灌木，少数木质藤本和草本；150属，900种。分布热带、温带，南美洲和大洋洲较多，欧洲及亚洲也有分布。拉丁美洲常见商品材属有：帕拉芸香属 *Euxylophora*，类药芸香属 *Esenbeckia*，花椒属 *Zanthoxylum*。

帕拉芸香属 *Euxylophora* Hub.

本属 1 种；分布巴西的亚马孙地区。拉丁美洲常见商品材树种有良木芸香。

良木芸香 *E. paraensis* Hub.
（彩版 16.9；图版 95.4~6）

【商品材名称】

波阿马雷洛 Pau amarello

【地方名称】

黄椴木 Sateen wood，波塞蒂姆 Pau cetim，波西蒂姆 Pau setim，波阿马雷洛 Pau amaerlo，阿马雷洛塞蒂姆 Amarelo cetim，彭奎亚塞蒂姆 Pequia cetim，米雷塔瓦 Muirataua，巴西黄椴木 Braziliam satinwood，阿马雷洛 Amarello，利毛拉纳 Limao rana（巴西）。

【树木及分布】

大乔木，树高 25~30m，最高达 40m，直径 0.4~0.8m；枝下高 6~8m。分布秘鲁和巴西亚马孙地区林地上坡，或低海拔无水浸泡的地区。

【木材构造】

宏观特征

木材散孔材。心材柠檬黄或金黄色；与边材区别不明显。边材黄白色。生长轮不明显。管孔肉眼下不见，放大镜下略见；散生；数少；略大。轴向薄壁组织放大镜下不见。木射线放大镜下略见；略稀；甚窄、窄。波痕及胞间道未见。

微观特征

导管横切面卵圆形或椭圆形；单管孔和径列复管孔 2~3 个；偶管孔团；散生；16~20 个，平均 18 个/mm²；最大弦径 165μm，平均 110μm；导管分子平均长 806μm；树胶可见；侵填体未见；螺纹加厚缺如。管间纹孔式互列；密集；纹孔口内含。穿孔板单一；略倾斜或平行。导管与射线间纹孔式类似管间纹孔式。轴向薄壁组织甚少；疏环管状；晶体未见。木纤维壁薄至厚；直径 17μm，纤维平均长 1515μm，单纹孔略见；分隔木纤维未见。木射线 2~4 根/mm；非叠生。多列射线宽 2~4 列，高 6~30（多数 12~27）细胞。射线组织同形多列。树胶未见；含晶细胞可见，可见方形、长形晶体。硅石缺如。胞间道可见，径向者较少。

材料：W21802（玻利维亚）

【木材性质】

木材光泽强；无特殊气味和滋味；纹理直，交错或不规则；结构细，均匀；木材重；干缩大；强度中至大。

产　地	密度(g/cm³)		干缩率(%)			顺纹抗压强度 （MPa）	抗弯强度 （MPa）	抗弯弹性 模量 （MPa）	顺纹抗剪强度 （MPa）	冲击韧性 （kJ/m²）
	基　本	气　干	径　向	弦　向	体　积					
巴　西	0.70	0.87	6.0	6.7	12.8	62	112	15020		
		0.73~0.80		6.6~8.1		53	94	12400	13	
		0.81	5.7	6.5		79	132	15700		

木材干燥较容易，需小心，开裂性大，扭曲性小。略抗白蚁、腐朽菌，不抗害虫。木材加工不困难，加工性好；胶合性好；钉钉需预先打孔。易染色；抛光性好。

【木材用途】

家具，镶嵌木地板，刷子柄，地板，细木工，楼梯，玩具，木梯，运动器材，室内装修，雕刻，旋切制品，装饰物，轻型建筑等。

类药芸香属 *Esenbeckia* Kunth

本属38种；分布热带美洲、西印度群岛。拉丁美洲常见商品材树种有平滑果类药芸香。

平滑果类药芸香 *E. leiocarpa* Engl.
（图版 96.1~3）

【商品材名称】

瓜兰塔 Guarantá

【地方名称】

安塔福特 Anta-forte，波杜罗 Pau-duro，波马芬姆 Pau-marfim，戈亚贝拉 Goiabeira，瓜雷塔亚 Guarataia（巴西）。

【树木及分布】

中至大乔木，树高 8~30m，直径 0.3~0.5m；树干通直，枝下高 10m。分布于巴西的阔叶混交林中。

【木材构造】

　宏观特征

木材散孔材。心材黄色或黄棕色，可见略深色条纹；与边材区别不明显，新鲜材全为黄色。边材色略浅。生长轮不明显。管孔肉眼下不见，放大镜下略见；径向排列；数多；略小。轴向薄壁组织放大镜下不见。木射线放大镜下略见；略密；窄、甚窄。波痕及胞间道未见。

　微观特征

导管横切面圆形、扁圆形或椭圆形；单管孔，径列复管孔（2~6 个，多数 2~4 个）；径列排列；60~88 个，平均 75 个/mm²；最大弦径 94μm，平均 48μm；导管分子平均长 360μm；树胶少见；侵填体未见；螺纹加厚缺如。管间纹孔式互列；密集；圆形或多角形；纹孔口内含。穿孔板单一；近平行。导管与射线间纹孔式类似管间纹孔式。轴向薄壁组织较少；带状或轮界状，宽 1 ~ 4 细胞，星散状；树胶和晶体未见。木纤维壁甚厚；直径 12μm，纤维平均长 1193μm，单纹孔略见；分隔木纤维缺如。木射线 4 ~ 7 根/mm；非叠生。多列射线宽 2 ~ 3 细胞，高 7 ~ 37（多数 12 ~ 30）细胞。射线组织异形多列。具直立、方形和横卧射线细胞，含菱形晶体，主要分布直立、方形射线细胞中。树胶和硅石未见。胞间道缺如。

　　材料：W22714（美国送）

【木材性质】

　　木材略具光泽；无特殊气味和滋味；纹理直；结构细，均匀；木材重；干缩中至大；强度高。

产　地	密度(g/cm³)		干缩率(%)			顺纹抗压强度 (MPa)	抗弯强度 (MPa)	抗弯弹性模量 (MPa)	顺纹抗剪强度 (MPa)	冲击韧性 (kJ/m²)
	基　本	气　干	径　向	弦　向	体　积					
巴　西		0.91 ~ 1.01	3.1 ~ 5.1	5.1 ~ 8.1		81	158	18700	19	
巴　西		0.96	4.9	10.5	16.8	78	166			640

　　木材气干困难，易开裂，但无较大翘曲。加工容易，可旋切出光滑表面，具极好抛光性。锯末可能引起发炎。

【木材用途】

　　重型建筑，载重地板，矿柱，船体，小舟，车辆材，家具，细木工，手柄，木梯，农业用具，枕木，桩，柱，容器。由于木材重硬和具极好的弹性，可用纺织行业如木梭、纺机垫木等。树皮可提取单宁。

花椒属 *Zanthoxylum* L.

　　本属 20 ~ 30 种；分布热带及亚热带，其中一些树种可产生良好的木材。拉丁美洲常见商品材树种有黄色花椒木。

黄色花椒木 *Z. flavum*（*Fagara flava*）
（图版 96.4 ~ 6）

【商品材名称】

　　缎木 Satinwood

　　西印度群岛缎木 West indian satinwood

【地方名称】

　　埃斯皮尼洛 Espinillo（多米尼加共和国）；黄檀香 Yellow sanders（牙买加）；核桃树 Noyer（瓜德罗普）。

【树木及分布】

　　中乔木，树高 12m，直径 0.5m；分布百慕大群岛、古巴、牙买加、巴哈马、西班牙、葡萄牙、波多黎各等地。

【木材构造】

宏观特征

木材散孔材。心材黄色或金黄色；与边材区别不明显。边材浅黄色或黄白色。生长轮不明显。管孔肉眼下不见，放大镜下略见；散生；数多；略小。轴向薄壁组织放大镜下不见。木射线放大镜下略见；略密；窄、甚窄。波痕及胞间道未见。

微观特征

导管横切面圆形或卵圆形；单管孔，径列复管孔 2~3 个；散生；48~78 个，平均 67 个/mm²；最大弦径 77μm，平均 48μm；导管分子平均长 420μm；侵填体未见；螺纹加厚缺如；树胶少量。管间纹孔式互列，圆形；纹孔口合生或外展。穿孔板单一，略倾斜。导管与射线间纹孔式类似管间纹孔式。轴向薄壁组织少，星散状；分室含晶细胞量多，10~40 个或更多。木纤维壁薄至厚；直径 12μm，纤维平均长 1024μm，单纹孔略见；分隔木纤维未见。木射线 3~9 根/mm；非叠生。单列射线较少，高 3~7 细胞。多列射线宽 2~4 细胞，高 6~30（多数 12~26）细胞。射线组织异形Ⅱ型。少数直立、方形射线细胞，绝大多数为横卧射线细胞。树胶未见；晶体可见；硅石缺如。胞间道缺如。

材料：W22736（美国送）

【木材性质】

木材光泽强；新鲜材加工时会有椰子味，干燥后略清香；无特殊滋味；纹理直；结构细，均匀；木材重；基本密度 0.73g/cm³，气干密度 0.90g/cm³。

没有本种木材干燥及干缩率记录，与此种类似的苏里南木材气干容易；耐久性差，干材抗白蚁。加工时会使刀具发钝，可进行较细的抛光，是极好的车旋材。加工产生的锯末会引起皮肤发炎。

【木材用途】

细木工制品，小件家具，梳子，手镜，装饰单板，高级工艺品，车旋材，镶嵌木地板等。

山榄科
Sapotaceae Juss.

为双子叶植物。35~75 属，约 800 种。大多数分布热带，也有少数分布温带。拉丁美洲常见商品材属有野梨属 *Achras*，铁线子属 *Manilkara*，山榄属 *Planchonella* 等。

野梨属 *Achras* L.

本属 70 种；分布热带。拉丁美洲常见商品材树种有人心果。

人心果 *A. zapota* L.（*Sapota achras*）
（彩版 17.1；图版 97.1~3）

【商品材名称】

扎波塔 Zapota

萨波迪尔 Sapodilla

【树木及分布】

大乔木，树高 23~27m，直径 1.5m；树干直，枝下高 8~10m。本种偏爱石灰质土壤，树皮含乳汁。作为常绿乡土树种，其生长区域不确定，常在热带地区栽培。分布墨西哥、尼加拉瓜、委内瑞拉等。

【木材构造】

宏观特征

木材散孔材。心材浅红色，或淡粉；与边材区别不明显。边材色浅。生长轮不明显。管孔肉眼下不见，放大镜下可见；径列复管孔，径向排列，数略少；略小。轴向薄壁组织放大镜下可见；带状。木射线放大镜下略见；密；甚窄。波痕及胞间道未见。

微观特征

导管横切面卵圆形或椭圆形；单管孔，径列复管孔（2~7 个，多数 2 个）；径列排列；23~36 个，平均 27 个/mm²；最大弦径 187μm，平均 70μm；导管分子平均长 572μm；侵填体未见；螺纹加厚缺如。管间纹孔式互列；圆形或多角形；纹孔口内含。穿孔板单一；略倾斜。导管与射线间纹孔式大圆形或刻痕状。轴向薄壁组织带状（宽 1~2 细胞）、星散状。具分室含晶细胞，菱形晶体 4~9 个；树胶未见。木纤维壁甚厚；直径 18μm，纤维平均长 1358μm，单纹孔略见；分隔木纤维未见。木射线 9~14 根/mm；非叠生。单列射线数少，高 3~7 细胞。多列射线宽 2 细胞，高 6~14 细胞。部分具连接射线。射线组织异形 II 型，少数 I 型。具直立、方形、横卧射线细胞。树胶缺如；硅石和晶体未见。胞间道未见。

材料：W22689（美国送）

【木材性质】

木材略具光泽；无特殊气味和滋味；纹理直；结构细，均匀；木材重；干缩大；强度高。

产 地	密度(g/cm³)		干缩率(%)			顺纹抗压强度 (MPa)	抗弯强度 (MPa)	抗弯弹性模量 (MPa)	顺纹抗剪强度 (MPa)	冲击韧性 (kJ/m²)
	基 本	气 干	径 向	弦 向	体 积					
墨西哥		0.91~1.01	4.1~5.1	6.6~8.1		62	114	14200	15	

木材气干困难，有明显扭曲，开裂。抗虫，抗海生钻木动物。加工困难，对较好的成品可刨出光滑的表面；抛光性好。易钻孔，钉钉前预先打孔，旋切性好。

【木材用途】

重型建筑材，载重地板，室内地板，矿柱，船体，小舟，工具柄，木梯，细木工，枕木，柱，桩，旋切材。果实可食。生产的树胶用于制口香糖、小雕像等。

铁线子属 *Manilkara* Adans.

本属约 70 种；分布热带。拉丁美洲常见商品材树种有：

弹性铁线子 *M. elata*（Fr. Allem）Monac.

商品材名称：马卡拉杜巴 德莱特 Macaranduba de leite

分布巴西。心材红褐至紫色，均匀，与边材区别明显。边材色浅。木材略具光泽，无特殊气味和滋味；纹理直；结构略粗；木材重（气干密度 1.05g/cm³）；干缩大（径向 6.1%，弦向 10.1%，体积 17.6%）；强度高（顺纹抗压强度 79MPa，抗弯强度 146MPa）。木材用于民用建筑，梁，车辆材，地板，垫木，工具柄，台球棍，柱，杆，桩等。

长叶铁线子 *M. longifolia*（A. DC.）Dub.

商品材名称：巴卡拉杜巴 Macaranduba，帕拉朱 Paraju

分布巴西。心材浅红色，均匀，逐变巧克力色；与边材区别明显。纹理直；结构略粗，均匀；木材略具光泽，无特殊气味，略有轻微异species滋味。木材重（气干密度 1.0g/cm³）；干缩大（径向 6.8%，弦向 11.0%，体积 19.0%）；强度高（顺纹抗压强度 74MPa，抗弯强度 163MPa）。木材用于民用建筑，台球棍，工具柄，柱，桩，杆，车辆材，垫木，船材，地板等。

二齿铁线子 *M. bidentata* A. Cher. 详见种叙述。

圭亚那铁线子 *M. huberi*（Ducke）Chevalier. 详见种叙述。

二齿铁线子 *M. bidentata* A. Cher.
（彩版 17.2；图版 97.4~6）

【商品材名称】

马卡安杜巴 Macaranduba

子弹木 Bulletwood

【地方名称】

牛肉木 Beefwood，巴拉塔 Balata（圭亚那）；奇科扎波特 Chicozapote（墨西哥）；奥苏博 Ausubo（波多黎各、多米尼加共和国）；尼斯佩罗 Nispero（巴拿马）；巴拉塔鲁吉 Balata rouge，巴拉塔弗朗克 Balata franc，巴拉塔戈姆 Balata gomme（法属圭亚那）；博莱特里 Bolletri（苏里南）；帕马施托 Pamashto，昆因拉科洛拉达 Quinilla colorada（秘鲁）；马萨安杜巴 Massaranduba（委内瑞拉）；帕拉朱巴 Parajuba，高雷罗巴 Gararoba，马卡安杜巴 Macaranduba（巴西）。

【树木及分布】

大乔木，树高 30~45m，直径 0.6~1.2m，个别 1.8m 或更多；树干通圆，直，枝下高 15~25m；不具板根，但基部膨大。对土壤和地形要求不严格，可生长多种类型森林中，但更偏爱雨林。广泛分布于西印度群岛，美洲中南部，圭亚那，苏里南，委内瑞拉，波多黎各等地。

【木材构造】

宏观特征

木材散孔材。心材红棕色，或浅栗色；与边材区别略明显。边材色略浅。生长轮不明显。管孔肉眼下未见，放大镜下可见；散生；数略少；略小。轴向薄壁组织放大镜下不见。木射线放大镜下可见；略密；甚窄、窄。波痕及胞间道未见。

微观特征

导管横切面圆形或卵圆形；单管孔，径列复管孔 2~3 个；散生；6~17 个，平均 12 个/mm^2；最大弦径 213μm，平均 85μm；导管分子平均长 735μm；侵填体丰富；树胶可见；螺纹加厚缺如。管间纹孔式互列；圆形或多角形；纹孔口合生或外展。穿孔板单一；略倾斜。导管与射线间纹孔式类似管间纹孔式。轴向薄壁组织为单列带状、星散状；具分室含晶细胞 2~8 个。木纤维壁甚厚；直径 24μm，纤维平均长 1672μm，单纹孔可见；分隔木纤维缺如。木射线 10~13 根/mm；非叠生。单列射线可见，高 2~8 细胞。多列射线宽 2~3 细胞，高 8~25（多数 10~20）细胞。连接射线可见。射线组织异形 II 型。树胶丰富；硅石和晶体未见。胞间道未见。

材料：W22713（美国送）

【木材性质】

木材无光泽；无特殊气味和滋味；纹理直，偶交错；结构细，均匀；木材重；干缩大；强度高。

产　地	密度（g/cm^3）		干缩率（%）			顺纹抗压强度（MPa）	抗弯强度（MPa）	抗弯弹性模量（MPa）	顺纹抗剪强度（MPa）	冲击韧性（kJ/m^2）
	基　本	气　干	径　向	弦　向	体　积					
圭亚那、苏里南		1.0~1.1				81		18731	19	
委内瑞拉、波多黎各							158			
		1.1	7.1	9.4		90	190	19600		
						80	188	23770		
	0.85	1.06				92	201	24253		
						105	225			

木材干燥困难，可出现严重开裂和翘曲；干燥必须慢和仔细。耐腐，抗白蚁，干材抗虫性好，生材可受小蠹虫、海生钻木动物侵害；渗透性差。由于木材具有高强度、硬度和较大的比重，加工困难，要求较大动力。但抛光好，胶合要求较好的胶粘剂；钉钉要预先打眼，可旋切单板，但要缓慢进行，防撕裂木纹。耐磨性好。

【木材用途】

桥梁，水利工程，提琴弓，重型建筑，船体，地板，家具构件，工具柄，台球棒，楼梯，刀具，木瓦，单板，枕木，矿柱，车辆，细木工，体育器材，农具，乐器，柱，桩，玩具，装饰物，旋切材及一些特殊用材如梭子、织机、搅拌器等。树的顶端还可收采到铁线子树胶。

圭亚那铁线子 *M. huberi*（Ducke） Chevalier.
（彩版 **17.3**；图版 **98.1~3**）

【商品材名称】

马卡拉杜巴 Macaranduba

【地方名称】

阿帕雷乌 Aparaiu，查瓦 Chawa，加拉博巴 Garabo ba，马帕拉朱巴 Maparajuba，帕拉朱 Paraju，乌卡巴 Uccuba（巴西）。

【树木及分布】

大乔木；树干较粗，树干直或略斜。分布于巴西。

【木材构造】

宏观特征

木材散孔材。心材棕红色或栗色，巧克力色；与边材区别明显。边材色浅。生长轮不明显。管孔肉眼下不见，放大镜下略见；散生；数少；略小。轴向薄壁组织放大镜下略见；带状。木射线放大镜下略见；密；甚窄、窄。波痕及胞间道未见。

微观特征

导管横切面长圆或椭圆形；单管孔，径列复管孔 2~5 个（多为 2~4 个）；散生；10~28 个，平均 14 个/mm^2；最大弦径 184μm，平均 86μm；导管分子平均长 717μm；侵填体可见；树胶未见；螺纹加厚缺如。管间纹孔式互列；圆形；纹孔口内含。穿孔板单一；倾斜。导管与射线间纹孔式部分同管间纹孔式，部分刻痕状。轴向薄壁组织带状，宽 1~2 细胞，星散状；分室含晶细胞可见，2~3 个。木纤维壁甚厚；直径 22μm，纤维平均长 1487μm，纹孔不见；分隔木纤维未见。木射线 12~14 根/mm；非叠生。单列射线高 3~9 细胞。双列射线高 4~7 细胞。有连接射线。射线组织异形 I 型。少数横卧射线，多数方形、直立射线细胞。树胶丰富；硅石和晶体未见。胞间道未见。

材料：W22533（巴西）

【木材性质】

木材无光泽；无特殊气味和滋味；纹理直；结构细，均匀；木材重（气干密度 1.0 g/cm^3）。

木材干燥迅速，有开裂、翘曲和瓦状翘倾向。抗腐朽菌和地白蚁，略抗白蚁，不抗海生钻木动物侵害。心材渗透性差，可采用真空压力法防腐处理。解锯容易，但因含树胶，会使刀具发钝。可旋切单板，胶合性佳，钉钉易开裂，抛光好。

【木材用途】

民用建筑，甲板，乐器，支柱，地板，车体等。

山榄属 *Planchonella* Pierre

本属约 100 种；分布马来西亚、澳大利亚、巴西和太平洋地区。南美洲分布 2 种。拉丁美洲常见商品材树种有厚皮山榄。

厚皮山榄 *P. pachycarpa* Pires

（*Pouteria pachycarpa* Pires，*Syzygiopsis pachycarpa* Pires）

（彩版 17.4；图版 98.4~6）

【商品材名称】

戈亚巴奥 Goiabao

【地方名称】

阿比乌 卡思卡 格罗西 Abju-casca-grossa，阿比乌拉纳 Abjurana，阿比乌拉纳 阿马雷拉 Abjurana-amarela，阿比乌拉纳戈亚巴 Abjurana goiaba，佩罗廷格 Perotinga （巴西）。

【树木及分布】

大乔木，树高 25m 以上，直径 0.6m 以上；树干通直，不具板根，基部略膨大。分布巴西，亚马孙低洼地区。

【木材构造】

宏观特征

木材散孔材。心材黄色或稻草色；与边材区别不明显。边材略浅。生长轮不明显。管孔肉眼、放大镜下均不见。轴向薄壁组织肉眼下可见；带状。木射线放大镜下略见；密；甚窄。波痕及胞间道未见。

微观特征

导管横切面圆形或扁圆形；单管孔，径列复管孔（2~6 个，多数 2~4 个）；径向排列；23~42 个，平均 31 个/mm²；最大弦径 90μm，平均 46μm；导管分子平均长 693μm；侵填体偶见；树胶未见；螺纹加厚缺如。管间纹孔式互列；圆形或多角形；纹孔口内含或外展。穿孔板单一；偶见复穿孔痕迹。导管与射线间纹孔式类似管间纹孔式及刻痕状。轴向薄壁组织带状（宽 1~3 细胞）、极少星散状；树胶可见；晶体未见。木纤维壁甚厚；直径 19μm，纤维平均长 1513μm，单纹孔略见，数少；分隔木纤维未见。木射线 10~13 根/mm；非叠生。单列射线较少，高 3~6 细胞。多列射线宽 2 细胞，高 7~19（多数 8~14）细胞。射线组织异形 Ⅰ、Ⅱ 型。由直立、方形和横卧射线细胞组成。树胶少量；硅石和晶体未见。胞间道未见。

材料：W22439 （巴西）

【木材性质】

木材光泽明显；无特殊气味和滋味；纹理直，部分有交错纹理；结构细、甚细，均匀；木材重；干缩大；强度高。

产　地	密度(g/cm³)		干缩率(%)			顺纹抗压强度(MPa)	抗弯强度(MPa)	抗弯弹性模量(MPa)	顺纹抗剪强度(MPa)	冲击韧性(kJ/m²)
	基　本	气　干	径　向	弦　向	体　积					
		0.91	6.9	1.30		68	136	13400		

木材干燥需小心，扭曲较大，略开裂，干燥迅速。耐腐性差，可受腐朽菌和白蚁侵害；防腐处理容易。解锯容易，加工性好，但会使刀具略发钝。钉钉会出现劈裂，可预先打眼。胶合性好，旋切性亦佳，可旋切单板。锯末会引起发炎。

【木材用途】

重型建筑，家具，地板，室内装修，工艺品，旋切材，单板，民用建筑，镶嵌地板，护墙板。

苦木科
Simaroubaceae DC.

乔木、灌木；约20属，120种；有用的木材树种较少，很多树种树皮发苦，有时可药用。分布热带、亚热带。拉丁美洲常见商品材属有苦木属 *Simarouba*。

苦木属 *Simarouba* Aubl.

本属40种；主要分布拉丁美洲。拉丁美洲常见商品材树种有正苦木。

正苦木 *S. amara* Aubl.（*Quassia simarouba* L.）
（彩版 17.5；图版 99.1~3）

【商品材名称】

西马鲁巴 Simarouba

马鲁帕 Marupa

【地方名称】

阿塞图诺 Aceituno（洪都拉斯、尼加拉瓜、巴拿马）；锡德罗布兰科 Cedro blanco（委内瑞拉）；西马鲁巴 Simarouba（委内瑞拉、哥伦比亚、圭亚那、法属圭亚那）；泽马罗巴 Soemaroeba（苏里南）；凯斯特 Caixeta，马鲁巴 Maruba，帕里海巴 Parahyba，塔曼奎拉 Tamanqueira，帕雷巴 Paraiba（巴西）；阿库 Aku，苦灰 Bitter ash，夏里马 Shirima，西马鲁帕 Simarupa（圭亚那）；阿卡朱布兰克 Acajou blanc（法属圭亚那）；奇里娃纳 Chriuana（玻利维亚）；马鲁帕 Marupa（巴西、秘鲁）；锡德罗阿马戈 Cedro amargo，库纳 Cuna，吉塔罗 Guitarro（厄瓜多尔）；阿塞图诺 Aceituno，奥利沃 Olivo，内格里托 Negrito，斯帕萨科 Xpasak（中美洲）。

【树木及分布】

大乔木，高可达 36~43m，直径 0.5~0.6m，偶见 0.9 m；树干通直，圆柱状，高 21~27m；不具板根。分布南美洲北部，委内瑞拉、圭亚那，特立尼达和多巴哥至巴西的亚马孙地区。

【木材构造】

宏观特征

木材散孔材。心材黄白，或奶白色；与边材区别不明显。边材色浅。生长轮不明显。管孔肉眼下可见，放大镜下明显；散生；数甚少；略大。轴向薄壁组织放大镜下可见；翼状。木射线肉眼下可见，放大镜下明显；略稀；略宽。波痕及胞间道未见。

微观特征

导管横切面长圆或卵圆形，具多角形轮廓；单管孔和径列复管孔（2～3个）；散生；4～8个，平均5个/mm²；最大弦径242μm，平均162μm；导管分子平均长502μm；侵填体未见；螺纹加厚缺如。管间纹孔式互列；圆形；纹孔口内含。穿孔板单一；略倾斜。导管与射线间纹孔式类似管间纹孔式。轴向薄壁组织为环管束状、翼状、带状（宽2～4细胞）。少数分室含晶细胞，4～8个；叠生，近叠生。木纤维壁薄至厚；直径22.4μm，纤维平均长1067μm，单纹孔明显，略具狭缘；纹孔口外展；分隔木纤维未见。木射线4～5根/mm；近叠生。单列射线较少，高5～14细胞。多列射线宽2～6细胞，高15～55（多数16～43）细胞。射线组织同形单列、多列。横卧射线细胞组成。树胶缺如；硅石和晶体未见。胞间道未见。

材料：W20176（巴西）；W21137（南美洲）。

【木材性质】

木材略具光泽；无特殊气味，略有轻微苦味；纹理直；结构细，均匀；木材重量轻；干缩小；强度弱。

产　地	密度(g/cm³)		干缩率(%)			顺纹抗压强度(MPa)	抗弯强度(MPa)	抗弯弹性模量(MPa)	顺纹抗剪强度(MPa)	冲击韧性(kJ/m²)
	基　本	气　干	径　向	弦　向	体　积					
苏里南		0.41～0.45	2.1～3.0	3.6～5.0		35	57	7924	9	
委内瑞拉		0.37～0.40				35	57	7924	9	
						33	62	8544		
	0.38	0.43				34	58	8888		
		0.42	6.5	2.9		36	68	8400		

木材干燥迅速、容易，略有轻微降等；干燥前和干燥期间易受蓝变菌侵害。木材易受白蚁、腐朽菌、海生钻木动物的侵害；防腐处理较容易。木材加工容易，可加工出光滑的表面。易油漆；染色，胶合。可旋切单板，但解锯时要注意由于生长应力可能出现的劈裂。

【木材用途】

家具，乐器，箱，室内装修，玩具，装饰物，芯材，火柴，细木工，单板，胶合板，排水板，模型，包装材，护壁板，人造板，硬质纤维板，鞋楦，抽屉等。

梧桐科
Sterculiaceae Vent.

乔木、灌木、草本和藤本；约 60 属，700 种。主要分布热带。拉丁美洲常见商品材属有苹婆属 **Sterculia**。

苹婆属 *Sterculia* L.

本属约 300 种；分布热带。拉丁美洲常见商品材树种有：

开叶苹婆 *S. apebophylla* Ducke

商品材名称：考罗德萨波 Couro-de-sapo

大乔木，枝下高 11m，直径 0.6m；树干直或略斜。分布巴西。心材材色浅，心边材区别不明显。生长轮不明显。木材略具光泽；纹理直；结构粗；无特殊气味和滋味。木材重量中（基本密度 0.44 ~ 0.55g/cm³，气干密度 0.61g/cm³）；干缩大（干缩率：径向 5.4%，弦向 10.6%，体积 15.4%）；强度中（顺纹抗压强度 46MPa，抗弯强度 84MPa，抗弯弹性模量 10493MPa）。木材干燥速度中，有扭曲倾向。略耐腐。木材用于纤维板，人造板，家具等。

柔毛苹婆 *S. speciosa* Ducke（S. speciosa K. sch）

商品材名称：塔卡卡蔡罗 Tacacazeiro

地方名称：阿基阿卡 Achicha（巴西）。

大乔木，枝下高 10 ~ 18m，平均 14m；直径 0.5 ~ 0.6m；树干直，通圆；树皮厚 0.5 ~ 2.0cm，光滑，含树胶。心材浅红棕色；边材浅灰棕色；心边材没有明显区别。生长轮不明显。木材具光泽；无特殊气味和滋味；纹理直；结构中至粗；木材重（基本密度 0.53 g/cm³）；干缩大（干缩率：径向 4.8%，弦向 11.0%，体积 15.9%）；强度中（顺纹抗压强度 51MPa，抗弯强度 97MPa，抗弯弹性模量 11768MPa，顺纹抗剪强度 9MPa）。木材干燥迅速，开裂和表面硬化较大；有瓦状翘。渗透性均匀。锯解中等，刨切中等，径切面不光滑。木材用于一般建筑，轻型地板，枕木，柱，桩等。

光瓣苹婆 *S. apetala* Karst. 详见种叙述。

痒痒苹婆 *S. pruriens*（Aubl.）K. Schum. 详见种叙述。

光瓣苹婆 *S.* **apetala** Karst.
（图版 99. 4 ~ 6）

【商品材名称】

奇查 Chicha

【地方名称】

阿那卡吉塔 Anacaguita（波多黎各）；贝洛塔 Bellota，恰帕斯 Chiapas（墨西哥）；

巴拿马 Panamá（巴拿马）；森森 Sunsún（委内瑞拉）；卡马朱拉 Camajurú（哥伦比亚）；巴拿马卡马朱杜拉 Panama camajouduru，西泽 Xixa（巴西）。

【树木及分布】

大乔木，高 40m，直径达 2m；具明显窄板根。分布墨西哥东南部、南美洲中部、秘鲁和巴西。常为遮荫树种、蜜源树种在热带地区广泛种植。

【木材构造】

宏观特征

木材散孔材。心材浅棕色、黄棕色；与边材区别略明显。边材浅黄色，色略浅。生长轮不明显。管孔肉眼下明显；散生；数甚少；大。轴向薄壁组织放大镜下不见。木射线肉眼下明显；略密；略宽。波痕明显；胞间道未见。

微观特征

导管横切面圆形或椭圆形；主单管孔，少数径列复管孔 2～3 个；散生；2～10 个，平均 4 个/mm²；最大弦径 390μm，平均 222μm；导管分子平均长 403μm；侵填体未见；螺纹加厚缺如。管间纹孔式互列；圆形或多角形；纹孔口合生。穿孔板单一；略倾斜。导管与射线间纹孔式类似管间纹孔式。轴向薄壁组织翼状、带状（单列 1、4～5 细胞宽）、环管束状、星散状，近叠生；树胶未见；晶体可见。木纤维壁甚薄；直径 18μm，纤维平均长 2297μm，单纹孔略具狭缘；分隔木纤维普遍。木射线 1～2 根/mm；非叠生。单列射线不见。多列射线宽 10 细胞以上，高很多细胞。具鞘细胞。射线组织异形多列。大多数由横卧射线细胞组成，边缘为直立或方形射线细胞组成。直立或方形射线细胞都含菱形或方形晶体。树胶和硅石缺如。胞间道未见。

材料：W22690（特立尼达和多巴哥）

【木材性质】

木材不具光泽；无特殊气味和滋味；纹理直；结构略粗，略均匀，径切面射线斑纹明显；木材重量轻；干缩大；强度弱。

产地	密度(g/cm³)		干缩率(%)			顺纹抗压强度(MPa)	抗弯强度(MPa)	抗弯弹性模量(MPa)	顺纹抗剪强度(MPa)	冲击韧性(kJ/m²)
	基 本	气 干	径 向	弦 向	体 积					
	0.33	0.40	3.7	8.3	11.8	29	49	6614		
							34	6649		
						25	41			

木材易干燥，常出现皱缩；如缓慢干燥则效果佳。不抗腐朽菌、害虫，与地面接触易蓝变；渗透性好，防腐处理均匀。手工、机械加工容易；巴拿马种植的本种木材，加工时起毛严重。

【木材用途】

箱，内部建筑，胶合板，人造板，细木工，包装箱。种子可食用。

痒痒苹婆 *S. pruriens*（Aubl.）K. Schum.
（彩版 17.6；图版 100.1~3）

【商品材名称】

马霍 Maho

斯特丘利亚 Sterculia

【地方名称】

亚胡 Yahu，马霍 Maho，曼马霍 Manmaho，光叶马霍 Smooth-leaf maho，卡里 Kara，里奈 Ranai，萨劳雷 Saraurai，塞克劳 Sekerau（圭亚那）；奇查布雷瓦 Chicha brava，凯波特 Capote，恩弗艾拉 Envireira（巴西）；卡斯坦奥 Castano（美洲中部）；艾里瓦 Iriva，马霍特科乔恩 Mahot cochon，图鲁 Tourou（法属圭亚那）；科比 Kobe（法属圭亚那、苏里南）；奥卡罗奥多伊 Okro oedoe（苏里南）；奇查 Chicha，马杰格瓦 Majagua（委内瑞拉）。

【树木及分布】

大乔木，高 30~40m，直径 0.6~0.9m，枝下高 18~21m；尖削度小；较低板根。分布圭亚那和巴西北部的雨林，南美洲热带中部，加勒比海地区。

【木材构造】

宏观特征

木材散孔材。心材黄色，灰棕色；与边材区别不明显。边材色略浅。生长轮不明显。管孔肉眼下明显；散生；数少；略大。轴向薄壁组织放大镜下可见；环管束状、轮界状。木射线肉眼下可见，放大镜下明显；略稀；宽。波痕可见。胞间道未见。

微观特征

导管横切面圆形、扁圆形；单管孔和径列复管孔（2~4 个，多为 2 个）；散生；3~7 个，平均 5 个/mm^2；最大弦径 318μm，平均 182μm；导管分子平均长 560μm；侵填体未见；螺纹加厚缺如。管间纹孔式互列；圆形或多角形；纹孔口内含。穿孔板单一；平行或略倾斜。导管与射线间纹孔式类似管间纹孔式。轴向薄壁组织环管束状、轮界状（4~6 细胞宽）、翼状；叠生；树胶、晶体未见。木纤维壁薄至厚；直径 27μm，纤维平均长 1953μm，单纹孔，弦、径两壁纹孔明显；分隔木纤维偶见。木射线 1~3 根/mm；非叠生。单列射线甚少，高 2~5 细胞。多列射线宽 2~15 细胞，高很多细胞。具鞘细胞、瓦状细胞，翻白叶型和榴莲型。射线组织异形 II 型。树胶较少；晶体未见；硅石缺如；胞间道未见。

材料：W7517（圭亚那）

【木材性质】

木材具光泽；无特殊气味和滋味；纹理直；结构细，均匀；木材重量中；干缩大；强度中。

产　地	密度(g/cm³)		干缩率(%)			顺纹抗压强度(MPa)	抗弯强度(MPa)	抗弯弹性模量(MPa)	顺纹抗剪强度(MPa)	冲击韧性(kJ/m²)
	基　本	气　干	径　向	弦　向	体　积					
	0.46	0.59	4.7	9.9	15.4	57	67	13297		
						49	85	11058		
						45	87	12264		
委内瑞拉、圭亚那		0.58~0.64	5.1	8.1		46	79	10690	12	
圭亚那	0.54	0.64	5.0	10.0	16.4	55	104	12650		

　　木材气干快，但略难，有翘曲倾向；干燥不及时或预防措施不得当会出现蓝变。易受腐朽菌、地白蚁、蓝变菌侵害；使用杂酚油易渗透。手工、机械加工容易，表面会出现起毛，刀具锋利会出现好的加工效果。不适用作弯曲构件，握钉力强，无劈裂，易旋切单板。适当充填后，加工、染色效果好。旋切板可见明显射线斑纹。

【木材用途】

　　可生产高质量纸浆，轻建筑材，家具，细木工，箱，板条箱，室内装修，排水板，玩具，胶合板，碎料板，模板，棺木。

椴树科
Tiliaceae Juss.

　　乔木、灌木，少数草本；约50属，450种。分布于热带和温带，主要为巴西和东南亚。拉丁美洲常见商品材属有热美椴属 *Apeiba*。

热美椴属 *Apeiba* Aubl.

　　本属约10种；分布南美洲。拉丁美洲常见商品材树种有：

　　粗热美椴 *A. aspera* Aubl. 详见种叙述。

　　刺状热美椴 *A. echinata* Gaertn. 详见种叙述。

　　热美椴 *A. tibourbou* Aubl. 详见种叙述。

粗热美椴 *A. aspera* Aubl.
（彩版17.7；图版100.4~6）

【商品材名称】

　　马奎萨帕内查 Maquisapa nacha

【地方名称】

皮伊尼德蒙诺 Peine de mono，皮伊尼德蒙科 Peine de mico，皮伊尼西劳埃 Peinecillo（秘鲁）；佩特德马卡科 Pente de macaco（巴西）；塔帕博蒂杰 Papa botija（尼加拉瓜）。

【树木及分布】

大乔木，树高 24～37m，直径 0.6～0.7m，枝下高 13m。分布南美洲南部和中部，哥伦比亚、委内瑞拉、尼加拉瓜、巴西和秘鲁的亚马孙地区。

【木材构造】

宏观特征

木材散孔材。心材灰白色、灰棕色或燕麦片色；可见浅色导管线；与边材区别不明显。生长轮不明显。管孔肉眼下可见，放大镜下明显；散生；数少；略大。轴向薄壁组织肉眼下可见海绵状薄壁组织，不规则带状。木射线肉眼下不见，放大镜下明显；略密；略窄。波痕及胞间道未见。

微观特征

导管横切面椭圆形或卵圆形；单管孔和径列复管孔 2～3 个；散生；3～9 个，平均 5 个/mm^2；最大弦径 250μm，平均 162μm；导管分子平均长 490μm；侵填体未见；螺纹加厚缺如。管间纹孔式互列；圆形或多角形；纹孔口内含或外展。穿孔板单一；略倾斜。导管与射线间纹孔式类似管间纹孔式。轴向薄壁组织星散状、带状（宽数个细胞）；叠生；树胶未见；晶体缺如。木纤维壁甚薄；叠生；直径 34μm，纤维平均长 1557μm，单纹孔径面、弦面都可见，略具狭缘；分隔木纤维缺如。木射线 6～13 根/mm；非叠生。单列射线较少，高 4～12 细胞。多列射线宽 2～4 细胞，高 14～60（多数 18～46）细胞。射线组织异形 Ⅱ 型。边缘直立或方形射线细胞，部分细胞含方形、长方形晶体；树胶未见；硅石缺如；胞间道未见。

材料：W18549（尼加拉瓜）

【木材性质】

木材略具光泽；无特殊气味和滋味；纹理直或斜；结构细，均匀；木材轻；干缩中；强度弱。

产　地	密度(g/cm^3)		干缩率(%)			顺纹抗压强度(MPa)	抗弯强度(MPa)	抗弯弹性模量(MPa)	顺纹抗剪强度(MPa)	冲击韧性(kJ/m^2)
	基　本	气　干	径　向	弦　向	体　积					
秘　鲁	0.29		2.20	6.28	7.96	16	27	5100	3	
		0.33				21	28	4616		
							41	2618		

干燥容易，无降等。易受腐朽菌侵害；渗透性强。加工容易。

【木材用途】

在巴西用作木筏，在哥伦比亚作为绝缘材料，纤维材料，木制品，书皮。

刺状热美椴 *A. echinata* Gaertn.
（彩版 17. 8；图版 101. 1 ~ 3）

【商品材名称】

波德简格达 Pau de jangda

【地方名称】

恩维拉佩特德马卡科 Envira pente de macaco，佩特德马卡科 Pente de macaco （巴西）。

【树木及分布】

大乔木，树高 20m，直径 0.6m，枝下高 15m；树干通直，圆形；树皮厚 1 ~ 2cm，有裂纹。分布巴西。

【木材构造】

宏观特征

木材散孔材。心材灰白色、灰棕色或燕麦片色；与边材区别不明显。边材色浅。生长轮不明显。管孔肉眼下可见，放大镜下明显；散生；数甚少；略大。轴向薄壁组织甚多，肉眼下可见海绵状薄壁组织，带状排列，放大镜下可见光泽。木射线肉眼下不见，放大镜下可见；略密；窄。波痕及胞间道未见。

微观特征

导管横切面椭圆形，稀圆形；主单管孔，少数径列复管孔（主要 2 个）；散生；3 ~ 6 个，平均 4 个/mm²；最大弦径 205μm，平均 138μm；导管分子平均长 648μm；侵填体未见；螺纹加厚缺如。管间纹孔式互列；圆形或多角形；纹孔口合生或外展。穿孔板单一；倾斜或略平行。导管与射线间纹孔式类似管间纹孔式。轴向薄壁组织甚多，星散状、宽带状；轴向薄壁细胞径向长大于弦向数倍，壁甚薄，轴向薄壁细胞径切面呈横卧状排列，弦切面类似横面排列。树胶缺如；晶体未见。木纤维壁薄；直径 44μm，纤维平均长 2060μm，单纹孔径面、弦面都可见，略具狭缘，纹孔口外展；分隔木纤维未见。木射线 4 ~ 10 根/mm；非叠生。单列射线较少，高 7 ~ 14 细胞。多列射线宽 2 ~ 5 细胞，高 16 ~ 42 （多数 12 ~ 36）细胞。射线组织异形 Ⅰ、Ⅱ 型。树胶、晶体未见。胞间道未见。

材料：W20460 （圭亚那）

【木材性质】

木材略有光泽；无特殊气味和滋味；纹理直；结构细；木材轻；干缩小；强度弱。

产　地	密度(g/cm³)		干缩率(%)			顺纹抗压强度(MPa)	抗弯强度(MPa)	抗弯弹性模量(MPa)	顺纹抗剪强度(MPa)	冲击韧性(kJ/m²)
	基　本	气　干	径　向	弦　向	体　积					
	0.36		2.3	6.5	9.3	32	53	6669	6	

木材干燥迅速，有开裂趋向，翘曲和瓦形翘。防腐性差；渗透性好；加工容易。

【木材用途】

软材料。

热美椴 A. *tibourbou* Aubl.
(图版 101. 4 ~ 6)

【商品材名称】

科乔 Corcho

【地方名称】

科特卡 Cortica，恩比拉布朗卡 Embira branca，埃斯科瓦德马卡科 Escova de maca-co，盖姆利拉 Gameleira，波德贾加达 Pau de jangada，波德贾加德普雷蒂 Pau de jangad preto，贾加达马乔 Jangada macho，贾加达 Jangada（巴西）。

【树木及分布】

大乔木，树高 20m，直径 0.4m；枝下高 14m；树干通直，板根较小，高 0.6 ~ 0.9m。分布巴西。

【木材构造】

宏观特征

木材散孔材。心材灰白色、灰黄色；与边材区别不明显。边材色浅。生长轮不明显。管孔肉眼下可见，放大镜下明显；散生；数少；略大。轴向薄壁组织甚多；肉眼下可见海绵状薄壁组织，不规则带状。木射线肉眼下不见，放大镜下可见；略密；窄。波痕及胞间道未见。

微观特征

导管横切面圆形或椭圆形；主单管孔，少数径列复管孔 2 ~ 3 个；散生；3 ~ 8 个，平均 5 个/mm^2；最大弦径 200μm，平均 129μm；导管分子平均长 486μm；侵填体未见；螺纹加厚缺如。管间纹孔式互列；圆形或多角形；纹孔口合生或外展。穿孔板单一；略倾斜。导管与射线间纹孔式类似管间纹孔式。轴向薄壁组织甚多；宽带状；壁甚薄；轴向薄壁细胞径向长大于弦向数倍，径切面呈横卧状排列，弦切面类似横面排列；树胶缺如；晶体未见。木纤维壁薄至厚；直径 25μm，纤维平均长 1180μm，单纹孔明显，具狭缘；分隔木纤维未见。木射线 3 ~ 6 根/mm；非叠生。单列射线近叠生，高 2 ~ 24 个细胞。多列射线宽 2 ~ 4 细胞，高近百个细胞。射线组织异形 Ⅱ 型。偶见方形和菱形晶体。树胶和硅石缺如。胞间道未见。

材料：W22691（美国送）

【木材性质】

木材无光泽；无特殊气味和滋味；纹理直；结构细；木材轻；干缩中至高；强度低。

产 地	密度(g/cm^3)		干缩率(%)			顺纹抗压强度(MPa)	抗弯强度(MPa)	抗弯弹性模量(MPa)	顺纹抗剪强度(MPa)	冲击韧性(kJ/m^2)
	基 本	气 干	径 向	弦 向	体 积					
哥伦比亚		0.27 ~ 0.32	2.1 ~ 5.0	3.6 ~ 8.0		34	57	7924	9	

木材干燥容易。不抗腐朽菌、害虫；易蓝变。渗透性较好，均匀。手工、机械加工容易；握钉力差；由于具大量的薄壁组织，板材不均匀，抛光困难。

【木材用途】

箱，盒，内部建筑，胶合板，人造板，细木工，燃料，绝缘板。花可药用。

马鞭草科
Verbenaceae Jaume St-Hil.

乔木、灌木、草本及藤本；约75属，3000种。几乎都分布于热带及亚热带。拉丁美洲常见商品材属有：海榄雌属 *Avicennia*，柚木属 *Tectona*。

海榄雌属 *Avicennia* L.

本属14种；分布温带。拉丁美洲常见商品材树种有萌发海榄雌木。

萌发海榄雌木 *A. germinans*（L.）L.（*A. marina* Forest. f.）
（图版 102. 1~3）

【商品材名称】

帕瓦 Parwa

黑红树 Black mangrove

【树木及分布】

大乔木，树高20m，直径0.3~0.5m；枝下高6~12m；不具板根，但基部膨大，并具有大量气生根。树木生长在海滨和河口湾的泥地上，常形成稠密纯林，也分布在含盐海滩沼泽地和含盐分较低的河流两岸。分布苏里南、委内瑞拉等地。

【木材构造】

宏观特征

木材散孔材。心材黄灰色，略具浅条纹；与边材区别略明显。边材浅灰色。生长轮明显。管孔肉眼下略见，放大镜下可见；径向排列；数略少，略小。轴向薄壁组织肉眼下可见；轮界状。木射线放大镜下略见；密；窄、甚窄。波痕及胞间道未见。

微观特征

导管横切面扁圆形或椭圆形；径列复管孔（2~6个，多数2~4个），少数单管孔；偶管孔团；径向；22~40个，平均29个/mm²；最大弦径185μm，平均86μm；导管分子平均长258μm；侵填体未见；树胶少量；螺纹加厚缺如。管间纹孔式互列；密集；圆形或多角形；纹孔口合生或外展。穿孔板单一；倾斜。导管与射线间纹孔式类似管间纹孔式。轴向薄壁组织似轮界状（宽10个细胞以上）、环管束状、星散状；树胶和晶体未见。木纤维壁薄至厚、甚厚；直径21μm，纤维平均长1035μm，纹孔难见；分隔木纤维偶见。木射线9~14根/mm；非叠生。单列射线高6~16细胞。多列射线宽2~3细胞，高8~26（多数11~23）细胞。部分具连接射线。射线组织异形Ⅱ型，少数Ⅰ

型。多数直立、方形射线细胞，少数横卧射线细胞；射线细胞晶体较多，为方形、长方形、柱状等。树胶和硅石未见。内含韧皮部、系同心式，均匀分布，位于轴向薄壁细胞与木质部相交处。**胞间道未见。**

材料：W22769（美国送）

【木材性质】

木材具光泽；无特殊气味和滋味；纹理直至略交错；结构细，均匀；木材重；干缩大；强度高。

产　地	密度(g/cm³)		干缩率(%)			顺纹抗压强度（MPa）	抗弯强度（MPa）	抗弯弹性模量（MPa）	顺纹抗剪强度（MPa）	冲击韧性（kJ/m²）
	基　本	气　干	径　向	弦　向	体　积					
苏里南		0.81~0.90	5.1	8.1		62	114	14200	15	
委内瑞拉		0.73~0.80				62	114	14200	15	

木材气干容易，为防止变形，窑干最好采用慢干燥基准进行。容易受白蚁和海生钻木动物的侵害；浸注性多样。加工中等，锯解效果好。由于有交错纹理，刨切困难，钉钉时需预先打眼，胶合性能好。

【木材用途】

轻型建筑材，纸浆材，枕木，桩，柱，容器，高级燃料及木炭。树皮产单宁。

柚木属 Tectona L. f.

本属 3 种；分布于东南亚。在世界一些国家人工种植。拉丁美洲常见商品材树种有柚木。

柚木 *T. grandis* L. f.
（彩版 17.9；图版 102.4~6）

【商品材名称】

柚木 Teak

【地方名称】

特卡 Teca（巴西）

【树木及分布】

大乔木，高达 40~45m，直径 1.2~1.5m。树木的大小及形状与生长条件相关。本种对气候适应范围较宽，喜土层深厚，排水良好的土壤。在委内瑞拉、洪都拉斯、巴西等国家都有引种。

【木材构造】

宏观特征

木材半散孔材至散孔材。心材黄棕色、灰黄色，随时间而加深，久呈暗褐色；与边材区别明显。边材浅黄色。生长轮不明显。管孔肉眼下明显，散生；数少，略大；侵填体丰富。**轴向薄壁组织放大镜下不见。木射线放大镜下明显；密；略窄。波痕及胞间道未见。**

微观特征

导管横切面为圆形或椭圆形；主要为单管孔，径列复管孔2个；散生；5～14个，平均9个/mm²；最大弦径410μm，平均162μm；导管分子平均长361μm；侵填体可见；螺纹加厚缺如。管间纹孔式互列；卵圆形；纹孔口内含。穿孔板单一；略倾斜。导管与射线间纹孔式类似管间纹孔式。**轴向薄壁组织量少；轮界状、带状、疏环管状；晶体未见。木纤维壁薄至厚；**直径24μm，纤维平均长1447μm，单纹孔可见，纹孔口裂隙状；分隔木纤维普遍。**木射线3～5根/mm；非叠生。多列射线宽2～5细胞，高3～42（多数10～35）细胞。射线组织同形多列。树胶缺如；硅石和晶体未见。胞间道缺如。**

材料：W22741，W22692（美国送）。

【木材性质】

木材具光泽；无特殊气味和滋味；纹理直；结构细，均匀；油性感强；木材重量中至重；干缩小；强度中。

产　地	密度(g/cm³)		干缩率(%)			顺纹抗压强度(MPa)	抗弯强度(MPa)	抗弯弹性模量(MPa)	顺纹抗剪强度(MPa)	冲击韧性(kJ/m²)
	基　本	气　干	径　向	弦　向	体　积					
洪都拉斯、南美洲		0.58～0.64	<5.0	<3.0		53	94	12357	13	
		0.65～0.72				46	79	10690	12	

木材干燥慢，可气干、窑干，不同的木板干燥速度变化较大。耐腐性好，抗白蚁和海生钻木动物侵害（幼树除外），可能受小蠹虫侵害。心材浸渍难，边材易浸渍。可抵抗很多化学试剂侵害。手工、机械加工容易，当刀具锋利可得到光滑表面；加工时易使刀具发钝，应采用耐磨刀具。木材具适当的弯曲性，优良的旋切性，尺寸稳定性好。握钉力、胶合、油漆、上蜡、抛光效果均好。

【木材用途】

优良的造船材，高级家具，高档装修，建筑，承重地板，室内地板，矿柱，车体，细木工，体育用品，单板，胶合板，柱，桩，雕刻，木桶，蓄电池隔板，玩具，装饰物，排水板，食品容器。

独蕊科
Vochysiaceae A. St-Hil.

主要乔木、灌木，极少草本；约6属，200种。分布拉丁美洲和非洲西部。拉丁美洲常见商品材属有：轴状独蕊属 *Erisma*，上位独蕊属 *Qualea*，独蕊属 *Vochysia*。

轴状独蕊属 *Erisma* Rudge.

本属约 20 种；主要分布为巴西南部和圭亚那。拉丁美洲常见商品材树种有轴独蕊。

轴独蕊 *E. uncinatum* Warm.
（彩版 18.1；图版 103.1~3）

【商品材名称】

杰博蒂 Jaboty

【地方名称】

奎鲁巴拉纳 Quarubarana，锡德林霍 Cedrinho，奎鲁巴廷加 Quarubatinga，奎鲁巴 Quaruba，维梅尔哈 Vermelha，布鲁泰罗 Bruteiro，利巴拉 Libra，科里乌巴 Coariuba，伊姆巴拉 Eambara，维加 Verga，奎里巴 Quariba（巴西）；杰博蒂 Jaboty（巴西、法属圭亚那）；曼翁蒂 库阿里 Manonti kouali，费利库乌利 Felli kouali（法属圭亚那）；辛哥里克瓦里 Singri kwari（苏里南）；马赖尔洛 Mureillo（委内瑞拉）；卡莫巴拉 Cambara（德国）。

【树木及分布】

乔木；主要分布在巴西亚马孙盆地，圭亚那和委内瑞拉等地。

【木材构造】

宏观特征

木材散孔材。心材红棕色或栗色，可见明显导管线；与边材区别明显。边材色浅。生长轮不明显。管孔肉眼下可见，放大镜下明显；散生；数甚少；大。轴向薄壁组织肉眼下可见；带状；侵填体丰富。木射线放大镜下略见；略密；甚窄、窄。波痕及胞间道未见。

微观特征

导管横切面椭圆形或卵圆形；主要为单管孔，偶见径列复管孔 2~3 个；散生；2~5 个，平均 3 个/mm²；最大弦径 370μm，平均 208μm；导管分子平均长 562μm；侵填体丰富；螺纹加厚缺如。管间纹孔式互列；圆形；系附物纹孔。穿孔板单一；略倾斜或平行。导管与射线间纹孔式大圆形或刻痕状。轴向薄壁组织宽带状（4~6 细胞）；近叠生；含少量树胶；晶体未见。木纤维壁薄至厚；直径 24μm，纤维平均长 1325μm，单纹孔略具狭缘，纹孔口裂隙状；分隔木纤维可见。木射线 3~6 根/mm；非叠生。单列射线较少，高 3~14 细胞。多列射线宽 2~4 细胞，高 9~52（多数 15~44）细胞。射线组织异形 III 型。少数方形射线，绝大多数由横卧射线细胞组织，含树胶；晶体未见。内含韧皮部，为多孔式，位于带状轴向薄壁细胞内。胞间道未见。

材料：W22462（巴西）

【木材性质】

木材略有光泽；无特殊气味和滋味；纹理直；结构略粗，均匀；木材重量中等；干缩大；强度中。

产　地	密度(g/cm³)		干缩率(%)			顺纹抗压强度(MPa)	抗弯强度(MPa)	抗弯弹性模量(MPa)	顺纹抗剪强度(MPa)	冲击韧性(kJ/m²)
	基　本	气　干	径　向	弦　向	体　积					
		0.60	4.3	9.3		54	102	12500		215

　　木材干燥有轻微扭曲和干裂，但没有严重缺陷。可耐腐，防虫，干材不抗白蚁。锯解容易，略使刀具发钝或磨损。胶合、握钉、抛光性均好。可旋切单板。

【木材用途】

　　可用于细木工，箱，柜，家具，栅栏，包装，模型，模板，胶合板。

上位独蕊属 *Qualea* Aubl.

　　本属约60种；分布南美洲热带。拉丁美洲常见商品材树种有：

迪氏上位独蕊 *Q. dinizii* Ducke

　　商品材名称：曼迪奥奎拉埃斯卡莫萨 Mandioqueira-escamosa

　　地方名称：阿姆雷劳 Amarelao，曼迪欧奎拉罗莎 Mandioqueira-rosa，波穆拉托 Pau-mulato，波穆拉托德担拉法迈 Pau-mulato-deterra-firme，奎鲁巴 Quaruba（巴西）。

　　大乔木，枝下高11m，直径0.6m；树干直，板根高达3m。心材浅褐。边材灰，浅白；宽1~10cm。心边材区别明显。生长轮可见。木材无特殊气味和滋味；纹理直或不规则；结构中；木材重量中（基本密度0.54g/cm³，气干密度0.69g/cm³）；干缩大（干缩率：径向4.6%，弦向9.1%，体积13.5%）；强度中（顺纹抗压强度51MPa，抗弯强度102MPa，抗弯弹性模量11376MPa）。木材干燥应缓慢，防扭曲。略耐腐。木材用于车辆材，农业用材，细木工，室内装修等。

白花夸雷木 *Q. albiflora* Warm. 详见种叙述。

玫瑰夸雷木 *Q. rosea* Aubl. 详见种叙述。

白花夸雷木 *Q. albiflora* Warm. (*Q. glaberrima* Ducke)
(图版103.4~6)

【商品材名称】

　　曼迪奥奎伊拉 Mandioqueira

【地方名称】

　　凯斯塔 Caixeta，卡纳拉曼迪奥卡 Canela mandioca，曼迪奥卡 Mandioca，曼迪奥奎伊拉阿斯珀拉 Mandioqueira-áspera，莫拉托托 Morototó，夸拉巴利萨 Quaruba-lisa，坦曼奎艾拉 Tamanqueira（巴西）。

【树木及分布】

　　大乔木，树高30m，直径0.8m，树干直，板根较大；枝下高18m。常生长在不遭洪水、地势较高的雨林中；分布在巴西、苏里南等。

【木材构造】

　　宏观特征

　　木材散孔材。心材浅棕色或灰黄色；与边材略有区别。边材色浅。生长轮不明显。管孔肉眼可见，放大镜下明显；散生；数少；略大。轴向薄壁组织放大镜下可见；环管束状、翼状、聚翼状。木射线放大镜下略见；略密；窄、甚窄。波痕及胞间道未见。

　　微观特征

　　导管横切面圆形、扁圆形、卵圆形，略具多角形轮廓；单管孔，径列复管孔（2~4个，多数2~3个）；散生；3~10个，平均7个/mm²；最大弦径275μm，平均159μm；导管分子平均长404μm；侵填体和树胶未见；螺纹加厚缺如。管间纹孔式互列；圆形；纹孔口内含。穿孔板单一；略倾斜。导管与射线间纹孔式类似管间纹孔式。轴向薄壁组织环管束状、翼状、聚翼状、星散状；近叠生；树胶及晶体未见。木纤维壁薄至厚；直径13μm，纤维平均长1030μm，单纹孔略具狭缘；分隔木纤维可见。木射线3~7根/mm；非叠生。单列射线高2~9细胞。多列为2列，偶3列，高8~19（多数10~16）细胞。射线组织异形Ⅱ型。绝大多数为横卧射线细胞，边缘偶方形、直立射线细胞；树胶较多。硅石和晶体未见；胞间道未见。

　　材料：W22739（美国送）

【木材性质】

　　木材光泽弱；无特殊气味和滋味；纹理直；结构细，均匀；木材重量中；干缩大；强度中。

产　地	密度(g/cm³)		干缩率(%)			顺纹抗压强度(MPa)	抗弯强度(MPa)	抗弯弹性模量(MPa)	顺纹抗剪强度(MPa)	冲击韧性(kJ/m²)
	基　本	气　干	径　向	弦　向	体　积					
巴西、苏里南		0.56~0.64	3.1~5.0	5.1~8.0		53	94	12400	13	

　　木材干燥效果好，有轻微端裂或翘曲；气干初期，边材易变色。易受海生钻木动物的侵害，略抗白蚁。加工略困难，刀具易发钝，如刀具不锋利，可产生起毛现象；握钉力好；可旋切优良单板。

【木材用途】

　　重型和轻型建筑，轻型地板，车辆材，农具，箱，盒，细木工，室内装修，桩，柱，没有凿船虫的地方可用于船甲板和船桩。

玫瑰夸雷木 *Q. rosea* Aubl.
（彩版 18.2；图版 104.1~3）

【商品材名称】

　　格朗福洛 Gronfoeloe，拉巴拉巴 Laba laba

【树木及分布】

　　大乔木，高达 30m，直径 0.6~0.8m，树形好，树干通直，枝下高 18~20m；常生长在雨林中，在砂壤和粘壤的地区也有分布。分布于法属圭亚那、苏里南等。

【木材构造】

宏观特征

木材散孔材。心材浅黄或黄白；与边材区别不明显。边材色浅。生长轮不明显。管孔肉眼下可见，放大镜下明显；散生；数甚少；略大。轴向薄壁组织放大镜下不见。木射线放大镜下略见；略密；窄、甚窄。波痕及胞间道未见。

微观特征

导管横切面椭圆形，略具多角形轮廓；主要为单管孔，径列复管孔 2~3 个；散生；2~7 个，平均 4 个/mm^2；最大弦径 312μm，平均 185μm；导管分子平均长 690μm；侵填体未见；螺纹加厚缺如。管间纹孔式互列，系附物纹孔；圆形；纹孔口内含。穿孔板单一；略倾斜。导管与射线间纹孔式类似管间纹孔式。轴向薄壁组织环管束状，近叠生；树胶和晶体未见。木纤维壁薄至厚；直径 22μm，平均长 1576μm，单纹孔可见；分隔木纤维未见。木射线 3~7 根/mm；非叠生。单列射线高 2~6 细胞。多列射线宽 2~3 细胞，高 9~30（多数 12~27）细胞。射线组织异形 II 型。绝大多数为横卧射线细胞；树胶未见。晶体和硅石缺如。胞间道缺如。

材料：W22740（美国送）

【木材性质】

木材具光泽；无特殊气味和滋味；纹理直或轻微交错；结构细，均匀；木材重量中；干缩大；强度中。

产　地	密度(g/cm^3)		干缩率(%)			顺纹抗压强度 （MPa）	抗弯强度 （MPa）	抗弯弹性模量 （MPa）	顺纹抗剪强度 （MPa）	冲击韧性 （kJ/m^2）
	基　本	气　干	径　向	弦　向	体　积					
苏里南		0.58~0.64	4.1~5.1	6.6~8.1		53	94	12400	13	
法属圭亚那		0.65~0.72	4.1~5.1	6.6~8.1		53	94	12400	13	

木材干燥快，气干过程中会出现翘曲、轻微端裂或表面开裂，有时表面硬化，需仔细堆垛和缓慢干燥，以减少降等。略抗白蚁，具一定渗透性。锯解容易，成品加工略困难，刀具很快发钝，如没有交错纹理出现，表面光滑，否则加工会出现纵裂纹或撕裂纹；抛光需仔细。钉钉好，胶合满意。

【木材用途】

重型建筑，轻型建筑，轻型地板，矿柱，车辆材，家具，细木工，室内装修，柱，木桩等。

独蕊属 *Vochysia* Aubl. Mut. Poir.

本属约 105 种；分布热带和南美洲中部。拉丁美洲常见商品材树种有：

锈色独蕊 *V. ferruginea* Mart.

商品材名称：奎鲁巴 Quaruba

地方名称：卡杰蔡拉 Cajazeira，坎杰里纳 Canjerana，塞德纳 Cedrona，贾塔迈里姆 Jutai-mirim（巴西）。

大乔木，枝下高 11m，直径 0.7m；树干直或倾斜。分布巴西、秘鲁等地。心材浅粉红色或浅玫瑰红。边材 1~12cm，边材色浅；心边材略有区别。生长轮不明显。木材无光泽，无特殊气味和滋味；纹理直；结构中等；木材重量中等（基本密度 0.41~0.75g/cm³，气干密度 0.48g/cm³）；干缩大（干缩率：径向 5.0%，弦向 10.7%，体积 14.1%）；强度低（顺纹抗压强度 38MPa，抗弯强度 66MPa，抗弯弹性模量 7943MPa）。木材干燥迅速。耐腐性好。木材用于一般建筑，车辆材，盒，家具，胶合板等。

极大独蕊 *V. maxima* Ducke

商品材名称：奎鲁巴 Quaruba

地方名称：奎鲁巴维达迪拉 Quaruba verdadeira（巴西）。

大乔木，枝下高 7~23m，平均 17m；直径 0.5~0.7m；树干直，通圆；树皮厚 0.5~1.5cm；含树胶。分布巴西。心材浅红色；心边材没有区别。木材略具光泽，无特殊气味和滋味；纹理交错；结构中至粗；木材重量中（基本密度 0.46g/cm³）；干缩大（干缩率：径向 3.3%，弦向 9.1%，体积 13.0%）；强度中（顺纹抗压强度 48MPa，抗弯强度 82MPa，抗弯弹性模量 94145MPa，顺纹抗剪强度 8MPa）。木材干燥快，轻微瓦状翘、扭曲和表面硬化。渗透不均匀。机械刀具加工容易。刨切性中等。木材用于一般家具，建筑材，胶合板，箱，盒等。

四叶独蕊 *V. tetraphylla*（G. Meyer）DC.

商品材名称：伊特巴利 Iteballi

地方名称：帕帕卡伊库阿里 Papakaie kouali（法属圭亚那）；沃特拉卡沃里 Watra kwari（苏里南）。

大乔木，树高 25~30m，直径 0.3~1.0m；枝下高 10m。通常较低，削尖度大，常有弯曲。分布圭亚那、委内瑞拉、巴西。心材浅棕色，心边材没有区别。木材无光泽；无特殊气味和滋味；纹理直，轻微交错；结构粗；木材重量中（基本密度 0.48g/cm³，气干密度 0.58~0.62g/cm³）；干缩大（干缩率：径向 3.5%，弦向 9.5%，体积 12.8%）；强度中（顺纹抗压强度 43~45MPa，抗弯强度 78~81MPa，抗弯弹性模量 9179MPa）。窑干困难，较慢，最好采用径切面，缓慢干燥，开裂和扭曲程度高或低。易受菌、白蚁害虫侵害。防腐处理容易。机械加工容易，刀具应锋利，避免起毛现象。胶合、抛光性佳。旋切性好，握钉力强。木材用于箱，柜，胶合板，室内细木工，普通家具，护墙板，单板等。

圭亚那独蕊 *V. guianensis* Aubl. 详见种叙述。

圭亚那独蕊 *V. guianensis* Aubl.
（彩版 18.3；图版 104.4~6）

【商品材名称】

奎鲁巴 Quaruba

克瓦里 Kwarie

【地方名称】

科佩伊 Copaie，奎鲁巴布拉卡 Quaruba branca，奎鲁巴罗莎 Quaruba rosa，奎鲁巴廷加 Quarubatinga（巴西）。

【树木及分布】

大乔木，高达 27～40m，直径 0.6～1m；树干通直，无板根，但基部膨胀。一般生长在雨林，在洪都拉斯生长得最高。分布巴西、洪都拉斯等地。

【木材构造】

宏观特征

木材散孔材。心材灰黄色、粉红色，可见褐色导管线；与边材区别明显。边材色略浅。生长轮不明显。管孔肉眼下明显；散生；数甚少；略大。轴向薄壁组织放大镜下可见。木射线放大镜下可见；密；甚窄、窄。波痕略见。胞间道可见。

微观特征

导管横切面圆形或椭圆形；主要为单管孔，径列复管孔（2～4 个，多数 2 个）；散生；1～6 个，平均 4 个/mm²；最大弦径 298μm，平均 175μm；导管分子平均长 665μm；侵填体未见；螺纹加厚缺如。管间纹孔式互列；圆形或多角形；纹孔口内含，外展与合生。系附物纹孔。穿孔板单一；略倾斜。导管与射线间纹孔式类似管间纹孔式。轴向薄壁组织为翼状、聚翼状、带状（宽 3～5 细胞）；近叠生；树胶未见；晶体缺如。木纤维壁薄至厚；直径 25μm，纤维平均长 1286μm，单纹孔可见，具狭缘；分隔木纤维可见。木射线 2～5 根/mm；非叠生。单列射线较高 3～12 细胞。多列射线宽 3～5 细胞，高 12～80（多数 14～48）细胞。射线组织少数异形 Ⅰ 型，多数异形 Ⅱ 型。少数直立或方形射线细胞，大多数为横卧射线细胞组成，含少量树胶；晶体和硅石未见；轴向胞间道为创伤胞间道。

材料：W22100，W18248（巴西）。

【木材性质】

木材略有光泽；无特殊气味和滋味；纹理直；结构细，均匀；木材轻；干缩大；强度弱。

产　地	密度(g/cm³)		干缩率(%)			顺纹抗压强度(MPa)	抗弯强度(MPa)	抗弯弹性模量(MPa)	顺纹抗剪强度(MPa)	冲击韧性(kJ/m²)
	基　本	气　干	径　向	弦　向	体　积					
苏里南		0.41～0.45	3.1～5.1	5.1～8.1		40	67	9100	10	
巴　西		0.51～0.57				46	79	10690	12	

木材干燥或快、或慢，表面偶有开裂，可出现皱缩、表面硬化。偶受小蠹虫侵害，略抗白蚁，抗海生钻木动物侵害；心材渗透性差。解锯和加工容易，如刀具不锋利，出现起毛现象。砂光、抛光效果均好。胶合、染色、油漆效果均好。易钉钉，弯曲性能良好。易旋切单板。

【木材用途】

轻建筑材，船，小舟，家具，细木工，胶合板芯材，单板，胶合板，食品容器。

第三部分
拉丁美洲主要商品材的用途分类

一、房屋建筑

指一般建筑的梁、柱、椽子等。要求木材纹理直，节子少。有适当的抗弯、抗剪、抗压强度和弹性模量，不脆，易钉钉，耐久性较好。所利用的木材应干燥至气干状态（含水率15％或以下），不可使用生材。作为永久性建筑，如木材不抗虫、不抗腐朽，需预先进行防虫、防腐处理。适用的树种有：

七叶马蹄榄，二色马蒂木棉，二腺乌桕，人心果，大叶里卡木，大叶桃花心木，大花护卫豆，大果牛奶木，大果阿那豆，大果盾籽木，大假水青冈，大理石豆木，大黄砂君子，大裂五柳豆，大膜瓣豆，大鳕苏木，小杂花豆木，小肋绿心樟，硬丝木棉，乌隆斑纹漆，五雄吉贝，双柱苏木，巴西瓦泰豆，巴西海棠木，巴密商陆，心叶船形果木，无刺甘蓝豆，无缘翅齿豆，牛角拉美君子，剑叶李叶苏木，加勒比合欢，巨腰果木，平地姜饼木，平果铁苏木，平滑圭巴卫予，平滑果类药芸香，平萼铁木豆，瓜特番荔枝，白花夸雷木，白背安尼樟，乔木树参，亚马孙沃埃苏，亚马孙热美樟，亚马孙榄仁，光油桃，光鲍迪豆，全盖果玉蕊，同名豆，因加豆，圭亚那乳桑，圭亚那苦油楝，圭亚那炮弹果，圭亚那独蕊，圭亚那铁线子，圭亚那塔皮漆，圭亚那摘亚木，安尼樟，尖头马蹄榄，异味豆，红瓦茜草，红尼克樟，红盾籽木，红蚁木，红破斧木，迈克大戟木，低矮假水青冈，利格卡林玉蕊，卵果松，坚硬赛落腺豆，极白萼叶茜木，良木饱食桑，芳香垂冠木棉，角刺豆木，阿根廷破斧木，麦粉饱食桑，尚氏象耳豆，良木芸香，帕塔厚壳木，油橄榄罗汉松，牧豆树，玫瑰夸雷木，玫瑰克拉藤黄，细孔绿心樟，苦木裂榄，齿叶蚁木，南美楝，厚皮山榄，李叶苏木，总状花翅萼木，总花克拉桑，扁豆木，普拉藤黄，染料绿柄桑，柔毛油桃，柚木，圆锥紫心苏木，柳叶罗汉松，疤痕破布木，类木棉，毛卷花桑，美丽斯威豆，美丽雷德藤黄，二齿铁线子，香二翅豆，香洋椿，香核果木，香脂木豆，香甜合生果，香甜落腺豆，班尼铁木豆，展叶松，毛籽魏曼树，梨状卡林玉蕊，海厄大戟，烈叶斑纹漆，皱缩正玉蕊，窄叶南洋杉，翅雌豆木，胶竹桃木，莫罗鸭脚木，莱蔻斑纹漆，高腰果木，悬垂球花豆，深红默罗藤黄，球花西姆藤黄，粗刺片豆，绿心樟，萌发海榄雌木，蛇木歪翅漆，黄槟榔青，奥氏垂冠木棉，智利肖柏，智利南洋杉，智利假水青冈，椭圆叶纤皮玉蕊，猴壶正玉蕊，疏花海厄大戟，硬木军刀豆，紫双龙瓣豆，锈色铁刀木，黑苏木，黑拉美玉蕊，塞姆吉贝，鲍迪豆，劈裂洋椿，墨西哥柏木木，镰形木荚苏木。

二、室内装修

指门、窗、楼梯、走廊扶手、墙壁板等。这类木材主要以装饰为目的，要求材色美观、花纹好看。门、窗要求木材不易变形、不开裂、不翘曲、不易过重，易加工。楼梯、走廊扶手等，要求适当硬度、高度耐磨、尺寸稳定性好，冲击韧性佳，耐腐和抗虫蛀。墙壁板最好干缩小、变形小、易加工。适用的树种有：

大叶里卡木，大果牛奶木，大果盾籽木，大假水青冈，大理石豆木，大裂五柳豆，大膜瓣豆，小肋绿心樟，硬丝木棉，马氏双龙瓣豆，乌隆斑纹漆，双柱苏木，巴西瓦泰豆，巴西海棠木，巴西良木豆，巴西黑黄檀，牛角拉美君子，剑叶李叶苏木，巨腰果木，巨瓣苏木，平地姜饼木，平滑圭巴卫矛，白花夸雷木，亚马孙豆，亚马孙热美樟，亚马孙破布木，亚马孙黄檀，亚马孙榄仁，光鲍迪豆，光瓣苹婆，同名豆，圭亚那苦油楝，圭亚那炮弹果，圭亚那塔皮漆，多叶球花豆，红瓦茜草，红尼克樟，红盾籽木，红蚁木，舌状鳄梨木，低矮假水青冈，利格卡林玉蕊，坚硬赛落腺豆，极白萼叶茜木，芳香垂冠木棉，角刺豆木，阿巴豆，具脉紫心苏木，奇异胶竹桃，尚氏象耳豆，帕州木棉，良木芸香，帕罗紫檀，帕塔厚壳木，油橄榄罗汉松，牧豆树，玫瑰夸雷木，细孔绿心樟，厚皮山榄，李叶苏木，扁豆木，普拉藤黄，柔毛油桃，毛蜡烛木，柚木，美丽斯威豆，美洲掌叶树，展叶松，栗油果木，梨状卡林玉蕊，海厄大戟，浸斑苏木，烈叶斑纹漆，热美椴，皱缩正玉蕊，窄叶南洋杉，翅雌豆木，胶竹桃木，莫罗鸭脚木，莱蔻斑纹漆，铁木豆，大四榄木，高腰果木，悬垂球花豆，旋果象耳豆，深红红豆，球花西姆藤黄，粗刺片豆，蛇木歪翅漆，黄槟榔青，奥氏垂冠木棉，智利肖柏，智利南洋杉，智利假水青冈，棉籽木，椭圆叶纤皮玉蕊，疏花海厄大戟，缘生异翅香，新热带胡桃，锯齿类月桂，橡胶木。

三、地　板

主要指实木地板，要求适当硬度、高度耐磨、尺寸稳定性好，木材密度针叶树材不低于 $0.35g/cm^3$，阔叶树材不低于 $0.50g/cm^3$。适用的树种有：

人心果，大叶里卡木，大花护卫豆，大果阿那豆，大果盾籽木，大假水青冈，大理石豆木，大黄砂君子，大鳕苏木，小杂花豆木，小肋绿心樟，硬丝木棉，马氏双龙瓣豆，乌隆斑纹漆，双柱苏木，巴西瓦泰豆，巴西海棠木，心叶船形果木，无刺甘蓝豆，无缘翅齿豆，牛角拉美君子，剑叶李叶苏木，加勒比合欢，平地姜饼木，平果铁苏木，平滑圭巴卫矛，平滑果类药芸香，平萼铁木豆，白亮栎，亚马孙沃埃苏，亚马孙热美樟，亚马孙榄仁，光油桃，光鲍迪豆，圭亚那乳桑，圭亚那苦油楝，圭亚那铁线子，圭亚那摘亚木，安尼樟，红盾籽木，红破斧木，舌状鳄梨木，达卡香脂树，低矮假水青冈，利格卡林玉蕊，卵果松，坚硬赛落腺豆，芳香垂冠木棉，角刺豆木，阿根廷破斧木，麦粉饱食桑，具脉紫心苏木，尚氏象耳豆，良木芸香，帕罗紫檀，帕塔厚壳木，牧豆树，玫瑰夸雷木，细孔绿心樟，苦木裂榄，厚皮山榄，总花克拉桑，扁豆木，普拉藤黄，染料绿柄桑，柚木，柳叶罗汉松，疤痕破布木，毛卷花桑，美丽雷德藤黄，二齿铁线子，香二翅豆，香核果木，香脂木豆，香甜合生果，香甜落腺豆，圆锥紫心苏木，展叶松，毛籽魏曼树，栗油果木，梨状卡林玉蕊，烈叶斑纹漆，皱缩正玉蕊，窄叶南洋杉，翅雌豆木，莫罗鸭脚木，莱蔻斑纹漆，铁木豆，深红红豆，深红默罗藤黄，球花西姆藤黄，粗刺片豆，绿心樟，蛇木歪翅漆，班尼铁木豆，智利南洋杉，智利假水青冈，猴壶正玉蕊，紫双龙瓣豆，缘生异翅香，萼叶茜木，锈色铁刀木，黑苏木，黑拉美玉蕊，黑相思，鲍迪豆，劈裂洋椿，墨西哥柏木，橡胶木，镰形木荚苏木。

四、电杆、桩木

包括矿柱、枕木等。要求木材变形小，特别要求耐久性强，抗压、抗弯、抗冲击强度高。利用之前应进行防腐处理。适用的树种有：

大叶里卡木，大果阿那豆，大理石豆木，大裂五柳豆，大鳕苏木，乌隆斑纹漆，双柱苏木，巴西瓦泰豆，巴西海棠木，无缘翅齿豆，牛角拉美君子，加勒比合欢，平地姜饼木，平果铁苏木，平滑圭巴卫矛，平萼铁木豆，白花夸雷木，亚马孙沃埃苏，亚马孙热美樟，亚马孙榄仁，光油桃，圭亚那苦油楝，圭亚那铁线子，圭亚那摘亚木，异味豆，红尼克樟，红盾籽木，低矮假水青冈，卵果松，坚硬赛落腺豆，沙箱大戟木，阿根廷破斧木，尚氏象耳豆，帕塔厚壳木，牧豆树，玫瑰夸雷木，玫瑰克拉藤黄，细孔绿心樟，齿叶蚁木，总状花翅萼木，染料绿柄桑，柔毛油桃，二齿铁线子，香二翅豆，香核果木，香脂木豆，香甜合生果，班尼铁木豆，展叶松，毛籽魏曼树，海厄大戟，烈叶斑纹漆，破斧木，球花西姆藤黄，绿心樟，萌发海榄雌木，黄槟榔青，智利肖柏，智利假水青冈，疏花海厄大戟，紫双龙瓣豆，黑拉美玉蕊，黑相思，墨西哥柏木，镰形木荚苏木。

五、造船材

要求木材坚韧、耐久，抗海生钻木动物危害，抗弯和抗冲击能力强。适用的树种有：

人心果，大叶里卡木，大叶桃花心木，大果盾籽木，大假水青冈，大理石豆木，大裂五柳豆，大鳕苏木，小杂花豆木，双柱苏木，巴西海棠木，无刺甘蓝豆，无缘翅齿豆，加勒比合欢，平果铁苏木，平滑圭巴卫矛，平滑果类药芸香，平萼铁木豆，白花夸雷木，白亮栎，白背安尼樟，亚马孙沃埃苏，亚马孙豆，亚马孙热美樟，亚马孙破布木，圭亚那乳桑，圭亚那独蕊，圭亚那摘亚木，安尼樟，异味豆，红尼克樟，红盾籽木，红蚁木，低矮假水青冈，利格卡林玉蕊，坚硬赛落腺豆，角刺豆木，具脉紫心苏木，帕罗紫檀，细孔绿心樟，齿叶蚁木，李叶苏木，总花克拉桑，染料绿柄桑，柔毛油桃，毛蜡烛木，柚木，疤痕破布木，美丽斯威豆，二齿铁线子，香二翅豆，香脂木豆，班尼铁木豆，圆锥紫心苏木，栗油果木，梨状卡林玉蕊，海厄大戟，皱缩正玉蕊，悬垂球花豆，旋果象耳豆，绿心樟，黄槟榔青，智利肖柏，智利假水青冈，猴壶正玉蕊，疏花海厄大戟，紫双龙瓣豆，缘生异翅香，黑拉美玉蕊，黑相思，鲍迪豆，墨西哥柏木。

六、车辆材

包括车梁、骨架、车厢板、底板等，要求承重、抗弯性好、耐磨，并易于加工。适用的树种有：

大叶里卡木，大果盾籽木，大裂五柳豆，大鳕苏木，乌隆斑纹漆，双柱苏木，巴西海棠木，巴西良木豆，无刺甘蓝豆，牛角拉美君子，加勒比合欢，平果铁苏木，平滑果类药芸香，平萼铁木豆，瓜特番荔枝，白花夸雷木，亚马孙沃埃苏，亚马孙榄仁木，圭亚那铁线子，圭亚那摘亚木，安尼樟，异味豆，红尼克樟，红盾籽木，红蚁木，红破斧木，低矮假水青冈，坚硬赛落腺豆，极白萼叶茜木，阿根廷破斧木，帕罗紫檀，帕塔厚壳木，牧豆树，玫瑰夸雷木，细孔绿心樟，齿叶蚁木，李叶苏木，染料绿柄桑，柔毛油桃，香二翅豆，香脂木豆，香甜合生果，香甜落腺豆，班尼铁木豆，梨状卡林玉蕊，海厄大戟，烈叶斑纹漆，窄叶南洋杉，球花西姆藤黄，绿心樟，蛇木歪翅漆，猴壶正玉蕊，疏花海厄大戟，紫双龙瓣豆，缘生异翅香，黑相思，鲍迪豆，墨西哥柏木。

七、家　　具

　　包括桌、椅、柜、橱、床等，有普通家具和高档家具之分。普通家具采用一般木材，但木材要求干燥好（含水率15％或以下）。高档家具宜采用强度适中、不开裂、不变形、油饰性能好的木材。适用的树种有：

　　七叶马蹄榄，二色马蒂木棉，二腺乌桕，大叶桃花心木，大花护卫豆，大果牛奶木，大果盾籽木，大假水青冈，大理石豆木，大膜瓣豆，大鳕苏木，小肋绿心樟，马氏双龙瓣豆，五雄吉贝，双柱苏木，巴西海棠木，巴西良木豆，巴西苏木，巴西黑黄檀，巴拿马籽漆木，心叶船形果木，无刺甘蓝豆，牛角拉美君子，剑叶李叶苏木，加勒比合欢，巨瓣苏木，平滑果类药芸香，平萼铁木豆，瓜特番荔枝，白背安尼樟，乔木树参，亚马孙沃埃苏，亚马孙豆，亚马孙热美樟，亚马孙破布木，亚马孙黄檀，亚马孙榄仁，光鲍迪豆，全盖果玉蕊，因加豆，圭亚那乳桑，圭亚那苦油楝，圭亚那独蕊，圭亚那塔皮漆，多叶球花豆，安尼樟，尖头马蹄榄，红瓦茜草，红尼克樟，红盾籽木，红蚁木，红破斧木，舌状鳄梨木，达卡香脂树，迈克大戟木，伯利兹黄檀，低矮假水青冈，坚硬赛落腺豆，极白萼叶茜木，沙箱大戟木，良木饱食桑，芳香垂冠木棉，苏里南维罗寇，阿巴豆，麦粉饱食桑，具脉紫心苏木，奇异胶竹桃，尚氏象耳豆，帕州木棉，良木芸香，帕罗紫檀，帕塔厚壳木，油橄榄罗汉松，牧豆树，玫瑰夸雷木，玫瑰克拉藤黄，细孔绿心樟，罗氏紫檀，苦木裂榄，齿叶蚁木，南美楝，厚皮山榄，李叶苏木，总花克拉桑，扁豆木，普拉藤黄，柏氏饱食桑，染料绿柄桑，柔毛油桃，毛蜡烛木，柚木，柯比蓝花楹木，柳叶罗汉松，疤痕破布木，类木棉，毛卷花桑，美丽雷德藤黄，美洲格尼茜木，美洲掌叶树，药用紫檀，轴独蕊，二齿铁线子，香二翅豆，香洋椿，香核果木，香脂木豆，香甜落腺豆，圆锥紫心苏木，展叶松，毛籽魏曼树，栗油果木，梨状卡林玉蕊，海厄大戟，浸斑苏木，烈叶斑纹漆，窄叶饱食桑，窄叶南洋杉，翅雌豆木，胶竹桃木，莫罗鸭脚木，莱蔻斑纹漆，铁木豆，大四榄木，高腰果木，悬垂球花豆，旋果象耳豆，深红红豆，球花西姆藤黄，痒痒苹婆，粗刺片豆，绿心樟，蛇木歪翅漆，黄色花椒木，奥氏垂冠木棉，智利肖柏，智利南洋杉，智利假水青冈，棉籽木，椭圆叶纤皮玉蕊，疏花海厄大戟，硬木军刀豆，紫双龙瓣豆，裂瓣苏木，锈色铁刀木，黑相思，微凹黄檀，新热带胡桃，鲍迪豆，管状苦木，蜡质维罗寇，劈裂洋椿，墨西哥柏木，橡胶木，镰形木荚苏木，鳞枝木。

　　注：根据《红木》国家标准 GB/T 18107—2000，红木包括：紫檀木、花梨木、香枝木、黑酸枝木、红酸枝木、乌木、条纹乌木、鸡翅木八类，每类木材必须符合《红木》标准中规定的4个必备条件即：树种、结构、密度、心材材色。据《红木》标准，适合制作红木家具的树种有：巴西黑黄檀（黑酸枝类），微凹黄檀（红酸枝类），亚马孙黄檀（黑酸枝类），伯利兹黄檀（黑酸枝类）。

八、胶合板

　　包括装饰单板、微薄木。要求木材径级较大、通直，圆满、少节，适宜刨切或旋切，胶粘性能好。作胶合板表板、装饰单板，最好具有装饰花纹。适用的树种有：

二腺乌桕，大叶桃花心木，大花护卫豆，大果牛奶木，大假水青冈，小肋绿心樟，硬丝木棉，五雄吉贝，巴西海棠木，巴西黑黄檀，巴拿马籽漆木，无刺甘蓝豆，巨腰果木，巨瓣苏木，平滑圭巴卫矛，白背安尼樟，乔木树参，亚马孙豆，亚马孙破布木，亚马孙榄仁，光瓣苹婆，全缘叶郝瑞木棉，因加豆，圭亚那苦油楝，圭亚那炮弹果，圭亚那独蕊，圭亚那塔皮漆，多叶球花豆，尖头马蹄榄，红瓦茜草，红尼克樟，红盾籽木，红蚁木，舌状鳄梨木，达卡香脂树，伯利兹黄檀，低矮假水青冈，利格卡林玉蕊，沙箱大戟木，良木饱食桑，苏里南维罗寇，阿巴豆，麦粉饱食桑，具脉紫心苏木，奇异胶竹桃，帕州木棉，帕塔厚壳木，油橄榄罗汉松，细孔绿心樟，苦木裂榄，齿叶蚁木，总花克拉桑，普拉藤黄，柏氏饱食桑，毛蜡烛木，柚木，柯比蓝花楹木，柳叶罗汉松，疤痕破布木，类木棉，美丽郝瑞棉，轴独蕊，香二翅豆，香洋椿，香核果木，香脂木豆，香甜落腺豆，展叶松，毛籽魏曼树，栗油果木，梨状卡林玉蕊，海厄大戟，烈叶斑纹漆，热美竹桃，热美椴，窄叶南洋杉，胶竹桃木，莫罗鸭脚木，高腰果木，悬垂球花豆，球花西姆藤黄，痒痒苹婆，粗刺片豆，蛇木歪翅漆，黄槟榔青，奥氏垂冠木棉，智利肖柏，智利南洋杉，棉籽木，椭圆叶纤皮玉蕊，疏花海厄大戟，缘生异翅香，裂瓣苏木，塞姆吉贝，锯齿类月桂，鲍迪豆，正苦木，蜡质维罗蔻，劈裂洋椿，墨西哥柏木，墨西哥莲叶桐，橡胶木。

九、体育用材

包括单杠、双杠、标枪、铁饼、跳板、垒球棒、高尔夫球棍、台球棍、网球、羽毛球球拍等。对木材要求结构细、坚韧、耐磨、弹性好、抗冲击力强。加工后表面光滑，不开裂。适用的树种有：

大叶桃花心木，五雄吉贝，无刺甘蓝豆，牛角拉美君子，平萼铁木豆，全盖果玉蕊，圭亚那乳桑，红蚁木，红破斧木，坚硬赛落腺豆，极白萼叶茜木，沙箱大戟木，阿根廷破斧木，具脉紫心苏木，良木芸香，帕塔厚壳木，剑木，苦木裂榄，齿叶蚁木，柚木，美洲格尼茜木，二齿铁线子，香二翅豆，浸斑苏木，皱缩正玉蕊，粗刺片豆，智利肖柏，智利假水青冈，棉籽木，萼叶茜木，黑苏木，黑拉美玉蕊。

十、乐器材

乐器的种类和部位或功能不同对材质要求不同。乐器材对材质要求较高，一般采用习用树种，较难改变。适用的树种有：

大叶桃花心木，大假水青冈，巴西苏木，巴西黑黄檀，亚马孙黄檀，圭亚那铁线子，伯利兹黄檀，帕塔厚壳木，剑木，油橄榄罗汉松，二齿铁线子，香洋椿，香甜落腺豆，班尼铁木豆，浸斑苏木，窄叶饱食桑，窄叶南洋杉，莱蔻斑纹漆，铁木豆，智利肖柏，棉籽木，黑苏木，微凹黄檀，正苦木，劈裂洋椿。

十一、文化用品

丁字尺、三角架、制图板、箱盒等。要求木材结构细而匀，纹理直，胀缩小，尺寸稳定性好，刨面光滑。适用的树种有：

小杂花豆木，迈克大戟木，卵果松，柳叶罗汉松，展叶松，窄叶南洋杉，智利肖柏，智利南洋杉，黑苏木，墨西哥柏木。

十二、农具用材

一般农具用材种类较多，要求木材强度较大，易于加工，胀缩性小。适用的树种有：

大裂五柳豆，平果铁苏木，平滑圭巴卫矛，平滑果类药芸香，白花夸雷木，安尼樟，红蚁木，极白萼叶茜木，芳香垂冠木棉，帕塔厚壳木，玫瑰克拉藤黄，齿叶蚁木，李叶苏木，美洲格尼茜木，二齿铁线子，香二翅豆，香脂木豆，翅雌豆木，球花西姆藤黄，绿心樟，紫双龙瓣豆，锈色铁刀木，黑相思。

十三、包装箱

通常分为重型机械包装和一般包装两种。前者要求较高强度，易钉钉，不劈裂。后者要求木材密度、硬度适中，握钉力较强，不劈裂。适用的树种有：

七叶马蹄榄，二色马蒂木棉，大花护卫豆，大膜瓣豆，大瓣苏木，小肋绿心樟，五雄吉贝，巴西良木豆，巴密商陆，巨腰果木，亚马孙豆，光瓣苹婆，全缘叶郝瑞木棉，因加豆，圭亚那炮弹果，多叶球花豆，红尼克樟，达卡香脂树，帕州木棉，罗氏紫檀，普拉藤黄，柏氏饱食桑，盾状砂纸桑，郝瑞木棉，药用紫檀，轴状独蕊，热美椴，胶竹桃，旋果象耳豆，痒痒苹婆，椭圆叶纤皮玉蕊，正苦木。

十四、木模型

要求木材结构均匀或略均匀，材质略轻软，切削面光洁。适用的树种有：

大叶桃花心木，硬丝木棉，五雄吉贝，巴西良木豆，巴拿马籽漆木，巨腰果木，瓜特番荔枝，亚马孙豆，全缘叶郝瑞木棉，圭亚那乳桑，多叶球花豆，达卡香脂树，沙箱大戟木，良木饱食桑，麦粉饱食桑，奇异胶竹桃，苦木裂榄，毛蜡烛木，柳叶罗汉松，郝瑞木棉，轴独蕊，轻木，香洋椿，毛籽魏曼树，胶竹桃，莫罗鸭脚木，旋果象耳豆，痒痒苹婆，椭圆叶纤皮玉蕊，缘生异翅香，正苦木，橡胶木。

十五、生活用具

木桶、锅盖、洗衣板、木盆、菜板、风箱等。要求木材结构细，材质轻。盛食物容器，需无味。液体木桶应尺寸稳定性好，遇干、湿变化而不裂。适用的树种有：

大果牛奶木，柚木，展叶松，铁木豆，智利肖柏，智利南洋杉，锯齿类月桂。

十六、车旋材

要求木材结构均匀，适于旋切，加工后表面光滑。适用的树种有：

人心果，大叶桃花心木，大果阿那豆，大假水青冈，大理石豆木，大黄砂君子，大鳞苏木，小杂花豆木，小肋绿心樟，马氏双龙瓣豆，乌隆斑纹漆，双柱苏木，巴西海棠木，巴西苏木，巴西黑黄檀，无刺甘蓝豆，牛角拉美君子，剑叶李叶苏木，加勒比合欢，巨膜瓣豆，平滑圭巴卫矛，平萼铁木豆，白背安尼樟，亚马孙豆，亚马孙榄仁木，同名豆，圭亚那塔皮漆，圭亚那摘亚木，安尼樟，红瓦茜草，红尼克樟，红盾籽木，红破斧木，达卡香脂树，低矮假水青冈，坚硬赛落腺豆，极白萼叶茜木，苏里南维罗寇，阿根廷破斧木，麦粉饱食桑，良木芸香，帕塔厚壳木，剑木，牧豆树，细孔缘心樟，齿叶蚁木，厚皮山榄，普拉藤黄，染料绿柄桑，柔毛油桃，类木棉，毛卷花桑，美丽斯威豆，美洲格尼茜木，香洋椿，香脂木豆，香甜合生果，班尼铁木豆，圆锥紫心苏木，展叶松，浸斑苏木，烈叶斑纹漆，窄叶饱食桑，铁木豆，悬垂球花豆，球花西姆藤黄，粗刺片豆，绿心樟，黄色花椒木，棉籽木，硬木军刀豆，紫双龙瓣豆，锈色铁刀木，黑拉美玉蕊，黑相思，新热带胡桃，蜡质维罗蔻，墨西哥柏木。

十七、雕刻和装饰品

主要指木雕工艺品、装饰品、珠宝盒等。要求木材硬度适中，雕刻容易，不崩不脆，干缩小，不开裂、不变形，结构细，花纹美丽，油漆后光亮。适用的树种有：

人心果，大叶桃花心木，五雄吉贝，巴西苏木，无刺甘蓝豆，亚马孙黄檀，红尼克樟，低矮假水青冈，极白萼叶茜木，具脉紫心苏木，良木芸香，帕塔厚壳木，油橄榄罗汉松，南美楝，李叶苏木，染料绿柄桑，柚木，美洲格尼茜木，香洋椿，香脂木豆，班尼铁木豆，圆锥紫心苏木，浸斑苏木，窄叶饱食桑，球花西姆藤黄，智利肖柏，智利假水青冈，棉籽木，萼叶茜木，黑相思，墨西哥柏木。

十八、纸浆材

要求木材材色浅，密度低至中，纤维长、纤维壁薄，木素含量低。采用制浆方式不同，对材质要求不尽相同。适用的树种有：

二腺乌桕，五雄吉贝，巴拿马籽漆木，圭亚那炮弹果，良木饱食桑，芳香垂冠木棉，柏氏饱食桑，柯比蓝花楹木，柳叶罗汉松，类木棉，郝瑞木棉，展叶松，海厄大戟，窄叶南洋杉，莫罗鸭脚木，痒痒苹婆，萌发海榄雌木，智利南洋杉，智利假水青冈，裂瓣苏木，塞姆吉贝，锯齿类月桂，墨西哥柏木，墨西哥连叶桐，橡胶木。

中文名索引（按拼音排序）

中文名索引（按笔画排序）

拉丁名索引

商品材名称和地方名称索引

参考文献

1. 巴西华西木材工商股份有限公司．巴西热带树种简介（第一册）．北京：1986
2. 巴西华西木材工商股份有限公司．巴西热带树种简介（第二册）．北京：1988
3. 成俊卿等．中国热带及亚热带木材．北京：科学出版社，1980
4. 成俊卿，杨家驹，刘鹏．中国木材志．北京：中国林业出版社，1992
5. 何仲麟译．智利出口木材的概况．木材应用技术通讯，1987，（3）：4～14
6. 侯宽昭编．吴德邻等修订．中国种子植物科属词典．北京：科学出版社，1984
7. 刘鹏，姜笑梅，张立非．非洲热带木材．北京：中国林业出版社，1996
8. 刘鹏，杨家驹，卢鸿俊．东南亚热带木材．北京：中国林业出版社，1993
9. 王千华．巴西八种热带木材性能介绍．木材应用技术通讯，1988，（2）：12～13
10. 杨家驹等．国外商用木材拉汉英名称．北京：中国林业出版社，1993
11. 杨丽丽译．巴西商用木材结构图册．上海：上海市木材应用技术研究所，1986
12. 张华泰．苏里南树种商用名汉译．中国木材，1995，（5）：33～36
13. 郑万钧．中国树木志（第一卷）．北京：中国林业出版社，1983
14. 郑万钧．中国树木志（第二卷）．北京：中国林业出版社，1985
15. Antonio Morizaki Taura et al. Peru Forestal en Numeros Año. 1995. INRENA, Lima：1997
16. Berni. C. A. et al. South American Timber-The Characteristica, Properties and Uses of 190 species. CSIRO：1979
17. Brazier J. D. and G. L. Franklin. Identification of hardwood-A microscope key. For. Prod. Res. Bul. No. 46 London：1961
18. Brunner M. et al. Major timber trees of Guyana. A lens key. The Tropenbos Foundation / Swiss Federal Institute of Technology, Wageningen / Zurich, the Netherlands / Switzerland：1994
19. Calvino Mainierie Joao Peres Chimelo, Fichas de Caracteristicas das Madeiras Brasileiras. São Paulo：1989
20. Chichignoud M. et al. Tropical Timber Atlas of Latin America. CTFT \ ITTO：1990
21. Chudnoff M. Tropical Timbers of the World. U. S. Department of Agriculture：1980
22. CNF, INRENA. Utilizacion lndustrial de Nuevas Especies Forestales en el Peru. Lima：1996
23. Commercial and Botanical Nomenclature of World-Timbers Sources of Supply：Wood Dictionary Vol. I. Amsterdam / London / New York：1964
24. Confederacion Nacional de la Madera. Compendio de Informacion Tecnica de 32 Especies Forestales. Tomo 1. 1997
25. Confederacion Nacional de la Madera. Compendio de Informacion Tecnica de 32 Especies Forestales. Tomo 2. 1996
26. CTFT-ITTO：Data Sheet. 1989～1992
27. Gerard J, R. B. Miller & B. J. H. ter Welle. Major Timber Trees of Guyana：Timber Characteristics and Utilization. Wageningen：The Tropenbos Foudation. -Ⅲ.-, 1996
28. IBDF, CNPQ. Madeiras da Amazonia-Caracteristicas e utilizacao：Amazonian Timbers-Characteristics and Utilization. Brasilia：1981

29. Jacquet P. D. Atlas Dídentification des Bois De Lámazonic et des Régions Voisines. CTFT: 1983

30. José Arlete Alves Camargos et al. Catalogo de Arvores do Brasil. Instituto Brasileiro e dos Recursos Naturais, Brasilia: 1996

31. Laboratorio de Produtos Florestais. Maseiras da Amazonia: Caracteristicas e Utilizacao-Volume 3-Amazonia Oriental. IBAMA. Brasilia: 1997

32. Mallque M. A. et al. Atlas de Maderas del Peru-Atlas of Peruvian Woods. National Agrarian University La Molina: 1994

33. Maria Helena de Souza et al. Madeiras Tropicais Brasileiras-Brazilian Tropical Woods. Brasilia: 1997

34. Miecalfe and Chalk. Anatomy of the Dicotyledons. Vol. Ⅰ and Ⅱ, Oxford: 1950

35. Miles A. Photomicrographs of World Woods. Department of the Environment, Brilding Research Establishment. London: 1978

36. Morio Rodriguez Rojas et al. Manual de ldentificacion de Especies Forestales de la Subregion Andian. INIA. Lima: 1996

37. Palutan E. Timber Monographs. First-Third Volume. Meta Publisher-Milan: 1982

38. Phillips E. W. J. at al. Identification of softwoods by their microscopic structure. London: 1963

39. Sallenave P. Proprietes Physiques Et Mecaniques Des Bois Tropicaux. CTFT, France: 1955

40. Sallenave P. Proprietes Physiques Et Mecaniques Des Bois Tropicaux. CTFT, France: 1964

41. Sallenave P. Proprietes Physiques Et Mecaniques Des Bois Tropicaux. CTFT, France: 1971

42. Titmuss F. H. Commercial Timbers of the World. London the Technical Press LTD. 1971

43 TRADA. Timber of the World. The Construction Press Ltd. New York: 1979

44. Willis J. C. Revised by H. K. Airy Shaw: A Dictionary of the Flowering Plants and Ferns. Eighth Edition, Cambridge at the University Press: 1973

图版说明

横切面均为　30X

弦切面均为　100X

径切面

　针叶树材　300X

　阔叶树材　100X

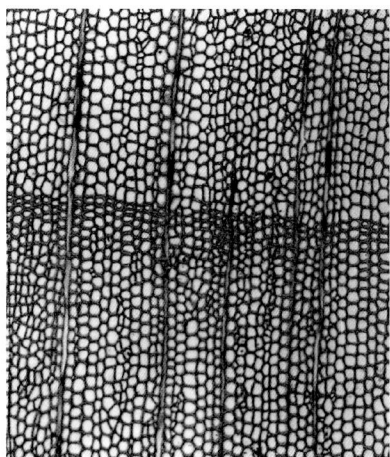

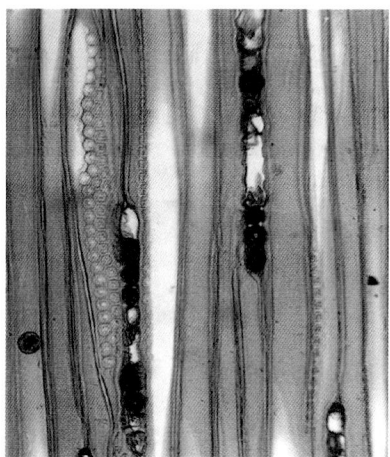
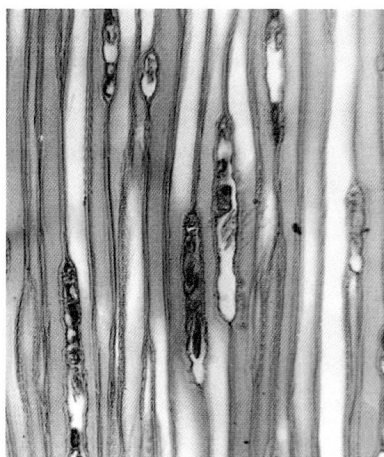
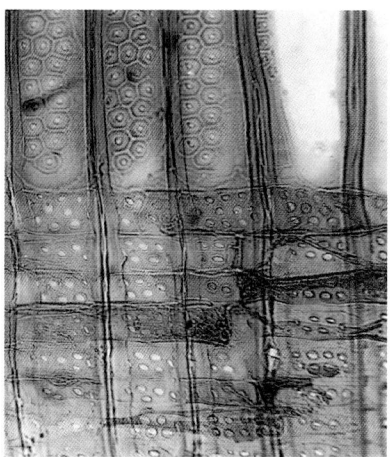
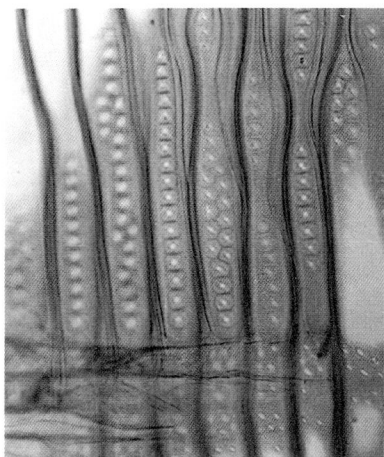

1~3 窄叶南洋杉 *Araucaria angustifolia*

4~6 智利南洋杉 *Araucaria araucana*

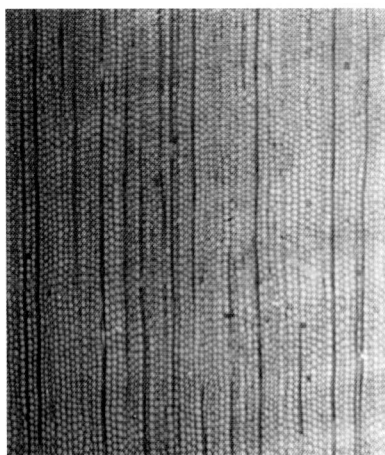

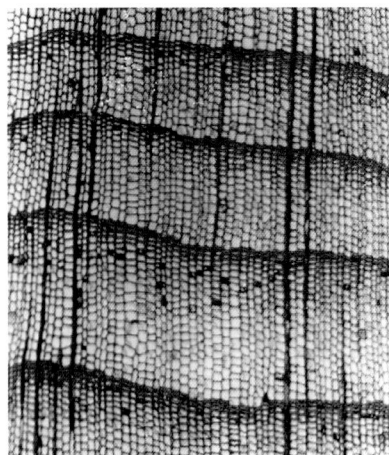

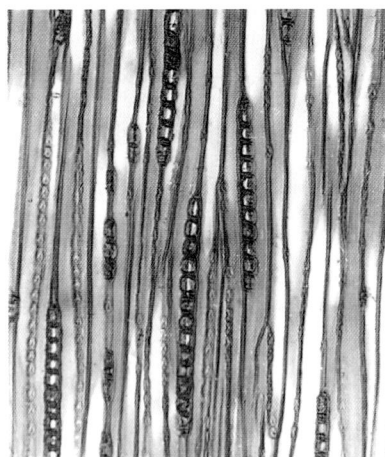

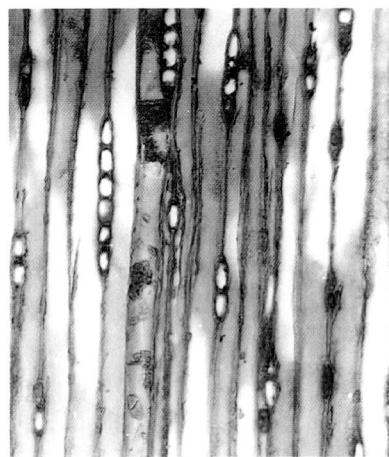

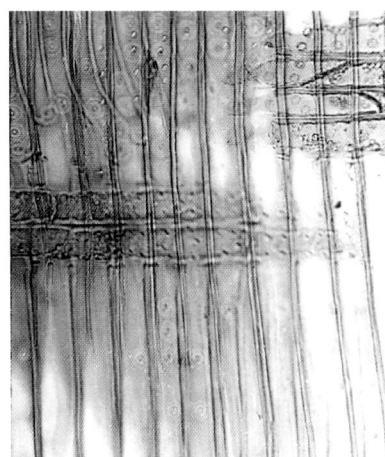

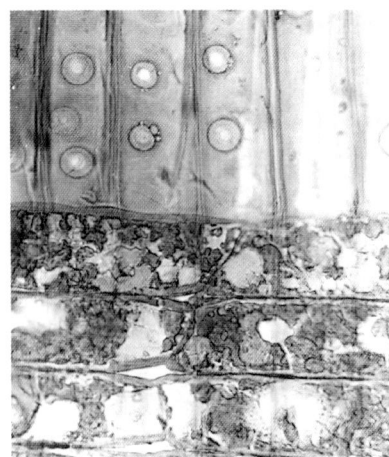

1～3 墨西哥柏木 *Cupressus lusitanica*

4～6 智利肖柏 *Fitzroya cupressoides*

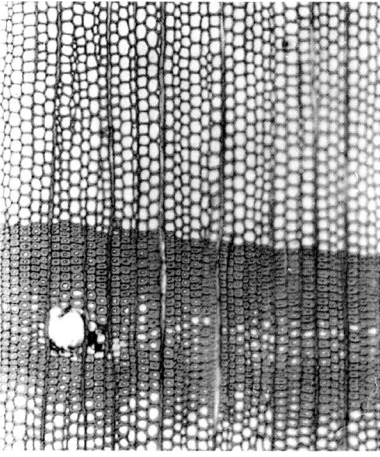
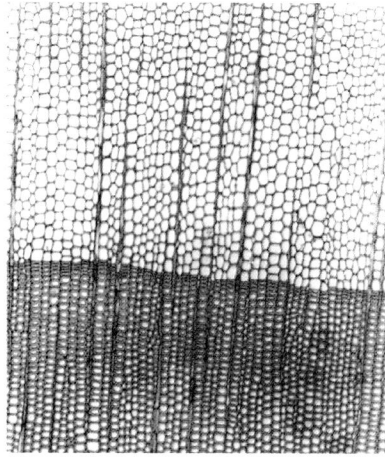
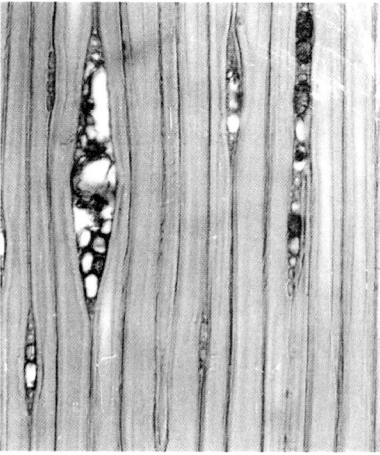
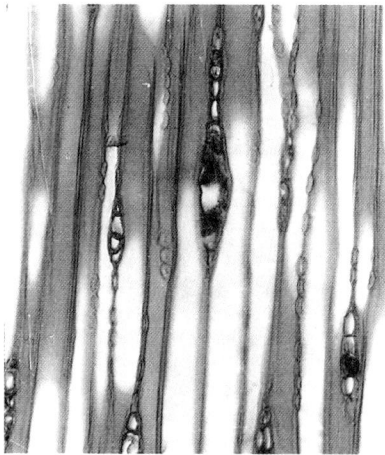
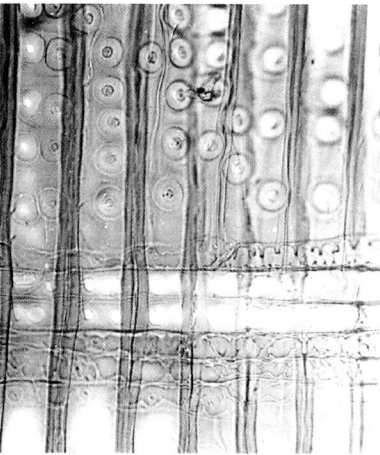
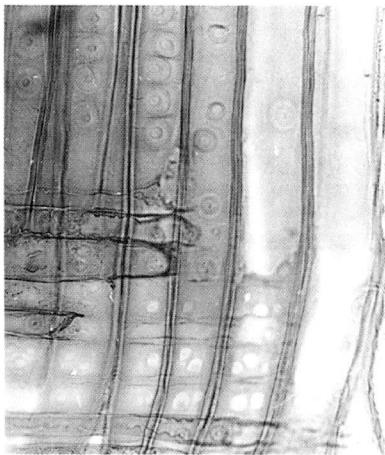

1～3 卵果松 *Pinus oocarpa*
4～6 展叶松 *Pinus patula*

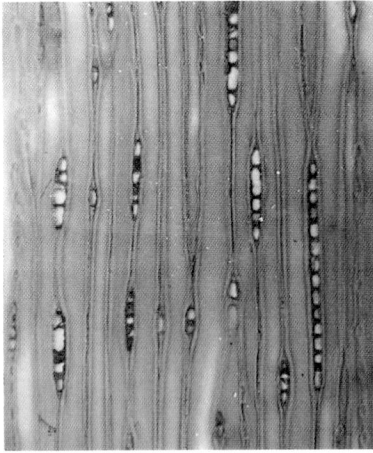
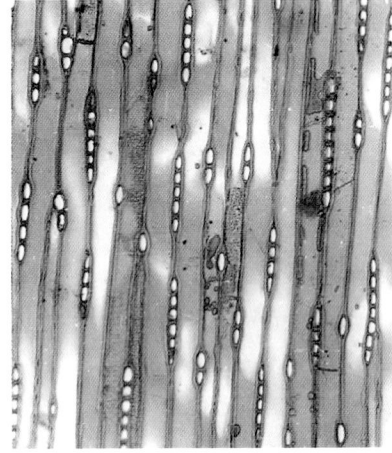
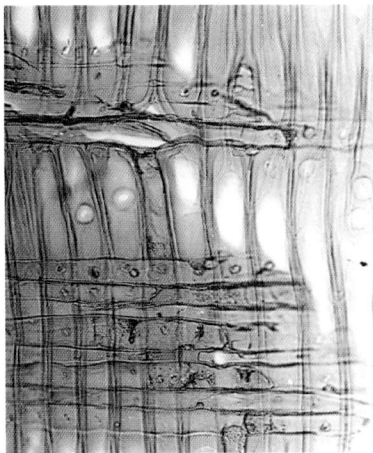

1～3 油橄榄罗汉松 *Podocarpus oleifolius*

4～6 柳叶罗汉松 *Podocarpus salignus*

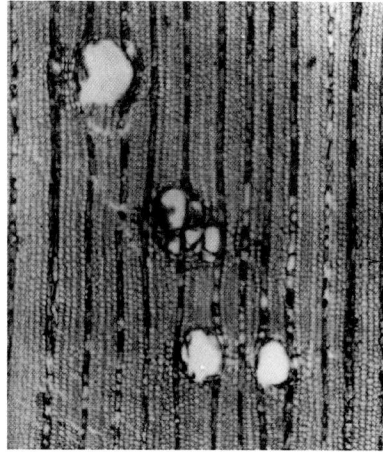

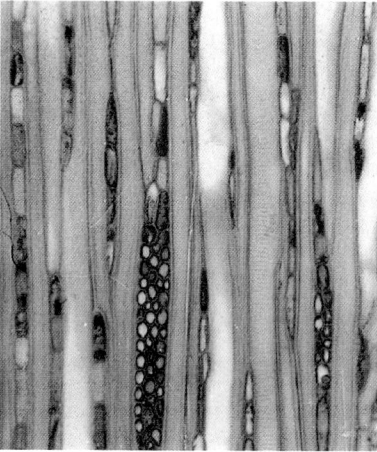

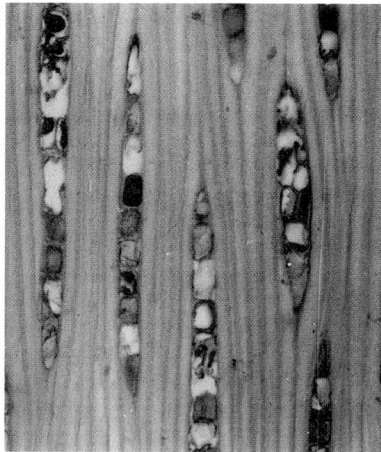

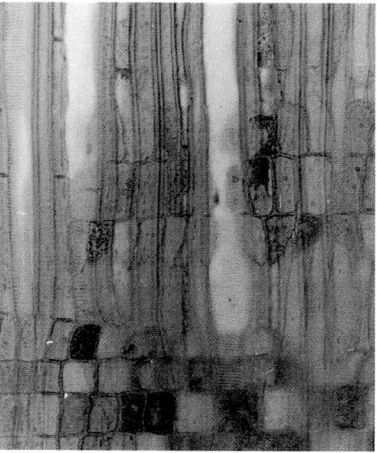

1~3 鳞枝木 *Aextoxicon punctatum*

4~6 高腰果木 *Anacardium excelsum*

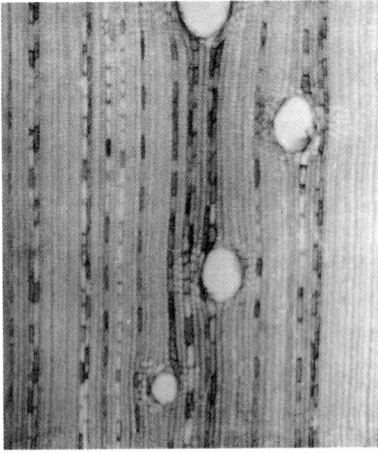
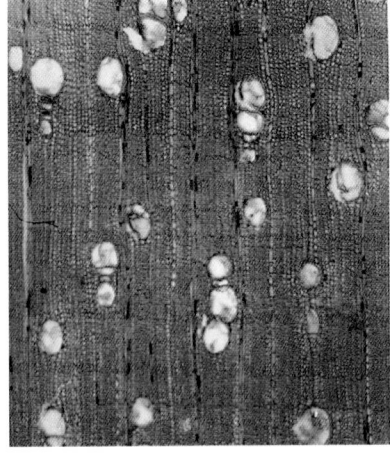
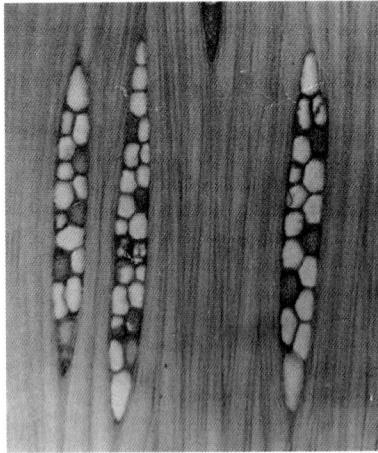
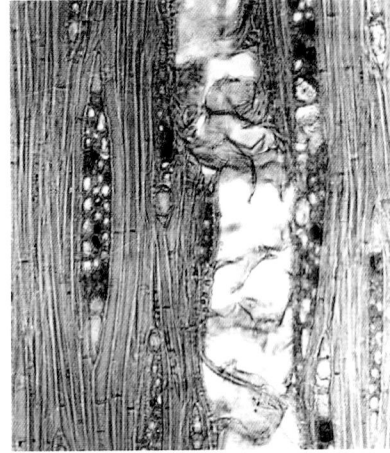

1~3 巨腰果木 *Anacardium giganteum*
4~6 烈叶斑纹漆 *Astronium graveolens*

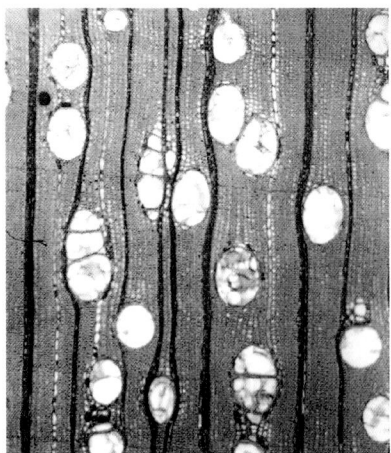

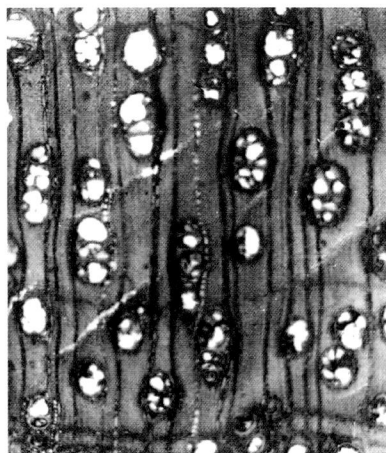

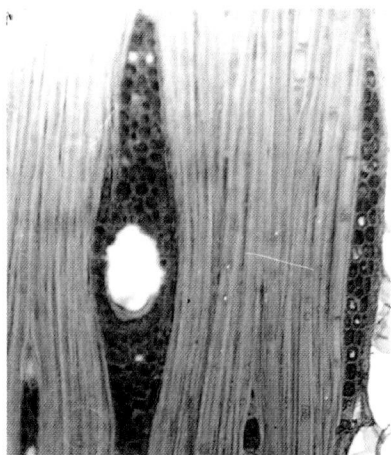

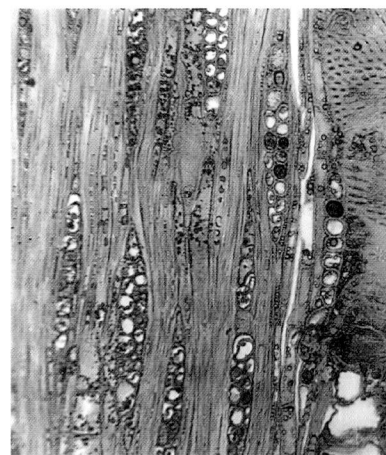

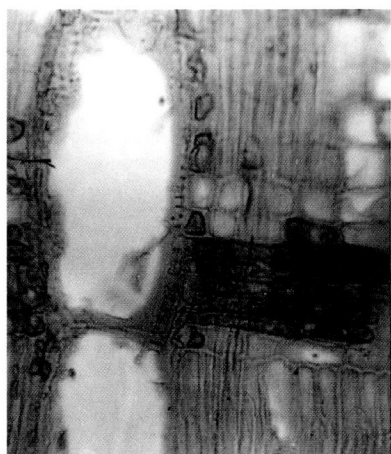

1～3 莱蔻斑纹漆 *Astronium lecointei*

4～6 乌隆斑纹漆 *Astronium urundeuva*

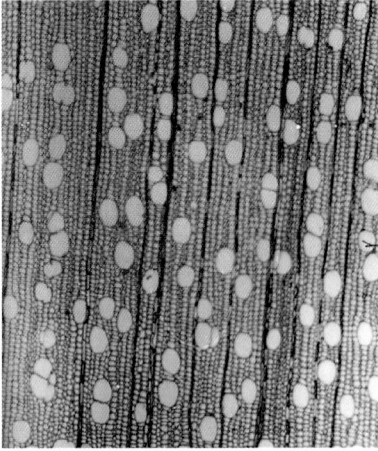
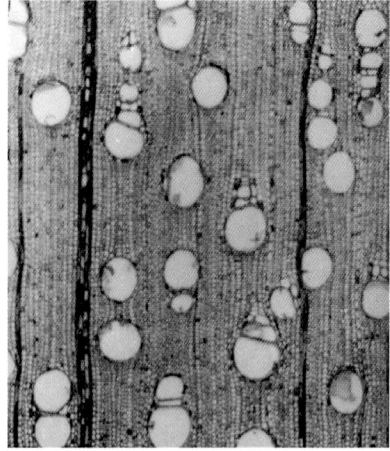
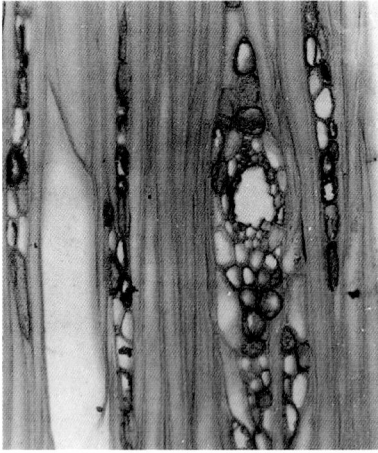
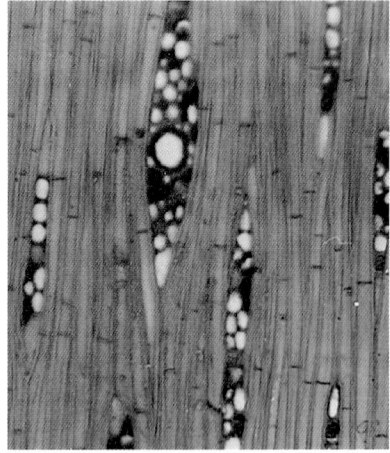
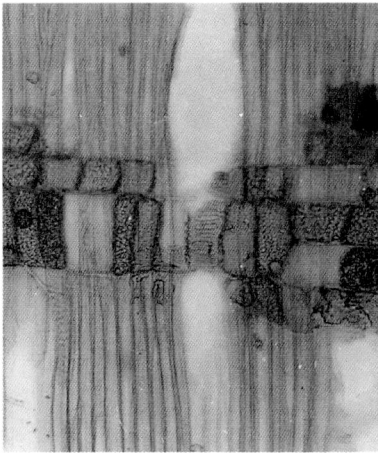
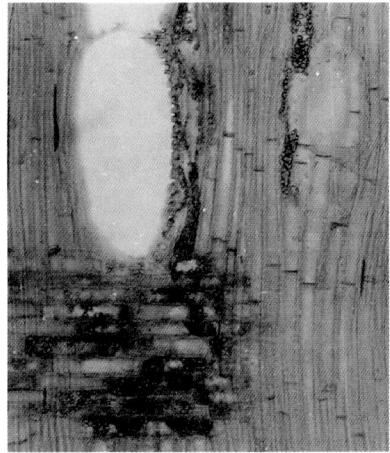

1~3 巴拿马籽漆木 *Campnosperma panamensis*
4~6 蛇木歪翅漆 *Loxopterygium sagotii*

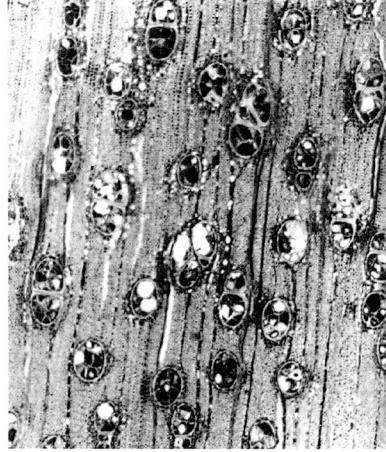
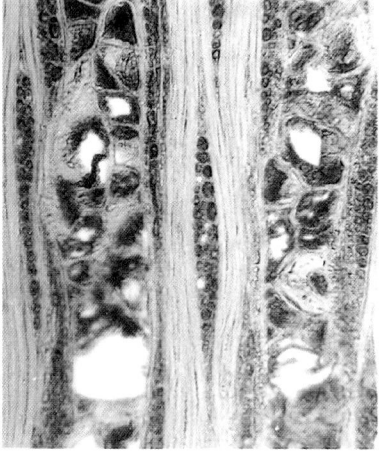
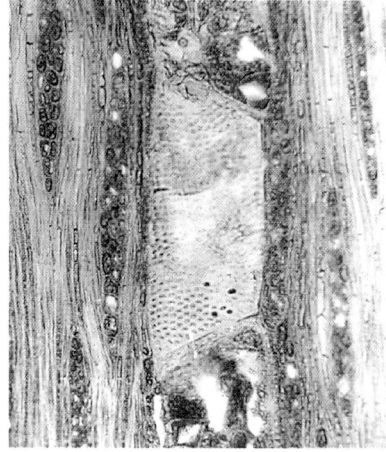
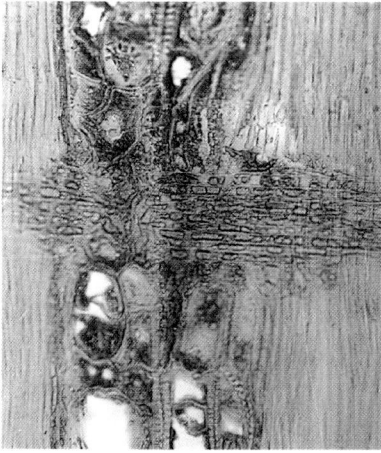
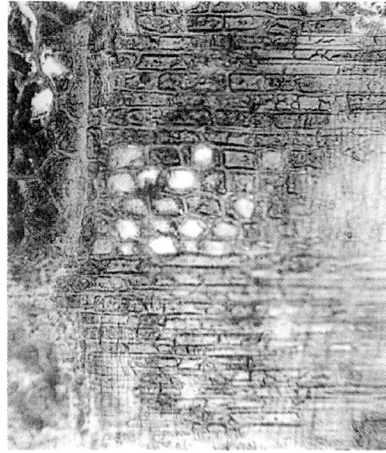

1~3 红破斧木 *Schinopsis balansae*
4~6 阿根廷破斧木 *Schinopsis lorentzii*

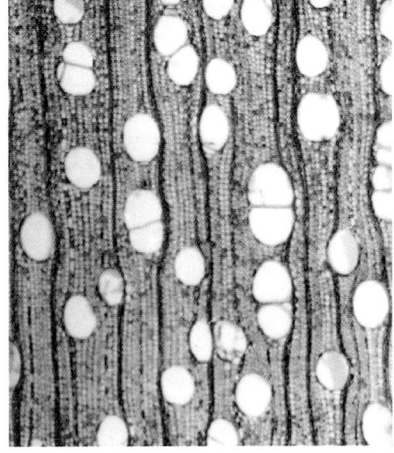
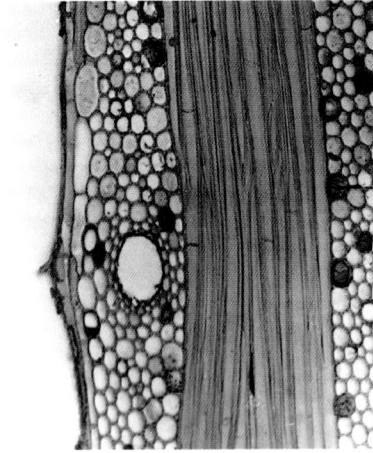
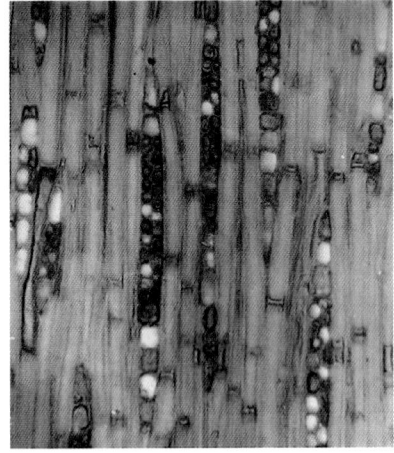

1～3 黄槟榔青 *Spondias mombin*

4～6 圭亚那塔皮漆 *Tapirira guianensis*

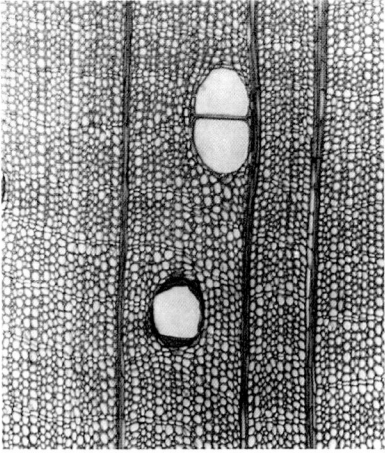

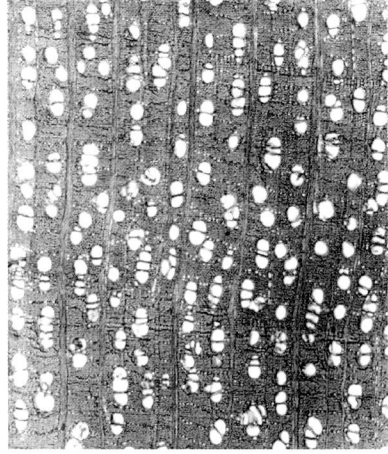

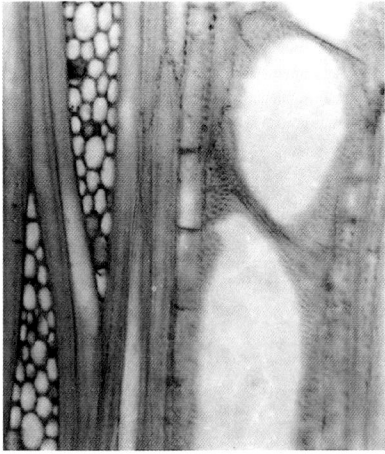

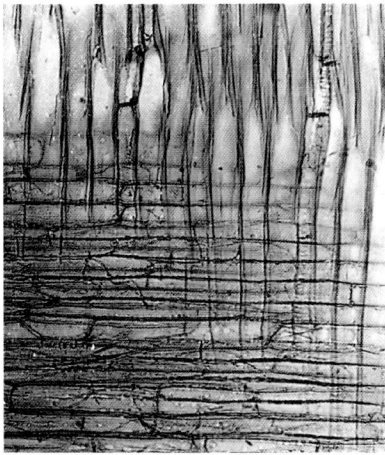

1~3 瓜特番荔枝 *Guatteria scytophylla*

4~6 剑木 *Oxandra lanceolata*

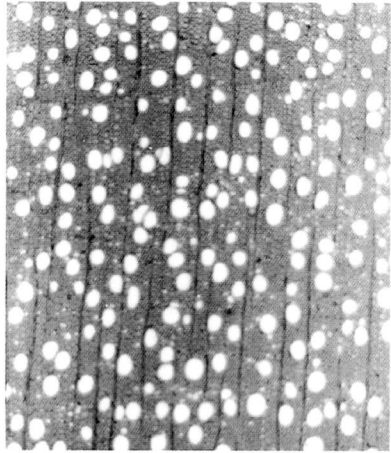
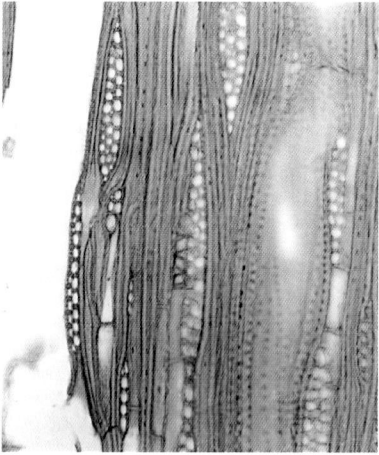
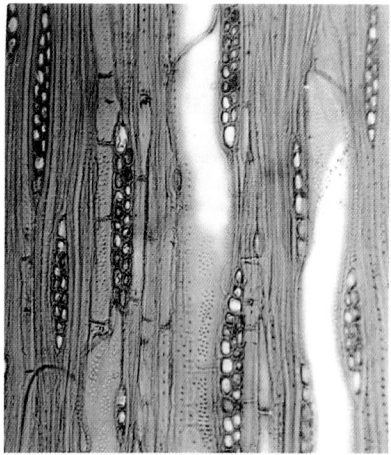

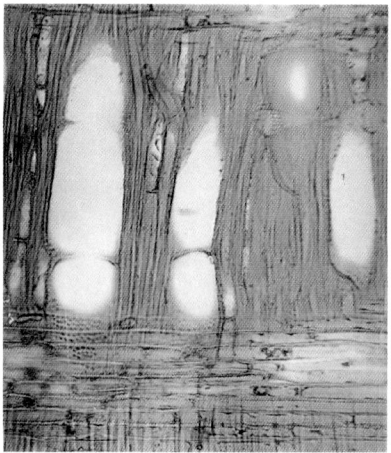

1~3 大果盾籽木 *Aspidosperma megalocarpon*

4~6 红盾籽木 *Aspidosperma peroba*

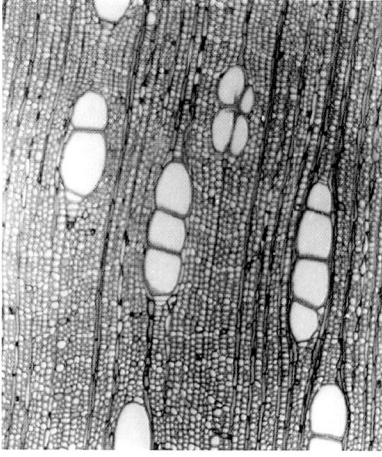
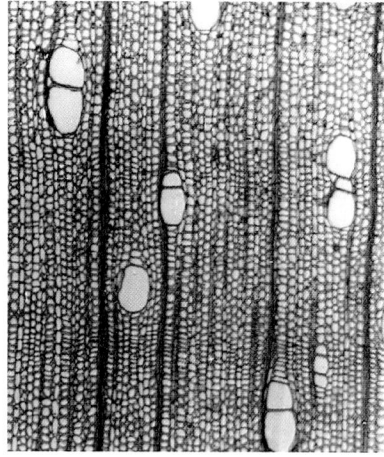
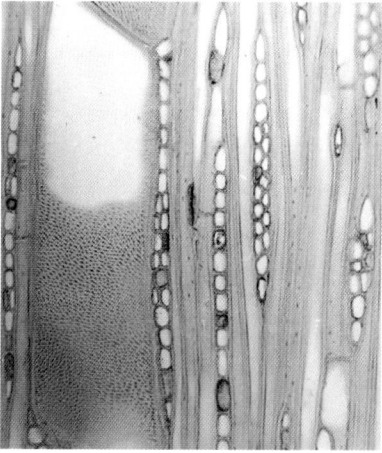
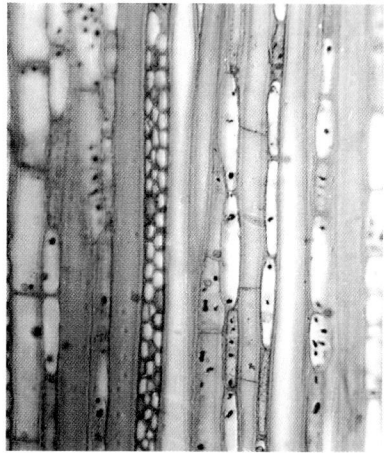

1~3 大果牛奶木 *Couma macrocarpa*
4~6 热美竹桃 *Macoubea guianensis*

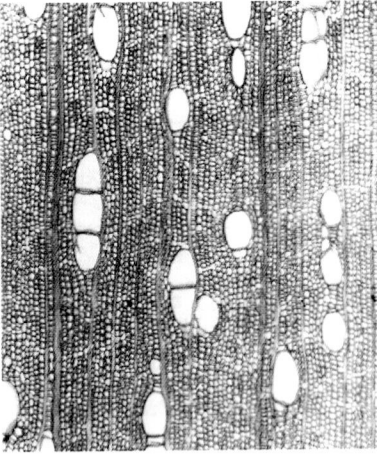
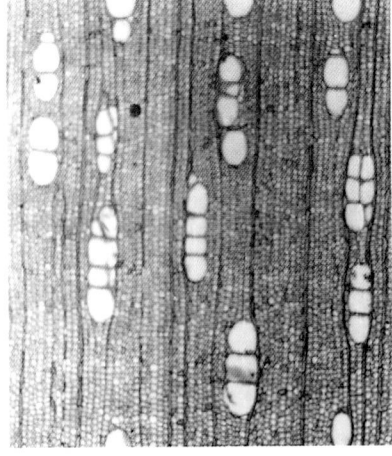

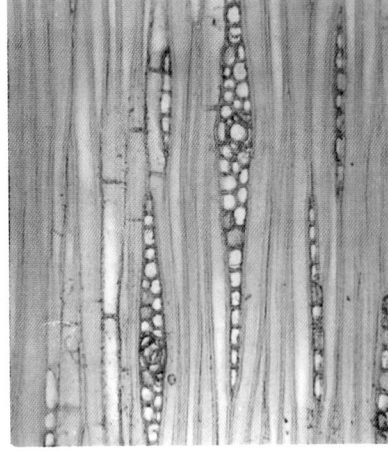

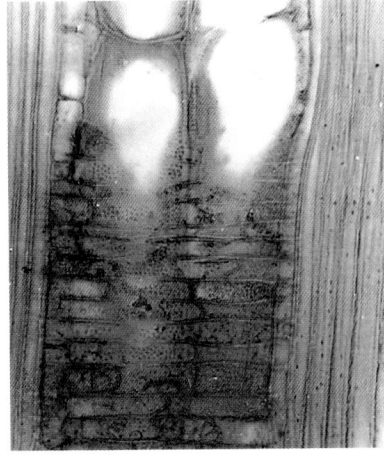

1～3 胶竹桃 *Parahancornia amapa*

4～6 奇异胶竹桃木 *Parahancornia paradoxa*

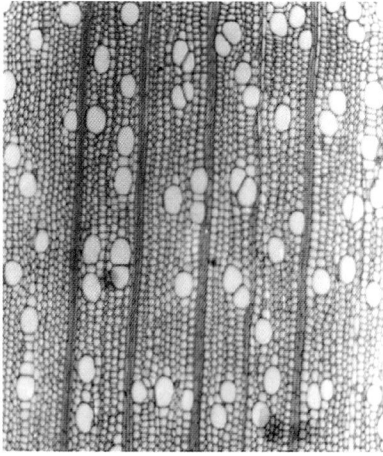
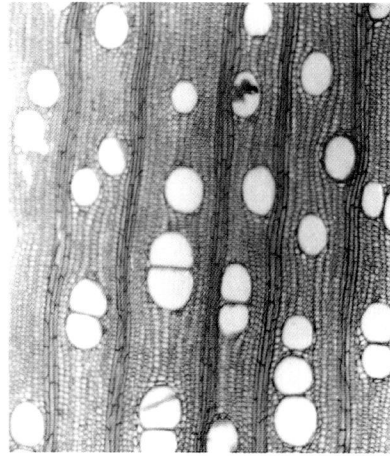
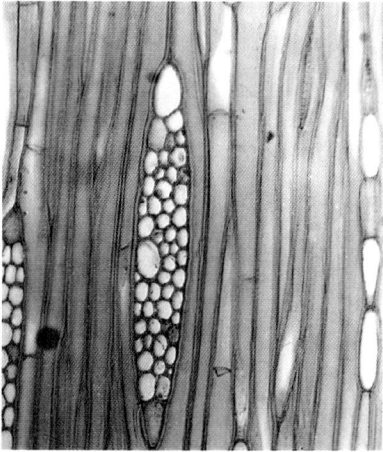
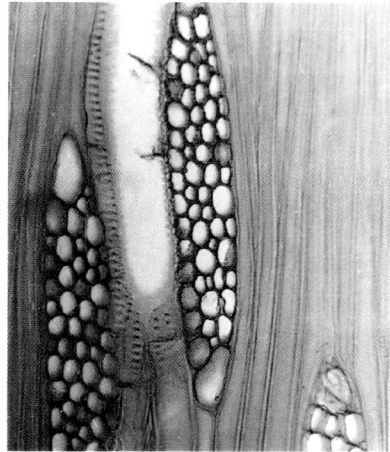
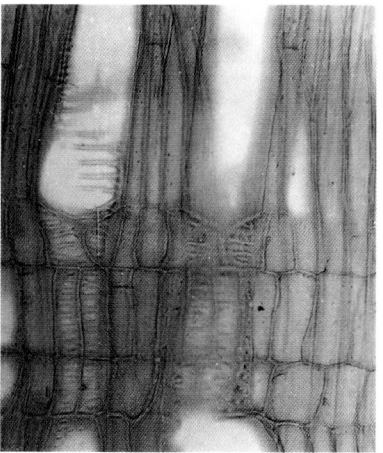
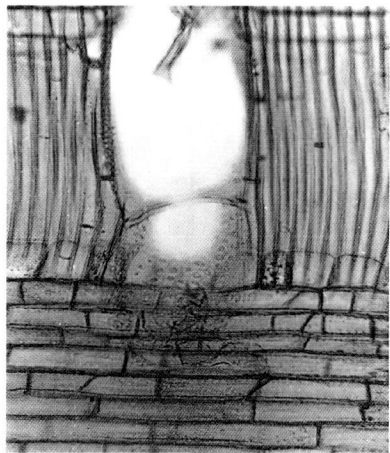

1~3 乔木树参 *Dendropanax arboreus*

4~6 莫罗鸭脚木 *Schefflera morototoni*

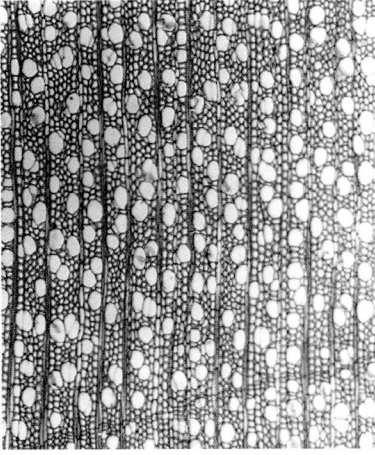

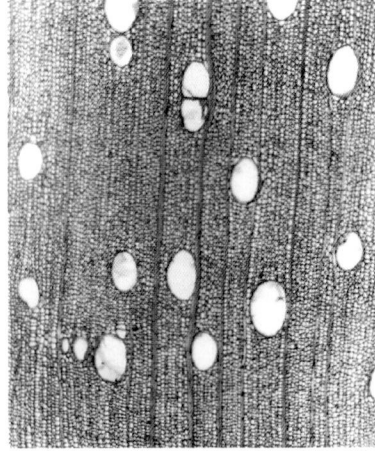

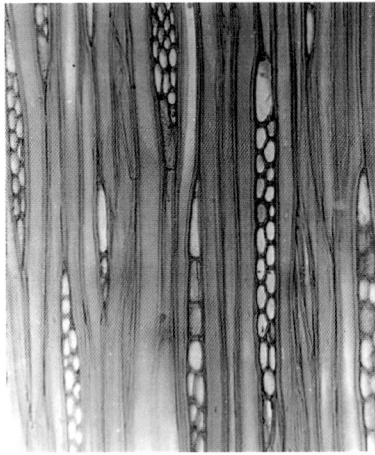

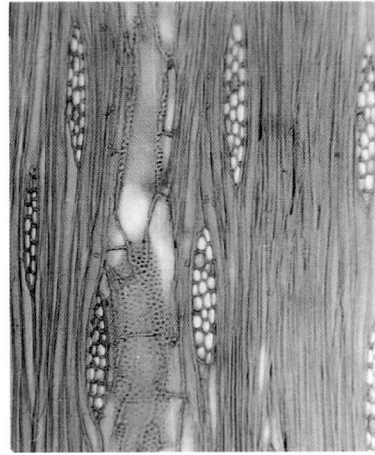

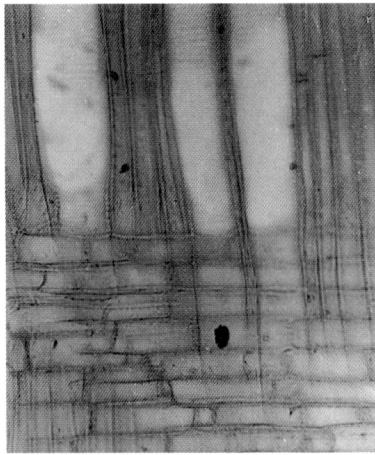

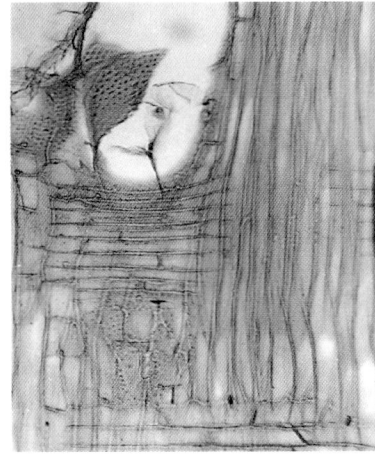

1~3 锯齿类月桂 *Laurelia philippiana*

4~6 赛比葳 *Cybistax donnell—smithii*

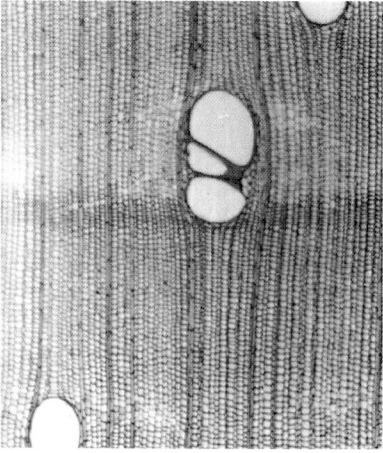

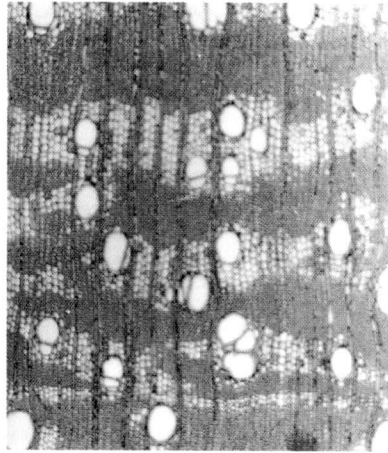

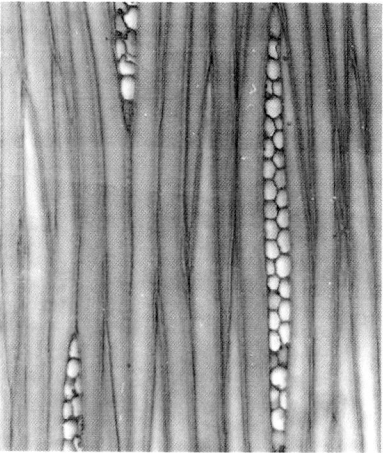

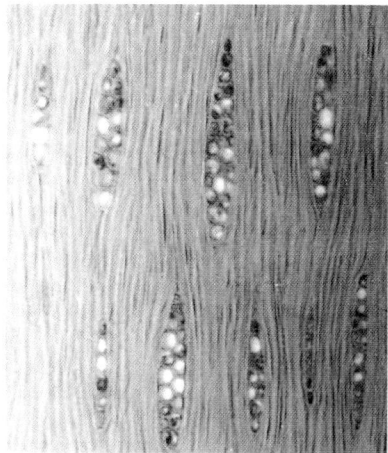

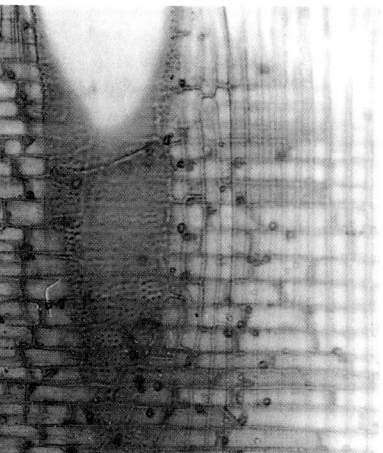

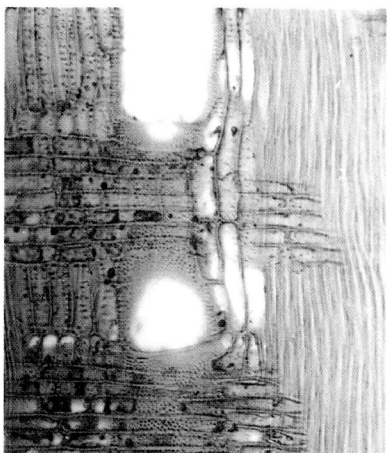

1～3 柯比蓝花楹木 *Jacaranda copaia*

4～6 红蚁木 *Tabebuia rosea*

图版 18

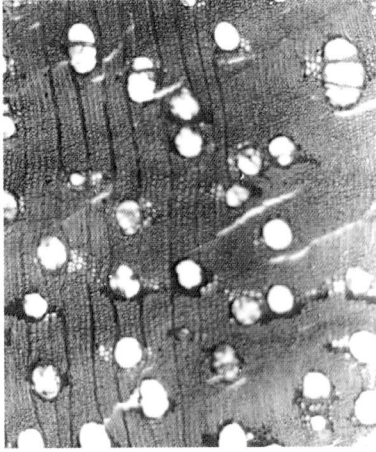

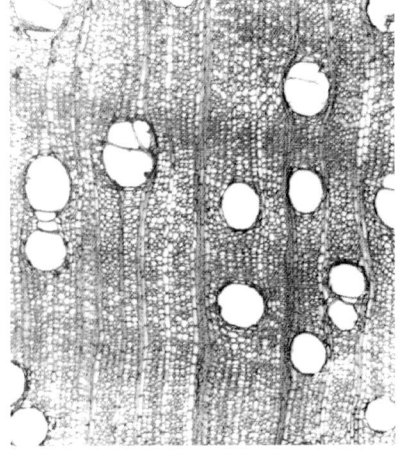

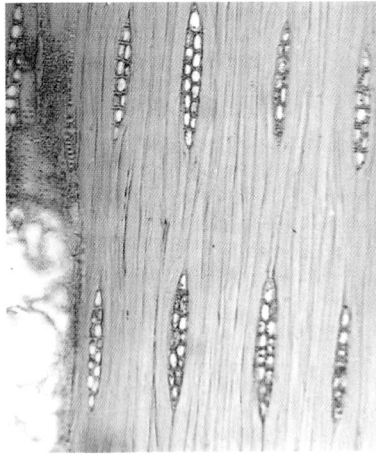

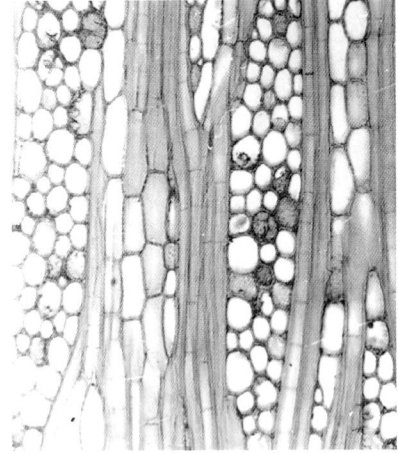

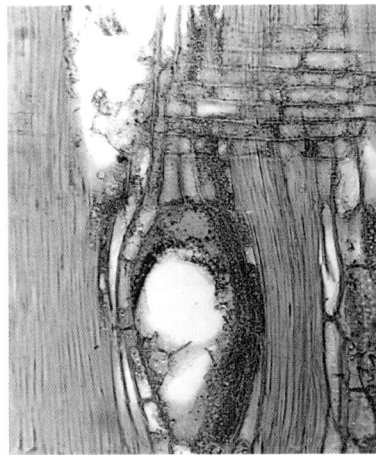

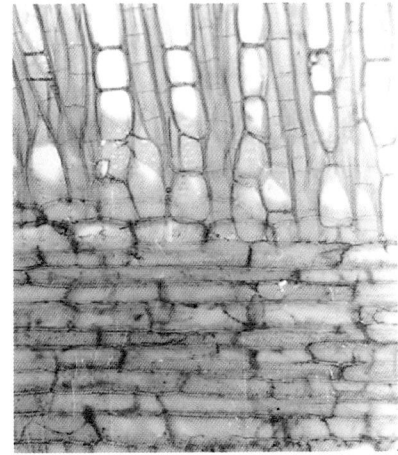

1~3 齿叶蚁木 *Tabebuia serratifolia*
4~6 类木棉 *Bombacopsis quinata*

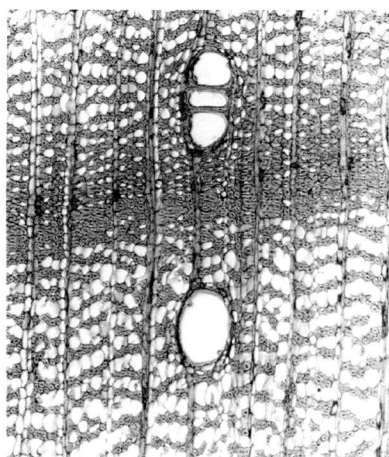
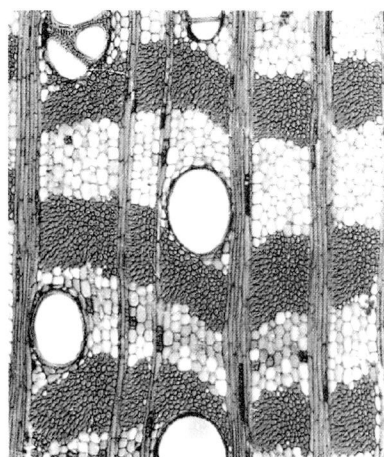
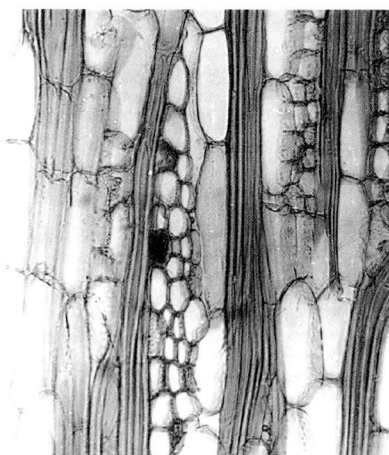
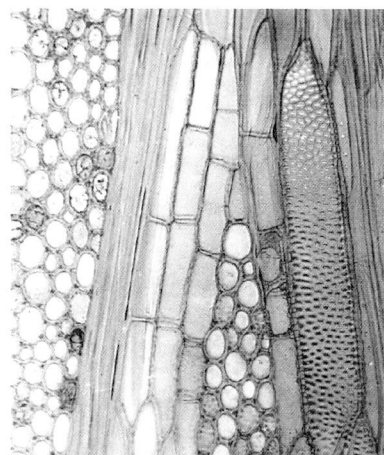

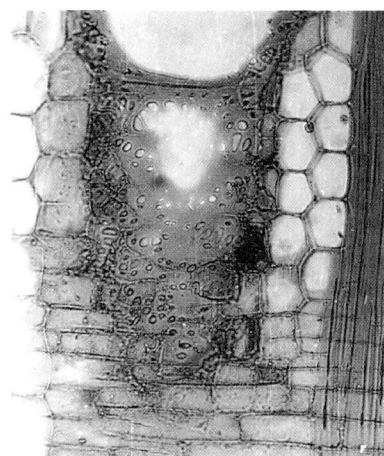

1～3 帕州木棉 *Bombax paraense*
4～6 奥氏垂冠木棉 *Catostemma alstonii*

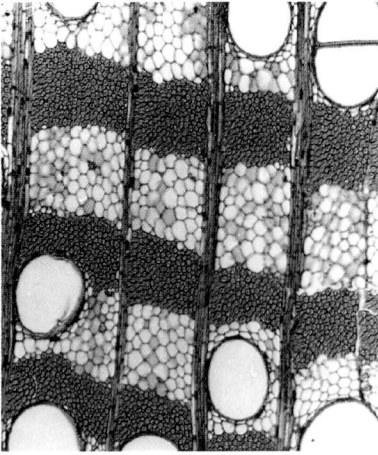

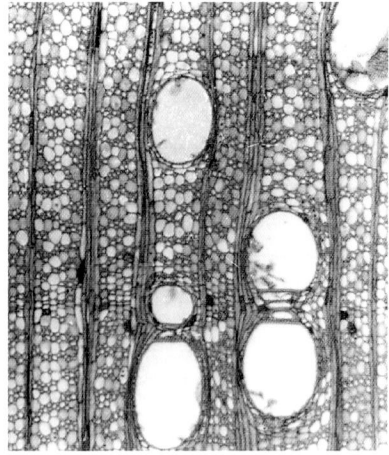

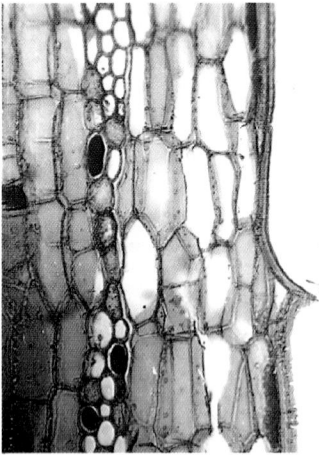

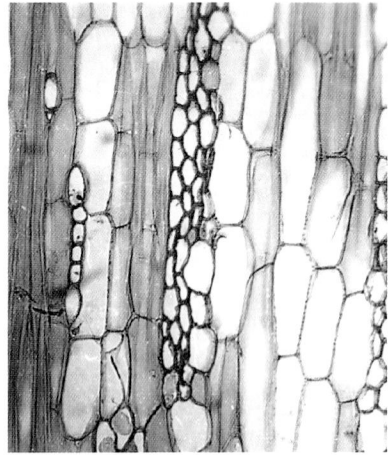

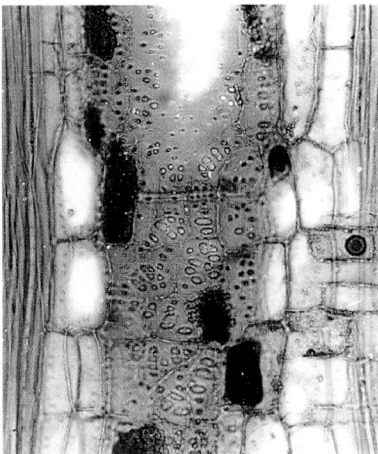

1～3 芳香垂冠木棉 *Catostemma fragrans*
4～6 五雄吉贝 *Ceiba pentandra*

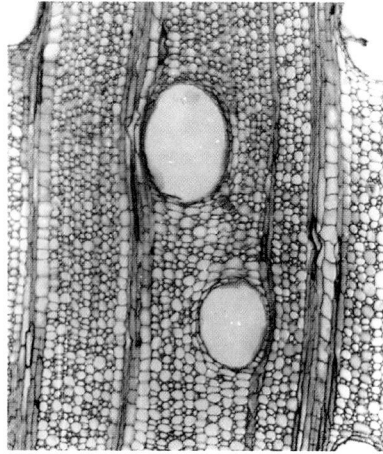

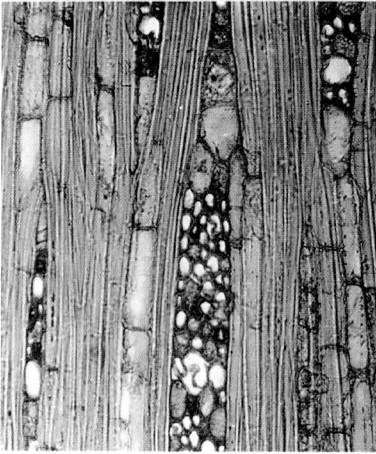

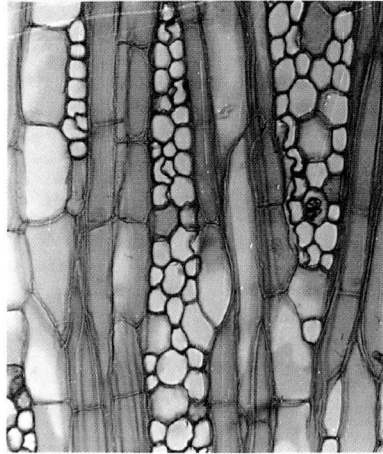

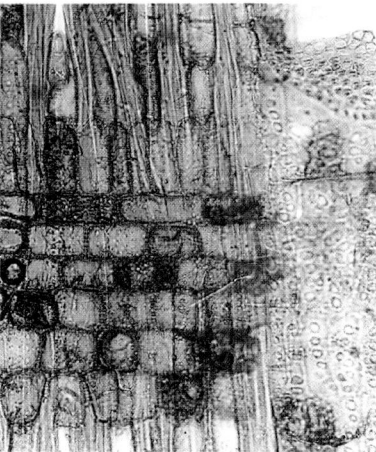

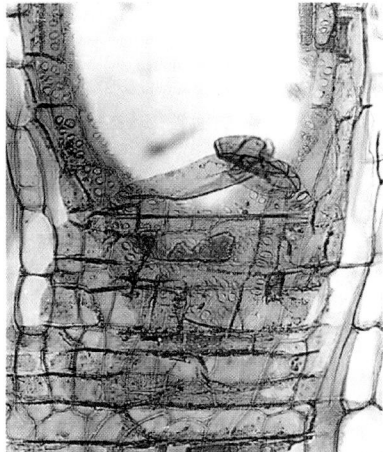

1~3 塞姆吉贝 *Ceiba samuma*
4~6 郝瑞木棉 *Chorisia insignis*

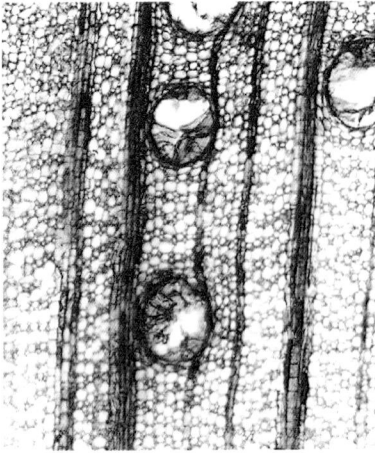

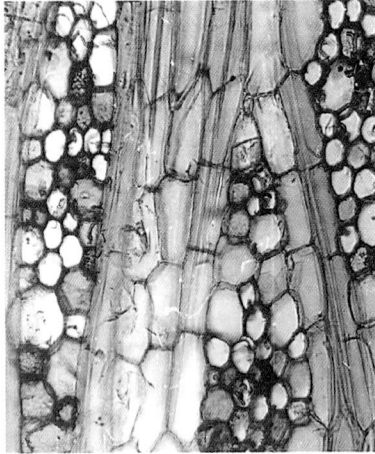

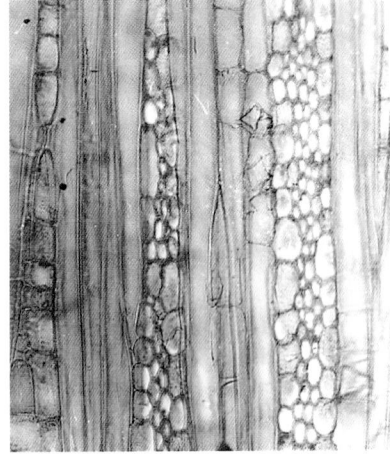

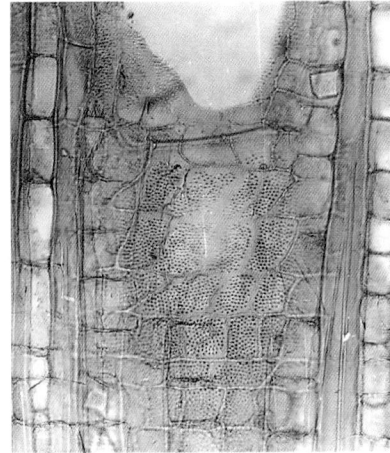

1～3 全缘叶郝瑞木棉 *Chorisia integrifolia*
4～6 二色马蒂木棉 *Matisia bicolor*

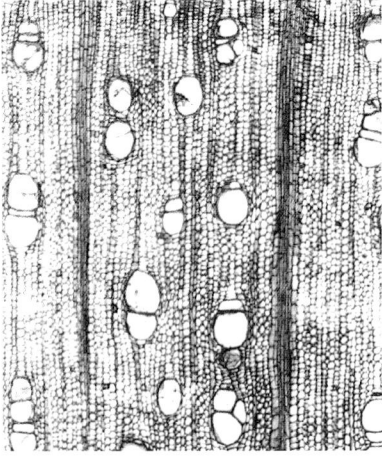
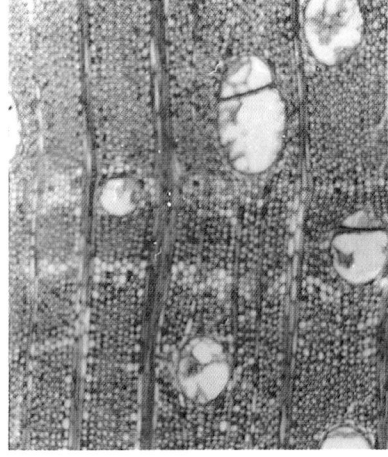
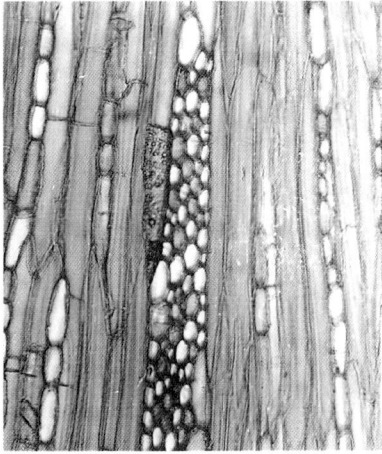
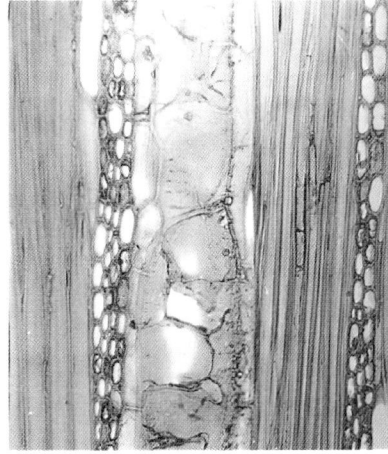

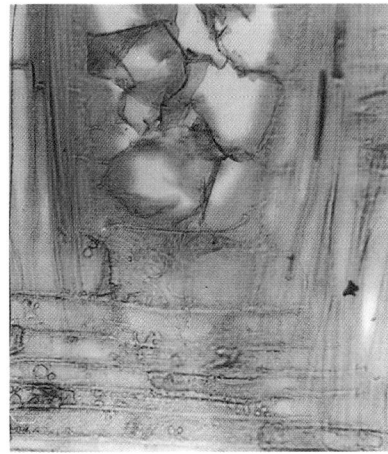

1~3 轻木 *Ochroma pyramidale*

4~6 硬丝木棉 *Scleronema micranthum*

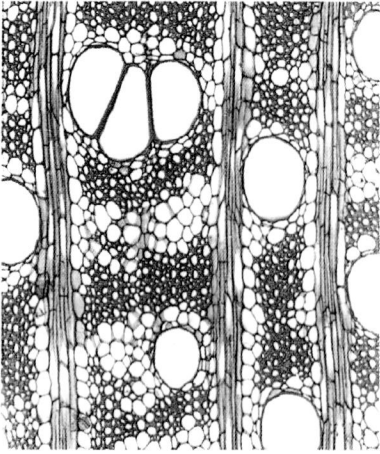

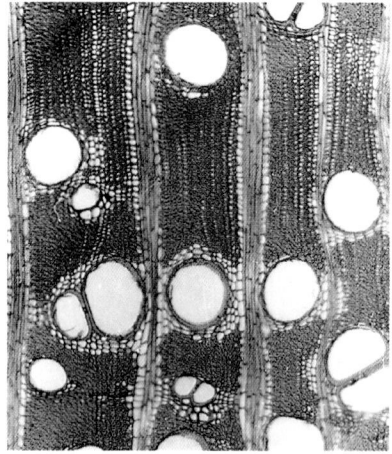

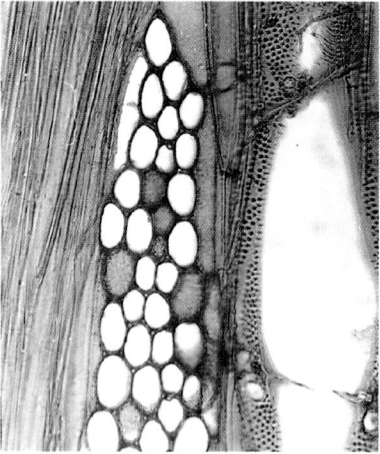

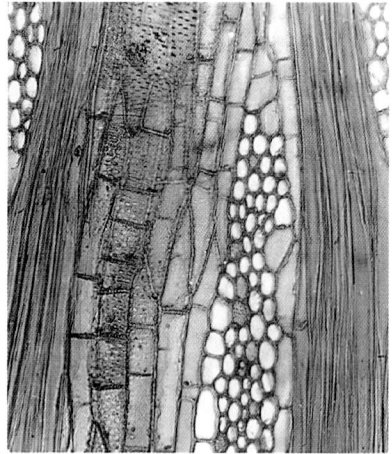

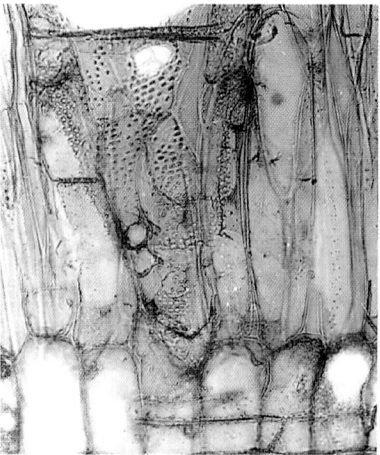

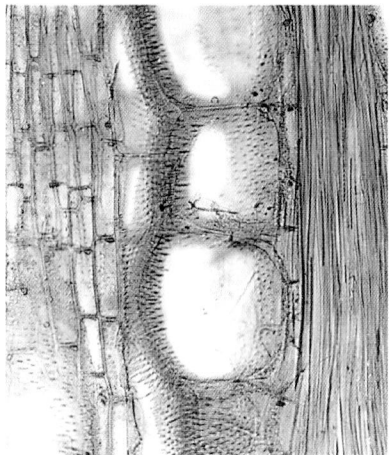

1~3 疤痕破布木 *Cordia cicatricosa*
4~6 亚马孙破布木 *Cordia goeldiana*

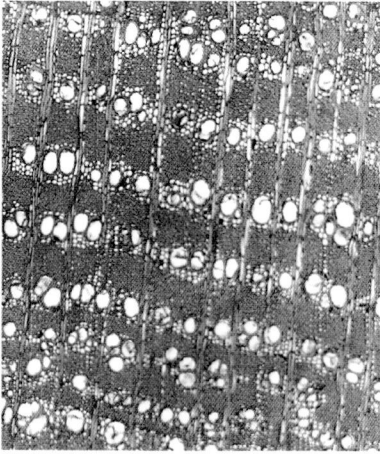
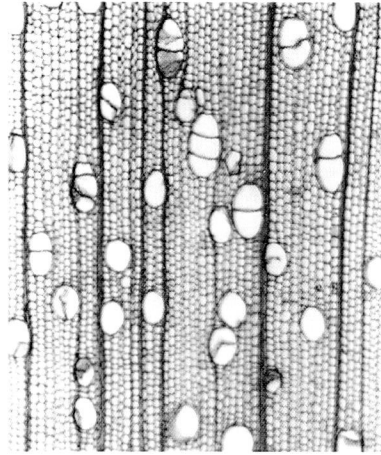
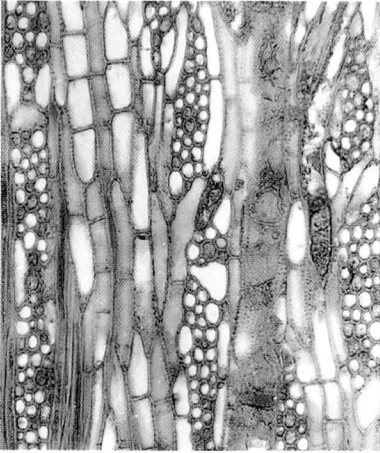
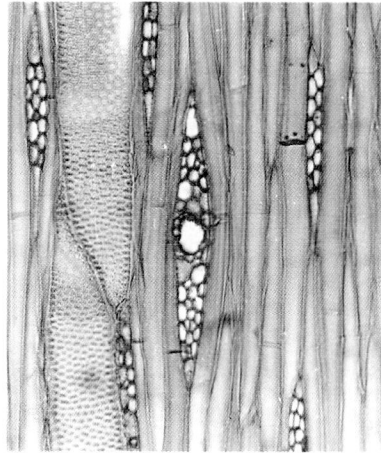
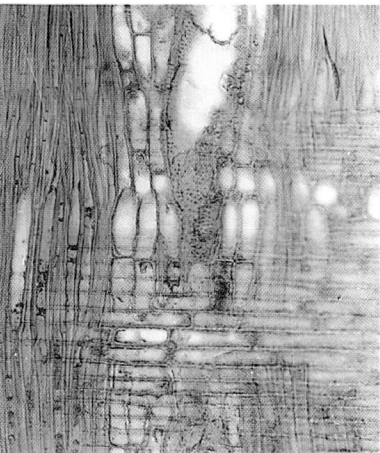
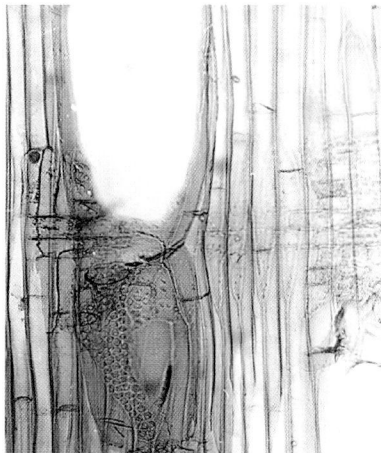

1～3 帕塔厚壳木 *Patagonula americana*
4～6 苦木裂榄 *Bursera simaruba*

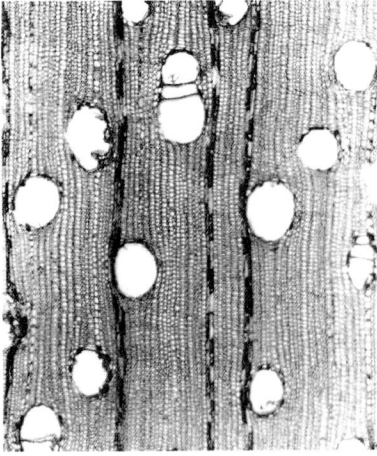
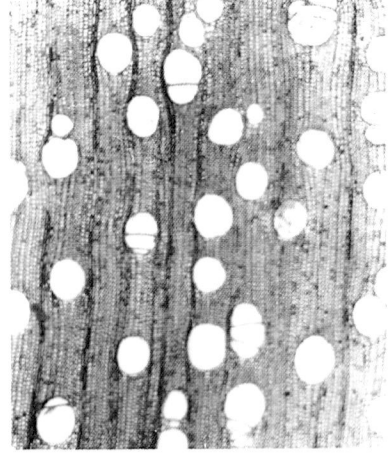
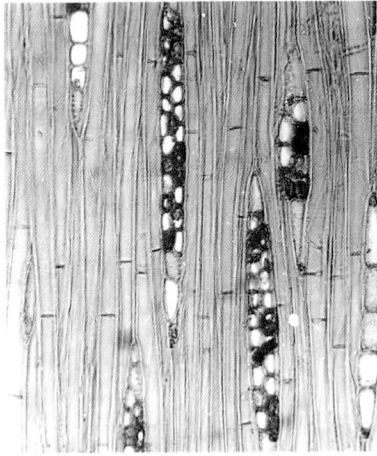
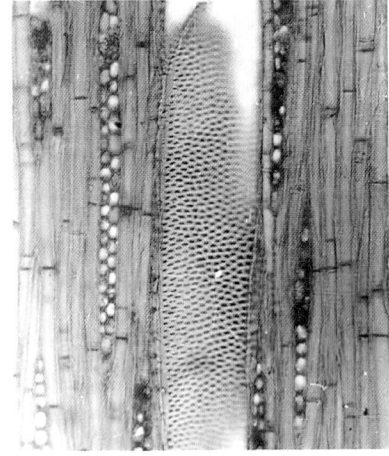

1～3 毛蜡烛木 *Dacryodes pubescens*

4～6 尖头马蹄榄 *Protium apiculatum*

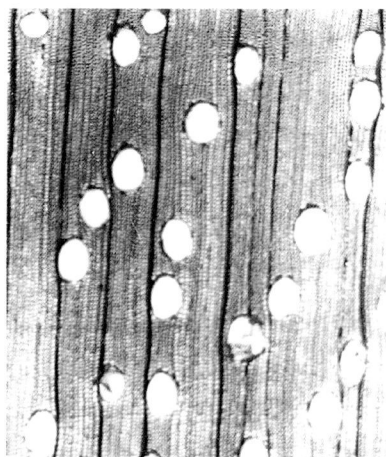

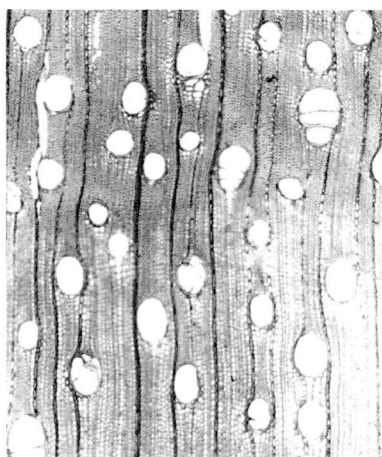

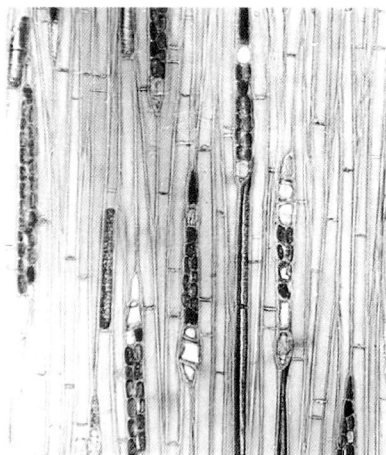

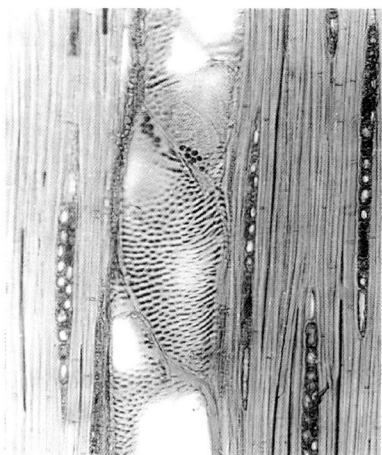

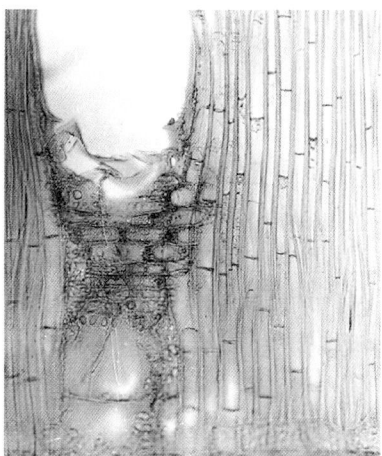

1～3 七叶马蹄榄 *Protium heptaphyllum*
4～6 大四榄木 *Tetragastris altissima*

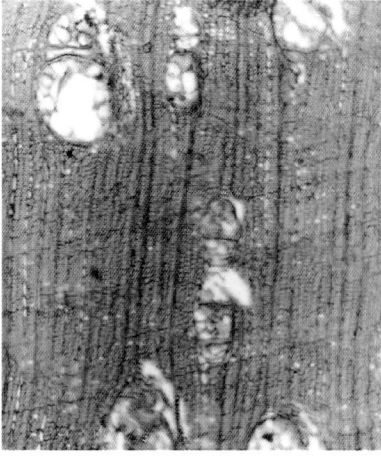

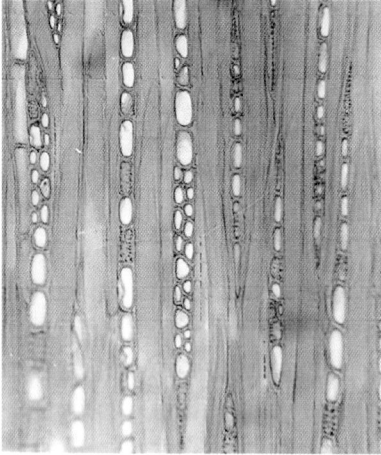
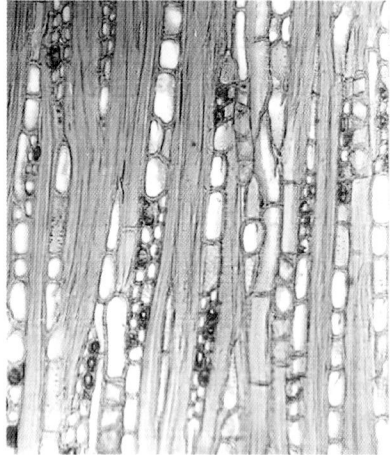
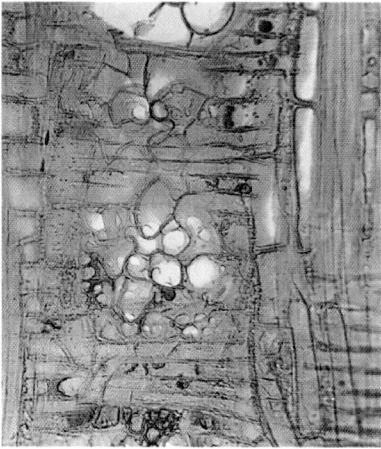
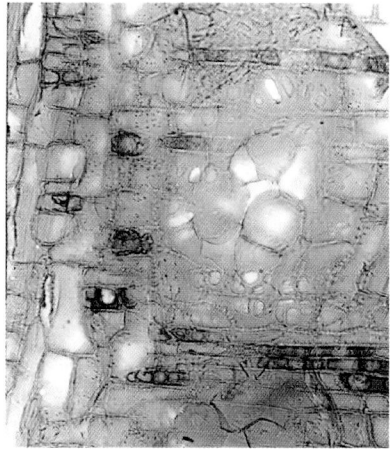

1~3 光油桃 *Caryocar glabrum*

4~6 柔毛油桃 *Caryocar villosum*

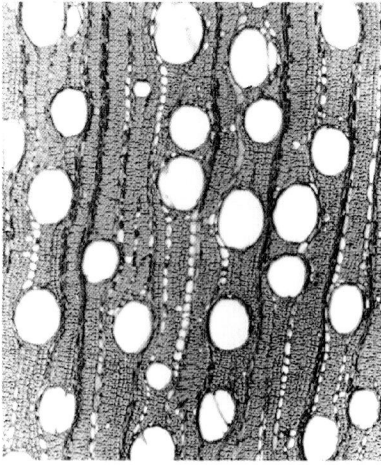

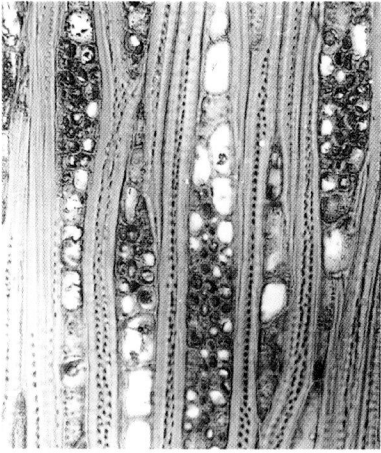
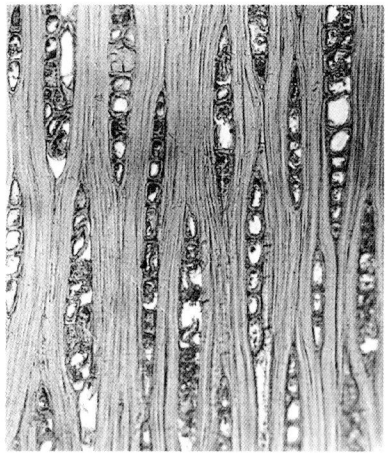

1~3 平滑圭巴卫矛 *Goupia glabra*
4~6 大黄砂君子 *Buchenavia grandis*

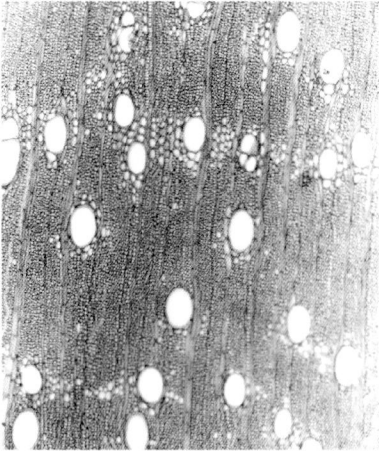

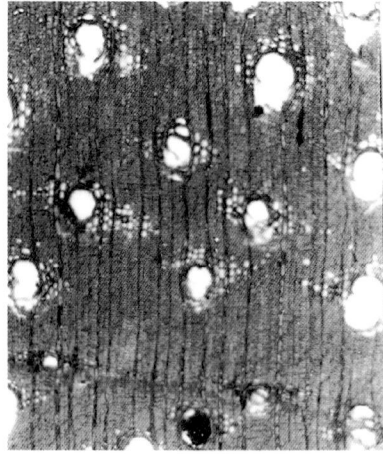

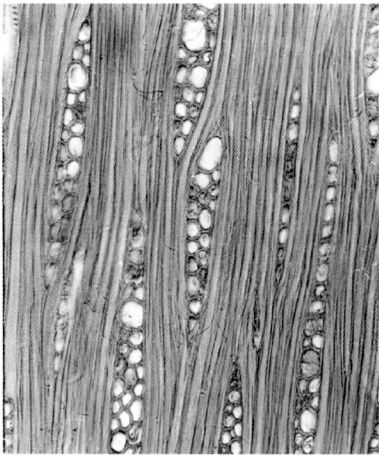

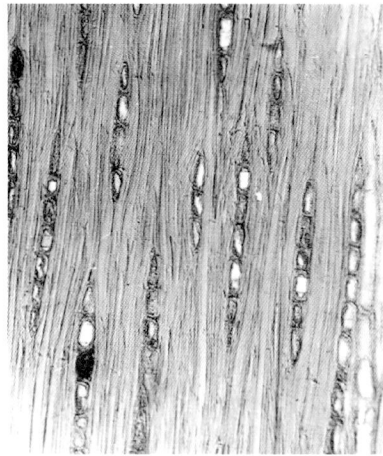

1～3 牛角拉美君子 *Bucida buceras*

4～6 亚马孙榄仁 *Terminalia amazonia*

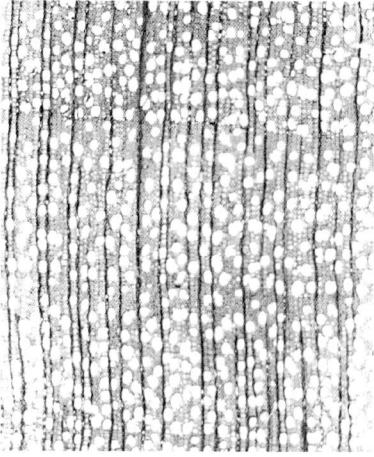

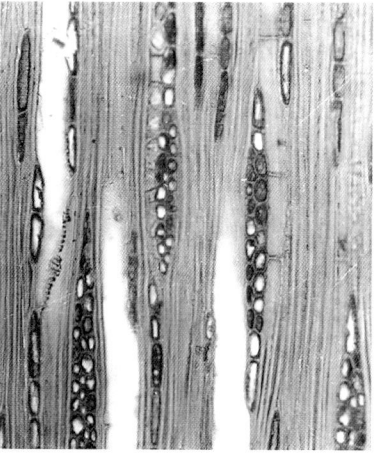
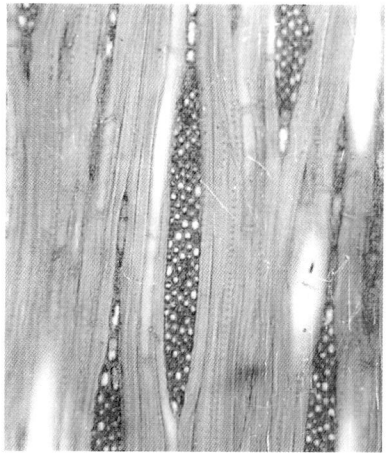

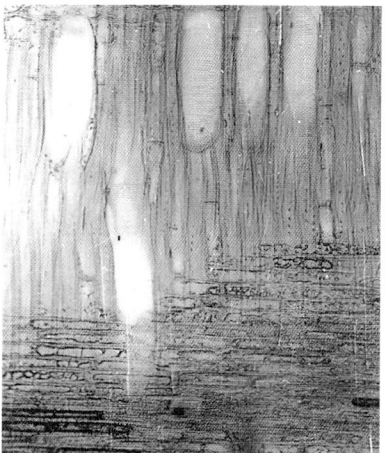

1~3 毛籽魏曼树 *Weinmannia trichosperma*
4~6 总状花翅萼木 *Cyrilla racemiflora*

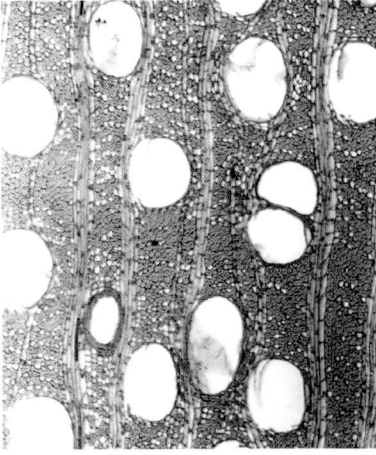
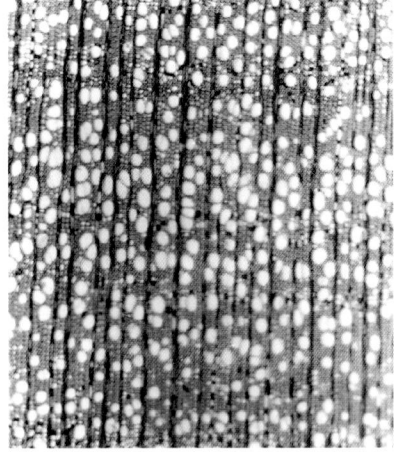
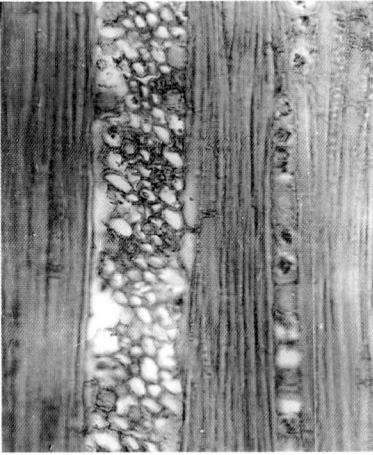
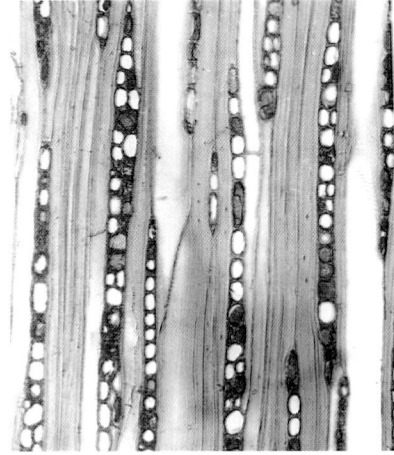
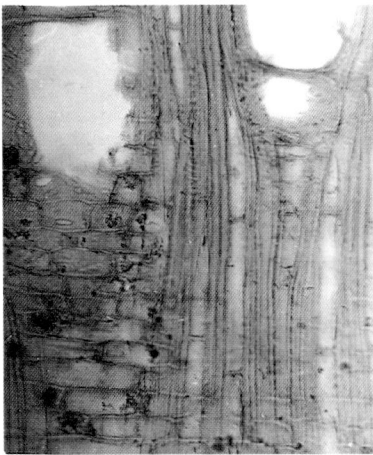

1～3 缘生异翅香 *Anisoptera marginata*

4～6 心叶船形果木 *Eucryphia cordifolia*

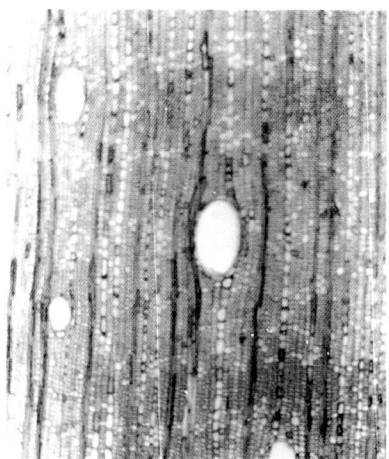
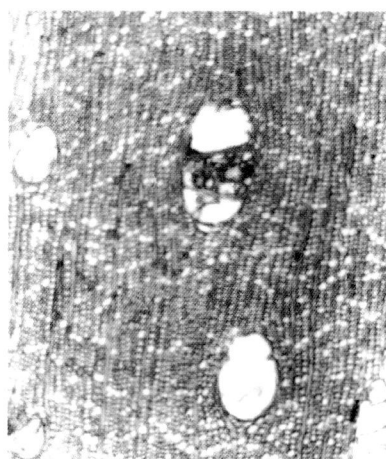
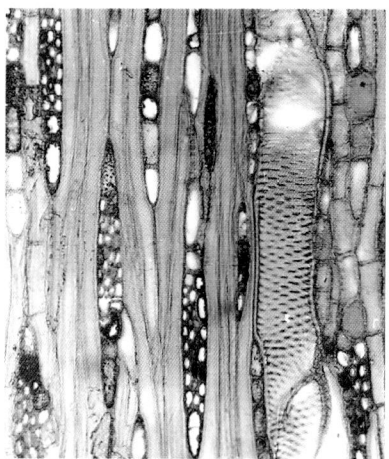
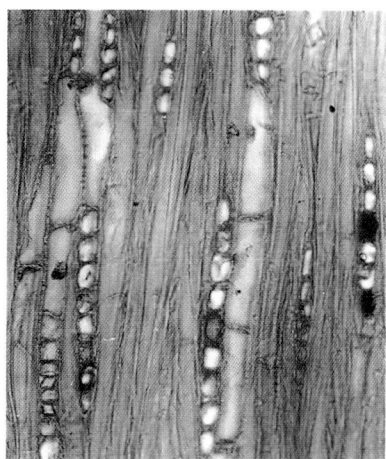
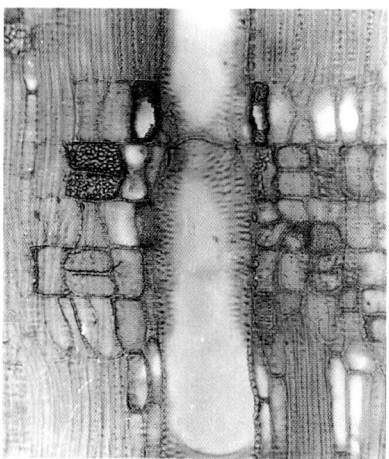

1~3 橡胶木 *Hevea brasiliensis*

4~6 沙箱大戟 *Hura crepitans*

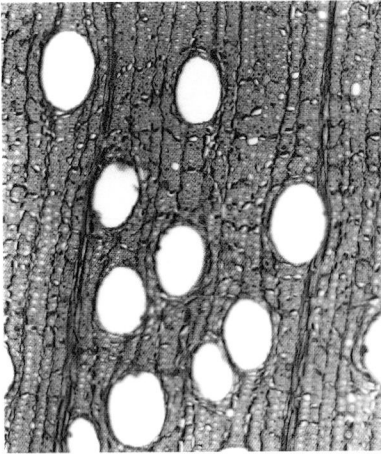

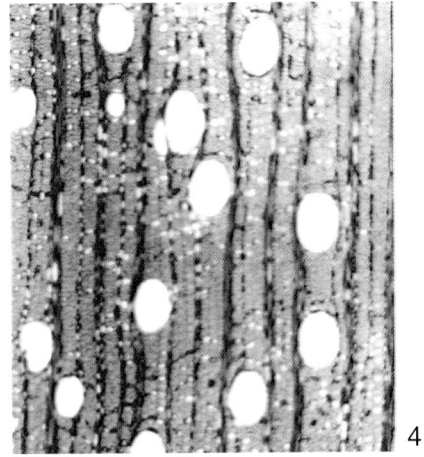

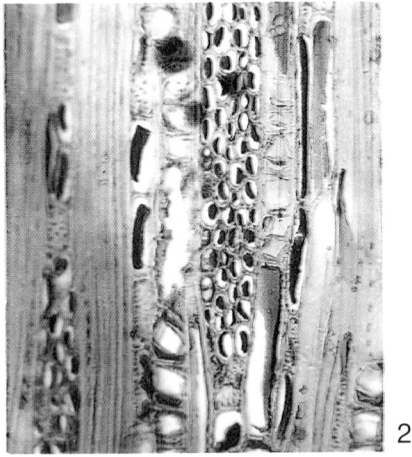

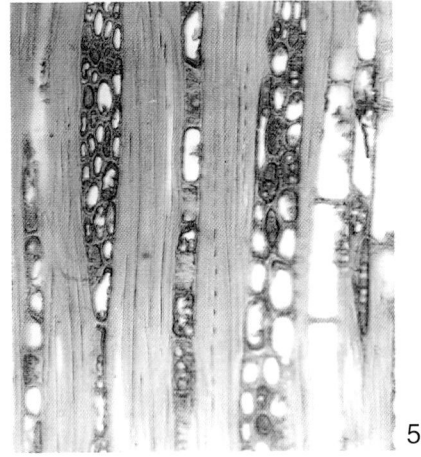

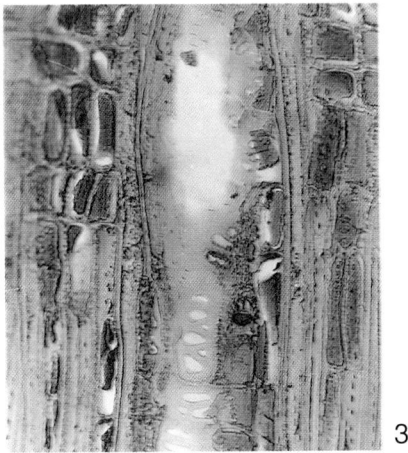

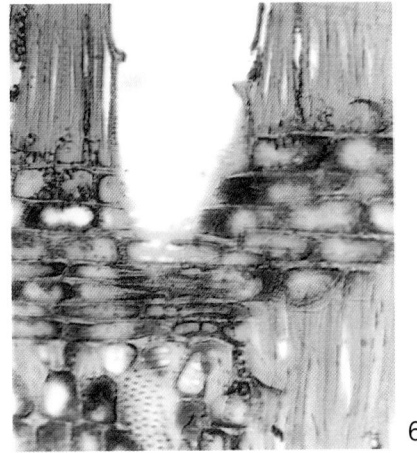

1~3 海厄大戟 *Hieronima alchorneoides*
4~6 疏花海厄大戟 *Hieronima laxiflora*

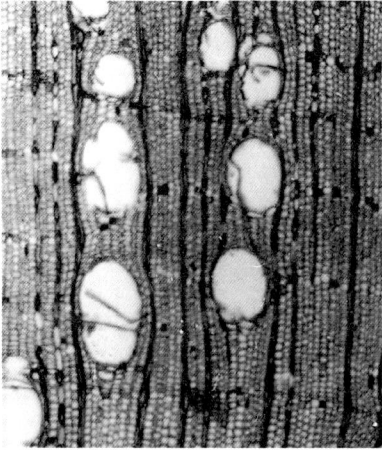
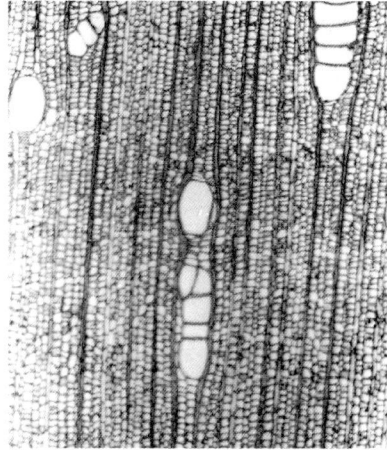
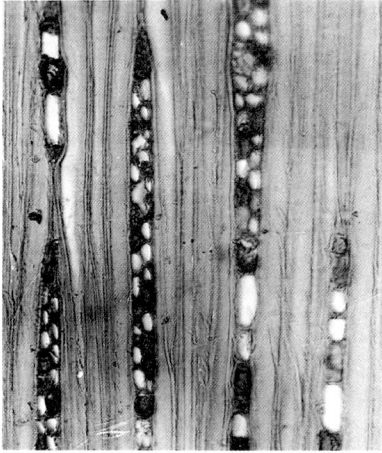
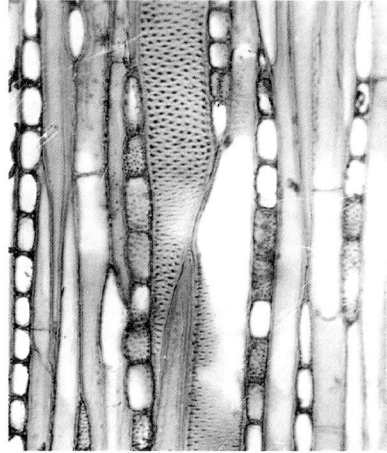
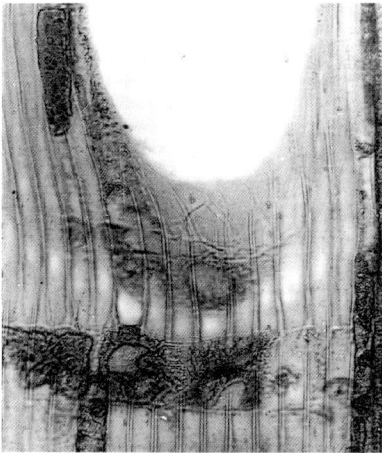
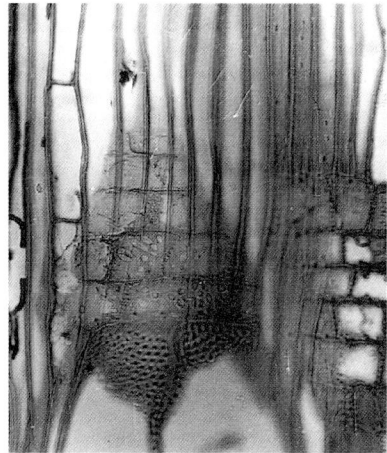

1～3 迈克大戟木 *Micrandra spruceana*
4～6 二腺乌桕 *Sapium biglandulosum*

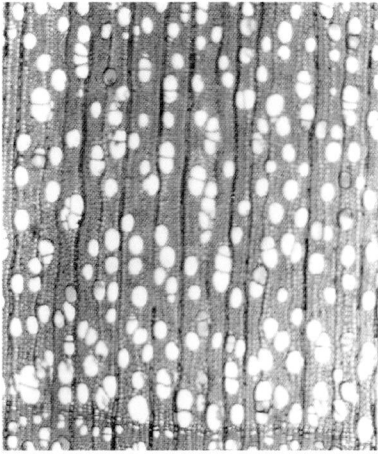

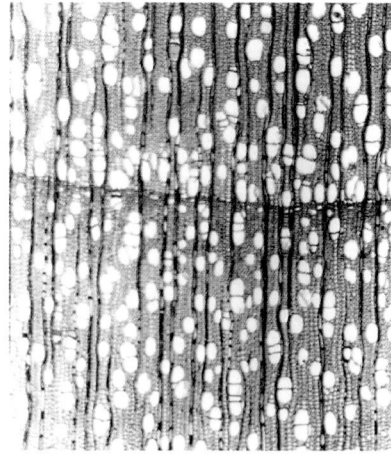

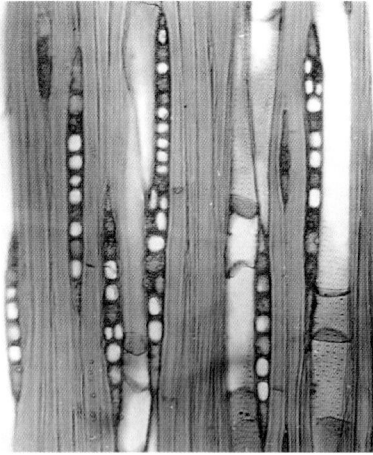

1~3 大假水青冈 Nothofagus alpina
4~6 智利假水青冈 Nothofagus dombeyi

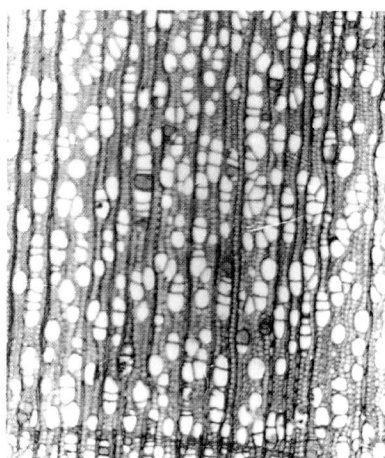
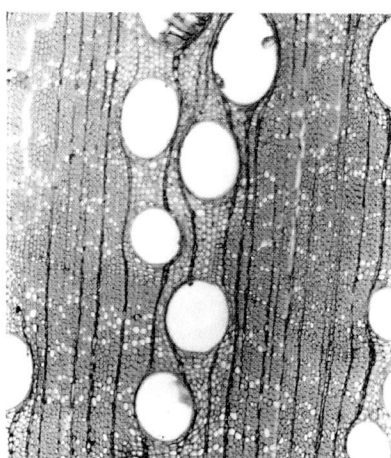

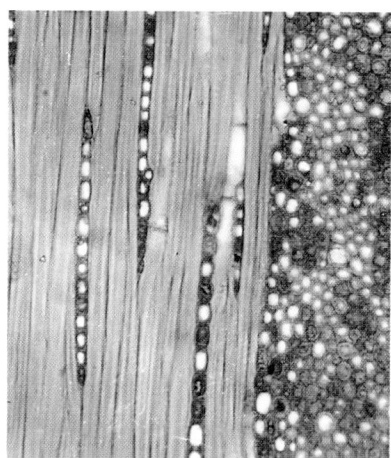
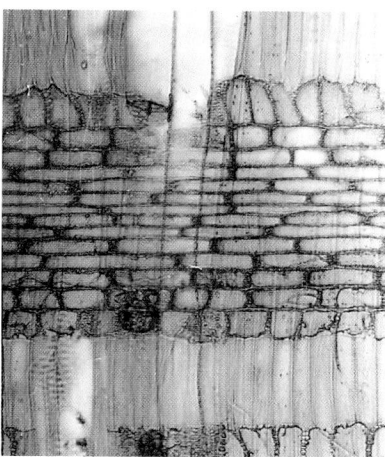
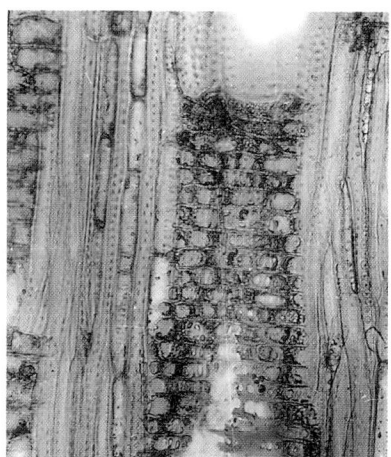

1～3 低矮假水青冈 *Nothofagus pumilio*

4～6 白亮栎 *Quercus candicans*

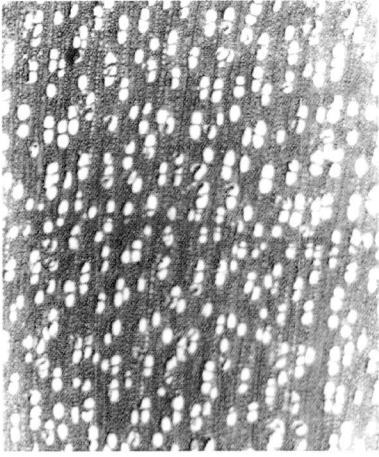
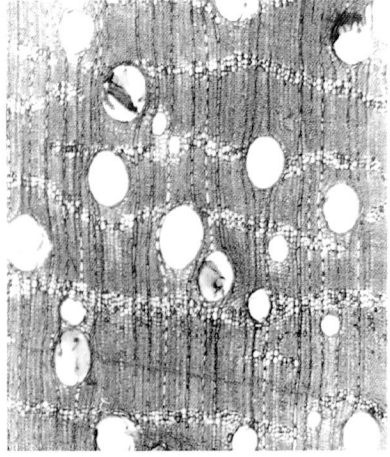
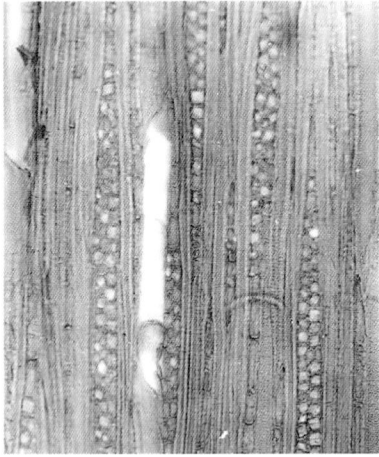
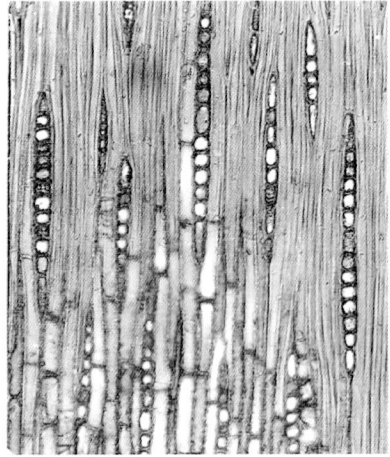
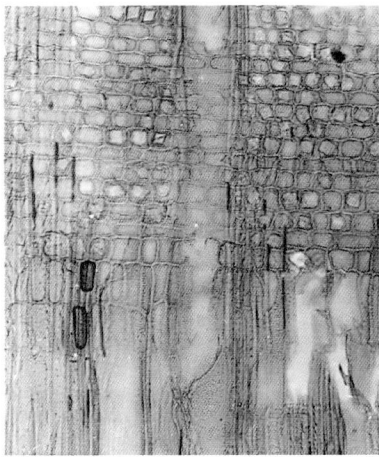
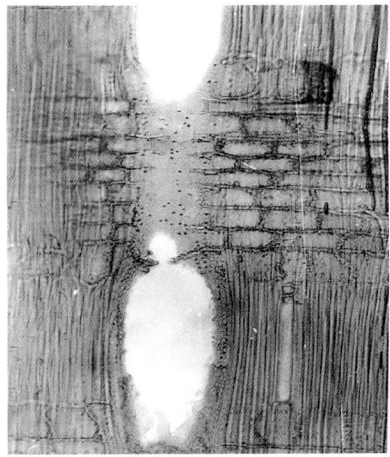

1~3 棉籽木 *Gossypiospermum praecox*
4~6 巴西海棠木 *Calophyllum brasiliense*

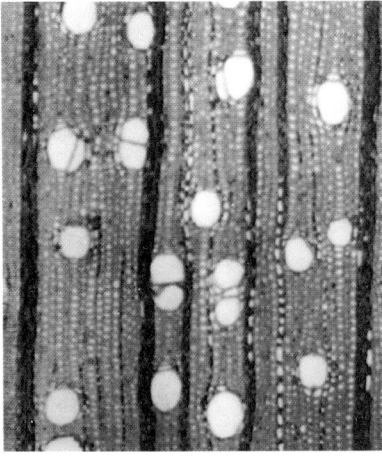

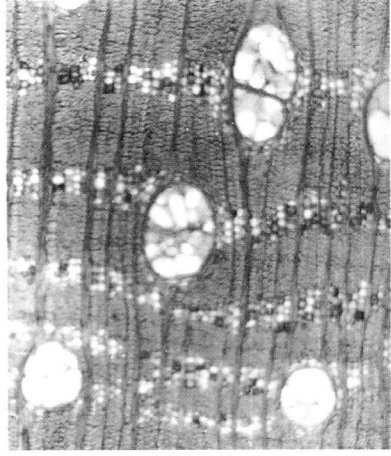

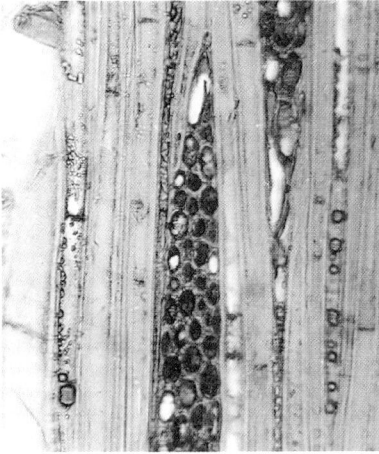

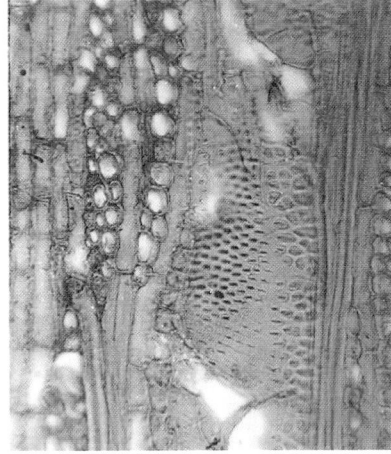

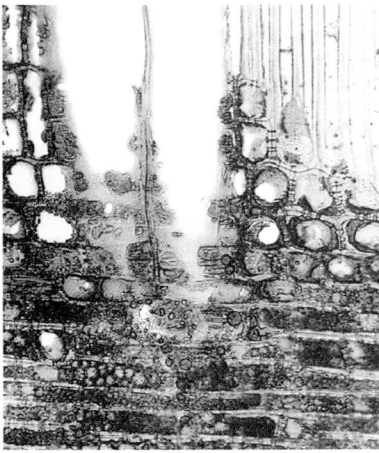

1~3 玫瑰克拉藤黄 *Clusia rosea*

4~6 深红默罗藤黄 *Moronobea coccinea*

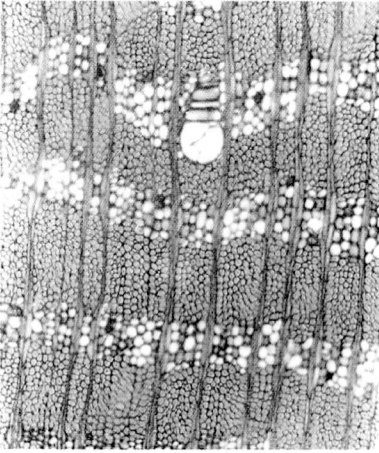

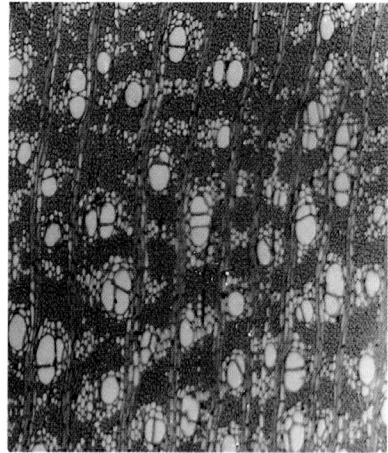

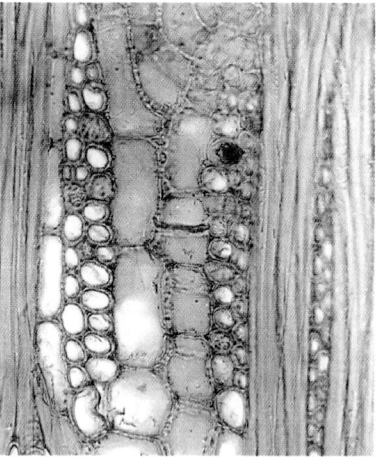

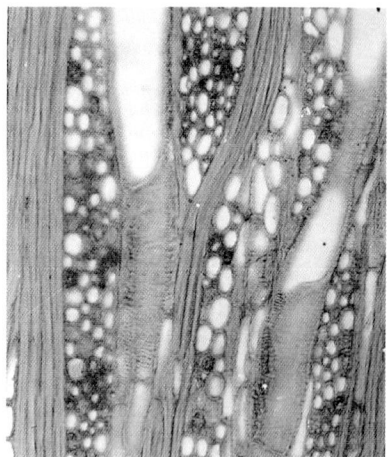

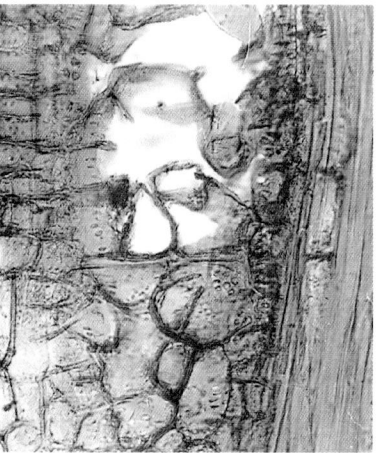

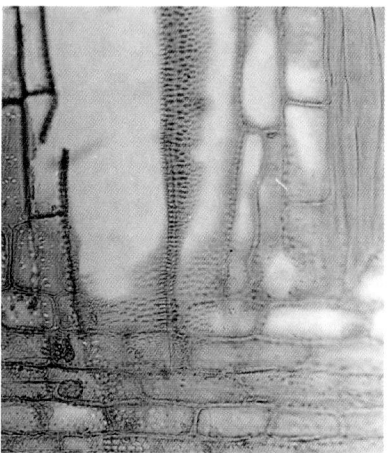

1~3 普拉藤黄 *Platonia insignis*

4~6 美丽雷德藤黄 *Rheedia spruceana*

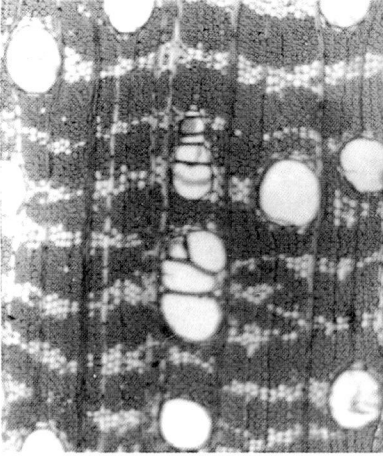
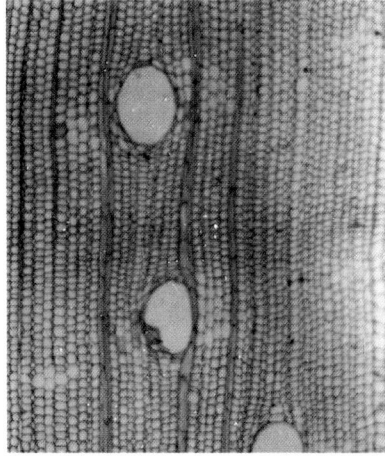
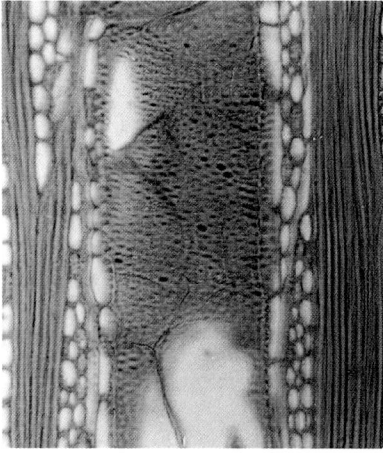
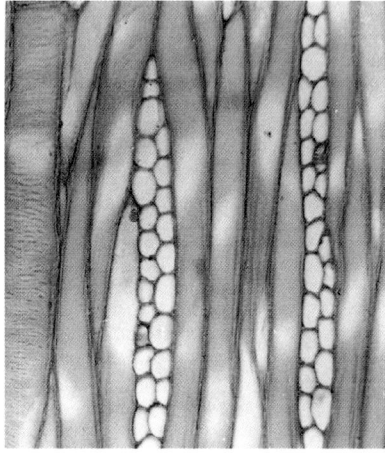
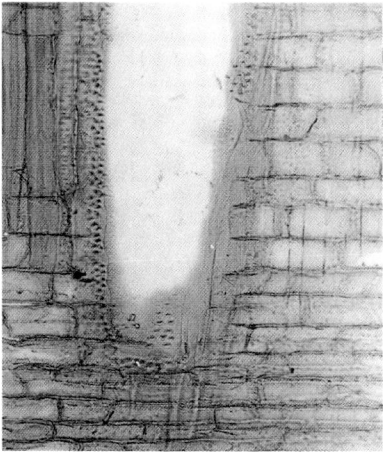
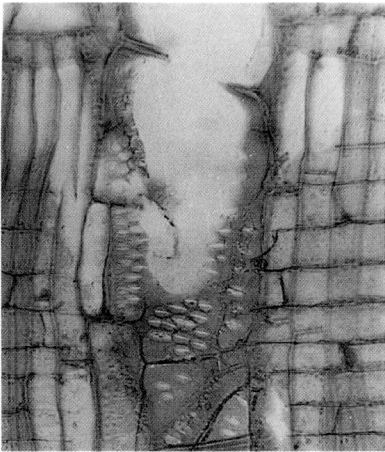

1～3 球花西姆藤黄 *Symphonia globulifera*

4～6 墨西哥莲叶桐 *Hernandia sonora*

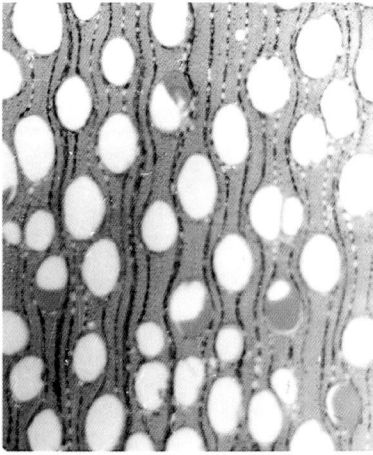
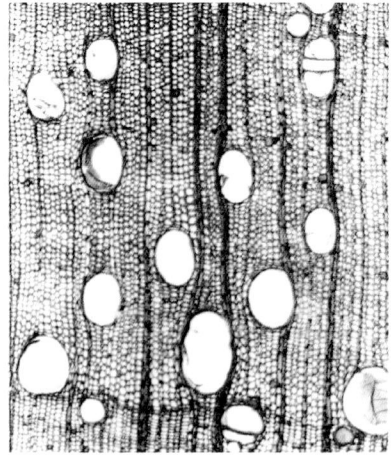
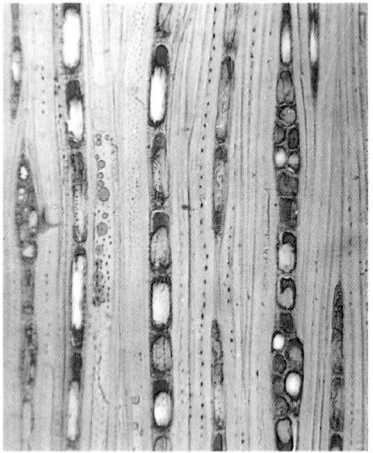
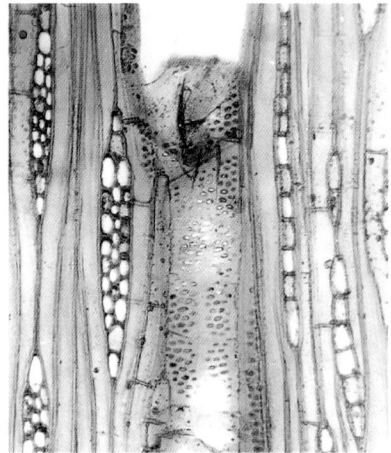
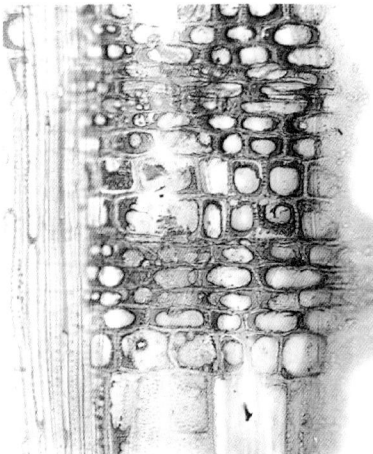
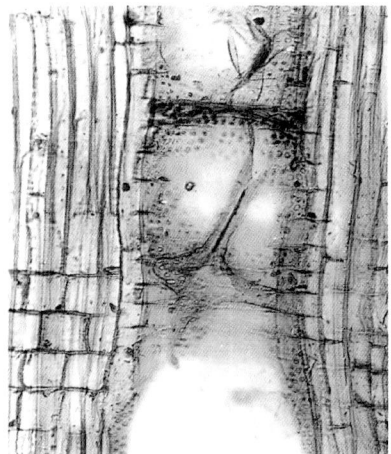

1~3 香正核果木 *Humiria balsamifera*
4~6 新热带胡桃 *Juglans neotropica*

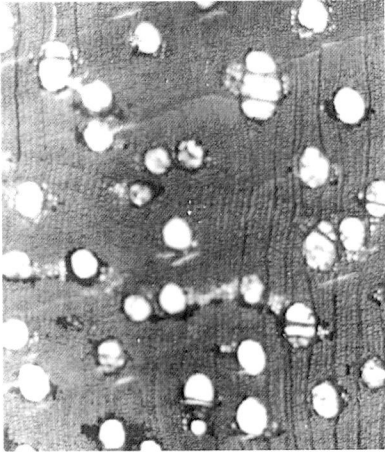
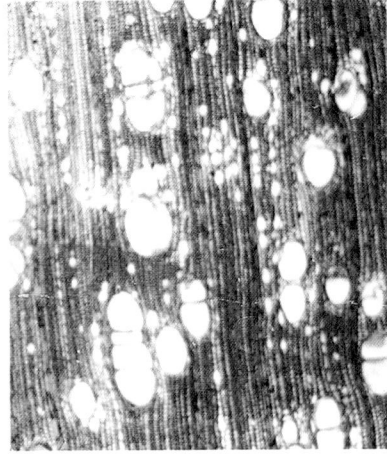
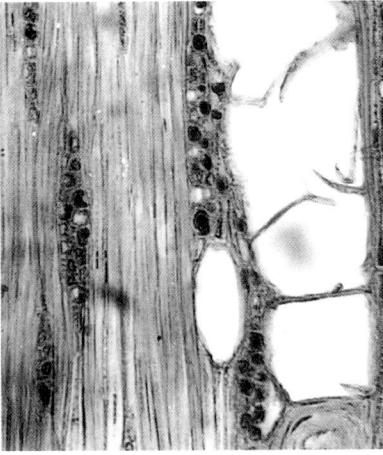
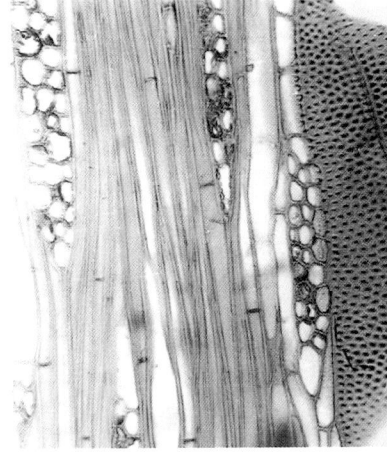

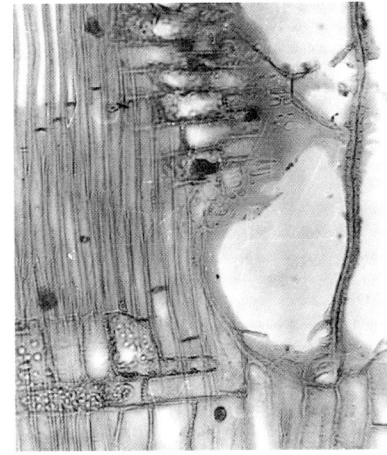

1~3 安尼樟 *Aniba canelilla*
4~6 白背安尼樟 *Aniba hypoglauca*

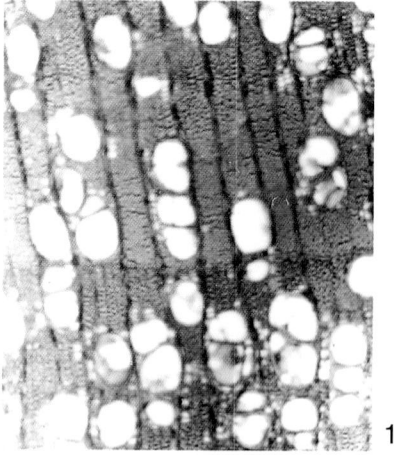

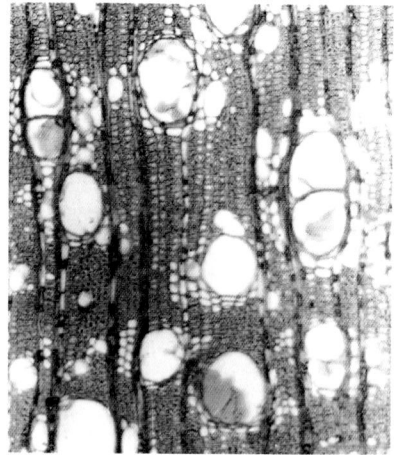

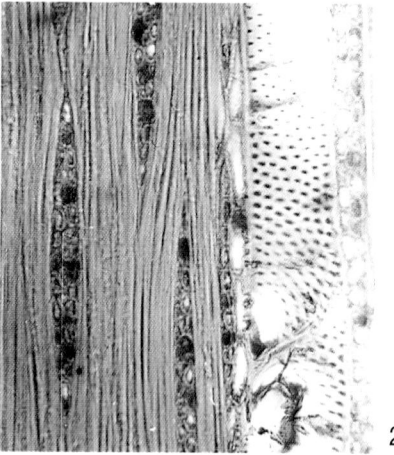

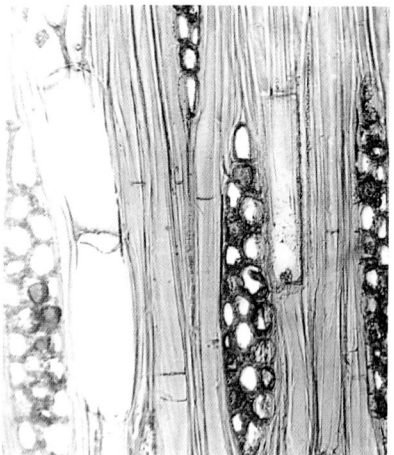

1~3 亚马孙热美樟 *Mezilaurus itauba*
4~6 红克尼樟 *Nectandra rubra*

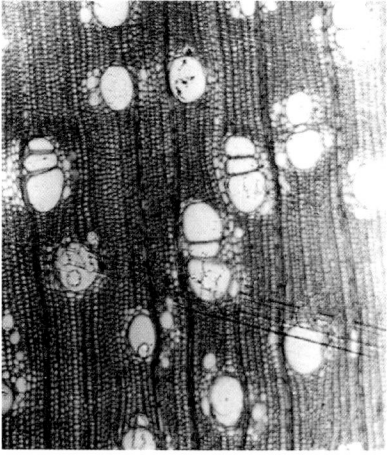

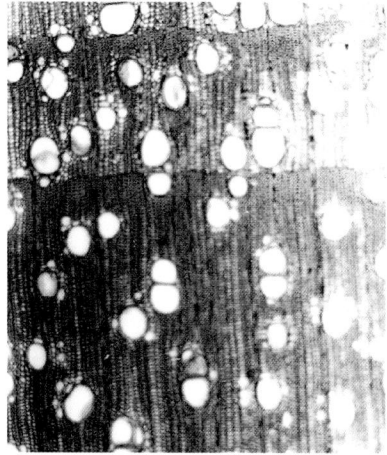

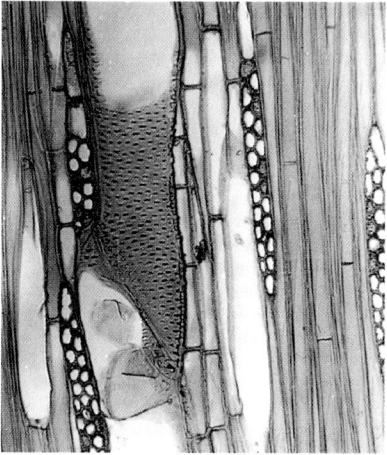

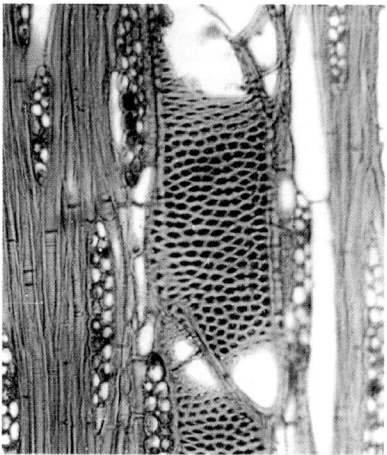

1～3 小肋绿心樟 *Ocotea costulata*

4～6 细孔绿心樟 *Ocotea porosa*

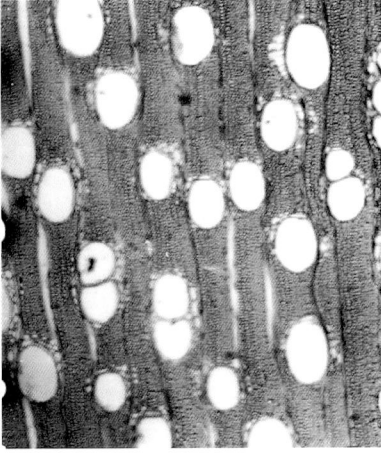
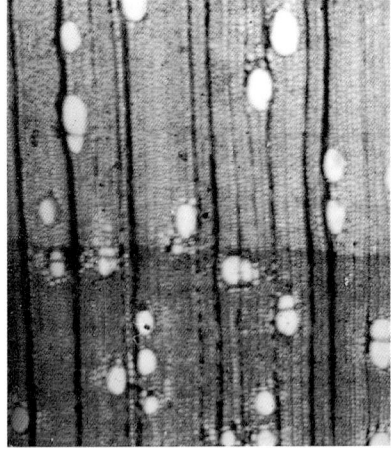
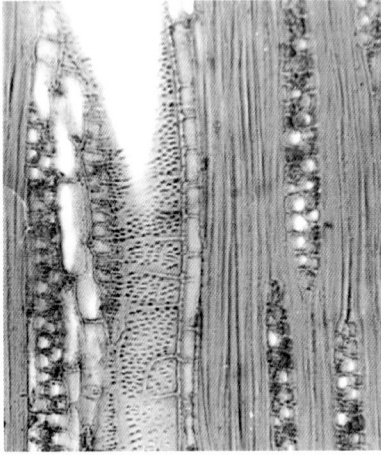
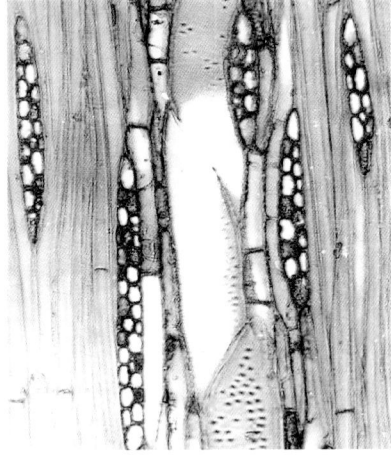
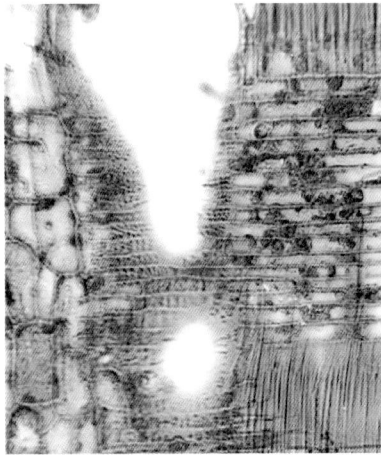
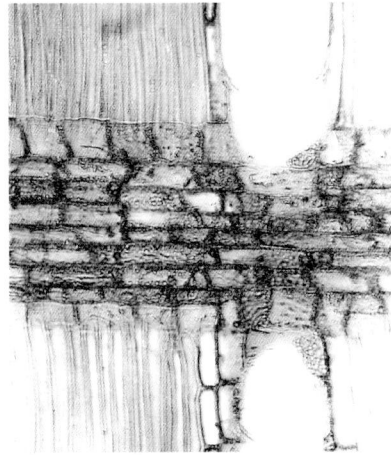

1~3 绿心樟 *Ocotea rodiei*
4~6 舌状鳄梨木 *Persea lingue*

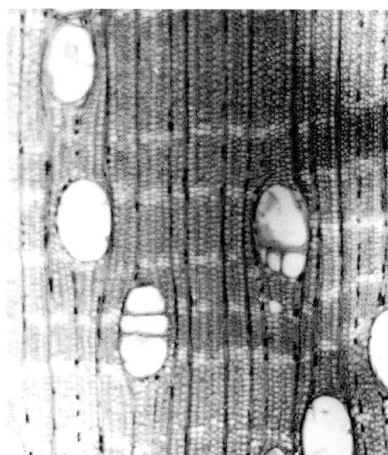

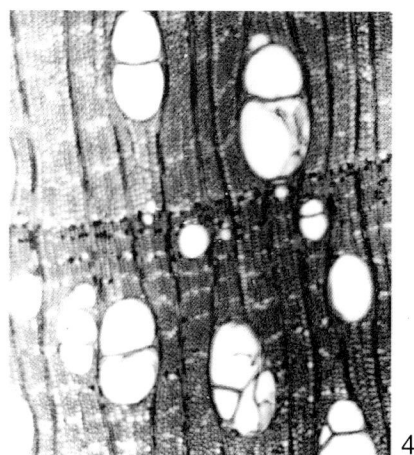

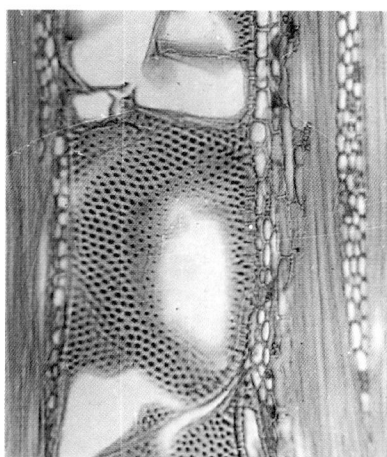

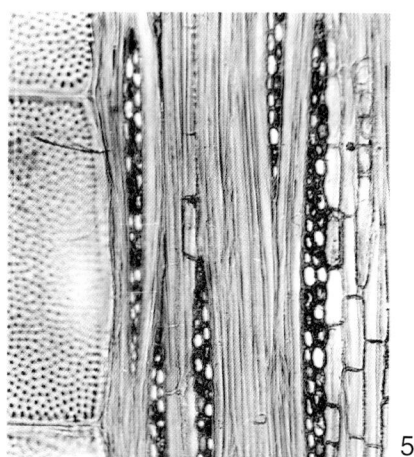

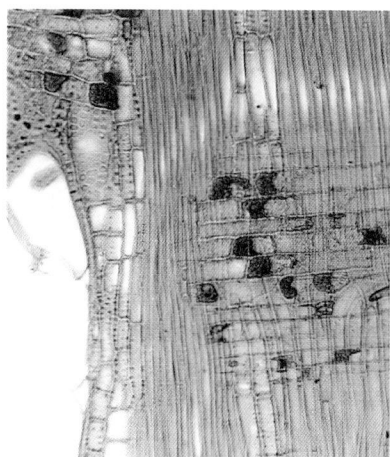

1~3 栗油果木 Bertholletia excelsa
4~6 利格卡林玉蕊 Cariniana legalis

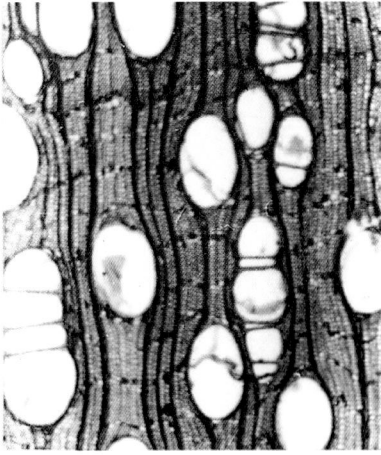

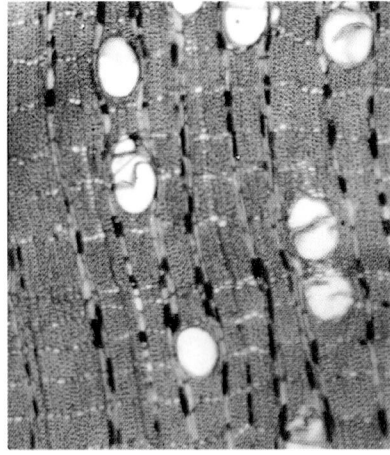

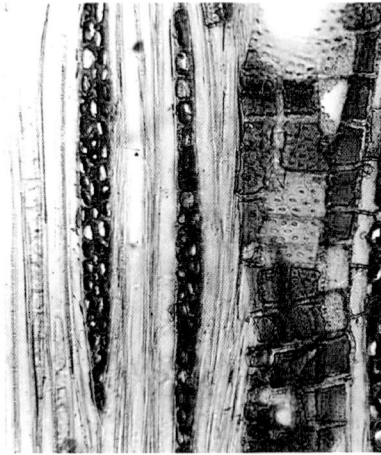

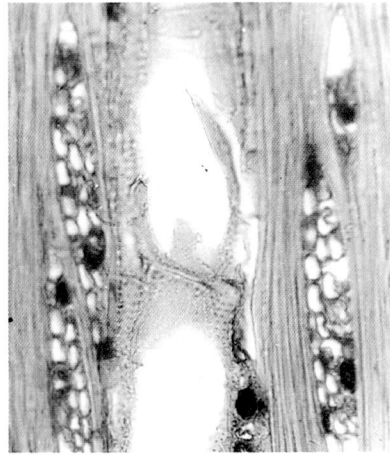

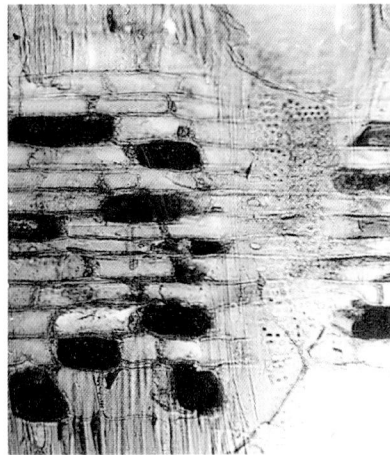

1～3 梨状卡林玉蕊 *Cariniana pyriformis*
4～6 椭圆叶纤皮玉蕊 *Couratari oblongifolia*

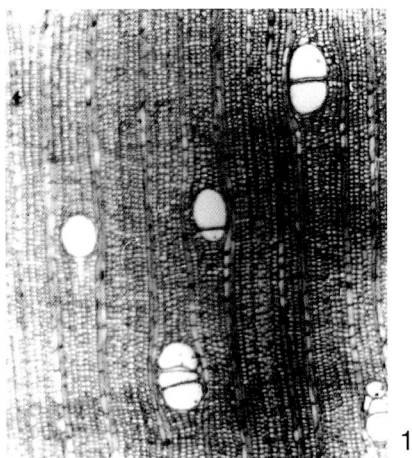

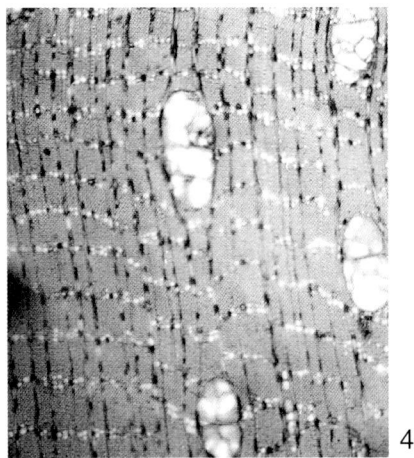

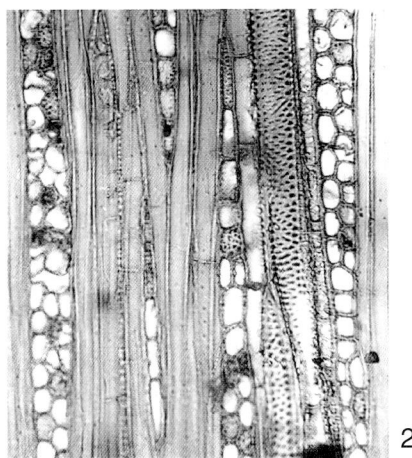

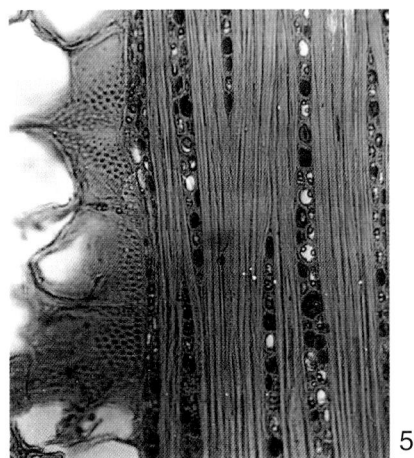

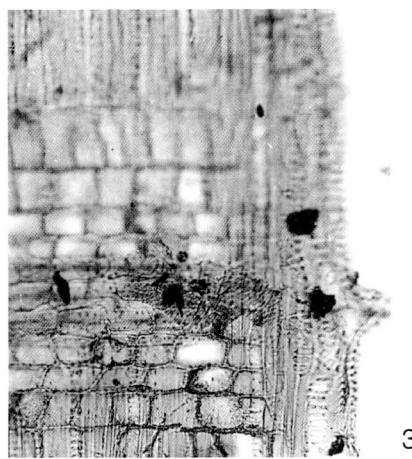

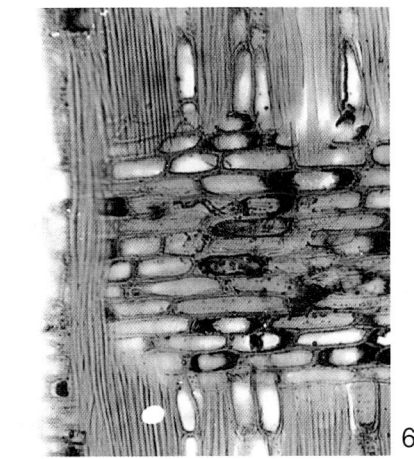

1~3 圭亚那炮弹果 *Couropita guianensis*
4~6 黑拉美玉蕊 *Eschweilera sagotiana*

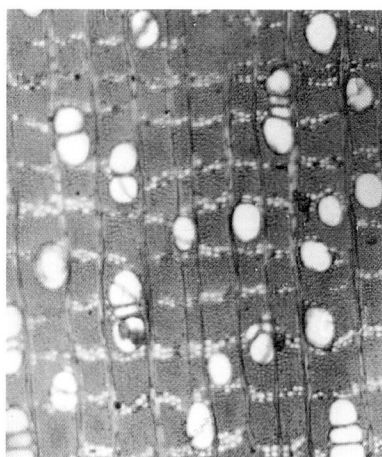

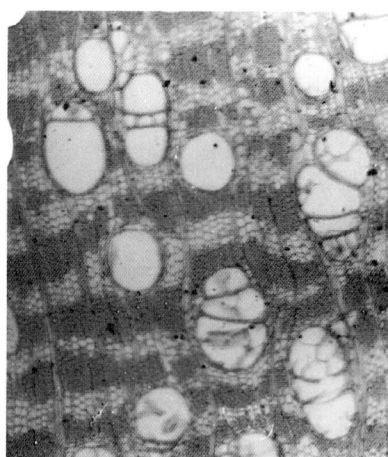

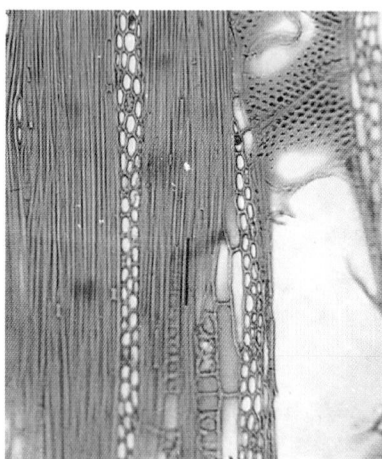

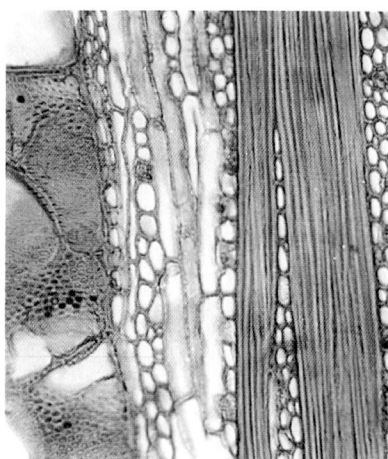

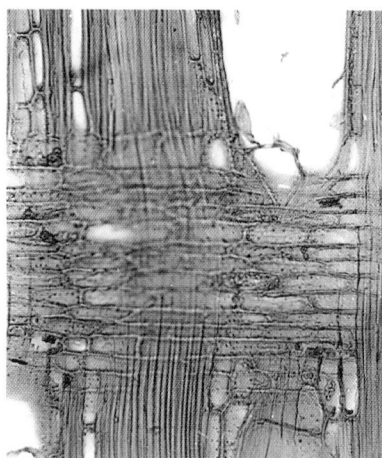

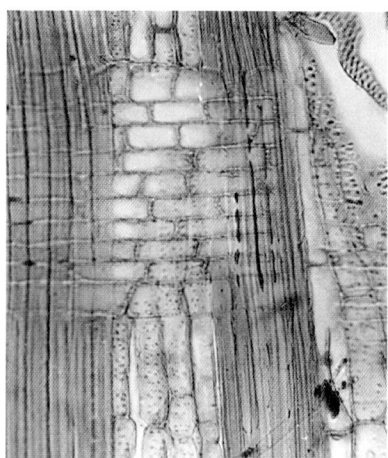

1~3 全盖果玉蕊 *Holopyxidium jarana*
4~6 皱缩正玉蕊 *Lecythis corrugata*

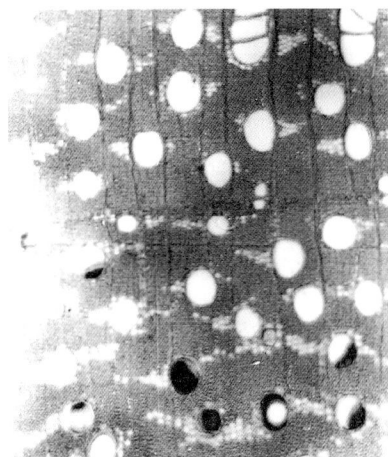

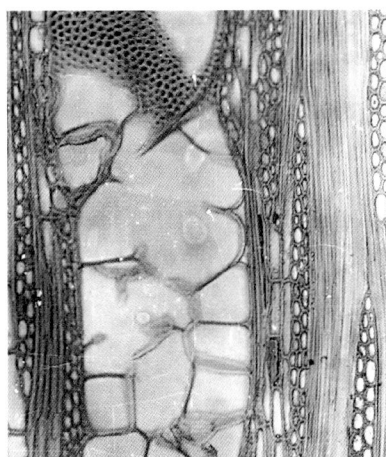

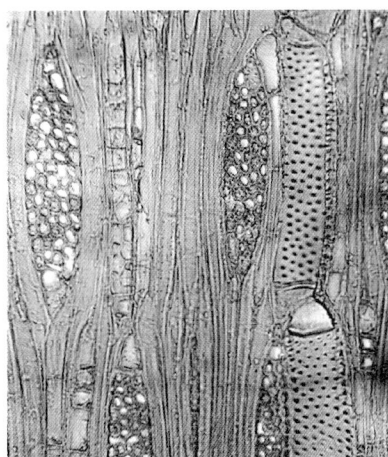

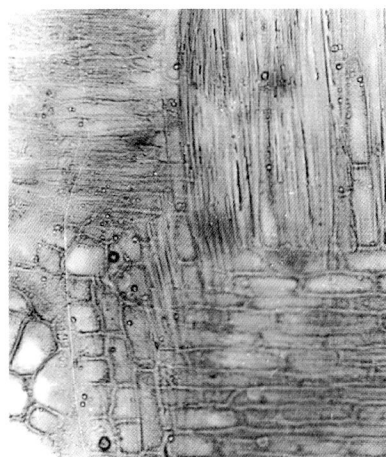

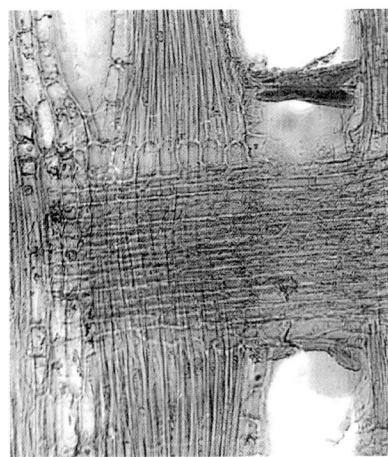

1~3 猴壶正玉蕊 *Lecythis davisii*

4~6 光果铁苏木 *Apuleia leiocarpa*

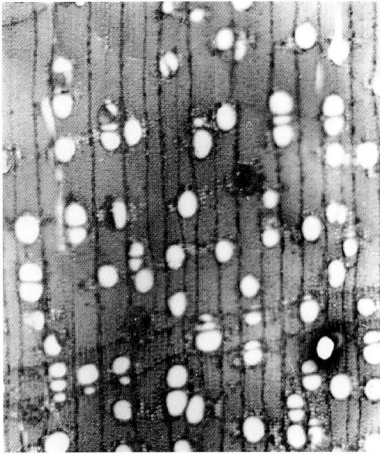

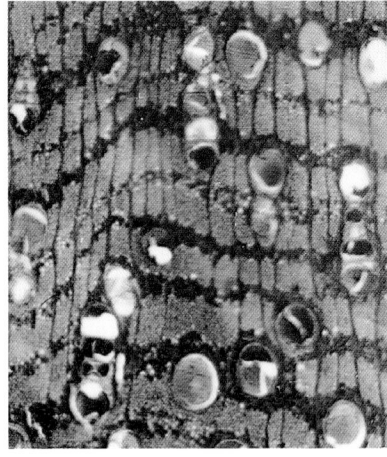

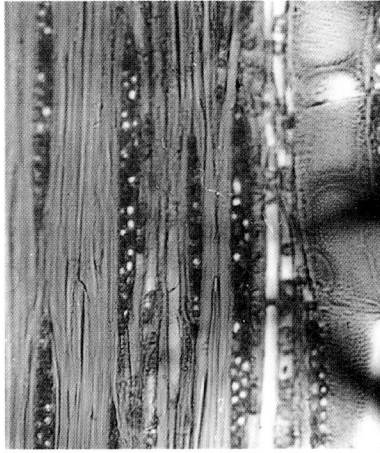

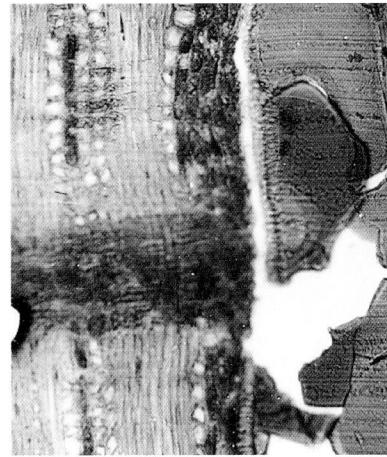

1~3 巴西苏木 *Caesalpinia echinata*
4~6 浸斑苏木 *Caesalpinia granadillo*

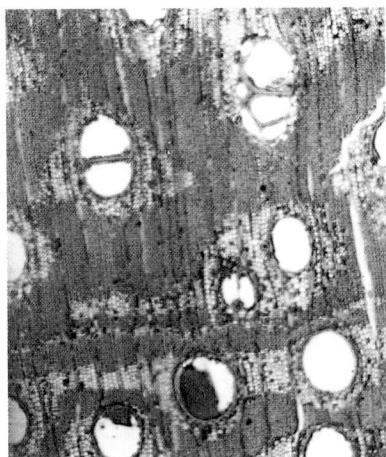

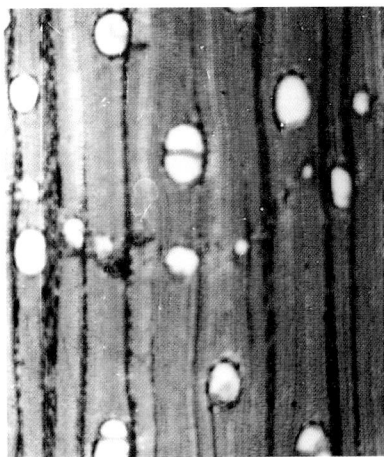

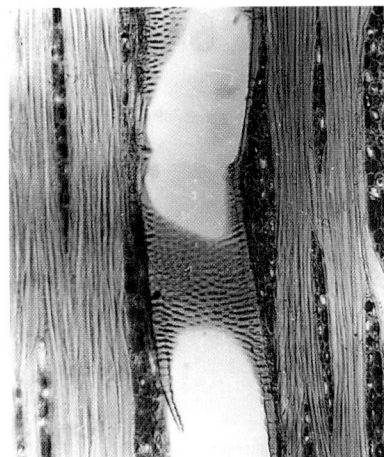

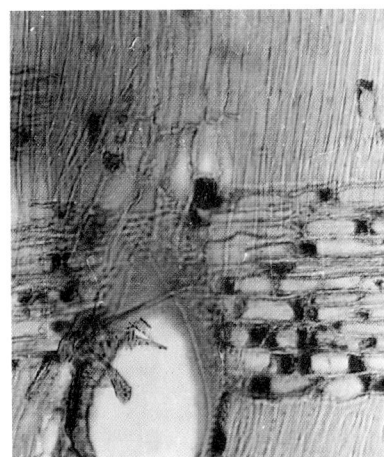

1~3 锈色铁刀木 *Cassia ferruginea*

4~6 达卡香脂树 *Copaifera duckei*

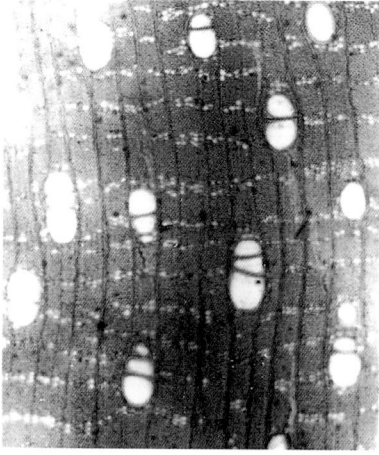
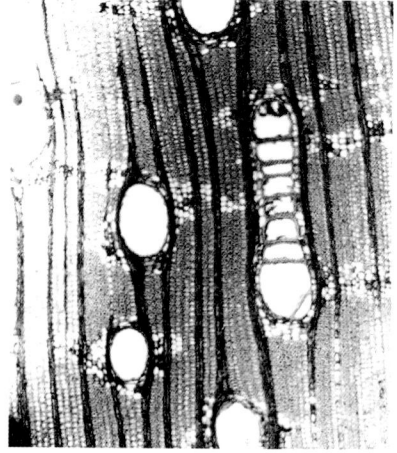
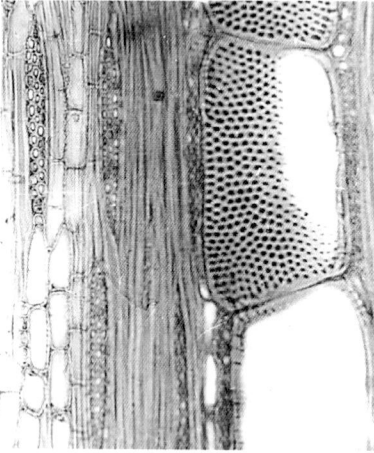
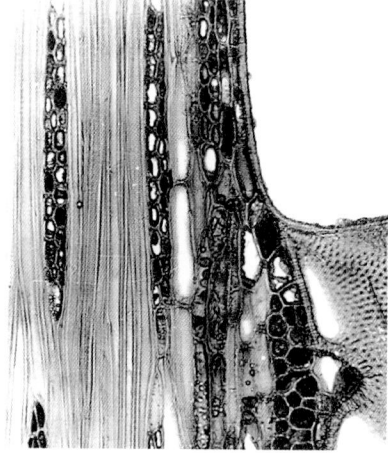
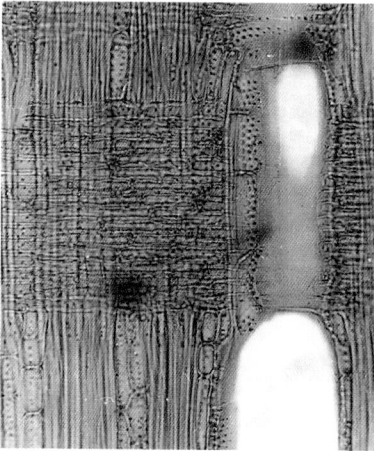

1~3 圭亚那摘亚木 *Dialium guianense*
4~6 双柱苏木 *Dicorynia guianensis*

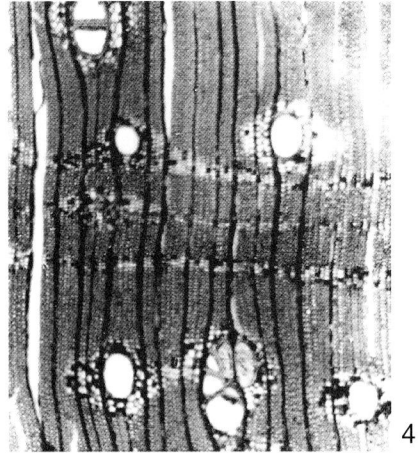

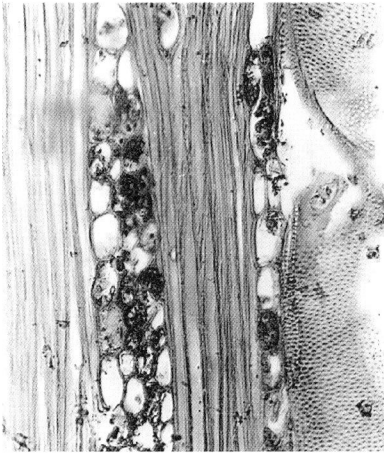

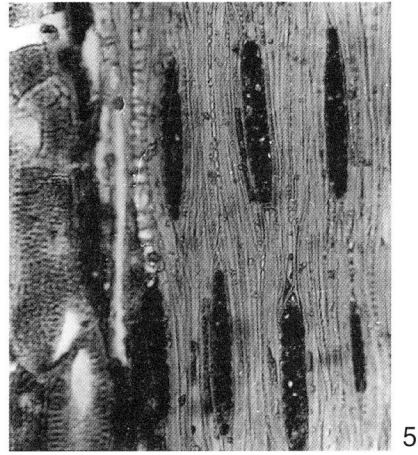

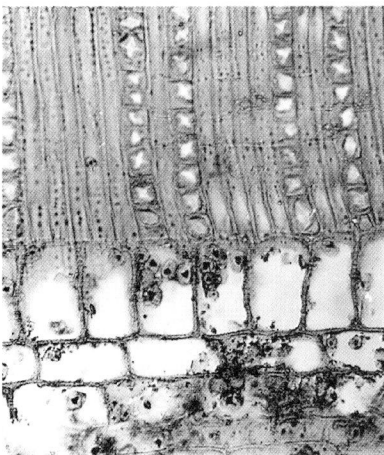

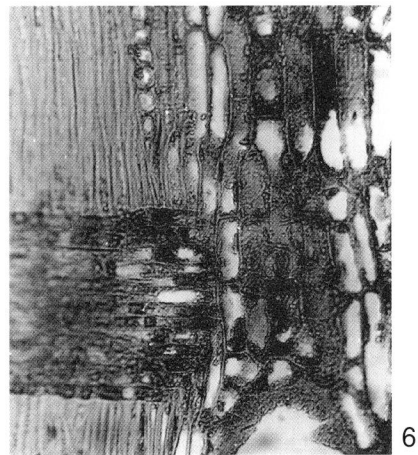

1~3 镰形木荚苏木 *Eperua falcata*
4~6 角刺豆木 *Goniorrhachis marginata*

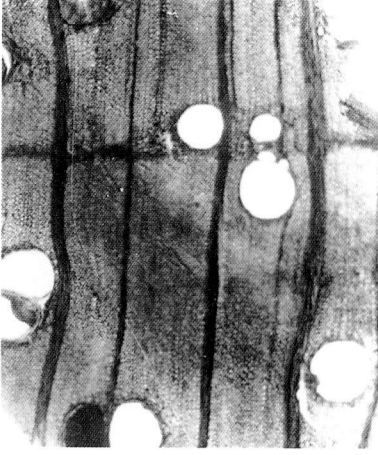

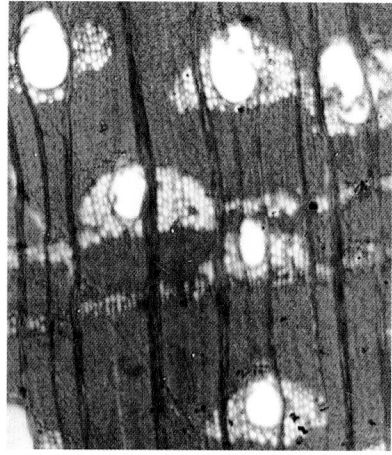

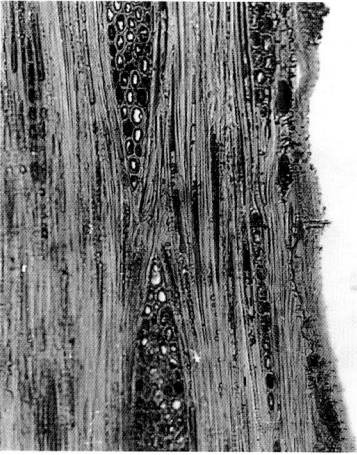

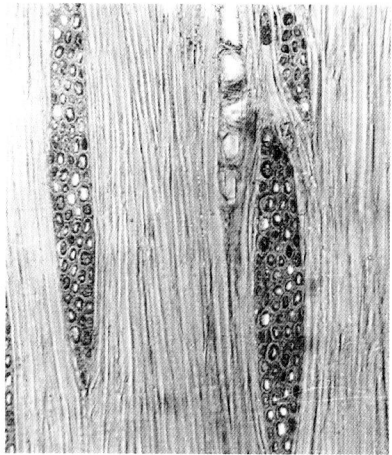

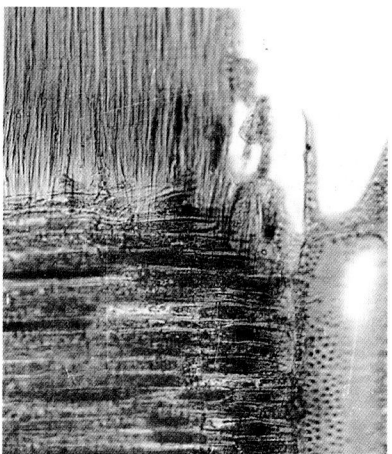

1~3 孪叶苏木 *Hymenaea Courbaril*

4~6 剑叶孪叶苏木 *Hymenaea oblongifolia*

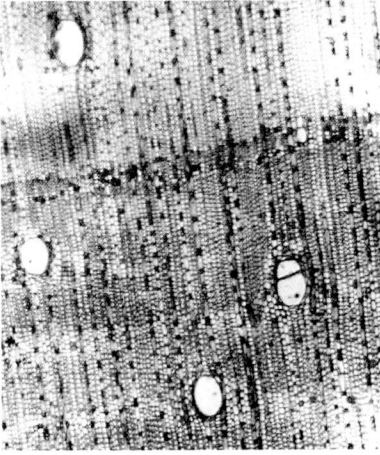
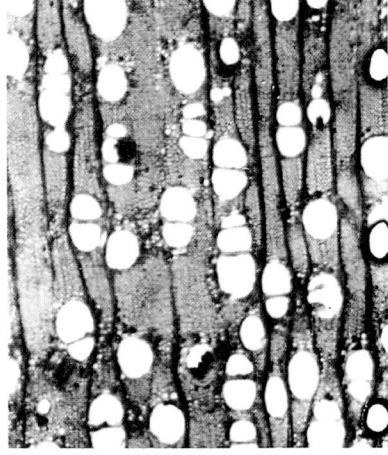
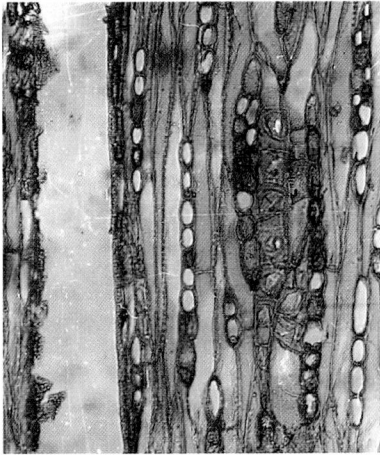

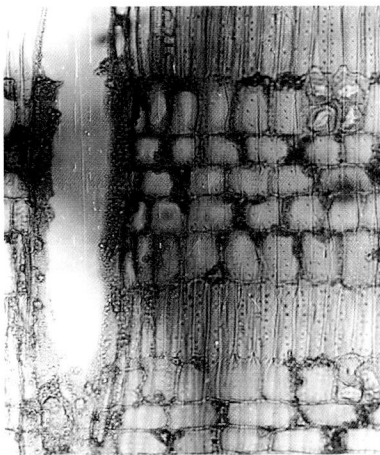

1～3 巨瓣苏木 *Macrolobium acacifolium*

4～6 黑苏木 *Melanoxylon brauna*

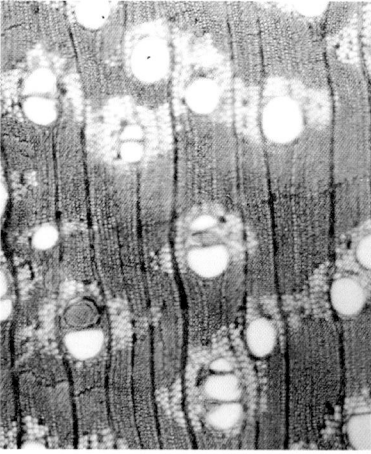
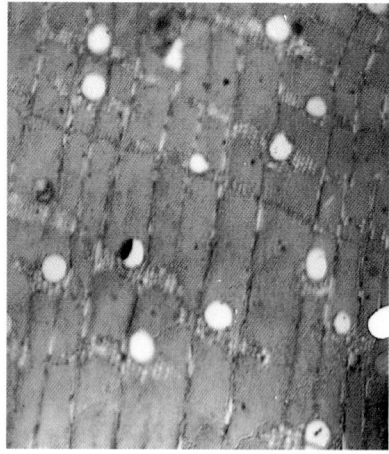
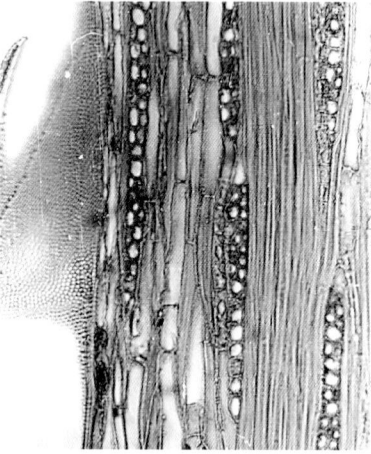
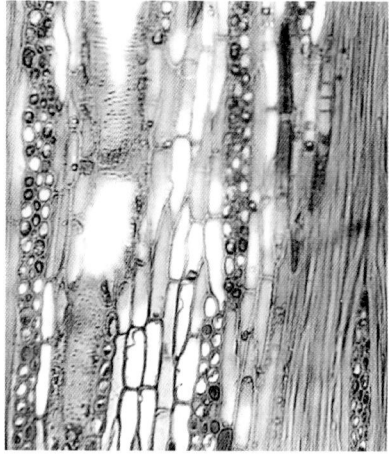
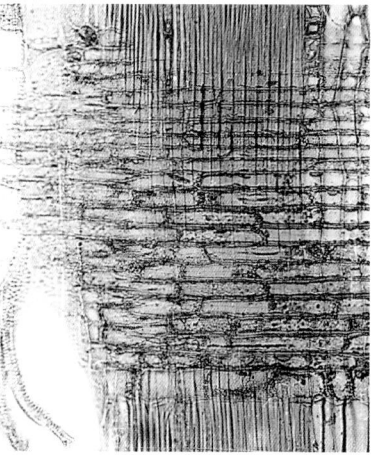

1～3 大鳕苏木 *Mora excelsa*
4～6 圆锥紫心苏木 *Peltogyne paniculata*

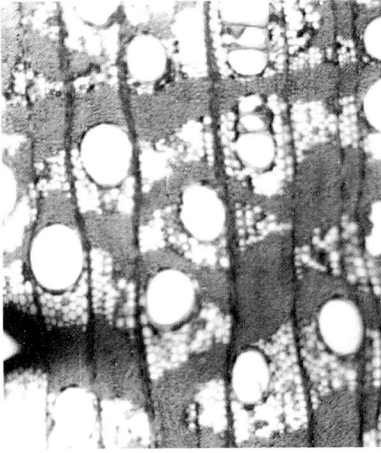

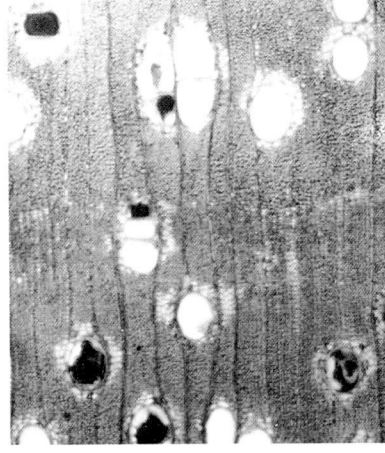

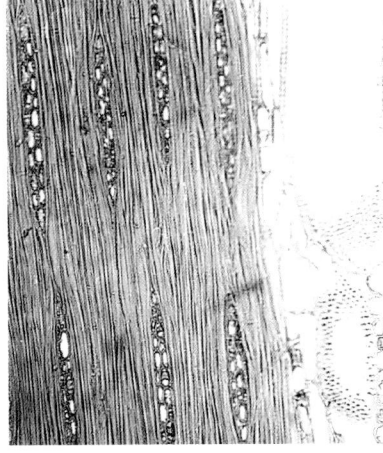

1~3 具脉紫心苏木 *Peltogyne venosa*

4~6 翅雌豆木 *Pterogyne nitens*

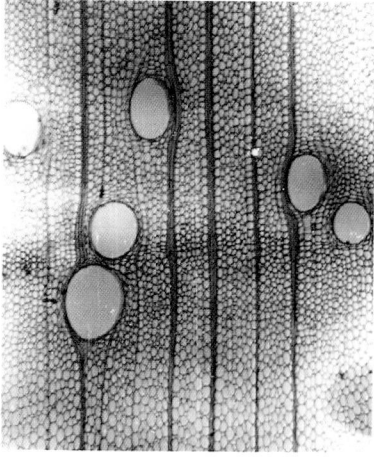
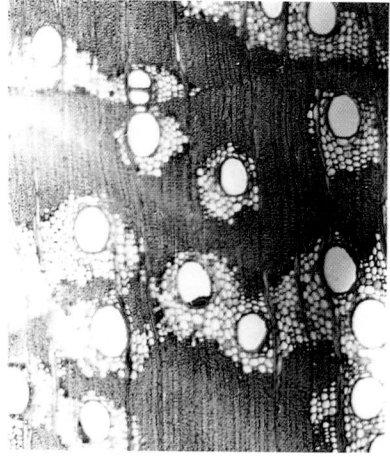
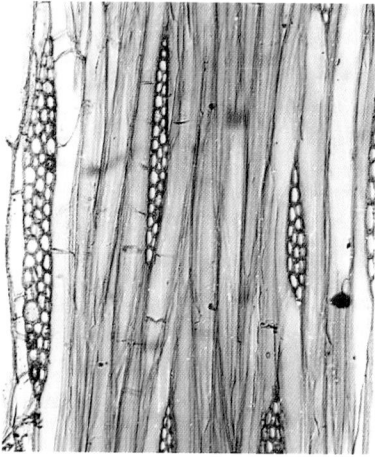
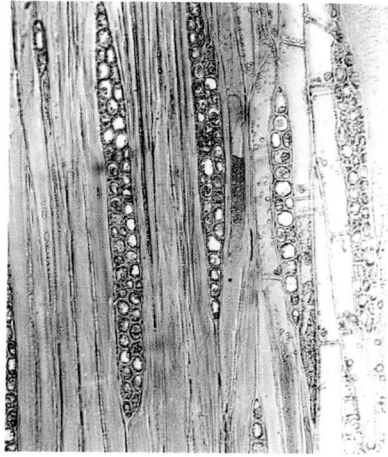

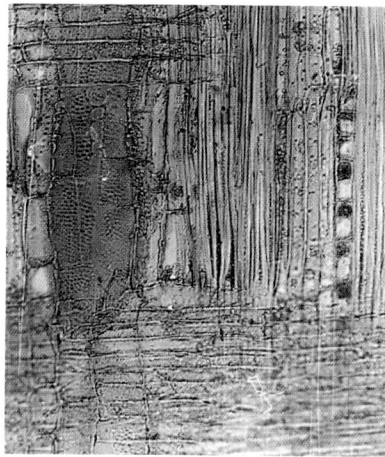

1～3 裂瓣苏木 *Schizolobium parahybum*
4～6 亚马孙沃埃苏木 *Vouacapoua americana*

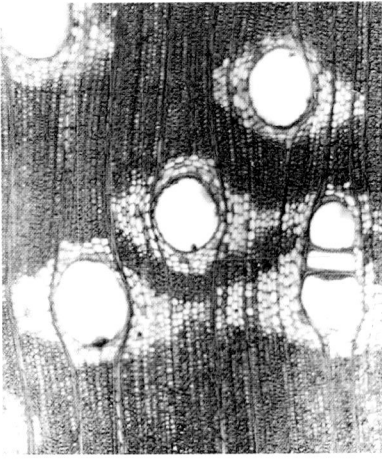
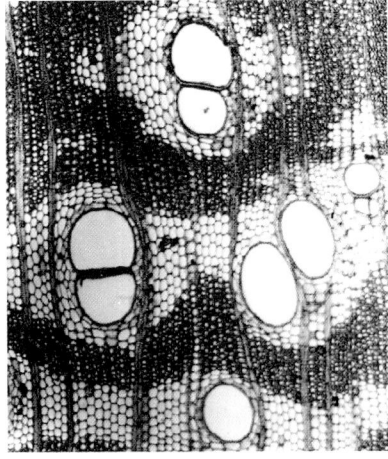
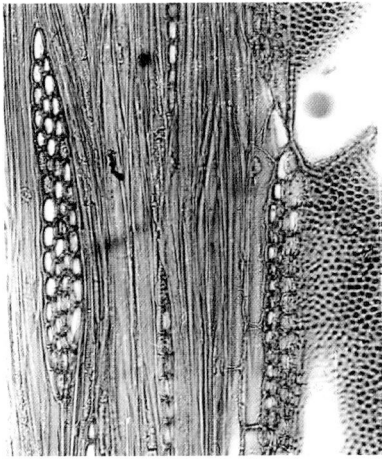
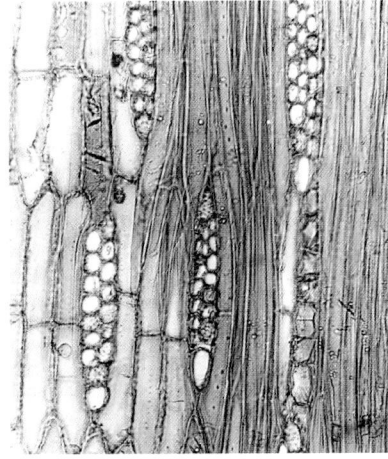

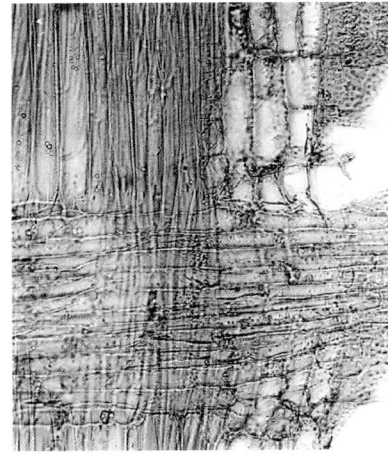

1～3 大花护卫豆 *Alexa grandiflora*

4～6 巴西良木豆 *Amburana cearensis*

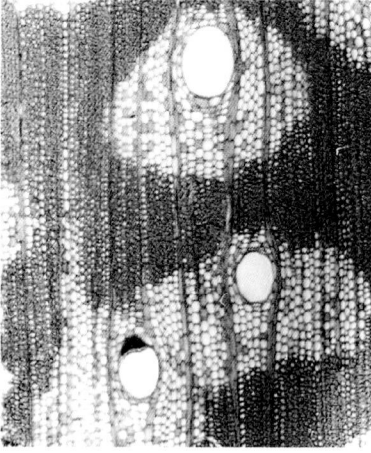
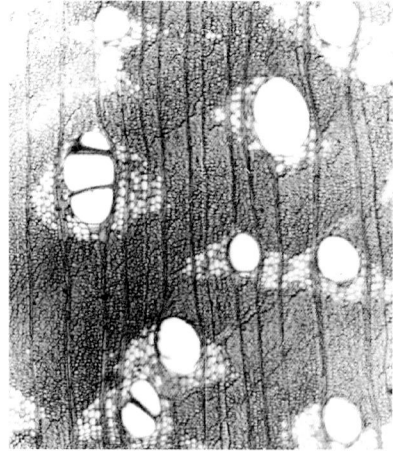
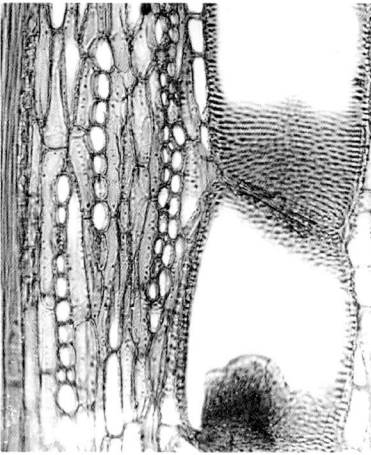
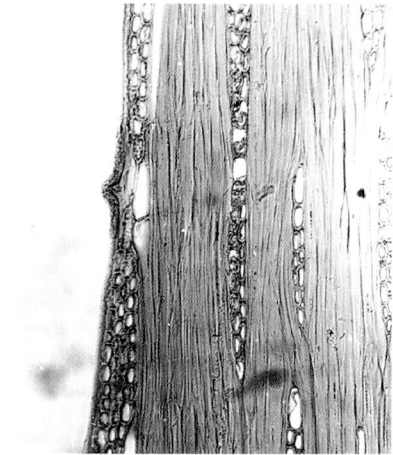
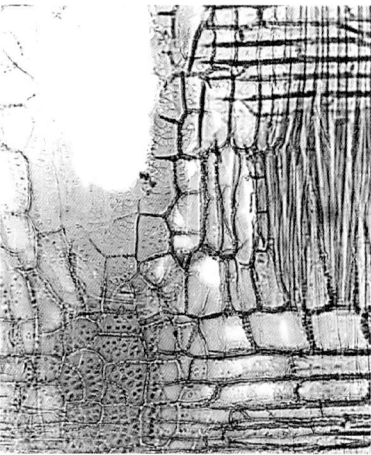
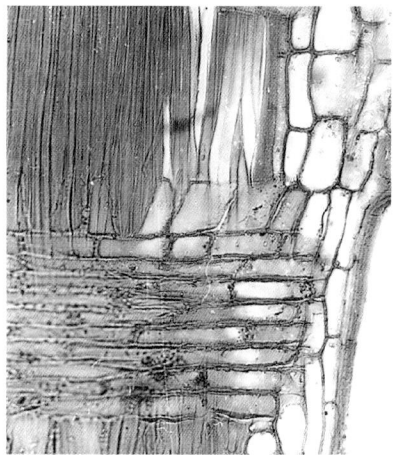

1~3 无刺甘蓝豆 *Andira inermis*
4~6 光鲍迪豆 *Bowdichia nitida*

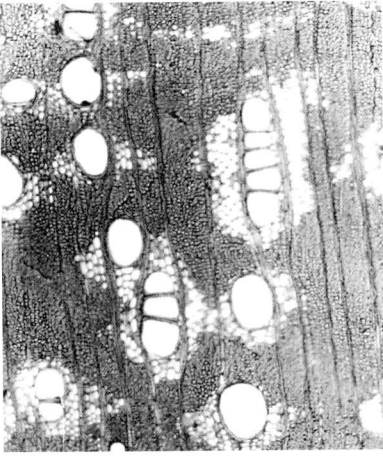

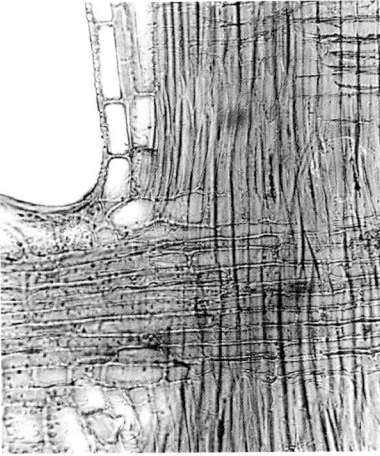

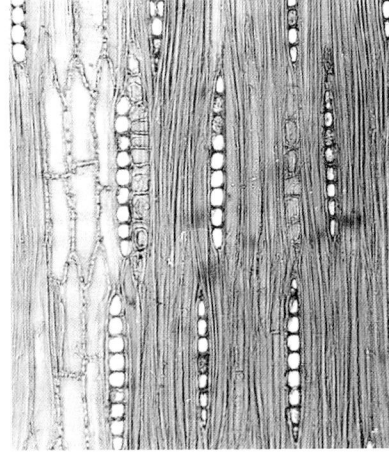

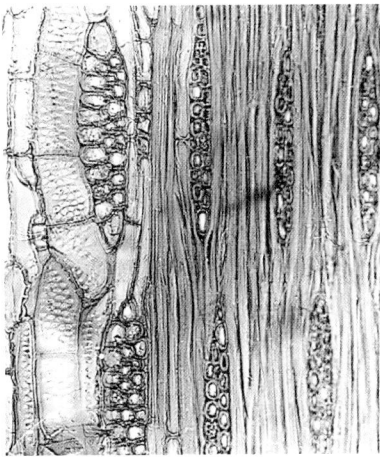

1~3 鲍迪豆 *Bowdichia virgilioides*
4~6 粗刺片豆 *Centrolobium robustum*

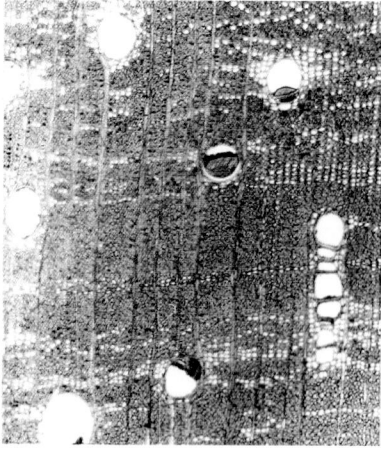

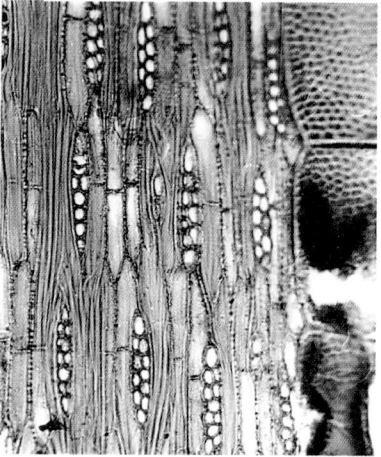
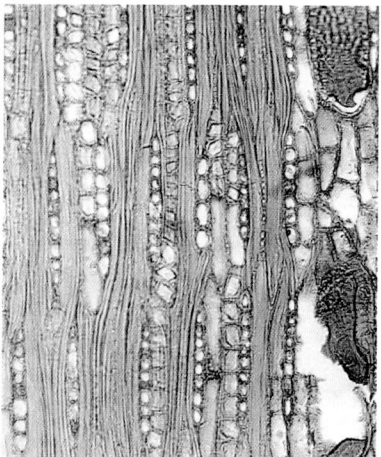
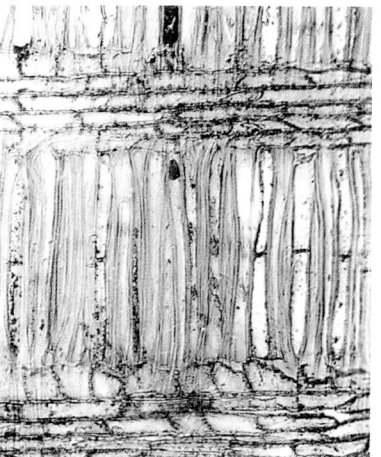
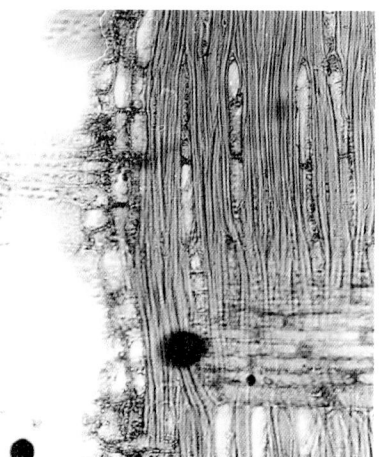

1~3 巴西黑黄檀 *Dalbergia nigra*

4~6 微凹黄檀 *Dalbergia retusa*

图版 65

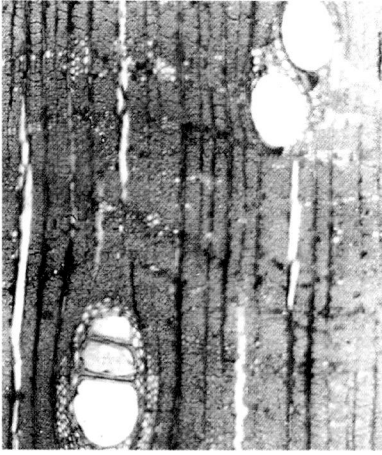

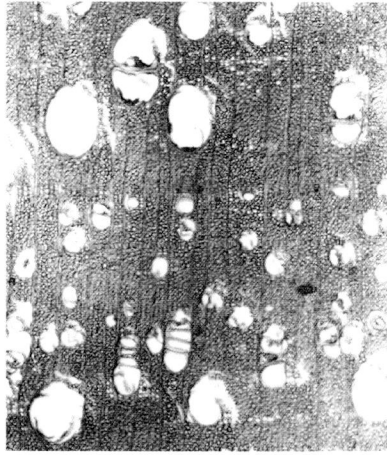

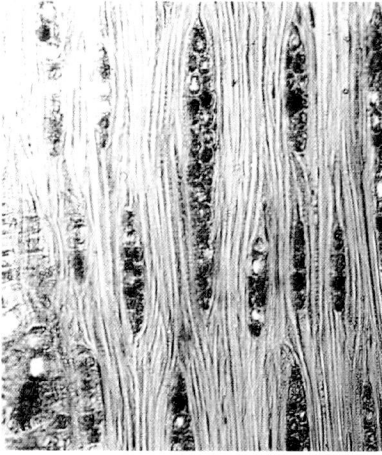

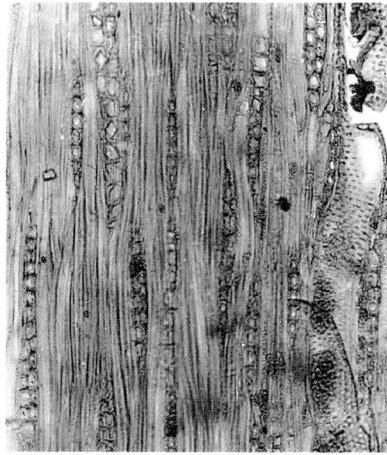

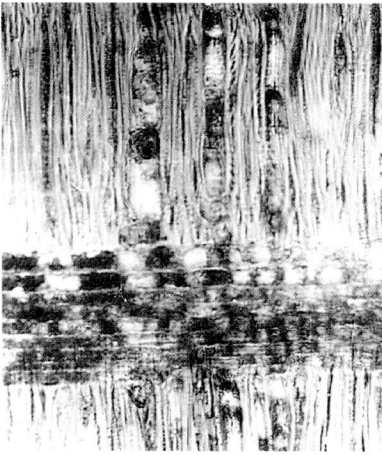

1～3 亚马孙黄檀 *Dalbergia spruceana*

4～6 伯利兹黄檀 *Dalbergia stevensonii*

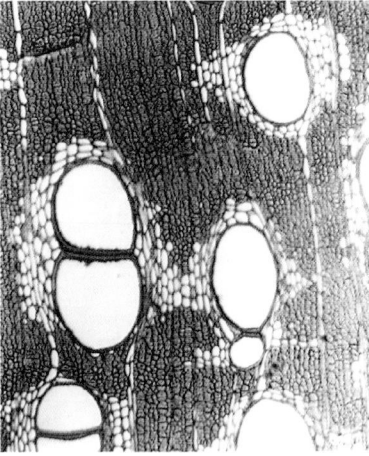

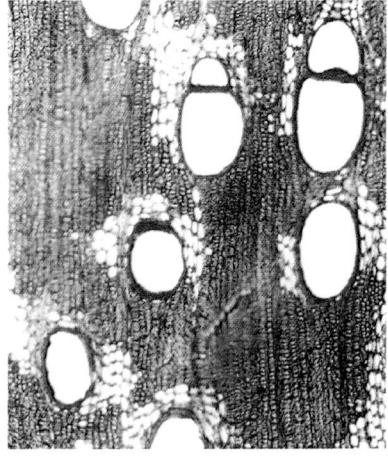

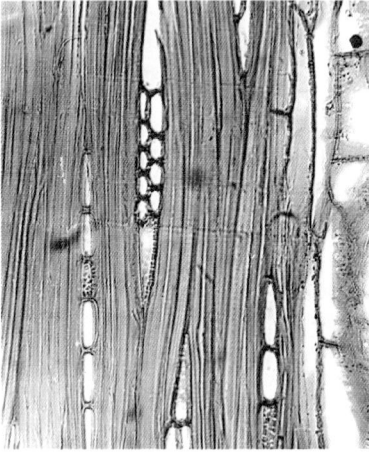

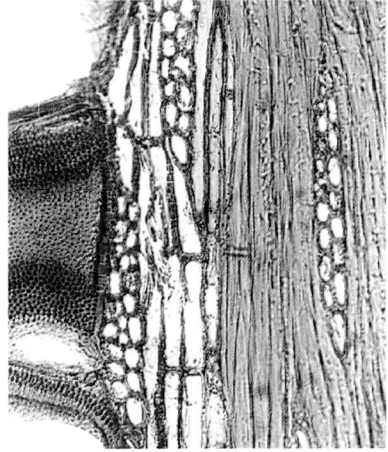

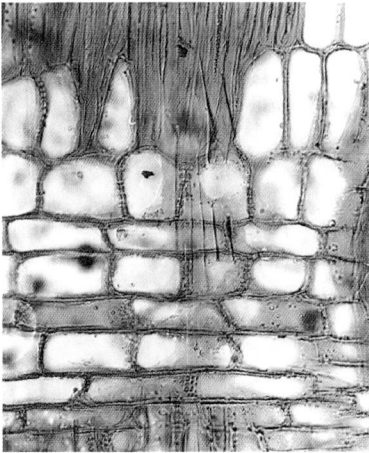

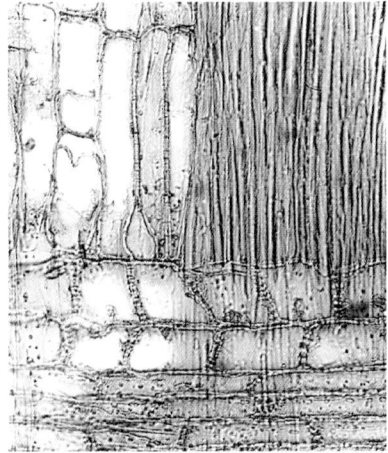

1~3 马氏双龙瓣豆 *Diplotropis martiusii*

4~6 紫双龙瓣豆 *Diplotropis purpurea*

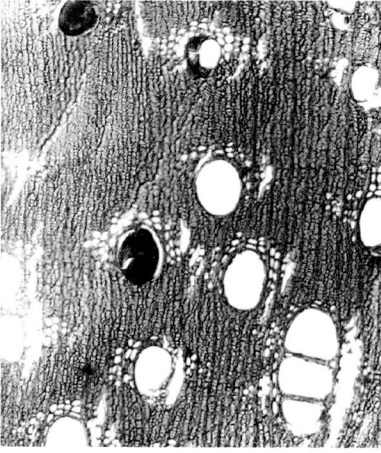

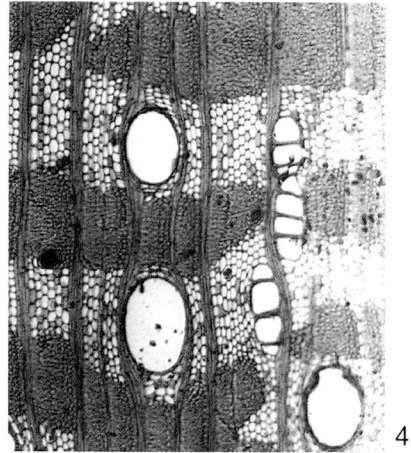

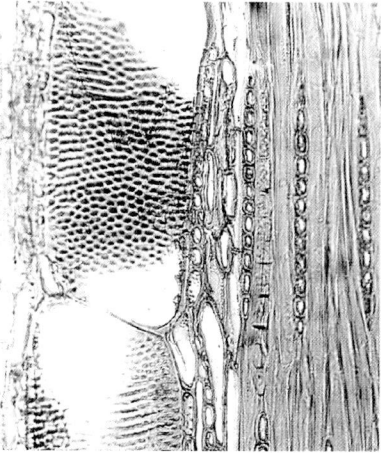

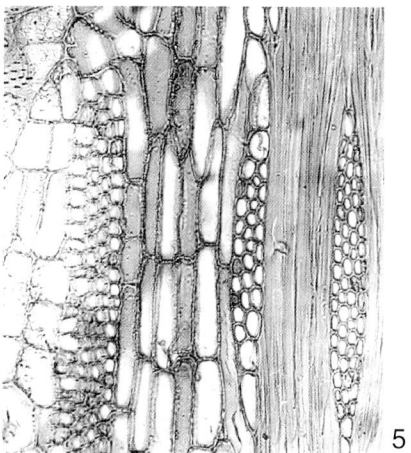

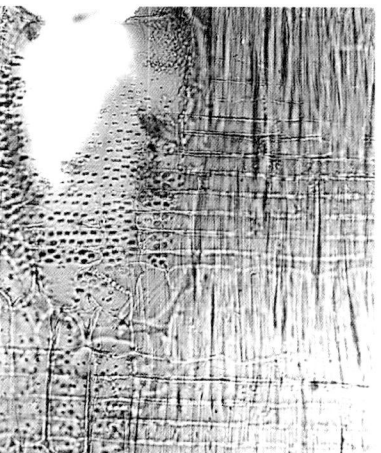

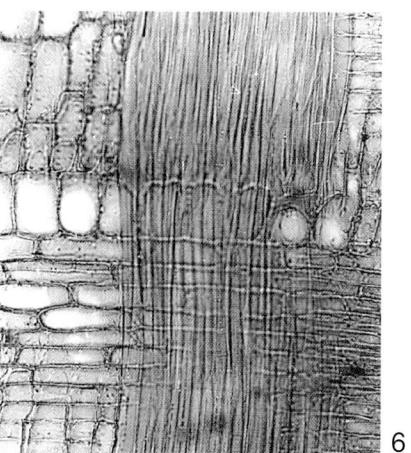

1~3 香二翅豆 *Dipteryx odorata*
4~6 大膜瓣豆 *Hymenolobium excelsum*

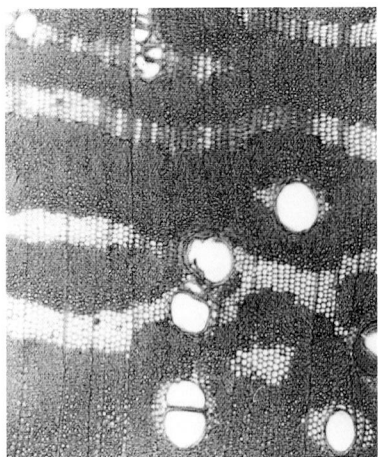
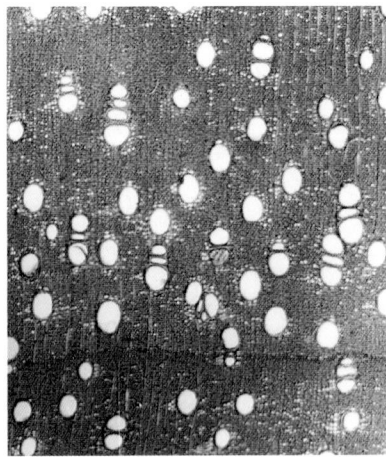
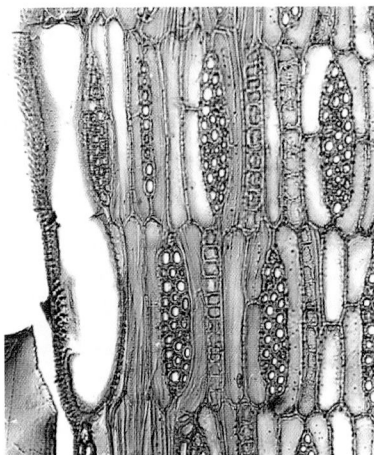
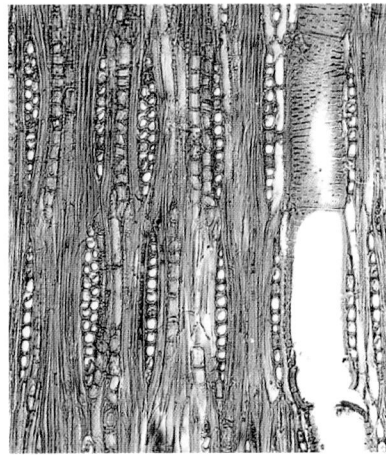
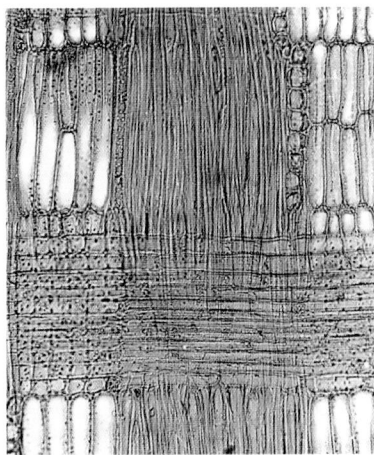
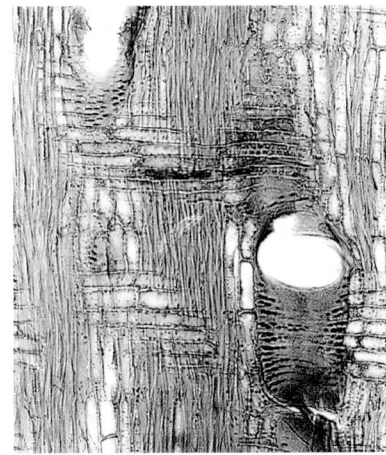

1～3 香甜合生果 *Lonchocarpus hedyosmus*

4～6 硬木军刀豆 *Machaerium scleroxylon*

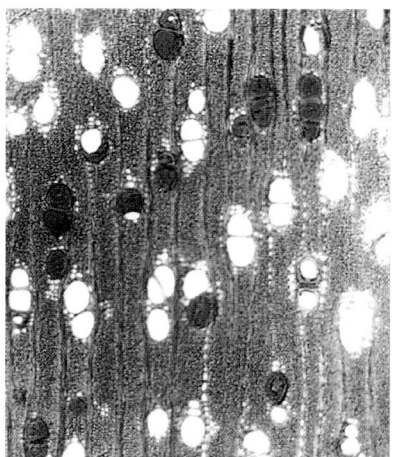
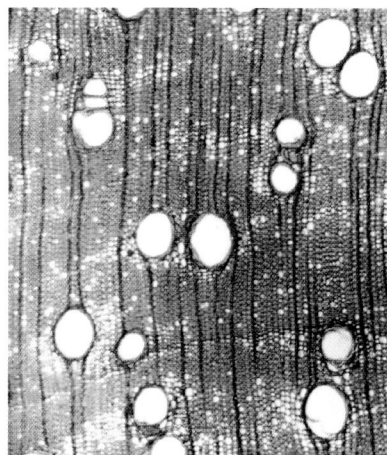
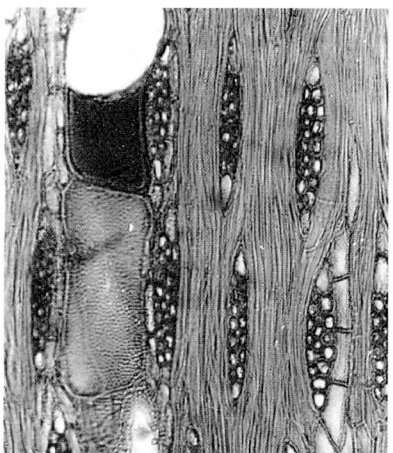
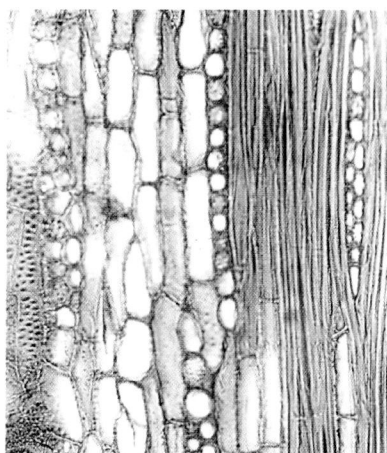

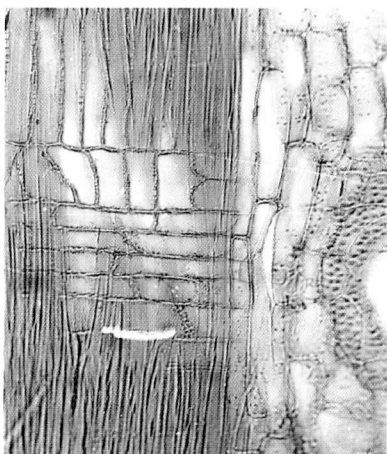

1~3 香脂木豆 *Myroxylon balsamum*

4~6 深红红豆 *Ormosia coccinea*

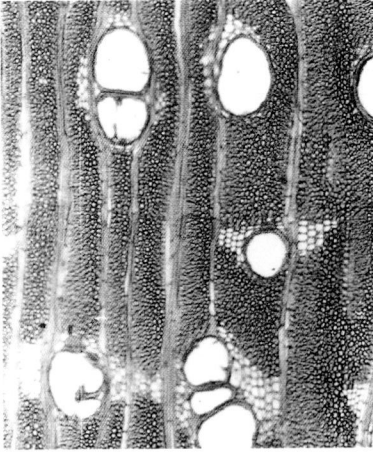
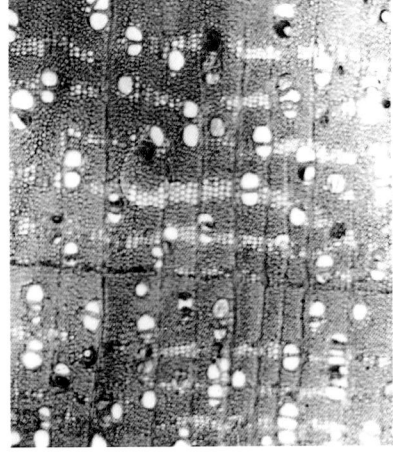
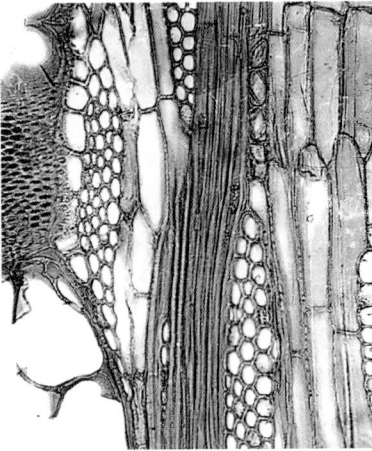
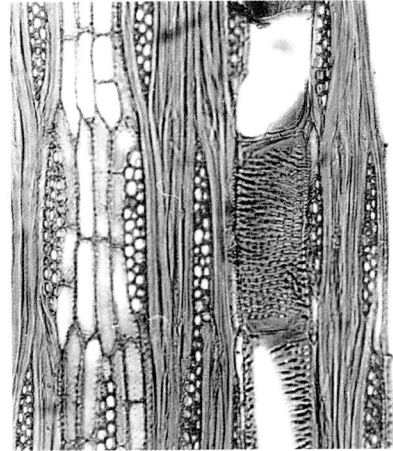
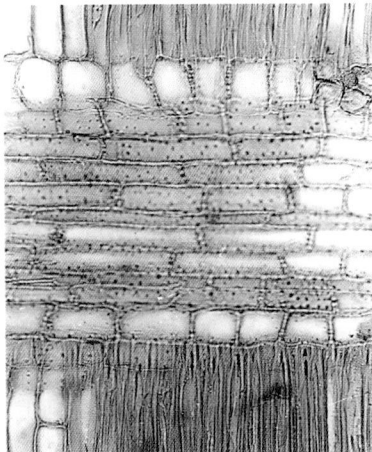
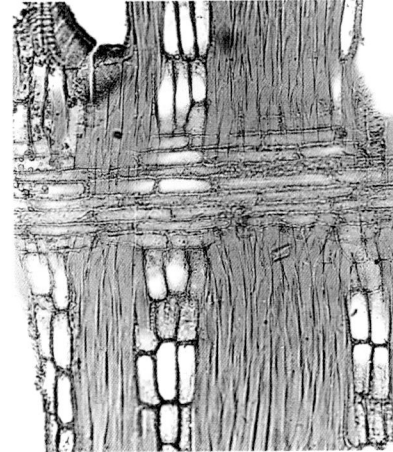

1~3 扁豆木 *Platycyamus regnellii*

4~6 小杂花豆木 *Poecilanthe parviflora*

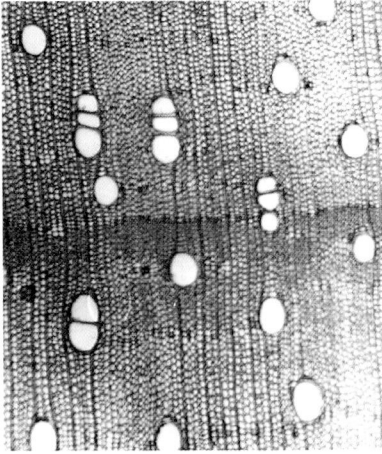
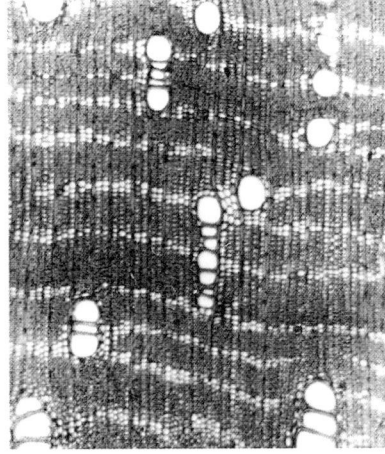
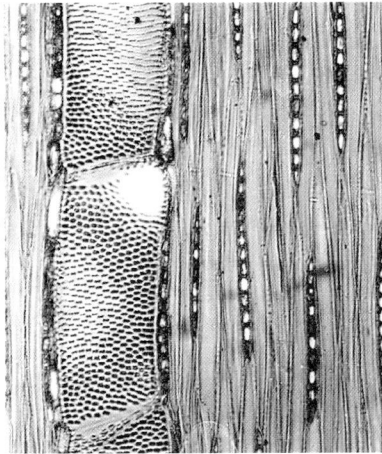
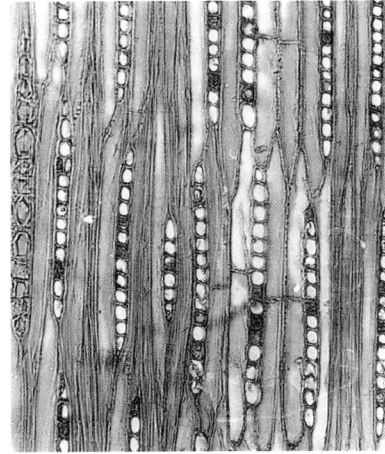
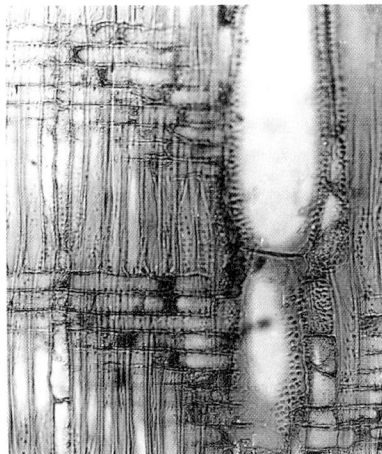
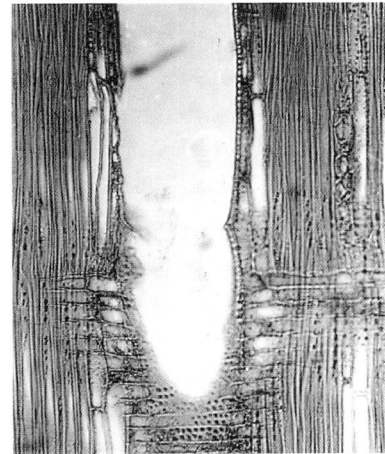

1～3 药用紫檀 *Pterocarpus officinalis*

4～6 罗氏紫檀 *Pterocarpus rohrii*

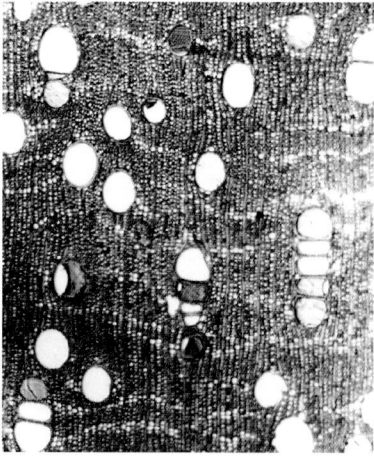

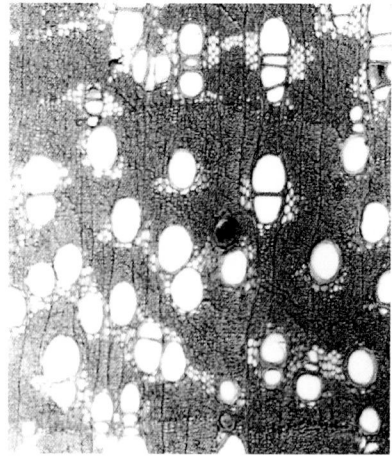

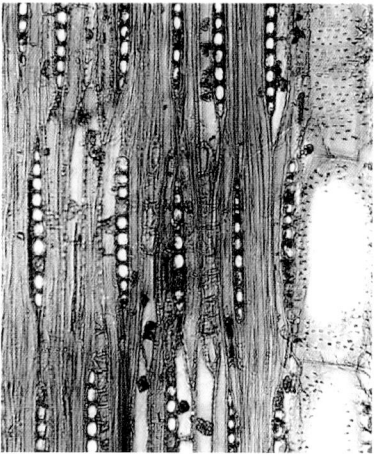

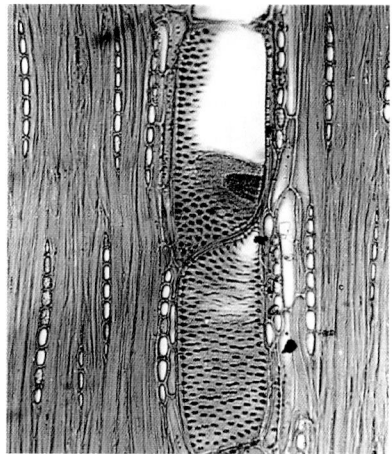

1~3 帕罗紫檀 *Pterocarpus* sp.

4~6 无缘翅齿豆 *Pterodon emarginatus*

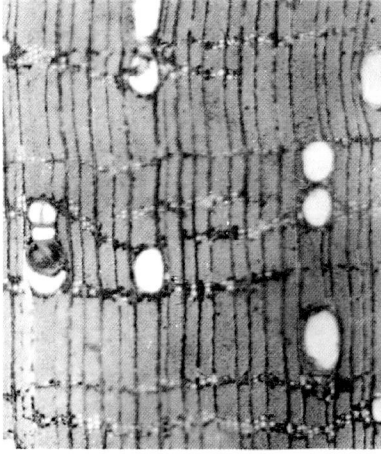

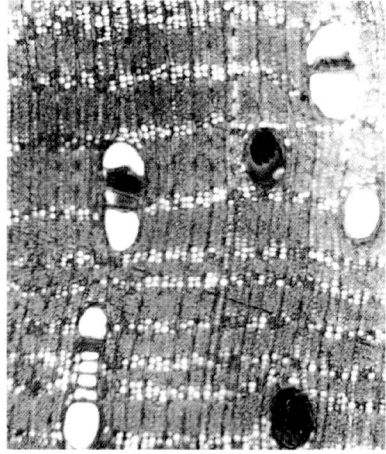

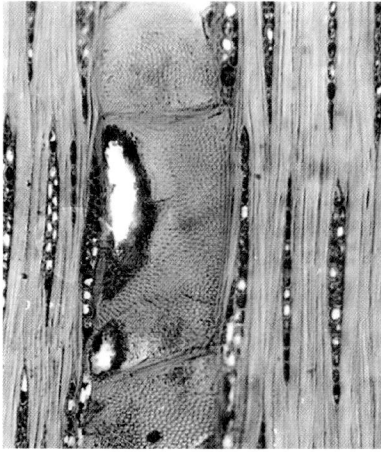

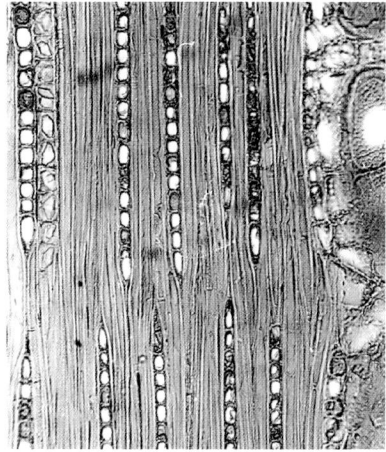

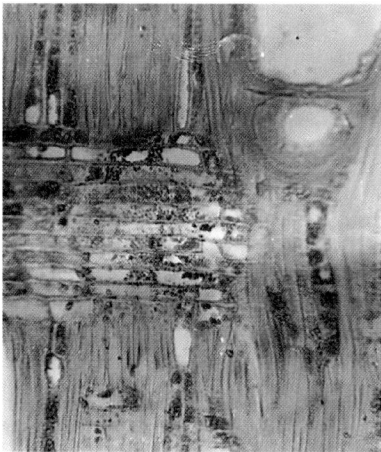

1～3 班尼铁木豆 *Swartzia bannia*
4～6 铁木豆 *Swartzia benthamiana*

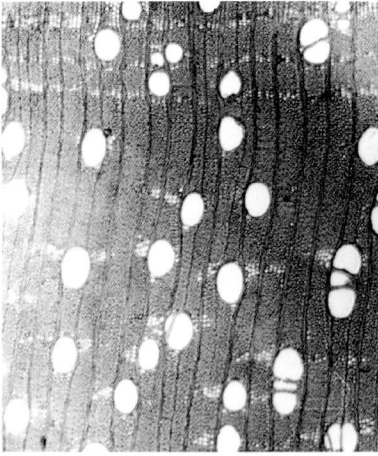
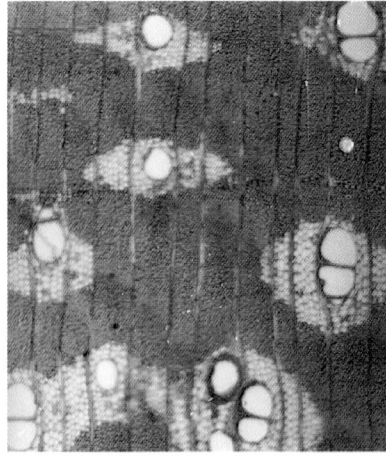
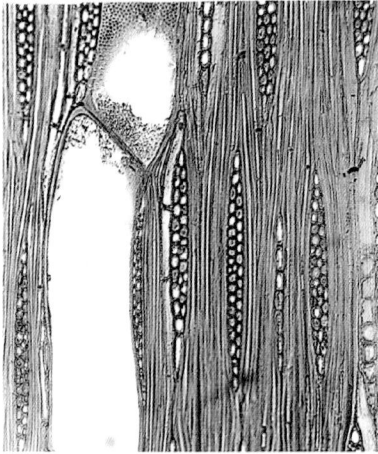
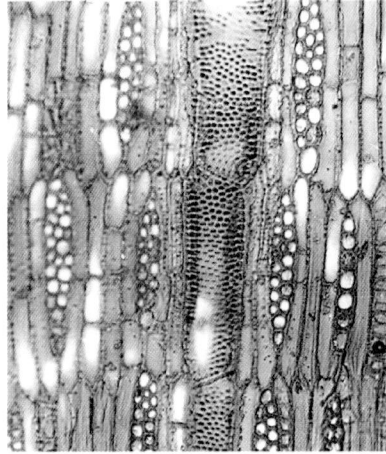
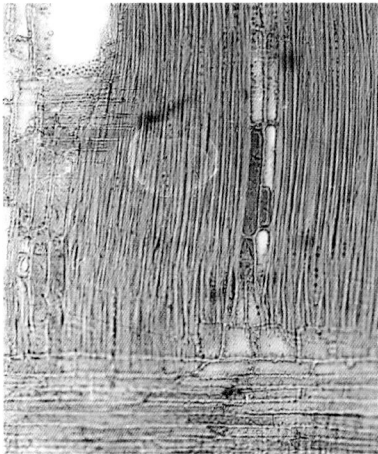

1～3 平萼铁木豆 *Swartzia leiocalycina*

4～6 美丽斯威豆 *Sweetia fruticosa*

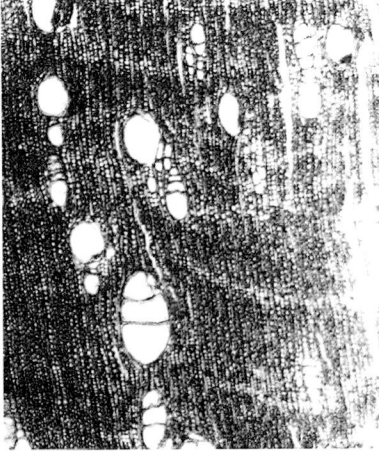
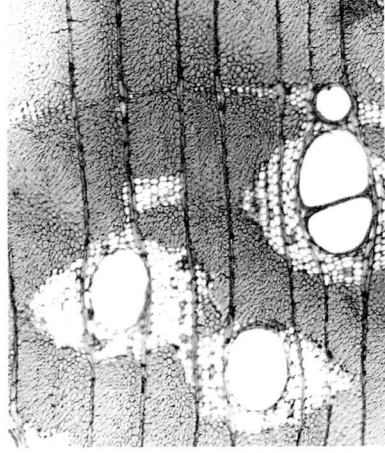
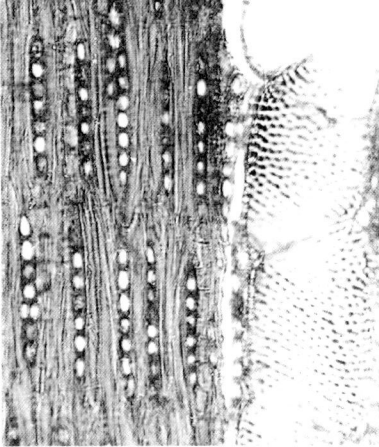
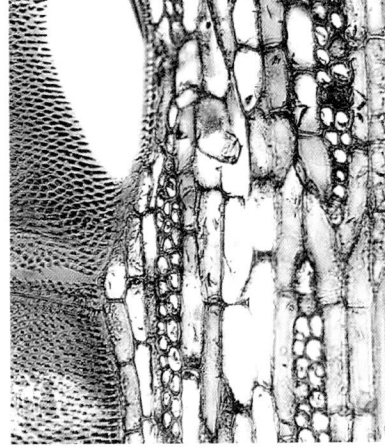
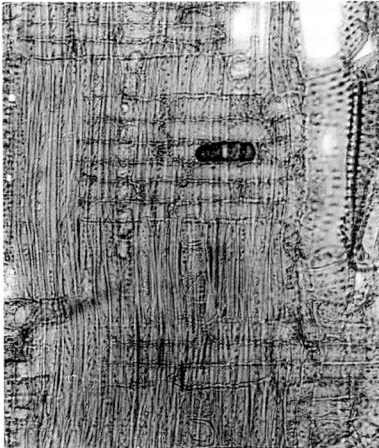
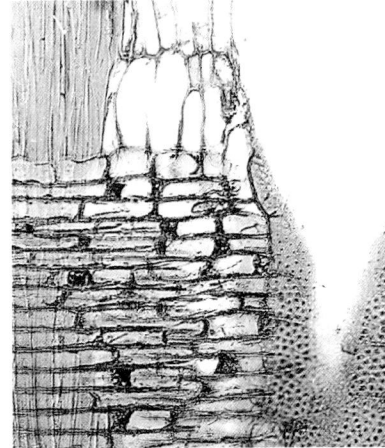

1～3 同名豆 *Tipuana tipu*
4～6 巴西瓦泰豆 *Vatairea paraensis*

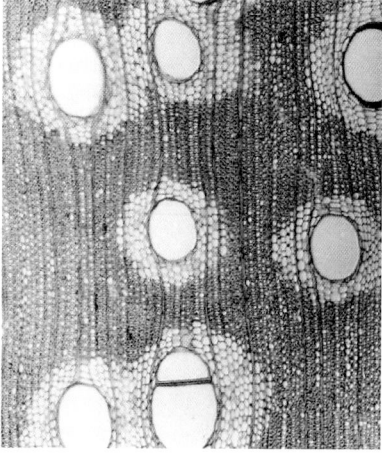
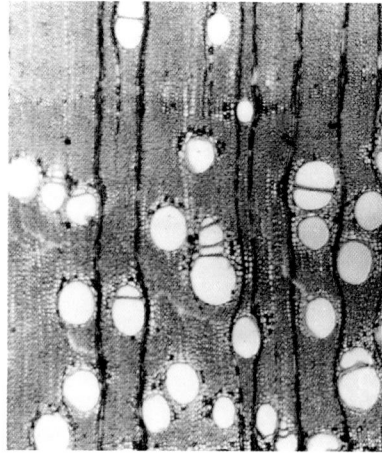
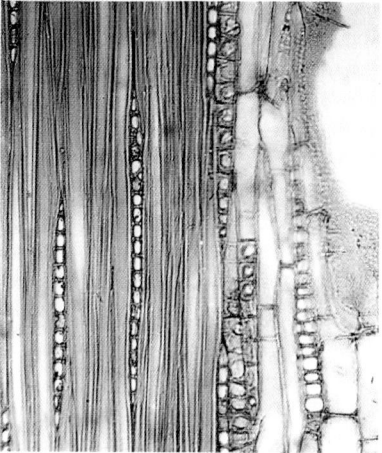
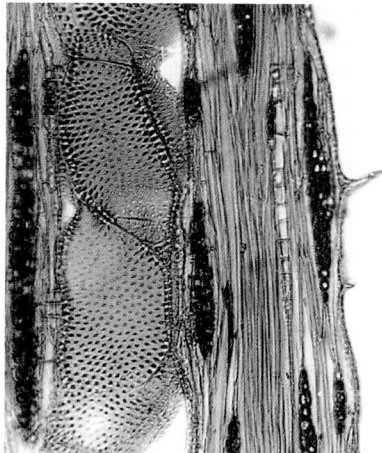
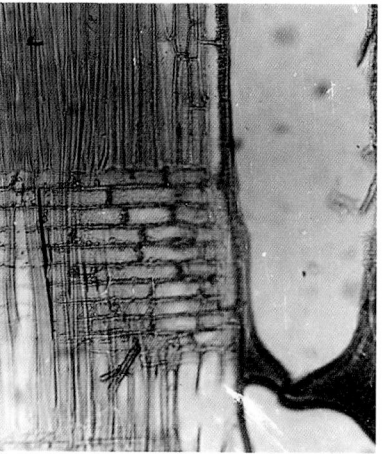
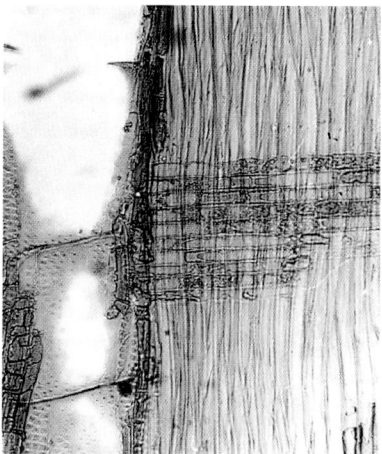

1～3 阿巴豆 *Abarema jupunba*
4～6 黑相思 *Acacia melanoxylon*

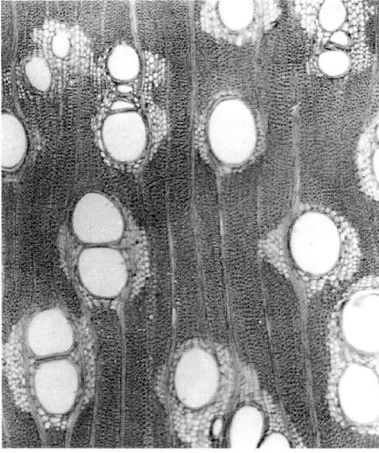
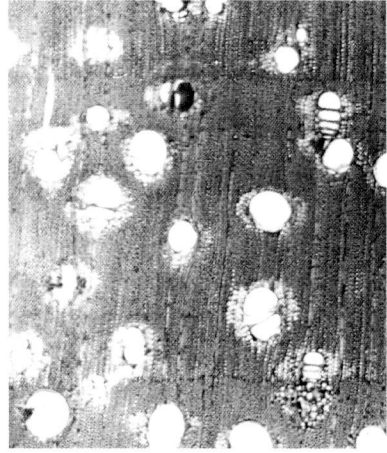
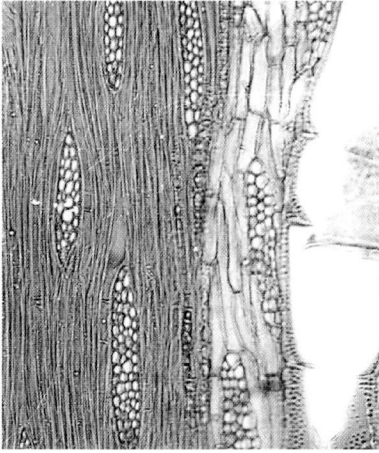
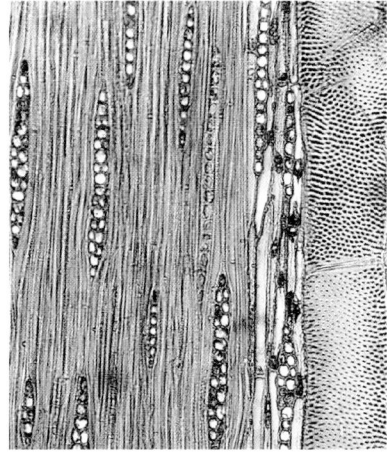
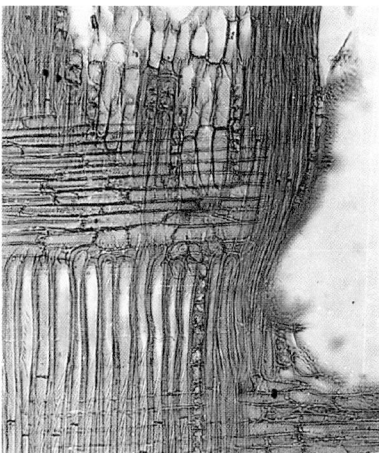

1～3 加勒比合欢 *Albizia caribaea*
4～6 大果阿那豆 *Anadenanthera macrocarpa*

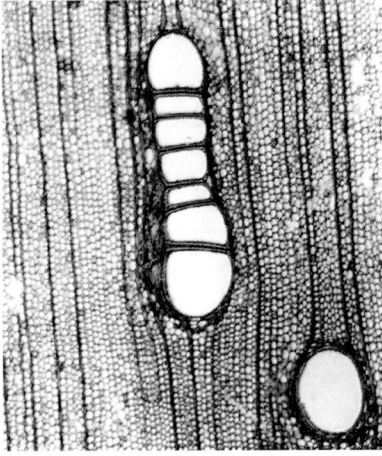
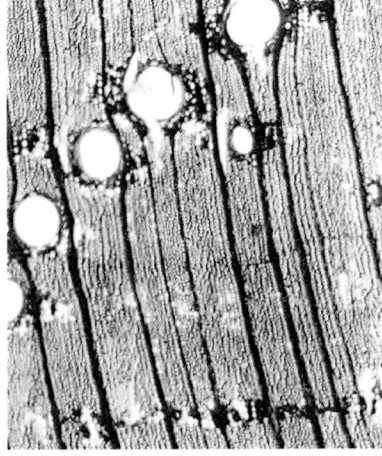
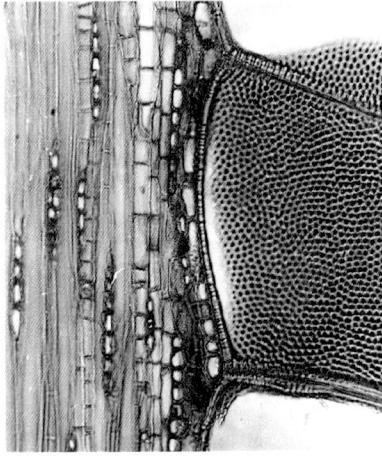
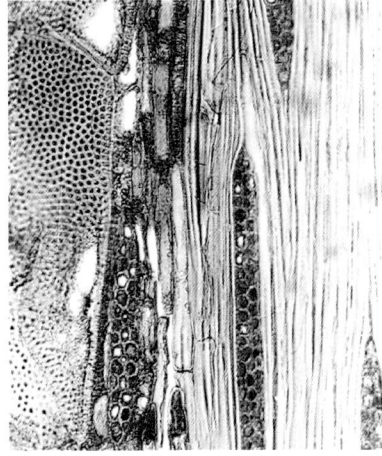
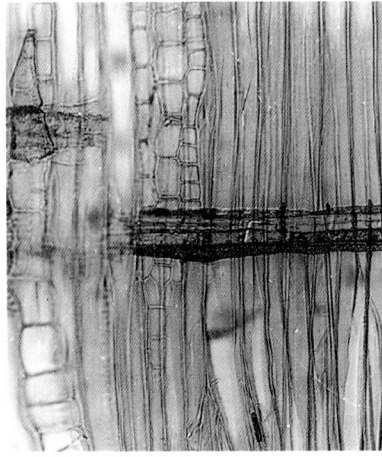

1～3 亚马孙豆 *Cedrelinga catenaeformis*
4～6 异味豆 *Dinizia excelsa*

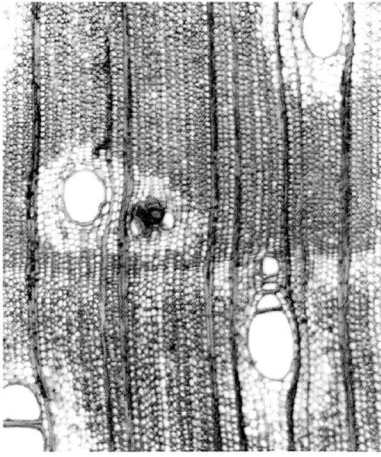

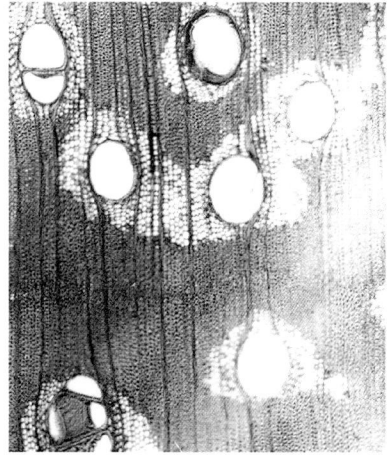

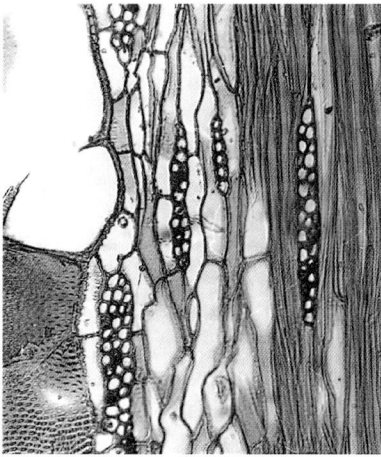

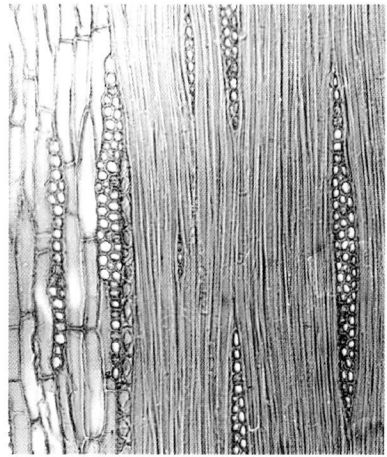

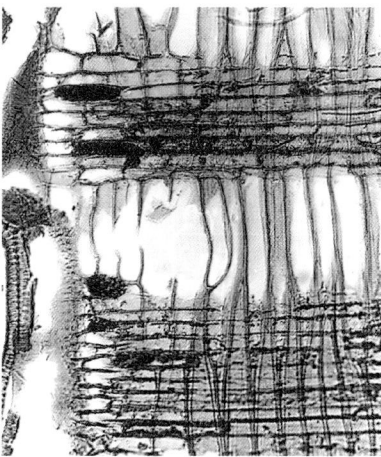

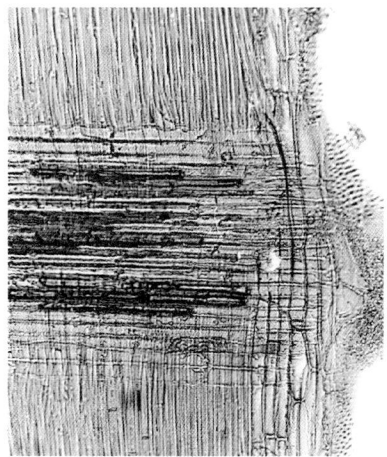

1~3 旋果象耳豆 *Enterolobium contortisiliquum*
4~6 尚氏象耳豆 *Enterolobium schomburgkii*

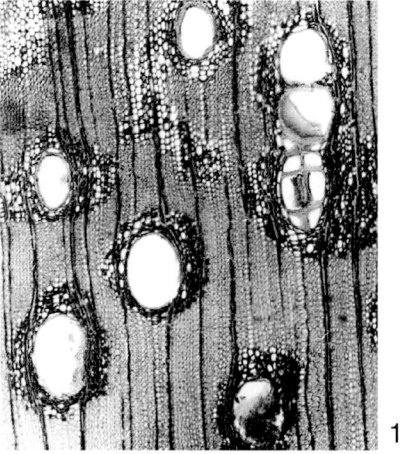

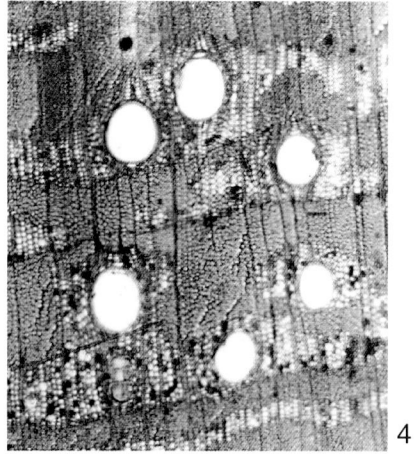

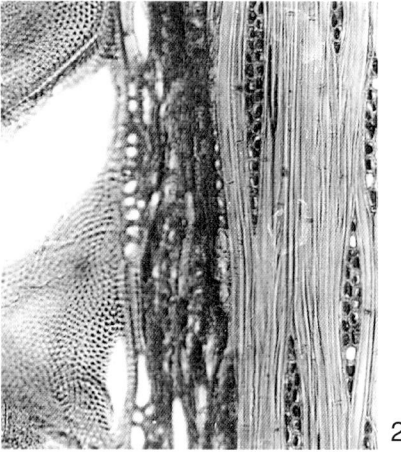

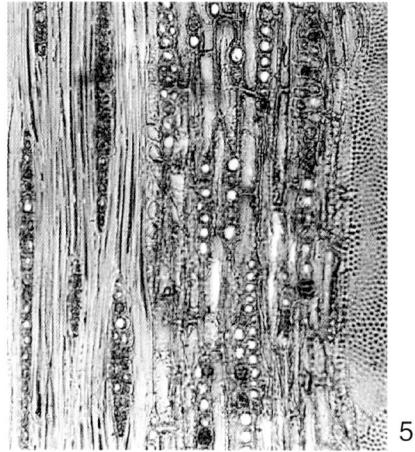

1~3 因加豆 *Inga alba*
4~6 大理石豆木 *Marmaroxylon racemosum*

图版81

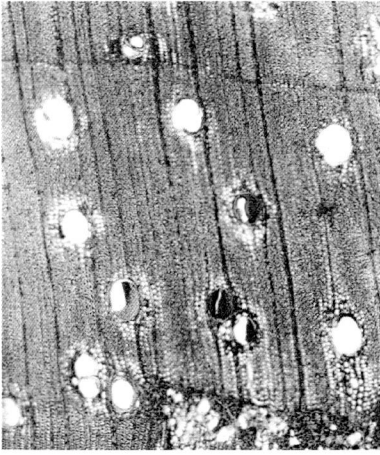

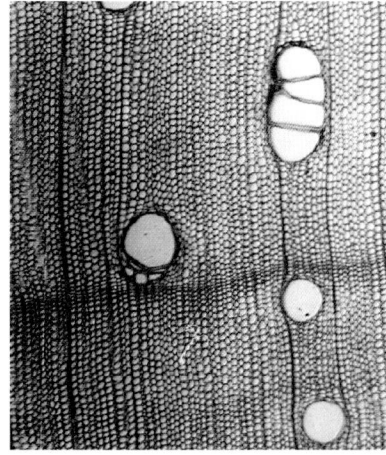

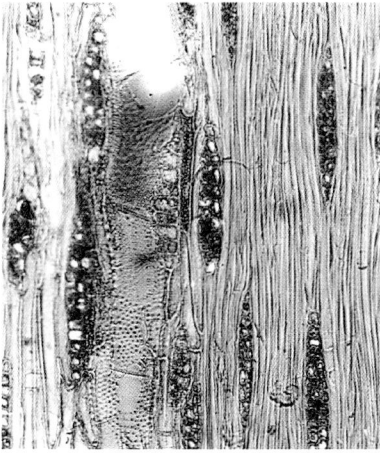

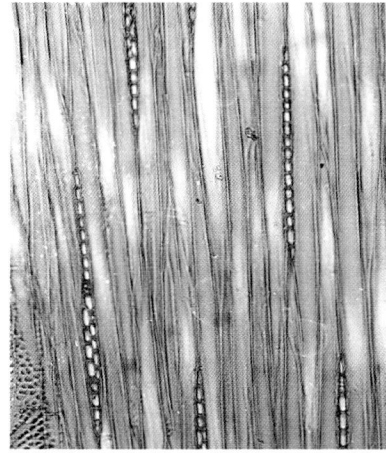

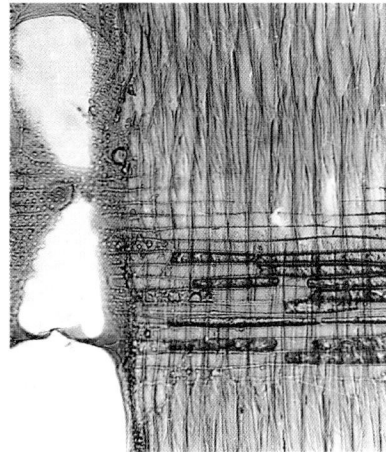

1～3 坚硬赛落腺豆 *Parapiptadenia rigida*
4～6 多叶球花豆 *Parkia multijuga*

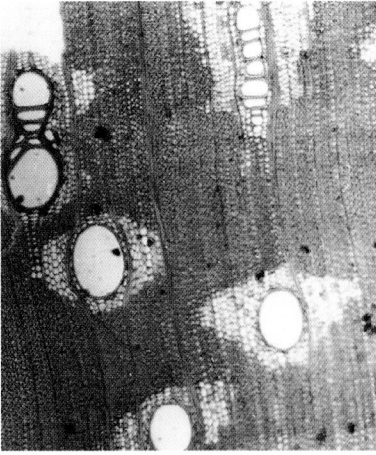
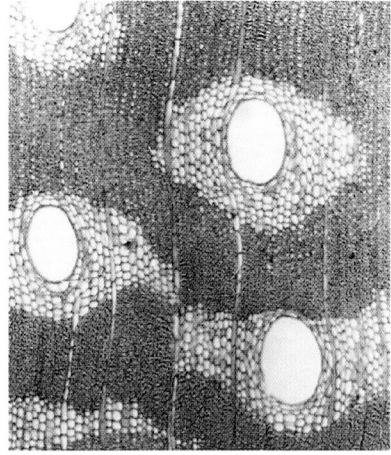
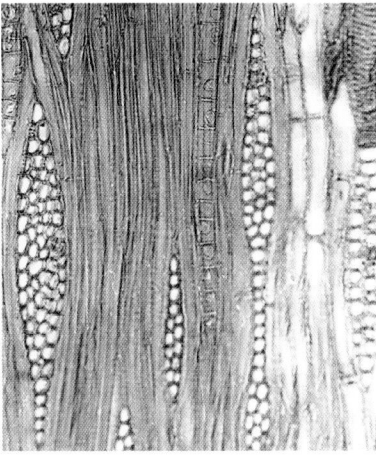
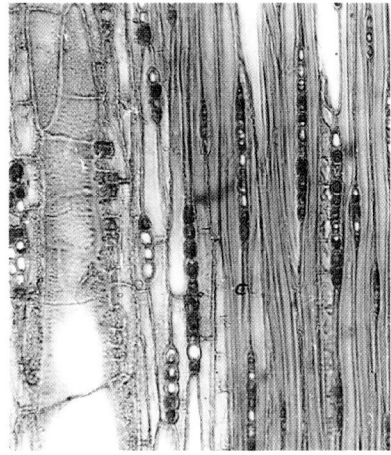
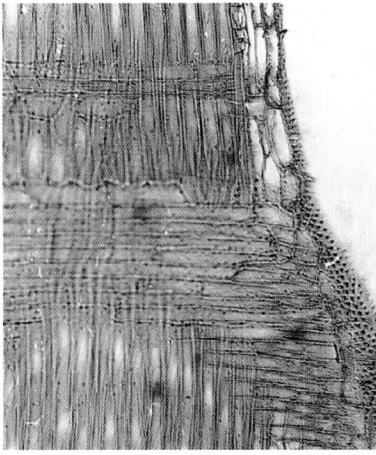
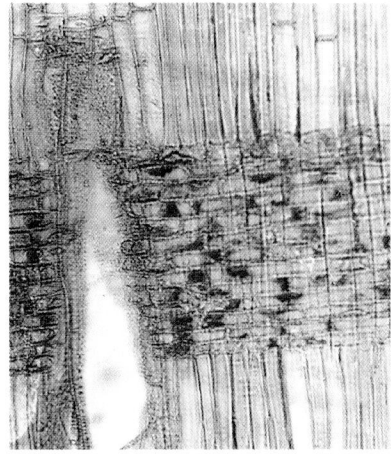

1~3 悬垂球花豆 *Parkia pendula*
4~6 大裂五柳豆 *Pentaclethra macroloba*

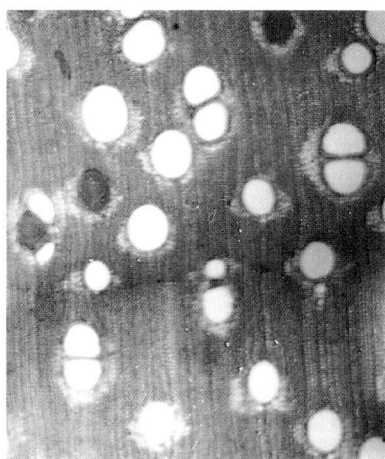
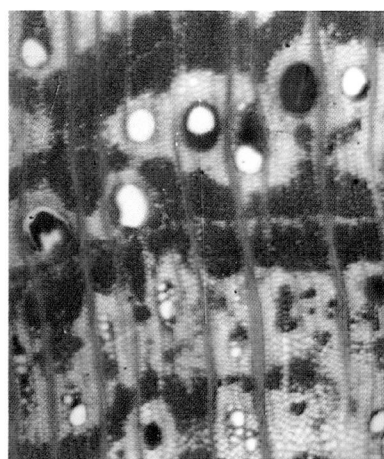
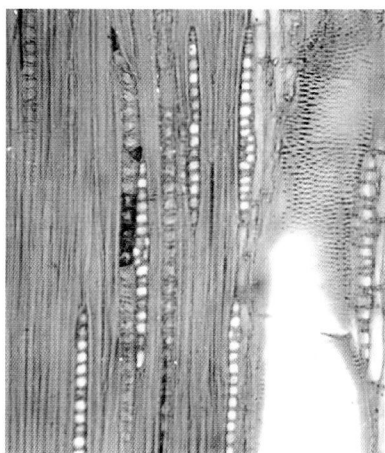
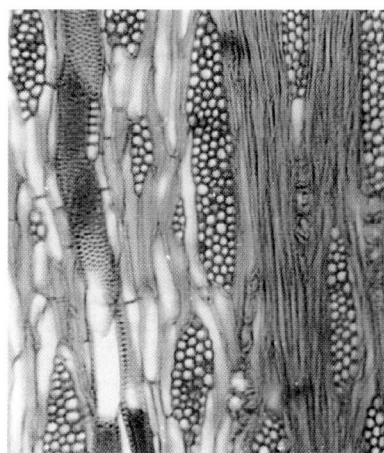
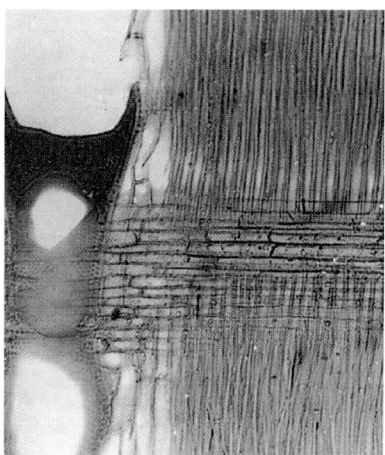
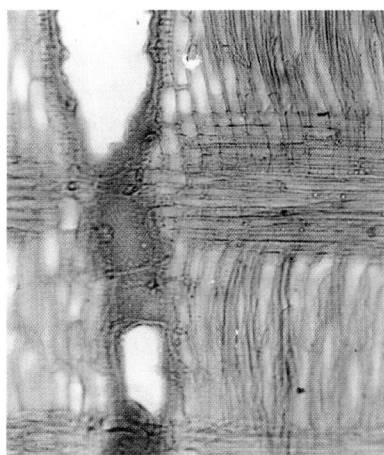

1～3 香甜落腺豆 *Piptadenia suaveolens*

4～6 牧豆树 *Prosopis juliflora*

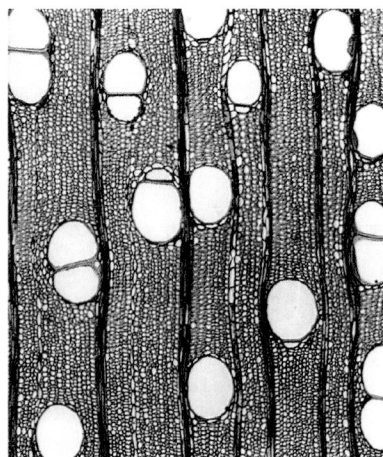

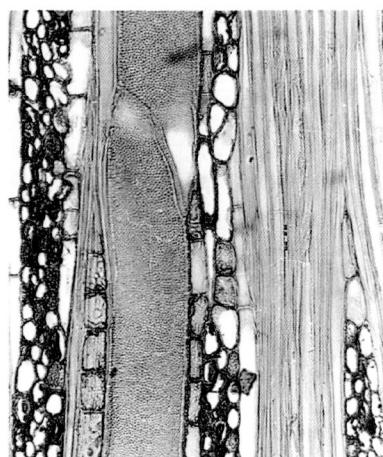

1~3 南美楝 *Cabralea cangerana*

4~6 圭亚那苦油楝 *Carapa guianensis*

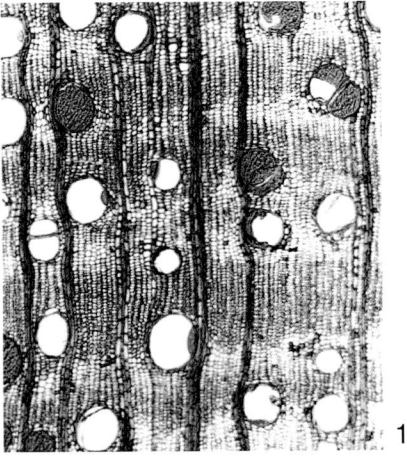

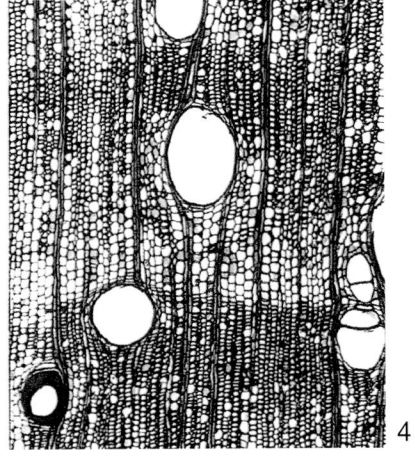

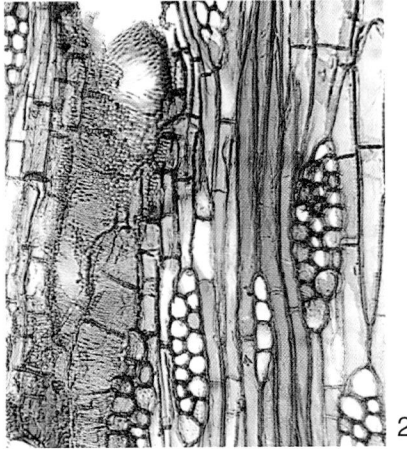

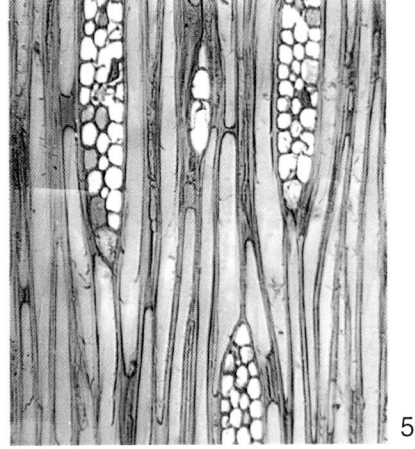

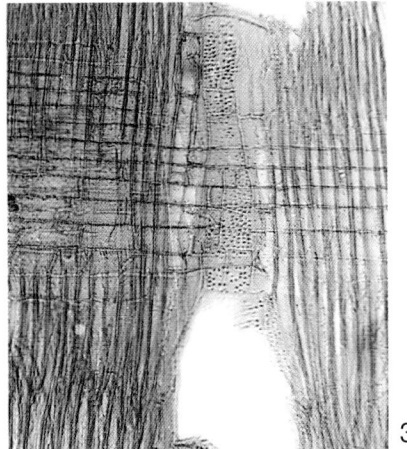

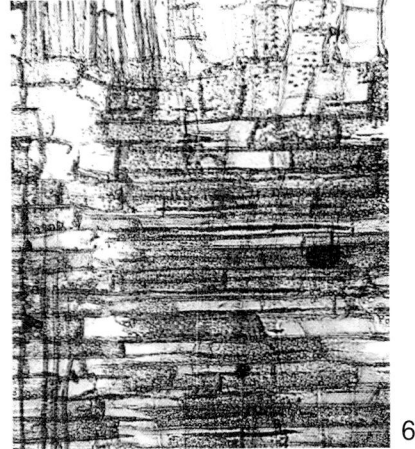

1~3 劈裂洋椿 *Cedrela fissilis*
4~6 香洋椿 *Cedrela odorata*

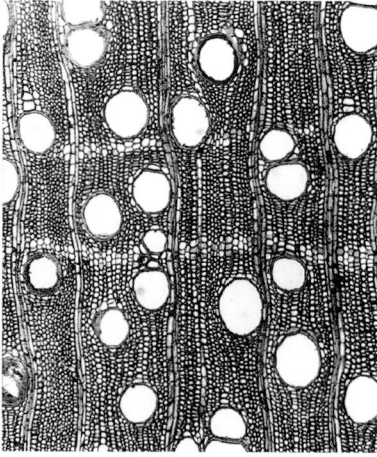

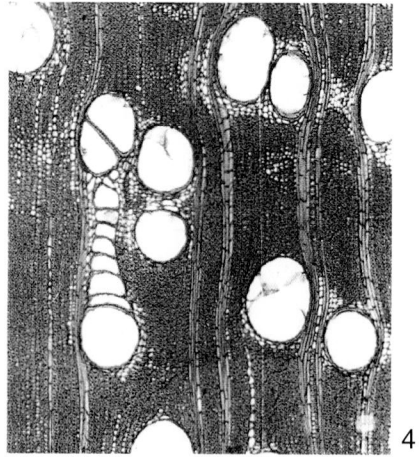

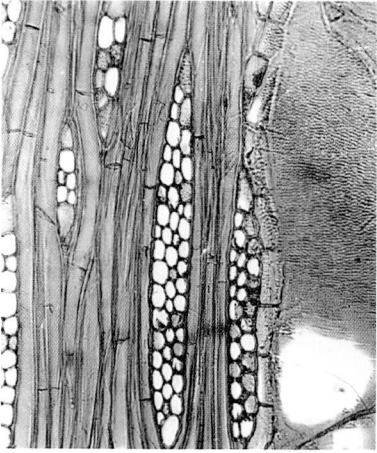

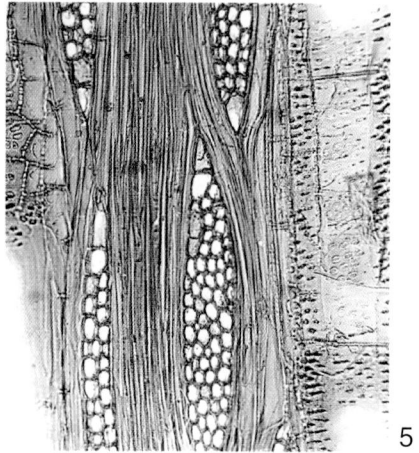

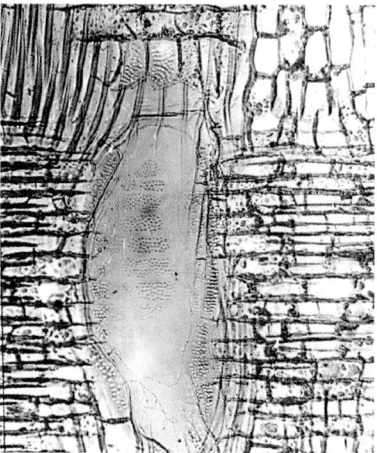

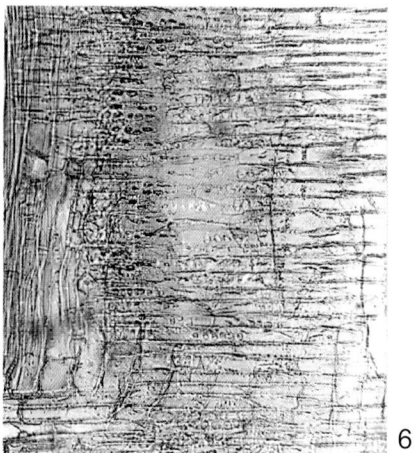

1~3 大叶桃花心木 *Swietenia macrophylla*
4~6 圭亚那乳桑 *Bagassa guianensis*

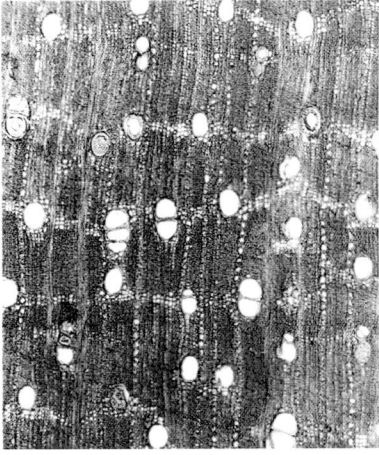
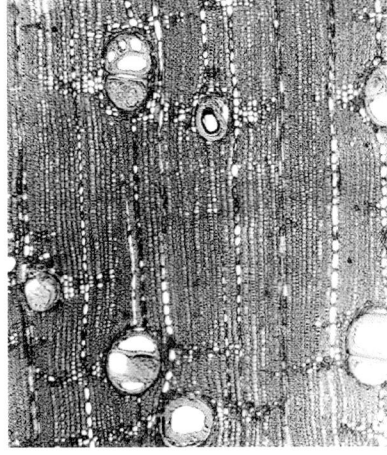
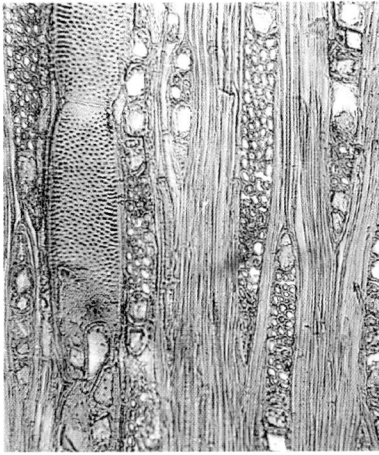
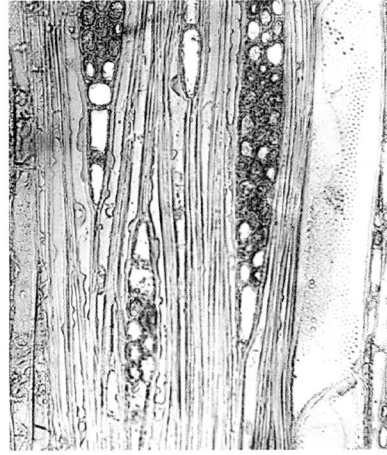

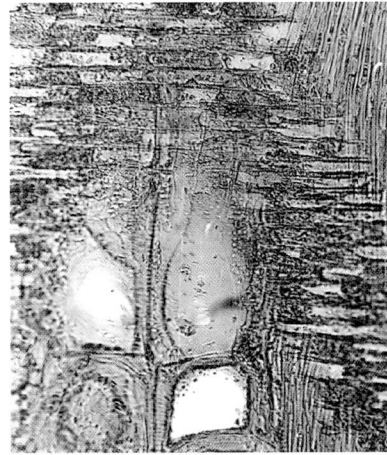

1～3 麦粉饱食桑 *Brosimum alicastrum*
4～6 窄叶饱食桑 *Brosimum paraensse*

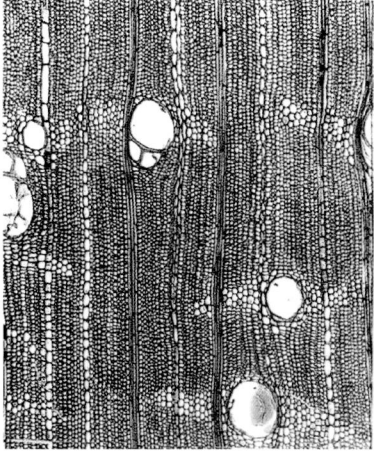

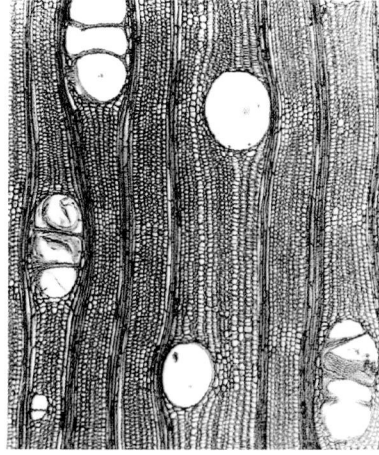

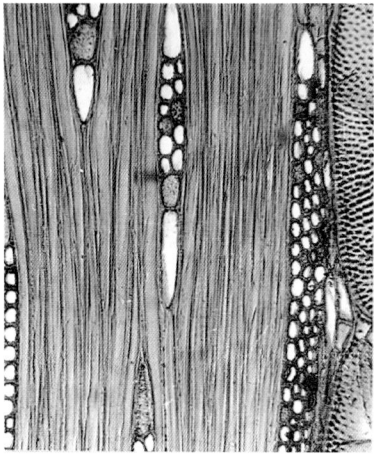

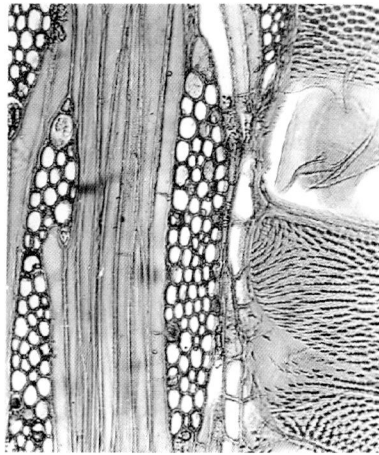

1~3 柏氏饱食桑 *Brosimum parinarioides*
4~6 良木饱食桑 *Brosimum utile*

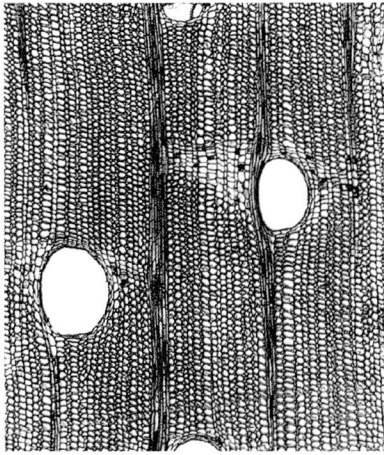
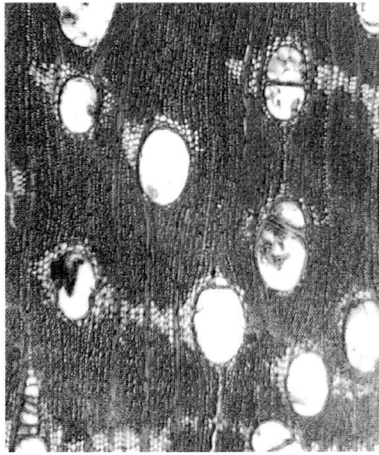
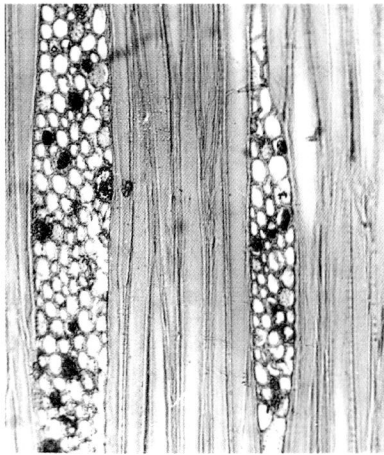
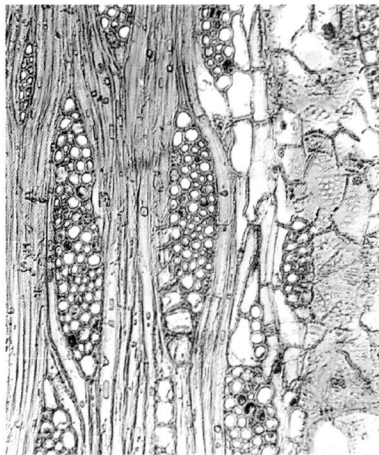

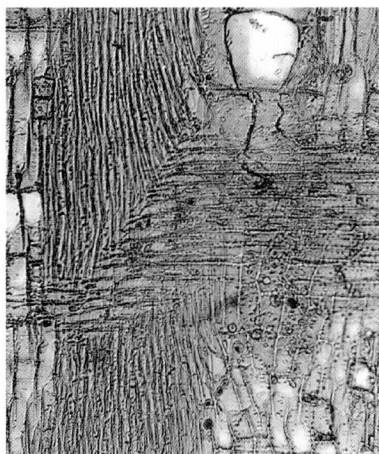

1～3 盾状沙纸桑 *Cecropia peltata*
4～6 染料绿柄桑 *Chlorophora tinctoria*

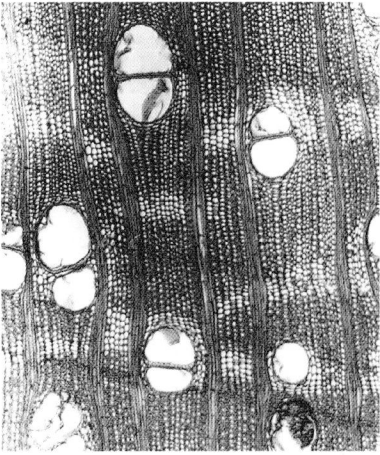
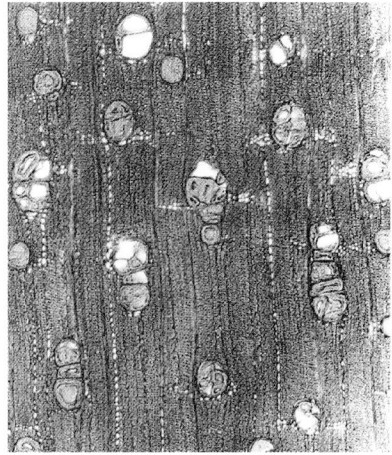
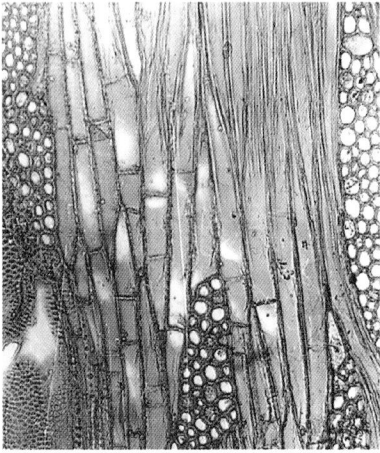
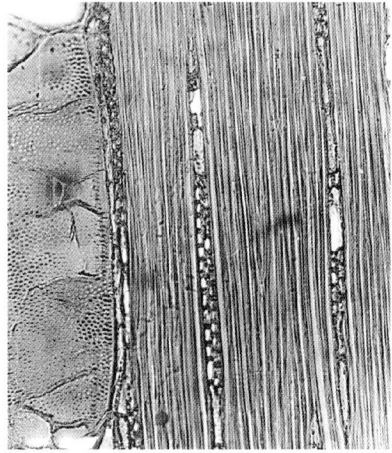
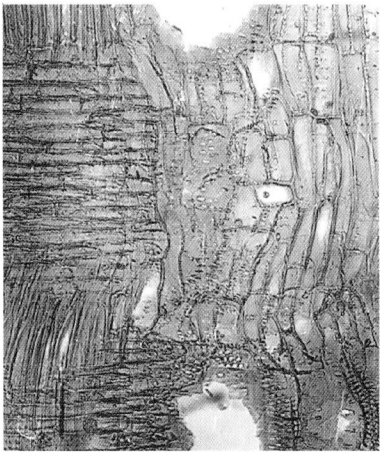
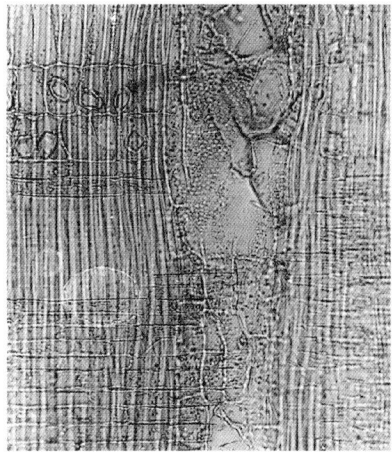

1~3 总花克拉桑 *Clarisia racemosa*
4~6 毛卷花桑 *Helicostylis tomentosa*

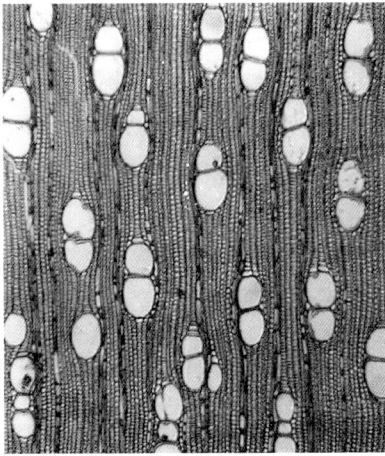
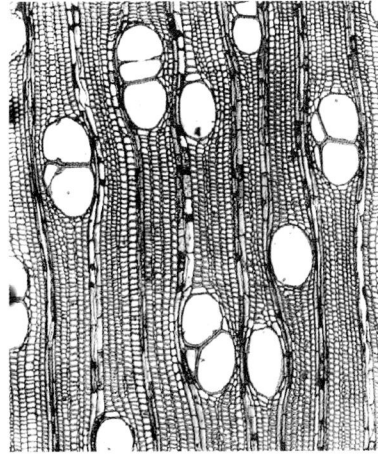
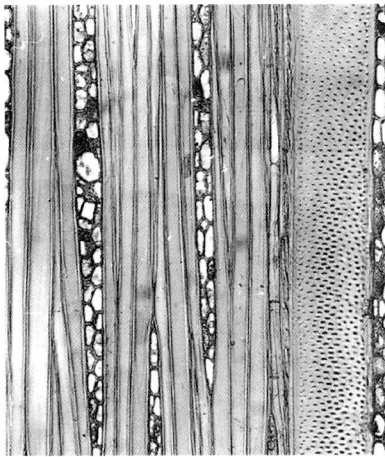
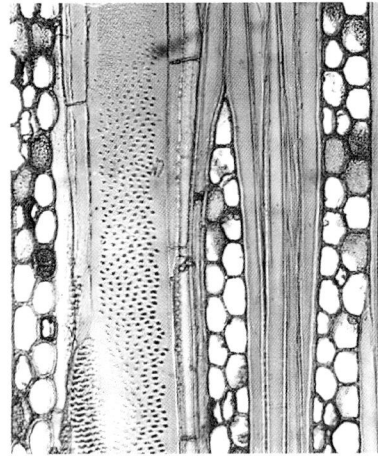

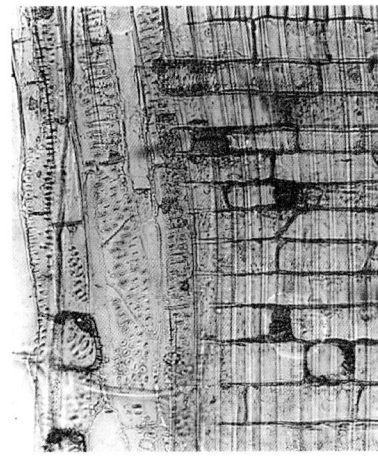

1~3 蜡质维罗蔻 *Virola sebifera*

4~6 苏里南维罗蔻 *Virola surinamensis*

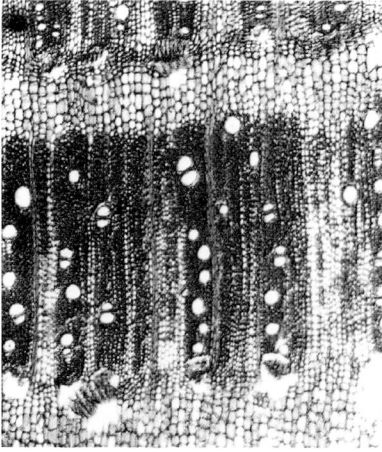
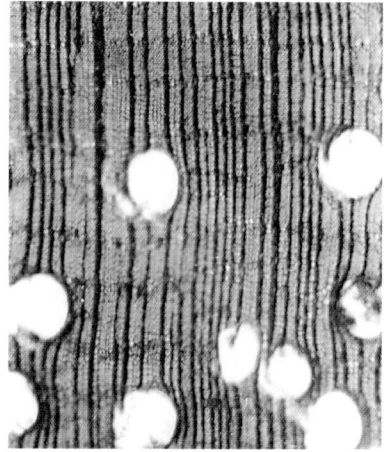
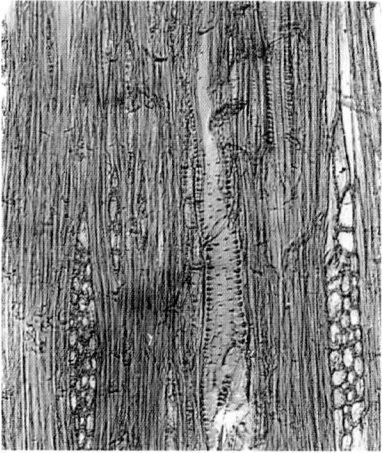
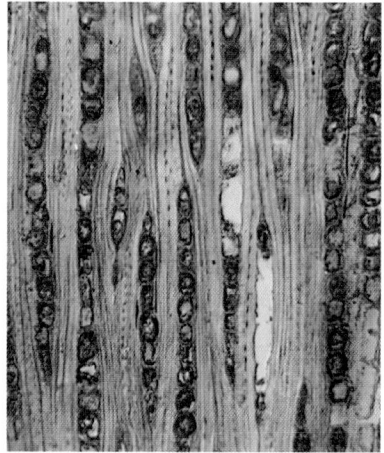
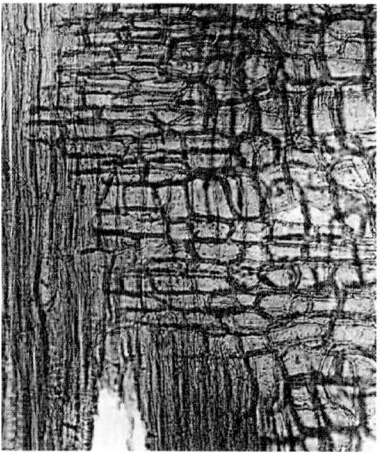
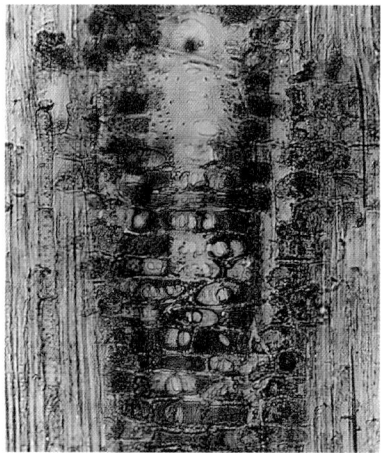

1～3 巴密商陆 *Gallesia gorazema*
4～6 大叶里卡木 *Licania macrophylla*

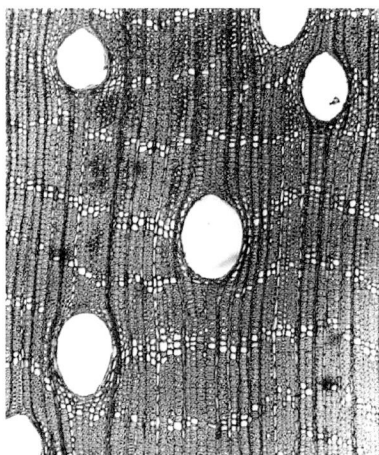

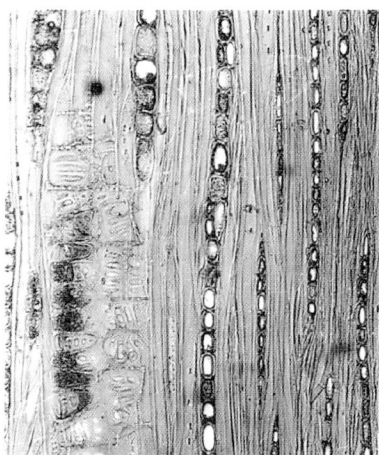
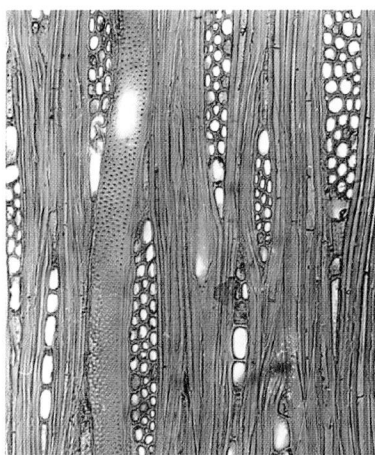
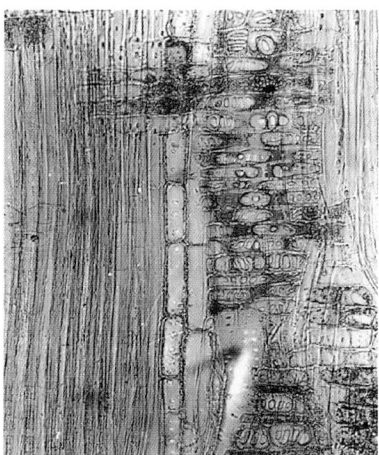

1～3 平地姜饼木 *Parinari campestris*

4～6 极白萼叶茜木 *Calycophyllum candidissimum*

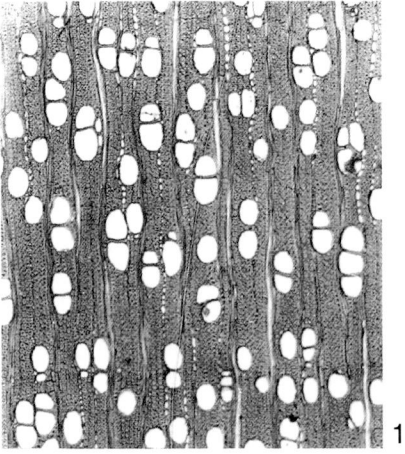

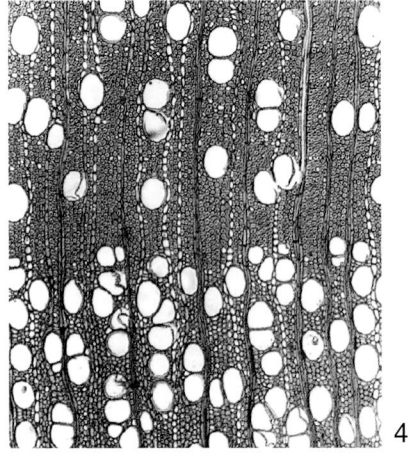

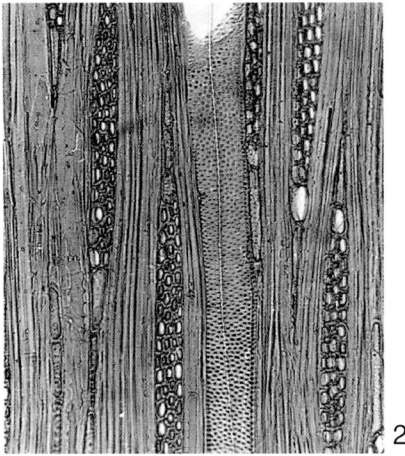

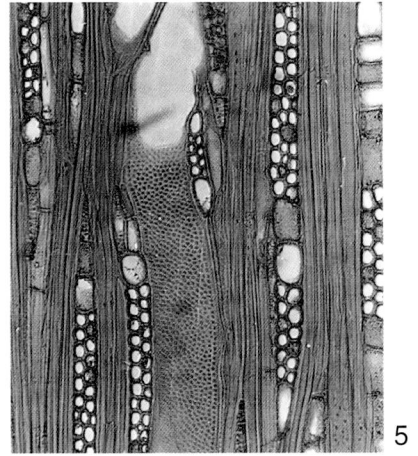

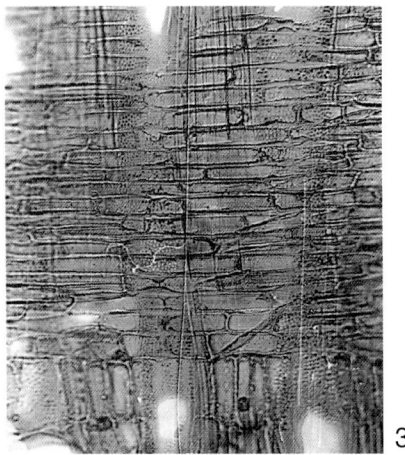

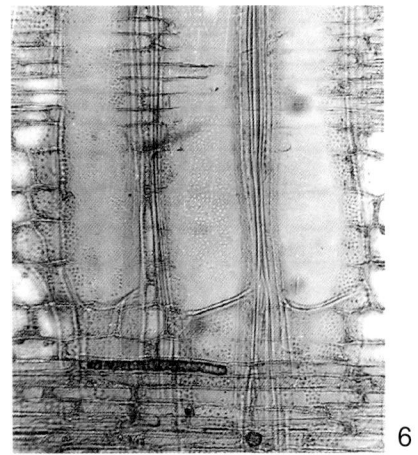

1~3 萼叶茜木 *Calycophyllum spruceanum*

4~6 美洲格尼茜 *Genipa americana*

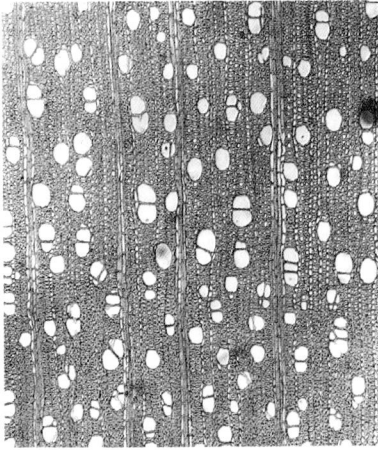
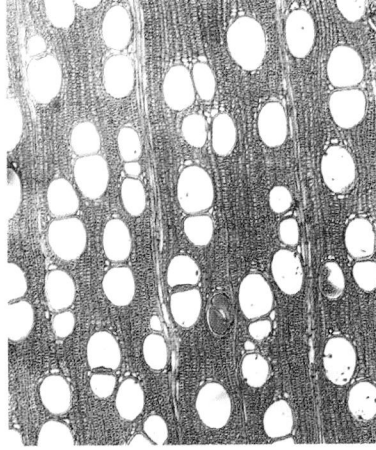
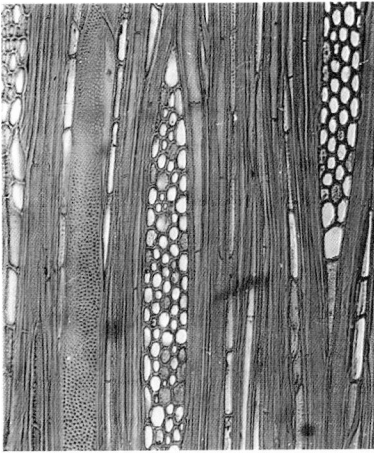
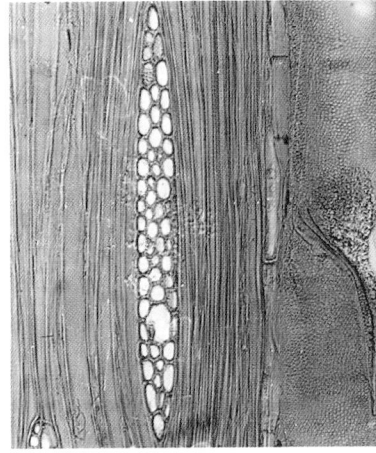
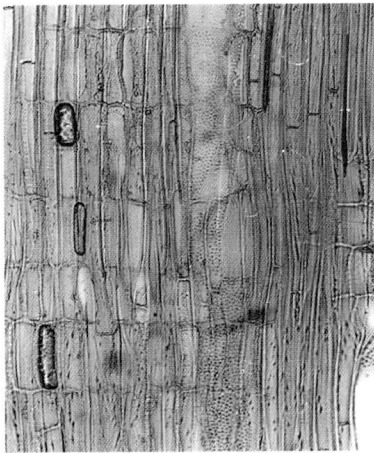

1～3 红瓦茜草 *Warscewiczia coccinea*

4～6 良木芸香 *Euxylophora paraensis*

图版 96

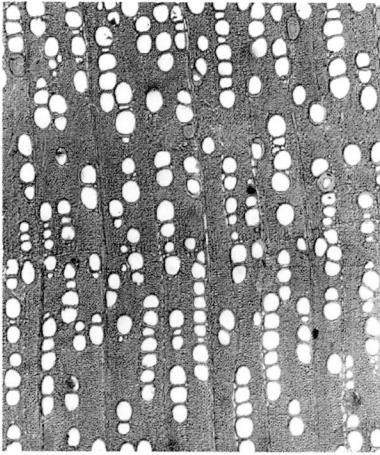
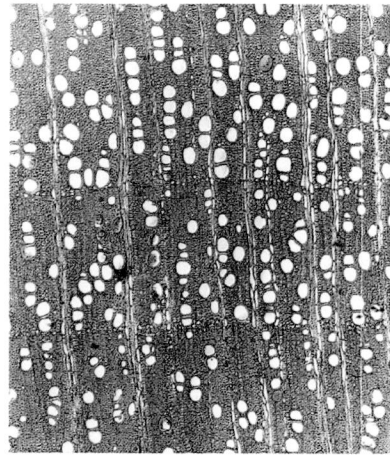
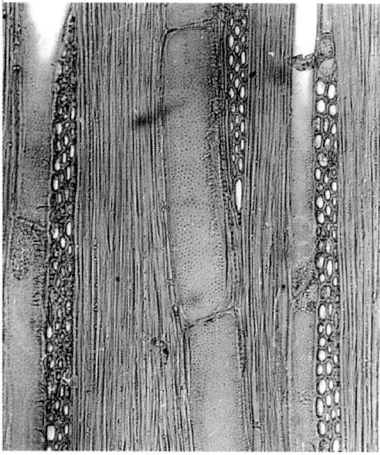
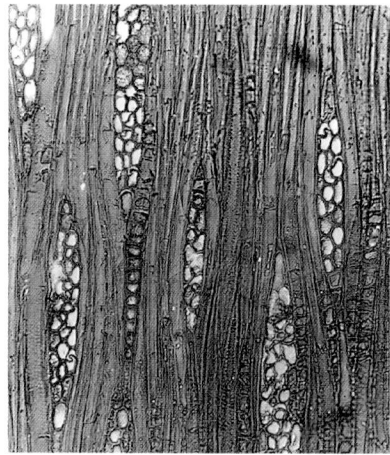

1~3 平滑果类药芸香 *Esenbeckia leiocarpa*
4~6 黄色花椒木 *Zanthoxylum flavum*

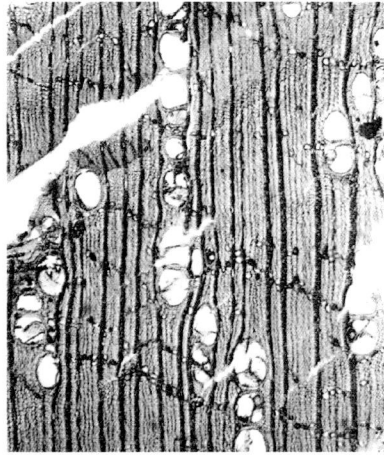
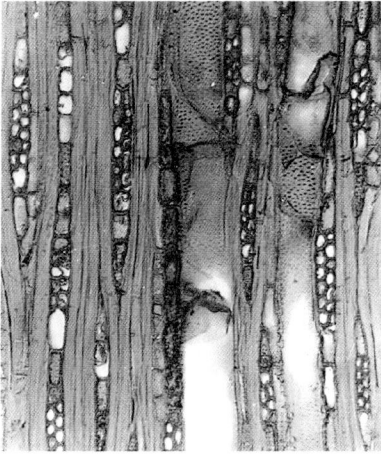
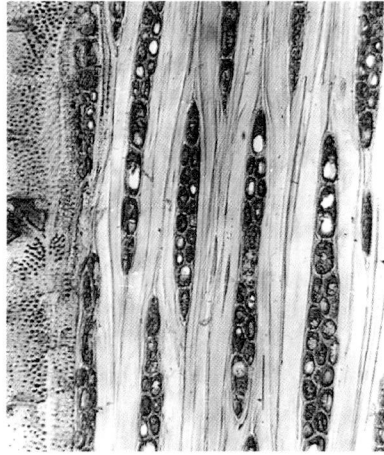
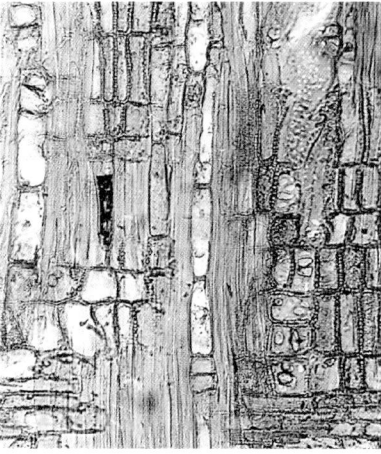
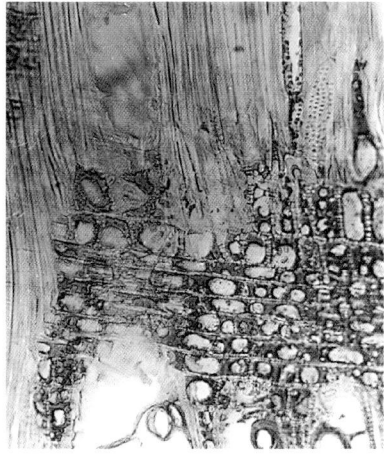

1~3 人心果 *Achras zapota*
4~6 二齿铁线子 *Manilkara bidentata*

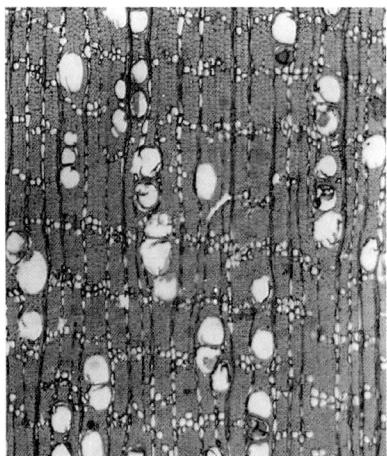

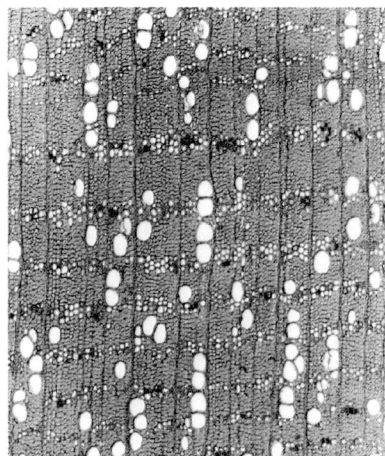

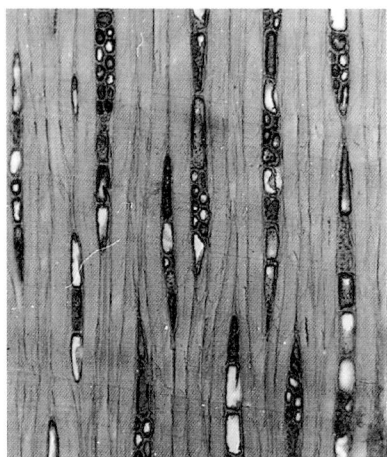

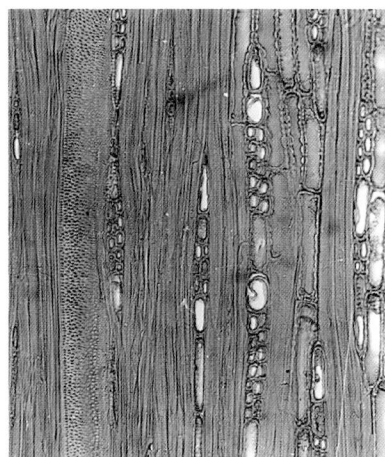

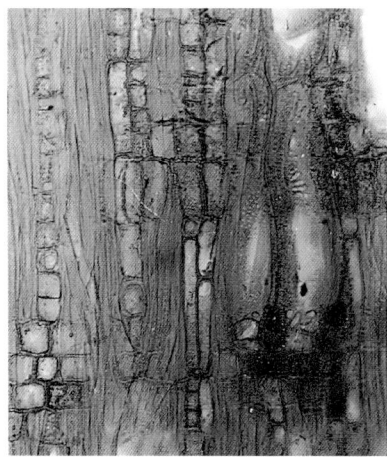

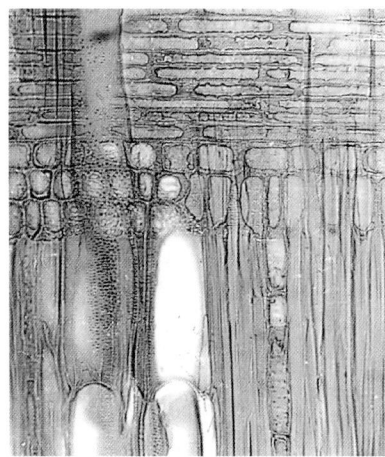

1~3 圭亚那铁线子 *Manilkara huberi*

4~6 厚皮山榄 *Planchonella pachycarpa*

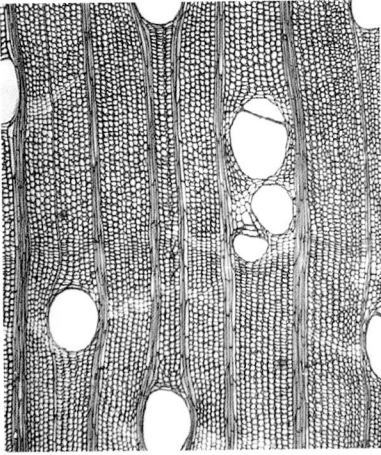

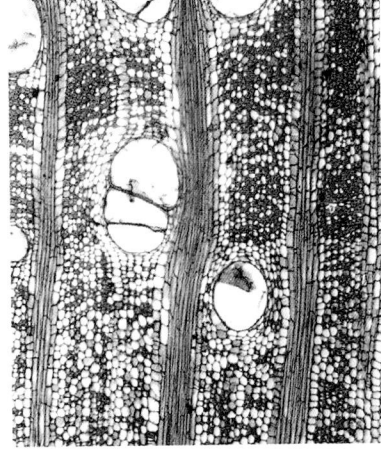

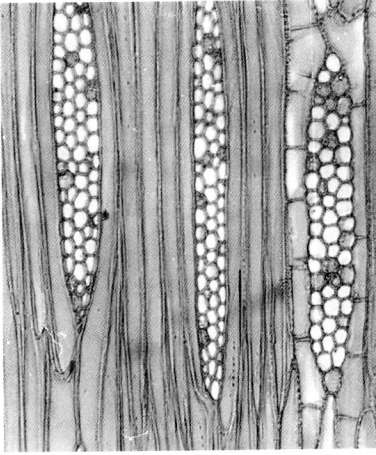

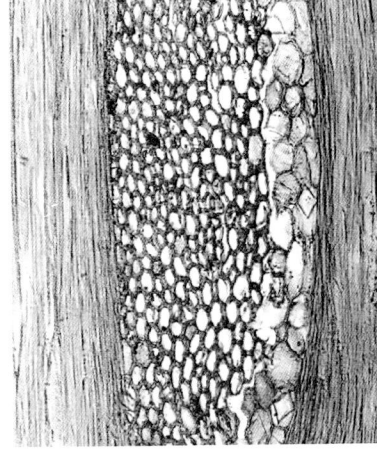

1~3 正苦木 *Simarouba amara*
4~6 光瓣苹婆 *Sterculia apetala*

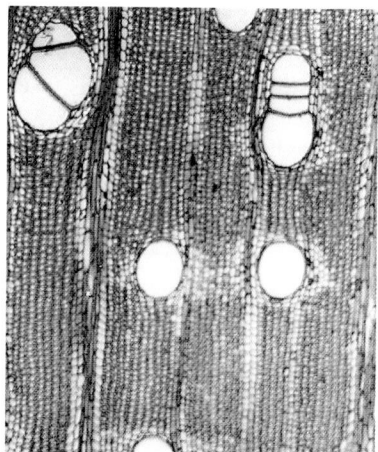

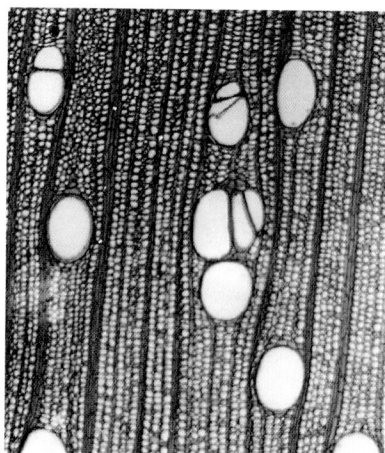

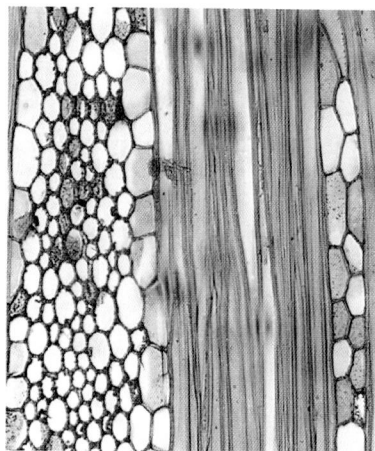

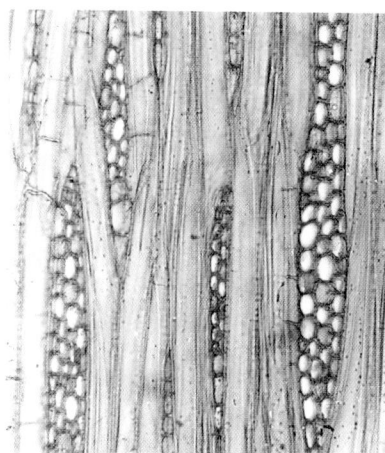

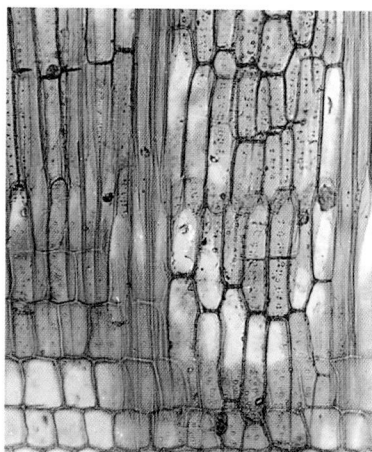

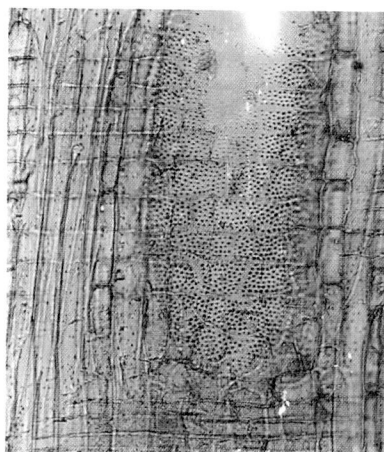

1～3 痒痒苹婆 *Sterculia pruriens*

4～6 粗热美椴 *Apeiba aspera*

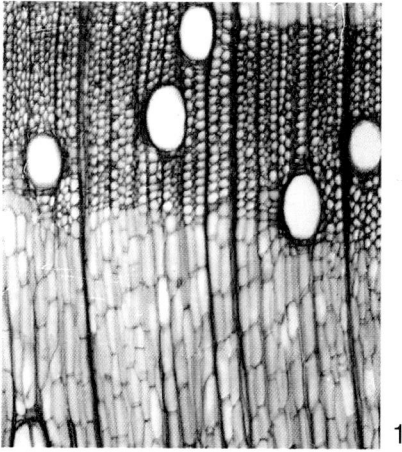

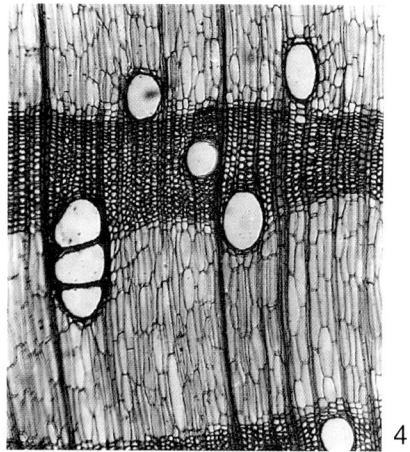

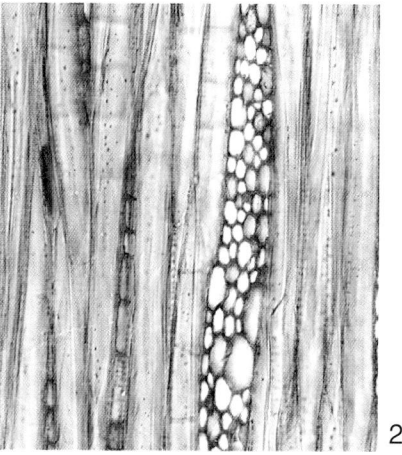

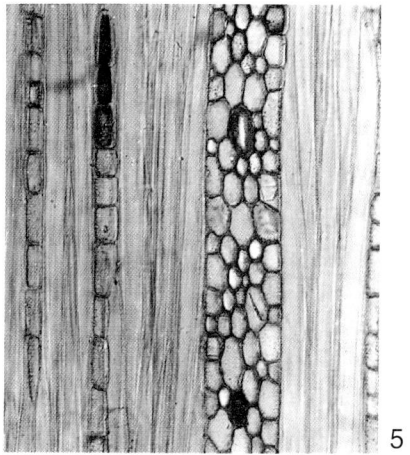

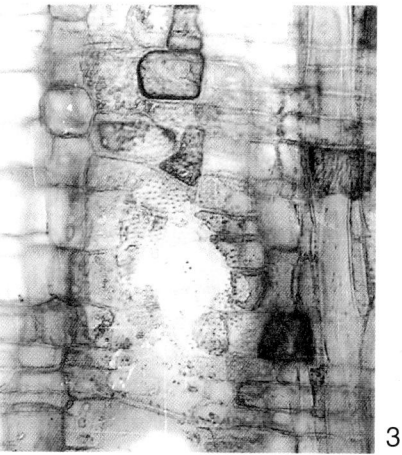

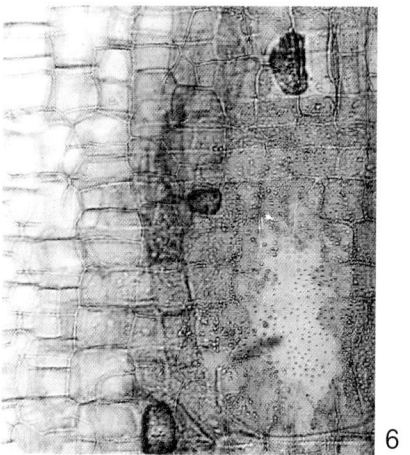

1～3 刺状热美椴 *Apeiba echinata*
4～6 热美椴 *Apeiba tibourbou*

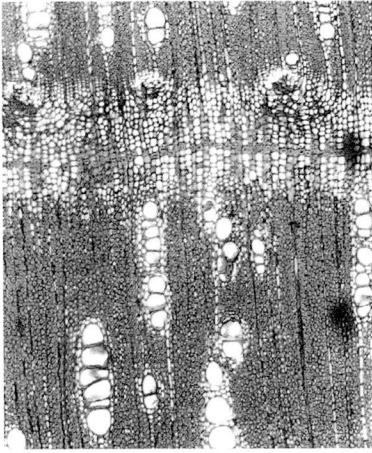

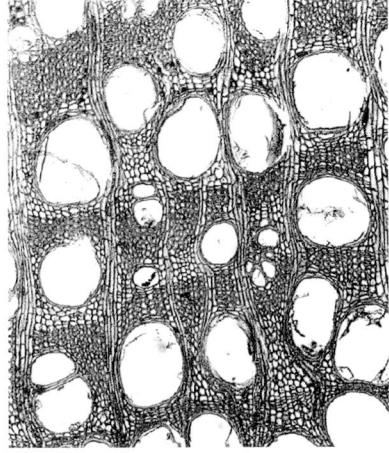

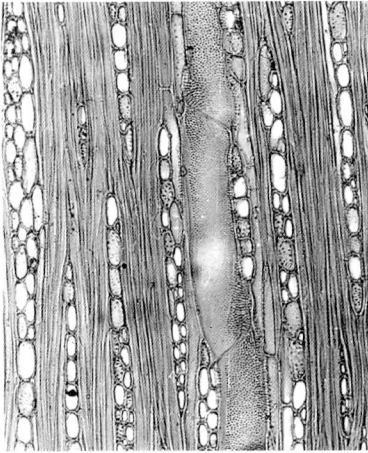

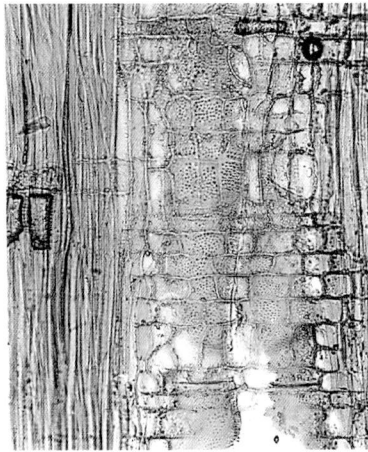

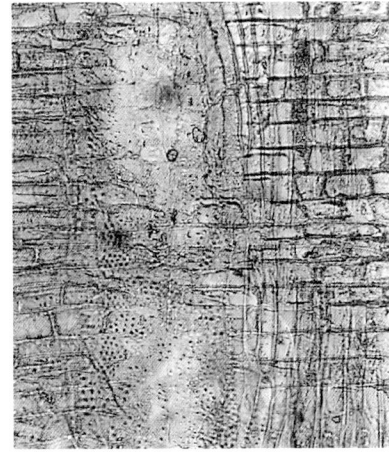

1~3 萌发海榄雌木 *Avicennia germinans*

4~6 柚木 *Tectona grandis*

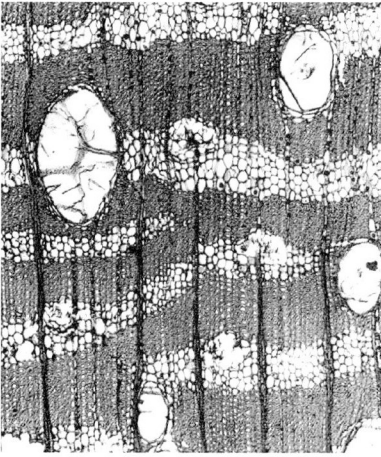

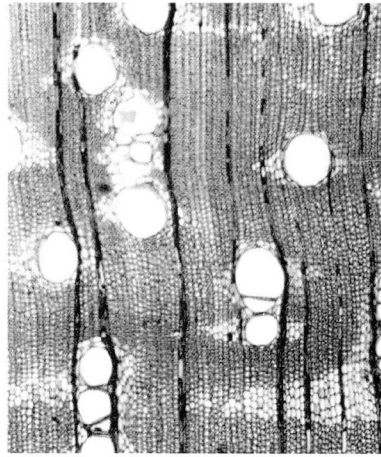

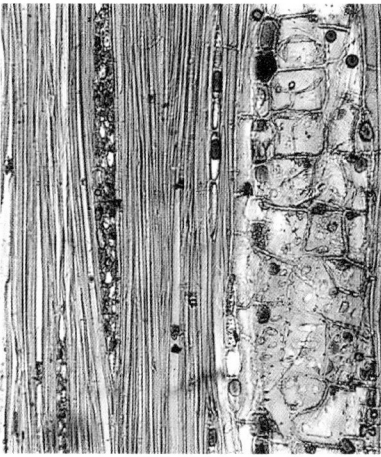

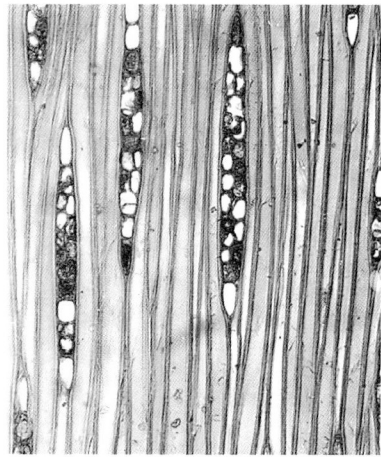

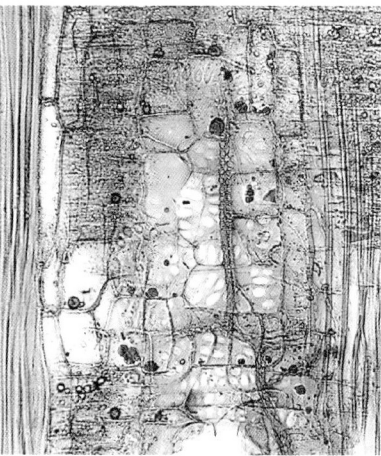

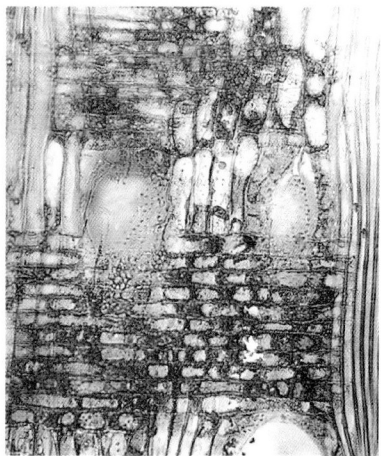

1～3 轴独蕊 *Erisma uncinatum*
4～6 白花夸雷木 *Qualea albiflora*

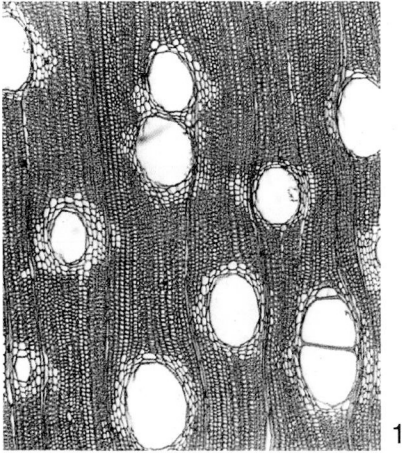

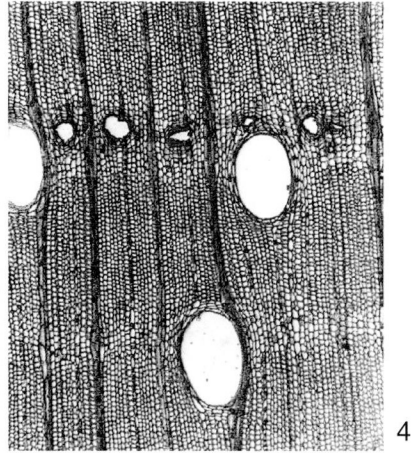

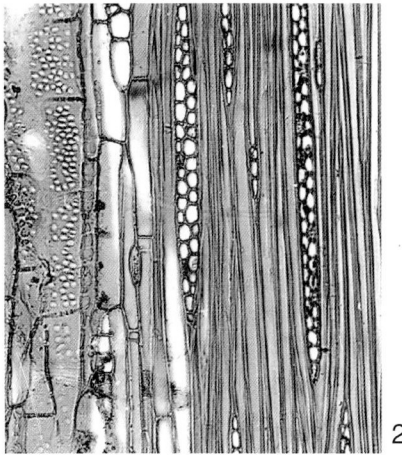

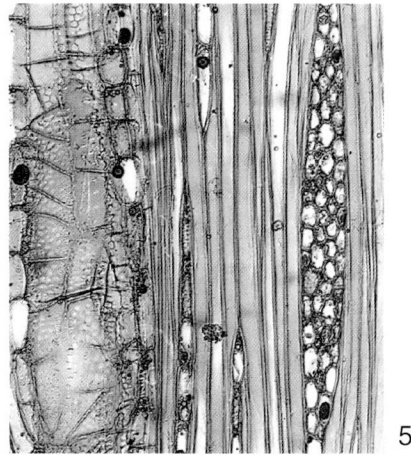

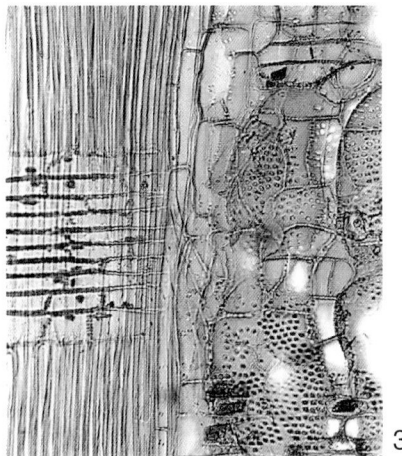

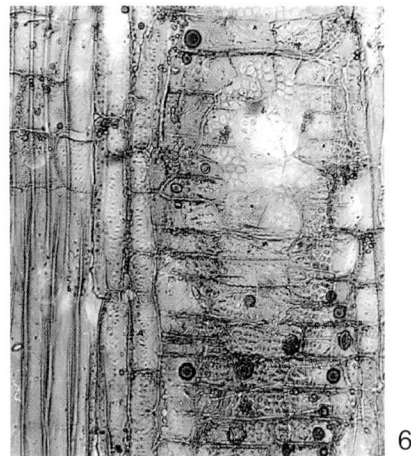

1~3 玫瑰夸雷木 *Qualea rosea*
4~6 圭亚那独蕊 *Vochysia guianensis*